石油和化工行业“十四五”规划教材

普通高等教育一流本科专业建设成果教材

酶工程原理和方法

孙 彦　等著

化学工业出版社
·北京·

内容简介

本书主要针对酶学以及酶学与酶工程的关系，全面系统地介绍当代酶工程的基本原理、方法和应用及其最新进展和发展趋势。全书内容共11章，分为三个主题，在第一部分聚焦酶工程基础，系统讲述酶的理性设计、酶的定向进化、融合酶、酶的化学修饰、酶的固定化等技术；在第二部分聚焦多酶系统，包括多酶级联催化反应、多酶组装系统、辅酶再生和循环利用；在第三部分聚焦酶工程的最新发展动向，包括人工酶、化学-酶级联催化、酶分子马达及趋化作用等。

本书可用于高等院校生物工程、生物技术、制药工程、食品工程以及相关专业本科生和研究生的教材，也可供从事酶工程工作及研究的有关人员参考。

图书在版编目（CIP）数据

酶工程原理和方法 / 孙彦等著. —北京：化学工业出版社，2023.7

ISBN 978-7-122-43212-4

Ⅰ. ①酶… Ⅱ. ①孙… Ⅲ. ①酶工程-教材 Ⅳ. ①Q814

中国国家版本馆 CIP 数据核字（2023）第 056893 号

责任编辑：赵玉清　　文字编辑：周　偶
责任校对：宋　玮　　装帧设计：王晓宇

出版发行：化学工业出版社（北京市东城区青年湖南街 13 号　邮政编码 100011）
印　　装：三河市延风印装有限公司
787mm×1092mm　1/16　印张 25　字数 651 千字　2024 年 1 月北京第 1 版第 1 次印刷

购书咨询：010-64518888　　售后服务：010-64518899
网　　址：http://www.cip.com.cn
凡购买本书，如有缺损质量问题，本社销售中心负责调换。

定　　价：85.00 元

编写人员名单

各章作者

第 1 章：孙彦

第 2 章：王立洁，吴垠，曲直，孙彦

第 3 章：余林玲

第 4 章：陈坤，孙彦

第 5 章：史清洪

第 6 章：张春玉、李子轩、胡阳、王振富、刘思，孙彦

第 7 章：胡阳，孙彦

第 8 章：刘思，曲直，王振富，孙彦

第 9 章：曲直，刘思，孙彦

第 10 章：刘思，曲直，王振富，孙彦

第 11 章：王振富，孙彦

作者单位

孙　彦：天津大学化工学院

王立洁：山东中医药大学药物研究院

余林玲：天津大学化工学院

陈　坤：天津大学化工学院

史清洪：天津大学化工学院

张春玉：烟台大学生命科学学院

胡　阳：中国海洋大学食品科学与工程学院

刘　思：天津大学化工学院

曲　直：天津大学化工学院

王振富：郑州大学化工学院

吴　垠：天津大学化工学院

李子轩：天津大学化工学院

前言 PREFACE

自然发生的化学反应通常非常缓慢，或者在可操作的条件下反应速率和/或反应选择性不能满足实际过程的需求。催化剂通过显著降低化学反应的活化能使期望的反应过程大幅加速，从而使反应在速率和选择性两方面均得到显著加强，以保证化学反应的高效进行。因此，催化剂工程是化学/生物化学反应工程的核心。酶是自然界经过漫长演化形成的生物催化剂，在生命体内高速且选择性地催化生命活动所需的各种化学反应，保证生命活动的高效进行。酶促反应的这种高效性（高速率和高选择性）及反应条件的温和性等特点，使酶作为环境友好的绿色催化剂备受青睐，特别是在当今全球面临严重资源和能源短缺、环境污染及气候变化威胁的大背景下，生物催化作为解决资源、能源和环境问题的重要途径得到了广泛关注。

生物催化在实际应用中仍存在很多问题。首先，酶的低稳定性使其不适于在实际反应环境中长期使用；其次，酶催化一般仅适用于专一的底物和与生命过程紧密相关的反应，即催化底物范围和反应类型有限，难以满足实际应用中对多样性反应过程的需求；第三，尽管酶催化与一般化学催化相比具有高速率和高选择性的特点，但在很多情况下仍存在催化活性和选择性不足等问题；第四，大多数生物催化过程需要多酶级联催化完成，但简单的多酶组合很难达到理想的级联催化效率。

酶工程就是解决上述问题，达到活性和选择性更高，稳定性更强，在此基础上实现综合性能更好的目标。提高酶的活性和选择性，使酶催化不仅高速进行，而且尽量避免副反应发生；提高酶的稳定性，使其可长期和反复回收利用；开发非天然的酶功能，拓展酶催化的底物谱，并创造新酶来催化生物化学和合成化学都无法进行的反应；构建高效的多酶组装体系，包括酶与化学催化剂的耦合系统，实现高效的生物催化转化过程。

经过百余年的酶学研究，特别是近几十年酶工程的发展，酶学理论逐步完善，酶工程方法日臻成熟，生物催化研究和应用不断深入。同时，在世界范围内酶工程研究的队伍不断扩大，新成果不断涌现。无限的好奇激励我们不断发现和理解，同时，及时总结和回顾是更重大发现和更深邃理解的基石。因此，围绕上述酶工程的基本问题，本人组织本实验室的同事、已毕业的博士和在学的博士生撰写此书，以期完成一本较完整反映酶工程基本原理和方法的教科书，助力我国酶工程研究和人才培养。

酶工程是蓬勃发展中的学科领域，新发现、新方法层出不穷。为全面贯彻党的二十大精神，深入贯彻落实习近平总书记关于教育的重要论述，充分发挥教材作为人才培养关键要素的重要作用，本书围绕酶工程原理和方法的系统论述，重点突出该领域的最新研究进展和发展方向。全书包括分子酶工程、化学酶工程和多酶系统工程三个部分。分子酶工程包括“酶的理性设计”、“酶的定向进化”和“融合酶”等三章；化学酶工程包括“酶的化学修饰”、“固定化酶”和“酶驱微纳马达”等三章；多酶系统工程则包括“多酶级联催化反应”、“多酶组装系统”、“辅酶再生和循环”以及“化学-酶级联催化系统”等四章。学习和掌握分子酶工程、化学酶工程和多酶系统工程，是实现上述“更高、更强、更好”的酶工程目标的必由之路。

天津大学在双一流高校建设中十分重视本科专业课程和研究生核心课程建设，本书作为生物工程国家级一流本科专业建设成果教材以及研究生“生物化工”学科的核心课程教材之一，得到学校的大力支持。

编著此书也是作者们不断学习的过程，由于作者知识和经验有限，加之撰写时间较短，书中难免疏漏之处，敬请学界同仁和广大读者批评指正！

孙 彦

于半厘斋

目录

CONTENTS

1

绪 论

1.1 酶

1.1.1 概论

生命体不断地进行着各种复杂且有规律的化学反应，这些物质与能量转化过程组成了生命的新陈代谢活动。酶（enzyme）是生命体内高效且选择性地催化这些化学反应的催化剂，故称生物催化剂（biocatalyst）。生物催化（biocatalysis）是生命存在和繁衍的基本条件之一，这一点从人类需要通过摄取食物获得能量的角度很容易理解，因为摄取的食物需要经过一系列酶的催化作用才能快速发生分解和合成反应，最终转变为能量和营养物质。没有酶的催化作用，这些分解和合成反应也能进行，但反应速度将极其缓慢，并且反应路径会变得不可预测和控制，即不一定向能量和营养物质生成的方向进行。

绝大多数酶是蛋白质，但蛋白质中具有催化活性的酶占比很小[1]。只有少数核糖核酸（RNA）具有催化活性，称为核酶（ribozyme）或 RNA 酶。近年来利用体外分子进化技术得到一种具有多种催化活性的 DNA 分子，称为 DNA 模拟酶（DNAzyme）。本书涉及的酶主要是蛋白质。

人类利用生物催化作用的历史悠久，约公元前 1 万年，古埃及人就已将发酵原理用于制作面包和酿造过程。但直到 19 世纪，科学家才认识到发酵是通过活体进行的。1835 年，Jacob Berzelius 使用术语“蛋白质”来描述从蛋清、血液、血清、纤维蛋白和小麦面筋中提取到的类似分子，并且发现一些蛋白质具有催化作用；19 世纪 50 年代，Louis Pasteur 认为酵母通过发酵将糖转变为乙醇的过程是由酵素（ferments）催化的；1878 年 Frederick W. Kühne 将这类催化活性物质称作“enzyme”；1897 年 Eduard Buchner 发现酵母的提取物也可以催化糖转变为乙醇的反应，从而阐明了发酵是酶作用的结果，而与细胞活动无关[2]。20 世纪以来，酶化学和酶工程（enzyme engineering）研究不断深入，开启了酶作为生物催化剂在科学研究、工农业生产、生物技术、环境保护、分析检测等领域的广泛应用。

1.1.2 酶的基本性质

酶的基本性质体现在其催化性能和稳定性两个方面。催化性能包括酶的催化活性及其催化反应的选择性，稳定性则体现在其作为蛋白质的脆弱性上。理想的酶催化剂必须兼具高效的催化性能和稳定性。

1.1.2.1 催化性能

酶与一般催化剂一样，显著加快热力学允许进行的化学反应速率，但不能改变反应的方向和平衡状态，且在反应前后酶本身的量与化学组成不发生变化。1个酶分子能在1s内催化数万个底物分子转化为产物，故可认为酶在反应过程中并不消耗。但实际上，酶是参与反应的，只是在完成一次反应后酶分子立即恢复原状，接着进行下一次催化过程。因为酶分子的脆弱性，酶在体外的催化活性会随时间逐渐降低，直至完全失活。1个酶在单位时间内催化转化底物分子的个数称为酶催化的转换数（turnover number，TON）或转换频率（turnover frequency，TOF）。1个酶分子在全生命周期（完全失去活性前）催化转化底物分子的总数则称为酶的总转换数（total turnover number，TTN）。TON/TOF和TTN共同构成评价酶作为催化剂性能（活性和稳定性）的重要指标。

作为生物催化剂，酶与一般催化剂的显著差别在于其温和条件下的高效性和高选择性。温和条件下的高效性是指酶在常温、常压和中性pH附近的高效催化能力，这是一般无机或有机催化剂不可比拟的。酶催化的高选择性体现在其催化反应的特异性或专一性（specificity）。大多数酶只能作用于一种底物或一类结构相似的物质，称为底物专一性（substrate specificity）。酶对底物的专一性还体现在对底物分子结构的高度识别能力，即立体选择性（stereoselectivity）（包括对映选择性，enantioselectivity）和催化基团区域选择性（regioselectivity）。同时，一种酶一般只催化一种或一类反应，称为反应专一性（reaction specificity）。

酶催化的专一性是生命运行的基础。但不同酶表现的专一性程度不同，有的酶专一性较低，可以作用于多种底物和反应。脂肪酶就是一个低专一性酶的典型代表，它可以催化脂类物质的水解或合成。在生物催化领域，脂肪酶的低专一性使其具有广泛的应用价值。

尽管酶催化具有专一性已经成为共识，然而越来越多的研究发现，这种专一性也不是绝对的，酶还具有混杂性（promiscuity），包括底物混杂性（substrate promiscuity）和催化混杂性（catalytic promiscuity）。即很多酶可以催化天然底物的类似物进行相同的化学转化，并且具备除其天然活性以外的其他活性。相较于酶的天然活性，通常酶对混杂性底物或反应的活性很低。这种混杂性可能源自亿万年生物体内酶蛋白的不断演化，其重要意义在于为酶的进化提供了潜能。酶的混杂性是酶功能进化的理论基础，详见第2章。

1.1.2.2 稳定性

酶作为蛋白质，具有蛋白质的所有基本特征，即从一级结构（肽序列）到二级和三级折叠结构。很多酶蛋白由多亚基单元组成，即构成四级的组装结构。同时，作为具有高级结构的生物大分子，酶分子的高级结构主要由氢键、疏水性相互作用和静电相互作用等弱键作用所维系，立体结构对环境变化敏感，在不利的物理或化学条件下极易发生构象改变，从而失去催化活性。不利的物理或化学条件包括较高温度、极端pH值、有机溶剂或紫外线照射等，而酶催化的应用过程往往涉及这些不利条件的参与。因此，酶的稳定性是酶工程研究的主要内容之一。

1.1.3 酶的应用

基于酶催化的反应类型，酶主要分6大类，即氧化还原酶、转移酶、水解酶、裂合酶、异构酶和合成酶（连接酶）。自然界中酶的资源丰富，一个酶超家族（具有共同起源和类似催化机制的酶的家族）就可以包含超过10000个酶，催化几十种不同的反应。然而，目前已经被鉴别并使用的酶，数量有限。BRENDA酶数据库从已经发表的文献中获取酶的数据，截至

2022 年 9 月，该数据库收录了 8300 余种不同酶的信息[3]。

酶催化在很多领域得到广泛应用[4,5]，这里仅概要介绍一些主要的应用。

（1）工具酶：酶是生物化学和生物工程研究的重要工具，尤其是分子生物学实验。分子生物学领域的工具酶主要有限制性核酸内切酶、DNA 聚合酶、DNA 连接酶、核酸水解酶、碱性磷酸酶、末端转移酶、反转录酶和修饰酶等。

（2）药物制造：酶在制药领域已经得到广泛应用，例如，利用青霉素酰化酶制造半合成青霉素和头孢菌素，利用 11-β-羟化酶制造氢化可的松等。由于酶催化的高选择性，在药物合成领域备受青睐，特别是在手性药物合成方面。利用酶催化替代传统有机合成技术是药物制造的发展方向。

（3）医学诊疗：酶在医学领域的应用包括疾病诊断和治疗两方面，也包括二者集成的疾病诊疗（theranostics）。许多酶是疾病的标志物，可以通过测定这些酶的活性变化进行疾病诊断。例如，谷丙转氨酶的活力升高与肝病和心肌梗死相关，碱性磷酸酶活力升高与骨瘤和甲状旁腺机能亢进相关，葡萄糖缩醛酶活力升高与肾癌和膀胱癌相关。在疾病治疗方面，常见的有利用淀粉酶、蛋白酶和脂肪酶等治疗消化不良，利用尿激酶和纤溶酶治疗血栓，利用溶菌酶消炎等。

（4）食品和饲料加工：酶催化技术广泛应用于食品工业，如葡萄糖、饴糖、果葡糖浆和蛋白质制品等的生产，酿酒，果蔬加工和食品保鲜等。食品工业应用的酶有几十种，包括 α-淀粉酶、β-淀粉酶、糖化酶、葡萄糖异构酶、蛋白酶、纤维素酶、果胶酶、脂肪酶、溶菌酶等。

酶在饲料加工中的应用主要作为饲料添加剂，以提高动物对饲料的消化、利用或改善动物体内的代谢效能。这类酶制剂有木聚糖酶、β-葡聚糖酶、β-甘露聚糖酶、纤维素酶、α-半乳糖苷酶、果胶酶、植酸酶、淀粉酶等。

（5）轻工产品加工：在轻化工领域，酶催化应用于氨基酸、有机酸、核苷酸和丙烯酰胺等精细化学品的生产。在制革（蛋白酶、脂肪酶等）、造纸（木质素酶）、生丝脱胶（蛋白酶）等领域也有广泛应用。

（6）能源生产：利用脂肪酶催化动植物油脂与乙醇或甲醇的酯交换反应生产生物柴油，是酶催化在能源生产领域的典型应用。利用酶催化可以提高乙醇发酵产率，实现节能增效。此外，酶催化产氢和电能转化（酶电池）也是酶应用研究的重要方向。

（7）环境保护：利用酶催化降解或资源性催化转化污染物，是环境治理的重要研究方向。利用漆酶、过氧化物酶、有机磷水解酶、聚合物水解酶等可降解工农业污染物，如双酚 A、各种染料、农药、塑料等。

（8）分析检测：基于酶催化反应发生的变化进行分析检测，是一种现代分析技术，在生物分析领域应用广泛，如利用葡萄糖氧化酶检测葡萄糖，利用胆固醇氧化酶检测胆固醇等。酶催化在环境分析检测方面也有广泛应用。

1.2 酶催化

1.2.1 酶催化原理简介

反应速度理论认为，化学反应速率取决于反应的活化能（activation energy）。活化能是一定温度下底物分子由常态变为活化态所需的能量，在较小的温度范围内，活化能可认为是常数，此时反应速率常数与活化能的关系用阿伦尼乌斯方程（Arrhenius equation）表示：

$$k = A\exp\left(-\frac{E_a}{RT}\right) \tag{1-1}$$

式中，k 为反应速率常数；A 为阿伦尼乌斯常数；E_a 为反应的活化能，J/mol；R 为气体常数［8.314J/(mol·K)］；T 为绝对温度，K。

在催化剂的作用下，催化反应的活化能显著降低（图 1-1），故反应速率显著提高。

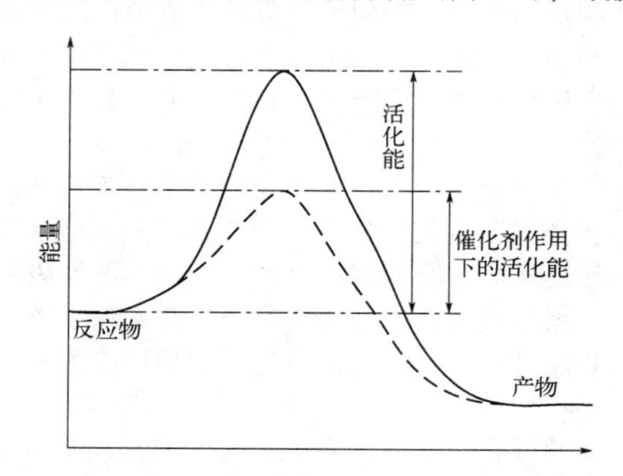

图 1-1　酶降低反应的活化能

酶作为高效催化剂，可以比一般无机催化剂更大幅度地降低反应的活化能，即更大幅度提高反应速率［式（1-1）］。例如，过氧化氢分解为水和氧气的反应的活化能高达 75.2kJ/mol；在以液态铂为催化剂时，活化能降低到 48.9kJ/mol；而以过氧化氢酶为催化剂时，活化能降低到 23.0kJ/mol[4]。

酶催化的高效性源于其存在特异性底物结合位点，与底物发生特异性结合，生成中间物（intermediate）——酶-底物复合物。酶-底物复合物中，酶分子与底物发生各种相互作用，催化底物的转化反应，生成并释放产物后，酶恢复原状，可结合下一个底物。该过程可用式（1-2）表示：

$$\mathrm{E + S \rightleftharpoons ES \longrightarrow P + E} \tag{1-2}$$

式中，E 表示酶；S 表示底物；ES 为酶与底物结合产生的中间物；P 为反应产物。此即酶催化的中间物理论（intermediate theory）。中间物理论认为酶降低活化能的原因是酶参加了反应，即酶分子与底物分子先结合形成不稳定的中间物（中间结合物），这个中间物不仅容易生成，而且容易分解出产物，释放出原来的酶，这样就把原来活化能较高的一步反应变成了活化能较低的两步反应。从中间物理论延伸出了过渡态理论（transition state theory），以量子力学对反应过程中能量变化的研究为依据，认为从反应物到产物之间形成了势能较高的活化络合物，活化络合物所处的状态叫过渡态。

酶种类和催化反应类型多种多样，酶的共性作用机理主要归纳为如下 4 点[4,6,7]:

（1）通过构象变化稳定过渡态。酶结合并稳定催化反应的过渡态，而不是底物的基态（ground state）。酶与底物结合形成中间物的经典理论是 1894 年 Fischer 提出锁钥假说（lock and key hypothesis），认为酶具有与底物（钥匙）严格适配的互补凹槽（锁）。该理论简单形象，可以较好地说明酶的立体异构特异性，但不能解释过渡态为何可以稳定存在。1958 年，Koshland 修正了锁钥模型假说[8]，认为底物可对酶的结构产生诱导作用，使酶的底物结合位点发生形变，适于底物的结合。这个动态辨认的过程称为诱导契合（induced-fit），此即目前广泛接受的酶催化作用模型。图 1-2 所示为酶催化双底物反应的诱导契合模型（induced-fit model）。如图 1-2 所示，酶分子的结合位点仅能粗略适合底物的结合，底物进入结合位点会引起酶分子形状改变，使之更紧密地结合底物并引发底物采纳一种中间态，该中间态与非催化反应的过渡态类似；第一个底物的结合又促进第二个底物分子的结合。催化反应完成后，酶释放生成的产物，酶分子恢复到非诱导状态。该模型可与“五指手套模型”相类比：第一个手指伸进正确的指套有一定难度，但一旦正确佩戴，其余手指就可容易地伸入已经适当排列的各个相应的指套。

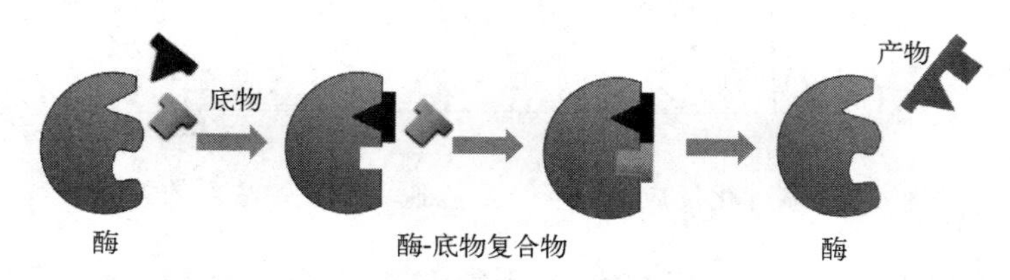

图 1-2　双底物酶催化反应的诱导契合机理

（2）接近效应和定向效应降低活化能。如图 1-2 所示，酶与底物的结合使双底物的分子间反应变成拟分子内反应，即产生双底物分子的接近效应（proximity）和定向效应(orientation)，这是酶结合加速反应的重要原因。Kirby 指出[7]，能与酶催化速度比拟的简单反应只有像环化反应那样的分子内反应，具体地说，是分子内的亲核反应。一些酶通过共价结合底物的过渡态，使酶与底物形成单一分子，从而大幅度降低反应的活化能，显著提高催化反应速率。这类酶催化机理一般称作共价催化（covalent catalysis）。

（3）酶的功能基团优化酶与底物的相互作用。酶活性位点存在一些功能基团，发挥传递质子、稳定电荷、螯合金属离子、充当亲核试剂（nucleophile）/亲电子试剂（electrophile）的功能。天然酶分子中这些功能基团分布合理，优化了酶与底物的相互作用，协同作用促进底物向过渡态转变。

（4）酶的功能基团改善反应位点的局部微环境。因为这些功能基团（极性/非极性基团，正电荷/负电荷基团）的存在，酶活性位点的溶剂化性质和局部 pH 等与主体溶液不同，可影响活性位点功能基团的亲核性和解离度（pK_a）等性质，从而有利于促进底物向过渡态转变，即活化能较低。

1.2.2　酶催化反应动力学

在一定条件下（温度和溶液条件），反应速率与反应物（底物）的定量关系是反应过程和反应器设计的基础。实验数据表明，底物浓度对酶催化反应速率的影响是非线性的（图 1-3）。当底物浓度较低时，反应速率与底物浓度呈线性关系，为一级反应；随底物浓度的增加，这一线性关系不能继续保持，反应速率的增加量逐渐减少；当底物浓度足够大时，反应速率达到最大值（v_{max}），不再随底物浓度的增大而增加，即反应速率变得与底物浓度无关，为零级反应，说明底物对酶催化反应具有饱和现象。

底物对酶催化反应具有饱和现象可利用中间物理论解释［式（1-2)］，即酶在不同底物浓度下具有两种状态：底物浓度很低时（相对于酶浓度），酶分子的活性中心未被底物全部饱和，故反应速率随底物浓度线性增大；当底物浓度较高时，酶分子的活性中心全部与底物结合，反应速率不再随底物浓度增大而增加。

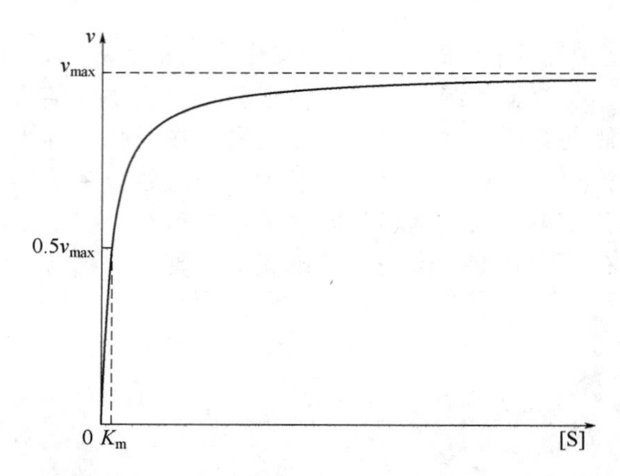

图 1-3　酶催化反应动力学：反应速率和底物浓度的关系

基于上述实验观测，Michaelis 和 Menten 于 1913 年推导得到了酶催化反应中底物浓度与反应速率之间的数学表达式，通称米氏方程（Michaelis-Menten equation）：

$$v = \frac{v_{max}[S]}{K_m + [S]} \tag{1-3}$$

式中，v 为反应速率，mol/(L·s)；v_{max} 为最大反应速率，mol/(L·s)；[S]为底物的浓度，mol/L；K_m 称为米氏常数（Michaelis constant），mol/L。

米氏常数 K_m 是一个非常重要的参数。表面上，它等于反应速率达到最大反应速率一半（$0.5v_{max}$）时的底物浓度（图 1-3），但实际上，其具有更重要的意义：酶与底物的结合作用，即亲和作用。K_m 越小，则酶与底物的亲和作用越大，在较低的底物浓度下就可具有较大的反应速率，有利于催化转化反应。

最大反应速率 v_{max} 是酶浓度与反应速率常数的乘积，即：

$$v_{max} = [E]_0 k_{cat} \tag{1-4}$$

式中，$[E]_0$ 为酶浓度，mol/L；k_{cat} 为反应速率常数，s^{-1}，即前述的 TON 或 TOF，表示一个酶分子在单位时间内催化转化的底物分子数。

根据式（1-4），米氏方程可改写为单位酶浓度下的表达式：

$$r = \frac{k_{cat}[S]}{K_m + [S]} \tag{1-5}$$

式中，$r = v/[E]_0$，是单位酶浓度下的反应速率，s^{-1}，即单位酶浓度下单位时间内生成的产物浓度。

当[S]→0 时，式（1-5）变成线性方程：

$$r = \frac{k_{cat}}{K_m}[S] \tag{1-6}$$

式（1-6）的线性反应速率常数，k_{cat}/K_m［L/(mol·s)］，为低底物浓度条件下酶催化的一级反应速率常数，一般称作催化效率（catalysis efficiency）。其物理意义是：在单位酶浓度和单位底物浓度下单位时间内生成的产物浓度。

米氏方程是酶催化反应动力学的基本形式。在抑制剂存在下，酶催化速率发生显著变化，包括底物抑制、产物抑制和其他不同类型的抑制作用。有关抑制剂存在下的酶催化反应动力学可参考生物化学或酶学文献[2,4,5]。

1.2.3 酶失活动力学

酶在使用过程中，一个不可避免的问题就是酶活性的降低，即酶的失活（inactivation）。酶失活的根本原因是维持酶立体结构的各种相互作用（包括共价键）被破坏，是多种复杂外因共同作用的结果。传统上，酶的失活与酶的变性（denaturation）密切相关。失活过程用一级反应动力学描述：

$$-\frac{\mathrm{d}E}{\mathrm{d}t}=k_1E \tag{1-7}$$

式中，E 为活性酶的浓度，mg/mL；k_1 为一级失活速率常数，s^{-1}。

设初始活性酶浓度为 E_0，则上式积分得到：

$$a=\frac{E}{E_0}=\exp(-k_1t) \tag{1-7a}$$

式中，a 是 t 时刻的酶活性与初始酶活的比值。

一级失活动力学适用于许多酶的失活反应过程，它表现的是单步二态动力学过程，是单一因素（如单一键的断裂及其引起的敏感结构变化、某种单一因素的致命性打击等）造成酶失活的典型情况，过程中失活速率常数保持不变，不受活性酶和失活酶浓度的影响。但是，酶的结构复杂，其失活过程也表现出复杂的行为和影响因素。在很多符合一级动力学的情况中，可能仅仅是表观行为的符合，而非机理上的一致。大量酶失活的实验研究表明，一级动力学与许多酶的失活动力学行为不符。主要表现在[9]：利用式（1-7a）拟合得到速率常数 k_1 并非常数，而是随时间不断变化（增大或降低）；有些情况下，k_1 在一定时间内保持不变，但在失活过程的后期，则开始变大或变小。因此，可能有不止一种因素导致酶的失活，在这种情况下，基于单一因素造成酶失活的一级动力学并不成立。另外，酶的变性并不一定导致失活。因为酶的活性部位只占酶分子很小部分（20～30 氨基酸残基），部分共价键、二级结构和三级结构键（非共价键）的破坏并不一定导致酶的失活，相反可能导致酶活性的上升，这也是酶工程改造提高酶活性的实验基础之一。因此，发生酶失活时应该已经发生了许多分子内相互作用/分子结构的变化。

基于大量实验观测，酶的失活一般符合多步串联失活机理（series-deactivation mechanism），每一步均为一级反应。应用两步失活的三态串联模型［式（1-8）］可以描述大部分实验数据[9]：

$$\mathrm{E}\xrightarrow{k_1}\mathrm{E}_1\xrightarrow{k_2}\mathrm{E}_2 \tag{1-8}$$

式中，k_1 和 k_2 分别为第一步和第二步失活过程速率常数，s^{-1}；E、E_1 和 E_2 是三种比活（单位质量的酶所具有的酶活力单位数）不同的酶分子状态。

需要注意的是，中间体分子 E_1 的活性可能比初始状态 E 的比活更高，并且最后的酶状态（E_2）也不一定完全失去活性。这些特性赋予了该模型更广泛的适用性，包括在某些激活剂存在下发生酶活化（activation）的情况。

式（1-8）中的两步过程可分别用式（1-7）和下式表示：

$$-\frac{\mathrm{d}E_1}{\mathrm{d}t}=k_2E_1-k_1E \tag{1-9}$$

式中，E_1 为 E_1 状态酶的浓度，mg/mL。

在初始时刻，设定 $E=E_0$ 和 $E_1=0$，积分式（1-7）和式（1-9），得到式（1-7a）和式（1-9a）：

$$E_1 = \frac{k_1 E_0}{k_2 - k_1} \exp[(-k_1 t) - \exp(-k_2 t)] \tag{1-9a}$$

设 E_2 状态酶分子的浓度为 E_2，则有：

$$E_2 = E_0 - E - E_1 \tag{1-9b}$$

设 E_1 和 E_2 状态酶分子与 E 状态酶的比活的比值分别为 α_1 和 α_2，则可推导得到酶活性与初始酶活比值的通式：

$$a = \left(1 + \frac{\alpha_1 k_1 - \alpha_2 k_2}{k_2 - k_1}\right) \exp(-k_1 t) - \left(\frac{k_1(\alpha_1 - \alpha_2)}{k_2 - k_1}\right) \exp(-k_2 t) + \alpha_2 \tag{1-9c}$$

若最终酶全部失活，则 $\alpha_2 = 0$，式（1-9c）简化为：

$$a = \left(1 + \frac{\alpha_1 k_1}{k_2 - k_1}\right) \exp(-k_1 t) - \left(\frac{\alpha_1 k_1}{k_2 - k_1}\right) \exp(-k_2 t) \tag{1-9d}$$

若 $\alpha_1 = 0$ 和 $\alpha_2 = 0$，则式（1-9c）简化为式（1-7a），即传统的一级失活动力学。

式（1-9c）中，若 $\alpha_1 > 1$，则酶的活性会表现出先升高后下降的行为。

Henley 和 Sadana 基于文献数据，总结出 14 种酶活变化动力学情况，包括传统的一级失活动力学、酶活性先下降后升高、酶活性先升高后下降，以及在激活剂和稳定剂存在下酶活升高并保持不变等情形[9]。他们还分析了该三态模型在固定化酶以及保护剂、抑制剂、底物和金属离子存在下的活性变化动力学，以及温度和 pH 的影响，证明该模型可以定量描述不同因素对酶的稳定化作用和活性的影响[10]。

Chen 等利用该模型分析两性离子聚合物、疏水性聚合物、两性离子单体和疏水性单体接枝修饰脂肪酶的热稳定性，证明该模型可以描述化学修饰对酶的稳定化作用[11]。

1.3 酶工程

1.3.1 酶工程的目标

在温和条件下，酶催化具有高效性和高选择性的特点，这是相对于无机催化剂或一般的有机催化剂而言。事实上，在酶催化的实际应用中，酶的催化性能及其催化系统往往达不到期望的水平。主要表现在 4 个方面：①一般酶催化效率很高，即活性很高。但对于特定的催化反应，特别是非天然底物的催化，酶的活性一般很低，而很多时候这些非天然底物的催化反应恰恰是我们需要的。②酶的稳定性低。酶蛋白需要维持特定的立体结构才能展现其应有的催化活性，但蛋白质分子的立体结构主要由非共价键维持，极易发生结构转换，从而引发活性损失乃至完全失活，特别是在非生理条件的溶液环境中。③酶催化的特异性或选择性很高，但很多情况下仍与期望值相差甚远，特别是在立体和位置选择性方面。④生物体中，多酶复合体将不同功能的酶分子组装为精妙的生物分子机器，通过快速传递产物中间体、减少产物抑制效应以及高效再生辅因子等过程，充分发挥各个酶及辅因子的功能，实现生物分子机器的高效运转和生命活动的正常进行。很多体外催化过程也同样需要多酶级联反应来实现。体外如何模仿天然多酶复合体或生物分子机器，构建高效的多酶组装体系，最终实现高效的生物催化转化过程是酶工程的重要问题。

没有最好，只有更好。人类追求“更高、更强、更好”的目标永不停息，在酶催化领域同样如此。酶工程研究的目标就是“更高、更强、更好”，即：酶的活性和选择性更高；酶更强壮，即稳定性更高，能长期使用；“更好”具有丰富的内涵。

一般来说，在“更高”和“更强”的基础上，通过系统设计和优化，包括多酶组装体系和反应器系统的设计和优化，实现多酶协同（multienzyme cooperation）、辅酶再生（coenzyme regeneration）、微环境调控（microenvironment modulation）、底物通道效应（substrate channeling）、底物富集（substrate enrichment）和消除产物抑制等，是构建高效生物催化转化过程的必由之路。

要实现“更高、更强、更好”目标，主要采用酶分子工程（molecular engineering of enzymes）、多酶系统工程（multienzyme systems engineering）和催化系统工程（catalytic systems engineering）等三个层次的工程策略，如图 1-4 所示。催化系统工程是在酶分子工程和多酶系统工程的基础上解决催化反应过程及反应器设计和优化的问题，不属于本书酶工程原理和方法的范畴，本书聚焦酶分子工程和多酶系统工程两个方面。

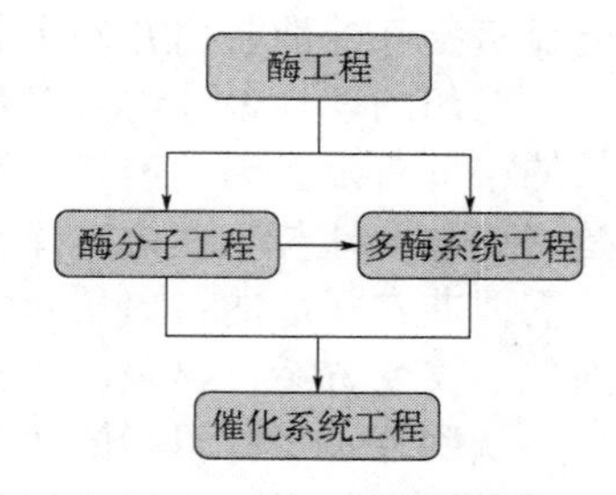

图 1-4　酶工程的构成和相互关系

1.3.2　酶分子工程

酶分子工程是指通过酶分子改造或酶分子修饰提高酶性能的方法，主要目标是提高酶的活性、稳定性和重复使用性。针对特定的底物或催化反应，如果不存在具有相应活性的酶或者能够进行改造的酶，需要从新酶挖掘或从头设计（de novo design）开始，获得具有所需催化活性的酶分子；在既有活性酶的基础上，一般根据酶和酶催化过程的特点和需要，选择合适的分子工程手段，实现特定目标。常用的酶分子工程方法包括酶分子改造和酶分子修饰，如图 1-5 所示。

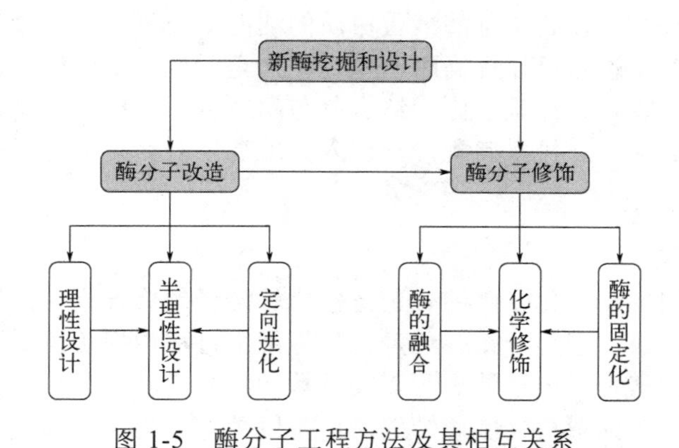

图 1-5　酶分子工程方法及其相互关系

酶分子改造主要有理性设计（rational design）、半理性设计（semi-rational design）和定向进化（directed evolution）；酶分子修饰包括酶的融合、化学修饰（chemical modification）和酶的固定化（immobilization）等方法。化学修饰包括体内翻译后修饰和体外化学修饰。糖基化修饰等翻译后修饰可以显著提高蛋白质的稳定性，但因翻译后修饰属于分子生物学研究范畴，故本书不涉及相关内容。

1.3.2.1 酶分子改造

酶分子改造通过对酶分子中一个或多个位点氨基酸残基的突变，实现酶性能的显著提升，包括理性设计、半理性设计和定向进化。

酶的理性设计是指根据酶的结构和功能等信息，对酶进行合理的结构改造来获得所需功能的设计。

定向进化是利用有机化学和生物化学等方法，人工模拟自然界的环境压力并加速其对生物体的进化过程。通过随机突变和/或基因重组，在特定的条件下进行定向筛选，发现催化性能显著提升的酶蛋白并确定其分子结构。

理想的理性设计需要对蛋白质结构和功能的深入了解。然而目前对蛋白质结构和功能关系的了解有限，因此难以实现真正意义上的理性设计，故半理性设计应运而生。半理性设计是将理性设计与突变体文库构建和筛选相结合的酶工程方法。与理性设计相比，半理性设计不需要非常精准的蛋白质结构和功能信息；与定向进化相比，半理性设计能够提供相对清晰的位点突变方案，显著减少构建和筛选突变体文库的工作量。

从酶分子工程目标的角度来说，酶分子改造可以分为重新设计（redesign）和从头设计。重新设计是基于对酶结构与功能关系的深入分析和理解，利用各种计算工具或实验方法对蛋白质进行改造并获得特定的功能；从头设计是指通过设计使非酶蛋白结构获得催化功能或者创造具有自然界以前未提供所需功能的人工酶（artificial enzyme）的过程。依据酶进化的原理（详见第 2 章），定向进化只能实现重新设计的目的；而理性/半理性设计既可以进行重新设计，也可以进行从头设计。从头设计是在重新设计基础上的进一步延伸，但通常所用的方法与重新设计无异，且从头设计获得的人工酶活性较低，需进一步通过重新设计提高活性。本书在理性/半理性设计方面的重点内容是重新设计。

1.3.2.2 酶的融合

酶的融合是将目标酶与其他蛋白质（包括酶）或蛋白质的结构域、短肽、肽标签等进行连接，构建杂合酶分子。酶的融合一般通过融合基因的表达实现，也可以利用体外化学连接。融合酶（fusion enzyme）可以将多种酶或蛋白质的功能集成于一体，是实现多酶组装的途径之一；酶与其他酶或多肽融合可以提高酶的稳定性乃至活性；融合酶表达可以有效提高可溶性蛋白质的表达水平；将亲和标签或固相结合肽与酶融合，可以实现酶蛋白的高效纯化和定向固定化；通过多肽的融合，可以向酶分子引入其他功能，实现酶分子的微环境调控和底物富集等。

1.3.2.3 化学修饰

存在于真核细胞内的糖基化、磷酸化、泛素化等翻译后修饰是自然界中的一种化学修饰过程，其在细胞信号传导、细胞分化、免疫保护等细胞过程中担负着重要作用。在酶工程领域，利用真核细胞（如酵母）表达酶，可以实现酶的糖基化修饰，提高酶的稳定性。

由于蛋白质表面分布大量可化学修饰的活性基团，体外化学修饰更容易实现。体外化学修饰主要利用有机小分子或聚合物修饰酶，可以显著提高酶的稳定性和有机溶剂耐受性，也有很多修饰酶催化活性提高的情况。如果通过蛋白质表面含量丰富的氨基或羧基进行随机修饰，容易在酶的活性位点或其附近发生化学修饰，可能会引起酶活性的损失。因此，定点化学修饰非常重要。天然酶的定点化学修饰可以通过酶分子上含量较少的带有游离巯基的半胱氨酸来实现。对于特定位点的修饰，可通过定点引入半胱氨酸残基或侧链含高反应性基团的非天然氨基酸来实现。

酶的化学修饰是提高酶的稳定性，特别是酶在非水介质中的活性和稳定性的有效手段。化学修饰还可以调控酶分子微环境（如局部 pH），优化最适反应条件。通过设计修饰分子，有可能实现底物富集，或促进产物释放。

1.3.2.4 酶的固定化

酶的固定化是将酶分子束缚在固体介质表面或内部的方法。固定化酶的目的主要有：①与上述化学修饰相似，固定化可以提高酶的稳定性，也有部分酶催化活性提高的情况。但由于利用固体介质固定化酶，增大了底物和产物的传质阻力，大部分情况下酶的活性会有所降低。因此，如何保持高的酶活性是固定化研究的重要课题。②便于酶的回收和循环利用。③提高反应器中酶的浓度。④便于反应器设计和实现连续反应过程。⑤多酶共固定化和多酶级联系统构建。⑥扩展酶催化反应介质（如有机溶剂）。⑦调控酶催化微环境和优化最适反应条件，包括实现底物富集等。⑧在微纳尺度上产生人工马达效应，通过微纳马达（micro/nanomotor）的自驱动促进酶催化转化过程。

图 1-5 列出了主要的酶分子工程方法及其相互关系。分子改造获得的性能提升的酶分子，可以利用化学修饰进一步提高酶的性能；将理性设计和定向进化相结合，可以构成半理性设计方法；融合酶分子可以进一步通过化学修饰和固定化提高酶催化的特定性能；化学修饰后，可以进一步进行固定化，实现酶的重复使用。

1.3.3 多酶系统工程

很多体外催化过程需要多酶级联反应来实现。此外，大部分酶催化氧化还原反应需要辅酶，辅酶再生和循环利用对这类催化反应的经济可行性至关重要。这种情况下，通常需要构建多酶偶联系统实现辅酶再生和循环利用。生物体中的多酶级联体系通常以精妙多酶分子机器的形式高效催化生命活动所需的复杂反应过程。在体外重现天然多酶复合体或生物分子机器具有很大难度，但生物分子机器的结构和作用机理启发和激励研究者在体外构建高效的多酶组装体系，实现高效的多酶级联生物催化转化过程。

通过多酶系统工程，可以调节不利反应平衡，提高级联反应转化率，实现原子经济性；省去中间产物的分离纯化，一步获得目标产品；实现辅酶再生和循环利用；产生邻近效应（proximity effect）和/或底物通道效应。邻近效应是指由于酶分子彼此接近，使级联反应的中间物（即前一个酶反应的产物）可以快速到达下一个酶的活性位点，减少中间产物无规扩散的机会，从而有利于中间产物的反应。当催化中间产物的酶活性较高时，多酶组装一般可产生邻近效应。底物通道效应是指中间产物在某种媒介作用下实现定向传输，可比邻近效应更有效地促进级联催化效率。

体外构建多酶级联体系的方法主要有多酶融合、共固定化、多酶组装和化学-酶级联等。

1.3.3.1 多酶融合

融合酶是构建多酶复合体的基本方法。融合酶中的酶分子相互接近，产生邻近效应，提高级联催化速率；如果连接不同酶分子的连接肽对中间产物可以起到定向输送功能，则会进一步产生底物通道效应，提高多酶级联催化效率。但融合酶一般只适用于双酶级联过程，更多酶的融合表达在技术上存在较大难度。

1.3.3.2 共固定化

将多酶共同固定在同一载体中，形成多酶共固定化（co-immobilization），是构建多酶级联催化体系的最简便方法。固定化提高酶的局部浓度，使载体中不同的酶分子彼此接近，容易产生一定的邻近效应。通过调控载体结构和固定化策略，可实现酶的分隔集成固定化（compartmentalization）和定位共固定化（positional co-immobilization），有利于提高级联催化效率。辅酶也可与酶共固定化，有利于辅酶的反复利用。

1.3.3.3 多酶组装

多酶组装（multienzyme assembly）是将一个级联反应所需的多种酶按一定的规则组装成一个整体催化元件，通过级联反应的匹配和酶活性的协调，实现高效的级联催化反应。多酶自组装体的构建主要依赖于自然界中存在的自组装模块和人工设计的自组装模块，如蛋白质支架、核酸支架、脂质体支架、多肽自组装体系和多肽-蛋白质相互作用体系等。

与传统的多酶融合和共固定化相比，多酶组装的一个明显优势是可人为精确调控各个酶分子的比例以及酶分子之间的相对位置，提高级联反应的协调有序性和高效稳定性。此外，多酶组装模块可在生物体内构建，避免酶分子的体外化学修饰，酶活性保留率高。

1.3.3.4 细胞表面展示

细胞表面展示（cell surface display）是一种将外源肽或蛋白质以融合蛋白的形式表达在噬菌体或微生物细胞表面的基因工程技术，表面展示的多肽或蛋白质能够保持相对独立的空间结构和生物活性。细胞表面展示可应用于开发疫苗、筛选抗体或功能多肽、构建全细胞生物催化剂等。在酶工程领域，一般利用原核细胞（主要是大肠杆菌）或真核细胞（主要是酵母）表面展示制备酶催化剂。已有多种展示系统应用于构建细胞表面展示的酶催化剂，包括多酶级联和辅酶再生体系，大肠杆菌和酵母表面展示系统所用锚定系统不同[12]。细胞表面展示可对酶催化剂进行精确调控，包括酶的表面展示位置、酶与细胞表面的距离、表面酶分子间距和不同酶分子比例等，实现多酶级联催化系统的优化。

1.3.3.5 化学-酶级联

化学-酶级联（chemoenzymatic cascade）是利用酶和化学催化剂共同构建级联催化系统的方法，是指酶催化和化学催化在同一个系统中进行的催化过程，通称一锅法（one-pot）反应过程。其中各种与酶相容性的化学催化剂，特别是催化反应条件相容的化学催化过程，可以用于构建化学-酶级联催化体系。在化学催化剂中，各种具有类酶活性的化学模拟酶（enzyme mimics），包括人工酶（artificial enzyme）和纳米酶（nanozyme）等，都是构建化学-酶级联体系的良好选择。此外，利用化学或电化学催化辅酶再生与酶催化结合，容易实现辅酶的循环利用。

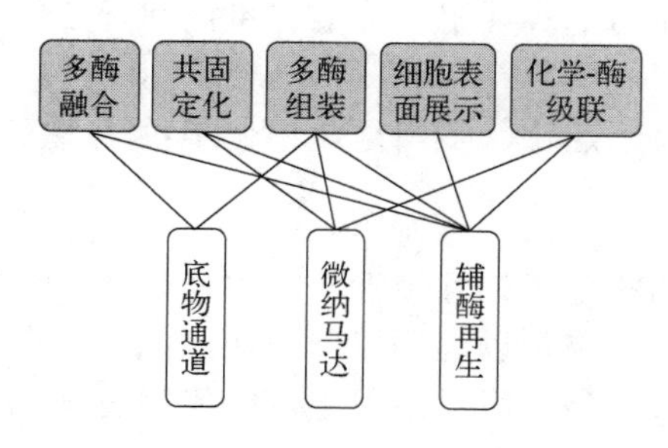

图 1-6 多酶系统工程方法及其可能具有的功能

（多酶体系一般具有调节不利反应平衡、省去中间产物的分离纯化、产生邻近效应等作用，此图中未一一列出）

化学催化剂稳定性高、价格低廉、易于规模化制备。因此，如果能利用类酶化学催化剂代替酶蛋白，可以节省过程成本，提高级联系统构建的灵活性。同时，固相化学催化剂可以兼做固定化酶载体，实现一石二鸟的功能，使级联系统更简洁实用。

图 1-6 总结了多酶系统工程方法及其可能产生的提升催化效率的功能，即具有调节不利反应平衡（提高级联反应转化率，实现原子经济性）、省去中间产物的分离纯化、产生邻近效应甚至底物通道效应、辅酶再生和微纳马达等功能。

1.4 本章总结

酶工程的基本出发点是提高酶的活性、选择性和稳定性。广义上讲，选择性也是活性的一部分。因此本章从酶学研究的历史简介开始，围绕酶的活性和稳定性展开。酶分子工程的焦点就是提高酶的活性或稳定性。例如，固定化酶的重复使用归根结底也是稳定性的问题。如果酶分子只有很低的活性和/或稳定性，重复使用或其他任何固定化带来的优势都无从谈起。在解决活性和稳定性的基础上，包括多酶系统工程在内的催化系统工程是实现酶催化过程实际应用的必由之路。

基于这样的认识，本书围绕酶分子工程和多酶系统工程展开。其中第 2～7 章次序介绍酶的理性设计、酶的定向进化、融合酶、酶的化学修饰、固定化酶、酶分子的自驱动和酶驱微纳马达的原理和方法；之后 4 章则介绍多酶体系及其构建的原理和方法，包括多酶级联催化反应、多酶组装系统、辅酶再生和循环利用、化学-酶级联催化。单一的酶工程方法不能解决所有问题，综合运用酶分子工程和多酶系统工程，可为实现“更高、更强、更好”的酶工程目标铺平道路。

参考文献

[1] Ponomarenko E A, Poverennaya E V, Ilgisonis E V, Pyatnitskiy M A, Kopylov A T, Zgoda V G, Lisitsa A V, Archakov A I. The size of the human proteome: The width and depth. Intern J Anal Chem, 2016, 2016: 7436849.

[2] Cox M M. Lehninger Principles of Biochemistry. 周海梦，等译. 3rd Ed. 北京：高等教育出版社, 2005.

[3] BRENDA website: https://www.brenda-enzymes.org/.

[4] 董晓燕. 生物化学. 3 版. 北京：高等教育出版社, 2021.

[5] 罗贵民. 酶工程. 北京：化学工业出版社, 2003.

[6] Lyu Y, Scrimin P. Mimicking enzymes: The quest for powerful catalysts from simple molecules to nanozymes. ACS Catal, 2021, 11: 11501-11509.

[7] Kirby A J. Enzyme mechanisms, models, and mimics. Angew Chem Int Ed Engl, 1996, 35: 706-724.

[8] Koshland D E Jr. Correlation of structure and function in enzyme action. Science, 1963, 142: 1533-1541.

[9] Henley J P, Sadana A. Categorization of enzyme deactivations using a series-type mechanism. Enzyme Microb Technol, 1985, 7: 50-60.

[10] Sadana A, Henley J P. Mechanistic analysis of complex enzyme deactivations: influence of various parameters on series-type inactivations. Biotechnol Bioeng, 1986, 28: 977-987.

[11] Chen N, Zhang C, Dong X, Liu Y, Sun Y. Activation and stabilization of lipase by grafting copolymer of hydrophobic and zwitterionic monomers onto the enzyme. Biochem Eng J, 2020, 158: 107557.

[12] Pham M-L, Polakovič M. Microbial cell surface display of oxidoreductases: Concepts and applications. Intern J Biol Macromol, 2020, 165: 835-841.

2

酶的理性设计

2.1 酶理性设计的发展

酶促反应具有选择性高、环境友好、反应条件温和等优点，故利用酶促反应取代传统化学反应催化过程具有广阔发展空间，也是现代化学工业发展的方向之一。但是天然酶存在稳定性差、底物范围有限、反应选择性低以及催化活性不足等问题。因此，不断提高酶催化性能是酶工程研究所追求的目标。在这方面，除了需要在生态环境中筛选具有特定功能的新型酶之外[1,2]，改造现有的酶使其获得特定功能或性能，正在得到产学界的广泛关注。其中通过理性设计进行酶的改造，是酶工程的重要组成部分，也是蛋白质工程（protein engineering）在酶工程领域的重要应用方向。

蛋白质工程通过对蛋白质化学、蛋白质晶体学和蛋白质动力学的研究，获得有关蛋白质理化特性和分子特性的信息，在此基础上对编码蛋白质的基因进行有目的的设计和改造，进而通过基因工程技术获得可以表达蛋白质的转基因生物系统。这个生物系统可以是转基因微生物、转基因植物、转基因动物。自 1835 年瑞典化学家 Jacob Berzelius 提出蛋白质的概念，到 2019 年以后数据驱动的机器学习方法应用于酶的改造，蛋白质工程已经发展了近两个世纪。期间，蛋白质工程广泛应用于提高酶蛋白的特异性、区域选择性和立体选择性，以及酶蛋白的热稳定性和有机溶剂耐受性，而酶的理性设计无疑在其中占有重要地位。

图 2-1 汇集了从 1833 年到 2021 年酶工程发展史上与理性设计发展相关的关键事件[3~13]。1894 年，德国化学家 Fischer 提出关于酶活性的锁钥假说[3]，认为酶具有与底物（钥匙）严格适配的互补凹槽（锁）。显而易见，锁钥假说将酶描述为刚性分子。然而，大多数酶催化都无法用刚性酶模型充分解释，故 1958 年 Koshland 提出酶和底物相互作用的诱导契合模型[4]，成为酶催化的主流理论。1913 年，Michaelis 和 Menten 在 1903 年法国化学家 Victor Henri 推导出的酶动力学公式[5]的基础上，将反应速率与参与反应的各种物质的浓度联系起来，推导出了酶动力学的米氏方程。

20 世纪 30 年代，Sumner、Northrop 和 Stanley 分别独立结晶了脲酶、胃蛋白酶和与烟草花叶病毒活性相关的核蛋白，分享了 1946 年诺贝尔化学奖。这些结构研究很快得到了氨基酸序列测定方法的辅助。在接下来的二十年中，科学家使用 X 射线晶体学对各种分离纯化的蛋白质进行了表征。这些表征的蛋白质种类多样，包括从抹香鲸的肌红蛋白到蛋清溶菌酶的高分辨率结构。

由于蛋白质晶体学和 DNA 重组技术的进步，20 世纪 90 年代酶工程的主流思想是使用基于结构分析和定点诱变的理性设计方法对酶进行改造。2018 年诺贝尔化学奖得主 Frances H. Arnold 也是首批采用理性设计方法进行酶工程研究的科学家之一。然而，Arnold 很快认识到

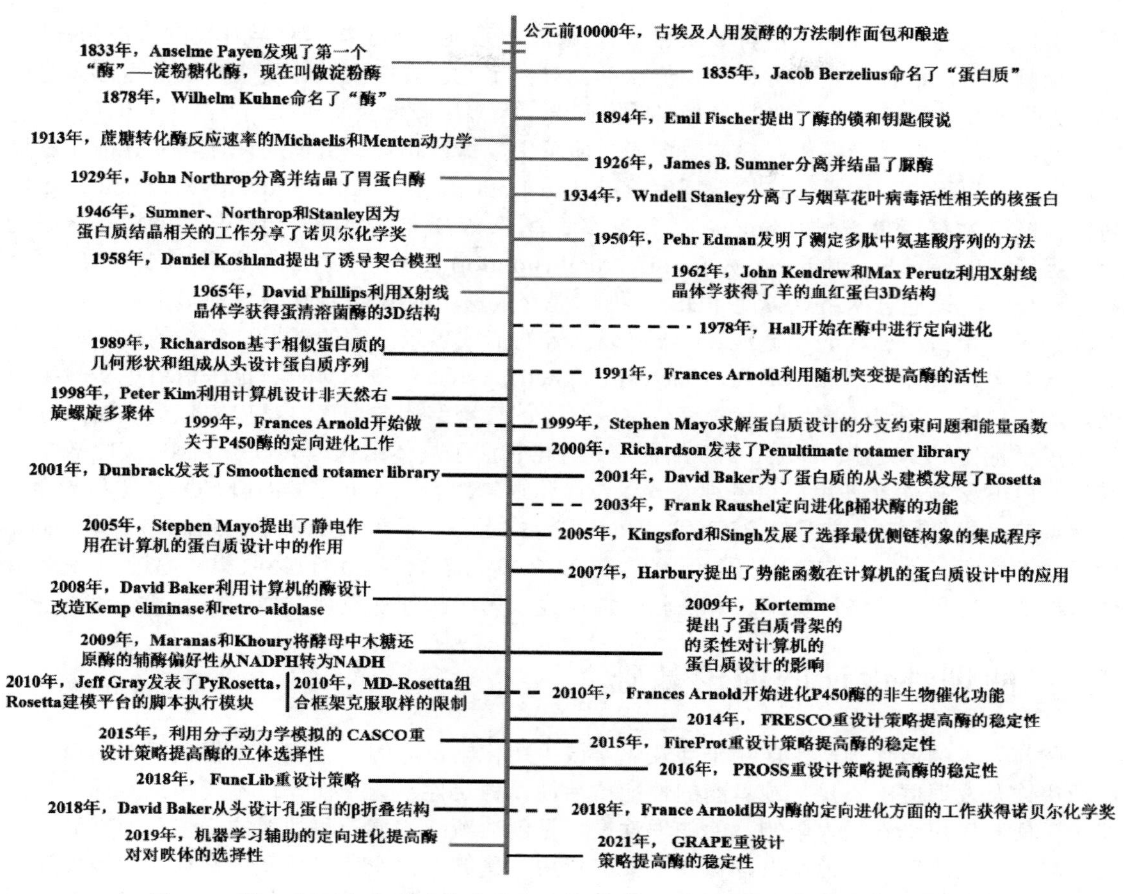

图 2-1 酶工程历史上的重大事件（灰色实线）及定向进化（黑色虚线）和理性设计方法（黑实线）的发展

合理设计的局限性，这主要是由于当时对酶结构、功能和催化机制的了解有限，因此她很快将工作重心转向定向进化（directed evolution）（详见第 3 章）。早在 1978 年，Hall 就开始进行酶的定向进化研究[14]。1991 年，Arnold 开始利用随机突变提高酶的活性。1999 年，她开始进行 P450 酶的定向进化工作[6]，并于 2010 年开始进化 P450 酶的非生物催化功能[7]。2018 年，Arnold 因为在酶定向进化领域的开创性研究而获得诺贝尔化学奖。

达尔文在 1859 年的《物种起源》中确立了突变后自然选择作为生物学的进化原则，人类已经不知不觉地利用这一过程进行了数千年的育种和驯化。直到 20 世纪 70 年代后期，蛋白质定向进化才被引入实验室，起初是为了发现更好地利用碳源的微生物表型。从 1978 年开始到 2018 年 Arnold 因为在酶的定向进化领域的杰出工作而获得诺贝尔化学奖，用了整整四十年。然而四十年间基于理性设计的酶改造也未停下发展的脚步。20 世纪 90 年代末期，已经报道了多种从头设计蛋白质的成功案例、氨基酸侧链旋转数据库及用于酶设计的软件和程序。

酶的理性设计是指通过对酶的结构分析以及基于氨基酸的理化性质的建模和与酶周围的环境的模拟实现酶改造的一种工程化策略[15]。从图 2-1 可以看出，理性设计从 20 世纪 80 年代末期主要依靠人对结构的理性分析，发展到如今的计算机辅助设计。尤其是近些年，多种酶的重新设计策略被开发出来，例如 FRESCO[8]、CASCO[9]、FireProt[10]、PROSS[11]、FuncLib[12]、GRAPE[13]等。随着计算能力的指数增长以及蛋白质设计算法的进步，计算机辅助方法已经成为理性设计中不可或缺的工具。通过一系列基于生物信息学开发的算法和程序，可以预测蛋白质活性位点并考察特定位点突变对稳定性、蛋白质折叠及底物结合等方面的影响，从而对蛋白质进行针对性的改造和模拟筛选，大幅度降低实验规模，提高实验的成功率。

几十年间，针对计算机建模的数据库、能量函数算法和计算机辅助设计软件等都在逐步发展完善。以蛋白质的晶体结构数据库（Protein Data Bank，PDB；https://www.pdbus.org/）为例，PDB 数据库是美国 Brookhaven 国家实验室于 1971 年创建的，由结构生物信息学研究合作组织（Research Collaboratory for Structural Bioinformatics，RCSB）维护。和核酸序列数据库一样，可以通过网络直接向 PDB 数据库提交数据。PDB 数据库是目前最主要的收集生物大分子（蛋白质、核酸和糖）2.5 维（以二维的形式表示三维的数据）结构的数据库，是通过 X 射线单晶衍射、核磁共振（nuclear magnetic resonance，NMR）、电子衍射等实验手段确定的蛋白质、多糖、核酸、病毒等生物大分子的三维结构数据库。其内容包括生物大分子的原子坐标、参考文献、1 级和 2 级结构信息，也包括了晶体结构因数以及 NMR 实验数据等信息。PDB 数据库允许用户用各种方式以及布尔逻辑组合（AND、OR 和 NOT）进行检索，可检索的字段包括功能类别、PDB 代码、名称、作者、空间群、分辨率、来源、入库时间、分子式、参考文献、生物来源等项。截至 2022 年 9 月该数据库中已经收集了超过 19.5 万条蛋白质数据信息。这些数据库、算法和软件已经成为了酶理性设计发展的基础。

2.2 酶理性设计的理论基础

酶作为生物催化剂广泛应用于涉及化学或生物化学反应的各个领域，但由于新酶以及酶的新用途开发速度的不足，或者酶的性能（活性、稳定性、选择性等）不能满足实际应用的要求，使其应用受到极大限制。酶的理性设计是创造新酶和提升酶性能的一个重要来源和手段，对于扩大酶的应用范围发挥极其重要的作用。酶的理性设计包括从头设计和重新设计。从头设计是指通过设计使非酶蛋白结构获得催化功能或者创造具有自然界以前未提供所需功能的人工酶的过程；酶的重新设计一般是指通过酶的结构和序列改变提升酶的性能或者使酶获取新功能的过程。因此，酶的理性设计可以实现从头设计人工酶、改造酶的性能和设计酶的相互作用界面等多种目的。本章内容主要关注通过理性的重新设计改造酶的性能，包括提高酶的活性、改变酶的底物和辅因子偏好性、提高酶的热稳定性和溶剂稳定性等方面。

在酶工程的发展过程中，随着对酶结构、功能和催化机制的不断深入研究，酶催化理论逐渐发展完善，成为酶理性设计和改造的理论基础。

2.2.1 酶的进化模型

自然界中酶的功能具有丰富的多样性和复杂性，即使是单个酶超家族（enzyme superfamily），其所催化的不同化学反应和底物的数量也非常庞大[16,17]。例如，酰胺水解酶超家族中超过 25000 个成员具有共同的$(\beta/\alpha)_8$桶状结构，活性位点中都有单核或双核金属离子，该家族的酶可以催化超过 40 种独特的化学反应[18,19]，而且这些超家族酶的功能仍然在开发中。

自然界中发现的酶的功能和序列差异使蛋白质科学界达成共识，即酶是高度可进化的分子，可以承受剧烈的序列变化并迅速适应新功能。新的酶促功能如何进化？1970 年，Maynard Smith 发表了一篇开创性的论文，指出："如果要通过自然选择进行进化，功能性蛋白质必须形成一个连续的网络，该网络可以通过单位点突变步骤遍历，而无需通过非功能性中间体。"[20] 换句话说，酶的功能进化必须通过一步一步地积累适应性突变，并在序列空间中形成一个连续的网络来逐渐平稳地进行。因此，新功能进化的基础是此功能预先存在于酶功能网络中。

在过去的二十多年中，已经证明许多酶具有底物混杂性（substrate promiscuity）[21~23]，即大多数酶可以识别天然底物的类似物（即仅在取代基上不同）并将它们进行相同的化学转化。此外，许多现存的酶可以催化不同的化学反应，即同一个酶的催化会涉及不同的化学键和/或不同的过渡态几何形状，这种现象称做催化混杂性（catalytic promiscuity）。在某些情况下，酶的混杂性是超家族成员之间进化联系的证据。此外，许多酶可以催化与其祖先或同源物无关的其他反应，这种偶然的混杂为新的功能进化提供了进一步的潜力。

因此，酶的混杂性为酶的进化提供了一个候选库[24]。在进化的过程中，如果某项功能变得有利，那么它可以进一步增加。新功能的改进可以通过突变的逐步积累（替换、插入、缺失、延伸和截断）逐渐平稳地发生，如图 2-2（a）所示。在某些情况下，重组或基因融合会突然改变序列和功能。最终，基因通过复制延续下去，每个副本可能会分化（divergence）、特化（specialization）并成为其酶超家族的新成员[25]。在适应过程中，或者通过遗传漂移（genetic drift），新进化的酶可能会获得在其以前的功能库中不存在的新的活性，从而为进一步的进化提供新的起点。由混杂性而产生的酶的新催化活性和适应重复循环结合起来，产生了酶进化中具有序列和功能差异的“连续网络”[20]。

然而，在过去的十年中，人们越来越意识到酶的进化不是无限的，而是高度受限的。利用定向进化技术的酶工程依赖于迭代的两步过程，随机突变产生分子多样性和体外重组，通过高通量筛选方法从大量文库中获得目标蛋白质。这种方法需要消耗大量的人力、资源和资金才能获得理想的表现型。虽然已经在酶工程和设计方面取得了许多进展，但酶工程研究，特别是定向进化，仍然具有挑战性。不同的突变体构成了酶不同的进化路径，根据酶的序列与催化性能的关系［图 2-2（b）］，在这些进化路径上，突变体需要逐渐积累有利突变，因此不利的突变很容易使进化进入“死胡同”。另外，当进化达到次优点时，难以再达到最优点。然而，负面结果通常不会在公开文献中披露，并且许多定向进化实验在仅得到微小改进或根本没有改进之后就提前停止，只有少数工作成功地产生了具有与天然酶相当的催化效率和特异性的酶[26,27]。因此，非理性进化的限制激发了研究者对理性设计的热情。

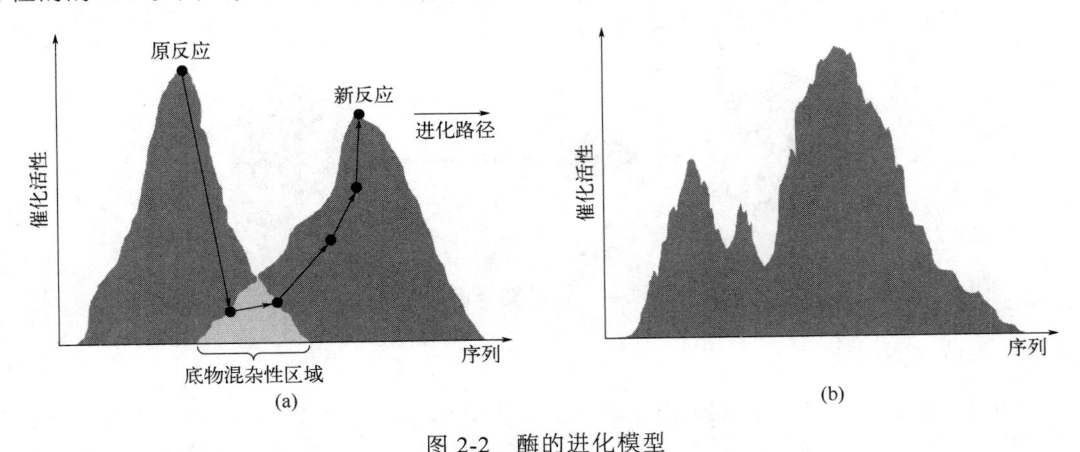

图 2-2　酶的进化模型

（a）底物混杂性模型下酶的进化路径；（b）酶的序列与催化性能关系模型

自然界看似无限的多样性是如何演变的？为什么大自然在创造新的高效酶方面更为成功？在这方面，许多努力致力于解开酶进化的动力学，以识别和更好地理解限制和负担进化的因素，并最终找到解决它们的方法。生物技术与计算机技术的结合极大地促进了相关生物学科的发展，使人们对蛋白质结构与功能的关系有了更加全面系统的认识，许多基于计算机辅助计算方法的酶改造策略（包括半理性设计和理性设计）已经在漫长的历史进程中构想出来。半理性设计和理性设计都是基于对蛋白质结构与功能关系的深入理解，利用各种计算工具对蛋白质进行改造并获得特定的功能。与定向进化相比，半理性设计和理性设计能够提供更加清晰的转化方案，显著减少构建和筛选突变体文库的工作量。

2.2.2 酶与底物的结合

在底物发生化学反应之前，酶的活性位点首先与底物结合，生成酶-底物复合物。经过一百多年研究发展，酶与底物的结合主要有三种不断进化的理论学说。

2.2.2.1 锁钥学说

为了解释酶的特异性，Fischer 于 1894 年提出了锁钥模型，认为酶分子的构象是刚性且特定的，底物或其一部分像钥匙一样，与酶的活性位点特异性地结合[28]，如图 2-3 所示。此学说可以较好地说明酶的立体异构特异性，但不能解释过渡态为何可以稳定存在。

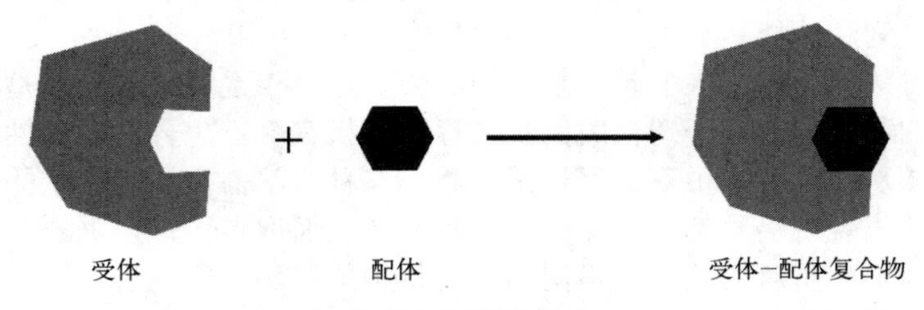

图 2-3 锁钥模型

2.2.2.2 诱导契合学说

1958 年，Koshland 对锁钥模型进行修正，认为当酶与底物相互接近时，底物对酶的结构产生诱导作用，使酶的底物结合位点发生形变，适于底物的结合。这个动态辨认的过程称为诱导契合（induced fit）[29]，如图 2-4 所示。

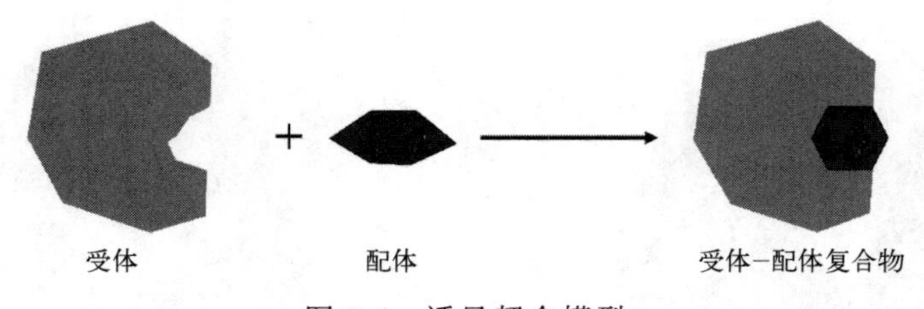

图 2-4 诱导契合模型

2.2.2.3 构象选择学说

1999 年，Kumar 等提出构象选择模型[30]，认为受体（酶）在溶液中以动态平衡的模式存在多种构象，配体（底物）与受体（酶）结合会使平衡向结合构象的方向转移，底物与酶预先存在的动态构象结合，进而形成稳定的复合物结构，如图 2-5 所示。很明显，与上述诱导契合模型相比，构象选择模型认为与底物结合的酶构象是动态存在的，并非底物诱导产生。

必须指出，由于酶和酶反应的多样性和复杂性，没有一种模型或理论能够完全解释所有酶催化过程酶与底物的相互作用。诱导契合模型是目前广泛接受的酶催化理论，但有些酶催化过程可能不符合诱导契合模型，其中部分酶催化过程可能用构象选择学说解释更合适。

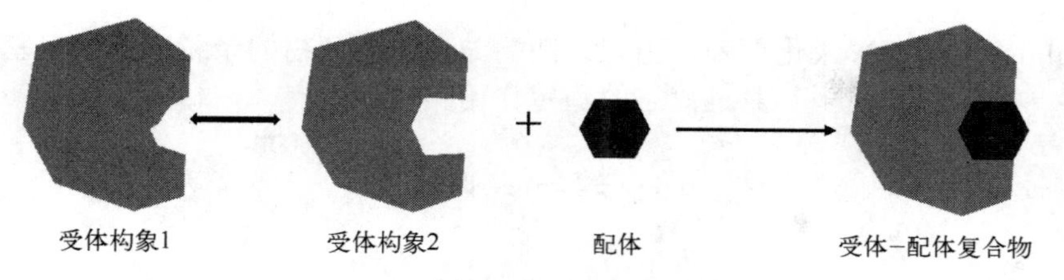

图 2-5　构象选择模型示意图

2.2.3　过渡态理论

过渡态理论（transition state theory）是 1935 年由 Eyring 和 Polany 等提出，建立在统计热力学和量子力学的基础上。过渡态理论认为反应物分子并不只是通过简单碰撞直接形成产物，而是必须经过一个形成高能量活化络合物的过渡状态，并且达到这个过渡状态需要一定的活化能，再转化成产物[31]。该理论采用理论计算的方法，由分子的振动频率、转动惯量、质量、核间距等基本参数，就能计算反应的速率系数，所以又称为绝对反应速率理论（absolute rate theory）。由于本章主要关注过渡态理论在理性设计中的指导作用，因此不在反应速率方面深入讨论。

1946 年，诺贝尔化学奖获得者 Linus Pauling 用过渡态理论阐明了酶催化的实质，即酶之所以具有催化活力是因为它能特异性结合并稳定化学反应的过渡态（底物激态），从而降低反应的活化能，提高反应的速率[32]，如图 2-6 所示。现在人们越来越了解酶催化过程：酶催化反应时，酶表面的活性中心通过吸引作用结合底物，酶与底物分子（及辅因子）一起形成一个反应物系综“米氏（Michaelis）络合物”，随后米氏络合物经过一系列构象转化经预反应态后形成过渡态（有时也叫过渡态络合物），如图 2-6 所示。

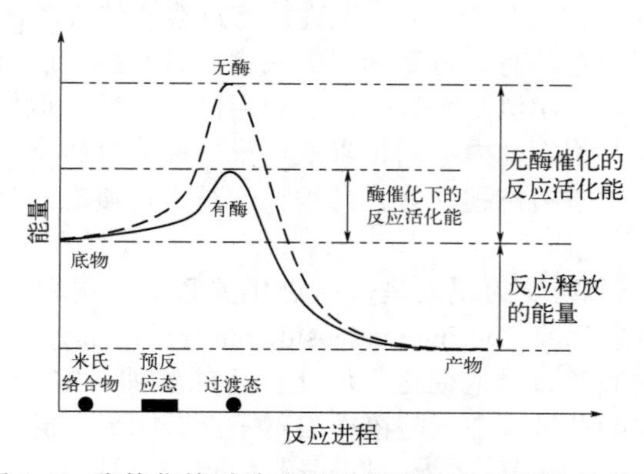

图 2-6　酶催化的过渡态学说及酶催化反应中的状态

同样反应条件下，同一个化学反应，有没有酶催化其反应速率相差巨大。毫秒数量级的基元反应速率，是酶促反应的特点。每个催化事件至少包括三步，所有的催化步骤都发生在几毫秒内。根据过渡态理论，催化循环的最小时间部分花在最重要一步，即过渡态。然而，如果没有酶促力的参与，这一步骤就无法发生，因为酶促力通过酶和底物构象变化对催化基团进行精确排列，将米氏络合物（E·S）转化为过渡态（$[E·S]^*$）。这种理论被 Richard Wolfenden 及其同事接受并完善[31]，他们假设由酶造成的速率增高（k_{enz}/k_{chem}）正比于酶对过渡态底物相对于基态底物的亲和力（K_d/K_d^*）。Wolfenden 通过一个热力学过程将产物通过非催化形成与通过酶形成进行比较，如图 2-7 所示。将酶与底物的亲和力与过渡态的亲和力进行比较，从而将 Pauling 原理更形象化地表示出来，即酶与过渡态底物的亲和力要比对基态底物的亲和力高得多，酶的催化源于其对过渡态的稳定作用[33]。

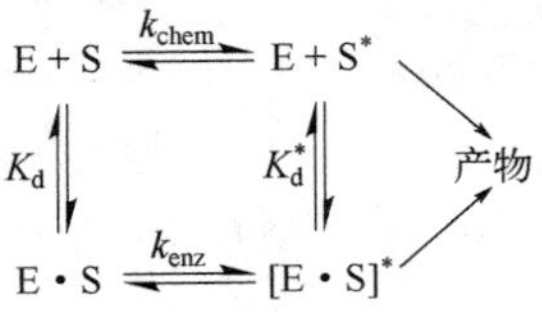

$$
\begin{array}{ccccc}
E+S & \xrightleftharpoons{k_{chem}} & E+S^{*} & \searrow & \\
K_d \updownarrow & & K_d^{*} \updownarrow & & \text{产物} \\
E\cdot S & \xrightleftharpoons{k_{enz}} & [E\cdot S]^{*} & \nearrow &
\end{array}
$$

$$K_d^{*}=K_d(k_{chem}/k_{enz})$$

图 2-7 描述过渡态结合平衡的热力学过程

E 和 S 分别是酶和底物，S^{*}为底物过渡态，$[E\cdot S]^{*}$为过渡态络合物，k_{chem}和 k_{enz}是无酶和有酶时过渡态形成的速率，K_d和 K_d^{*}分别是米氏（Michaelis）和过渡态络合物的解离常数

需要注意的是，虽然中间体的能级高于反应物（底物），但是中间体不是过渡态[34]。化学反应和酶反应的过渡态指的是键的断裂和形成的过程。生物分子中的键振动时间间隔在飞秒时间尺度上，因此，过渡态的时长远远短于酶的催化转化时间（通常为 10^{-3}~1s）。由于在酶催化过程中过渡态出现的时间非常短暂，通过实验提供光谱表征方面的数据很困难，因此需要使用动力学同位素效应（kinetic isotope effect，KIE）和计算化学的方法来研究酶在过渡态的几何构象和静电势[35,36]。

KIE 起初应用于化学反应，后来扩展到酶催化反应，这种方法提供了描述过渡态基本特征所需的化学细节，即几何结构（键长和键角）和静电势。这些参数可以方便地从 KIE 实验获得的波函数中导出，用于构建固定的结构，从而建立过渡态的计算模型[37~39]。研究酶的过渡态性质需要从 KIE 的原始数据集开始，将其细化为固有值，并将其与量子化学定义的潜在过渡态进行比较，以获得实验和理论上的一致性。酶过渡态的实验测定过程如下[40]：①合成反应基团和远端报告基团位置带有同位素标记的底物；②通过本征同位素效应分析化学步骤，本征同位素效应可以通过动力学测量来确定；③利用高斯（或类似）量子力学方法系统地迭代可能的过渡态，以找到与本征动力学同位素效应最匹配的过渡态；④根据反应物和过渡态的波函数计算静电势面，将过渡态视为静止结构；⑤基于过渡态的几何和分子静电匹配设计过渡态的稳定化学模型。

酶的过渡态研究中一个重要的现象是，在进化关系上密切相关的酶会形成不同的过渡态。人和牛的嘌呤核苷磷酸化酶（purine nucleoside phosphorylase，PNP）具有 87%的相似性，而且二者的晶体结构中与嘌呤接触的催化部位几乎没有差别，在与磷酸盐的接触位置仅有一个氨基酸的差异，但磷酸盐在过渡态下与核糖阳离子没有明显的键合。然而固有 KIE 的研究发现，二者的过渡态有明显的差异[41,42]，其差异足以用于设计不同的底物过渡态类似物。近乎相同的催化位点形成不同过渡态的原因，一般解释为催化位点形成过渡态相互作用的不同动态偏移，这种动态偏移的不同源于远离催化位点的序列的动态结构的改变。这一假设的证据来自嵌合体 PNP 的过渡态分析。从远离催化位点的牛酶中分离出来的非保守氨基酸替换到人酶中后，嵌合酶的过渡态和动力学性质与亲本不同[43,44]。

与酶催化相关联的过渡态稳定由酶活性中心结构和反应性决定，是活性中心与结合底物之间的相互作用的必然结果。酶充分利用一系列化学机制以实现过渡态的稳定，从而降低活化能，加快反应速度，主要包括：

（1）邻近定向效应　两种或两种以上的底物（特别是双底物）同时结合在酶活性中心上，相互靠近（邻近），并采取正确的空间取向（定向），从而大大提高底物的有效浓度，使分子间反应近似分子内反应，从而加快反应速度。底物与活性中心的结合不仅使底物与酶催化基团或其他底物接触，而且强行“冻结”了底物的某些化学键的平动和转动，促使它们采取正确的方向，有利于键的形成。

（2）广义的酸碱催化　水分子以外的分子作为质子供体或受体参与催化，酶通过质子得失来催化反应。蛋白质分子上的某些侧链基团（如 Asp、Glu 和 His）可以提供质子并将质子转移到反应的中间物而达到稳定过渡态的效果。如果一个侧链基团的 pK_a 值接近 7，那么该侧链基团就可能是最有效的广义的酸碱催化剂。His 残基的咪唑基就是这样的基团，因此它作为很多酶的催化残基。

（3）共价催化　共价催化是指酶在催化过程中必须与底物上的某些基团暂时形成不稳定的共价中间物的一种催化方式。许多氨基酸残基的侧链可作为共价催化剂，例如 Lys、His、Cys、Asp、Glu、Ser 或 Thr。此外，一些辅酶或辅基也可以作为共价催化剂，例如硫胺素焦磷酸（TPP）和磷酸吡哆醛。

（4）静电催化　活性中心电荷的分布可以用来稳定酶促反应的过渡态。酶使用自身带电基团去中和反应过渡态形成时产生的相反电荷，这种作用称为静电催化。有时，酶通过与底物的静电作用将底物引入到活性中心。

（5）金属催化　近三分之一酶的活性需要金属离子的存在，这些酶分为两类，一类为金属酶，另一类为金属激活酶。前者含有紧密结合的金属离子，多数为过渡金属，如 Fe^{2+}、Fe^{3+}、Cu^{2+}、Zn^{2+}、Mn^{2+}或 Co^{3+}；后者与溶液中的金属离子松散地结合，通常是碱金属或碱土金属，例如 Na^{+}、K^{+}、Mg^{2+}或 Ca^{2+}。通常参与催化的方式包括传递电子参与氧化还原反应、作为 Lewis 酸起作用、与底物结合从而确定底物定向、作为亲电催化剂稳定过渡态的电荷、作为酶结构的一部分等。

（6）底物形变　底物形变是指当酶与底物结合时，酶分子诱导底物分子内敏感键更加敏感，产生“电子张力”发生形变，比较接近它的过渡态。例如溶菌酶就利用这种方式进行催化，与溶菌酶活性中心结合的六碳糖在溶菌酶的诱导下，从椅式构象变成半椅式构象而发生形变，周围的糖苷键更容易发生断裂。

2.2.4　B 因子

2.2.4.1　B 因子的发展

1913 年，物理学家 Peter Debye 对固体材料中的 X 射线散射和热运动进行了理论研究[45]。Debye 最初假设晶体中的原子围绕其平衡位置独立振荡，因此在统计中使用了经典统计学。随后 Ivar Waller 提出，使用常规坐标的 Debye 方法是不正确的，他将温度因子替换为其平方。随着时间的推移，“Debye-Waller 因子”成为化学和物理界的通用名称[46]。当将此参数应用于蛋白质时，此参数的术语变为了“B 因子”（B factor），这就是 B 因子名称的由来。

B 因子（或通常指 Debye-Waller 因子，有时称为温度系数或原子位移参数）描述热运动引起的 X 射线散射或相干中子散射的衰减[45,46]。B 因子用式（2-1）定义：

$$B = 8\pi^2 \langle u^2 \rangle \tag{2-1}$$

式中，u 是散射中心的平均位移，Å❶。

B 因子是指衍射强度的降低，这是由两种不同的现象造成的，一种是原子随温度变化的

❶ 1Å=0.1nm。

振动引起的动态无序，另一种是静态无序。

PDB 中蛋白质的 X 射线晶体结构的数据包括除氢以外的所有原子的 B 因子。但在蛋白质研究中，科学家通常只用 B 因子研究蛋白质中氨基酸的 Cα 原子的性质。一般认为，蛋白质中氨基酸的 Cα 原子的 B 因子与蛋白质主链的运动有关。研究表明，B 因子可以表征蛋白质的柔韧性，高 B 因子区域代表此区域的柔韧性高于平均柔韧性，而低 B 因子代表此区域为刚性结构[47~52]。在 B 因子的应用方面，Karplus 和 Schulz 做出了开创性的工作。他们通过对蛋白质碳原子的 B 因子进行标准化分析，研究线性 B 细胞抗原表位的柔性[47]，从 31 个蛋白质结构中获得校正的 B 因子，利用这些数据指导建立柔韧性图谱，该图谱在肽抗原的选择中发挥了重要作用。为了达到利用氨基酸序列预测蛋白质结构柔韧性的目的，他们还尝试利用这 31 个蛋白质结构建立了氨基酸类型和 B 因子之间的相关关系，并对溶菌酶进行了预测，但其准确性仍需进一步提高[47]。

Radivojac 等研究比较了四类蛋白质的柔性：低 B 因子特征区域、高 B 因子特征区域、短的无序区域和长的无序区域[48]。研究发现，这些类别的氨基酸组成存在显著差异，高 B 因子特征区域表现出更高的柔韧性、更显著的亲水性和更高的绝对净电荷[48]。他们指出："通过比较高度相似的蛋白质结构的 B 因子值，可以证明蛋白质的柔性在很大程度上与氨基酸序列有关，因此在一定程度上应该可以从氨基酸序列中预测蛋白质的柔性。然而，由于实验条件、晶体之间的接触或晶体结构校正程序等原因，B 因子的数据噪声很大。"该研究开发了一个基于进化模型的预测系统，能够区分高 B 因子和低 B 因子区域，据称准确率为 70%，与实验数据的相关性为 0.43[48]。该系统的准确性被证明比当时使用的柔性指数高得多，但从发展的角度来看，还需要进一步改进。

一些算法不仅可以识别蛋白质的柔性残基和区域，还可以预测 B 因子，这在缺乏晶体结构的情况下非常重要，例如 PROFbval[53]、MoRFpred[54]和 ResQ[55]，它们是基于序列数据和同源结构的计算机预测工具。Bramer 和 Wei 提出了一种新的计算工具，用于预测柔性蛋白质区域，甚至计算 B 因子值[56]。然而，与从 X 射线数据中得出的 B 因子相比，所有这些算法的可靠性显著偏低，预测精确度均不超过 10%～15%。

2.2.4.2 B 因子与蛋白质的稳定性

稳定性是一个普遍存在于生物和非生物系统中的概念。蛋白质的稳定性可能从不存在到非常高，可以根据蛋白质在高温下的变性情况进行评价。通常蛋白质有两种类型的稳定性：①热力学稳定性，涉及蛋白质的去折叠，并且与蛋白质折叠平衡中的去折叠态（U）有关；②动力学稳定性，与将蛋白质折叠态（N）和去折叠态（U）分开的自由能垒相关[57]。因此，热力学稳定性可以由 ΔG_{U}（天然状态和变性状态之间的吉布斯自由能差异）定义［图 2-8（a）］，而动力学稳定性则根据其去折叠过程的活化能来评估［$\Delta G_{\mathrm{U}}^{\ddagger}$，图 2-8（b）］。蛋白质通常处在 N 态和 U 态之间的平衡状态，用式（2-2）和式（2-3）表示。

$$\mathrm{N} \rightleftharpoons \mathrm{U} \tag{2-2}$$

$$K=[\mathrm{U}]/[\mathrm{N}] \tag{2-3}$$

式中，K 是去折叠平衡常数。

在生理条件下，平衡极大地有利于折叠状态（$K<1$）；但在极端条件下，例如高温、极端 pH 值和高浓度变性剂条件下，平衡会转向展开状态（$K>1$）[58]。去折叠的自由能变化可以用式（2-4）表示，或用式（2-5）描述的 Lewis 方程表示。

$$\Delta G_U = G_U - G_N \tag{2-4}$$

$$\Delta G_U = -RT\ln K \tag{2-5}$$

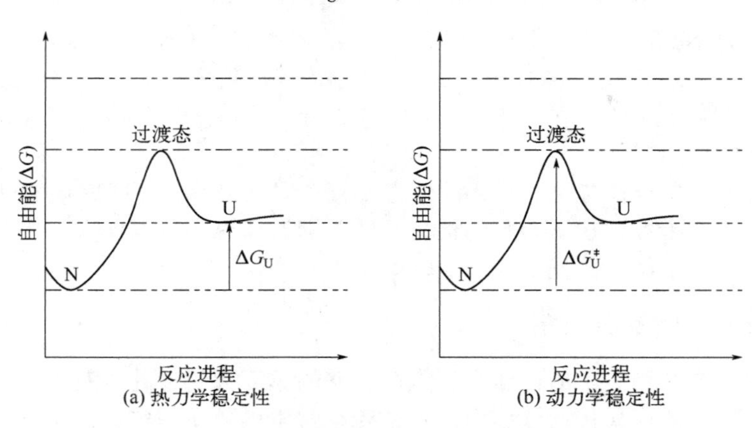

图 2-8　蛋白质两种类型稳定性的自由能图

热力学稳定性和动力学稳定性之间的区别在于，热力学稳定性是指对展开的抗性，动力学稳定性与抗降解性和保持反应效率（活性）相关。Vihinen 提出并深入讨论了蛋白质的刚性（由 B 因子代表）和热稳定性之间的相关性，当热稳定性增加时，蛋白质的刚性也增加[50]。Parthasarathy 和 Murphy 在 B 因子的应用中做出了另一项重要贡献。他们分析了许多高分辨率蛋白质结构中的温度因子分布，并强调了使用标准化 B 因子的重要性（标准化 B 因子称为 B′因子）[59]。他们利用 B′因子分析耐热蛋白质的结构坚固的原因，从而拓展了 B 因子的应用。

在蛋白质工程方面，可以通过两种方法来提高蛋白质的热力学稳定性。一是通过增加有利的相互作用或消除不利的相互作用来稳定折叠状态；另一种是通过降低去折叠状态的链熵来破坏去折叠状态。

蛋白质的理性设计作为蛋白质工程的一种形式，长期以来一直被用作提高蛋白质热稳定性的一种手段[60]。早在 2004 年就有研究者发现了一些分子效应[61]，例如引入新的分子内氢键、盐桥和/或二硫键的突变，增强的刚性会导致蛋白质稳定性提高。这些效应今天仍然应用于蛋白质热稳定性的理性设计。然而，通过理性设计提高稳定性的程度并不总是令人满意。因此，一些科学家转向定向进化作为替代方案。目前的研究表明，理性设计和定向进化的结合是最成功的。如今，将 B 因子算法与其他程序（例如 FoldX、RosettaDesign、脯氨酸理论、结构指导方法）相结合，从而识别增强热稳定性的热点残基，已经成为重要的策略。然而，值得注意的是，在提高热力学稳定性时，基于能量预测的计算方法可能会提供更好的结果，而基于动力学稳定性的预测则要困难得多。鉴于动力学稳定性与活性的密切联系，今后应有更多研究着重于揭示 B 因子和动力学稳定性的关系。

2.2.4.3　B 因子与酶的催化活性

在生物催化方面，一个关键问题是，B 因子所表示的柔性和刚性是否仅仅是酶的固有特性，是否仅与结构的稳定性相关，还是也与活性有关？B 因子在生物催化方面也有一些研究，例如 Wang 等研究了 69 种脱辅酶活性位点和非活性位点氨基酸残基的 B 因子的频率分布[52]，发现在几乎所有酶中，活性位点残基的 B 因子较低，而结合口袋中残基的 B 因子较高。其后的研究中也发现了这种现象。例如，Rost 等使用基于序列预测的新 B 因子分析算法研究了相同的 69 种脱辅酶，发现与非活性位点残基相比，活性位点中的 7 个残基的 B 因子较低，即此区域的灵活性更低。这似乎是一种普遍的规则，已经被用于预测酶的活性位点[62,63]。

酶分子的动力学如何在分子水平上影响催化，包括构象整体的作用及其动态变化以及变构效应，也是一个活跃的研究领域。B 因子作为一种易于获取的有用参数被用来识别和/或解释多种蛋白质动力学，例如用 B 因子预测二氢叶酸还原酶（dihydrofolate reductase）的骨架和侧链的动力学[64]。在研究中将 B 因子分析、NMR 解析和分子动力学（molecular dynamic，MD）模拟计算相结合的方法是获得动力学信息的有力策略。分子动力学模拟在这些研究中也起着至关重要的作用[65]。

B 因子通常不作为一种与酶的催化活性直接相关联的参数，更多时候 B 因子是作为酶稳定性和动力学的表征参数间接影响酶的催化活性。随着研究的逐渐深入，B 因子与酶催化活性之间的关系会得到更深入的揭示。

2.2.5 电子和质子传递网络

在生物体内，电子和质子的传递在有电荷转移的重要代谢过程以及酶的催化中发挥着重要的作用。生物体系的荷质传递过程中，电子转移常常伴随质子转移，可分为电子和质子分步传递（包括电子先转移质子后转移以及质子先转移电子后转移）和电子和质子协同传递（concerted proton-electron transfer，CPET 或 concerted electron-proton transfer，CEPT）两种。根据电子和质子的传递通道和方向的不同，电子和质子协同传递又可以分为氢原子转移（hydrogen atom transfer，HAT）和质子耦合电子转移（proton-coupled electron transfer，PCET）两种[66]。

酶催化过程中产生的氨基酸自由基可以通过 PCET 途径进行传递，进而在酶催化位点激活底物，启动反应[67,68]。很多氧化还原酶都涉及电子传递，并且主要是一些具有氧化还原性的氨基酸（比如酪氨酸和色氨酸）参与。如果这些氨基酸发生突变，或者是蛋白质变性，或者是存在其他干扰因素，都会阻止电子传递的发生，最终导致酶的失活。

酶的电荷转移和激活都包含量子催化，因为本质上就是量子机制效应。PCET 的局限性在于质子作为较重的粒子，基本上只能短距离传递；而电子质量比较小，能够长距离传递。当短距离传递时，电子和质子能够一起传递；但长距离传递时，电子和质子能够十分协调地进行传递，这也是生物体内的酶进化的一个重要表现。长距离传递需要在温和的生理条件下完成，即所需的热力学推动力较小，电势较低，并且是特异的。在此情况下，体内的酶能够精细地调控电子和质子的传递以及酶的催化。

生物体内 PCET 主要有两种基本模式，即线性和正交模式偶联传递。线性偶联传递指电子和质子通过相同或相反方向的不同通道协同转移。例如，电子可以通过 σ 通道、π 通道或 Rydberg 通道等进行传递[69]，质子可以通过氢键进行传递。线性偶联传递可伴随着 X—H（X 表示非金属性较强、半径较小的原子，如 O、N 等）键的断裂或者不断裂，是生物体内长距离电子传递的方式。电子传递通路 X—H…Y（Y 与 X 是同类型原子，可以与 X 相同或不同）受氢键调控，X—H 键断裂时，电子和质子的偶联就十分显著，并且这类传递发生了氢原子转移（HAT），即传递的电子和质子都来自于同一个原子。正交模式偶联传递指电子和质子可以通过不同的方向或不同的通道进行协同传递。换句话说，质子迁移的距离可能很短，但电子可以通过短距离的隧穿机制或长距离的跳跃机制转移[70]。研究显示，在整个电荷传递过程中，偶联的电子和质子并不是一成不变的。一个电子的传递可能涉及不同的质子参与传递，关键是要根据动力学或热力学去确认在特定的时间里，与电子传递直接偶联的一个或者一系列质子的位置。正交的 PCET 在生物体内更广泛存在，因为物种的进化需要酶能掌控不同的电子和质子。伴随着质子通过氨基酸侧链或者结构性的水通道进出催化中心，电子在催化部位的传递也得以实现。

2.3 理性设计方法

2.3.1 序列比对

2.3.1.1 理论基础

作为生物信息学的基本组成和重要基础，序列比对（sequence alignment）基于生物学中序列决定结构、结构决定功能的普遍规律，将核酸序列和氨基酸序列看成由基本字符组成的字符串，描述 DNA 和蛋白质序列的排序方式，比较序列之间的相似性。根据序列比对的结果，可以推断出序列之间的结构、功能和进化关系，还可以计算出目标序列和不同数据库序列之间的相似度，进而确定目标序列的来源。

进化学说是序列比对的理论基础，如果序列之间表现出足够的相似性，则可能是由共同的祖先经过序列内替换、缺失以及重组等遗传变异过程分别演化而来。在氨基酸比对中可以明显看出序列中的某些残基比其他位置上的残基更加保守，这可能是因为这些保守位点上的残基对蛋白质的结构和功能至关重要。然而，并不是所有的保守残基都具有重要的结构和功能，它们被保留下来可能只是由于历史原因而不是进化压力。因此，如果序列之间表现出显著的保守性，要确定具有共同的进化历史，进而认为具有近似的结构和功能还需要更多的实验和信息的支持。通过大量的实验和序列比对的分析，一般认为如果序列之间的相似性超过30%，它们就很可能是同源的。

2.3.1.2 序列比对的分类

如图 2-9 所示，根据待比对序列数目的不同，序列比对可以简单地分为双序列比对和多序列比对（序列数目不小于 3）。根据比对目的以及序列之间相似程度的不同，双序列比对可以进一步分为全局序列比对[71]和局部序列比对[72]。另一方面，根据比对策略的不同，多序列比对可以大致地分为渐进式比对[73]和偏序比对[74]。渐进式比对在比对过程中首先对全部序列进行两两比对，随后依据两两比对结果渐进式地生成完整的多序列比对结果；偏序比对则是以有向无环图（directed acyclic graph）的形式来表示多条序列之间的比对关系，并通过将序列与有向无环图进行迭代式的图比对来生成最终的多序列比对结果。相对于渐进式比对，偏序比对方法在计算时间上具有明显的优势。而在比对结果的准确性方面，渐进式比对则更为稳定。

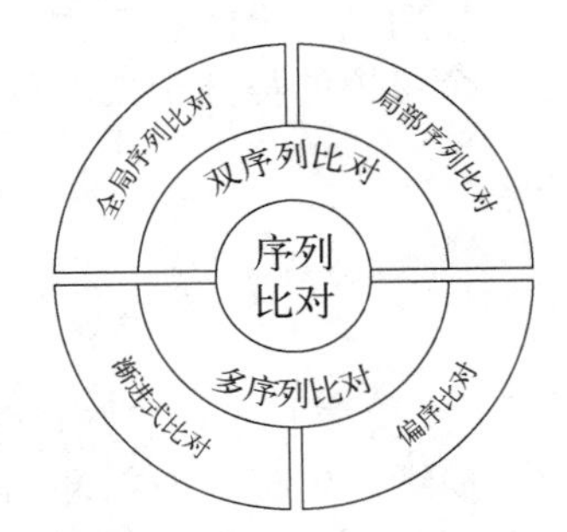

图 2-9 序列比对的主要分类

2.3.1.3 序列比对的算法

多序列比对是双序列比对的扩展，因此这里主要介绍双序列比对算法。目前的双序列比对算法主要分为以下三种：基于全局匹配的算法（如动态规划算法和 Needleman-Wunsch 算法）、基于局部匹配的算法（Smith-Waterman 算法）和启发式搜索算法（如 BWT 算法和 BLAST 算法）。

Needleman-Wunsch 算法是由 Saul B. Needleman 和 Christian D. Wunsch 两位科学家于 1970 年发明的，是将动态算法应用于生物序列的较早期的几个实例之一。该算法是基于生物信息学的知识来匹配蛋白质序列或者 DNA 序列的算法，高效地解决了如何将一个庞大的数学问题分解为一系列小问题，并且从一系列小问题的解决方法重建大问题的解决方法的过程。该算法也被称为优化匹配算法和整体序列比较法。目前 Needleman-Wunsch 算法仍然广泛应用于优化整体序列比较中。

下面举例讲解 Needleman-Wunsch 算法的原理。假设有两个序列：

GCATGCU

GATTACA

两个序列比对时每个位点配对都有三种可能情况：匹配（两个碱基相同）、不匹配（两个碱基不相同）与错位（一个碱基与另一个序列中的间隔相匹配）。使用 Needleman 和 Wunsch 创造的简单体系进行打分，即匹配得 1 分，不匹配和错位都得−1 分。

按照 Needleman-Wunsch 算法原理，需要构造一个得分矩阵用于比对回溯，矩阵的行列分别是两个序列的碱基排列，第一行和第一列为惩罚得分，按照 0、−1、−2 依次排列，得到的矩阵如下所示：

		G	C	A	T	G	C	U
	0	−1	−2	−3	−4	−5	−6	−7
G	−1							
A	−2							
T	−3							
T	−4							
A	−5							
C	−6							
A	−7							

然后从左上到右下的顺序计算每个位点的得分，每个位点的得分与它上方、左方和左上方三个位置的得分相关，具体计算如下：

		G
	0	−1
G	−1	?

① 从左上往右下方向得分：移动前位点（即矩阵中第二行第二列）分值为 0 分，当前位点横纵对应碱基（G）和纵纵对应碱基（G）一致，表明为匹配，得 1 分，综合得分为 0+1=1；

② 从上往下方向得分：移动前位点（即矩阵中第二行第三列）分值为−1 分，移动过程会在横向这条序列上引入一个错位，因此得−1 分，综合得分为(−1)+(−1)=(−2)；

③ 从左往右方向得分：移动前位点（即矩阵中第三行第二列）分值为−1 分，移动过程会在纵向这条序列上引入一个错位，因此得−1 分，综合得分为(−1)+(−1)=(−2)。

最后选取三个方向上的最高得分作为该位点的得分，以此循环从上到下、从左到右得到整个矩阵的得分，最后的得分如下：

		G	C	A	T	G	C	U
	0	−1	−2	−3	−4	−5	−6	−7
G	−1	1	0	−1	−2	−3	−4	−5
A	−2	0	0	1	0	−1	−2	−3
T	−3	−1	−1	0	2	1	0	−1

续表

		G	C	A	T	G	C	U
T	−4	−2	−2	−1	1	1	0	−1
A	−5	−3	−3	−1	0	0	0	−1
C	−6	−4	−2	−2	−1	−1	1	0
A	−7	−5	−3	−1	−2	−2	0	0

可知最右下角的得分肯定是最优得分，因为它是从每种子情况的最优得分得到的。但是还需要知道它是从哪一条路径得到的最优得分，因此需要回溯。方式是看每个位点的得分来自左上方、上方还是左方，最后就可以得到整个路径：

Needleman-Wunsch算法								
匹配 = 1			不匹配 = −1			错位 = −1		
		G	C	A	T	G	C	U
	0	−1	−2	−3	−4	−5	−6	−7
G	−1	1	0	−1	−2	−3	−4	−5
A	−2	0	0	1	0	−1	−2	−3
T	−3	−1	−1	0	2	1	0	−1
T	−4	−2	−2	−1	1	1	0	−1
A	−5	−3	−3	−1	0	0	0	−1
C	−6	−4	−2	−4	−1	−1	1	0
A	−7	−5	−3	−1	−2	−2	0	0

为得到最后的比对序列，从右下方开始，如果位点得分来自上方，则在横向序列中引入一个错位（以“—”表示），纵向序列取该处碱基；如果位点得分来自左方，则在纵向序列中引入一个错位，横向序列取该处碱基；如果位点得分来自左上方，则不引入错位，纵向和横向均取该处碱基。将由此获得的两段序列再反转，即为最终结果。回溯路径不唯一，当三个位置的得分有两个相同的时候，两个路径都是可行的。最终可以得到三个比对得分都为 0 的比对结果：

序列	最佳匹配		
GCATGCU	GCATG—CU	GCA—TGCU	GCAT—GCU
GATTACA	G—ATTACA	G—ATTACA	G—ATTACA

2.3.1.4 序列比对常用软件

序列比对常用软件列在表 2-1 中。BLAST（basic local alignment search tool）[75]是序列比

对中最常用的工具之一，它不仅支持核酸和蛋白质的双序列比对，而且可以在蛋白质数据库或核酸数据库中进行相似性比较，找到与输入序列相似的序列。在线版 BLAST 具有四种功能模块：Nucleotide BLAST（核酸序列比对到核酸数据库）、Protein BLAST（蛋白质序列比对到蛋白质数据库）、BLASTX（核酸序列比对到蛋白质数据库）和 TBLASTN（蛋白质序列比对到核酸数据库）。BLAST 功能强大，使用方便，但是也存在一些缺点，它的分析速度较慢，比对结果不够直观，不利于后续处理。

表 2-1 序列比对常用软件及关联网址

软件	网址
BLAST	https://blast.ncbi.nlm.nih.gov/Blast.cgi
BLAT	http://genome.ucsc.edu/
Clustal	http://www.clustal.org/
Muscle	http://www.drive5.com/muscle/
DNAMAN	https://www.lynnon.com/dnaman.html

BLAT（the BLAST-like alignment tool）[76]也是一款常用的序列比对工具，用来寻找 95%及以上相似至少 25 个碱基的序列，或 80%及以上相似至少 20 个氨基酸的序列。相比于 BLAST，BLAT 更加简单方便快速，还可以输出更为易读的比对结果。但是 BLAT 也存在一定的局限性，比如在重复搜索短小匹配片段的同时，会产生过多的没有生物学意义的序列比对碎片。

Clustal 是基于渐进式比对的多序列比对工具，有应用于多种操作系统平台的版本[73,77]。其中 ClustalW 不仅可以进行多序列比对，也能进行序列表谱比对，以及基于邻接方法构建进化树。但是，采用渐进式比对方法不能保证得到最优比对结果，同时速度也不够快。

Muscle[78]采用迭代方法进行比对运算，可以比 ClustalW 快几个数量级，并且序列数越多速度差别越大。但是降低了准确度，同时对计算机内存要求较高。

DNAMAN 是一款简单常用的核酸序列分析工具，支持多序列比对、序列同源性分析、限制性酶切位点分析、PCR 引物设计、质粒图谱绘制等多种功能，并且是非常友好的 Windows 操作界面，软件占用内存小、兼容性较好。

2.3.2 蛋白质结构预测

2.3.2.1 蛋白质结构解析

蛋白质的三维结构很大程度上决定了蛋白质的功能，因此如何得到准确的蛋白质结构并对其进行分析研究是现代分子生物学的重要课题之一，有助于了解蛋白质的功能、作用机制以及蛋白质与其他分子之间的相互作用。因此，蛋白质的三维结构研究对生物学、医学和药学都有非常重要的影响。对于功能未知或全新的蛋白质分子，通过结构分析可以进行功能注释，指导设计生物学实验来进行功能研究；通过分析蛋白质的结构和确认结构域，能够为设计新的蛋白质或改造已有蛋白质提供可靠的依据，同时为新的药物分子设计提供合理的靶分子及结构。

解析蛋白质三维结构的方法主要有 X 射线单晶衍射技术、核磁共振技术和冷冻电子显微镜技术（简称冷冻电镜技术）。利用这些实验技术已经获得了大量蛋白质结构信息。然而解析蛋白质结构仍然是一个非常昂贵的过程。X 射线单晶衍射技术需要将测定的蛋白质培养成晶体，但很多蛋白质是不能结晶的，这就限制了其测定的范围。核磁共振技术要求测定的蛋白质在非常高的浓度下可溶、稳定、不聚集，并且该技术不能解析具有较大分子量的蛋白质分子结构。冷冻电镜技术是在低温下使用透射电子显微镜观察化学样品的显微技术，其用高度相干的电子作为光源照射冷冻样品，电子透过样品和附近的冰层后受到散射，利用探测器和透镜系统记录散射信号，经过信号处理即可得到冷冻样品的结构。冷冻电镜技术已成为复杂蛋白质高分辨率晶体结构和功能分析的重要工具，但主要用于高分子质量（>200kDa）蛋白质的结构测定。

随着基因组和蛋白质组计划的飞速发展，大量具有特殊功能的蛋白质被发现，然而蛋白质三维结构解析的速度远远赶不上蛋白质序列增长的速度。因此，利用蛋白质三维结构预测就成为研究蛋白质结构信息的一种快速有效的手段。

2.3.2.2 同源建模

蛋白质三维结构预测方法包括从头预测、同源建模和反向折叠，其中同源建模是目前最成熟、最常用的预测方法。同源建模的基本假设是序列的同源性决定了三维结构的同源性。同源建模就是利用结构已知的同源蛋白质预测结构未知的蛋白质三维结构。其中，结构已知的同源蛋白质称为模板蛋白质，结构未知的蛋白质称为目标蛋白质。如果模板蛋白质与目标蛋白质的序列同源性较差，那么会影响最终构建的目标蛋白质三维结构的精度。如果序列同源性低于 30%，将难以得到理想的目标蛋白质三维结构。对于序列同源性大于 30%的蛋白质序列，则可以得到较为精确的三维结构。

如图 2-10 所示，蛋白质三维结构同源建模包括下列主要步骤[79]：

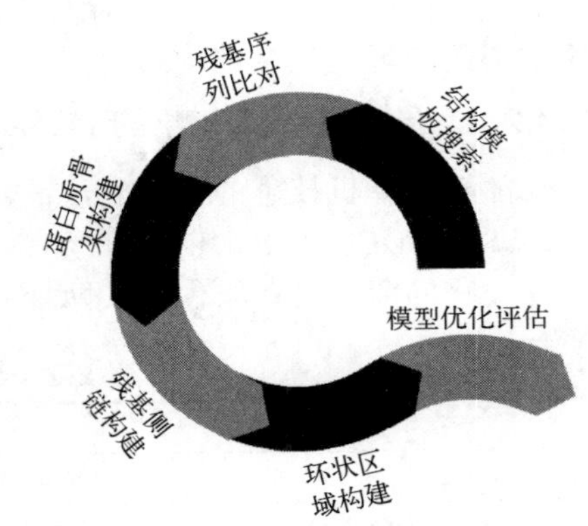

图 2-10　蛋白质同源建模的主要流程

（1）结构模板搜索　从蛋白质晶体数据库中搜索同源蛋白质，寻找与目标序列同源的蛋白质晶体结构。综合分析序列与结构一致性的高低、晶体结构的 B 因子以及解析度，选择一个或者多个蛋白质晶体结构作为模板。常用的模板搜寻方法为前述的 BLAST[80]。

（2）残基序列比对　将目标蛋白质与模板蛋白质的序列进行比对，使目标蛋白质与模板蛋白质的氨基酸残基匹配，进而为下一步搭建结构保守区坐标做好准备。此过程中允许插入和删除部分残基。

（3）蛋白质骨架构建　利用序列比对结果，给保守区中的氨基酸残基赋予坐标。如果相应的氨基酸残基完全相同，则把模板蛋白质相应氨基酸残基的坐标直接拷贝给目标蛋白质中的残基。如果氨基酸残基不同，则先把模板蛋白质的主链坐标拷贝给目标蛋白质。

（4）残基侧链构建　可以将模板蛋白质相同残基的坐标直接作为目标蛋白质的残基坐标，但是对于不完全匹配的残基，其侧链构象是不同的，需要预测主链与侧链之间扭转角的值。结构中侧链的构象，也称为旋转异构体，取决于主链与侧链之间扭转角的值。侧链通常使用旋转异构体库的方式建模，旋转异构体库包含所有 20 种侧链基团的优选构象。

（5）环状区域构建　残基序列比对时可能插入空位，通常对应于二级结构单元（如 α 螺旋和 β 折叠）之间的环状区域。对于环状区域需要另外构建模型，一般采用经验性方法从已知结构的蛋白质中搜寻最优的环状区域，拷贝其结构数据。如果找不到相应的环状区域，则需要通过使用力场函数和分子动力学预测具有最低结构能量的环状区域结构，以从头开始的方式对环状区域构象进行建模。

（6）模型优化评估　利用分子力学、分子动力学、模拟退火等方法修正原子间的不合理接触，特别是非保守区的构象。模型评估的方法有如下 5 种：

① PROCHECK 以 PDB 中高分辨的晶体结构参数为参考，给出提交模型的一系列立体化学参数。其输出的结果包括拉氏构象图、主链键长与键角、二级结构图、平面侧链与水平面之间的背离程度等。

② WHATCHECK 包含大量的检测项，可以针对提交的蛋白质结构与正常结构之间的差异，产生一个非常长而且详细的报告。

③ ERRAT 可以计算 0.35 nm 范围之内，不同原子类型对之间形成的非键相互作用的数目。原子按照 C、N、O 进行分类，所以有六种不同的相互作用类型：CC、CN、CO、NN、NO、OO，得分>85 的结果较好。

④ VERIFY 3D 比较模型和氨基酸一级结构的关系，获得 PASS 评价即可。

⑤ PROVE 用 Z-score 表示模型与预先计算好的一系列标准体积之间的差别。Z-score 作为一个统计学值，可以显示模板蛋白质和待测蛋白质之间的匹配程度，当 Z-score 较低时，就意味着没有匹配搜索的结构。

UCLA-DOE 的 SAVES 服务器（https://saves.mbi.ucla.edu/）包括了这五种常用的评估方法。

如果评估结果显示构建出的三维结构是合理的，那么得到的目标蛋白质的三维结构可以用于进一步的研究，例如分子对接（molecular docking）和分子动力学模拟（molecular dynamics simulation）等。反之，需要对同源建模的参数进行修正，重新构建目标蛋白质的三维结构，直到得到合理的三维结构为止。

2.3.2.3 蛋白质结构预测常用软件

随着计算机技术的飞速发展，目前已有许多常用的模型构建及优化工具，如 Geno3D、SWISS-MODEL、MODELLER 和 I-TASSER 等免费资源，Sybyl、Discovery Studio 和 MOE 等商业化的药物设计软件，其网址列于表 2-2 中。

表 2-2 结构预测的常用软件及关联网址

软件	网址
Geno3D	http://geno3d-pbil.ibcp.fr
SWISS-MODEL	https://swissmodel.expasy.org
MODELLER	https://salilab.org/modeller/tutorial/basic.html
I-TASSER	https://zhanggroup.org//I-TASSER/
Sybyl	https://sybyl.com/
Discovery Studio	http://www.discoverystudio.net/
MOE	http://www.chemcomp.com/MOE-Molecular_Operating_Environment.htm
AlphaFold	https://www.deepmind.com/research/highlighted-research/alphafold

Geno3D 是一个用于蛋白质分子建模的自动网络服务器[81]。从输入蛋白质序列开始，服务器分六个连续步骤执行同源建模：①使用 PSI-BLAST 识别具有已知三维结构的同源蛋白质；②通过非常简洁的界面为用户提供所有可能的模板，以供用户选择；③进行序列比对；④提取相应原子的几何约束（二面角和距离）；⑤使用距离几何方法进行蛋白质的三维构建；⑥通过电子邮件将结果发送给用户。

SWISS-MODEL[82]作为网络上第一个蛋白质建模服务（1991 年基于电子邮件的界面和 1993 年第一个基于网页的界面），开创了自动化建模领域。结合可视化工具 Swiss-PdbViewer（又名 DeepView），SWISS-MODEL 提供了一个集成的由序列到结构的平台。

MODELLER 用于蛋白质的三维结构建模[83,84]，将用户提供的需要建模的序列与已知的相关结构进行比对，通过添加空间限制实现蛋白质结构建模。此外，MODELLER 还可以实现许多额外的任务，如蛋白质结构中环状区域的从头建模、蛋白质序列和/或结构的多重比对、序列数据库搜索等。大多数 Unix/Linux、Windows 和 Mac 系统都可以使用 MODELLER。

2018 年，由谷歌的姐妹公司 DeepMind 开发的人工智能软件 AlphaFold[85]粉墨登场，它通过实验解决结构的数据库来训练自己。在当年的蛋白质结构预测竞赛 CASP 的第一场比赛中，AlphaFold 获得了接近 80 分的中位数得分，在与其他算法的 90 场比赛中赢得了 43 场。2020 年，它的继任者 AlphaFold2 表现得更加出色。AlphaFold2 由 182 个为机器学习优化的处理器组成的网络驱动，其平均得分为 92.4 分，与实验技术相当。2020 年 10 月，DeepMind 的科学家公布了 4433 种蛋白质-蛋白质复合物，揭示了蛋白质相互作用方式。2020 年 11 月，德国和美国的研究人员使用 AlphaFold2 和冷冻电镜技术绘制了核孔复合体的结构，该复合体由 30 种不同的蛋白质组成，控制着进入细胞核的途径。2021 年 8 月，中国研究人员使用 AlphaFold2 绘制了近 200 种与 DNA 结合的蛋白质的结构，这些蛋白质可能涉及从 DNA 修复到基因表达的方方面面。2022 年，研究 SARS-CoV-2 的科学家们使用 AlphaFold2 模拟新冠病毒 Omicron 变种对刺突蛋白突变的影响。

2.3.3 分子对接

2.3.3.1 分子对接的理论基础

分子对接是指已知两个分子的三维结构，考察两个分子之间能否结合以及预测两个分子之间的结合模式，也是两个或者多个分子通过几何匹配和能量匹配而相互识别的过程。分子对接可基于酶活性位点与底物结合生成酶-底物复合物的锁钥模型[28]（图 2-3）、诱导契合模型[29]（图 2-4）以及构象选择模型[30]（图 2-5）等进行设计。目前，主流的分子对接软件中主要采用锁钥模型和诱导契合模型进行设计。但在实际的分子对接过程中，配体和受体不仅需要实现结构上的相互匹配，还需要满足能量的匹配。最终，受体与配体之间能否结合以及结合强弱是由配体-受体形成复合物过程中的结合自由能变化所决定的。

2.3.3.2 分子对接的一般策略

形状互补性和模拟是分子对接的两种常用的策略[86]。在形状互补性策略（shape complementarity）中通常使用搜索算法实现受体和配体的几何匹配[87]。常用的搜索算法有蒙特卡洛算法（Monte Carlo algorithm）、基因遗传算法（genetic algorithm）、片段生长法（fragment algorithm）和穷举算法（exhaustive algorithm）等，这些算法主要用于预测配体的不同构象。基于形状互补的对接策略计算速度比较快也比较便捷，但是其无法精确呈现配体和受体对接过程中的动力学构象变化。形状互补方法能够快速搜索大量的配体并从中发现可进行对接的配体，并且此法可进一步扩展至蛋白质-蛋白质对接的研究中[88]。

模拟策略（simulation）进行分子对接是一种相对复杂的过程，对接过程中配体和受体以一定的距离分开，配体在构象空间中经过一定次数的“移动”后寻找到其在受体中的位置[86]。“移动”包括刚性结构的变化（平移和旋转）和配体结构内部的变化（扭转角旋转）。配体在其构象空间中的每一次移动都会导致系统总能量的消耗，因而每次移动都会计算出系统的总能量。配体和受体之间的相互作用以最小结合能的形式进行体现。最小结合能计算常用的打分函数包括基于力场的打分函数、基于经验的打分函数、基于知识的打分函数、一致性评分以及基于描述的打分函数等。模拟策略实现分子对接的最主要优势是可以使配体以柔性的方式对接在受体上，结果更接近真实环境中配体与受体的结合模式，但缺点是对接需要花费较长的时间来获得配体与受体结合的最佳模式[88]，故对计算资源的要求较高。

2.3.3.3 分子对接的分类

分子对接按照简化程度的不同一般可分为三类，分别为刚性对接（rigid docking）、半柔性对接（semi-flexible docking）和柔性对接（flexible docking）。

刚性对接过程中，对接体系中配体和受体都是刚性的，分子的构象不会发生变化，仅改变分子的空间位置和姿态[89]。刚性对接适合进行比较大的对接体系，计算相对较快，但是比较粗糙，原理相对简单。

半柔性对接过程中，所需对接的体系中主要是配体的构象允许在一定范围内进行变化，而受体的构象往往是不允许变化的[90]。半柔性对接是目前使用量相对较大的一种对接模式，该方法赋予配体一定的柔性，使得对接所获得的结果准确性得到提升。由于柔性只是对于小分子配体而言的，因此不需要消耗大量的计算资源，计算效率较高。

柔性对接是指对接过程中，配体和受体的构象基本都是可以自由变化的[91]。柔性对接赋予了配体和受体柔性，因而其可用于较精确研究对接分子之间的识别情况。但由于配体和受体的构象变化均是自由的，变量随着体系原子数的增长而呈现几何级数增长，故需要消耗大量的计算资源，并且也需要花费相对更长的时间来完成对接过程。

2.3.3.4 常用的分子对接软件

分子对接可以应用于蛋白质-小分子对接，也可以应用于蛋白质-蛋白质对接。在酶催化领域主要采用蛋白质-小分子对接模式，常用的软件包括 DOCK、AutoDock、GRAMM、Affinity、LigandFit、FlexX 等（表 2-3）。下面简介广泛使用的蛋白质-小分子对接软件 DOCK 和 AutoDock。

表 2-3 蛋白质-小分子对接软件

软件名称	算法、打分函数及特点	研发单位或个体
ICM-DOCK	蒙特卡洛搜索，虚拟库搜索，允许侧链的柔性用于寻找平行的双螺旋	MolSoftLLC[95]
GRAMM	快速傅里叶变化搜索，也可采用六维穷举算法，全剧分子匹配预测复合物结构	SUNY/MUSC[96]
DOCK	片段生长法，分布几何匹配策略,AMBER 力场经验势能函数，计算速度快	Kuntz[92]
AutoDock	最流行的柔性蛋白质-小分子对接程序，马克遗传算法，半经验自由结合能函数	Olson[93]
Glide	高通量数据库筛选的快速精确的分子对接程序，蒙特卡洛搜索算法，分级筛选可能结合位点，Glide Score	Friesner[97]
GOLD	遗传算法，配体柔性，部分考虑蛋白质受体柔性，GoldScore，ChemScore，可用于虚拟数据库筛选	CCDC[98]
FlexX	渐进式重建算法，配体柔性，受体刚性，Bohm 打分函数，可应用于中等规模数据库的搜索	BioSolveT GmbH[99]
Affinity	蒙特卡洛模拟和模拟退火确定结合位点，用分子动力学进行结合构象优化	Accelrys Inc.[100]
LigandFit	蒙特卡洛算法和几何互补，采用 LigandScore 具有较好的命中率	Floridaatlantic Univ[101]
FITTED	遗传算法，可分析配体-受体中水分子的作用，平均力势（PMF）和 DragScore	Corbeil[102]

DOCK 由加利福尼亚大学旧金山分校的 Kuntz 课题组开发，是最老也是目前应用最为广泛的小分子与蛋白质对接的程序之一[92]。DOCK 最初版本采用的是刚性配体，后来通过在结

合口袋中逐步构建配体使其具有一定的灵活性。DOCK 是一种基于片段生长法的对接程序，使用形状和化学互补来生成配体的可能取向。所获得的配体构象可以通过三种不同的打分函数进行评判，但三种打分函数都不包含显示氢键项、溶剂化/去溶剂化项或者疏水项，因而严重地限制了其应用。DOCK 可以较好地处理极性结合位点，并且对接计算也比较快。但相较于其他软件，在精确度上则表现较差。

AutoDock 是由 Olson 采用 C 语言开发的分子对接软件，软件中包含用于各点相关能量计算的 AutoGrid 模块和进行构象搜索及打分的 AutoDock 模块[93,94]。此软件采用蒙特卡洛模拟退火和马克遗传算法来寻找受体和配体分子之间的最佳结合位置。在马克遗传算法中，把遗传算法和局部搜索结合在一起，遗传算法用于全局所搜，局部搜索用于能量最小化。在早期版本（1.0 和 2.0）中，AutoDock 能量匹配打分采用简单的基于 AMBER 力场的非键相互作用能。非键相互作用能中非键相互作用来源于三部分的贡献：范德华力、氢键以及静电相互作用。在 AutoDock 3.0 的版本中则采用了半经验的自由能计算方法来评估受体-配体之间的能量匹配。在半经验的自由能计算方法中，非键相互作用能中非键相互作用仍然来源于范德华力、氢键和静电相互作用，但需要乘上相应的权重系数。AutoDock 中配体为柔性结构，受体为刚性结构，准确性得到了一定程度的提升，但计算速度比 DOCK 慢，是柔性配体和刚性受体对接的较好选择。

2.3.4 分子动力学模拟

2.3.4.1 概述

分子模拟通过构建逼真的原子模型描述复杂的化学体系，能够获得基于原子尺度的详细信息和预测物质的宏观性质。宏观的物理性质可分为静态平衡性质和动态平衡（或非平衡）性质。前者包括酶与抑制剂的结合常数、系统的平均势能和液体的径向分布函数等；后者包括液体的黏度、膜中的扩散过程和相变的动力学等。

计算宏观性质时，仅有单一结构的信息是远远不够的（即使这个结构是全局能量最小点），必须产生指定温度下体系的代表性系综（ensemble）。通常情况下，任何生物大分子体系的宏观热力学性质都是确定的，但从微观角度看，体系中各个粒子处于不断变化的运动状态中，所以体系中的各个微观状态也各不相同。Gibbs 提出了系综这个概念，使得分子动力学模拟可以准确模拟压力、温度等实验条件。系综是在一定的宏观条件下，大量性质和结构完全相同的、处于各种运动状态的、各自独立的系统的集合，全称为统计系综。分子动力学模拟常用的系综有：微正则系综（micro-canonical ensemble），又称 NVE 系综，表示具有确定的粒子数 N、体积 V 和能量 E，广泛应用于分子动力学模拟中，是孤立、保守的统计系综；正则系综（canonical ensemble），又称 NVT 系综，表示具有确定的粒子数 N、体积 V 和温度 T，是蒙特卡洛方法模拟处理的典型代表；等温等压系综（isothermal-isobaric ensemble），简称 NPT 系综，表示具有确定的粒子数 N、压强 P 和温度 T；等焓等压系综（NPH），表示具有确定的粒子数 N、压强 P 和焓 H，适合研究固态相变，实际模拟并不常用；巨正则系综（grand canonical ensemble），又称作 VTμ 系综，表示具有确定的体积 V、温度 T 和化学势 μ，适用于相变、表面分子吸附及原子核反应等粒子数发生变化的过程。

有两种方法可以产生一个代表性的平衡系综，分别是蒙特卡洛（Monte Carlo，MC）模拟和分子动力学模拟。分子动力学模拟还可以产生非平衡系综和进行动态事件的分析。

蒙特卡洛模拟通过蒙特卡洛算法，空间多次采样搜索能量最低构象，得到体系的几何构型和热力学平衡性质。与分子动力学模拟相比，这种方法更简单，因为在蒙特卡洛模拟中只需要计算能量而不需要计算力。也正因如此，在一定的计算时间内，蒙特卡洛模拟不能得到比分子动力学模拟更好的统计学数据。所以，分子动力学模拟是一种更通用的方法。

分子动力学模拟的发展脉络如图 2-11 所示。1957 年，美国加州科学家 Alder 和 Wainwright 进行了第一个分子动力学模拟，原子的模型是刚性球，原子间相互作用为完全弹性碰撞。1960 年，来自德州的 Vineyard 研究组进行了第一个真实材料——钴的分子模拟，研究晶体钴的放射损伤。1964 年，Rahman 等第一次使用连续的势能函数来模拟液态的氩。此时，受限于当时的计算机技术，他们所模拟的体系中只包含 864 个原子。1971 年，Rahman 和 Stillinger 等进行了水溶液的分子动力学模拟。此后，随着计算机技术和算法的革命性进步，分子动力学模拟逐渐成为物理、化学和材料等学科领域的有力研究工具。自 20 世纪 70 年代以来，分子动力学模拟广泛用于研究生物大分子，如蛋白质、核酸等的结构和动力学。1977 年，McCammon、Gelin 和 Karplus 使用物理的经验能量函数进行了第一个蛋白质体系的分子模拟。同年，van Gunsteren 等发展了约束动力学的方法。20 世纪 80～90 年代，其他各种直到今天仍广泛使用的技术陆续发展起来，例如，1980 年，Andersen 恒压法和 Parrinello-Rahman 恒压法；1983 年，非平衡态动力学方法（Dixon 等）；1984 年，Berendsen 恒温法和 Nose-Hoover 恒温法；1991 年，巨正则系综的分子动力学方法（Pettit 等）；1993 年，路径积分分子动力学方法。其后，分子模拟的时长于 1998 年达到了微秒量级，是 Kollman 等报道的绒毛蛋白在显式水溶剂中的折叠过程模拟[103]。2009 年，为分子动力学模拟专门优化的超算 Anton 面世，

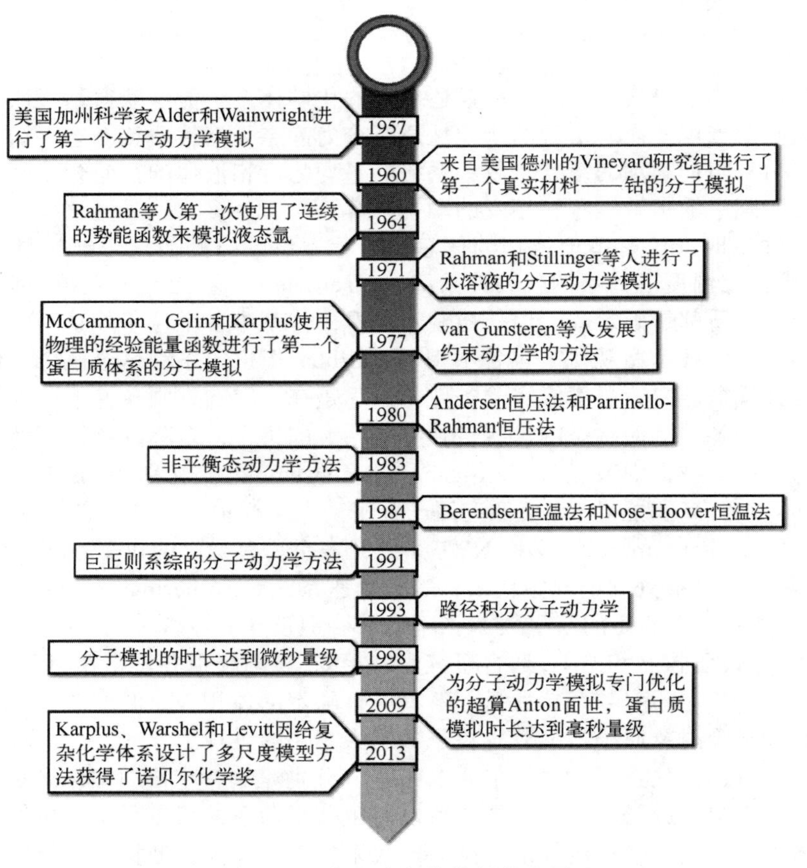

图 2-11　分子动力学模拟的发展

David Shaw 因为这种硬件以及算法上的优势将蛋白质的模拟时长推到了毫秒的时间量级。2013 年，Martin Karplus、Michael Levitt 和 Arieh Warshel 因给复杂化学体系设计了多尺度模型方法获得了诺贝尔化学奖。

2.3.4.2 分子动力学模拟的原理及步骤

分子动力学模拟通过数值求解分子体系经典力学运动方程的方法得到体系的相轨迹，并统计体系的结构特征与性质。因此，分子动力学模拟是建立在牛顿力学基础上的一种分子模拟方法。分子动力学模拟研究多粒子体系中各粒子的运动过程。假设一个包含 N 个原子的分子体系，其中某一原子 i 的质量为 m_i，电荷为 q_i，坐标为 r_i，分子动力学模拟求解其牛顿运动方程如下：

$$m_i \frac{\mathrm{d}^2 r_i}{\mathrm{d}t^2} = F_i \tag{2-6}$$

式中，t 为时间。

原子所受的力 F_i 是一个势能函数 $V(r_1,r_2,\cdots,r_N)$ 导数的负值：

$$F_i = -\frac{\mathrm{d}V}{\mathrm{d}r_i} \tag{2-7}$$

这些方程会以很小的时间步长同时求解；系统在设定的温度和压力条件下演化一段时间，原子坐标会以一定的时间间隔写入输出文件中；随着时间变化的坐标即代表了体系的轨迹。通常经过初始的变化后，体系会达到平衡态。通过对平衡后的轨迹进行平均，就可以获得许多宏观性质。但对于计算那些与自由能相关的热力学平衡性质，如相平衡、结合常数、溶解度、分子构象的相对稳定性等，需要对分子模拟技术进行特殊的推广。

具体来说，分子动力学的基本步骤可以分为如下四步：①初始化。体系的初始状态可以分为两部分：一是原子的初始坐标，可以从结构数据库中得到；二是各原子的初始运动速度，可根据 Maxwell 分布赋值。②计算原子受力。每个原子的受力包括化学键相互作用力和非键相互作用力。根据所用力场的势能函数和参数，求得原子在体系中的势能［式 (2-6)］。原子的受力即等于该原子所受势能的负梯度［式 (2-7)］。③更新原子坐标和速度。根据上步的原子坐标、速度和受力，即可得到原子在下一时刻的坐标和速度。不断循环进行②③步计算得到体系状态随时间的变化。④分析轨迹。分析动力学轨迹以获得体系的各种性质，包括构象分析、能量分析和动力学性质分析等。

2.3.4.3 分子动力学模拟的力场

力场是分子动力学模拟的基础。一个力场由两个不同的部分组成，分别是用于产生势能及其导数力的方程组和用于方程组的参数。方程组一般规定了不同原子间的成键相互作用和非键相互作用，成键相互作用包括键能、键角、二面角和异二面角，非键相互作用包括静电相互作用和范德华相互作用。用于方程组的参数主要包括原子的质量、电荷和键长等物理信息。

在分子动力学中，势函数的选择很重要，它描述了系统内各原子之间相互作用的形式。势函数的精确计算要根据量子力学求解薛定谔方程，分子力场则是在波恩-奥本海默近似这个假设的基础上对这一过程的近似计算。分子力场往往通过选取一个形式比较简单的势能函数来计算体系的势能。通过优化这个势能函数中的各个参数，从而保证得到和实验相上吻合的势能。经典的分子力场势函数一般由以下几个部分组成：

键的伸缩项：分子中相互成键的两个原子之间形成化学键，键长往往在其平衡位置附近涨落，这就是键的伸缩能。在分子力场中通常用谐振子势来描述。

键角弯曲项：分子中两个连续的化学键之间形成键角，键角也会在其平衡位置附近小幅度振荡，这就是键角的弯曲能。在分子力场中也用谐振子势来刻画。

二面角扭曲项：分子中三个连续的化学键之间，两端的化学键会绕着中间的化学键转动，这就是二面角的扭曲能。由于化学键的转动具有周期性，而且在 $0\sim2\pi$ 之间可能会有多个稳定构象，通常在分子力场里面用一组周期的三角函数表示。

静电相互作用项：分子中带电的原子之间会存在静电相互作用，其作用形式就是经典的库仑相互作用。

范德华相互作用项：分子中距离相隔两个化学键以上的两个原子之间由于色散相互作用，会产生范德华相互作用。分子力场中往往采用兰纳-琼斯（Lennard-Jones）势（LJ 势）来描述。

上述分子力场势函数构成中，前三项由于都是由化学键介导，所以称为成键相互作用，后两项则通称为非键相互作用。

对于不同的体系，需要选择合适的力场。根据适用模型的差异，力场可以分为粗粒化力场和全原子力场。粗粒化力场主要是 MARTINI 力场，用于粗粒化模型的模拟研究。全原子力场主要包括 OPLS/AA、AMBER、CHARMM 等力场，可以用于蛋白质、脂类、DNA/RNA 和小分子的全原子模型的模拟研究。不同的全原子力场的方程组构成差异较小，而用于方程组的参数有较大的差异，比如 AMBER 力场的参数来源于量子计算，而 CHARMM 力场的参数来源于实验数据的拟合。不同力场在使用过程中还有一定的偏向性。AMBER 力场是在生物大分子模拟计算中广泛应用的一个分子力场，主要为蛋白质和核酸参数化，对蛋白质和核酸计算的结果非常好，对其他体系则不一定。CHARMM 力场可广泛用于生物分子、分子动力学、溶剂化、晶体堆积、振动分析以及量子力学/分子力学研究。OPLS 力场设计用于模拟大量液体，也常用于生物分子的分子动力学模拟。GROMOS 力场常用于预测分子和大量液体的动力学运动，也用于模拟生物分子。普遍使用的用于进行分子动力学模拟的软件包括 Amber、Gromacs、NAMD 和 Lammps 等，这些软件为开源软件，另外还有一些商业软件如 Discovery Studio 等。

2.3.4.4 分子动力学模拟的特点

分子动力学模拟以牛顿运动方程为基础，意味着分子动力学模拟使用经典力学描述原子的运动，这适用于处于常温条件下的大多数原子。但也有例外，例如，氢原子的质量非常小，质子的运动有时具有显著的量子力学特征。这种情况下，除了进行真正的量子动力学模拟，可以采取能量校正或键（和键角）约束的方法使模拟更真实。

在分子动力学模拟中，力场只是原子位置的函数，这意味着电子的运动被忽略了，即假定电子能够瞬间调整自己的运动状态以适应原子位置发生的变化（波恩-奥本海默近似），并始终处于基态。因此，分子动力学模拟不能研究电子转移过程和电子激发态，也不能用于研究化学反应。

和实验研究方法相比，分子动力学模拟能在原子尺度上研究分子的作用细节，因而分辨率更高，能很好弥补一些实验手段上的不足。相比分子对接和药效团模型等简单的模拟方法，分子动力学模拟能直接研究分子的结构与功能的关系。而且分子动力学模拟中配体和目标蛋白质（受体）都能自由运动，是一种全柔性的模拟方法。例如，Affinity 软件采用分子动力学对受体多次采样，然后与配体分子多次对接以模拟柔性对接。分子动力学采用多种显式或隐式的溶剂模型（比如 TIP3P 和 SPC 显式溶剂模型，以及 GB 和 SASA 等隐式溶剂模型）精确模拟各种溶剂效应。分子动力学也隐式考虑了熵效应对体系的影响。因此，分子动力学模拟提供一种更精确的方法来分析分子间的作用机理，适用于研究生物大分子结构的各个阶段。很多研究在研究前期采用分子动力学模拟对目标蛋白质结构采样，或者研究其与配体分子间识别的作用机理以指导理性设计，如二氢叶酸还原酶、肝细胞色素氧化酶 P450 和人表面活性蛋白 D 等。此外，分子动力学也应用于理性设计的后期阶段，如考察新设计配体结合目标蛋白质的稳定性，作为一种高精度的筛选方法进一步筛选候选分子和优化先导化合物等。

但是，分子动力学模拟也有一定的局限性。首先其计算量大，目前大部分分子动力学研究都局限在纳秒至亚微秒尺度范围内，很难全面观测在微秒甚至更大时间尺度上的分子运动过程。模拟时间的不足也导致分子动力学模拟在构象空间搜索上的局限，使其只能有效搜索到初始构象附近的局域能量极小构象。尽管一些更高级的分子动力学方法能扩大构象搜索范围，但是其成功率十分依赖于使用者的人为设定。鉴于以上特性，分子动力学模拟通常作为一种精确但是耗时的模拟方法，与一些高通量虚拟筛选方法（分子对接、药效团模型等）结合使用，以实现快速且精确的理性设计。

为了满足不同的模拟需求，在常规分子动力学模拟基础上，产生了多种非常规分子动力学模拟，例如，从模拟时间角度上有差异的短时间分子动力学模拟和长时间分子动力学模拟，从外加作用力角度上有差异的拉伸分子动力学模拟[104]和靶向分子动力学模拟[105,106]，以实现特定目的的副本交换分子动力学模拟[107,108]等。短时间分子动力学模拟用于快速地获取同一结构的不同构象，长时间分子动力学模拟用于研究较长时间（时长可达微秒级）条件下构象的变化，获取更多的构象变化信息[109]。拉伸分子动力学模拟和靶向分子动力学模拟通过外加作用力加速蛋白质构象变化，实现常规分子动力学模拟条件下难以实现的构象变化。副本交换分子动力学模拟是一种增强采样的技术，广泛应用于研究蛋白质构象变化及计算相应的自由能变化。

2.3.5 去折叠能计算

2.3.5.1 去折叠自由能计算的理论基础

去折叠自由能（ΔG）是蛋白质处于伸展状态和折叠状态的吉布斯自由能差值，而突变能（$\Delta\Delta G_{mut}$）是蛋白质突变前后去折叠自由能的差值。去折叠过程包括解聚和解链两个步骤，该过程受蛋白质中范德华力、氢键及熵效应等多种作用的共同影响[110]。蛋白质的 ΔG 值越大说明此蛋白质需要更高的温度才能使其由折叠状态变为去折叠状态，因而此参数是反映蛋白质热稳定性的重要指标。为了获得热稳定性提高的蛋白质，研究学者借助生物信息学的手段，模拟并计算蛋白质中各种突变结构的去折叠自由能，当突变后蛋白质较野生型蛋白质的 $\Delta\Delta G_{mut}$ 差值越大时，说明该突变点对蛋白质的热稳定性影响越大。

2.3.5.2 去折叠自由能计算的方法

在利用生物信息学进行去折叠自由能计算的研究中，科研人员开发了三种方法：①使用能量函数直接计算去折叠自由能；②采用机器学习的方法进行去折叠自由能的计算；③上述两种方法联合使用的方法，即使用基于能量函数的模型来产生机器学习所需的部分特征，进行去折叠自由能的计算。

基于构建生物模型采用的不同物理学方法，使用能量函数直接计算去折叠自由能的方法又可分为三种：物理有效能量函数法（physical effective energy functions ，PEEFs）、统计有效能量函数法（statistical effective energy functions，SEEFs）和经验有效能量函数法（empirical effective energy functions，EEEFs）[111]。

PEEFs 根据蛋白质原子间潜在的作用力构建近似能量，所构建的能量函数由一系列项组成，每项都模拟一些现实分子的物理行为，例如键振动[112]。该方法是一种由下向上的方法，能量函数中的参数来源于简单的小分子参数，并将其转移至蛋白质等大分子上。此方法的缺点是计算比较耗时，只能用于小部分蛋白质突变体的计算。尽管对溶剂化能和侧链熵使用隐式模式可在一定程度上减少计算时间，但是获得可靠的野生型蛋白质和突变型蛋白质之间的自由能差异仍然需要较长的时间。

SEEFs 依赖于对 PDB 的统计分析，通过使用已知蛋白质结构的数据集来获得有效势，用于预测未知结构的蛋白质[111]。大多数情况下该方法使用成对势（残基-残基接触势和原子-原子接触势），也有使用更高序势（四体势）的研究。SEEFs 的优势在于，其包含了难以单独进行分别描述的复杂因素项，并且还包含了变性状态下的经验近似值，可应用于具有较低分辨率蛋白质的结构预测；其缺点是，一旦构建了 SEEFs，难以对潜在能量项进行改变。

EEEFs 使用物理的、统计的和经验项的联合，并根据实验数据校准各项的权重，其能量项的类型可以是各种各样的[111]。在 EEEFs 中，每一项都会给出一个能量值，用于表示点突变可能导致的特定变化。一般考虑的变化主要包括氢键的形成与断裂、电荷的增加与删除、空间效应和去溶剂化效应。此方法的优点是更加适合确定突变对蛋白质结构的影响，缺点是难以完全模拟蛋白质的行为。

机器学习的方法是利用蛋白质自身的序列以及一些结构特征，利用数据库构建突变体的模型，计算出突变对蛋白质去折叠自由能的影响[113,114]。在机器学习的方法中又有遗传算法、人工神经网络、蒙特卡洛模拟退火、K 邻近、决策树和随机森林回归等技术[115]。

2.3.5.3 去折叠自由能计算软件

目前进行去折叠自由能计算的软件主要有 FoldX、I-Mutant、Rosetta、ABACUS、mCSM、PoPMuSiC（表 2-4）以及 PROSS 等。下面主要介绍近年常用来计算蛋白质突变能的软件 FoldX 和 Rosetta ddG 及其对应的能量函数。

表 2-4 常用去折叠自由能计算软件

软件名称	能量函数	研发人员
I-Mutant2.0	统计有效能量函数	Rita Casadio [118]
FoldX	经验有效能量函数	Luis Serranol [116]
Rosetta	统计有效能量函数	David Baker [117]
mCSM	机器学习	Tom L. Blundell[119]
CC/PBSA	物理有效能量函数	Rainer A. Böckmann [110]
PoPMuSiC	统计有效能量函数	Marianne Rooman [120]
CUPSAT	统计有效能量函数	Dietmar Schomburg [121]

FoldX 是一款常用来进行蛋白质稳定性预测的软件，能够快速和定量评估点突变对蛋白质及蛋白质复合物稳定性的影响[116]。该软件使用全原子的方式描述蛋白质，并且 FoldX 中的不同能量项采用实验中获得的实验数据进行了加权。其能量函数主要包含了范德华相互作用、非极性基团溶剂化自由能、极性基团溶剂化自由能、分子内氢键与分子间氢键的自由能差、水分子与蛋白质形成多个氢键所提供的额外稳定自由能、带电基团的静电贡献、主链固定在折叠态时的熵值以及侧链固定于特定构象时的熵损失。

Rosetta 是一款常被用来进行蛋白质设计的软件，其内部包含了用于蛋白质点突变对稳定性改善进行预测的 ddG-monomer 和 Cartesian-ddG 模块。其中 Cartesian-ddG 模块是 Rosetta 中新一代用来计算点突变对蛋白质稳定性影响的方法。此模块采用了新的采样方法，对骨架柔性计算并不需要大量重复且较强的限制约束，而是采取了卡迪尔空间的优化来允许小幅度的骨架运动。其能量函数包括了不同氨基酸原子之间相互吸引和排斥的 LJ 势能、Lazaridis-Karplus 溶剂化能、相同氨基酸不同原子的排斥 LJ 势能、库仑静电能、主链-主链/主链-侧链/侧链-侧链氢键相互作用、拉曼（Ramachandran）偏好、骨架的 Ω 二面角、侧链旋转异构能、氨基酸残基处于ϕ/ψ 的概率以及每个氨基酸的参考能量值[117]。

2.3.6 量子力学

2.3.6.1 量子力学计算

电子和原子核的量子性质体现在无数生物事件中，包括生化反应中的电子重排、电子和质子隧穿、耦合质子–电子转移、光激发、长寿命量子相干和量子纠缠等[122]。因此，量子力学（quantum mechanics，QM）现象是基本生物过程的基础，如采光、光合作用、呼吸、磁感应，以及我们对视觉、嗅觉和味觉的感官感知。

在 1926 年，奥地利理论物理学家薛定谔（Schrödinger）给出了一个用来研究微观物质化学结构和性质等的理论工具，也就是量子化学基本理论方程，即薛定谔方程（Schrödinger equation），又称波函数微分方程。薛定谔方程是所有理论化学研究的初始方程，它奠定了近现代计算化学的基础，多年来在量子力学等领域中应用广泛，在量子化学领域地位非凡。

在量子力学中，应用波函数来描述粒子的状态。波函数是坐标和时间的复函数。薛定谔方程就是描述微观粒子随时间变化的函数。理论上，可以通过求解体系的薛定谔方程来获得所需要的可观测的物理量。然而，考虑到生物大分子的尺寸较大（通常由 1 万~10 万个原子组成）和反应的时间尺度较宽（从阿托级到飞秒级的超快电子过程，到超过秒的时间尺度上发生的事件），用量子力学来描述这样的事件基本上是不可能实现的。因此，量子力学主要用来研究有限分子尺度内的性质。在计算分子性质的时候，发展了几种主要的方法：从头算（ab initio）方法、半经验方法和密度泛函理论（density-functional theory，DFT）。

从头算计算方法是根据物理模型的三个基本近似（非相对论近似、绝热近似和单电子近似），并采用数学上的变分或微扰近似方法，不借助任何经验参数而全部严格计算分子积分以求解全电子体系的薛定谔方程的方法。目前的从头算计算方法包括基于 Hartree-Fock 方程的 Hartree-Fock（HF）方法、在 HF 方法基础上引入电子相关作用校正而发展起来的 post Hartree-Fock 方法以及多组态多参考态方法等。Hartree-Fock 方程的基本思路为：多电子体系的波函数是由体系分子轨道波函数为基础构造的斯莱特行列式，而体系分子轨道波函数是由体系中所有原子轨道波函数经过线性组合构成的，那么不改变方程中的算子和波函数形式，仅仅改变构成分子轨道的原子轨道波函数系数，便能使体系能量达到最低点，这一最低能量便是体系电子总能量的近似，而在这一点上获得的多电子体系波函数便是体系波函数的近似。

半经验方法是对从头算的 Roothaan 方程（Hartree-Fock 分子轨道模型的扩展，有时也称为 Hartree-Fock-Roothaan 方程或简称 HFR 方程）做近似处理，忽略相对次要的排斥积分，同时在单电子算符中引入适当的经验参数，利用循环自恰方法求解，从而达到既减少计算量，又能获得较准确结果的目的。MNDO、AM1 和 PM3 等半经验方法在有机和无机小分子体系中已得到广泛应用。然而，运用这类方法对蛋白质大分子体系进行模拟时，却无法得到较为准确的结果。这是因为其无法精确重构有机大分子体系的几何构型，加之需要耗费大量的计算时间。James J. P. Stewart 于 2007 年对传统半经验方法进行了三种改进：用定域分子轨道法（localized molecular orbital，LMO）替换自洽场（self-consistent field，SCF）公式中的矩阵代数法；用 L-BFGS 函数最小值取代 Baker 的本征向量/本征值跟踪法（eigenvector/eigenvalue following，EF）进行结构优化；用点电荷和极化函数代替忽略双原子轨道微分重叠（neglect of diatomic differential overlap，NDDO）近似中使用的积分函数，发展了一种新型半经验方法——PM6 方法[123,124]。迄今为止，PM6 方法已经成功应用于金属蛋白等生物大分子体系的模拟研究，包括酶的几何结构优化，酶的催化反应机制[125]。

密度泛函是第三类电子结构理论方法，研究基态下原子、分子和固体的电子结构。密度泛函理论认为，分子处在基态时，它的性质是其电子密度分布的泛函，即分子的性质可通过密度分布的函数来计算。因此该理论用电子密度取代波函数，把能量视为体系电子密度的泛函，使求解 N 个粒子系统的 $3N$ 维自由度问题转化为只求解三个自由度的密度问题。多电子波函数有 $3N$ 个变量（N 为电子数，每个电子包含三个空间变量），而电子密度仅是三个变量的函数，因此无论在概念上还是实际上电子密度都更方便处理。20 世纪初叶以来，由于 DFT 方法的出现，使得多电子体系的量子力学计算成为可能，从而推动了整个计算化学和计算材料学领域的进展。DFT 方法已经广泛应用于物理和化学领域，用于深入研究和探索物理材料和化学反应现象等。

基于 Hohenberg-Kohn 基本数学定理[126]和 Kohn-Sham 方程[127]，建立了目前理论计算研究使用最为广泛的一种泛函-密度泛函理论方法：体系的基态电子密度与体系所处外势场一一对应，能完全确定体系的所有性质；基态能量能通过对密度的变分来求出极小值而得到。由密度泛函理论，体系的总能量 E 可以写为：

$$E = U_{\mathrm{Ne}} + K_{\mathrm{S}} + U_{\mathrm{ee}} + E_{\chi\mathrm{c}} \tag{2-8}$$

式中，U_{Ne} 为电子与核的势能；K_{S} 为电子动能；U_{ee} 为电子间静电势能；$E_{\chi\mathrm{c}}$ 为交换-相关能量项。

DFT 同样是通过自洽场方法求解的，计算量与 Hartree-Fock 方法相当。该方程的求解和 HF 方法相似，核心是用没有相互作用参考体系的动能来代替实际体系的动能，把动能中的计算误差部分以及真实体系中的相互作用归并到交换关联函数，并将多个电子波函数构成密度函数，提高计算精度。因此，提高 DFT 精确度的关键是寻找最佳的交换关联能的近似泛函。目前广泛使用的有广义梯度近似（generalized gradient approximation，GGA）、广义梯度密度泛函理论（meta-GGA）、局域密度近似（local density approximation，LDA）、杂化密度泛函（hybrid density functional）等。而对于不同的体系有不同的适用泛函，并没有统一的定论。在研究分子的构型、性质、振动频率、光谱、能谱、热力学反应、过渡态构型、活化能垒以及有机或无机反应机理等问题方面，DFT 方法已经成功证明了其可靠性。用于计算 DFT 的软件有商业化软件 Gaussian。

2.3.6.2 量子力学/分子力学计算

虽然量子化学能够精确地求解体系的电子结构，考虑到计算的复杂性、计算的周期、计算机的计算能力，当前量子力学能计算的也仅限于原子数较小的体系。对于大分子物质，如蛋白质和高分子聚合物等，就不适合用量子力学的方法来研究其性质。虽然存在分子力学的方法，但是对于处理关于电子的问题，如酶的催化反应中的成键和断键问题，分子力学方法是不适合的。

1976 年，Warshel 和 Levitt[128]通过引入混合量子力学/分子力学（quantum mechanics/

molecular mechanics，QM/MM）方法，在复杂的经典环境中处理量子（电子）现象，向现实生物系统的量子力学处理迈出了开创性的一步。将 QM/MM 方法从电子基态的绝热模拟扩展到电子激发态的非绝热动力学，也促使人们对原子核自由度的量子性质进行解释，从而增加了一层复杂性。

QM/MM 的基本思路是：在处理大分子体系中涉及重要的、化学键变化的地方使用量子力学的方法来描述；在相对不重要的、不涉及化学键变化的区域使用分子力学的方法来描述。QM/MM 计算通常需要通过 Gaussian 和分子动力学模拟软件联用实现。这一方法不仅兼顾了计算量也确保了所需的准确性，在生物大分子体系如酶催化中有重要应用。

在进行 QM/MM 计算的过程中，可以把整个体系划分为三个区域（图 2-12）：QM 区、MM 区以及 QM 和 MM 的边界区。QM 区通常涉及化学键的形成和断裂，使用高精度的量子力学进行描述；MM 区使用分子力学的方法进行描述；边界区与 QM 区的作用的不同处理形成了很多 QM/MM 的处理方法。对于 QM/MM 的能量计算主要有两种方法：加和方法［式（2-9）］和减去方法［式（2-11）］。

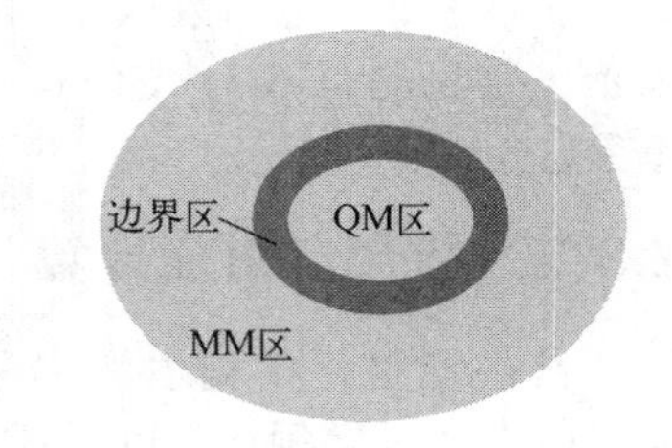

图 2-12　QM 区、MM 区及边界区示意图

QM/MM 计算中的加和计算公式为：

$$E_{\text{total}}^{\text{add}} = E_{\text{MM}}(\text{MM}) + E_{\text{QM}}(\text{QM}) + E(\text{QM}/\text{MM}) \tag{2-9}$$

式中，$E_{\text{total}}^{\text{add}}$ 为体系的总能量；$E_{\text{MM}}(\text{MM})$ 为 MM 方法下 MM 区的总能量；$E_{\text{QM}}(\text{QM})$ 为 QM 方法下 QM 区域的能量；$E(\text{QM}/\text{MM})$ 为 QM 区域与 MM 区域耦合项的能量。

其中 $E(\text{QM}/\text{MM})$ 通过式（2-10）计算：

$$E(\text{QM}/\text{MM}) = E_{\text{QM/MM}}^{\text{ele}} + E_{\text{QM/MM}}^{\text{vdw}} + E_{\text{QM/MM}}^{\text{bond}} \tag{2-10}$$

式中，$E_{\text{QM/MM}}^{\text{ele}}$、$E_{\text{QM/MM}}^{\text{vdw}}$ 和 $E_{\text{QM/MM}}^{\text{bond}}$ 分别代表静电项、范德华项和成键项。

QM/MM 计算中的减去计算公式为：

$$E_{\text{total}}^{\text{sub}} = E_{\text{MM}}(\text{total}) + E_{\text{QM}}(\text{QM}) - E_{\text{MM}}(\text{QM}) \tag{2-11}$$

式中，$E_{\text{total}}^{\text{sub}}$ 为体系的总能量；$E_{\text{MM}}(\text{total})$ 为 MM 方法下体系的总能量；$E_{\text{QM}}(\text{QM})$ 为 QM 方法下 QM 区域的能量；$E_{\text{MM}}(\text{QM})$ 为 MM 方法下 QM 区域的能量。

2.3.6.3　量子力学中的基组

基组（basis set）是量子化学专用语，是用于描述体系波函数的若干具有一定性质的函数。基组是量子化学从头计算的基础，在量子化学中有非常重要的意义。基组的选择对计算结果十分重要。合适的基函数，可以获得恰当的几何构型、适当的反应途径和合理的反应机理，有利于阐释实验现象。理论上完备的函数集合都可以选为基组，但选择基组的一般原则是计算量小而结果比较理想。在从头算法中，普遍运用的基组主要有两种：使用斯莱特型轨道（Slater-type orbital，STO）的斯莱特基组和使用高斯型轨道（Gaussian-type orbital，GTO）的高斯基组。为了兼具斯莱特型函数和高斯型函数的优点，将多个 GTO 线性组合压缩成一个 STO 轨道，就构成了所谓的压缩高斯型轨道。压缩高斯型基组是目前使用最多的基组。基组主要包含最小基组、劈裂价键基组、极化基组和弥散基组。

最小基组，又称 STO-3G[129]基组，表示用 3 个 GTO 来拟合 1 个 STO。它常用于几何构型的优化，过渡态的搜寻，较大体系的计算。

劈裂价键基组，就是把价层轨道分为内轨（I）和外轨（O），从而提高计算的精度。双劈裂价键基组，也叫双ζ基组，其价层轨道用两个STO函数来进行描述，常见的有2-21G[130,131]、4-31G和6-31G[132]等。另外，还有三劈裂价键基组，如6-311G[133]。

极化基组[134]，就是在劈裂价键基组基础上，加以极化函数，也就是原子轨道除了内层轨道和价层轨道，还包含角量子数更高的原子轨道。例如，给轻原子（如氢）添加p轨道波函数，给重原子（如氧）添加d轨道波函数，给过渡金属原子（如铜）添加f轨道波函数等。如6-31G**，也可写作6-31G(d,p)。因此，极化基组可以很好地描述电子云的变形等性质。

弥散基组，把指数很小的函数添加到基组中，使得原子轨道占用更大的空间。通常用"+"表示，常见的有6-31+G(d,p)、6-31++G(d,p)等。因此，弥散基组能够更好地描述弱相互作用体系。

2.3.7 结合自由能计算

自由能是化学和生物化学中的重要概念，用于描述分子间相互作用以及化学反应的方向。在生命科学领域，可以计算生物大分子体系的相互作用、自由能变化趋势、酶催化反应、自由能变化、抑制剂-受体结合时的亲和性以及溶剂效应等。科学家对自由能预测进行了广泛研究，提出了多种自由能计算方法。其中最常见的是基于经验方程的自由能计算方法，目前已经普遍被分子对接方法所采用。这类方法把结合自由能分解成不同的相互作用能量项，通过一组训练集并利用统计方法得到自由能计算的经验公式。这类方法取样简单，计算量小，但是也依赖于训练集的选择，使用范围小，并且不能考虑分子的柔性和溶剂化效应，因此其预测精度有限。特别是在初筛阶段，采用经验计算方法大大缩小了候选分子数量后，在后期则需要准确计算少量的候选分子与受体的绝对结合自由能。此时可以采用比较耗时但精度更高的基于分子动力学的自由能计算方法考察复合物的亲和力，包括自由能微扰（free energy perturbation，FEP）、热力学积分（thermodynamic integration，TI）、分子力学/泊松-玻耳兹曼表面积方法（molecular mechanics Poisson-Boltzmann surface area，MM/PBSA）、分子力学/广义波恩表面积方法（molecular mechanics generalized Born surface area，MM/GBSA）以及伞形采样（umbrella sampling）。其中FEP和TI方法计算结果较为准确，但是对计算资源要求很高，同时对模拟体系也有严格的要求，因此并没有广泛应用。MM/PBSA和MM/GBSA方法在近几年发展很快，最初应用于研究核酸分子的结构稳定性，之后广泛应用于蛋白质与小分子、蛋白质与蛋白质、蛋白质与核酸、核酸与小分子等体系的结合自由能计算。这两种方法都是基于分子动力学采样，不需要通过线性拟合得到经验参数，对不同的体系具有较好的普适性，具有计算速度快且结果较为准确的特点，已成为应用前景最广阔的计算结合自由能方法。

2.3.7.1 自由能微扰方法

在自由能计算中，重要的是得到两个状态之间的自由能差。体系的自由能差可以用FEP方法计算。FEP方法的基本思想是从已知体系的一个初态出发，通过一系列微小的变化到达另一个状态，在每一个微小的变化状态进行一次分子动力学模拟，每次分子动力学模拟体系的哈密顿量可以表示为式（2-12）。

$$H(p,q,\lambda_i)=(1-\lambda_i)H_{\mathrm{A}}+\lambda_i H_{\mathrm{B}}(p,q) \tag{2-12}$$

式中，H代表体系哈密顿；λ_i表示控制系统状态的参数；p和q分别代表系统的广义动量和广义坐标。

当 $\lambda_i=0$ 时，$H=H_A$；当 $\lambda_i=1$ 时，$H=H_B$。由此就可以通过控制参数 λ_i 使体系从一种状态转变成另一种状态。而体系微弱变化后，体系两个状态之间的自由能变化可以表示为式（2-13）。

$$G_{\lambda(i+1)}-G_{\lambda(i)}=-k_B T\ln\left\langle \exp[-(H_{\lambda(i+1)}-H_{\lambda(i)})/(k_B T)]\right\rangle \lambda(i) \tag{2-13}$$

式中，k_B 为玻耳兹曼常数；T 为绝对温度；〈…〉括号为系综平均；下标 $\lambda(i)$ 是指将 i 状态作为参考态。

按照统计力学原理，可计算系综的绝对自由能。对于大分子体系或溶液中的柔性分子，由于分子的柔性，很难直接计算体系的绝对自由能，而是用统计微扰论计算体系的自由能，以 FEP 方法计算状态 1 和状态 0 的自由能差 ΔG 来代替 G_1 和 G_0 绝对自由能的计算。用方程式（2-14）将体系所有微弱自由能变化加和，就得到了由状态 1 到状态 0 的自由能差：

$$\begin{aligned}\Delta G=G_1-G_0&=\sum_i G_{\lambda(i+1)}-G_{\lambda(i)}\\&=-k_B T\sum_{i=1}^{N}\frac{\ln\left\langle \exp[-(H(\lambda_i\pm\delta\lambda)-H(\lambda_i))/(k_B T)]\right\rangle}{\delta\lambda}\Delta\lambda_i\end{aligned} \tag{2-14}$$

式中，N 表示被 $\Delta\lambda_i$ 值分割的点数；$\delta\lambda$ 表示 λ 值的变化；±号表示 FEP 可以正向进行也可以逆向进行。

若两个状态之间的自由能差大于 $2k_BT$，就可以将整个热力学过程划分成适当的 N_i 个窗口。

2.3.7.2 热力学积分方法

TI 方法将体系两个状态之间的自由能变化用积分的形式表示：

$$G_1-G_0=\int_{\lambda=0}^{\lambda=1}\left\langle\frac{\partial H(p^N,r^N)}{\partial\lambda}\right\rangle_\lambda \mathrm{d}\lambda \tag{2-15}$$

式中，p 为压力；r 为距离；λ 为耦合系数，或解释为变化的程度。

与 FEP 方法类似，通过 λ 在两个状态之间插入多个渐变的状态。针对每个不同的 λ，确定下面的平均值。

$$\left\langle\frac{\partial H(P^N,r^N)}{\partial\lambda}\right\rangle_\lambda \tag{2-16}$$

式（2-16）表示两个状态之间的自由能变化为 $\frac{\partial H(\lambda)}{\partial\lambda}$，$\lambda$ 表示包围的面积。

$$G_{\lambda(i+1)}-G_{\lambda(i)}=-k_B T\ln\left\langle \exp[-(H_{\lambda(i+1)}-H_{\lambda(i)})/(k_B T)]\right\rangle \lambda(i) \tag{2-17}$$

式（2-17）中成立最主要的条件是体系两个状态要非常相近。体系的始末状态的变化可以通过一系列渐变的中间状态偶联。通过控制 λ 从 0 到 1 的变化，控制从初态到末态的变化。通过两次计算先算出配体与蛋白质受体之间的自由能变，再算出复合物之间的自由能变化，二者之差就是相对自由能。FEP 方法和 TI 方法都是非常经典的自由能计算方法，两者的优点在于理论依据严格且有很强的普适性，但是它们的缺陷也非常突出，适用于差别较小的体系之间的相对结合自由能，当两个状态之间差别较大时，就很难确定变化的路径，而且需要长时间的数据采集，限制了它们的应用。

2.3.7.3 MM/PBSA 和 MM/GBSA 方法

MM/PBSA 方法是结合分子力学与连续介质模型计算自由能的方法，能够计算复合物体系的绝对和相对结合自由能。该方法的基本原理是将结合自由能分解为气相作用能、溶剂化作用和熵效应三部分贡献之和。MM/GBSA 方法是计算结合自由能的另一种近似方法，其基本思想是把结合自由能近似分为分子力学方法计算的真空下分子内能、广义波恩模型计算的极性溶剂化能和利用经验公式计算的非极性溶剂化能。这些能量项之间不存在交叉作用，因此可以采用不同的方法分别求算再相加，就得到了总的结合自由能。只需要对结合前和结合后的构象进行取样，不需要考虑中间态。一般还假设配体在结合前后都呈现相同的稳定构象，因此最终只需要模拟一条复合物的轨迹即可计算结合自由能。

以典型的蛋白质（P）结合配体（L）的结合自由能计算为例，它们的结合过程可以简单表示为：

$$\mathrm{P}+\mathrm{L}\Leftrightarrow \mathrm{PL} \tag{2-18}$$

结合自由能为结合后复合体 PL 的自由能减去结合前 P 和 L 的自由能之和，即：

$$\Delta G_{\text{bind}}=<G_{\text{PL}}>-(<G_{\text{P}}>+<G_{\text{L}}>) \tag{2-19}$$

可以由下式中的各项组成：

$$\Delta G_{\text{bind}}=\Delta G_{\text{int}}+\Delta G_{\text{elec}}+\Delta G_{\text{vdW}}+\Delta G_{\text{pol}}+\Delta G_{\text{np}}-T\Delta S \tag{2-20}$$

上式中的头三项可由分子模拟结果计算得到，如式（2-21）：

$$\Delta G_{\text{MM}}=\Delta G_{\text{int}}+\Delta G_{\text{elec}}+\Delta G_{\text{vdW}} \tag{2-21}$$

式中，ΔG_{vdW}和ΔG_{elec}分别是气相中的范德华相互作用能和静电（库仑）相互作用能；ΔG_{int}是蛋白质和配体由于键长、键角以及扭曲作用的内能变化，在单轨迹的计算方案中，这一项常被忽略，而在分离轨迹的计算方案中，该项是存在的，它反映了由于构象变化对结合自由能的贡献。

式（2-20）中的ΔG_{pol}和ΔG_{np}是溶剂化自由能的极性项和非极性项。在 MM/PBSA 中，极性溶剂化能 ΔG_{pol} 可以通过解泊松-玻耳兹曼方程求得；在 MM/GBSA 中，ΔG_{pol}使用波恩模型计算得到。非极性溶剂化能ΔG_{np}是与溶剂可及表面积（SASA）正相关的，如下式：

$$\Delta G_{\text{np}}=\gamma\times\text{SASA}+\beta \tag{2-22}$$

式中，β 为修正项。

式（2-20）中的 $T\Delta S$ 是由于运动模式的变化导致的结合自由能变化的熵贡献。熵的变化对蛋白质和配体的结合有很大的影响，熵 S 表达式为：

$$S=S_{\text{trans}}+S_{\text{rot}}+S_{\text{vib}}+S_{\text{config}} \tag{2-23}$$

式中，S_{trans}、S_{rot}和S_{vib}分别是由于复合物的平动、转动和振动而产生的熵变；S_{config}是构象变化引起的熵变，在一般的计算中，体系构象变化比较小，往往不考虑，因此这一项一般忽略。

此外，通过 MM/PBSA 和 MM/GBSA 方法可以计算蛋白质中主要残基对结合自由能的贡献，配体与蛋白质的各个残基的相互作用表示为下式：

$$\Delta G_{residue-ligand}=\Delta G_{\text{elec}}+\Delta G_{\text{vdW}}+\Delta G_{\text{pol}}+\Delta G_{\text{np}} \tag{2-24}$$

式中，ΔG_{vdW} 和 ΔG_{elec} 分别是配体和蛋白质中各个残基在气相中的范德华相互作用能和静电相互作用能；ΔG_{pol} 是使用波恩模型所计算的配体和蛋白质各个残基的极性溶剂化能；

ΔG_{np}是使用式（2-22）所计算的非极性溶剂化能。

2.3.7.4 伞形采样

伞形采样是一种著名的、成熟的且被广泛接受的增强采样方法，用于计算结合自由能差。其优势在于能够借助偏置势（bias potential）改变自由能景观（free energy landscape），对稀有事件进行采样从而获取自由能的全貌。

伞形采样的通常做法是：首先将反应坐标分为多个窗口，每个窗口都独立采样，最后不同窗口的采样结果将被合并为完整的自由能轮廓（free energy profile）。但是，如何保证每个独立的模拟只重点采集自身负责的窗口附近的样点呢？只需要分别加一个额外的偏置势将其束缚在某个位置，就可以负责重点采样这个区域。每个窗口在外加偏置势后分别采用常规的分子模拟方法进行采样，就可以得到每个窗口对应的偏置概率分布。如果偏置势选取适当，每个窗口的概率分布应该都是单模的，这意味着偏置势的确约束住了采样范围。偏置概率分布与原本的无偏概率分布有着明确的函数关系，所以可以通过模拟得到的偏置概率分布重新计算无偏概率分布。除了需要处理一个由偏置势引起的自由能项，由单个窗口的偏置概率分布就可以准确地恢复全反应坐标范围的无偏概率分布。但是，为了获得尽可能准确的全局无偏概率分布，最好还是将所有窗口的模拟结果都结合在一起，并且结合过程应该尽可能采取最终的无偏概率分布统计误差最小的方式。目前常用的结合伞形采样模拟结果的方法有加权柱状统计图分析法（weighted histogram analysis method，WHAM）和伞形积分（umbrella integration，UI）。

2.4 酶的理性设计实例

理性设计应用于酶的各种性质改造方面的成功案例很多。但在实际的理性设计中，通常没有固定的方法或策略，即为了达到同一个改造目的，可以采用不同的改造策略。然而，研究者们使用的改造策略几乎都是基于前文所述理性设计理论基础、设计思路和计算机辅助方法，通常会单独使用一种或几种设计策略或方法。

虽然理性设计案例有很强的个性化特征，但是酶的结构和催化机制是酶理性设计的两大基础。因此，本节内容将把理性设计案例粗略地分为基于结构分析和基于催化机制的理性设计两大类，在每一类中都分别围绕提高活性和稳定性两大酶改造目的进行介绍。通过对案例的介绍希望能使读者加深对理性设计理论的理解，了解理性设计在酶工程领域的研究进展和成果，进而学习掌握理性设计策略和计算机辅助方法应用于酶的理性设计。

2.4.1 基于结构分析的理性设计

酶在工业生物技术中的实际应用受到底物谱、催化效率和稳定性等方面的限制。为了扩展酶的应用范围，需要对酶进行相应设计改造以满足实际需求。基于结构分析的理性设计已经发展成为一种强大的工具，根据结构信息，研究者能够预测潜在的有益突变并以此改善酶的相关性质。

通过对相同的蛋白质结构进行不同的突变设计，能够使其表现出不同的催化活性。例如，钙调蛋白通过三步设计法可获得新的催化活性[135]，包括 Kemp 消除酶和酯酶活性（图 2-13）。在 Kemp 消除酶活性设计中，首先利用蒙特卡洛方法和 CHARMM 最小化对钙调蛋白的结合口袋进行谷氨酸/天冬氨酸扫描，然后利用 AutoDock 软件将底物与蛋白质进行分子对接，最后对底物在突变体中的空间分布进行评估。由此产生的突变体表现出与其他利用不同方法设计得到的 Kemp 消除酶相当的催化活性。在酯酶活性设计中[136]，首先利用 AutoDock 软件将底物与钙调蛋白进行分子对接，然后利用 Rosetta 软件对钙调蛋白的结合口袋进行组氨酸扫描，最后对底物在突变体中的空间分布进行评估，获得的突变体表现出酯酶的催化活性。

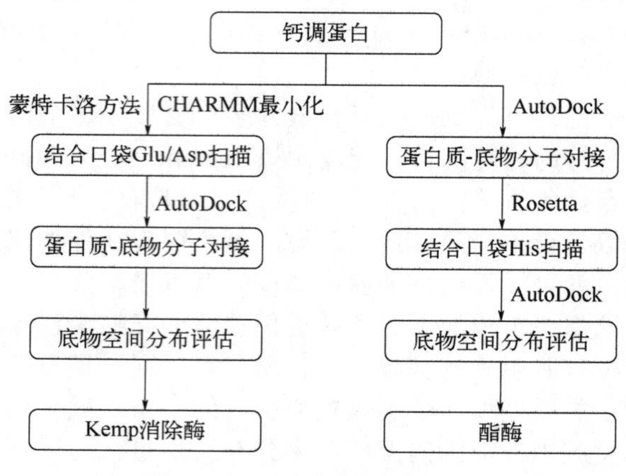

图 2-13　三步设计法流程图

Liu 等[137]为了改善转谷氨酰胺酶突变体（S2P/S23V/Y24N/S199A/K294L）的催化性能，采用了如图 2-14 所示的设计过程。首先基于折叠自由能变化进行脯氨酸扫描，然后根据分子对接结果对 Cys64 残基 15Å 范围内的残基进行饱和突变，随后通过表面突变增加酶的表面负电荷，获得新的转谷氨酰胺酶突变体（S2P/S23V/Y24N/S199A/K294L/E28T/A265P/A287P/N96E/S144E/N163D/R183E/R208E/K325E），其在 60℃下的半衰期、熔融温度（T_m）和比活性明显提升。

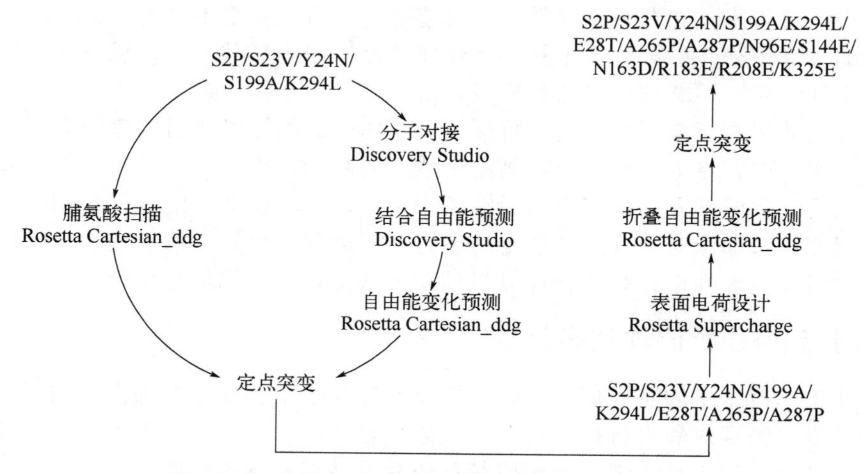

图 2-14　转谷氨酰胺酶突变体的理性设计流程图

Li 等[138]通过表面电荷工程将位于嗜温 β-葡聚糖酶 BglT 表面的天冬酰胺和谷氨酰胺突变为天冬氨酸和谷氨酸，基于序列比对分析将 7 个特定残基突变为最适 pH 值低的 β-葡聚糖酶中的相应残基，如图 2-15 所示。由此产生的单点突变体 Q1E、I133L 和 V134A 在不损失催化活性和热稳定性的情况下表现出更强的抗酸能力。将单点突变体进行组合，获得的双点突变体 Q1E/I133L 在单点突变体的基础上表现出进一步提高的酸性条件稳定性和催化活性。

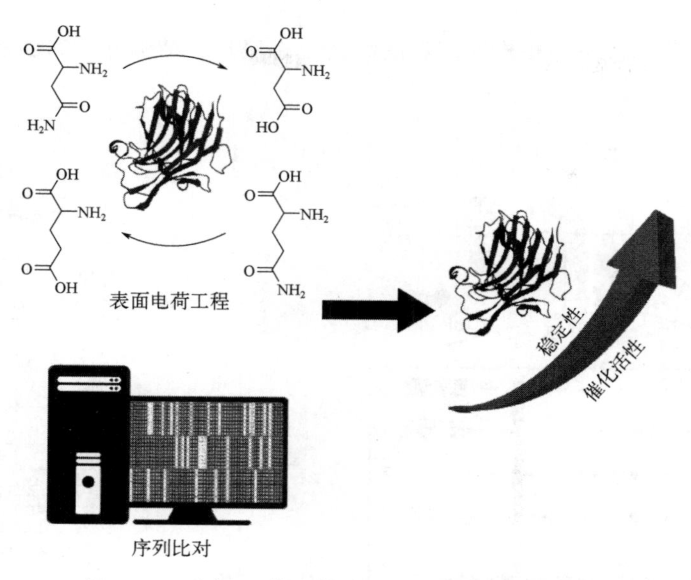

图 2-15　嗜温 β-葡聚糖酶 BglT 理性设计流程图

如图 2-16 所示，Ni 等[139]基于多序列比对和蛋白质结构分析，对菊粉蔗糖酶 Laga-ISΔ138-702 特定位置上的残基进行突变，对热稳定性提升的单点突变体进行多位点组合突变后获得热稳定性进一步提升的多点突变体 M4，并且在对 M4 进行 N 末端结构域截断后获得了 55℃下半衰期相较于 Laga-ISΔ138-702 增加 120 倍以上的突变体。

图 2-16　菊粉蔗糖酶理性设计流程图

Feng 等[140]开发了一种逐步环状区域插入策略（StLois），通过将随机残基对插入到活性位点的环状区域来改变酶的催化功能，如图 2-17 所示。序列比对和结构分析结果显示，同源的磷酸三酯酶样内酯酶 *Gka*P-PLL 和磷酸三酯酶 *pd*PTE 在整体结构上十分相似，主要的结构差异在于几个环状区域的长度和构象。利用 StLois 在 *Gka*P-PLL 的活性位点环状区域插入六个氨基酸残基，获得的突变体表现出比初始模板高 16 倍的乙基对氧磷催化效率。

Aalbers 等利用“Framework for Rapid Enzyme Stabilization by Computational Libraries (FRESCO)”的方法[141]提高一种乙醇脱氢酶的稳定性，其设计过程如图 2-18 所示。利用该方法获得了 T_m 值分别为 94℃和 88℃的两个突变体 M9 和 M9*，分别比野生型酶的 T_m 值提高了 51℃和 45℃，其中 M9*通过一个回复突变，使得催化活性与野生型相当。

几十年来，基于结构分析的理性设计已经广泛应用于酶工程。近年有关计算机辅助设计取得的显著成就而引起极大关注，主要归功于计算能力的提升以及对蛋白质结构-功能关系理解的重大进步。这些方法为合成生物学、代谢工程以及工业生物技术酶的开发做出了显著的贡献。结构信息、计算方法和酶机理三者的结合，将使基于结构分析的理性设计成为更加高效实用的方法。

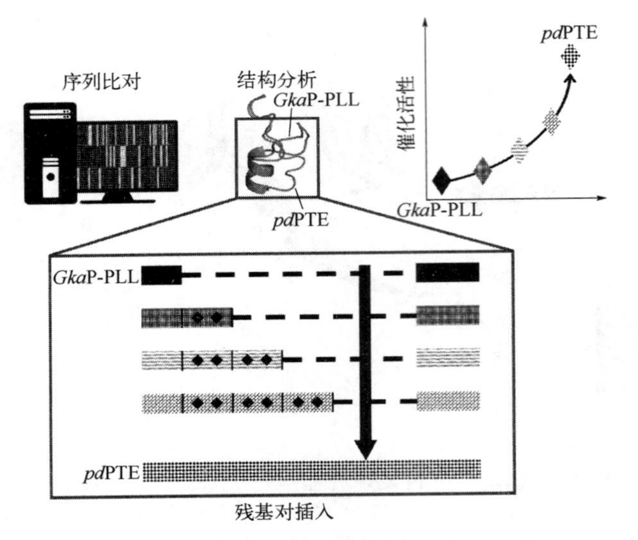

图 2-17　逐步环状区域插入策略流程图

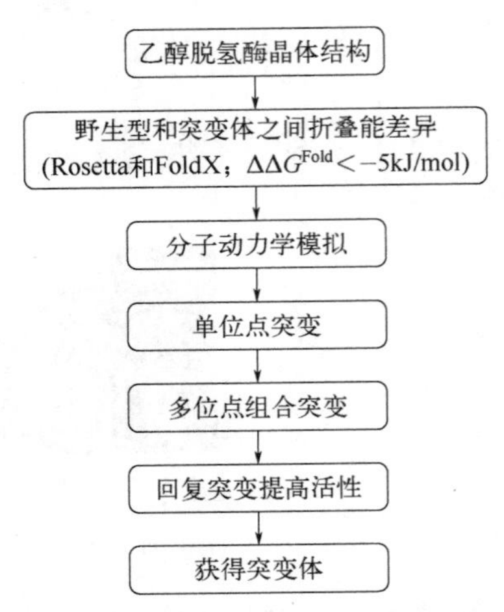

图 2-18　FRESCO 方法设计流程图

2.4.2　基于催化机制的理性设计

酶的催化机制是理性设计的另一个基础，因此酶催化机制的解析是酶理性设计的前提条件。酶的催化机制涉及多个过程，包括底物结合、催化过程和产物解离等。针对不同的酶和不同的目的，可针对不同的过程进行理性设计。针对不同的过程，自然会有不同的理性设计策略。下面分别介绍针对酶催化的不同阶段进行理性设计的案例。

2.4.2.1　底物结合

简单的理性设计策略仅分析氨基酸侧链的大小对结合口袋的影响[142]或者氨基酸残基的性质[143]，然后构建突变体库进行筛选，从而获得目标突变体。较高级的理性设计则会综合运用更多的理性设计思路和计算机辅助方法。Bokel 等[144]为了提高一种细胞色素 P450 酶 154E1（cytochrome P450 154E1，CYP154E1）通过 *N*-脱甲基和羟基化两步反应将抗抑郁药克他命转化为副作用更小的抗抑郁药(2*S*,6*S*)-羟基去甲氯胺酮［(2*S*,6*S*)-hydroxynorketamine］的催化效率，将底物对接进入活性位点，以亚铁血红素为中心，分析底物与氨基酸残基的相互作用，确定了替换距离 CYP154E1 的亚铁血红素 15Å 范围内的氨基酸残基的策略，提高酶对 *S* 型克他命的催化活性和选择性。通过单位点突变和多位点组合突变获得 1 个三位点突变体（I238Q/G239A/M388A），该突变体对底物的转化率超过 99%。

理性设计还常用于改变酶对底物的偏好性，其理性设计策略也各有不同。Chen 等[145]通过分子动力学模拟发现对长脂肪链酮进入胺脱氢酶底物结合空腔有空间位阻的两个氨基酸，将这两个氨基酸突变为侧链较小的氨基酸。通过这种底物通道的扩展设计，使胺脱氢酶可以催化长链底物，拓展了胺脱氢酶的底物谱。Xu 等[146]为了改变一种乙醇脱氢酶（alcohol dehydrogenase from *Kluyveromyces polysporus*，*Kp*ADH）在辅酶再生时的底物偏好性，首先构建了 *Kp*ADH 与两种底物（1,4-丁二醇和 2-羟基四氢呋喃）的复合物，利用分子动力学模拟确定酶与底物结合的关键氨基酸残基，对关键氨基酸残基进行定点饱和突变和组合突变，获得对 1,4-丁二醇的催化效率提高的 *Kp*ADH 突变体。Bernhardsgrütter 等[147]先通过序列比对挑选出与已知羧化酶（enoyl-CoA reductase，ECR）同源的酶家族丙酰辅酶 A 合成酶（propionyl-CoA synthase，PCS）家族，经测定发现这个家族的酶有微弱的固定 CO_2 羧化的能力。通过对比 PCS 和 ECR 活性位点的氨基酸及分子动力学模拟分析，发现了阻碍 PCS 结合 CO_2 及排出水分子的两个氨基酸，将其突变后获得了固定 CO_2 能力提升的突变体。

除了改变底物的偏好性，理性设计还可以改变辅因子偏好性。亚磷酸盐脱氢酶（phosphite dehydrogenase，Pdh）在将亚磷酸盐氧化为磷酸盐的同时，将天然辅因子烟酰胺腺嘌呤二核苷酸（nicotinamide adenine dinucleotide，NAD）从其氧化态（NAD^+）转变为还原态（NADH），而来自 *Ralstonia* sp. strain 4506 的野生型 Pdh 和它的 I151R 突变体，不仅可以利用 NAD^+，还可以将非天然辅因子烟酰胺胞嘧啶二核苷酸（nicotinamide cytosine dinucleotide，NCD）从其氧化态（NCD^+）转化为还原态（NCDH）。为使 Pdh 更倾向于使用非天然辅因子 NCD^+，在 Pdh_I151R 的基础上对酶进行半理性改造。因为 NCD^+的胞嘧啶部分比 NAD^+的腺嘌呤部分结构更小［图 2-19（a）］，所以偏向使用 NCD^+的酶相应的结合部位空间应该更小。其设计流程如图 2-19（b）所示[148]，首先利用同源建模构建 Pdh_I151R 的结构，找到距离 NAD^+的腺嘌呤 4Å 内的 9 个氨基酸残基（C174、D175、P176、I177、M207、V208、P209、T214 和 L217），构建饱和突变库，找到对 NAD^+的偏好性降低而对 NCD^+的偏好性升高的 3 个突变体 Pdh_I151R/P176E、Pdh_I151R/P176R 和 Pdh_I151R/M207A，说明 P176 和 M207 是热点残基。对 P176 和 M207 两个位点进行饱和突变得到对 NCD^+有较高活性的 2 个突变体 Pdh_I151R/P176E/M207A 和 Pdh_I151R/P176R/M207A，其中 Pdh_I151R/P176E/M207A 对 NCD^+的偏好性比 Pdh 和 Pdh_I151R 分别提高了 770 倍和 14 倍。对突变体晶体结构的分析发现，突变体通过空间位置限制和与 NCD^+形成更多的氢键等相互作用增强对 NCD^+的结合能力［图 2-19（c）］。

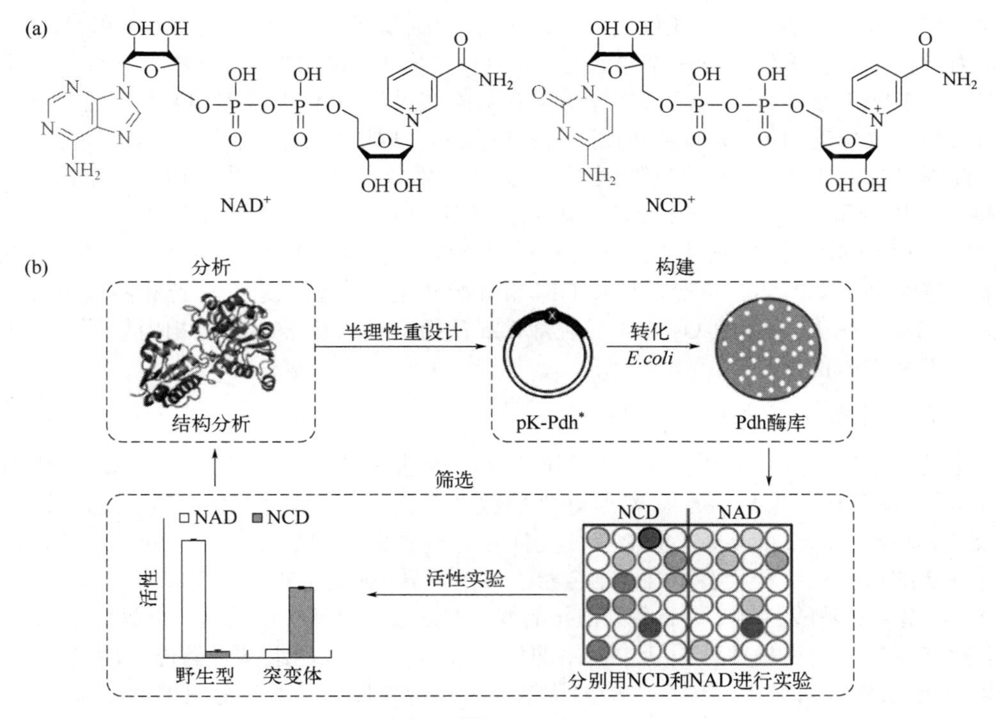

图 2-19

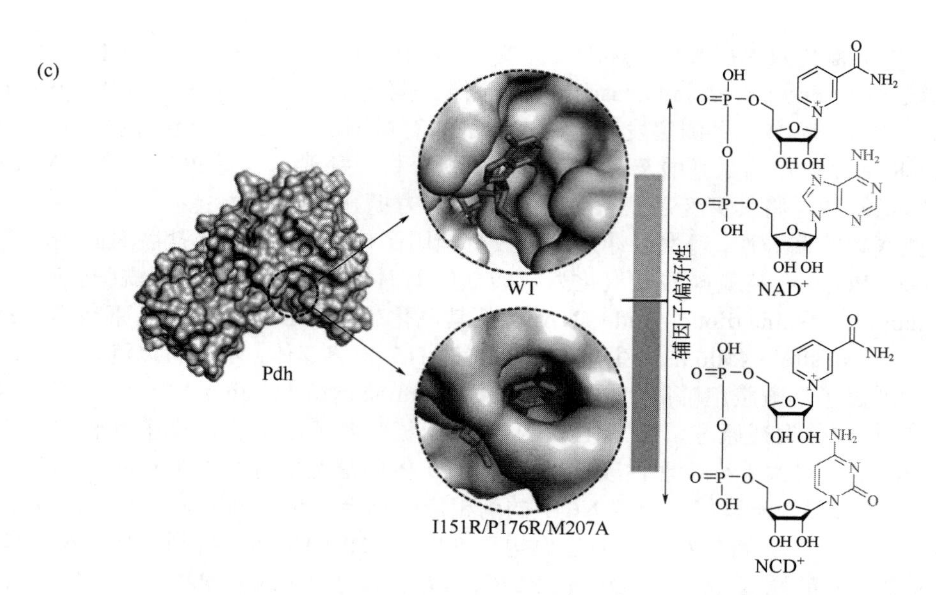

图 2-19　Pdh 和辅因子的结构及重新设计流程

（a）NAD^+和 NCD^+的化学结构；（b）Pdh 的半理性改造流程；（c）Pdh 的野生型和突变体的辅因子偏好性及结合位点结构[148]

影响酶催化效率的因素很多。过氧化氢（H_2O_2）是一些酶催化反应的氧化剂，但是 H_2O_2 也容易使酶失活。为了提高来自 *Penicillium camembertii* 的脂肪酶（PCL）对 H_2O_2 的耐受性，Zhao 等[149]利用多尺度分子动力学模拟对 PCL 进行理性分析和设计。他们首先通过常规的分子动力学模拟分析，推测进入活性位点的 H_2O_2 的数目较多可能与酶活丧失相关。另外常规分子动力学模拟结果显示，与 H_2O_2 形成氢键的关键氨基酸残基为 Y21、H144 和 H259；拉伸分子动力学模拟和伞形取样分析结果也显示 H_2O_2 与 Y21/H144 的结合在热力学和动力学上是有利的。QM/MM 分子动力学模拟分析及突变实验结果证明 Y21 或 H144 的突变会导致氢键网络的破坏，改变的 H_2O_2 取向会降低酶反应的效率，同时增加酶活性中心与 H_2O_2 的相互作用。因此提高酶对 H_2O_2 的耐受需要限制 H_2O_2 进入活性位点从而减少 H_2O_2 的数目，同时使 H_2O_2 保持正确的取向以参与催化反应。因此，突变 H_2O_2 结合位点附近的 3 个非极性氨基酸 G82、F256 和 I260 为极性氨基酸，突变 Y84 为精氨酸，共得到 5 个突变体。通过常规分子动力学、拉伸分子动力学、伞形采样和 QM/MM 分子动力学模拟进行筛选和实验验证，得到的突变体 I260R 在 1mol/L H_2O_2 条件下培育 22h 后活性仍保留 80%，而相同条件下野生型培育 10h 后仅剩 50%的活性。

2.4.2.2　催化过程

催化过程是酶和底物的构象不断变化的过程，涉及不同的反应状态。Zhou 等[143]和 Shi 等[150]都通过预反应状态解释酶底物偏好性的改变。为了提高一种短链脱氢/还原酶（short-chain dehydrogenase/reductase，SDR）突变体对芳香基酮类的反应速率，Su 等[151]通过分析 SDR 与底物的预反应结合状态和自由结合状态下的差异，确定了对催化反应有重要作用的氨基酸，通过对重要氨基酸的突变提高酶的催化活性，并通过改变两个口袋的大小改变酶的选择性。

维持过渡态结构也是理性设计中常用的设计策略。Wu 课题组基于酶催化的过渡态结构，利用 Rosetta 软件针对微生物体系中极为稀缺、底物特异性极高的天冬氨酸酶（aspartase）进行功能重塑（redesign），使其能催化氢胺化反应[152]。之后该课题组又利用相同的策略对天冬氨酸酶的活性位点进行重新设计[153]，根据能量和近似过渡态构象进行筛选，获得了一系列能够催化双底物的人工非天然氨基酸合成酶，其设计过程如图 2-20 所示。该设计过程的要点是，首选基于酶的三维结构和分子动力学模拟获取接近催化的构象，然后利用 Rosetta Design 对活性位点进行设计，从而获取突变体库；根据这些突变体在分子动力学模拟中出现接近催化构象的频率和能量进行筛选，对筛选获得的突变体进行表达纯化和活性测定；根据实验结果的反馈调整设计过程，直至最终获得目标突变体。

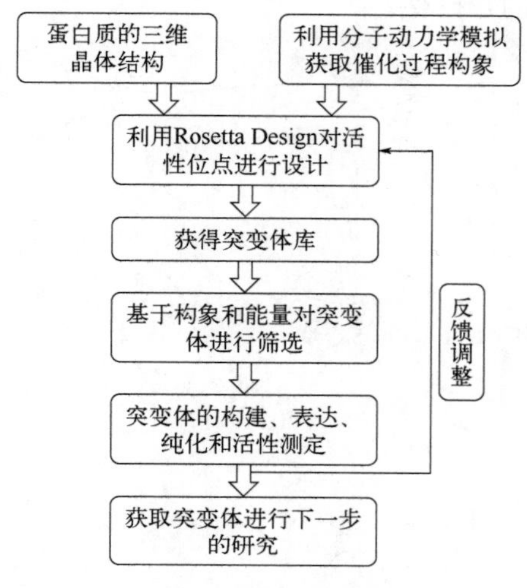

图 2-20　酶的重新设计过程

Cherny 等[154]通过过渡态设计的方法提高磷酸三酯酶（phosphotriesterase，PTE）对神经毒剂的水解效率，其设计过程如图 2-21 所示。首先获得底物和 PTE 活性中心金属离子的过渡态模型，包括位置和距离等信息，然后将过渡态模型放入 PTE 的活性位点，接着利用 Rosetta Design 和 Rosetta Match 两个算法对酶进行设计，获取突变体并进行实验验证。经过多轮设计获得了多个对多种神经毒剂的水解效率提高的突变体，其中水解效率提高的最高的倍数达到了 5000 倍。

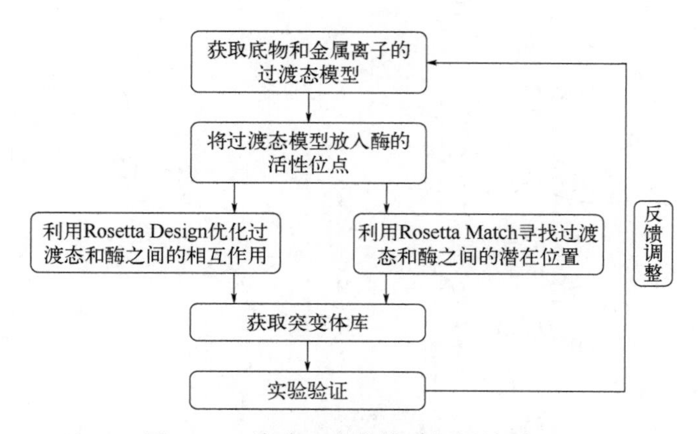

图 2-21　磷酸三酯酶的重新设计过程

除了针对构象的理性设计，还有研究针对酶催化过程中的质子传递过程进行理性设计。Steck 等[155]通过分析巨大芽孢杆菌细胞色素 P450 酶（cytochrome P450 from *Bacillus megaterium*,

$P450_{BM3}$）催化 C-H 氨基化和 C-H 羟基化反应的催化机制（图 2-22），发现 C-H 羟基化反应过程中和 C-H 氨基化的竞争性反应中都存在质子传递，而直接与 $P450_{BM3}$ 的亚铁血红素辅因子作用的 Thr268 在酶的空腔内，因此判断 $P450_{BM3}$ 中存在将质子从溶剂传递到催化位点的质子传递网络。为了提高 $P450_{BM3}$ 的 C-H 氨基化反应效率，需要破坏此质子传递网络。通过对 $P450_{BM3}$ 结构的分析，获得了可能传递质子的氨基酸，通过将这些氨基酸单点或组合突变为疏水性氨基酸后，获得了对一种叠氮化合物的转化数增强 4 倍的突变体（H266F/T268V），结果也证明质子传递网络假设的正确性。

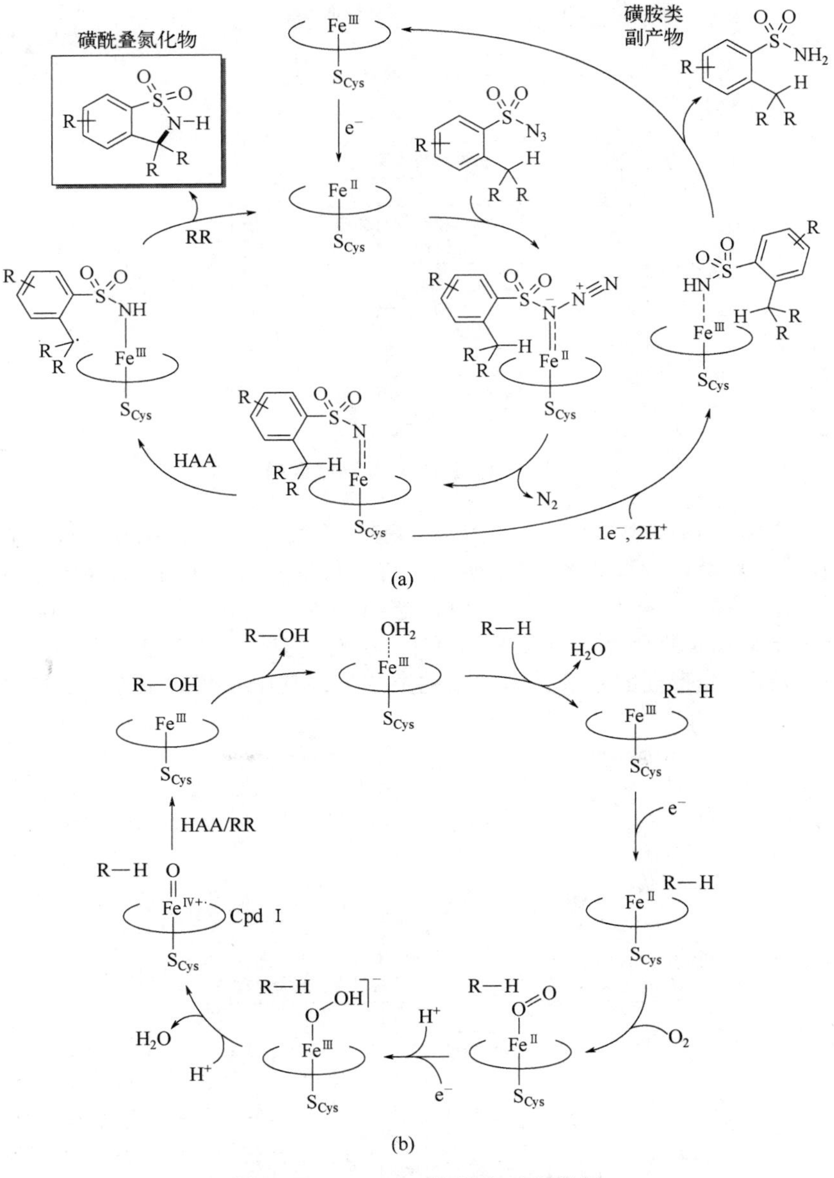

(a)

(b)

图 2-22　$P450_{BM3}$ 的催化反应机制

（a）$P450_{BM3}$ 催化 C-H 氨基化反应生成磺酰叠氮化物和生产磺胺类产物副反应的催化机制；
（b）$P450_{BM3}$ 催化 C-H 羟基化反应路径

2.4.2.3 产物解离

酶催化过程的最后一个环节为产物解离过程，可以通过计算的方法进行研究。Fan 等[156]综合利用多种计算机辅助计算方法解析了 PTE 水解神经毒剂沙林的过程，包括底物结合、过渡态形成、催化反应过程和产物解离过程，并确定了产物解离是催化反应的限速步骤。然而，目前针对产物解离过程的理性设计还未见报道。

2.5 酶理性设计的问题和挑战

2.5.1 活性与稳定性的平衡

在酶的改造研究中，一个常见的现象是活性筛选通常会产生活性增加但稳定性降低的蛋白质，即活性和稳定性存在此消彼长的“trade-off”效应[157]。在进化过程中，蛋白质的活性和稳定性的平衡与多种因素有关。首先，蛋白质在其生理条件下往往只是勉强稳定[158]，而蛋白质的突变具有降低稳定性的重大风险[159,160]。其次，促进蛋白质活性增加的突变必然会导致化学和结构变化，而这些变化很少有利于增加现有蛋白质支架的稳定性，反而会增加降低蛋白质稳定性的可能性。事实上，许多通过定向进化获得的蛋白质功能——尤其是那些涉及多轮突变和选择的功能——是以降低蛋白质稳定性为代价的[160,161]。

定向进化领域中研究最充分的酶之一是 β-内酰胺酶，因为它的活性（赋予细菌对青霉素的抗性）很容易通过鉴定抗生素抗性菌落进行筛选。已经详细研究的许多 β-内酰胺酶的结构和功能[162]为研究酶家族中稳定性和活性之间的平衡提供了机会。研究表明，酶（和其他蛋白质）的整体稳定性源于有利的分子内相互作用的大网络的组织，包括被溶剂暴露的亲水残基和二级结构元素之间的氢键网络包围的疏水核心的稳定堆积。然而，结合配体和催化所需的活性位点内和附近的突变会增加使酶不稳定的风险，因为这些突变倾向于破坏共同控制蛋白质稳定性的分子内相互作用网络。

在理性设计中，活性和稳定性的“trade-off”也普遍存在，虽然可以通过 B 因子、折叠能等方法部分地规避活性提升导致的稳定性降低，然而依然不能准确判断氨基酸突变对活性和稳定性的影响，只能通过简单的回复突变进行验证和实验[163]。在目前的酶改造中，通常以提升活性或稳定性为主设计改造策略，随之而产生的另一方面的变化则视产生的结果而定。这主要是由于在现有条件下，仅提升活性和稳定性其中的一方面还不能完全受控，因此活性和稳定性之间“trade-off”的解构还有漫长的过程。

2.5.2 远端效应

不言而喻，突变如何影响酶的活性是酶工程研究者关心的首要问题，因为追求酶的高活性没有上限，而酶活的降低通常是不希望看到的。空间上靠近活性位点的氨基酸影响酶活性是有道理的，因为它们通过非共价相互作用直接或间接地与活性位点相互作用。然而越来越多的证据表明，距离活性位点超过 10Å 的远端突变可能会显著影响酶活性[164,165]。因此，近年来远端突变效应的潜在机制研究受到越来越多的关注。

然而，由于缺乏针对远端突变位点和相应的酶活性变化的三维结构集合，很难研究远端突变的酶调节机制。中科院上海药物研究所徐志建/朱维良课题组构建了远端突变对酶活性影响的数据库 D3DistalMutation（https://www.d3pharma.com/D3DistalMutation/index.php），并据此开展了进一步的分析总结研究[166]。该数据库中包含 2130 种酶的 3D 突变数据，其中 1000 种酶具有距离活性位点大于 10Å 的远端突变。研究发现，大约 80%的远端突变会影响酶活性，72.7%的远端突变会降低或消除 D3DistalMutation 中的酶活性，只有 6.6%的远端突变可以增加酶的活性。在这些突变中，Y 到 F、S 到 D 和 T 到 D 的突变最有可能增加酶活性。这些统计分析为酶的理性设计提供了有益的启示和借鉴。

2.5.3 突变的异位显性

在酶的设计改造中，一个明显的现象就是多位点的突变结果并不是单位点突变的简单累积，而是显示出各种不同的规律，这种现象被称为突变的异位显性（epistasis）。术语“异位显性”最初是为了定义基因之间的相互作用而引入的，但也应用于单个基因突变之间的相互作用。

在酶的改造中，异位显性为双突变体 AB 突变 A 和突变 B 的组合效应与简单地对单个突变体的效应进行加和所获得的值之间的偏差。异位显性可以根据这种偏差的程度和效果进行分类：

无异位显性（累积）：$AB = A + B$，双突变的影响等于单个突变的总和。

正向异位显性（magnitude epistasis）：$AB > A + B$，双突变的效果大于单个突变的总和（协同异位显性，synergistic epistasis）；或 $AB < A + B$，双突变的效果小于单个突变的总和（拮抗异位显性，antagonistic epistasis）。

反向异位显性（sign epistasis）：$A > 0$ 和/或 $B > 0$，$AB < 0$，与单个突变之一或两者相比，双突变的效果是反转的。

蛋白质分子作为一个整体，不仅具有独特的一级结构，而且一级结构决定着高级折叠结构。复杂的分子间相互作用网络维持着分子的高级结构，结构决定功能。单位点的突变会对分子的整体结构产生不同程度的影响。不同突变设计的组合也必然影响整体的分子结构和功能。因此，不能简单地期望两个或多个优势突变体的组合会产生更好的结果。事与愿违则可能更常见。这一现象表明，酶的理性设计和酶工程具有非常广阔的发展空间。

2.6 本章总结

酶的理性设计经过近几十年的快速发展，已有坚实的理论基础，在酶的设计改造中展现了很大优势，已经成为酶工程中举足轻重的一部分。尽管酶的理性设计已有几十年的发展历程，但是目前完全应用理性设计方法或策略对酶进行改造依然存在较大困难，更多的成功案例使用理性设计及定向进化相结合的策略，距离真正的理性设计还有较大差距。究其原因，主要还是酶结构与功能之间的关系依然是个“黑匣子”，需要蛋白质工程的进一步发展作为基础。同时，这也导致了现有的理性设计策略体现出个性化的特点，即在对特定酶进行理性设计的过程中，通常没有固定的策略，研究者多针对某个酶的特点进行特异性的理性设计。

与有机合成相比，生物催化剂的种类远未达到其极限，酶的改造还有巨大的发展空间。传统的基于模型的理性设计仍然存在许多挑战，包括力场缺陷、构象采样限制以及算力的不足等，理性设计的发展必然以这些方向的突破为前提。随着大量蛋白质特征数据集的积累，数据驱动的方法，例如机器学习和人工智能，正在为有效利用大自然提供的巨大设计空间铺平道路。尽管目前由于酶学数据稀缺而受到限制，但因为更多高质量、可查找、注释和整理的数据正在逐步完善，标准实验数据有望在不久的将来呈指数级增长。因此，我们可以预见该领域的快速发展和广泛应用。

参考文献

[1] Atalah J, Cáceres-Moreno P, Espina G, Blamey J M. Thermophiles and the applications of their enzymes as new biocatalysts. Bioresour Technol, 2019, 280: 478-488.

[2] Verma A K, Goyal A. A novel member of family 30 glycoside hydrolase subfamily 8 glucuronoxylan *endo-β*-1,4-xylanase (CtXynGH30) from *Clostridium thermocellum* orchestrates catalysis on arabinose decorated xylans. J Mol Catal B: Enzym, 2016, 129: 6-14.

[3] Fischer E. Ueber die glucoside der alkohole. Ber Dtsch Chem Ges, 1893, 26 (3): 2400-2412.

[4] Koshland D E. Application of a theory of enzyme specificity to protein synthesis. Proc Natl Acad Sci USA, 1958, 44 (2): 98-104.

[5] Henri V. Théorie générale de l'action de quelques diastases. C R Hebd Seances Acad Sci, 1902, 135: 916-919.

[6] Joo H, Lin Z, Arnold F H. Laboratory evolution of peroxide-mediated cytochrome P450 hydroxylation. Nature, 1999, 399 (6737): 670-673.

[7] Singh R, Bordeaux M, Fasan R. P450-catalyzed intramolecular sp^3 C–H amination with arylsulfonyl azide substrates. ACS Catal, 2014, 4 (2): 546-552.

[8] Wijma H J, Floor R J, Jekel P A, et al. Computationally designed libraries for rapid enzyme stabilization. Protein Eng Des Sel, 2014, 27 (2): 49-58.

[9] Wijma H J, Floor R J, Bjelic S, et al. Enantioselective enzymes by computational design and in silico screening. Angew Chem Int Ed, 2015, 54 (12): 3726-3730.

[10] Bednar D, Beerens K, Sebestova E, et al. Fireprot: Energy- and evolution-based computational design of thermostable multiple-point mutants. PLoS Comput Biol, 2015, 11 (11): e1004556.

[11] Goldenzweig A, Goldsmith M, Hill S E, et al. Automated structure- and sequence-based design of proteins for high bacterial expression and stability. Molecular cell, 2016, 63 (2): 337-346.

[12] Khersonsky O, Lipsh R, Avizemer Z, et al. Automated design of efficient and functionally diverse enzyme repertoires. Molecular cell, 2018, 72 (1): 178-186.

[13] Cui Y, Chen Y, Liu X, et al. Computational redesign of a petase for plastic biodegradation under ambient condition by the grape strategy. ACS Catal, 2021, 11 (3): 1340-1350.

[14] Hall B G. Number of mutations required to evolve a new lactase function in *Escherichia coli*. J Bacteriol, 1977, 129 (1): 540-543.

[15] Mazurenko S, Prokop Z, Damborsky J. Machine learning in enzyme engineering. ACS Catal, 2019, 10 (2): 1210-1223.

[16] Glasner M E, Gerlt J A, Babbitt P C. Evolution of enzyme superfamilies. Curr Opin Chem Biol, 2006, 10 (5): 492-497.

[17] Furnham N, Sillitoe I, Holliday G L, et al. Exploring the evolution of novel enzyme functions within structurally defined protein superfamilies. PLoS Comput Biol, 2012, 8 (3): e1002403.

[18] Seibert C M, Raushel F M. Structural and catalytic diversity within the amidohydrolase superfamily. Biochemistry, 2005, 44 (17): 6383-6391.

[19] Gerlt J A, Allen K N, Almo S C, et al. The enzyme function initiative. Biochemistry, 2011, 50 (46): 9950-9962.

[20] Maynard Smith J. Natural selection and the concept of a protein space. Nature, 1970, 225 (5232): 563-564.

[21] Matsumura I, Ellington A D. In vitro evolution of beta-glucuronidase into a beta-galactosidase proceeds through non-specific intermediates. J Mol Biol, 2001, 305 (2): 331-339.

[22] Babtie A, Tokuriki N, Hollfelder F. What makes an enzyme promiscuous?. Curr Opin Chem Biol, 2010, 14 (2): 200-207.

[23] Tawfik O K, Dan S. Enzyme promiscuity: A mechanistic and evolutionary perspective. Annu Rev Biochem, 2010, 79 (1): 471-505.

[24] Jacob F. Evolution and tinkering. Science, 1977, 196 (4295): 1161-1166.

[25] Soskine M, Tawfik D S. Mutational effects and the evolution of new protein functions. Nat Rev Genet, 2010, 11 (8): 572-582.

[26] Fasan R, Jennifer Kan S B, Zhao H. A continuing career in biocatalysis: Frances H Arnold. ACS Catal, 2019, 9 (11): 9775-9788.

[27] Meier M M, Rajendran C, Malisi C, et al. Molecular engineering of organophosphate hydrolysis activity from a weak

promiscuous lactonase template. J Am Chem Soc, 2013, 135 (31): 11670-11677.
[28] Mezei M. A new method for mapping macromolecular topography. J Mol Graph Model, 2003, 21 (5): 463-472.
[29] Koshland D E Jr. Correlation of structure and function in enzyme action. Science, 1963, 142 (3599): 1533-1541.
[30] Ma B, Kumar S, Tsai C J, Nussinov R. Folding funnels and binding mechanisms. Protein Eng, 1999, 12 (9): 713-720.
[31] Schramm V L. Enzymatic transition states and drug design. Chem Rev, 2018, 118 (22): 11194-11258.
[32] Pauling L. Nature of forces between large molecules of biological interest. Nature, 1948, 161 (4097): 707-709.
[33] Pauling L. Molecular architecture and biological reactions. Chem Eng News, 1946, 24 (10): 1375-1377.
[34] Zhang X, Houk K N. Why enzymes are proficient catalysts: Beyond the Pauling paradigm. Acc Chem Res, 2005, 38 (5): 379-385.
[35] Cleland W W. Isotope effects: Determination of enzyme transition state structure. Methods Enzymol, 1995, 249: 341-373.
[36] Hegazi M F, Borchardt R T, Schowen R L. SN2-like transition for methyl transfer catalyzed by catechol-*O*-methyltransferase. J Am Chem Soc, 1976, 98 (10): 3048-3049.
[37] Schramm V L. Enzymatic transition-state analysis and transition-state analogs. Methods Enzymol, 1999, 308: 301-355.
[38] Singh P, Islam Z, Kohen A. Examinations of the chemical step in enzyme catalysis. Methods Enzymol, 2016, 577: 287-318.
[39] Berti P J. Determining transition states from kinetic isotope effects. Methods Enzymol, 1999, 308: 355-397.
[40] Schramm V L. Enzymatic transition states and transition state analog design. Annu Rev Biochem, 1998, 67: 693-720.
[41] Lewandowicz A, Schramm V L. Transition state analysis for human and plasmodium falciparum purine nucleoside phosphorylases. Biochemistry, 2004, 43 (6): 1458-1468.
[42] Miles R W, Tyler P C, Furneaux R H, et al. One-third-the-sites transition-state inhibitors for purine nucleoside phosphorylase. Biochemistry, 1998, 37 (24): 8615-8621.
[43] Luo M, Li L, Schramm V L. Remote mutations alter transition-state structure of human purine nucleoside phosphorylase. Biochemistry, 2008, 47 (8): 2565-2576.
[44] Li L, Luo M, Ghanem M, Taylor E A, Schramm V L. Second-sphere amino acids contribute to transition-state structure in bovine purine nucleoside phosphorylase. Biochemistry, 2008, 47 (8): 2577-2583.
[45] Debye P. Interference of X rays and heat movement. Ann Phys, 1913, 348: 49-92.
[46] Trueblood K N, Bürgi H B, Burzlaff H, et al. Atomic dispacement parameter nomenclature report of a subcommittee on atomic displacement parameter nomenclature. Acta Cryst, 1996, A52: 770-781.
[47] Karplus P A, Schulz G E. Prediction of chain flexibility in proteins—A tool for the selection of peptide antigens. Naturwissenschaften, 1985, 72 (4): 212-213.
[48] Radivojac P, Obradovic Z, Smith D K, et al. Protein flexibility and intrinsic disorder. Protein Sci, 2004, 13 (1): 71-80.
[49] Kuczera K, Kuriyan J, Karplus M. Temperature dependence of the structure and dynamics of myoglobin: A simulation approach. J Mol Biol, 1990, 213 (2): 351-373.
[50] Vihinen M. Relationship of protein flexibility to thermostability. Protein Eng, 1987, 1 (6): 477-480.
[51] Parthasarathy S, Murthy M R. Protein thermal stability: Insights from atomic displacement parameters (B values). Protein Eng, 2000, 13 (1): 9-13.
[52] Yuan Z, Zhao J, Wang Z X. Flexibility analysis of enzyme active sites by crystallographic temperature factors. Protein Eng, 2003, 16 (2): 109-114.
[53] Schlessinger A, Yachdav G, Rost B. Profbval: Predict flexible and rigid residues in proteins. Bioinformatics, 2006, 22 (7): 891-893.
[54] Disfani F M, Hsu W- L, Mizianty M J, et al. MoRFpred, a computational tool for sequence-based prediction and characterization of short disorder-to-order transitioning binding regions in proteins. Bioinformatics, 2012, 28 (12): 175-183.
[55] Yang J, Wang Y, Zhang Y. ResQ: An approach to unified estimation of B-factor and residue-specific error in protein structure prediction. J Mol Biol, 2016, 428 (4): 693-701.
[56] Bramer D, Wei G-W. Multiscale weighted colored graphs for protein flexibility and rigidity analysis. J Chem Phys, 2018, 148 (5): 054103.
[57] Sanchez-Ruiz J M. Protein kinetic stability. Biophys Chem, 2010, 148 (1): 1-15.
[58] Yamada H, Ueda T, Imoto T. Thermodynamic and kinetic stabilities of hen-egg lysozyme and its chemically modified derivatives: Analysis of the transition state of the protein unfolding. J Biochem, 1993, 114 (3): 398-403.
[59] Parthasarathy S, Murthy M R N. Analysis of temperature factor distribution in high-resolution protein structures. Protein Sci, 1997, 6 (12): 2561-2567.
[60] Steiner K, Schwab H. Recent advances in rational approaches for enzyme engineering. Comput Struct Biotechnol J, 2012, 2

(3): e201209010.
[61] Eijsink V G H, Bjørk A, Gåseidnes S, et al. Rational engineering of enzyme stability. J Biotechnol, 2004, 113 (1): 105-120.
[62] Guo X, He D, Huang L, et al. Strain energy in enzyme-substrate binding: An energetic insight into the flexibility versus rigidity of enzyme active site. Comput Theor Chem, 2012, 995: 17-23.
[63] Alvarez-Garcia D, Barril X. Relationship between protein flexibility and binding: Lessons for structure-based drug design. J Chem Theory Comput, 2014, 10 (6): 2608-2614.
[64] Fenwick R B, van den Bedem H, Fraser J S, Wright P E. Integrated description of protein dynamics from room-temperature X-ray crystallography and NMR. Proc Natl Acad Sci USA, 2014, 111 (4): E445-E454.
[65] Callender R, Dyer R B. The dynamical nature of enzymatic catalysis. Acc Chem Res, 2015, 48 (2): 407-413.
[66] Weinberg D R, Gagliardi C J, Hull J F, et al. Proton-coupled electron transfer. Chem Rev, 2012, 112 (7): 4016-4093.
[67] Siegbahn P E M, Blomberg M R A. Quantum chemical studies of proton-coupled electron transfer in metalloenzymes. Chem Rev, 2010, 110 (12): 7040-7061.
[68] Reece S Y, Hodgkiss J M, Stubbe J, Nocera D G. Proton-coupled electron transfer: The mechanistic underpinning for radical transport and catalysis in biology. Philos Trans R Soc B, 2006, 361 (1472): 1351-1364.
[69] Chen X, Xing D, Zhang L, et al. Effect of metal ions on radical type and proton-coupled electron transfer channel: Σ-radical vs π-radical and σ-channel vs π-channel in the imide units. J Comput Chem, 2009, 30 (16): 2694-2705.
[70] Chen X, Zhang L, Zhang L, et al. Proton-regulated electron transfers from tyrosine to tryptophan in proteins: Through-bond mechanism versus long-range hopping mechanism. J Phys Chem B, 2009, 113 (52): 16681-16688.
[71] Needleman S B, Wunsch C D. A general method applicable to the search for similarities in the amino acid sequence of two proteins. J Mol Biol, 1970, 48 (3): 443-453.
[72] Smith T F, Waterman M S. Identification of common molecular subsequences. J Mol Biol, 1981, 147 (1): 195-197.
[73] Thompson J D, Higgins D G, Gibson T J. Clustal W: Improving the sensitivity of progressive multiple sequence alignment through sequence weighting, position-specific gap penalties and weight matrix choice. Nucleic Acids Res, 1994, 22 (22): 4673-4680.
[74] Lee C, Grasso C, Sharlow M F. Multiple sequence alignment using partial order graphs. Bioinformatics, 2002, 18 (3): 452-464.
[75] Altschul S F, Gish W, Miller W, et al. Basic local alignment search tool. J Mol Biol, 1990, 215 (3): 403-410.
[76] Kent W J. BLAT - the BLAST-like alignment tool. Genome Res, 2002, 12 (4): 656-664.
[77] Larkin M A, Blackshields G, Brown N P, et al. Clustal W and Clustal X version 2.0. Bioinformatics, 2007, 23 (21): 2947-2948.
[78] Edgar R C. Muscle v5 enables improved estimates of phylogenetic tree confidence by ensemble bootstrapping. bioRxiv, 2021, 2021.06.20:449169.
[79] Greer J. Comparative model-building of the mammalian serine proteases. J Mol Biol, 1981, 153 (4): 1027-1042.
[80] Schäffer A A, Aravind L, Madden T L, et al. Improving the accuracy of PSI-BLAST protein database searches with composition-based statistics and other refinements. Nucleic Acids Research, 2001, 29 (14): 2994-3005.
[81] Combet C, Jambon M, Deléage G, Geourjon C. Geno3D: Automatic comparative molecular modelling of protein. Bioinformatics, 2002, 18 (1): 213-214.
[82] Guex N, Peitsch M C, Schwede T. Automated comparative protein structure modeling with SWISS-MODEL and Swiss-PdbViewer: A historical perspective. Electrophoresis, 2009, 30 (S1): S162-S173.
[83] Šali A, Blundell T L. Comparative protein modelling by satisfaction of spatial restraints. J Mol Biol, 1993, 234 (3): 779-815.
[84] Martí-Renom M A, Stuart A C, Fiser A, et al. Comparative protein structure modeling of genes and genomes. Annu Rev Biophys Biomol Struct, 2000, 29 (1): 291-325.
[85] Jumper J, Evans R, Pritzel A, et al. Highly accurate protein structure prediction with AlphaFold. Nature, 2021, 596 (7873): 583-589.
[86] Tripathi A, Misra K. Molecular docking: A structure-based drug designing approach. JSM Chem, 2017, 5 (2): 1042.
[87] Shoichet B K, Kuntz I D, Bodian D L. Molecular docking using shape descriptors. J Comput Chem, 2010, 13 (3): 380-397.
[88] Mukesh B, Rakesh K. Molecular docking: A review. Int J Res Ayurveda Pharm, 2011, 2 (6): 1746-1751.
[89] Ewing T J, Makino S, Skillman A G, Kuntz I D. DOCK 4.0: Search strategies for automated molecular docking of flexible molecule databases. J Comput Aided Mol Des, 2001, 15 (5): 411-428.
[90] Morris G M, Goodsell D S, Halliday R S, et al. Automated docking using a lamarckian genetic algorithm and an empirical

binding free energy function. J Comput Chem, 1998, 19 (14): 1639-1662.
[91] Pagadala N S, Syed K, Tuszynski J. Software for molecular docking: A review. Biophys Rev, 2017, 9 (2): 91-102.
[92] Kuntz I D, Blaney J M, Oatley S J, et al. A geometric approach to macromolecule-ligand interactions. J Mol Biol, 1982, 161 (2): 269-288.
[93] Goodsell D S, Olson A J. Automated docking of substrates to proteins by simulated annealing. Proteins, 1990, 8 (3): 195-202.
[94] Goodsell D S, Morris G M, Olson A J. Automated docking of flexible ligands: Applications of AutoDock. J Mol Recognit, 1996, 9 (1): 1-5.
[95] Abagyan R, Totrov M, Kuznetsov D. ICM—A new method for protein modeling and design: Applications to docking and structure prediction from the distorted native conformation. J Comput Chem, 1994, 15 (5): 488-506.
[96] Shanahan H P, Thornton J M. An examination of the conservation of surface patch polarity for proteins. Bioinformatics, 2004, 20 (14): 2197-2204.
[97] Friesner R A, Banks J L, Murphy R B, et al. Glide: A new approach for rapid, accurate docking and scoring. 1. Method and assessment of docking accuracy. J Med Chem, 2004, 47 (7): 1739-1749.
[98] Verdonk M L, Cole J C, Hartshorn M J, et al. Improved protein-ligand docking using GOLD. Proteins: Struct Funct Genet, 2003, 52 (4): 609-623.
[99] Rarey M, Kramer B, Lengauer T, Klebe G. A fast flexible docking method using an incremental construction algorithm. J Mol Biol, 1996, 261 (3): 470-489.
[100] Fleming P J, Fitzkee N C, Mezei M, et al. A novel method reveals that solvent water favors polyproline Ⅱ over beta-strand conformation in peptides and unfolded proteins: Conditional hydrophobic accessible surface area (CHASA). Protein Sci, 2005, 14: 111-118.
[101] Venkatachalam C M, Jiang X, Oldfield T, Waldman M. LigandFit: A novel method for the shape-directed rapid docking of ligands to protein active sites. J Mol Graph Model, 2003, 21 (4): 289-307.
[102] Corbeil C R, Englebienne P, Moitessier N. Docking ligands into flexible and solvated macromolecules. 1. Development and validation of FITTED 1.0. J Chem Inf Model, 2007, 47 (2): 435-449.
[103] Duan Y, Kollman Peter A. Pathways to a protein folding intermediate observed in a 1-microsecond simulation in aqueous solution. Science, 1998, 282 (5389): 740-744.
[104] Do P C, Lee E H, Le L. Steered molecular dynamics simulation in rational drug design. J Chem Inf Model, 2018, 58 (8): 1473-1482.
[105] Rahuel-Clermont S, Bchini R, Barbe S, et al. Enzyme active site loop revealed as a gatekeeper for cofactor flip by targeted molecular dynamics simulations and FERT-based kinetics. ACS Catal, 2019, 9 (2): 1337-1346.
[106] Wolf S, Amaral M, Lowinski M, et al. Estimation of protein-ligand unbinding kinetics using non-equilibrium targeted molecular dynamics simulations. J Chem Inf Model, 2019, 59 (12): 5135-5147.
[107] Bu B, Tong X, Li D, et al. N-terminal acetylation preserves alpha-synuclein from oligomerization by blocking intermolecular hydrogen bonds. ACS Chem Neurosci, 2017, 8 (10): 2145-2151.
[108] Sugita Y, Okamoto Y. Replica-exchange molecular dynamics method for protein folding. Chem Phys Lett, 1999, 314: 141-151.
[109] Osuna S, Jimenez-Oses G, Noey E L, Houk K N. Molecular dynamics explorations of active site structure in designed and evolved enzymes. Acc Chem Res, 2015, 48 (4): 1080-1089.
[110] Benedix A, Becker C M, de Groot B L, Caflisch A, Bockmann R A. Predicting free energy changes using structural ensembles. Nat Methods, 2009, 6 (1): 3-4.
[111] Johnston M A, Sondergaard C R, Nielsen J E. Integrated prediction of the effect of mutations on multiple protein characteristics. Proteins: Struct Funct Bioinf, 2011, 79 (1): 165-178.
[112] Lazaridis T, Karplus M. Effective energy functions for protein structure prediction. Curr Opin Struct Biol, 2000, 10 (2): 139-145.
[113] Folkman L, Stantic B, Sattar A. Towards sequence-based prediction of mutation-induced stability changes in unseen non-homologous proteins. BMC Genomics, 2014, 15: 1-12.
[114] 易华伟，唐晓峰. 基于氨基酸序列和模拟结构预测蛋白质稳定性的研究进展. 生物技术通报, 2017, 33 (4): 7.
[115] 欧阳玉梅，芳若森. 氨基酸突变对蛋白质稳定性的影响预测及其在线工具. 免疫学杂志, 2013, 29 (11): 5.
[116] Guerois R, Nielsen J E, Serrano L. Predicting changes in the stability of proteins and protein complexes: A study of more than 1000 mutations. J Mol Biol, 2002, 320 (2): 369-387.

[117] Park H, Bradley P, Greisen P, et al. Simultaneous optimization of biomolecular energy functions on features from small molecules and macromolecules. J Chem Theory Comput, 2016, 12 (12): 6201-6212.

[118] Emidio C, Piero F, Rita C. I-Mutant2.0: Predicting stability changes upon mutation from the protein sequence or structure. Nucleic Acids Res, 2005, 33: W306-W310.

[119] Pires D E V, Ascher D B, Blundell T L. mCSM: Predicting the effects of mutations in proteins using graph-based signatures. Bioinformatics, 2014, 30 (3): 335-342.

[120] Dehouck Y, Kwasigroch J M, Gilis D, Rooman M. PoPMuSiC 2.1: A web server for the estimation of protein stability changes upon mutation and sequence optimality. BMC Bioinf, 2011, 12: 1-12.

[121] Parthiban V, Gromiha M M, Schomburg D. CUPSAT: Prediction of protein stability upon point mutations. Nucleic Acids Res, 2006, 34: W239-W242.

[122] Panitchayangkoon G, Hayes D, Fransted K A, et al. Long-lived quantum coherence in photosynthetic complexes at physiological temperature. Proc Natl Acad Sci USA, 2010, 107 (29): 12766-12770.

[123] Stewart J J P. Optimization of parameters for semiempirical methods Ⅴ: Modification of NDDO approximations and application to 70 elements. J Mol Model, 2007, 13 (12): 1173-1213.

[124] Stewart J J P. Application of the PM6 method to modeling the solid state. J Mol Model, 2008, 14 (6): 499.

[125] Stewart J J P. Application of the PM6 method to modeling proteins. J Mol Model, 2009, 15 (7): 765-805.

[126] Hohenberg P, Kohn W. Inhomogeneous electron gas. Phys Rev, 1964, 136 (3B): B864-B871.

[127] Kohn W, Sham L J. Self-consistent equations including exchange and correlation effects. Phys Rev, 1965, 140 (4A): A1133-A1138.

[128] Warshel A, Levitt M. Theoretical studies of enzymic reactions: Dielectric, electrostatic and steric stabilization of the carbonium ion in the reaction of lysozyme. J Mol Biol, 1976, 103 (2): 227-249.

[129] Hehre W J, Stewart R F, Pople J A. Self-consistent molecular-orbital methods. Ⅰ. Use of gaussian expansions of slater-type atomic orbitals. J Chem Phys, 1969, 51 (6): 2657-2664.

[130] Gordon M S, Binkley J S, Pople J A, et al. Self-consistent molecular-orbital methods. 22. Small split-valence basis sets for second-row elements. J Am Chem Soc, 1982, 104 (10): 2797-2803.

[131] Binkley J S, Pople J A, Hehre W J. Self-consistent molecular orbital methods. 21. Small split-valence basis sets for first-row elements. J Am Chem Soc, 1980, 102 (3): 939-947.

[132] Rassolov V A, Ratner M A, Pople J A, et al. 6-31G* basis set for third-row atoms. J Comput Chem, 2001, 22 (9): 976-984.

[133] Krishnan R, Binkley J S, Seeger R, Pople J A. Self-consistent molecular orbital methods. ⅩⅩ. A basis set for correlated wave functions. J Chem Phys, 1980, 72 (1): 650-654.

[134] Carlsen N R. Geometry optimization calculations in molecules containing second row atoms with various polarization function basis sets. Chem Phys Lett, 1977, 47 (2): 203-208.

[135] Korendovych I V, Kulp D W, Wu Y, et al. Design of a switchable eliminase. Proc Natl Acad Sci USA, 2011, 108 (17): 6823.

[136] Moroz Y S, Dunston T T, Makhlynets O V, et al. New tricks for old proteins: Single mutations in a nonenzymatic protein give rise to various enzymatic activities. J Am Chem Soc, 2015, 137 (47): 14905-14911.

[137] Wang X, Du J, Zhao B, et al. Significantly improving the thermostability and catalytic efficiency of streptomyces mobaraenesis transglutaminase through combined rational design. J Agric Food Chem, 2021, 69 (50): 15268-15278.

[138] Li Z, Niu C, Yang X, et al. Enhanced acidic resistance ability and catalytic properties of *bacillus* 1,3-1,4-β-glucanases by sequence alignment and surface charge engineering. Int J Biol Macromol, 2021, 192: 426-434.

[139] Ni D, Zhang S, Kırtel O, et al. Improving the thermostability and catalytic activity of an inulosucrase by rational engineering for the biosynthesis of microbial inulin. J Agric Food Chem, 2021, 69 (44): 13125-13134.

[140] Hoque M A, Zhang Y, Chen L, et al. Stepwise loop insertion strategy for active site remodeling to generate novel enzyme functions. ACS Chem Biol, 2017, 12 (5): 1188-1193.

[141] Wijma H J, Fürst M J L J, Janssen D B. A computational library design protocol for rapid improvement of protein stability: FRESCO. Methods Mol Biol, 2018, 1685: 69-85.

[142] Xu G-C, Wang Y, Tang M H, et al. Hydroclassified combinatorial saturation mutagenesis: Reshaping substrate binding pockets of KpADH for enantioselective reduction of bulky-bulky ketones. ACS Catal, 2018, 8 (9): 8336-8345.

[143] Zhou J, Wang Y, Xu G, et al. Structural insight into enantioselective inversion of an alcohol dehydrogenase reveals a “polar gate” in stereorecognition of diaryl ketones. J Am Chem Soc, 2018, 140 (39): 12645-12654.

[144] Bokel A, Rühlmann A, Hutter M C, Urlacher V B. Enzyme-mediated two-step regio- and stereoselective synthesis of

potential rapid-acting antidepressant (2*S*,6*S*)-hydroxynorketamine. ACS Catal, 2020, 10 (7): 4151-4159.
[145] Chen F-F, Zheng G-W, Liu L, Li H, et al. Reshaping the active pocket of amine dehydrogenases for asymmetric synthesis of bulky aliphatic amines. ACS Catal, 2018, 8 (3): 2622-2628.
[146] Xu G, Zhu C, Li A, et al. Engineering an alcohol dehydrogenase for balancing kinetics in nadph regeneration with 1,4-butanediol as a cosubstrate. ACS Sustainable Chem Eng, 2019, 7 (18): 15706-15714.
[147] Bernhardsgrutter I, Schell K, Peter D M, et al. Awakening the sleeping carboxylase function of enzymes: Engineering the natural CO_2-binding potential of reductases. J Am Chem Soc, 2019, 141 (25): 9778-9782.
[148] Liu Y, Feng Y, Wang L, Guo X, Liu W, Li Q, Wang X, Xue S, Zhao Z K. Structural insights into phosphite dehydrogenase variants favoring a non-natural redox cofactor. ACS Catal, 2019, 9 (3): 1883-1887.
[149] Zhao Z, Lan D, Tan X, et al. How to break the janus effect of H_2O_2 in biocatalysis? Understanding inactivation mechanisms to generate more robust enzymes. ACS Catal, 2019, 9 (4): 2916-2921.
[150] Shi T, Liu L, Tao W, et al. Theoretical studies on the catalytic mechanism and substrate diversity for macrocyclization of pikromycin thioesterase. ACS Catal, 2018, 8 (5): 4323-4332.
[151] Su B M, Shao Z H, Li A P, et al. Rational design of dehydrogenase/deductases based on comparative structural analysis of prereaction-state and free-state simulations for efficient asymmetric reduction of bulky aryl ketones. ACS Catal, 2019, 10 (1): 864-876.
[152] Li R, Wijma H J, Song L, et al. Computational redesign of enzymes for regio- and enantioselective hydroamination. Nat Chem Biol, 2018, 14 (7): 664-670.
[153] Cui Y, Wang Y, Tian W, et al. Development of a versatile and efficient C-N lyase platform for asymmetric hydroamination via computational enzyme redesign. Nat Catal, 2021, 4 (5): 364-373.
[154] Cherny I, Greisen P J, Ashani Y, et al. Engineering V-type nerve agents detoxifying enzymes using computationally focused libraries. ACS Chem Biol, 2013, 8 (11): 2394-2403.
[155] Steck V, Kolev J N, Ren X, Fasan R. Mechanism-guided design and discovery of efficient cytochrome P450-derived C-H amination biocatalysts. J Am Chem Soc, 2020, 142 (23): 10343-10357.
[156] Fan F F, Zheng Y C, Zhang Y W, et al. A comprehensive understanding of enzymatic degradation of the G-type nerve agent by phosphotriesterase: Revised role of water molecules and rate-limiting product release. ACS Catal, 2019, 9 (8): 7038-7051.
[157] Stimple S D, Smith M D, Tessier P M. Directed evolution methods for overcoming trade-offs between protein activity and stability. AIChE Journal, 2019, 66 (3): e16814.
[158] Magliery T J. Protein stability: Computation, sequence statistics, and new experimental methods. Curr Opin Chem Biol, 2015, 33: 161-168.
[159] Studer R A, Christin P A, Williams M A, Orengo C A. Stability-activity tradeoffs constrain the adaptive evolution of rubisco. Proc Natl Acad Sci USA, 2014, 111 (6): 2223-2228.
[160] Tokuriki N, Tawfik D S. Stability effects of mutations and protein evolvability. Curr Opin Struct Biol, 2009, 19 (5): 596-604.
[161] Tokuriki N, Stricher F, Serrano L, Tawfik D S. How protein stability and new functions trade off. PLoS Comput Biol, 2008, 4 (2): e1000002.
[162] Naas T, Oueslati S, Bonnin R A, et al. Beta-lactamase database (BLDB) - structure and function. J Enzyme Inhib Med Chem, 2017, 32 (1): 917-919.
[163] Aalbers F S, Fürst M J L J, Rovida S, et al. Approaching boiling point stability of an alcohol dehydrogenase through computationally-guided enzyme engineering. eLife, 2020, 9.
[164] Wang L, Tharp S, Selzer T, et al. Effects of a distal mutation on active site chemistry. Biochemistry, 2006, 45 (5): 1383-1392.
[165] Wang L, Goodey N M, Benkovic S J, Kohen A. Coordinated effects of distal mutations on environmentally coupled tunneling in dihydrofolate reductase. Proc Natl Acad Sci USA, 2006, 103 (43): 15753-15758.
[166] Wang X, Zhang X, Peng C, et al. D3DistalMutation: A database to explore the effect of distal mutations on enzyme activity. J Chem Inf Model, 2021, 61 (5): 2499-2508.

3

酶的定向进化

3.1 概述

进化是生命的标志，是生物体在自然选择的压力下生存和繁衍过程中自发形成的一种缓慢变化行为。在达尔文发表《物种起源》和提出自然进化概念之前，人类已经不知不觉地利用进化的力量进行了大量的育种和驯化工作。但是，达尔文在1859年提出基因突变后自然选择为核心的进化理论，为后人利用进化原理和过程选择性地创造出具有所需特征的目标生物体和生物分子提供了理论基础。

天然酶是自然进化的产物，它伴随着生物体的长期自然进化过程，形成了与生物体环境条件相适应的催化特性。但是，当酶分子脱离生物体系进行催化应用时，通常并不能适应环境条件的变化，存在底物和催化反应类型有限、稳定性差、催化效率降低等缺点，难以满足工业生产等实际应用的需求。因此，人们提出了在实验室环境中，利用有机化学和生物化学等方法，人工模拟自然界的环境压力并加速其对生物体的进化过程，通过随机突变和/或基因重组，在特定的条件下进行定向筛选，改造酶蛋白的分子结构，实现酶催化性能的提升，即酶的定向进化（directed evolution）。

定向进化的思想可以追溯到1967年（图3-1），Spiegelman等利用一系列的“达尔文式”的体外核糖核酸（ribonucleic acid，RNA）自复制实验探索了基本的进化原理[1~3]。1972年，Hansche 等使用术语“directed evolution”来评估酶的自然突变，还进行了体内基因突变和选择了具有增强活性的磷酸酶[4]。1984年，Eigen 和 Gardiner 首次明确提出通过突变和选择来实现体外进化的基本流程，包括基因突变、扩增和选择组成的循环迭代实验过程[5]。但直到1991～1993年，Frances H. Arnold 才将这一理念付诸实践，针对蛋白酶的溶剂稳定性开展了一系列的开创性研究工作[6~9]，标志着定向进化研究领域的开端，开启了随后通过定向进化设计和改造酶的广泛研究。Arnold 也因此荣获2018年的诺贝尔化学奖，表彰她在定向分子进化领域做出的开创性贡献。此外，与其他科学领域一样，定向进化的建立也需要技术方法的进步为支撑。1989～1994年间 Goeddel 等开发了基于聚合酶链反应（polymerase chain reaction，PCR）的随机突变方法[10]，Stemmer 开发了 DNA 改组（deoxyribo nucleic acid shuffling，DNA shuffling）方法[11,12]，极大地方便了突变文库的构建。George P. Smith 开发的噬菌体表面展示（phage surface display）技术[13]，极大地丰富了高通量筛选方法。这些方法开发和进步为定向进化研究的蓬勃发展提供了有力的技术支撑。

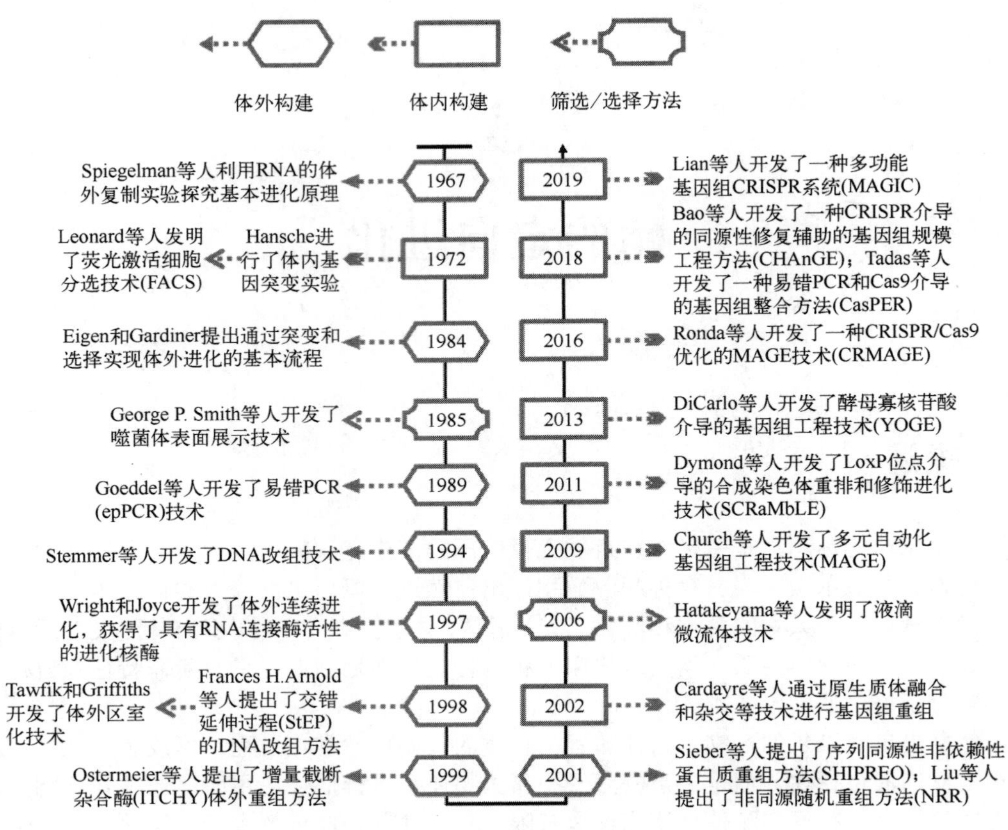

图 3-1　酶定向进化的里程碑事件

3.2　酶定向进化的基本原理和流程

酶的定向进化属于蛋白质分子的非理性设计（irrational design）。不同于第 2 章介绍的理性设计（rational design），定向进化无需事先了解酶的空间结构、活性位点和催化机制等信息，只需要直接在实验室中人为控制进化条件，通过基因突变和定向选择的迭代循环（iterative cycles），模拟达尔文进化过程。因此，定向进化也称为实验室进化或试管内进化。作为非理性的、基于试错法（trial-and-error）的一种蛋白质分子进化方法，定向进化无需掌握任何酶结构和催化机制信息，从而适用于任何一种酶分子，包括蛋白质类酶和核酸类酶（核酶，ribozyme）。而且，定向进化也有利于理解酶分子进化的本质和规律，后续还可以利用该规律指导酶蛋白的设计。特别重要的是，定向进化可以开发出某些非天然的酶功能，将酶催化的适用范围从生物体反应拓展到了非生物体反应。因此，定向进化是人类对自然进化规律在分子水平的延伸和应用，是站在更高理性层次上的一种先进技术手段。

酶定向进化的基本流程如图 3-2 所示，主要包括：

① 针对目标酶，通过基因突变和/或重组等人工方式实现多样性足够大的基因文库构建（DNA library generation），即基因多样化（gene diversification）；

② 针对基因突变文库表达后的酶变体库（enzyme variants library）进行高效定向选择/筛选（selection/screening）的迭代循环。每一轮筛选得到的有性能提升的变体作为下一轮基因型改进的新起点，再进行定向进化的迭代循环，直至得到所需的目标变体。

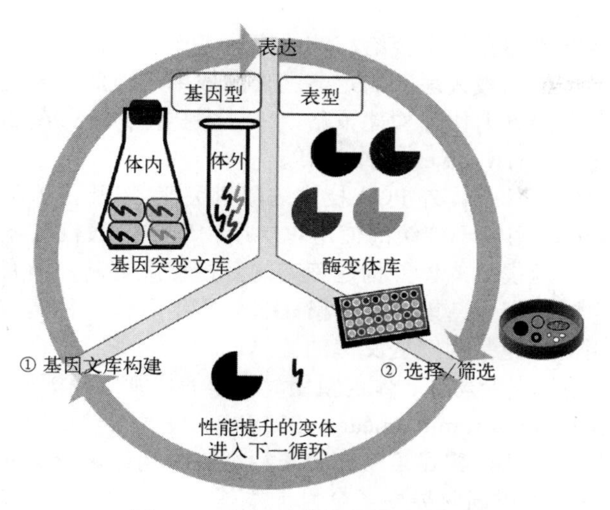

图 3-2　酶定向进化的基本流程

在自然进化过程中，被进化对象的基因型与表型统一存在于完整的生命体中，大自然通过筛选生命体适应环境的能力和繁殖速率来调整基因的分布，适者生存。然而，实验室进化一个生物分子（如蛋白质）的难点在于，被进化的对象的表型（phenotype）和基因型（genotype）通常是被割裂的（即 DNA 和酶是分离的，图 3-3），通常难以通过适者生存的方式直接获得具有特定性状的目标分子。因此，酶的定向进化需要利用远高于自然突变和重组概率来构建足够大的基因突变文库，而且需要建立高效的选择/筛选方法以筛选所需的生物功能。所以，基因文库构建和选择/筛选方法的构建是酶定向进化技术的核心，也是影响定向进化效果的关键，本章主要针对这两方面进行详细介绍。

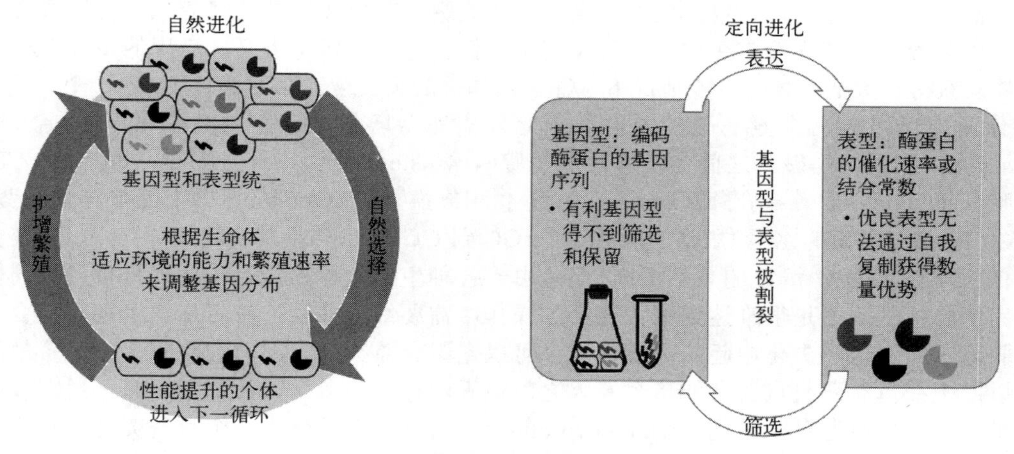

图 3-3　自然进化和定向进化的区别

3.3　基因文库构建方法

定向进化的第一步是建立针对目标酶的具有分子多样性的目标基因突变文库。基因突变文库的遗传多样性（酶变体数量的多样性）直接影响定向进化的成功率。但是，酶蛋白分子中的每个氨基酸残基都有 19 种替代选择方式，构建一个全面覆盖蛋白质的所有突变的基因文库是不切实际的；即使能够建立，也会给后续的筛选工作带来极大的负担。同时，基因突变文库构建的简便性和操作性也极大地影响定向进化的效率。因此，研究者们开发了多种构建基因突变文库的方法，主要分为体外构建策略（体外多样化，*in vitro* diversification）和体内构建策略（体内多样化，*in vivo* diversification）。

体外构建策略主要包括基于体外 PCR 技术的随机突变，以及基于基因重组的 DNA 改组（DNA shuffling）等技术。相较于传统的使用化学或物理试剂随机破坏 DNA 的随机诱变方法，基于 PCR 和 DNA 改组技术的体外构建策略的受控程度更高，具有更高的突变率和更少的突变偏倚[14]。此外，随机突变、集中突变和 DNA 重组等体外构建技术可以单独或一起使用，是目前最广泛使用的构建基因突变文库的工具。

近年来，以突变质粒、突变菌株、体内重组、成簇的规则间隔短回文重复序列（clustered regularly interspaced short palindromic repeats，CRISPR）技术为代表的体内构建策略也备受关注。相较于体外构建策略，体内构建策略在完整活细胞中构建突变文库，可以避免重复的克隆和转化/转染步骤，并且可以同时突变多个目标残基。更重要的是，如果所需的表型可以与细胞生长相关联或以高通量方式筛选，那么体内构建策略理论上可以实现基因型和表型的统一（图 3-3），从而在实验室中实现适者生存，完美重现并加速自然进化。

3.3.1 体外构建

体外构建策略主要包括基于体外 PCR 技术的易错 PCR 随机突变、位点饱和突变、序列饱和突变、随机插入/删除等方法，以及基于基因重组的 DNA 改组、交错延伸、人工合成重组等技术。

由于基于体外 PCR 的随机突变技术一般都是针对单一分子内部的单位点或者多位点，因此也称为无性进化（asexual evolution）。其中，突变率和突变谱为主要考虑因素[14]。突变率不应太高，也不能过低。如果突变率太高，可能其中含有较多的致死突变位点，导致突变文库中的大多数酶分子都没有活性。但是突变率太低，野生型背景太高，文库的多样性程度太低，难以获得有效的变体。一般情况下，每个靶基因的突变位点个数最好为 1～5 个，使得酶蛋白分子中仅差异几个氨基酸较为合理。此外，完全随机无偏差的突变谱一般要求转换[transition，即同一类碱基之间的变异，胞嘧啶（cytosine，C）↔胸腺嘧啶（thymine，T），腺嘌呤（adenine，A）↔鸟嘌呤（guanine，G）]和颠换（transversion，即嘌呤与嘧啶的变异，C↔A，T↔G）突变的比率为 0.5，而且 AT→GC 到 GC→AT 转换突变比率为 1，以及突变 A 和 T 的频率与突变 G 和 C 的频率相同。但是由于各种生物来源的基因和酶都具有自己的偏好性，完全随机无偏差是很难达到的，在实际操作中需要综合多种方法尽量均衡各类突变。

同源重组在自然进化中起着关键作用，可以重组有益突变，同时去除有害突变。基因重组可以发生在具有随机点突变的单个基因之间或天然存在的多个同源基因之间，通常涉及多个分子，因此也称为有性进化（sexual evolution）。由于无性进化中一个有益突变的基因在下一轮的随机突变后仍保持有益的概率是较小的，利用自然界有性繁殖过程（有性进化）的优势，可累积有益突变，减少有害突变，并可能同时改造酶蛋白的多种特性，为基因突变文库提供更高的多样性和更有利于产生所期望的进化酶[15]。

下面逐一介绍各种体外构建策略。

3.3.1.1 易错 PCR

易错 PCR（error-prone PCR，epPCR）是由 Goeddel 等在 1989 年开发[10]，经由 Joyce 等[16]发展改进的一项常用的随机突变技术。易错 PCR 模仿自然界中 DNA 复制过程中天然存在的突变过程（突变概率为 10^{-10}/bp），在体外 PCR 扩增过程中（图 3-4），利用具有更低保真性更易错的 DNA 聚合酶（例如 *Taq* 和 Mutazyme 等，不具有 3′→5′外切酶活性，缺失校正功能），在复制目标基因的同时引入随机突变，从而获得更高的突变率（10^{-4}/bp）。此外，增加镁离子浓度（稳定非互补的碱基对）、补充锰离子（降低聚合酶保真性）、使 4 种脱氧核苷酸（deoxy-ribonucleoside triphosphate，dNTP）底物浓度不均衡、延长 PCR 循环等操作，都可以进一步降低碱基配对的保真度，使得突变率提高到 10^{-3}/bp；使用核苷酸类似物可以进一步提高突变率，使其高达 10^{-2}～10^{-1}/bp。

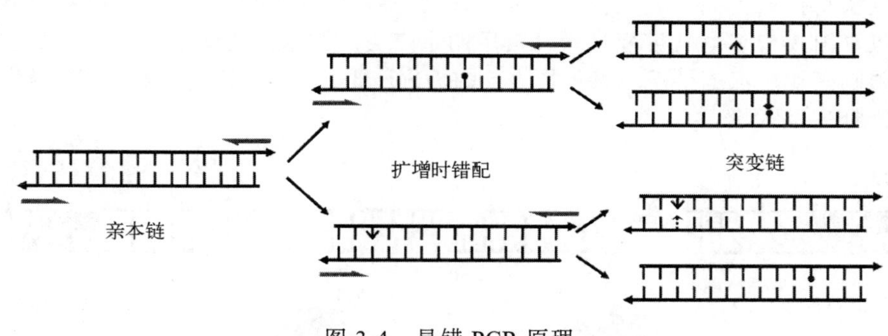

图 3-4　易错 PCR 原理

引物；　原始碱基；　错配碱基；　突变位点(错配碱基再正确配对)

值得注意的是，易错 PCR 虽然属于随机突变，但是突变并不是完全随机的[17]。例如，天然 *Taq* 聚合酶催化的易错 PCR 过程偏向于 AT→GC 转换和 AT→TA 颠换，而使用 *Taq* 和 Mutazyme 这两种 DNA 聚合酶的混合物，可以创建更平衡的突变分布，产生 GC→AT 转换和 GC→TA 颠换突变。

易错 PCR 技术具有操作简单、随机突变丰富的特点，是迄今为止定向进化中使用最广的突变文库构建方法，目前已有成熟的商业化试剂盒，无需了解蛋白质结构-功能关系，快速实现对目标蛋白质的改造。但是，由于易错 PCR 是基于体外 PCR 过程的随机突变技术，正突变概率低，突变文库大，文库的后续筛选工作量较大。因此，易错 PCR 一般仅适用于较小的基因片段（< 800bp），能够在 2～3h 内生成大于 10^{10} 变体的突变文库。

3.3.1.2　序列饱和突变

序列饱和突变（sequence saturation mutagenesis，SeSaM）是一种不依赖聚合酶的随机突变技术，由 Schwaneberg 等于 2004 年开发[18]。其基本原理是使用具有混杂的碱基配对能力的 *α*-硫代磷酸脱氧核苷酸（*α*-phosphorothioate deoxynucleotides）为 PCR 反应底物，可以针对任何核苷酸进行突变。由于易错 PCR 存在转换偏向性，而且通常难以在相邻的位点引入突变，因此突变组合有限，而密码子自身冗余性大，较多突变体为同义密码子，在一定程度上限制了遗传多样性。而 SeSaM 中使用的 *α*-硫代磷酸脱氧核苷酸具有混杂的碱基配对能力（通用性碱基），可以调节突变偏向性，还引入连续突变，因而序列饱和突变也被看作是易错 PCR 的互补随机突变技术。例如，SeSaM 可以形成颠换突变，G→T 和 G→C 颠换突变概率分别为约 20%和 8%，使得转换与颠换比率（transition/transversion）接近于完全随机理论值 0.5，而且连续突变概率高达 37%，这在易错 PCR 中是难以实现的。

3.3.1.3　位点饱和突变

位点饱和突变（site saturation mutagenesis，SSM）是指目标蛋白质分子中的某一个特定氨基酸残基被所有其他 19 个氨基酸残基取代。SSM 一般是在目标酶蛋白的结构已知时进行的理性或半理性设计方案（详见第 2 章），对选定的氨基酸残基进行单个或集中突变，从而构建一个更小但更有效的基因文库，以简化筛选流程。但是在目前的定向进化中，通常是组合使用多种突变文库构建手段，以增加获得性能增强的目标变体的可能性，因此本章也对其进行简要介绍。

构建 SSM 文库的方法有盒式突变、PCR 突变、全质粒扩增突变等，其中盒式突变和 PCR 突变是目前构建单位点或多位点饱和突变文库的最常用方法。盒式突变（cassette mutagenesis）[19]，也称片段取代法（DNA fragment replacement）[20]，利用目标基因序列中具有的限制酶切位点，插入人工合成的突变寡核苷酸链（DNA 片段），用以取代目标基因中选定的位点（图 3-5）。盒式突变是一种常用的定点突变技术，仅适用于需要突变位点的两端有成对的限制酶切位点的情况（例如图 3-5 的 *Hin*d Ⅲ和 *Eco* RⅠ这两种酶切位点），生成变体库具有低野生型背景。

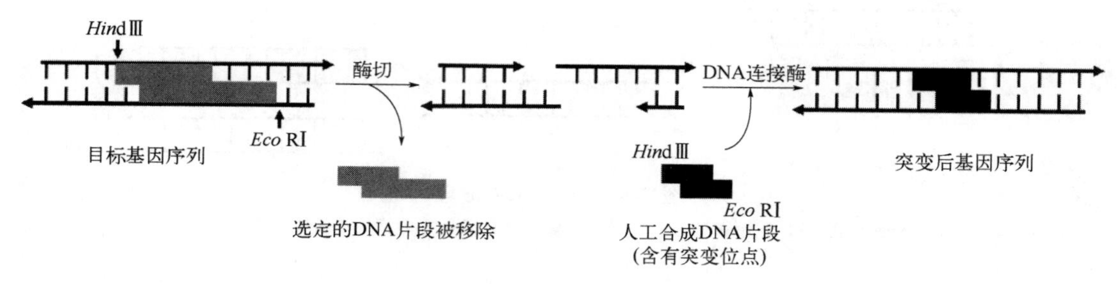

图 3-5　盒式突变原理

基于 PCR 的 SSM 方法一般在寡核苷酸退火或 PCR 过程中，在选定的氨基酸残基处使用包含一个或多个简并密码子的人工合成的 DNA 引物，对其进行饱和突变（图 3-6）。基于 PCR 的 SSM 方法的主要优点是具有一个或多个简并密码子的多个引物可用于同时产生多个远距离突变。例如，重叠延伸 PCR（overlap extension PCR）方法[21]可以同时生成多达 6 个突变，再结合使用磷酸化的引物和 T4 连接酶可以同时产生 10 个以上的突变。SSM 方法中的关键因素是密码子简并性，以及各种聚合酶的偏好性。使用完全随机的密码子（NNN，N＝A、C、G 或 T）会导致文库非常大，这使得筛选阶段工作量太大。由于密码子冗余，NNK（K＝T 或 G）以 32 倍简并性编码 20 个氨基酸可将文库大小减少一半，使用 NDT（D＝A、G 或 T）或 DBK（B＝C、G 或 T）编码 12 个氨基酸的可以进一步减小文库大小（图 3-6）。

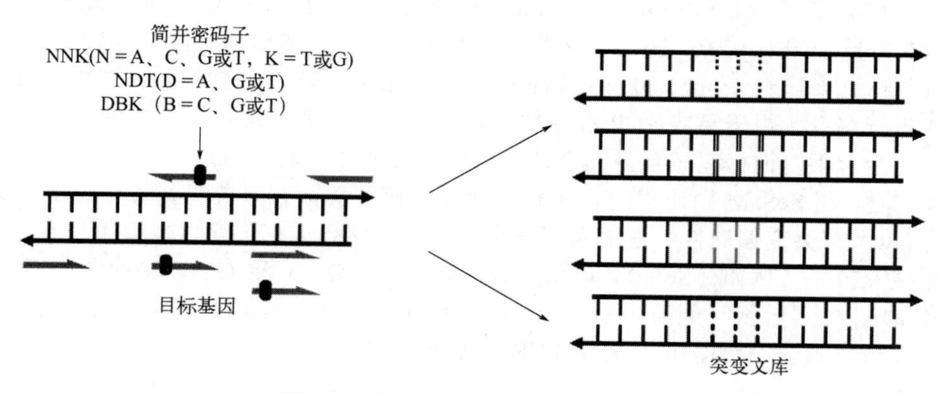

图 3-6　基于 PCR 的饱和突变原理

正常引物；含简并密码子的引物；突变位点

全质粒扩增突变也是基于 PCR 的定点突变方法（图 3-7），它是利用一对互补的包含突变位点（通常为简并密码子）的引物（正、反向），与含有目标基因片段的质粒在体外退火后经历一轮 PCR，利用高保真性的 DNA 聚合酶获得含有定点突变的全长质粒[22]。一般而言，由于从菌株中提取的质粒已经被甲基化，因此为避免亲本质粒残留导致的高野生型蛋白质背景，须在该轮 PCR 之后，使用具有甲基化消化功能的核酸酶 *Dpn* Ⅰ去除残留的亲本质粒模板[23]。全质粒扩增突变的优点在于只需一步 PCR 反应，无需对目的基因的酶切、连接等亚克隆操作，获得的突变体可直接导入宿主细胞；且除定单点突变之外，还可实现定点缺失、插入、多点突变，提高突变效率[23,24]。

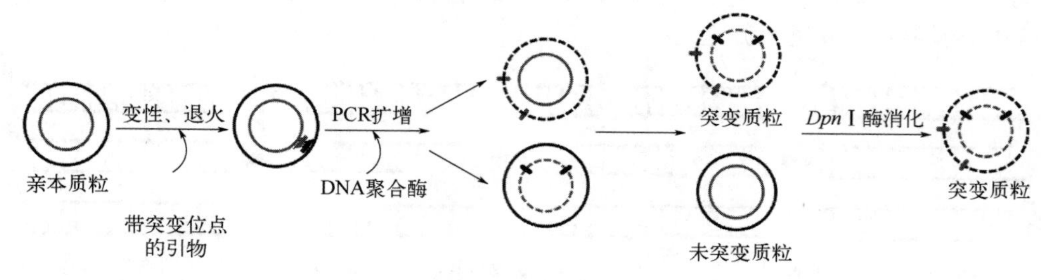

图 3-7　全质粒扩增突变操作过程

易错 PCR 等随机突变方法存在诸如在多轮突变中某些位点被重复突变，而某些序列区域的位点始终没有被突变，且对长序列 DNA 的兼容性差等问题。因此，SSM 方法可以作为这类随机突变方法的补充，实现对酶蛋白核心功能位点的快速定位和高效突变改造。

3.3.1.4　随机插入/删除

尽管 epPCR 和 SeSaM 可以获得多种突变，但是这些突变体的氨基酸残基数量均和最初的酶蛋白保持一致，仅仅是在残基的侧链上进行改变。天然蛋白质同源物中通常可以发现氨基酸片段的缺失或插入，通过 epPCR 和 SeSaM 无法获得这类的功能变体。因此，随机插入/删除（random insertion and deletion，RID）这种突变方法为构建此类同源缺失或插入片段的变体文库成为可能（图 3-8）。

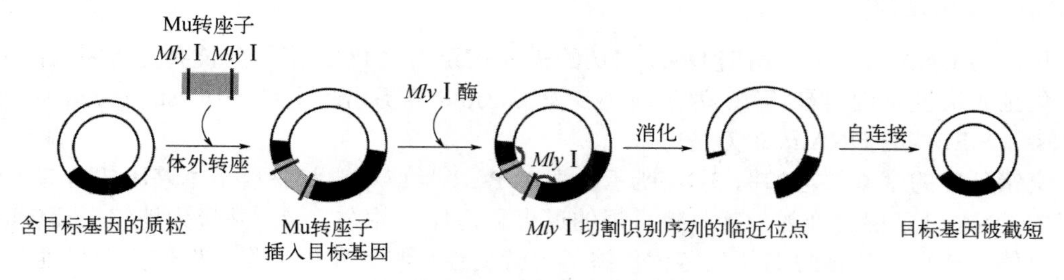

图 3-8　随机插入/删除突变的基本原理

最早开发的 RID 方法可在质粒上的随机位置删除任意数量的连续碱基（最多 16 个碱基对）[25]，同时将任意数量的特定或随机碱基插入到相同的位置，但是实验方法较为繁琐[26]。目前多用基于转座子的 RID 方法对目标基因上的密码子进行缺失、替换、插入等操作[27,28]。例如，通过用工程 Mu 转座子将含有 IIS 型限制性内切酶 *Mly* Ⅰ识别位点的 DNA 片段转座到目的基因，然后利用 *Mly* Ⅰ进行酶切，再进行自连接，可以获得多种截短的酶蛋白（图 3-8）。这里，转座子（transposon）是基因组中一段可移动的 DNA 序列，可以通过切割、重新整合等一系列过程从基因组的一个位置“跳跃”到另一个位置（即转座）。Mu 转座子是源于 Mu 噬菌体的转座子[29]；IIS 型限制性内切酶（type IIS restriction endonuclease），可以在距离其识别位点的特定长度处切割任意核苷酸序列 DNA 双链，对切割位点的序列没有要求。

3.3.1.5 DNA 改组

DNA 改组也称作有性 PCR（sexual PCR），由 Stemmer 于 1994 年开发[11,12]。如图 3-9 所示，用 DNA 内切酶（常用可生成平末端的 Dnase Ⅰ）将双链 DNA 片段化，这些片段在无引物 PCR 步骤（PCR 变性后的复性过程）中会发生错配，错配后的片段互为模板延伸，随机重新组装成全长突变基因，即产生基因重组，再以重组后的全长基因片段为模板，通过标准 PCR 扩增构建基因突变文库进行筛选。

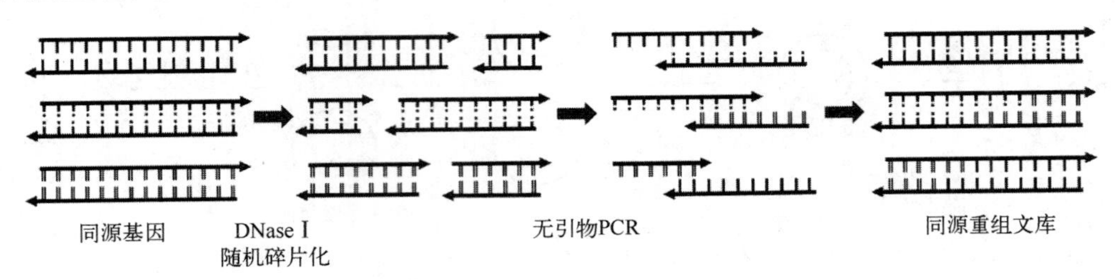

图 3-9　DNA 改组原理

DNA 改组模仿同源重组的自然过程，要求 DNA 序列间具有足够的相似性，交叉错配主要发生在高度同一性的序列区域。广义的 DNA 改组是通过片段化处理进化相关的具有高度序列相似性的 DNA 序列或由其他体外定向进化方法筛选获得的性能优化的突变序列。其中，直接从自然界中存在的基因家族出发，重组同源基因的 DNA 改组也称为族改组（family shuffling）[30]；而基于其他定向进化方法筛选获得的突变体出发的重组均称为狭义的 DNA 改组或 DNA 重排。相较于随机突变中约 1%的有益突变，DNA 改组可以重组各类突变，获得加速累积的有益突变的组合突变体，将有益突变提高至 13%。因此，DNA 改组通常和易错 PCR 等技术结合使用，进行多轮进化，可以提高突变库的容量和其中的阳性突变体比例。

3.3.1.6 交错延伸

传统的 DNA 改组中使用的 DNA 内切酶需要在无引物 PCR 获得全长突变基因之前去除，以避免全长突变基因再被切割。为了简化步骤，Arnold 等提出了交错延伸（staggered extension process，StEP）的 DNA 改组方法[31]。

交错延伸的基本原理如图 3-10 所示，即在 PCR 反应中，将来自亲本基因的含有不同点突变的 DNA 分子混合作为模板，将常规的退火和延伸合并为一步，并极大地缩短反应时间，从而只能合成得到非常短的新生链；再将新生链变性，将短新生链作为引物，随机地与含有不同点突变的 DNA 分子配对延伸；如此循环重复，不断与不同模板分子配对延伸（转换模板），直到获得全长分子。在此过程中，来自于不同模板分子的片段会间隔交错形成嵌合序列的全长 DNA 分子，从而形成大量突变组合。

相较于传统 DNA 改组方法，StEP 不但省去了 DNA 酶切以及去除 DNA 内切酶的步骤，还将 PCR 反应中的退火和延伸合并为一步，大大缩短 PCR 反应时间。此外，交错延伸法以单链的 DNA 为目标，使用单引物延伸，重组过程发生在单一的试管内，无需分离亲本 DNA 和后续产生的重组 DNA，简单方便。

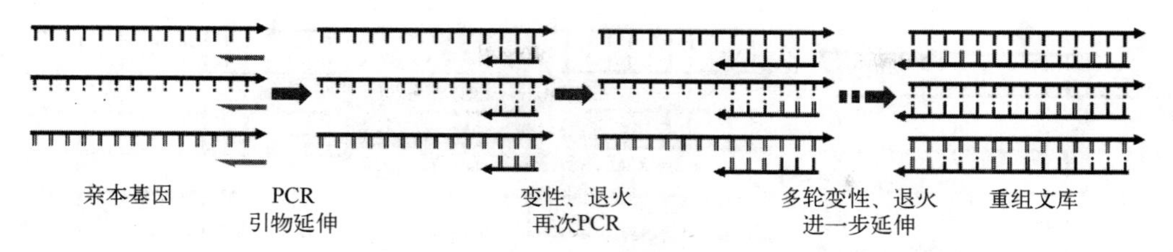

图 3-10 交错延伸原理

3.3.1.7 人工合成重组

由于人工合成寡核苷酸链价格逐渐降低，Arnold 等于 1998 年提出了基于人工合成寡核苷酸链的随机引物体外重组（random-priming *in vitro* recombination，RPR）[32]方法，即人工合成重组方法，简称合成改组（synthetic shuffling）[33]方法（图 3-11）。

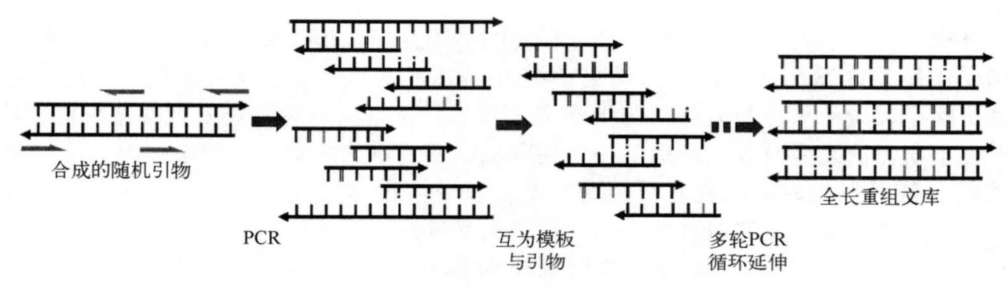

图 3-11 人工合成重组方法

I 原始碱基；I i I 由引物引入的错配位点

人工合成重组以目标基因（亲本 DNA）为模板，利用人工合成的一组随机序列为引物，进行 PCR 反应产生若干与模板不同部位有一定程度互补的 DNA 短片段（有部分错配），再利用这些 DNA 短片段互为模板与引物进行 PCR 扩增，直至形成全长分子。在此过程中，DNA 短片段是通过随机引物产生的，亲本的 DNA 模板用量少，也不受亲本 DNA 模板长度的限制，还省去了传统 DNA 改组中的酶切和去除内切酶的步骤，简单快捷。同时，人工合成的随机引物与模板之间的错配是引入基因重组和突变体的源头，因此保证了最终形成的全长基因多样化的随机性。在随机引物中引入简并密码子可以减少文库大小，进一步提高效率。

3.3.1.8 非同源重组

上述基于基因重组的各种方法均依赖基因同源性，只有较高序列相似性的 DNA 分子才能在体外实现重组，而对于那些序列相似性较低的亲本基因难以获得有效的重组。因此，研究者们开发了一系列与同源性无关的重组方法，以提升序列相似性较低的亲本基因之间的有益突变组合，进一步拓展基因重组在蛋白质工程中的应用，例如增量截断杂合酶创制（incremental truncation for the creation of hybrid enzymes，ITCHY）[34]、序列同源性非依赖性蛋白质重组（sequence homology-independent protein recombination，SHIPREC）[35]、非同源随机重组（nonhomologous random recombination，NRR，图 3-12）[36]等技术。其中，ITCHY 和 SHIPREC 都只能生成只有两个交叉的嵌合体，而 NRR 可生成交叉多达 11 个的嵌合体。但是非同源重组过程中常由于基因突变、插入和缺失的操作，使得最终得到的突变体文库中有活性的酶蛋白占比极低。因此，非同源重组方法常需要和计算方法相结合，以降低文库中非活性酶蛋白的占比。

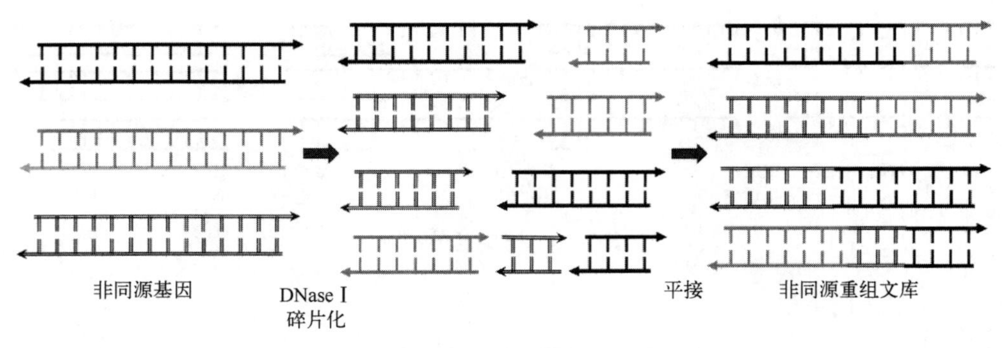

图 3-12 非同源随机重组原理

3.3.2 体内构建

体外构建策略能有效获得遗传多样性很高的基因文库，但是体外构建策略通常除了多样化基因文库构建之外，还需要转化/转染、筛选/分离的迭代循环，这些都极其耗时耗力。体内构建策略可以避免重复的克隆和转化/转染步骤，并且可以同时突变多个目标残基。更重要的是，如果所需的表型可以与细胞生长相关联或以高通量方式筛选，那么体内构建策略理论上可以实现基因型和表型的统一，从而在实验室中实现体内连续进化（*in vivo* continuous evolution）[37~39]，重现并加速自然进化的适者生存过程。

利用容易在体内复制过程中出错的突变菌株（mutator strain）和突变质粒（mutator plasmid），可以将点突变频率提升到比野生型菌株高 4000 倍[38]。通过原生质体融合和杂交等技术可在不了解基因组信息的条件下对基因组改组（genome shuffling），包括体内的同源和异源重组。近年来开发的 CRISPR 技术，对原核生物和真核生物的基因均达到了前所未有的高效编辑能力，不但可以在体内实现大片段的删除、插入和替换，还可以显著提高同源重组以及非同源重组的效率，已成为当前最受关注的基因编辑工具和体内构建基因文库策略。因此，本小节将重点介绍这三类体内构建策略。

3.3.2.1 突变菌株与突变质粒

容易出错的体内 DNA 复制系统，例如，大肠杆菌 XL1-red 突变菌株和 *mutD5* 突变质粒（温度敏感型质粒）[40]，枯草芽孢杆菌的温敏型高突变率质粒（*mutS*，*mutM*，*mutY*）[41]等，可以方便地在体内构建单基因或多基因突变，其基本原理类似于易错 PCR。由于在这些体内易错复制过程中菌体丧失了正常校正及错配修复功能，显著提高基因组的突变率，从而加速进化；在筛选得到期望的表型变体后，通过去除该突变质粒，可以使菌株恢复到正常的低突变率，以稳定新的表型。但是突变菌株和质粒通常在宿主基因组中随机引入多种有害突变，导致宿主活力不足甚至死亡。

近年来开发的基于高度易错的正交复制系统（orthogonal DNA replication system）[42,43]，不但可以在目标基因中随机引入多种突变，还不会降低宿主活力。例如，噬菌体 T7 RNA 聚合酶（T7 RNAP）高度依赖于 DNA（T7 噬菌体启动子），将其与胞苷脱氨酶融合可以在大肠杆菌和人类细胞中随机引入 CG→TA 突变，不会降低宿主活力或导致脱靶突变，该技术也被称为噬菌体辅助的连续进化（phage-assisted continuous evolution，PACE）[44]。此外，乳酸克鲁维酵母线性质粒（pGKL1/2）及其对应的 DNA 聚合酶 (TP-DNAP1)形成的质粒-酶对，引入酿酒酵母后，可以 10^{-5}/bp 的效率突变目标基因，而不会增加基因组突变率（约 10^{-10}/bp），实现独立于基因组的体内连续进化[42]。

3.3.2.2 体内重组

多重自动化基因组工程（multiplex automated genome engineering，MAGE）[45]是通过在染色体复制过程中向后滞链中引入大量的人工合成的具有同源序列的单链 DNA（single-stranded DNA，ssDNA），基于同源重组进行基因组的多位点改造方法（图 3-13）。它不仅可以同时针对基因组上的多个位置进行改造，而且通过将含有寡聚核苷酸链的文库重复地引入细胞，产生多样化的基因组改造[46]。

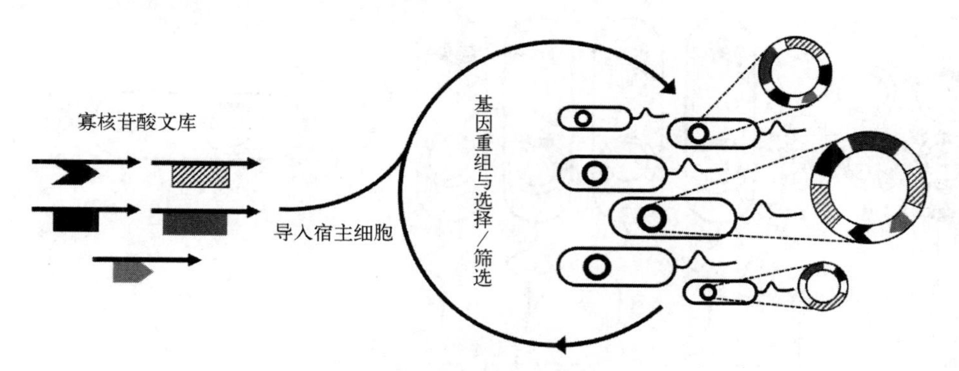

图 3-13 多重自动化基因组工程

MAGE 最早是在大肠杆菌中开发的，外源引入的人工合成的 ssDNA 可以在噬菌体 λ Red 系统中的 β 蛋白的帮助下与 DNA 复制叉处的后滞链互补退火，迭代引入人工合成的 ssDNA 可以在几天内生成一个巨大的基因组合文库。MAGE 是在大肠杆菌中最流行的基于重组的体内构建策略之一，在此基础上开发了适用于酵母的 MAGE 方法，也被称为酵母寡核苷酸介导的基因组工程（yeast oligo-mediated genome engineering，YOGE）[47]，以及 LoxP 位点介导的合成染色体重排和修饰进化（synthetic chromosome rearrangement and modification by LoxP-mediated evolution，SCRaMbLE）[48]等技术。

3.3.2.3 基于 CRISPR 的体内突变

CRISPR 是原核生物基因组内的一段重复序列，是细菌在自然进化中与病毒斗争产生的免疫武器[49]，利用 RNA 引导的核酸内切酶（例如，Cas9[50]、Cpf1[51]等）可以结合和切割外源核酸。在此基础上开发的 CRISPR-Cas 系统[52,53]（图 3-14），在人工合成的约 20bp 的小向导 RNA（small guide RNA，sgRNA）的引导下，在原核和真核生物中，搜索和定位不同的目标序列，在精确位置产生双链断裂、单链缺刻、单碱基替换等变化，再由修复、错配等机制引入突变/重组，实现体内基因突变库的构建。由于 CRISPR-Cas 系统强大的基因编辑功能，Emmanuelle Charpentier 和 Jennifer A. Doudna 两位开发者荣获 2020 年诺贝尔化学奖。

基于 3 个正交的 Cas 蛋白开发的三功能 CRISPR 系统，即多功能基因组 CRISPR 系统（multi-functional genome-wide CRISPR，MAGIC），通过使用三个独立的 sgRNA 序列，将基因激活、干扰和缺失整合在一起，涵盖了超过 99%的所有开放阅读框和 RNA 基因，从而可以创建最全面和多样化的基因组文库[54]。将 CRISPR-Cas 系统与 epPCR 耦合，即 Cas9 介导的蛋白质进化（Cas9-mediated protein evolution reaction，CasPER），可在 600 bp 基因组的任何区域引入随机突变，且突变频率均匀[55]。将 CRISPR-Cas 系统集成到 MAGE 中，基因重新编码的重组效率从大约 3%提高到 98%，小插入和替换的重组效率从大约 5%提高到 70%[56]。将 CRISPR-Cas 系统与同源性修复（homology directed repair，HDR）途径结合，即

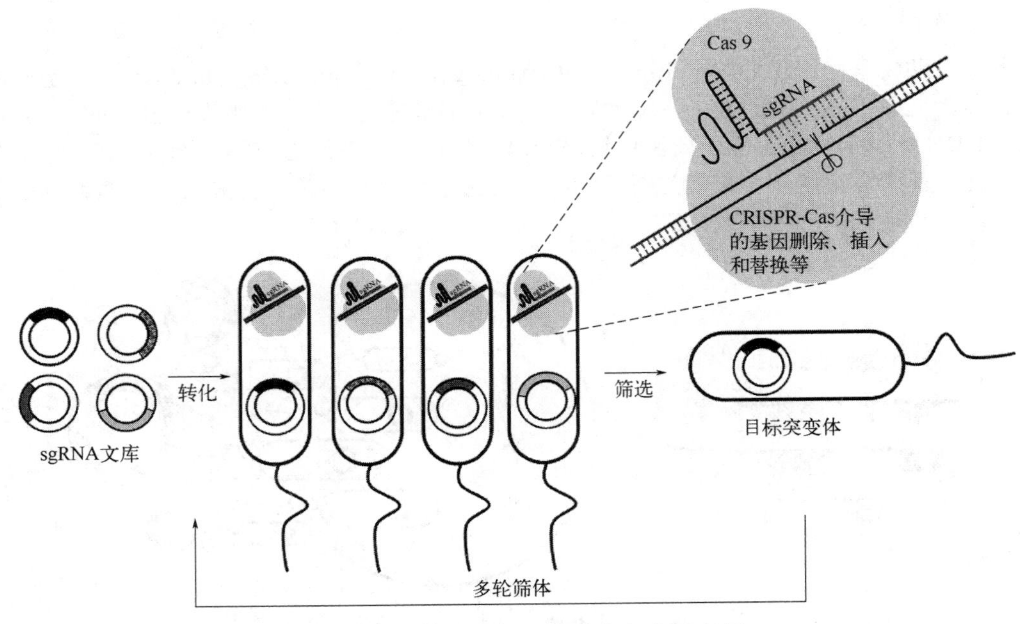

图 3-14　基于 CRISPR 的体内突变示意图

CRISPR 介导的 HDR 辅助基因组规模工程（CRISPR and homology-directed-repair-assisted genome-scale engineering，CHAnGE）方法，可以实现单核苷酸精度的全基因组突变[57]。

CRISPR 不但自身基因编辑功能强大，可与现有的其他定向进化技术结合改良文库构建方案，还具有多用途性[58]，即可以方便快捷地与多种选择/筛选过程偶联[59]，能更好地实现基因型和表型的关联。因此，基于 CRISPR 的构建策略可以简单有效地在实验室中实现体内连续进化，重现并加速自然进化的适者生存过程，是定向进化的发展方向。

3.4　高通量选择/筛选方法

在基因突变文库构建好之后，就可以进行定向进化的第二步，即在一定的环境条件下，针对突变文库的表型进行选择/筛选，获得所期望的目标变体。现有的各种体外和体内构建策略可以在短时间内生成超过 10^9 个变体的大型基因文库，而且一般情况下文库中的大部分突变均为无效突变（负突变或中性突变），正突变（阳性突变）占比极少。因此，要在短时间内从巨大的基因文库中筛选获得所需的目标变体，需要采用高灵敏、高效率的高通量选择/筛选技术才能实现。

尽管常见的平板筛选法简单、直观、易操作，但是它通常需要将含有突变基因的重组细胞涂布到平板培养基上，再根据细胞在平板培养基上的生长、显色、变色等情况（例如透明圈、变色圈、生长圈、抑制圈等）进行筛选（图 3-15），因此一般仅适用于 1～3 个位点随机突变形成的容量较小的基因文库（$<10^4$ 个变体）。平板筛选法难以达到高通量的要求，属于低通量筛选方法，但可用于定性或半定量的初筛，与其他选择/筛选方法结合，以提高定向进化效率[60]。本节重点介绍有效识别所需表型并以高通量方式分析目标酶性能的通用性选择/筛选技术平台，包括微孔板法、表面展示、体外区室化、荧光激活细胞分选以及液滴微流控等。

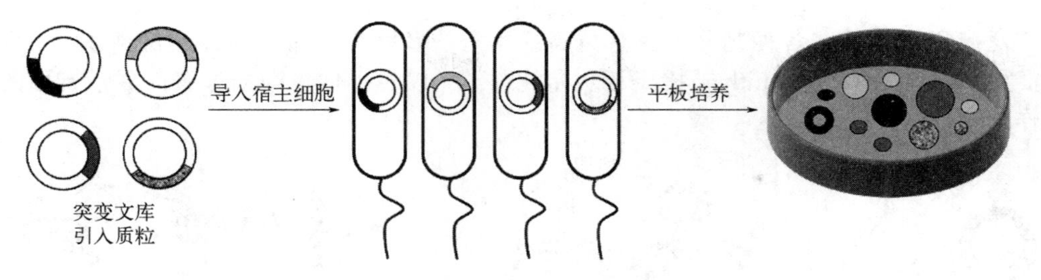

图 3-15　平板筛选法筛选基因文库

3.4.1　微孔板法

基于荧光或比色等显色反应来检测酶催化性能一直是筛选目标突变体的常用方法。但是常规的平板培养法工作量大、效率低。微孔板法（microtiter plate）利用包含 96 至 9600 个孔的微孔板作为摇瓶或平板的替代品来培养重组子，再通过酶标仪的紫外可见吸光、化学发光或荧光检测器进行高通量检测，可实现对各种酶催化性能的高效筛选 （图 3-16）。对于胞外酶而言，可以直接加入相应的反应试剂后进行测量，或者利用微孔板离心机离心后转移培养物上清液到另一个微孔板中，再与反应试剂反应后测量；对于胞内酶，则可以通过加入裂解液将细胞破坏释放出目标胞内酶，再利用上述操作进行分析。

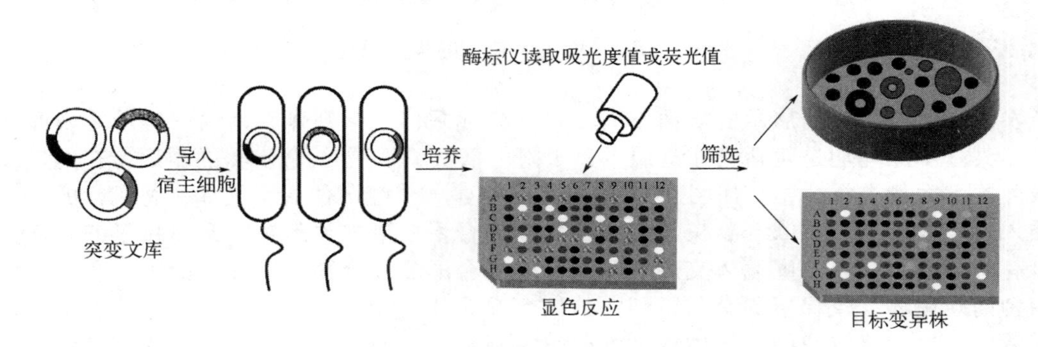

图 3-16　微孔板法筛选示意图

在微孔板中，酶蛋白与编码其序列的基因处于同一个孔内，并不会与其他 DNA-蛋白质对混合，因此，可以区分具有不同活性的酶变体。微孔板的孔数从 96 孔扩展至 9600 孔，效率极高，而且酶标仪的测量器精度也可以实现对酶活性的准确定量，可以区分酶性能的微小差别，提高了筛选的灵敏性。此外，微孔板法操作流程基本固定，自动化程度高，相较于传统的摇瓶或平板法明显降低了人力工作量。但是，对于筛选>10^4 个变体的基因文库，微孔板法通常需要与自动菌落选择器等自动化装置进行配套使用，才能实现高通量筛选。

3.4.2　表面展示

表面展示（surface display）方法利用 DNA 重组表达技术，将外源的目标蛋白质（突变酶）融合表达并富集在噬菌体、核糖体、细菌、酵母等细胞或核蛋白体的表面，再根据酶蛋白分子与其底物或其他具有高亲和吸附的靶分子之间的亲和作用力强弱进行筛选（图 3-17）。表面展示方法将蛋白质与编码它的 DNA 序列连接起来，实现了基因型和表型的耦合，重现了自然进化的物竞天择、适者生存，因此也称为生物淘选（biopanning）。最早的表面展示技术是噬菌体表面展示，于 1985 年由 George P. Smith[13]开发，最初仅用于筛选抗体分子[61]，现已广泛应用于选择与各种靶分子具有更高亲和力的多肽和蛋白质，处理量高达 10^{10}～10^{13} 个突变体。因此 2018 年 Smith 被授予诺贝尔化学奖，以表彰他在噬菌体表面展示方面的开创性工作。

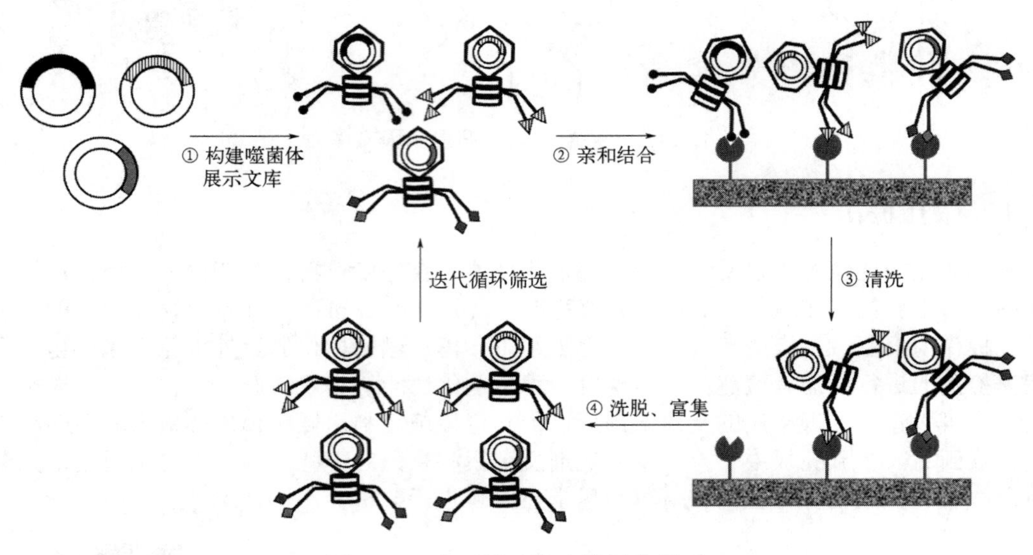

图 3-17　表面展示技术的操作原理

表面展示方法根据展示的表面不同，可分为噬菌体、核糖体、细菌、酵母等表面展示技术，其基本原理均是包括构建与展示、吸附、清洗、洗脱 4 个步骤的循环，在此以噬菌体表面展示为例进行介绍，如图 3-17 所示。①构建一个噬菌体展示文库，将目标的外源基因插入噬菌体基因组的衣壳蛋白，基因产物以融合蛋白形式展示在噬菌体粒子的表面上；②含有不同融合蛋白的噬菌体文库与靶标分子结合形成复合物；③清洗除去亲和力弱以及未结合的噬菌体，仅保留具有强亲和力的结合噬菌体；④使用酸、碱、盐等洗脱亲和结合的噬菌体。之后将洗脱的噬菌体侵染细菌宿主细胞、扩增获得亲和力提升的噬菌体再用于下一轮筛选循环。通常为了能够富集所期望的目标变体，需要多轮（通常需 3～5 轮[62]）迭代选择。

由于表面展示方法主要基于目标蛋白质（突变酶）与其底物或其他具有高亲和吸附的靶分子之间的亲和作用力强弱进行筛选，因此常用于进化酶与底物的亲和水平或改变底物特异性，而与酶催化活力或稳定性无直接关联。

3.4.3　体外区室化

体外区室化（*in vitro* compartmentalization）是相对于体内区室化（*in vivo* compartmentalization）而言的。在基因突变文库构建之后，这些基因均需引入到噬菌体、细菌、酵母、动物细胞等生物体内进行表达。这些生物细胞除了充当表达宿主外，还为外源引入的 DNA 提供了一个隔离的区室，因此噬菌体颗粒和各类细胞也归类为细胞样的体内生物区室。然而，生物细胞内复杂的遗传调控网络可能影响报告分子的水平，导致进化效率低甚至失败。因此，1998 年 Tawfik 和 Griffiths 开发了体外区室化技术[63]，它是一类新型表面展示技术，只封装 DNA 和基本的转录-翻译系统，形成关联特定蛋白质-基因的单个区室，用于模拟天然细胞的反应，但排除了体内各类复杂代谢因素的影响。

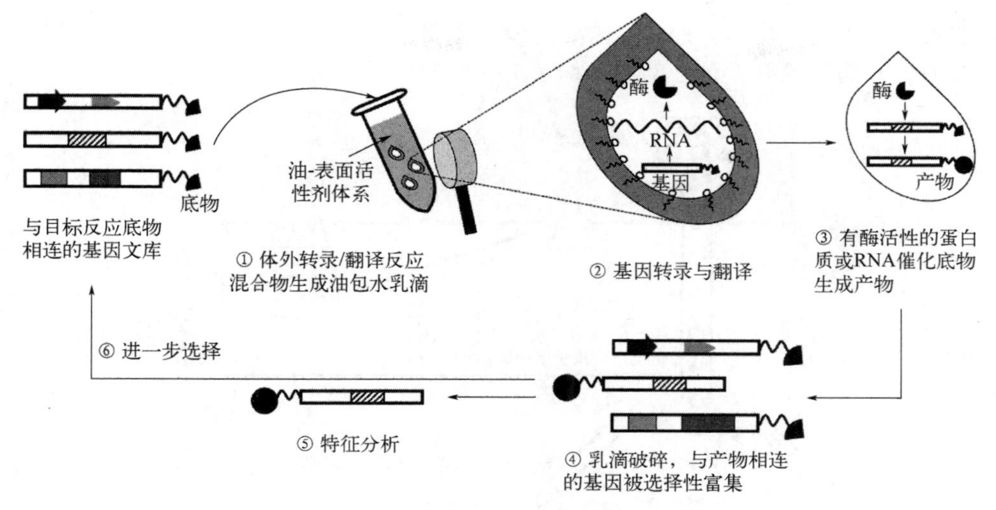

图 3-18　体外区室化的基本原理

体外区室化的基本原理如图 3-18 所示，将基因突变文库的 DNA 和转录-翻译系统水溶液混入到一个油-表面活性剂体系中，产生油包水乳滴或水包油包水双乳滴，这些微乳滴直径可以小到 1μm。由于基因和表达系统都被包在这些微米级的微乳滴中，因此表达的蛋白质及其催化功能也都限定在这个小区域中，从而将基因型和表型直接联系起来。由于微乳滴直径极小，50μL 的反应体系分散到 1mL 的油中可以形成 10^{10} 个微乳滴，因此在一个小离心管中就可以处理极大的基因文库。同时，由于基因是在体外转录和翻译的，因此可以省去克隆和转化/转染步骤，也不受转化效率的限制，从而加快选择速度、提高选择效率。目前，体外区室化策略已与其他高通量筛选方法（例如，下一小节介绍的“荧光激活细胞分选”方法）相结合，用于分析各类复杂的酶学特性[64]。

3.4.4　荧光激活细胞分选

荧光激活细胞分选（fluorescence-activated cell sorting，FACS）是一项流式细胞术，提供来自每个细胞的荧光信号，从而根据每个样品的特定光散射和荧光特性，将细胞混合物单独分选到不同容器中（图 3-19）。FACS 可在 24h 内对高达 10^8 个突变体进行分选，因此被称为超高通量筛选方法。

如图 3-19 所示，FACS 过程包括以下 4 个步骤：①将细胞悬液注入流动室。流动室由样品管、鞘液管和喷嘴等组成，样品管贮放样品，鞘液管充满流动的鞘液，由于鞘液流和样品流的压力和黏度不同，就会形成稳定的两层流动流体，在液流压力作用下，样品中的细胞排列出单列细胞柱，进入激光聚焦区。②细胞通过激光束，荧光发色团经过激光照射激发特异性荧光，测量前向散射通道（forward scatter channel，FSC）以获取有关细胞大小的信息和侧向散射通道（side scatter channel，SSC）以获取有关荧光和细胞类型的信息。③细胞通过喷嘴时，仪器根据是否携带特异性荧光信息，控制喷嘴振动产生不带电、带正电荷或负电荷的细胞液滴。④通过高压电场对不同荷电性质的细胞进行筛选，引导到相应的收集管，完成分选过程。

FACS 的关键在于建立宿主细胞荧光信号特性与目标酶活性之间的关联，即将酶活性转换为宿主细胞的荧光信号。因此，通常需要使用荧光底物或荧光产物。此外，绿色荧光蛋白（green fluorescent protein）常作为荧光报告分子，用于酶活性的荧光偶联。FACS 不但具有高通量、高效率的优势，而且还能对文库中的每个突变体进行定量分析，这是绝大多数高通量筛选方法难以做到的。但是，FACS 需要的设备昂贵，运行费用高，还需要对不同的酶设计独特复杂的荧光偶联策略。这些问题制约了 FACS 的广泛应用。

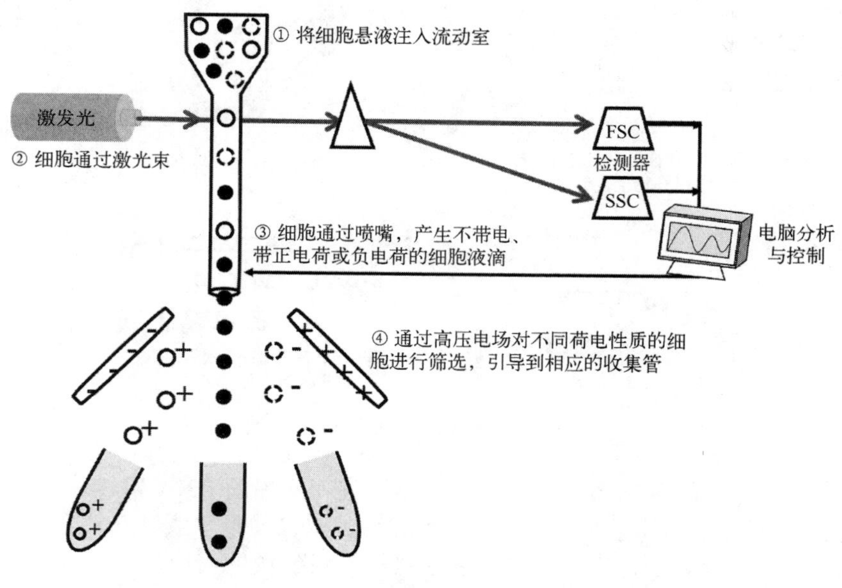

图 3-19　荧光激活细胞分选的基本原理

3.4.5　液滴微流控

液滴微流控（droplet microfluidics）是在毛细管等微尺度通道内，利用两种互不相溶的液体，即连续相（continuous phase）和分散相（dispersed phase），通过控制微管结构和两相流速比，利用连续相的流体剪切力来破坏分散相的表面张力，将分散相分割为纳升级甚至皮升级的小液滴的一种技术。每个液滴大小均匀、具有很好的单分散性，浓度相同、反应性一致，而且液滴之间彼此分离、状态稳定、可以避免交叉污染。因此，可以通过微流控操作将单个变体封装在微液滴中，进行试剂添加、稀释、拆分和分选等操作。在微液滴这种“微型反应器”中进行酶促反应，再与不同类型的分析检测技术结合，测量酶活性，从而把样品反应、制备、分离、检测等生化实验的基本操作进行了高度集成，具有自动化和高通量等优点（图 3-20）。

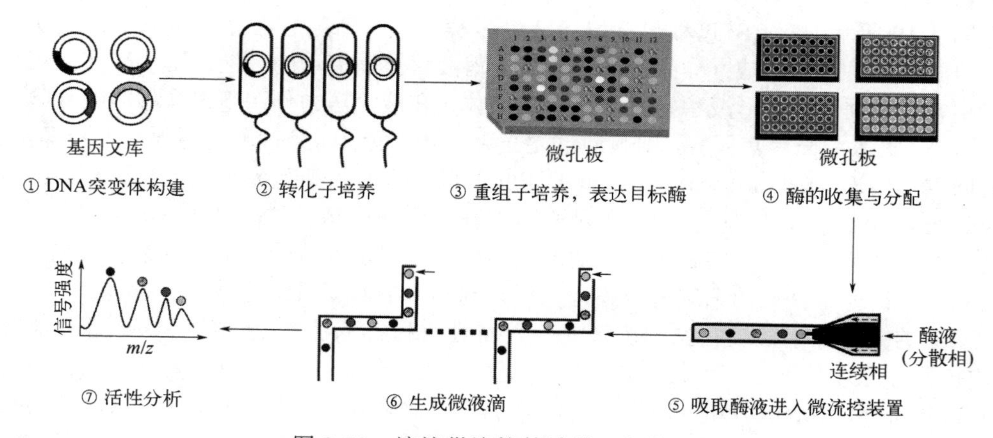

图 3-20　液滴微流控筛选的一般流程

如图 3-20 所示，利用液滴微流控进行筛选步骤如下：①DNA 突变体构建与转化/转染；②转化子培养；③在微孔板中培养重组子，表达目标酶；④离心获取胞外酶或细胞裂解释放胞内酶，并将酶液转移到微孔板中；⑤从微孔板中吸取酶液进入微流控装置；⑥样品酶液被连续相分割成微液滴，并通过微流控操作控制酶、反应剂和猝灭剂的添加，从而控制催化反应的进程；⑦利用各种检测器进行活性分析，活性分析数据中表现最好的可以作为候选者进行下一轮定向进化。

在液滴微流控技术中，基于荧光或显色等吸光度信号的分析检测方法仍然是首选，可以达到每小时 10^8 个样本的高通量分析。近年来，基于电喷雾电离的质谱、拉曼光谱、FACS、核磁共振光谱等先进检测方法，可与液滴微流控技术结合以加速检测过程，极大地提升了液滴微流控的筛选通量与分析精度[65]。

3.5 应用

定向进化技术通过模拟并加速自然进化过程，在实验室中几个月或更短的时间就可以完成自然界中需要千百万年进化才能达到的对蛋白质分子的改造，为人们获取具有优良性能的酶分子提供了极大便利。经过几十年的发展，定向进化技术已经广泛用于提高酶的催化活性并微调其专一性（例如底物和/或产物的化学选择性、立体选择性和对映选择性等），创造出非生物化学反应的新活性，以及增强酶的稳定性等，是酶工程领域的一项重要技术。同时，众多的定向进化研究实例也深化了对酶结构和功能的认识[66,67]，推动了酶学研究发展。此外，利用定向进化技术获得了大量性能优异的突变酶[68~70]，这些酶的应用也极大地推动了生物学和医学等领域的发展，并促进了生物催化在工业、农业、医药和食品等产业中的应用。本节扼要介绍定向进化的主要应用，以加深对定向进化原理和方法的理解及对定向进化应用开发现状的认识。

3.5.1 提高酶的催化活性

酶的催化活性不够高是酶在实际应用过程中最常见的问题，因此提高酶的催化活性是对酶分子进行改造的最基本的要求。大多数酶定向进化研究都涉及对酶催化活性的提升，所涉及的酶的种类也最多，反应类型也最宽泛。例如，β-内酰胺酶（β-lactamase）是细菌产生的可催化 β-内酰胺水解的酶，由于青霉素、头孢菌素等抗生素都属于 β-内酰胺类抗生素，β-内酰胺酶是细菌对抗 β-内酰胺类抗生素、产生耐药性的主要机制。1994 年 Stemmer 开发了 DNA 改组技术，并用该技术对 β-内酰胺酶开展了定向进化，通过三个改组循环和两个与野生型的回交循环，将 β-内酰胺酶对抗生素头孢噻肟催化效率提升了 32000 倍，极大地提升了突变菌株的耐药性[12]。

再如，角鲨烯何帕烯环化酶（squalene hopene cyclase）可以催化高金合欢醇生成高级香料降龙涎香醚，但天然酶活性极低。Eichhorn 等利用 Protéus SA 公司专有的 EvoSight^{TM} 随机诱变方法构建角鲨烯环化酶的变体库，通过微孔板筛选 10350 个变体后，得到的进化酶显示出比野生型高 19 倍的活性，产率达到 12g/(L·h)[71]。

此外，由于在提升酶活性的定向进化过程中通常都需要针对某一个实际应用场景，例如某种特定底物、某个温度、pH 值或有机溶剂环境等，因此通常也伴随着增强酶稳定性、调整反应专一性等与酶活性体现相关联的性能改造。

3.5.2 构建新催化活性

利用定向进化技术，不但可以针对已有的催化活性进行改进，还可以将不同种类的催化活性从一种酶蛋白移植到另一种序列完全不同的酶蛋白中。但此类技术通常和理性设计结合，基于 DNA 重组、StEP 等技术，通过插入、删除和替换几个活性区域来整合和调整功能元件（肽段），将具有不同功能的蛋白质支架或酶功能模块替换或组合到一起，再经过多轮筛选，获得具有新催化活性的酶。

Kim 等利用理性设计和定向进化相结合的方法，在乙二醛酶（glyoxalase）支架上加载了 β-内酰胺酶活性[72]。乙二醛酶和 β-内酰胺酶虽然都属于水解酶，但是它们的结构相似性很低，催化功能也完全不同。利用易错 PCR 技术在乙二醛酶支架上引入 β-内酰胺酶活性区域，经过多轮筛选，获得的进化酶完全失去了原来的乙二醛酶活性，但是催化 β-内酰胺类抗生素头孢噻肟水解的活性相较于野生型 β-内酰胺酶提高了 160 倍，极大提升了突变菌株的耐药性。此项工作意味着人们可以利用相似的方法，将目标需求的某种酶活定向进化到任何一种蛋白质支架中。因此，Baker 等利用类似的理性设计和定向进化相结合的方法，在腺苷脱氨酶支架上加载了有机磷水解酶活性，但这两种酶活完全不同[73]。腺苷脱氨酶（adenosine deaminase）催化腺嘌呤核苷或脱氧腺嘌呤核苷脱去氨基，生成次黄嘌呤核苷或脱氧次黄嘌呤核苷；而有机磷水解酶（organophosphorus hydrolase）催化神经毒剂环沙林、有机磷酸农药等多种有机磷酸酯的水解。利用易错 PCR 结合饱和诱变多轮筛选后，获得的进化酶完全失去了原来的腺苷脱氨酶活性，而对有机磷酸酯（甲基对氧磷、7-羟基香豆素磷酸二乙酯）水解的催化效率（k_{cat}/K_m）达到 10^4L/(mol·s)。

此外，该方法也可以用于酶功能模块的人工重组，例如，某些模块提供基础催化功能，某些模块提供选择性特性，某些模块提供稳定性特性，从而构建出功能更加强大的进化酶。

3.5.3 创造非生物化学反应的催化活性

由于酶是生物体产生的生物催化剂，一般而言都只能催化生物体中存在的各类生物化学反应。然而，通过定向进化，研究者们实现了将不存在于生物体系反应的催化能力改造到生物酶分子中，即创造非生物化学反应的催化活性。例如，环丙烷化反应、氮烯转移反应、氮丙啶化、磺酰叠氮化等非生物化学反应，产生生物体系中尚未发现的碳-硅（C-Si）、碳-硼（C-B）等化学键，以及此前生物学和合成化学都难以进行的反应[74,75]。

3.5.3.1 非生物化学反应

细胞色素 P450（cytochrome P450）是一类含血红素辅基的蛋白质家族，属于单加氧酶，催化多种分子的氧化过程。Arnold 等基于细胞色素 P450 酶的氧化反应，用卡宾前体物代替氧气，通过在水中提供重氮卡宾前体和合适的烯烃，开展定向进化，利用卡宾转移机理进行烯烃环丙烷化反应，实现了将 P450 突变酶改造为环丙烷化催化剂[76]，并进一步进化得到催化抗抑郁药物左旋米那普仑的对映选择性合成的活性[77]。在此之前，基于卡宾转移反应实现烯烃环的丙烷化都是由过渡金属来催化，并未发现该反应可由生物酶催化。因此，这项工作提供了通过改造现有酶用于催化以前在自然界中未发现的重要反应的可能。

3.5.3.2 非生物化学键

单血红素细胞色素 c（monoheme cytochrome c）也是一类含血红素的氧化酶，需要细胞色素 c 作为电子传递体，完成氧化还原反应。Arnold 等利用连续位点饱和突变（sequential site-saturation mutagenesis），对单血红素细胞色素 c 进行定向进化，利用卡宾插入硼-氢键以及卡宾插入硅-氢键反应，形成了催化碳-硅键、碳-硼键这类在生物体系中不存在的化学键生成的进化酶[78,79]。这些工作将生物酶的催化领域从生命系统中存在的化学键拓展到了此前只对化学合成领域开放的化学键领域中。

3.5.3.3 难以进行的化学反应

以烯烃为原料进行反式马尔科夫尼科夫（*anti*-Markovnikov）氧化可以简化很多重要分子的合成路径，但是在该反应中存在一个动力学有利的烯烃环氧化副反应，难以获得反式马尔科夫尼科夫产物，这在合成化学领域中属于长期难以解决的问题。Arnold 等基于细胞色素 P450 酶的氧化反应，进行定向进化获得了进化酶——反式马尔科夫尼科夫氧化酶（*anti*-Markovnikov oxygenase，*a*MOx）。*a*MOX 利用分子氧作为末端氧化剂，通过捕获高能中间体和催化氧转移，包括对映选择性的 1,2-氢化物迁移，实现了对反式马尔科夫尼科夫氧化的高效选择性，而不是动力学有利的烯烃环氧化，即将氧置于苯乙烯中 C═C 双键的较少取代碳上形成了醛，获得了与广泛使用的钯催化的马尔科夫尼科夫氧化相反的位点选择性，实现了反式马尔科夫尼科夫羰基化合物的高效合成[80]。在此之前，尚无将前手性烯烃转化为与其手性相反的马尔科夫尼科夫羰基化合物的催化和对映选择性方法。因此，此项工作开启了创造新酶用于催化生物学和合成化学都无法进行的反应，开创了“征服新化学”（conquer new chemistry）的酶[74]。

3.5.4 提高酶稳定性

酶的稳定性是酶的重要特性之一，包括热稳定性、溶剂稳定性、酸碱稳定性、长期操作稳定性等。稳定性直接影响酶在实际应用过程中的催化效率，因此，提高酶稳定性也是定向进化的重要目标。例如，Arnold 等的早期开创性工作就是利用易错 PCR 方法，通过 3 轮进化提高蛋白酶耐受二甲基甲酰胺这种有机溶剂的能力，将其在 60%二甲基甲酰胺环境中催化活性相比于野生型提高了 157 倍[6]。

再如，亚胺还原酶（imine reductase）属于还原型烟酰胺腺嘌呤二核苷酸（NADH）依赖型氧化还原酶家族，主要用于催化醛或酮与胺的还原胺化反应，合成手性胺等药物中间体分子。赖氨酸特异性去甲基化酶抑制剂 GSK2879552 是治疗小细胞肺癌和急性白血病的Ⅱ期临床试验药物，它的关键中间体就是一种（1*R*,2*S*）型手性胺分子，其合成过程需要中等酸性的 pH 值来维持产物稳定性以及保证底物和产物的溶解性。然而已有的亚胺还原酶都是在中性至微碱性 pH 值下催化，耐酸性不足。因此，Roiban 等首先将亚胺还原酶 296 个氨基酸残基中的 256 个用于单位点饱和突变和筛选，再进行针对第一轮有益突变的基因重组和筛选，最后利用计算机辅助方法进行筛选。通过这 3 轮定向进化获得的进化酶，相较于起点酶，在所需的中等酸性 pH 值反应条件下活性提高了 38000 倍，并在 20L 规模实现了亚胺还原酶的催化合成应用[81]。相较于传统的化学合成工艺，该酶催化工艺无需手性拆分环节，也避免了含硼废物的产生，高效率、低成本、绿色环保。

3.5.5 改变底物特异性和反应特异性

底物特异性（substrate specificity）是酶催化区别于化学催化的最重要特征之一。一般而言，天然酶只能催化特定底物分子的特定反应，即具有底物特异性，这个底物分子也称为天然底物。但是，许多酶也可以识别与天然底物结构相似的一类底物进行催化，即存在底物混杂性（substrate promiscuity）（详见第 2 章），但是催化活性远低于天然底物。改进酶的底物特异性，即改变酶对某种或某些底物的选择性（包括特异性底物范围、底物混杂性等），通常可以提高酶的实际应用价值。因此，改造底物特异性也是酶定向进化的重要研究方向。

例如，转氨酶（transaminase）是催化氨基酸与酮酸之间氨基转移的一类酶，具有较高的底物特异性，只能识别特定的底物进行催化。前西格列汀酮是糖尿病药物西格列汀的前体物，其紧邻酮基的两端取代基都远大于甲基（图 3-21），使得此前的各类转氨酶均无法结合前西格列汀酮进行催化反应。Savile 等使用一种天然转氨酶催化甲基酮和小环酮的特异性转氨酶作为起点，开始定向进化研究。该起始酶对目标底物前西格列汀酮活性极低，基于底物攀行(substrate walking)与定向进化相结合的方法，经过多轮随机突变和筛选，使得进化酶的催化活性提高了约 25000 倍，在 200g/L 的规模下产生对映异构体过量> 99.95%的西格列汀[82]。西格列汀传统合成方法是利用铑基手性催化剂在苛刻条件下合成的，立体选择性差，需要额外的分离纯化工艺。相较于传统重金属催化工艺，该生物催化工艺显著提高了产量和生产率，并减少了废物排放，排除了重金属使用，总生产成本大大降低，而且安全环保。

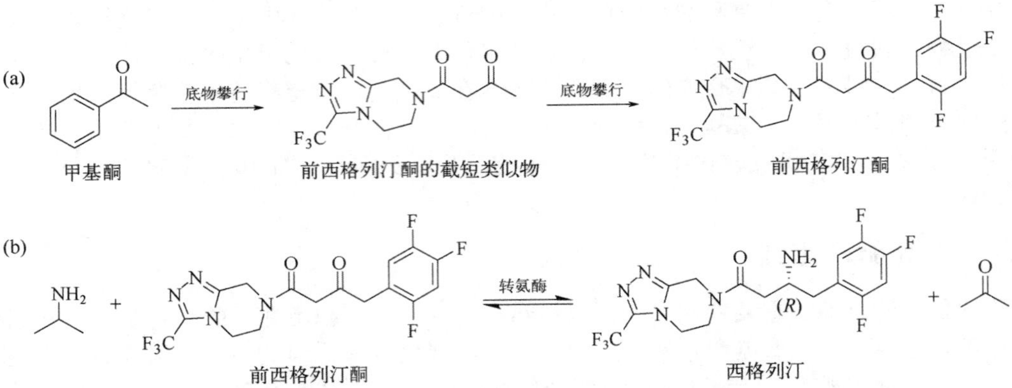

(a) 甲基酮 →(底物攀行) 前西格列汀酮的截短类似物 →(底物攀行) 前西格列汀酮

(b) 前西格列汀酮 + 异丙胺 ⇌(转氨酶) 西格列汀 + 丙酮

图 3-21　转氨酶底物攀行定向进化

(a) 底物攀行过程；(b) 进化酶催化西格列汀合成

此外，酶的催化混杂性（catalytic promiscuity）也为改变酶的底物特异性以及催化活性提供可能。尽管不同反应中化学键的形成和断裂的机制或路径各有不同，但在酶催化过程中通常会在酶活性位点形成具有相似过渡态分子的稳定能力的特殊结构，从而催化不同反应的发生（详见第 2 章）。例如，许多水解酶具有氧阴离子空穴，该空穴由酰胺骨架或带正电的残基组成，可稳定去质子化氧或处于过渡态的醇盐上的负电荷。这种特殊结构使得水解酶可以催化经由含氧阴离子中间体发生的各种化学反应，包括羟醛反应（aldol reaction）、迈克尔加成(Michael addition)、曼尼希反应（Mannich reaction），以及过氧化物的氧化反应[83]。再如，天然的卤醇脱卤酶（halohydrin dehalogenase）催化各种脂肪族和芳香族的卤醇脱除卤代形成对应的环氧化物，其活性位点可以容纳环氧化物以及卤化物阴离子，此外对氰化物、氰酸盐、硫氰酸盐等带负电的小离子也有一定的稳定功能。因此，Huisman 等，利用蛋白质序列活性关系(protein sequence activity relationship，ProSAR）统计分析方法结合定向进化，在 ProSAR 指导下的半合成改组的 3 轮迭代筛选后，获得了具有氰化催化能力的进化酶，可用于大规模合成降胆固醇药物阿托伐他汀的前体 (*R*)-4-氰基-3-羟基丁酸乙酯(图 3-22)，生产能力提高 4000 倍[84]。

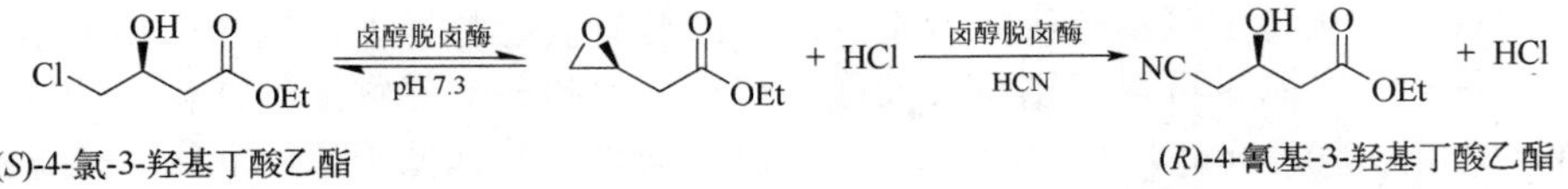

(*S*)-4-氯-3-羟基丁酸乙酯 ⇌(卤醇脱卤酶, pH 7.3) 环氧化物 + HCl →(卤醇脱卤酶, HCN) (*R*)-4-氰基-3-羟基丁酸乙酯 + HCl

图 3-22　卤醇脱卤酶的氰化催化定向进化

3.5.6　改变反应的立体选择性

酶催化反应的立体选择性，即产生单一的对映体分子，是酶应用于化学和制药工业合成反应中的重要原因。利用定向进化技术，改变反应专一性，提升产物的对映体选择性是酶分子改造的重要研究内容。例如，1997 年 Reetz 等发表了第一个通过多轮定向进化控制立体选择性的研究论文，来自铜绿假单胞菌的脂肪酶经过易错 PCR 突变进化后，明显提高了对映选择性催化手性模型底物的水解[85]。此后，Reetz 等开展了一系列利用定向进化改造酶立体选择性的研究[86~88]，包括脂肪酶、环氧化物水解酶、P450 单加氧酶等。此外，Arnold 等利用易错 PCR 和饱和突变，使得原先倾向于 D 型底物的乙内酰脲酶进化得到偏向于 L 型的底物，增加了 L 型甲硫氨酸的产量[89]。

3.5.7 进化核酶和人工酶

定向进化技术无需掌握酶的任何结构和催化机制信息，适用于任何一种酶分子，包括蛋白质分子和核酸分子的酶。而且，相较于酶蛋白分子，核酶是更适合进行定向进化的对象，这是由于核酶将基因型和表型结合在一个分子中，更有利于选择。因此，研究者们针对多种核酶进行了定向进化研究，以改造其催化性能。例如，20 世纪 60～70 年代提出的“达尔文式”的体外 RNA 自复制实验[1~3]，不但探索了基本的进化原理，也可看做是核酶的第一个进化实例。1997 年，Wright 和 Joyce 进行了第一例基于具有 RNA 连接酶活性的核酶的定向进化，通过简单的连续转移实验，在 52h 内实现了 300 轮连续的催化和选择性扩增（即体外连续进化，*in vitro* continuous evolution）后，该核酶的催化效率和扩增效率均明显提升[90]。

除了基于自然界存在的各种天然酶分子之外，近年来，定向进化技术已经成功应用于含有非天然氨基酸或非天然辅基的人工酶分子[91,92]，以及通过从头设计（*de novo* design）或计算机设计（*in silico* design）的人工酶分子[93]，在体内、体外的多轮筛选后，获取了众多高性能的进化酶，证明了定向进化的强大功能。

3.6 本章总结

定向进化的强大之处在于，无需任何关于酶分子的基本信息就可以对所需的目标特性进行显著改善，进而通过分析发生改变的氨基酸残基信息，可以获取关于酶设计规律的新认识。定向进化除了使我们能够以超过自然进化一百万倍的速率获取所期望的生物分子外，还赋予人类以一种全新的方式来看待自然进化的各种生物分子，可以经过进化释放它们的潜在功能，为生物分子赋予无限可能。

定向进化的关键技术是多样性基因文库构建策略和高通量选择/筛选方法。经过几十年的快速发展，随机突变、DNA 改组、突变菌株、体内重组、CRISPR 等多样性基因文库构建方法，以及微孔板、表面展示技术、体外区室化技术、荧光激活细胞分选技术、液滴微流控等高通量选择/筛选方法，已经为酶的定向进化提供了极大的便利。然而，定向进化仍然是一项费时费力的工作，想要将酶催化效率提高几个量级一般需要耗费大量的人力物力成本，往往需要经历数月到数年的时间。因此，革新基因文库构建技术，建立新型高效选择/筛选方法，是进一步提高定向进化效率和成功率的发展需求。

未来，CRISPR 技术由于其强大的基因编辑能力，将极大地加速定向进化相关领域的发展，例如 CRISPR 工具盒将为人们提供多元化工具以解决定向进化中的问题，而且通常可以实现自然进化的“物竞天择、适者生存”，提高筛选效率，使定向进化技术进入全新的阶段。值得一提的是，可以借助定向进化手段对 CRISPR 系统进行优化，而 CRISPR 技术又能改善定向进化策略，二者共同促进，加速发展。此外，将各种先进的理性设计方法与定向进化技术相结合，也是快速获取更高效酶分子的发展方向。

参考文献

[1] Mills D R, Peterson R L, Spiegelman S. An extracellular darwinian experiment with a self-duplicating nucleic acid molecule. Proc Natl Acad Sci USA, 1967, 58: 217-224.

[2] Levisohn R, Spiegelman S. Further extracellular darwinian experiments with replicating RNA molecules: Diverse variants isolated under different selective conditions. Proc Natl Acad Sci USA, 1969, 63: 805-811.

[3] Kacian D L, Mills D R, Kramer F R, et al. A replicating RNA molecule suitable for a detailed analysis of extracellular evolution and replication. Proc Natl Acad Sci USA, 1972, 69: 3038-3042.

[4] Francis J C, Hansche P E. Directed evolution of metabolic pathways in microbial populations. Ⅰ. Modification of the acid phosphatase pH optimum in *S. cerevisiae*. Genetics, 1972, 70: 59-73.

[5] Eigen M, Gardiner W. Evolutionary molecular engineering based on RNA replication. Pure Appl Chem, 1984, 56: 967-978.

[6] Chen K, Arnold F H. Tuning the activity of an enzyme for unusual environments: Sequential random mutagenesis of subtilisin e for catalysis in dimethylformamide. Proc Natl Acad Sci USA, 1993, 90: 5618-5622.

[7] You L, Arnold F H. Directed evolution of subtilisin e in Bacillus subtilis to enhance total activity in aqueous dimethylformamide. Protein Eng Des Sel, 1996, 9: 77-83.

[8] Kuchner O, Arnold F H. Directed evolution of enzyme catalysts. Trends Biotechnol, 1997, 15: 523-530.

[9] Chen K, Arnold F H. Enzyme engineering for nonaqueous solvents: Random mutagenesis to enhance activity of subtilisin E in polar organic media. Nat Biotechnol, 1991, 9: 1073-1077.

[10] Leung D W, Chen E, Goeddel D V. A method for random mutagenesis of a defined DNA segment using a modified polymerase chain reaction. Technique, 1989, 1: 11-15.

[11] Stemmer W P C. DNA shuffling by random fragmentation and reassembly: In vitro recombination for molecular evolution. Proc Natl Acad Sci USA, 1994, 91: 10747-10751.

[12] Stemmer W P C. Rapid evolution of a protein in vitro by DNA shuffling. Nature, 1994, 370: 389-391.

[13] Smith G P. Filamentous fusion phage: Novel expression vectors that display cloned antigens on the virion surface. Science, 1985, 228: 1315-1317.

[14] Wang Y, Xue P, Cao M, et al. Directed evolution: Methodologies and applications. Chem Rev, 2021, 121: 12384-12444.

[15] Esteban O, Woodyer R D, Zhao H. In vitro DNA recombination by random priming//Arnold F H, Georgiou G, Eds. Directed evolution library creation: Methods and protocols[M]. Totowa NJ: Humana Press, 2003: 99-104.

[16] Cadwell R C, Joyce G F. Randomization of genes by pcr mutagenesis. Genome Res, 1992, 2: 28-33.

[17] Vanhercke T, Ampe C, Tirry L, et al. Reducing mutational bias in random protein libraries. Anal Biochem, 2005, 339: 9-14.

[18] Wong T S, Tee K L, Hauer B, et al. Sequence saturation mutagenesis (sesam): A novel method for directed evolution. Nucleic Acids Res, 2004, 32: e26.

[19] Wells J A, Vasser M, Powers D B. Cassette mutagenesis: An efficient method for generation of multiple mutations at defined sites. Gene, 1985, 34: 315-323.

[20] Matteucci M D, Heyneker H L. Targeted random mutagenesis: The use of ambiguously synthesized oligonucleotides to mutagenize sequences immediately 5′ of an atg initiation codon. Nucleic Acids Res, 1983, 11: 3113-3121.

[21] An Y, Ji J, Wu W, et al. A rapid and efficient method for multiple-site mutagenesis with a modified overlap extension pcr. Appl Microbiol Biotechnol, 2005, 68: 774-778.

[22] Byrappa S, Gavin D K, Gupta K C. A highly efficient procedure for site-specific mutagenesis of full-length plasmids using vent DNA polymerase. Genome Res, 1995, 5: 404-407.

[23] Wang W, Malcolm B A. Two-stage PCR protocol allowing introduction of multiple mutations, deletions and insertions using QuikChange Site-Directed Mutagenesis. Biotechniques, 1999, 26: 680-682.

[24] Liu H, Naismith J H. An efficient one-step site-directed deletion, insertion, single and multiple-site plasmid mutagenesis protocol. BMC Biotech, 2008, 8: 91.

[25] Murakami H, Hohsaka T, Sisido M. Random insertion and deletion of arbitrary number of bases for codon-based random mutation of DNAs. Nat Biotechnol, 2002, 20: 76-81.

[26] Neylon C. Chemical and biochemical strategies for the randomization of protein encoding DNA sequences: Library construction methods for directed evolution. Nucleic Acids Res, 2004, 32: 1448-1459.

[27] Jones D D, Arpino J A J, Baldwin A J, et al. Transposon-based approaches for generating novel molecular diversity during directed evolution//Gillam E M J, et al. Directed evolution library creation: Methods and protocols[M]. New York: Springer New York, 2014: 159-172.

[28] Emond S, Petek M, Kay E J, et al. Accessing unexplored regions of sequence space in directed enzyme evolution via insertion/deletion mutagenesis. Nat Commun, 2020, 11: 3469.

[29] Haapa S, Taira S, Heikkinen E, et al. An efficient and accurate integration of mini-mu transposons in vitro: A general methodology for functional genetic analysis and molecular biology applications. Nucleic Acids Res, 1999, 27: 2777-2784.

[30] Kikuchi M, Ohnishi K, Harayama S. Novel family shuffling methods for the in vitro evolution of enzymes. Gene, 1999, 236: 159-167.

[31] Zhao H, Giver L, Shao Z, et al. Molecular evolution by staggered extension process (StEP) in vitro recombination. Nat Biotechnol, 1998, 16: 258-261.

[32] Shao Z, Zhao H, Giver L, et al. Random-priming in vitro recombination: An effective tool for directed evolution. Nucleic Acids Res, 1998, 26: 681-683.

[33] Ness J E, Kim S, Gottman A, et al. Synthetic shuffling expands functional protein diversity by allowing amino acids to recombine independently. Nat Biotechnol, 2002, 20: 1251-1255.

[34] Ostermeier M, Shim J H, Benkovic S J. A combinatorial approach to hybrid enzymes independent of DNA homology. Nat Biotechnol, 1999, 17: 1205-1209.

[35] Sieber V, Martinez C A, Arnold F H. Libraries of hybrid proteins from distantly related sequences. Nat Biotechnol, 2001, 19: 456-460.

[36] Bittker J A, Le B V, Liu J M, et al. Directed evolution of protein enzymes using nonhomologous random recombination. Proc Natl Acad Sci USA, 2004, 101: 7011-7016.

[37] 翟昊天，祁庆生，侯进．体内连续进化技术的研究进展．生物工程学报, 2021, 37: 486-499.

[38] Morrison M S, Podracky C J, Liu D R. The developing toolkit of continuous directed evolution. Nat Chem Biol, 2020, 16: 610-619.

[39] Molina R S, Rix G, Mengiste A A, et al. In vivo hypermutation and continuous evolution. Nat Rev Methods Primers, 2022, 2: 36.

[40] Selifonova O, Valle F, Schellenberger V. Rapid evolution of novel traits in microorganisms. Appl Environ Microbiol, 2001, 67: 3645-3649.

[41] Endo A, Sasaki M, Maruyama A, et al. Temperature adaptation of Bacillus subtilis by chromosomal groEL replacement. Biosci Biotechnol Biochem, 2006, 70: 2357-2362.

[42] Ravikumar A, Arrieta A, Liu C C. An orthogonal DNA replication system in yeast. Nat Chem Biol, 2014, 10: 175-177.

[43] Ravikumar A, Arzumanyan G A, Obadi M K A, et al. Scalable, continuous evolution of genes at mutation rates above genomic error thresholds. Cell, 2018, 175: 1946-1957.

[44] Esvelt K M, Carlson J C, Liu D R. A system for the continuous directed evolution of biomolecules. Nature, 2011, 472: 499-503.

[45] Wang H H, Isaacs F J, Carr P A, et al. Programming cells by multiplex genome engineering and accelerated evolution. Nature, 2009, 460: 894-898.

[46] Wannier T M, Ciaccia P N, Ellington A D, et al. Recombineering and MAGE. Nat Rev Methods Primers, 2021, 1: 7.

[47] DiCarlo J E, Conley A J, Penttilä M, et al. Yeast oligo-mediated genome engineering (YOGE). ACS Synth Biol, 2013, 2: 741-749.

[48] Dymond J S, Richardson S M, Coombes C E, et al. Synthetic chromosome arms function in yeast and generate phenotypic diversity by design. Nature, 2011, 477: 471-476.

[49] Horvath P, Barrangou R. CRISPR/Cas, the immune system of bacteria and archaea. Science, 2010, 327: 167-170.

[50] Hsu Patrick D, Lander Eric S, Zhang F. Development and applications of CRISPR-Cas9 for genome engineering. Cell, 2014, 157: 1262-1278.

[51] Zetsche B, Gootenberg Jonathan S, Abudayyeh Omar O, et al. Cpf1 is a single RNA -guided endonuclease of a class 2 CRISPR-Cas system. Cell, 2015, 163: 759-771.

[52] Jiang W, Bikard D, Cox D, et al. RNA -guided editing of bacterial genomes using CRISPR-Cas systems. Nat Biotechnol, 2013, 31: 233-239.

[53] Jinek M, Chylinski K, Fonfara I, et al. A programmable dual- RNA -guided DNA endonuclease in adaptive bacterial immunity. Science, 2012, 337: 816-821.

[54] Lian J, Schultz C, Cao M, et al. Multi-functional genome-wide CRISPR system for high throughput genotype–phenotype mapping. Nat Commun, 2019, 10: 5794.
[55] Jakočiūnas T, Pedersen L E, Lis A V, et al. CasPER, a method for directed evolution in genomic contexts using mutagenesis and CRISPR/Cas9. Metab Eng, 2018, 48: 288-296.
[56] Ronda C, Pedersen L E, Sommer M O A, et al. CRMAGE: CRISPR optimized MAGE recombineering. Sci Rep, 2016, 6: 19452.
[57] Bao Z, HamediRad M, Xue P, et al. Genome-scale engineering of Saccharomyces cerevisiae with single-nucleotide precision. Nat Biotechnol, 2018, 36: 505-508.
[58] 金帆，李奉庭，夏霖. CRISPR/Cas 在定向进化技术中的应用. 集成技术, 2021, 10: 33-49.
[59] Bock C, Datlinger P, Chardon F, et al. High-content CRISPR screening. Nat Rev Methods Primers, 2022, 2: 8.
[60] Packer M S, Liu D R. Methods for the directed evolution of proteins. Nat Rev Genet, 2015, 16: 379-394.
[61] McCafferty J, Griffiths A D, Winter G, et al. Phage antibodies: Filamentous phage displaying antibody variable domains. Nature, 1990, 348: 552-554.
[62] Wu C-H, Liu I J, Lu R-M, et al. Advancement and applications of peptide phage display technology in biomedical science. J Biomed Sci, 2016, 23: 8.
[63] Tawfik D S, Griffiths A D. Man-made cell-like compartments for molecular evolution. Nat Biotechnol, 1998, 16: 652-656.
[64] Markel U, Essani K D, Besirlioglu V, et al. Advances in ultrahigh-throughput screening for directed enzyme evolution. Chem Soc Rev, 2020, 49: 233-262.
[65] Fu X, Zhang Y, Xu Q, et al. Recent advances on sorting methods of high-throughput droplet-based microfluidics in enzyme directed evolution. Front Chem, 2021, 9: 666867.
[66] Yang G, Miton C M, Tokuriki N. A mechanistic view of enzyme evolution. Protein Sci, 2020, 29: 1724-1747.
[67] Bunzel H A, Anderson J L R, Mulholland A J. Designing better enzymes: Insights from directed evolution. Curr Opin Struct Biol, 2021, 67: 212-218.
[68] Porter J L, Rusli R A, Ollis D L. Directed evolution of enzymes for industrial biocatalysis. Chem Bio Chem, 2016, 17: 197-203.
[69] Bornscheuer U T, Hauer B, Jaeger K E, et al. Directed evolution empowered redesign of natural proteins for the sustainable production of chemicals and pharmaceuticals. Angew Chem Int Ed, 2019, 58: 36-40.
[70] Bell E L, Finnigan W, France S P, et al. Biocatalysis. Nat Rev Methods Primers, 2021, 1: 46.
[71] Eichhorn E, Locher E, Guillemer S, et al. Biocatalytic process for (−)-ambrox production using squalene hopene cyclase. Adv Synth Catal, 2018, 360: 2339-2351.
[72] Park H-S, Nam S-H, Lee J K, et al. Design and evolution of new catalytic activity with an existing protein scaffold. Science, 2006, 311: 535-538.
[73] Khare S D, Kipnis Y, Greisen P Jr, et al. Computational redesign of a mononuclear zinc metalloenzyme for organophosphate hydrolysis. Nat Chem Biol, 2012, 8: 294-300.
[74] Arnold F H. Directed evolution: Bringing new chemistry to life. Angew Chem Int Ed, 2018, 57: 4143-4148.
[75] Miller D C, Athavale S V, Arnold F H. Combining chemistry and protein engineering for new-to-nature biocatalysis. Nat Synth, 2022, 1: 18-23.
[76] Coelho P S, Brustad E M, Kannan A, et al. Olefin cyclopropanation via carbene transfer catalyzed by engineered cytochrome P450 enzymes. Science, 2013, 339: 307-310.
[77] Wang Z J, Renata H, Peck N E, et al. Improved cyclopropanation activity of histidine-ligated cytochrome P450 enables the enantioselective formal synthesis of levomilnacipran. Angew Chem Int Ed, 2014, 53: 6810-6813.
[78] Kan S B J, Huang X, Gumulya Y, et al. Genetically programmed chiral organoborane synthesis. Nature, 2017, 552: 132-136.
[79] Kan S B J, Lewis R D, Chen K, et al. Directed evolution of cytochrome c for carbon-silicon bond formation: Bringing silicon to life. Science, 2016, 354: 1048-1051.
[80] Hammer S C, Kubik G, Watkins E, et al. Anti-markovnikov alkene oxidation by metal-oxo-mediated enzyme catalysis. Science, 2017, 358: 215-218.
[81] Schober M, MacDermaid C, Ollis A A, et al. Chiral synthesis of LSD1 inhibitor GSK2879552 enabled by directed evolution of an imine reductase. Nature Catalysis, 2019, 2: 909-915.
[82] Savile C K, Janey J M, Mundorff E C, et al. Biocatalytic asymmetric synthesis of chiral amines from ketones applied to sitagliptin manufacture. Science, 2010, 329: 305-309.
[83] Chen K, Arnold F H. Engineering new catalytic activities in enzymes. Nature Catalysis, 2020, 3: 203-213.

[84] Fox R J, Davis S C, Mundorff E C, et al. Improving catalytic function by prosar-driven enzyme evolution. Nat Biotechnol, 2007, 25: 338-344.
[85] Reetz M T, Zonta A, Schimossek K, et al. Creation of enantioselective biocatalysts for organic chemistry by in vitro evolution. Angew Chem Int Ed, 1997, 36: 2830-2832.
[86] Reetz M T. Witnessing the birth of directed evolution of stereoselective enzymes as catalysts in organic chemistry. Adv Synth Catal, 2022. In press: https://doi.org/10.1002/adsc.202200466.
[87] Reetz M T. Laboratory evolution of stereoselective enzymes: A prolific source of catalysts for asymmetric reactions. Angew Chem Int Ed, 2011, 50: 138-174.
[88] Qu G, Li A, Acevedo-Rocha C G, et al. The crucial role of methodology development in directed evolution of selective enzymes. Angew Chem Int Ed, 2020, 59: 13204-13231.
[89] May O, Nguyen P T, Arnold F H. Inverting enantioselectivity by directed evolution of hydantoinase for improved production of L-methionine. Nat Biotechnol, 2000, 18: 317-320.
[90] Wright M C, Joyce G F. Continuous in vitro evolution of catalytic function. Science, 1997, 276: 614-617.
[91] Gu Y, Bloomer B J, Liu Z, et al. Directed evolution of artificial metalloenzymes in whole cells. Angew Chem Int Ed, 2022, 61: e202110519.
[92] Burke A J, Lovelock S L, Frese A, et al. Design and evolution of an enzyme with a non-canonical organocatalytic mechanism. Nature, 2019, 570: 219-223.
[93] Blomberg R, Kries H, Pinkas D M, et al. Precision is essential for efficient catalysis in an evolved Kemp eliminase. Nature, 2013, 503: 418-421.

4

融合酶

4.1 概述

在生物系统中，酶是复杂级联反应的精细调节元件和关键参与者。为了实现可控的反应路线和过程，自然界存在一些天然自发的形式，使不同酶之间相互靠近，包括亚细胞反应区室、细胞表面的膜相关复合物、支架组织的蛋白质或蛋白质簇，以及模块化融合酶。生物体内双功能和多功能酶蛋白的需求促进了多种蛋白质调控机制和优化酶的性能，其中耦合的催化活性极大地提高了代谢途径的效率。因此，酶融合的多功能化在生物进化中起着重要作用。例如，已经在丝状子囊菌构巢曲霉中发现的多功能化天然融合酶，它将五种蛋白质编码在一个单一的开放阅读框中，将它们的不同催化活性联合起来，对色氨酸的生物合成具有重要作用[1]。

在酶工程领域，融合酶是指利用某种技术手段将目标蛋白质（酶）与另外一个或多个蛋白质（酶）（或蛋白质的结构域、短肽、肽标签等）通过一定的形式进行连接，从而获得具有不同功能的杂合偶联蛋白质。这种融合包括 DNA 水平上的遗传融合或翻译后融合生成具有多种功能的新型目的蛋白质。通过构建这种自然界启发的模块化融合酶，最直接的优势之一就是可以将多种蛋白质的不同功能集成于一体，实现酶的多功能化；不仅如此，酶偶联形成的多酶复合体（multienzyme complexes，MECs）由于邻近效应（proximity effect）和/或底物通道效应（substrate channeling），使各酶活性中心之间的空间距离大大缩短，前一个酶催化生成的中间产物可快速传递至下一个酶的活性中心，从而极大地促进酶分子的协同催化作用，提高催化反应效率（图 4-1）；此外，酶与其他酶或多肽融合可以提高酶的稳定性乃至活性；最后，融合表达是一种增加蛋白质可溶性表达和简化蛋白质纯化的行之有效的方法。因此，酶融合是一种非常有效的酶工程方法。

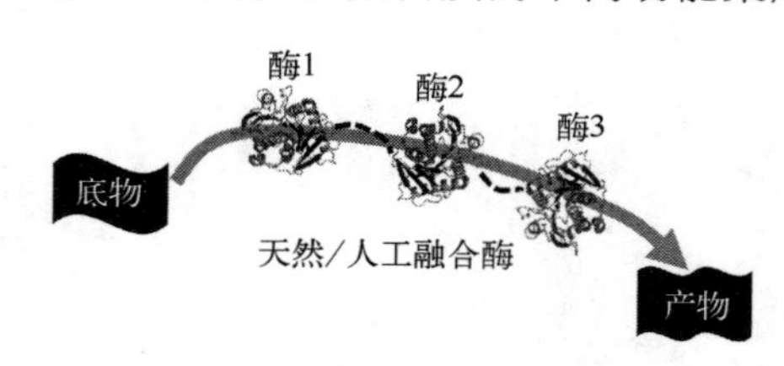

图 4-1　由天然/人工融合酶催化的级联反应示意图

酶融合表达简单易操作，是应用最广泛的酶偶联方式。但酶融合表达可能因为某些原因而不能获得成功。一是不同酶分子之间物理化学性质的差异可能会导致融合蛋白质不能表达或错误折叠而形成包涵体（inclusion bodies）；二是蛋白质分子间所需连接肽（linker）的长度与柔性因不同蛋白质体系差别很大，需要正确选择和优化。为了提高蛋白质活性和稳定性而开发的各种融合技术主要涉及大蛋白质片段和寡肽的融合。如果目标蛋白质和伴侣蛋白质的立体结构已经利用同源建模或从实验数据获得，酶融合可以利用分子动力学等计算机模拟分析进行优化。但对于结构未知的蛋白质，需要通过高通量筛选获得最优融合设计，在重组宿主中表达融合蛋白质，并对其特性进行测定和分析。因此，全面立体地理解和掌握酶融合技术，从而根据不同的目的对融合酶体系进行理性设计和实验分析，以获得具有不同功能以及不同大小的融合酶，具有重要的意义。

4.2 融合酶的构建

从 20 世纪 70 年代末重组 DNA 技术产生和快速发展以来，蛋白质融合技术已广泛应用于重组蛋白质的生物筛选、分离回收和纯化等领域。如图 4-2 所示，融合酶根据分子设计及构建方式的不同，可以分为直接顺序融合、基于连接肽的顺序融合、插入融合和蛋白质水平融合四类。

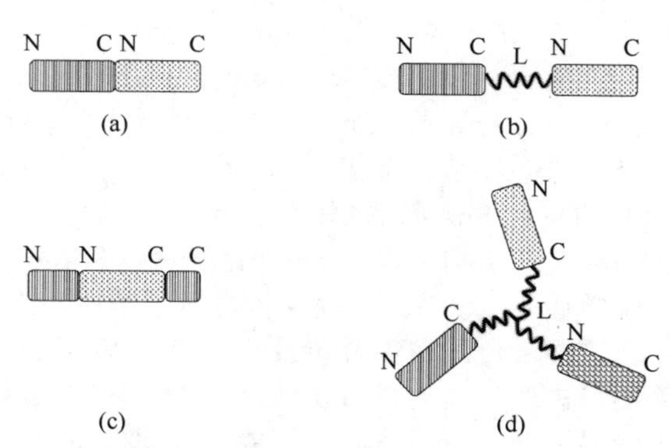

图 4-2 酶融合的四类形式

（a）直接顺序融合；（b）基于连接肽的顺序融合；（c）插入融合；（d）蛋白质水平融合

N—蛋白质 N 端；C—蛋白质 C 端；L—连接肽

4.2.1 直接顺序融合

直接顺序融合（end-to-end fusion）[图 4-2（a）] 是一种最简单的融合酶构建方式，是通过端到端融合技术构建的，将两个蛋白质（或多肽）通过第一个蛋白质的 C 端与另一个蛋白质的 N 端直接连接在一起的融合方式，即两个蛋白质的开放阅读框在 DNA 水平上直接进行基因融合（gene fusion），产生一个单一的连续 mRNA 转录子，编码一条多肽链，中间没有调节元件（如终止密码子或核糖体结合位点等）。

直接顺序融合广泛应用于监测基因表达、生物筛选、重组蛋白纯化、细胞表面蛋白展示、蛋白质定位、代谢工程和蛋白质折叠（protein folding）等方面。例如，将编码解淀粉芽孢杆菌 β-葡聚糖酶（β-glucanase，β-Gln，24.4kDa）和枯草芽孢杆菌木聚糖酶（xylanase，Xyn，21.2kDa）的嵌合基因 *gln-xyl* 通过直接融合构建并在大肠杆菌中表达，纯化的融合蛋白质（46.1kDa）同时表现出 β-葡聚糖酶和木聚糖酶活性。但其中 β-葡聚糖酶活性显著增强，而木聚糖酶活性降低，证明了该方法在双功能多糖酶构建方面的潜在应用及其可能带来的问题[2]。利用 3-己糖-6-磷酸合酶（3-hexulose-6-phosphate synthase，HPS）和 6-磷酸-3-己糖异构酶（6-phospho-3-hexuloisomerase，Phi）通过基因融合构建双功能融合蛋白，对融合酶的酶学性质表征结果显示，HPS-Phi 融合酶在室温下同时表现出 HPS 和 Phi 的活性，并且比单个酶的简单混合更有效地催化单磷酸核酮糖（ribulose monophosphate，RuMP）途径的级联反应[3]。

利用嗜热微生物金球藻（*Metallosphaera hakonensis*，*Mh*）来源的麦芽寡糖基海藻糖合成酶（maltooligosyl trehalose synthase，*Mh*MTS）和麦芽寡糖基海藻糖水解酶（maltooligosyl trehalose trehalohydrolase，*Mh*MTH）构建的双功能融合酶（*Mh*MTSH），表现出与 *Mh*MTS 和 *Mh*MTH 两步反应类似的酶催化性能，但融合酶具有更高的热稳定性，在 70°C 孵育 48 h 后仍能保持 80%的活性。另外，*Mh*MTSH 融合酶对各种大小的麦芽低聚糖均有催化活性，并将其底物特异性扩展到可溶性淀粉[4]。

但是，直接顺序融合得到的融合蛋白多肽链上的各个氨基酸残基之间通常会相互干扰，而且融合蛋白中各蛋白质结构域的 N 端与 C 端直接相连，使不同蛋白质结构中的各氨基酸之间形成相互作用。这比单个蛋白质结构内氨基酸之间的相互作用更加复杂，从而影响蛋白质结构域的正确折叠及其天然构象，导致蛋白质错误折叠或表达失败。例如，为了制备一种既具有发光活性又具有抗体结合特性的嵌合蛋白（chimeric protein），研究者设计构建了一个由蛋白质 A［protein A，可亲和结合免疫球蛋白 G（immunoglobulin G，IgG）的 Fc 片段］的 D 结构域（SpA-D）与荧光素酶（luciferase，Luc）组成的融合蛋白。结果显示，直接连接两个蛋白质的嵌合蛋白表现出降低的 IgG 结合亲和性。这可能是由于 SpA-D 羧基端区域虽然不直接参与和 IgG 的结合，但其构象对 SpA-D 整体结构有重要影响，而与 SpA-D 羧基端直接相连的荧光素酶结构中的氨基酸与其结构中氨基酸的相互作用对 SpA-D 的正确折叠造成干扰，进而影响整个嵌合蛋白的酶学性能[5]。另外，在原核表达系统中，连接在 C 端的蛋白质构象高度依赖于前面的蛋白质，这些蛋白质在耦合转录和翻译过程中直接折叠，直接融合限制了嵌合蛋白中各蛋白质构象的自由度。而酶蛋白在催化过程往往需要其结构具有一定程度的动态变化，而且空间距离十分靠近的各蛋白质间也可能造成活性位点的屏蔽作用，影响酶与底物之间的结合。因此，这种直接顺序融合会对酶的催化性能产生不利影响。例如，通过直接顺序融合的方式合成一种双功能、耐高温的纤维素酶-木聚糖酶，融合蛋白只有当木聚糖酶基因（*xynA*）融合到纤维素酶基因（*cel5C*）的 C 端（pCX100）时才同时表现出纤维素酶和木聚糖酶的活性，而相反顺序的融合蛋白（pXC100）失去酶活性[6]。同样地，Phi-HPS 融合酶完全丧失了 HPS 和 Phi 各单酶的活性[3]。

因此，虽然直接顺序融合的嵌合蛋白构建方式设计及操作过程简单，只需获得各蛋白质的一级序列，而不需要对其二级或三级蛋白质结构有所依赖。但这种方式获得的融合酶往往会出现错误折叠、表达为包涵体以及酶活性丧失等问题，所以这种融合蛋白的构建方式已基本被其他融合方式所取代。

4.2.2 基于连接肽的顺序融合

直接顺序融合构建的嵌合蛋白中相互接近的蛋白质可能导致错误折叠，造成一个乃至两个催化结构域的活性丧失。为了避免这种情况的发生，需要在各蛋白质间增加连接序列，以允许各蛋白质具有一定的构象自由度和稳定性。这种融合称作基于连接肽的顺序融合（linker-based protein fusion），是融合酶技术中应用最广泛、成功率最高的一种融合酶构建方式［图 4-2（b）］。

蛋白质结构的灵活性对于多蛋白质复合物的正常运作至关重要。在氨基酸水平上，这种灵活性是由肽键角的局部松弛度决定的，其累积效应可能导致蛋白质分子的二级、三级或四级结构发生巨大变化。这种灵活性及其缺失通常取决于寡肽形成的域间连接肽的性质。在许多多域蛋白质中都发现了柔性和相对刚性的连接肽，通过其一级序列提供的可变柔软度来控制相邻结构域之间的有利和不利相互作用，从而避免两个结构域在折叠和催化等过程中的相互干扰。

连接肽主要有柔性连接肽（flexible linker）、刚性连接肽（rigid linker）和抗蛋白酶降解连接肽（anti-proteolytic linker）三类，表 4-1 列举了这三类常用连接肽及特点[7]。连接肽的长度一般在 2～18 个氨基酸残基之间，平均长度为 5.15 个氨基酸。连接肽的引入虽然在融合蛋白翻译及折叠后占据一定的空间结构，但其与蛋白质结构域的结构和功能没有直接的联系，对所连接的几个蛋白质的结构折叠不会造成较大的影响，也不会与底物相互作用，不参与酶催化过程。

表 4-1　常用连接肽的种类及特点

类型	序列	优点	缺点
柔性连接肽	(GGGGS)$_n$ 记做 GS$_n$（1≤n≤6）	富含亲水性的甘氨酸，能够增加蛋白质的溶解性；兼具疏水性和伸展性，可赋予两端的功能蛋白质较好的稳定性与生物活性	无法形成二级结构，对连接的两个结构域隔离效果不稳定，可能引起蛋白质结构域之间的相互作用，从而造成酶活性损失，而且容易被蛋白酶降解
刚性连接肽	(EAAAK)$_n$ 记做 EAK$_n$（1≤n≤6）	具有稳定的二级结构，可使连接的功能蛋白质结构域具有更好的独立性，融合蛋白稳定性更高，且能够抵抗蛋白酶降解	可能对结构域折叠或结构造成干扰
抗蛋白酶降解连接肽	(PT)$_n$	具有良好的抗蛋白酶降解作用，可以有效减少融合蛋白在表达过程中由于连接肽断裂而分离的现象	连接肽序列获得较为麻烦，且对结构域间隔效果不明确

融合蛋白结构和功能的一个重要考虑因素就是连接肽的灵活性，这些连接肽将许多生物过程中常见的多结构域蛋白质中的各个结构域互连起来，它们是氨基酸残基的延伸，可在不同结构域和功能模块之间建立通信。在一些天然的多结构域蛋白质中往往会发现连接肽的存在，因此在生物体内连接肽是产生多功能酶的一种进化需要。例如，免疫球蛋白、白喉毒素、番茄矮化病毒等在连接肽和它们所实现的功能动力学之间建立了明确的关系[8]。

连接肽的柔韧性和亲水性是防止结构域功能紊乱的重要因素，可赋予融合蛋白更高的活性及结构域稳定性，因此连接肽的设计对融合蛋白分子的设计具有重要意义。研究表明，柔性连接肽有利于蛋白质结构的灵活性，因此所设计的融合蛋白活性更好；而刚性连接肽可使所连接的蛋白质结构域具有更好的独立性，因此所设计的融合蛋白稳定性更高。另外，连接肽的长度对融合蛋白的稳定性、折叠率以及结构域间的相互作用也有重要影响。连接肽的二级结构主要为 α 螺旋结构，呈螺旋状、β 折叠或 β 转角结构的比例逐渐减少。螺旋连接肽（如 EAK$_n$）和非螺旋连接肽（如 GS$_n$）都具有相似的疏水性。在连接肽的氨基酸组成中，脯氨酸（Pro）是最常见的氨基酸残基，其在连接不同蛋白质结构域时比其他氨基酸残基更受青睐。富含脯氨酸的连接肽序列具有刚性、扩展的构象，可能的原因是脯氨酸不能提供氢键或不能直接参与任何规则的二级结构构象，这确保了相对严格的各蛋白质结构域之间的分离状态，从而防止它们之间的不利接触和相互作用。此外，大多数脯氨酸残基处于反式构象，这会更有助于保持相当严格的蛋白质结构域间的分离。然而，脯氨酸周围的主链构象是邻近依赖性的，在某些情况下，脯氨酸的存在有利于顺反异构化，从而使连接肽更加灵活。除 Pro 之外，连接肽的氨基酸组成按出现的概率排列依次为：精氨酸（Arg）、苯丙氨酸（Phe）、苏氨酸（Thr）、谷氨酸（Glu）、天冬氨酸（Asp）、赖氨酸（Lys）、谷氨酰胺（Gln）和天冬酰胺（Asn）。甘氨酸（Gly）一般位于这些连接肽序列的两侧，即位于它们的起点或终点。由于连接肽末端是蛋白酶降解的目标，连接肽的刚性在避免蛋白质水解切割中起着关键作用。

通过连接肽连接两个蛋白质或蛋白质结构域的应用领域包括免疫测定（例如，使用抗体片段和蛋白质之间的嵌合体）、抗体的选择和生产以及双功能酶的设计和构建等。连接肽序列可以影响和控制两个功能结构域的距离、方向以及相对运动，对于功能嵌合蛋白的构建尤为重要。如图 4-3 所示，关于链球菌蛋白 G（streptococcal protein G，SpG）-*Vargula* 荧光素酶（luciferase）嵌合蛋白的研究显示，通过直接顺序融合或通过柔性连接肽（GGGGS）连接的方式将 SpG 融合到荧光素酶的 N 末端，获得的嵌合蛋白失去了 SpG 对 IgG 的结合亲和性。这可能是由于两个蛋白质结构域间距离过短造成不利的相互作用，影响了 SpG 的 IgG 结合域的构象。通过插入由三个稳定的 α 螺旋结构组成的蛋白质 A（SpA-D），嵌合蛋白 SpG-SpA-D-GS-luciferase 获得了 SpG 对 IgG 的结合能力[9]，表明连接肽设计对融合蛋白结构和功能的重要性。

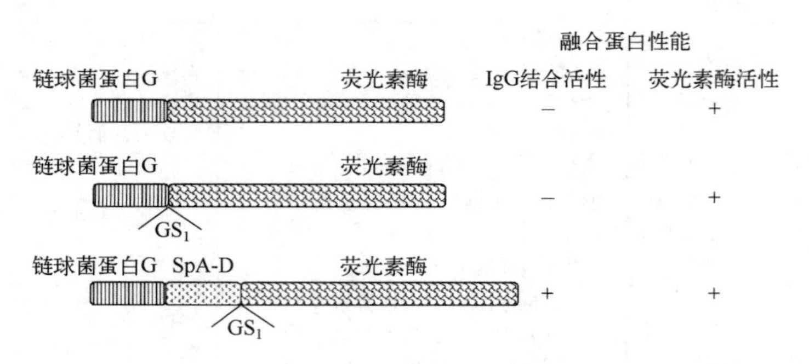

图 4-3　链球菌蛋白 G-荧光素酶嵌合蛋白的构建及各融合蛋白性能表征

通过柔性连接肽（GS_n，$n=3\sim4$，表 4-1）和 α 螺旋的刚性连接肽（EAK_n，$n=2\sim5$，表 4-1）构建由两种荧光蛋白突变体 EBFP（enhanced blue fluorescent protein，增强型蓝色荧光蛋白）和 EGFP（enhanced green fluorescent protein，增强型绿色荧光蛋白）组成的嵌合蛋白，使用 X 射线小角散射方法测定不同种类和长度连接肽构建的嵌合蛋白的构象。结果表明，引入较短的螺旋连接肽（EAK_n，$n=2\sim3$）使嵌合蛋白多聚化，而较长的螺旋连接肽（EAK_n，$n=4\sim5$）使单体嵌合蛋白溶剂化。对于中等长度的连接肽（$n=4$）获得的回转半径（radius of gyration，R_g）和最大尺寸（maximum dimension，D_{max}），使用柔性连接肽分别为 38.8Å 和 120Å，而使用螺旋连接肽分别为 40.2Å 和 130Å[10]。结果说明，与具有柔性连接肽的嵌合蛋白相比，具有螺旋连接肽的嵌合蛋白有更长的构象，而较长的螺旋有效地分离了嵌合蛋白的两个结构域。

由于螺旋连接肽的长度与两个结构域之间的距离相关，因此螺旋连接肽大致控制了结构域间的距离；但是，使用柔性连接肽不能改变蛋白质结构域间距离。因此，由 EAK_n（$n=4, 5$）组成的螺旋连接肽似乎是多功能嵌合蛋白构建的良好选择，因为它们自身形成刚性螺旋，可以有效分离功能域并让它们保持独立。为了获得良好的融合酶性能，可以使用多组柔性（如 GS）和刚性（如 EAK）连接肽混合的连接肽，调节整个连接肽的长度和柔性。另外，随着从头设计多功能蛋白质研究的发展，用于控制两个功能域之间的距离和方向的连接肽设计将变得越来越重要，成为融合酶领域的重要研究内容。

4.2.3　插入融合

插入融合（insertional fusion）［图 4-2（c）］是指将一个蛋白质结构域（客体蛋白）的整个氨基酸序列插入到另一个蛋白质结构域（宿主蛋白）的氨基酸序列中间，以改善宿主蛋白和/或客体蛋白性能的融合蛋白构建策略。插入融合由 Ehrmann 等于 1990 年提出[11]，证明该策略比经典的端到端融合方式能够更精确地确定膜蛋白的拓扑结构。

在插入融合中，客体蛋白结构域的插入导致宿主蛋白的一级序列分裂，并与宿主蛋白结构域的末端残基相融合。因此，宿主蛋白的构象状态可能直接或间接影响插入的客体蛋白结构域的稳定性，宿主蛋白的折叠/去折叠也可能受到客体蛋白质结构域插入的影响。由于蛋白质的N端和C端通常是灵活的且暴露在蛋白质结构的外部，通过两个连接位点与另一种蛋白质的内部片段融合，降低了这些末端的构象灵活性，可以形成更稳定且抗蛋白酶水解的刚性结构，从而使获得的融合蛋白性质更加稳定。例如，将外切菊粉酶（exoinulinase，EI）基因插入来自火球菌的嗜热麦芽糊精结合蛋白（maltodextrin-binding protein from *Pyrococcus furiosus*，*Pf*MBP）结构中的柔性区域时，EI在长时间孵育过程中酶活性的不可逆损失显著降低[12]。另外，插入位点的变化可以调节结构构型和结构域之间的相互作用，从而改变蛋白质插入复合物的物理化学状态。因此，在插入融合蛋白构建过程中，通过选择不同的插入位置，可以系统地改变和优化与客体蛋白的结构域间的相互作用，以获得性能更优的融合蛋白。研究表明，将*β*-内酰胺酶（beta-lactamase，BLA）插入到*Pf*MBP蛋白质结构域中间，可以有效地提高BLA在长期热变性过程中的动力学稳定性。如图4-4所示，根据插入位置的不同，BLA蛋白质的表达量、酶活性和稳定性水平也不相同[13]。因此，根据插入位点的不同，客体蛋白结构域的插入使两个蛋白质结构域之间有不同的结构分布，从而使蛋白质结构域间具有不同的相互作用，这可能是影响通过插入融合构建的嵌合蛋白活性和稳定性的重要因素。

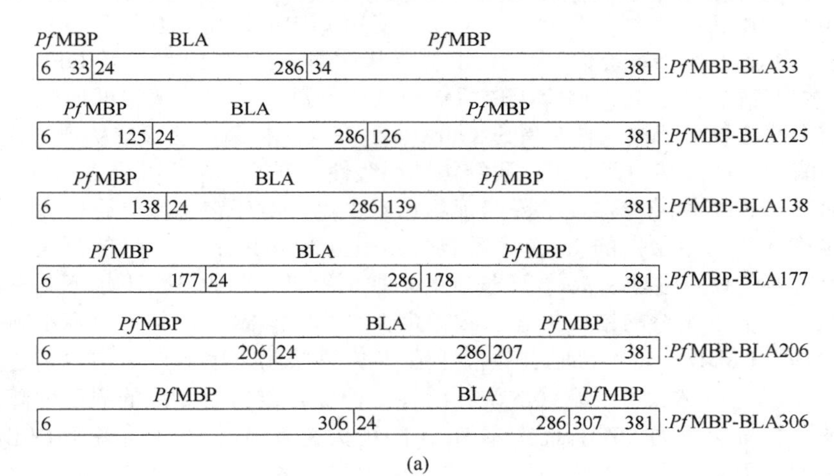

(a)

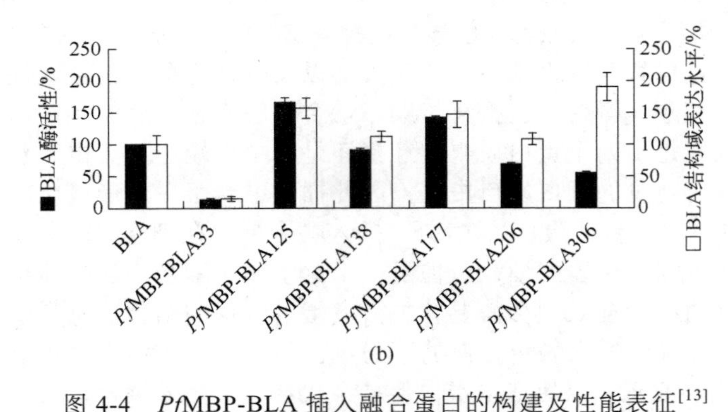

(b)

图4-4 *Pf*MBP-BLA插入融合蛋白的构建及性能表征[13]

(a) 不同插入位置的*Pf*MBP-BLA融合蛋白构建示意图；(b) *Pf*MBP-BLA插入融合蛋白的BLA结构域酶活性及表达水平

插入融合技术广泛应用于膜蛋白拓扑分析、随机蛋白质库的展示和生物传感器蛋白质的设计等领域，在酶催化调控方面具有独特的优势。在膜蛋白拓扑结构研究方面，碱性磷酸酶（alkaline phosphatase，AP）常作为宿主蛋白用于插入融合。不同于 AP 与截短膜蛋白的直接顺序融合[14]，插入融合蛋白包含了膜蛋白的整个一级序列，因此在检测膜蛋白拓扑结构中更加灵敏。例如，大肠杆菌的芳香氨基酸渗透酶（aromatic amino acid permease，AroP）负责苯丙氨酸、酪氨酸和色氨酸的主动转运，通过表征 AroP 与 AP 构建的插入融合蛋白，可获得关于渗透酶 AroP 的跨膜拓扑结构信息[15]。多药耐药蛋白（multidrug resistance protein，Mdr1）的 N 端结构域[16]以及人 β_2-肾上腺素受体[17]等拓扑信息均通过这种 AP 插入融合的方法得到了解析。在随机蛋白质库的展示方面，大肠杆菌核糖核酸酶（ribonuclease，RNase）、卡那霉素核苷酸转移酶（kanamycin nucleotidyltransferase）以及绿色荧光蛋白（green fluorescent protein，GFP）等均可作为随机短肽或蛋白质库的展示支架（插入宿主）。通过插入融合技术将硫氧还蛋白（thioredoxin，Trx）结构域插入到大肠杆菌鞭毛蛋白 FliC 的结构中间，从而将硫氧还蛋白展示在大肠杆菌表面[18]。在分子生物传感器构建方面，研究报道了一种基于 GFP 的通用生物传感器的构建方法[19]。该方法首先将含有所需分子结合位点的蛋白质结构域插入 GFP 的表面 loop 结构中，然后插入融合蛋白被随机突变，并从随机突变库中选择在与靶分子结合时发生荧光变化的新型变构蛋白。通过该方法构建的“变构 GFP 生物传感器”广泛用于包括生物化学和细胞生物学等各个领域。例如，使用 β-内酰胺酶（客体蛋白）及其抑制蛋白（BLIP）作为模型蛋白-配体系统构建的 BLIP 光学传感器，在 BLIP 结合后 GFP 荧光增加。另外，将 1,4-β-木聚糖酶（Xyn）的整个蛋白质结构域插入到 1,3-1,4-β-葡聚糖酶（β-Gln）的突变体蛋白质结构中间，获得的插入融合蛋白 GlnXyn-1 在大肠杆菌中能够成功表达并自发折叠，同时具有两种酶的活性，其中两个蛋白质结构域比线性端到端蛋白质融合更加密切相关[20]。

然而，客体蛋白结构域稳定性下降的现象也不少见。对于宿主蛋白，客体蛋白结构域的插入，特别是插入到宿主蛋白的 loop 环区域时，相当于该 loop 环区域的延长。实验和理论研究表明，蛋白质的稳定性随着 loop 环长度的增加而降低，可能是由于熵不利于残基之间发生接触，从而导致宿主蛋白的错误折叠以致稳定性丧失[21]。例如，将人巨噬细胞壳三糖苷酶的几丁质结合域（ChBD）插入到地衣芽孢杆菌 β-内酰胺酶（BLA）结构中构建的双功能嵌合蛋白 BLA-ChBD，虽然保留了亲代的两种活性，但嵌合蛋白对高温的耐受性降低；嵌合蛋白热变性后的再折叠率仅为 50%，而亲本 BLA 的再折叠率接近 100%，说明 ChBD 的插入影响了 BLA 热变性后的再折叠过程，相当一部分嵌合分子在再折叠过程中被困在非折叠路径中[22]。二氢叶酸还原酶和 β-内酰胺酶在磷酸甘油酸激酶的四个不同位置的插入融合蛋白结果显示，宿主蛋白和客体蛋白均表现出稳定性的丧失，以及体外折叠过程可逆性的部分丧失[23]。

综上，插入融合和顺序融合（包括直接顺序融合和基于连接肽的顺序融合）的主要区别在于两个蛋白质结构域是由两个蛋白质末端连接还是一个末端连接。由于双蛋白质末端连接比任何单末端连接具有更少的蛋白质自由度，因此插入融合蛋白会形成比顺序融合蛋白更刚性、更稳定的结构（主要是客体蛋白）；另外，插入融合蛋白在细胞内不易被蛋白酶降解，可作为蛋白质探针用于生物传感器的设计。但是，相比于顺序融合构建的简单易行且更易于保持两种蛋白质的完整功能，插入融合需要有关宿主蛋白结构的精确信息来识别合适的插入位点，防止不适当的设计导致插入融合蛋白的不稳定甚至失活。客体蛋白也需要其结构域的 N 端和 C 端在空间上足够靠近，以使宿主蛋白保持亲代活性。插入融合蛋白可能由于客体蛋白插入造成的局部序列扰动而导致宿主蛋白稳定性的丧失；另外，宿主蛋白的稳定性和插入位点对插入的客体蛋白稳定性具有重要影响，但尚未得到系统的研究。目前大多数研究将插入位点选择在不直接参与催化位点的表面 loop 环上。

4.2.4 蛋白质水平融合

不同于上述三种基因水平上的融合酶构建方式，蛋白质水平融合是指将表达后的成熟蛋白质直接进行融合，通常是一种体外共价融合方式［图 4-2（d）］。该融合方式的优点是：①不涉及蛋白质表达过程中各结构域之间的相互影响；②对于多个蛋白质结构域的融合，融合酶分子量过大会造成基因水平上的融合蛋白错误折叠，或者形成包涵体，而蛋白质水平融合是将各蛋白质结构域分别表达后再进行融合，因此不存在基因表达上的限制因素；③当目标蛋白质的一级序列信息未知时，蛋白质水平融合同样可以实现。

但是，与基因水平上的融合酶构建相比，蛋白质水平融合也存在其不利之处，即通常需要引入额外的酶来催化蛋白质结构域的连接。对于催化某些特定序列的连接酶，需要在目标蛋白质中引入其识别位点，而且连接酶的引入也会使目标蛋白质纯度降低，对后续研究和应用带来一定影响。额外的分离纯化步骤或利用固定化连接酶可以解决此问题。

目前发现的可以催化蛋白质体外共价融合的生物酶主要包括转谷氨酰胺酶和转肽酶等。转谷氨酰胺酶（transglutaminase，TG）广泛存在于动物、植物和微生物中，它是一种酰基转移酶，可以催化蛋白质间（或分子内）的酰基转移反应（催化赖氨酸残基侧链的氨基和谷氨酰胺的侧链酰胺键反应），从而使蛋白质（或多肽）之间发生共价交联。其催化反应可以特异性地识别谷氨酰胺（Gln）的酰胺基团，与天冬酰胺无关。例如，研究者通过转谷氨酰胺酶催化的位点特异性蛋白质交联，成功将单加氧酶细胞色素 P450、电子传递蛋白假单胞氧还蛋白 Pdx 和 Pdx 还原酶三个蛋白质结构域在蛋白质水平上进行融合，构建了一种新型的人工 P450 融合蛋白[24]。该融合蛋白由于高效的分子内电子转移，表现出比三种蛋白质的游离混合体系更高的催化活性和偶联效率。这种独特的位点特异性分支结构简单地增加了蛋白质的局部浓度，而不会造成蛋白质自由度的大量损失引起的融合蛋白中各蛋白质的变性。因此，酶促翻译后蛋白质融合是创建具有新型蛋白质结构的多酶系统的有效策略。

由金黄色葡萄球菌中分离获得的转肽酶 A（sortase A，SrtA），可以特异性地结合蛋白质 C 端附近的 LPXTG 序列（其中 X 为任意氨基酸），在苏氨酸与甘氨酸之间切断肽键后，将其与另一个 N 末端含有甘氨酸残基的肽链通过肽键相连[25]。该反应具有较高的特异性。以各种免疫检测中使用的抗体-酶复合物为代表，连接两个或多个具有不同性质的蛋白质是生成新的功能分子的一个重要途径。链霉亲和素是一种四聚体蛋白质，具有紧密且特异性的生物素亲和力，是广泛应用的修饰蛋白质或小分子的生物技术工具。研究者在大肠杆菌中表达链霉亲和素标记的 LPETG 短肽（Stav-LPETG），然后使用转肽酶 A 将 Stav-LPETG 与附加五个甘氨酸的绿色荧光蛋白（Gly5-GFP）或附加三个甘氨酸的葡萄糖氧化酶（Gly3-GOD）进行蛋白质偶联[26]。与化学修饰制备的链霉亲和素-酶偶联物相比，转肽酶 A 介导生成的嵌合蛋白具有更高的活性。

利用转谷氨酰胺酶和转肽酶 A 的催化反应还可用于酶的定向固定化，详见第 6 章的 6.4.5 节。

综上所述，四种融合酶的构建方式各有其优点及局限性，在实际应用中，需要根据研究目的以及目标蛋白质的结构、性质和表达方式等选择合适的蛋白质融合方式。

4.3 影响融合酶性能的主要因素

4.3.1 连接肽种类

如表 4-1 所示，连接肽主要分为柔性连接肽、刚性连接肽和抗蛋白酶降解连接肽三类。

柔性连接肽在空间上无法形成稳定的特定二级结构，常以无规卷曲的形式存在，其中应用最广泛的序列为 GS_n（$1 \leq n \leq 6$）（表 4-1）。该连接肽富含亲水性的甘氨酸，因此能够增加蛋白质的溶解性能；该序列同时具有疏水性和伸展性，因此可以使两端的功能蛋白质具有较好的稳定性与生物活性。但是，由于柔性连接肽无法形成二级结构，使其在空间上不能使两端连接的蛋白质结构有效分隔开来，因而可能发生蛋白质结构域之间的相互作用，造成酶活性损失，而且这种不稳定的连接肽容易被细胞内存在的蛋白酶所降解。刚性连接肽具有稳定的二级结构，常以 α 螺旋的形式存在，因此可以使连接的功能蛋白质之间保持结构域的相对独立，蛋白质的分子构象相对稳定，而且还具有防止蛋白酶降解的优点。其中，序列为 EAK_n（$1 \leq n \leq 6$）（表 4-1）的刚性连接肽应用最为频繁，其刚性源自谷氨酸和赖氨酸之间的盐桥作用。抗蛋白酶降解连接肽经常存在于天然的多结构域蛋白质中，主要为富含脯氨酸的多肽序列，特别是脯氨酸-苏氨酸重复序列$(PT)_n$（表 4-1）。Kavoosi 等的研究表明，与常见的 GS_n 连接肽相比，$(PT)_n$ 具有很好的抗蛋白酶降解作用[27]，因此可以有效地减少融合蛋白在表达过程中由于连接肽断裂而分离的现象。

连接肽的刚柔性以及序列特征对所连接目标蛋白质的表达、功能等有重要影响，因此在构建融合蛋白时需要对其进行充分考察。Huang 等在构建肝素酶Ⅰ（heparinase Ⅰ，HepA）、麦芽糖结合蛋白（maltose binding protein，MBP）和绿色荧光蛋白（GFP）的融合蛋白过程中发现，在 MBP 和 GFP 之间使用柔性连接肽 GS_3 时，无法实现目标融合蛋白的正确表达；而使用刚性连接肽 EAK_3 时可以获得全长的目标融合蛋白[28]，说明连接肽的刚柔性影响了目标蛋白质的表达过程。

通过对柔性连接肽 GS_n 和刚性连接肽 EAK_n 分隔两个蛋白质结构域的效果进行比较，发现增加 GS_n 的长度并不能有效地增加蛋白质结构域间的空间距离，而增加 EAK_n 的长度对分隔蛋白质的空间结构效果则十分明显。该结果说明具有 α 螺旋结构的刚性连接肽可以有效地分离融合蛋白的结构域，从而避免结构域之间的不利相互作用，并且可以通过改变氨基酸序列的重复数量来控制结构域之间的距离[29]。为了避免催化结构域之间的相互干扰，改善融合酶的催化效率（k_{cat}/K_m），王锐丽等对融合酶阿拉伯/木糖苷酶-木聚糖酶（Xar-XynA）中的连接肽进行了优化。他们发现连接肽序列中甘氨酸（Gly）/丙氨酸（Ala）的含量及比例对融合酶的酶学性质、动力学特性和酶解作用等有明显的影响[30]。虽然甘氨酸可以为连接肽提供必要的柔性，但成分单一的连接肽 GS_n 却限制了融合酶的功能活性。丙氨酸由于其较小的侧链（$—CH_3$）不会对相邻结构域的侧链造成干扰，从而能够为连接肽提供稳定的螺旋结构，因此改变连接肽中 Ala/Gly 比例可以控制连接肽的刚柔性。序列为 SAGSSAAGSGSG 和 SGGSSAAGSGSG 的连接肽对融合酶性能的提升最为显著，表明融合酶构建过程中对连接肽序列进行优化的必要性。

萤火虫荧光素酶（firefly luciferase，Fluc）是分子成像的重要报告分子，具有发光波长较长和 ATP（腺嘌呤核苷三磷酸）线性相关性的优势，适用于目前大多数生物发光成像模型。但这种生物材料的应用受到信号强度和稳定性的限制，信号强度和稳定性分别受酶活性和底物消耗的影响。Sun 等通过改变连接肽长度和种类合成了 Fluc 和荧光素再生酶（luciferin-regenerating enzyme，LRE）的一系列新型双功能酶复合物。结果显示，Fluc 和 LRE 对荧光素结合的竞争关系，即融合酶 Fluc-LRE 中，连接肽为一个拷贝数的刚性 EAK 时表现出更高的 Fluc 活性；而连接肽为两个拷贝数的柔性 GS_2 时，LRE 活性表现更有效[31]。这种融合的双功能酶复合物具有信号强度和稳定性的优势，扩大了 Fluc 在体外生物发光成像中的应用。

4.3.2 连接肽长度

连接肽长度对于融合酶活性有重要的影响，不同融合酶体系的最适连接肽长度也有所不同。一般而言，连接肽过短会造成各蛋白质结构域在折叠过程中相互干扰，或造成蛋白质内部应力过大，不利于蛋白质折叠成天然构象。相反，如果连接肽过长，虽然体系自由度增大，但有时反而会阻碍结构域之间相互配合，不利于多酶级联的酶催化反应。

为了探究连接肽长度在人工双功能融合酶 β-半乳糖苷酶/半乳糖脱氢酶（β-galactosidase/galactose dehydrogenase，β-gal/galDH）中的作用，Carlsson 等测定了融合酶对级联反应中酶催化动力学的影响[32]。使用融合酶可以增加乳糖到半乳糖内酯的耦合反应稳态速率，其中，连接肽长度为 9 和 13 个氨基酸的融合酶效果最好，优于长度为 3 个氨基酸的连接肽。在 pH8.5、连接肽长度为 9 和 13 个氨基酸的融合酶中，galDH 和 β-gal 活性之比为 15，约为 3 个氨基酸连接肽融合酶的 1.6 倍。因此，当使用具有较长连接肽的融合酶时，级联反应可以更有效地进行，可能是由于融合酶中较长的连接肽降低了各酶间蛋白质结构域的相互影响，可以使酶保持较高的活性。

Argos 研究发现，连接肽的灵活性和稳定性是由其序列中常见的小的极性氨基酸残基贡献的[33]，在不影响所需连接的目标蛋白质结构和功能的情况下，合成嵌合蛋白需要稳定的连接肽，这种稳定性主要取决于连接肽的长度和组成。连接肽的长度通常会影响蛋白质结构域的取向、蛋白质稳定性和折叠率，当连接肽具有相同的氨基酸组成而长度不同时，使用更长连接肽构建的融合蛋白具有更高的酶活性。但是，在重组蛋白生产过程中，蛋白质裂解通常发生在没有保护和灵活性较大的氨基酸位点，因此当使用较长的连接肽时可能会出现这种情况，并最终导致活性蛋白质的产量降低。另一方面，虽然较短的连接肽可以避免这些问题，但它们仍然会由于所连接蛋白质结构域的距离太短而导致结构的错误折叠或功能的损失，而融合蛋白所需的催化活性要求每个蛋白质结构域都有适当的天然构象。

Sigma1 受体（S1R）是一种真核细胞膜蛋白，具有细胞器间信号转导和伴侣作用。为了提高其在大肠杆菌中的表达量，Gromek 等通过构建麦芽糖结合蛋白（MBP）和 S1R 之间 0～5 个丙氨酸（A）残基连接肽的融合蛋白，并在大肠杆菌的多个表达菌株中进行测试，以确定 MBP 和 S1R 的最佳组合[34]。结果表明，缩短 MBP 和 S1R 结构域之间的连接肽长度对融合蛋白的表达水平和特异性配体结合活性有很大的影响。综合高特异性配体结合活性和纯化蛋白质的产率，最好的融合蛋白为 MBP-4A-S1R（图 4-5），即两个结构域通过 4A 进行连接，且较短的连接肽会降低纯化蛋白质的产量。

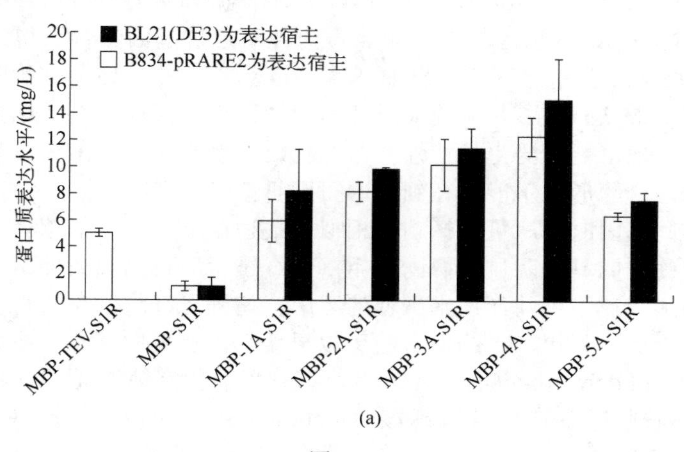

(a)

图 4-5

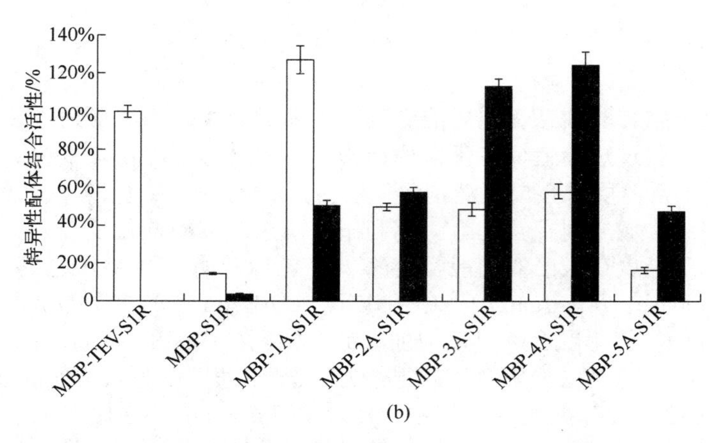

图 4-5 不同长度连接肽构建的 MBP-S1R 融合蛋白的表达水平和特异性配体结合活性[34]

（a）MBP-S1R 融合蛋白的表达水平；（b）MBP-S1R 融合蛋白的特异性配体结合活性

注：以 MBP-TEV-S1R 为对照，TEV（tobacco etch virus protease recognition site，烟草蚀纹病毒蛋白酶识别位点）的氨基酸序列为 Glu-Asn-Leu-Tyr-Phe-Gln-Gly/Ser

综上，连接肽的作用是将两种蛋白质在空间上隔开一小段距离，使它们可以在不受其他蛋白质分子约束的情况下正确折叠。虽然较长的连接肽可能会释放空间扰动，但过长更容易被酶降解，导致较低的稳定性，而且如果使用过长的连接肽，多酶级联催化的邻近效应就会被减弱甚至消失。优化的连接肽长度可以使融合酶既有较高表达量和活性，又能保持较高的稳定性。

4.3.3 酶的融合顺序

多酶融合时各酶的融合顺序对融合酶性能有很大影响。在融合蛋白构建过程中，酶分子的大小是影响整体活性的重要因素。为了提高催化效率，通常较大的蛋白质结构域融合在 C 端，因为在 N 端较大的蛋白质结构域可能通过影响折叠和构象而干扰整体结构的稳定性。例如，来自嗜热 *Thermotoga maritima* 的 β-葡聚糖酶（β-Gln，29kDa）和黑曲霉木聚糖酶（Xyn，24kDa）进行融合，当 β-Gln 融合在 N 端时，Gln-Xyn 中 Xyn 的热稳定性降低，而在 C 端融合的 β-葡聚糖酶（Xyn-Gln）则促进了 Xyn 及整个融合蛋白热稳定性的提高[35]。

3-己糖-6-磷酸合酶（HPS，22kDa）和 6-磷酸-3-己糖异构酶（Phi，21kDa）是磷酸核酮糖（RuMP）途径中催化级联反应的关键酶。将两种酶通过基因融合获得的融合酶 HPS-Phi 和 Phi-HPS 中，HPS-Phi 在室温下表现出 HPS 和 Phi 活性，并且比两种酶的游离混合酶更高效催化级联反应。携带 *hps-phi* 基因的大肠杆菌菌株比宿主菌株更有效地消耗甲醛，并且在含甲醛的培养基中表现出更好的生长特性。与此相反，融合酶 Phi-HPS 没有显示出任何酶活性，说明该顺序的融合酶形式不能够在细胞中正确折叠[3]。

另外，融合不同基因时应尽量选择功能相似且最适温度和 pH 值相近的基因。耐热木聚糖酶和耐热纤维素酶之间具有明显的协同作用，用纤维素酶在高温条件下对纤维素水解过程中，木聚糖酶的添加加速了中间产物木聚糖的溶解，增强了纤维素酶的可及性，从而提高了纤维素酶的活性。因此，利用二者的融合酶可以显著缩短反应时间和减少酶用量[36]。

醇脱氢酶（alcohol dehydrogenase，ADH）可以利用氧化态辅酶Ⅱ（$NADP^+$）氧化环己醇，生成环己酮和烟酰胺腺嘌呤二核苷酸磷酸（nicotinamide adenine dinucleotide phosphate，NADPH，即还原型辅酶Ⅱ），然后环己酮单加氧酶（cyclohexanone monooxygenase，CHMO）

利用 NADPH 将环己酮氧化为 ε-己内酯（图 4-6）。Aalbers 等将这两种氧化还原互补酶进行融合以获得可以将醇转化为酯或内酯的辅酶再生双功能酶[37]。ADH 在两个方向上与编码耐高温的 CHMO 基因进行融合，即 ADH-CHMO 和 CHMO-ADH，所获融合酶均保留了 CHMO 活性，且稳定性几乎不受影响。但两个方向的融合表现出明显的 ADH 活性差异：CHMO-ADH 具有预期的 ADH 活性；而 ADH-CHMO 显示出降低甚至完全丧失的 ADH 活性，而且融合的 ADH 为单体，而不是通常的二聚体/四聚体。这可能是由于 ADH 的 C 端区域是低聚界面的一部分，位于该界面的 CHMO 结构域阻碍了 ADH 亚基之间的相互作用，从而使 ADH 不能形成特定的寡聚体，因而造成融合酶 ADH 活性的损失。该结果表明，蛋白质结构域的顺序对天然多亚基寡聚体酶的融合酶性能有很大影响。

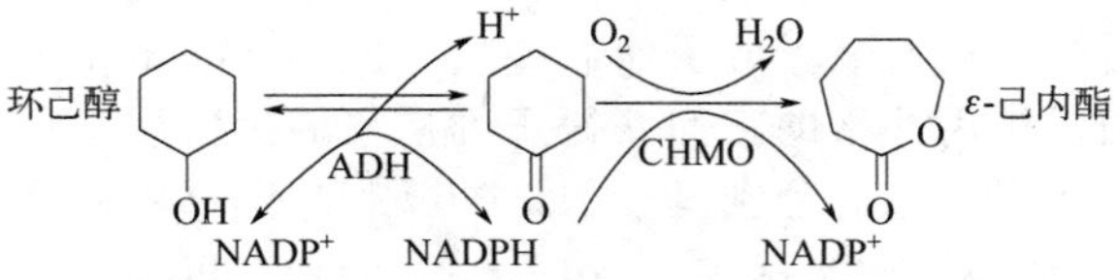

图 4-6　醇脱氢酶（ADH）和环己酮单加氧酶（CHMO）协同催化环己醇生成 ε-己内酯的级联反应过程

Peters 等将 ADH、烯酮还原酶（enoate reductase，ERED）和 Baeyer-Villiger 单加氧酶（Baeyer-Villiger monooxygenase，BVMO）进行融合，研究了三种蛋白质结构域的顺序对融合酶表达水平和酶活性的影响，并探索以不饱和醇为底物合成（手性）内酯的最佳条件[38]。结果显示，所研究的 ADH 均不能成功融合，而 ERED 与 BVMO 仅在 BVMO-ERED 的融合顺序时才显示出良好的酶活性。该结果进一步证明融合酶构建时不同蛋白质结构域排列顺序的重要性，不仅会影响融合酶的折叠与表达，而且对融合酶活性也有重要影响。此外，某些酶之间的融合表达会遇到较大困难。

4.4　融合酶的应用

基因融合技术已成为生物工程领域一种极具吸引力的、应用广泛的技术手段。通过基因融合和蛋白质体外偶联反应可产生具有稳定和结构可预测的融合蛋白（酶），在科学研究（如分子生物学和生物技术）、分析检测和工业过程（食品、医药和轻工等）等领域都有广泛应用。

4.4.1　促进蛋白质的可溶性表达

基因融合技术广泛用于改善微生物菌株中蛋白质的表达水平和正确折叠（可溶性表达），并规避细胞毒性效应。蛋白质在重组原核宿主细胞中过表达容易导致错误折叠形成不溶性聚集体，即包涵体，从而难以实现可溶性表达。通过将目标基因与编码亲和标签的基因进行融合，可以避免包涵体的形成。大多数情况下，更大的标签可以更好地增加与之融合目标蛋白质的溶解度。

目前已有多种融合系统用于提高外源重组蛋白在宿主细胞中的表达和分泌水平。用于增强表达的系统包括麦芽糖结合蛋白（MBP）、谷胱甘肽-*S*-转移酶（glutathione-*S*-transferase，GST）和硫氧还蛋白（thioredoxin）等基因融合系统。例如，将 MBP 与 Sigma1 受体（sigma 1 receptor, S1R）进行蛋白质融合可提高 S1R 在重组大肠杆菌中的表达，构建的 MBP-4A-S1R 使 S1R 产量由 2.0mg/L 提高到约 3.5mg/L，且纯化的 MBP-4A-S1R 显示了 175 倍的特异性配体结合活性，能够在浓缩和冻融循环期间保持稳定[34]。膜蛋白的高水平表达和纯化十分困难，这是因为膜蛋白具有强烈的疏水性，很容易错误折叠而形成聚集体，导致快速降解或形成包涵体。如果膜蛋白以融合蛋白的形式表达，则可以在一定程度上缓解这一问题。泛素与某些蛋白质融合后具有类似分子伴侣（molecular chaperone）的活性，这一特性不仅可增加融合蛋白的表达，还可以提高融合蛋白的溶解度。小泛素样修饰子（small ubiquitin like modifier，SUMO）是由约 100 个氨基酸组成的泛素样蛋白，细胞蛋白的各种细胞过程（如核转运和信号转导）可以通过共价修饰的 SUMO 进行调控。狂犬病毒糖蛋白（rabies glycoprotein，RGP）与 SUMO 融合后，在大肠杆菌中的表达水平和溶解度比未融合时分别提高了约 1.5 倍和 3.0 倍[39]。

蛋白质折叠依赖于一系列复杂的支架效应和 ATP 驱动的构象变化，这些变化介导蛋白质底物的临时展开和随后的重新折叠。分子伴侣或热激蛋白（heat-shock protein，Hsp）是与折叠或部分折叠的多肽相互作用并帮助它们获得正确构象的蛋白质工具。DnaK 和 GroEL 是两种主要的大肠杆菌分子伴侣，它们分别属于 Hsp 70 和 Hsp 60 蛋白质家族，在蛋白质折叠中发挥主要作用。将目标蛋白质与 DnaK 或 GroEL 进行融合，可以实现在大肠杆菌中表达时无法正确折叠的蛋白质以可溶、易于纯化的形式进行定量表达。此外，将目标蛋白质与 DnaK 和 GroEL 同时共表达，可以进一步增加蛋白质的溶解度[40]。然而，这些分子伴侣蛋白并非对所有蛋白质都有效。

超酸性蛋白融合标签可以极大地增强目标蛋白质的溶解度，包括 3 个极酸性的大肠杆菌多肽，即 yjgD、rpoD 的 N 端结构域（RNA 聚合酶的 σ70 因子）和 msyB[41]。这些酸性的融合多肽会导致融合蛋白产生高净负电荷，从而通过电荷排斥抑制蛋白质分子聚集，并为目标蛋白质提供足够的时间进行正确折叠。这些超酸性蛋白可能直接作为分子伴侣参与目标蛋白质的折叠，增溶效果优于其他常用的融合标签，甚至可以用于聚集倾向很强的目标蛋白质的可溶性表达，而这些目标蛋白质使用常规的增溶方法是难以实现的[41]。

研究者已采用了各种融合标签促进蛋白质的可溶性表达，但融合标签的选择仍然是难以解决的问题。首先，融合标签在不同目标蛋白质上的表现并不相同；其次，不同目标蛋白质可能受到融合标签的不同影响。融合标签增强目标蛋白质可溶性表达的作用机制尚不清楚，目前有以下几个假说[42]:

（1）融合蛋白形成胶束状结构　胶束中可溶性蛋白质的结构域朝外，错误折叠或未折叠的蛋白质被隔离，并被保护免受溶剂影响。

（2）融合标签吸引分子伴侣　融合标签将与其融合的目标蛋白质驱动到分子伴侣介导的蛋白质折叠途径中，例如，MBP 可以与大肠杆菌中辅助蛋白质折叠的分子伴侣 GroEL 相互作用[43]。

（3）融合标签具有内在的类似分子伴侣的活性　融合标签的疏水模块与部分折叠的目标蛋白质相互作用，阻止目标蛋白质自聚集，并促进其正确折叠。有研究表明，融合的 MBP 也起着分子伴侣的作用。因此，促进溶解度增强的融合肽标签可能在其目标蛋白质的折叠过程中发挥被动作用，以减少蛋白质聚集的机会[44,45]。

（4）融合标签净电荷影响　高酸性融合肽标签可以通过静电排斥抑制蛋白质聚集[46]。

4.4.2 蛋白质的纯化和固定化

通过融合与受体分子或固体表面具有特异性（亲和）结合作用的多肽标签，容易实现目标蛋白质的亲和吸附，从而实现融合蛋白的纯化或固定化。自 20 世纪 80 年代基因重组技术发展以来，多肽标签已广泛应用于蛋白质的分离纯化，极大地促进了生物技术的发展。聚组氨酸标签（polyhistidine tag，His-tag）是应用最广泛的亲和标签，通常用 6 个组氨酸构成，其与过渡金属离子（Ni^{2+}、Zn^{2+}、Co^{2+}、Cu^{2+}等）具有特异性亲和性结合作用。通过固定在表面的亚胺二乙酸（iminodiacetic acid，IDA）或次氮基三乙酸（nitrilotriacetic acid，NTA）螯合过渡金属离子，可特异性配位结合 His-tag 融合蛋白，实现融合蛋白的亲和纯化。除 His-tag 外，还有许多亲和标签用于融合蛋白的纯化，如聚精氨酸标签、GST、MBP、碳水化合物结合域（carbohydrate-binding module，CBM）、Flag-tag（DYKDDDDK）、固相结合肽（solid binding peptide，SBP）和弹性蛋白样多肽（elastin-like polypeptide，ELP）等[47~49]。

ELP 是一种由(VPGXG)$_n$ 五肽重复序列组成的合成多肽（其中 X 可以是除脯氨酸以外的任何氨基酸，n 表示五肽的重复次数）。ELP 结构中由热和盐溶质引起的构象变化的可逆性使其可以通过简单的沉淀和离心过程纯化目标蛋白质。ELP 的这种可逆性聚集和溶解的特性在与其他蛋白质融合后仍能够得以保持，因此广泛用于纯化酶[50]、蛋白质和抗体[51]，以提高溶解度、活性和稳定性。Addai 等报道了一种利用 ELP 融合纯化 β-半乳糖苷酶的方法。将融合 His-tag 的 β-半乳糖苷酶（β-Gal-LH）与 ELP 序列融合，在大肠杆菌中重组表达 β-Gal-Linker-ELP-His-tag（β-Gal-LEH），并分别利用反热循环法和 Ni-NTA 柱亲和色谱纯化融合蛋白。与利用 Ni-NTA 柱亲和纯化的 β-Gal-LEH 相比，利用反热循环法纯化的 β-Gal-LEH 显示出更高的纯化倍数、酶回收率以及改善的酶促动力学活性，表明基于融合 ELP 的蛋白质表达和纯化方法简单、高效且具有成本效益[50]。

除了融合蛋白的纯化，融合肽标签也可以用于介导目标蛋白质/多肽固定在特定的有机或无机材料表面或工程材料上，以增强蛋白质/多肽的稳定性并保持其生物活性。标签介导的蛋白质定向固定化已成为传统吸附和共价固定化方法的高效替代方案，可实现一步纯化和蛋白质固定化，固定化酶活性高。有关内容详见第 6 章 6.4.5 节。

融合肽标签可以单独使用，也可以与其他肽或蛋白质通过共价或非共价作用相结合，用于材料表面功能化，而不影响材料的性质或干扰融合伴侣[47]。用于蛋白质纯化或固定化的融合肽标签应具有以下特性：

① 能够与多种目标蛋白质进行融合；

② 不干扰目标蛋白质的正确折叠，确保蛋白质能够折叠为具有生物活性的构象；

③ 可以通过化学或酶促切割方法从目标蛋白质上脱离[52]。

4.4.3 提高酶的催化性能

催化级联反应的多种酶的融合可能产生具有多种催化活性的蛋白质，而且融合酶可能比单一酶简单混合具有更高的催化效率。这是由于：①酶的 N 端或 C 端与肽或蛋白质的相互作用可能会提高其活性；②多酶融合缩短了酶间距离，产生的邻近效应使中间产物在更短的时间以更高的浓度到达下一个酶的活性位点。

已经有许多融合酶活性提高的研究报道。例如，将一种新的人工前肽（IVEF）融合到灰色链霉菌胰蛋白酶原的 N 端并在重组巴斯德毕赤酵母中表达，其酰胺酶活性是野生型酶的 6.7 倍[53]；通过融合 N 端淀粉结合结构域（starch-binding domain，SBD）并在大肠杆菌中表达，提高了农杆菌糖原合酶的糖基转移酶活性[54]。黄素腺嘌呤二核苷酸（flavin adenine dinucleotide，FAD）依赖性葡萄糖脱氢酶（glucose dehydrogenase，GDH）是一种热稳定、对氧不敏感的氧化还原酶，在生物电化学中有重要的应用。该酶的辅因子 FAD 被埋在酶的蛋白质基质中，使它几乎无法与电极直接通信。如图 4-7 所示，在 GDH 的 C 端融合一个天然的最小细胞色素结构域（minimal cytochrome domain，MCD），可以实现直接电子转移，融合酶显示出优于天然酶的活性，其 k_{cat}/K_m 值比 GDH 高 3 倍以上，催化电流高 5～7 倍[55]。

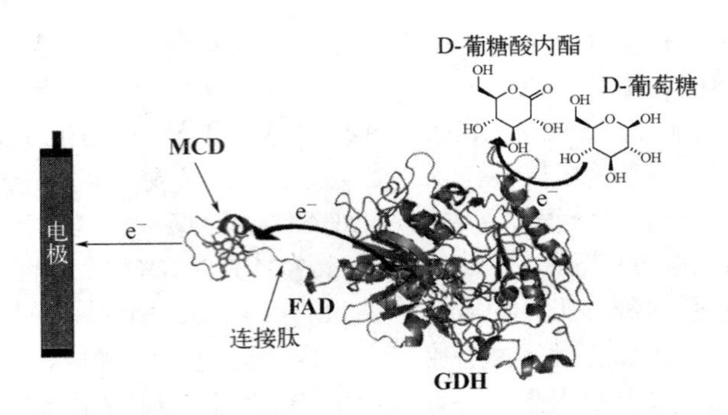

图 4-7　葡萄糖脱氢酶（GDH）、黄素腺嘌呤二核苷酸（FAD）辅因子和最小细胞色素结构域（MCD）融合酶的蛋白质结构、电子转移过程及酶催化过程[55]

酶融合对动力学和稳定性的影响研究表明，重组融合酶比相应的混合游离单酶表现出更高的催化效率。为了提高 D-氨基酸的生产效率，研究者构建了由 *N*-氨甲酰酶（*N*-carbamylase，CAB）和 D-乙内酰脲酶（D-hydantoinase，HYD）组成的双功能融合酶。在单个宿主中表达的融合酶 CAB-HYD 可以有效地将外源乙内酰脲衍生物转化为 D-氨基酸，并且表现出比分别表达的混合游离酶更好的性能，可能是由于邻近效应使第一步酶催化产生的中间体很容易被第二个酶利用，从而产生更快的反应速率[56]。对人工双功能酶 β-半乳糖苷酶/半乳糖激酶的稳定性、最适 pH 和酶促反应动力学研究表明，基因融合通过微环境效应改变了酶的催化性能[57]。小结构域 Z_{basic}[58]和 Z_{basic2}[59]与目标蛋白质的融合，通过固定化酶对改善其活性和稳定性也具有明显作用。

将几种蛋白质的结构基因融合而产生催化级联反应的融合酶，可以提高酶的效率，同时也有利于将几个基因的表达控制为一个整体，直接纯化获得重组融合蛋白。为了考察两种酶的邻近效应对催化级联反应的影响，将大肠杆菌海藻糖-6-磷酸（trehalose-6-phosphate，T6P）合酶（trehalose-6-phosphate synthetase，Tps）和海藻糖-6-磷酸磷酸酶（trehalose-6-phosphate phosphatase，Tpp）基因进行融合，构建了双功能融合酶 Tpsp。Tpsp 能够催化 T6P 的生成然后去磷酸化，进而合成海藻糖。Tpsp 融合酶的 K_m 值小于 Tps 和 Tpp 的等摩尔混合酶（Tps/Tpp），而 Tpsp 的 k_{cat} 值与 Tps/Tpp 相近，从而导致酶催化效率（k_{cat}/K_m）提高了 3.5～4.0 倍，表明增加的催化效率是由 Tpsp 融合酶中 Tps 和 Tpp 的邻近效应所致。另外，Tpsp 的热稳定性与 Tps/Tpp 非常相似，表明 Tpsp 中每个酶部分的结构不受分子内约束的干扰[60]。此外，在多酶融合构建过程中，依据中间产物的带电性质对融合酶之间的连接肽进行设计，可使多酶之间形成静电作用引导的底物通道效应，加快中间产物在多酶之间的传递，大幅度提高多酶系统的催化效率[61]。有关内容详见第 8 章 8.3.3 节。

研究者通过对各种融合酶的三维结构建模分析，探索了融合提高酶活性的机制。例如，来自 *Paenibacillus macerans* 的环糊精糖基转移酶（cyclodextrin glycosyltransferase，CGTase）以可溶性淀粉为糖基供体，通过在大肠杆菌中将其与几种自组装两亲肽（self-assembling amphipathic peptides，SAP）（SAP1～SAP6，序列信息见表 4-2）进行融合，提高了酶活性，并且融合酶 SAP6-CGTase 使 2-*O*-D-吡喃葡萄糖基-L-抗坏血酸的产量比野生型酶提高了 3 倍以上。对 SAP6-CGTase 的底物结合亚基的分析表明，底物糖基与融合蛋白结构中的 Y154 残基之间形成两个氢键，因此增强了底物和 CGTase 之间的亲和作用，进而提升了酶的催化活性[62]。

表 4-2 自组装两亲肽 SAP1～SAP6 的序列信息[62]

名称	序列	文献
SAP1	AEAEAKAKAEAEAKAK	[63]
SAP2	VNYGNGVSCSKTKCSVNWGQAFQERYTAGTNSFVSGVSGVASGAGSIGRR	[64]
SAP3	DWLKAFYDKVAEKLKEAFKVEPLRADWLKAFYDKVAEKLKEAF	[65]
SAP4	DWLKAFYDKVAEKLKEAFGLLPVLEDWLKAFYDKVAEKLKEAF	[65]
SAP5	DWLKAFYDKVAEKLKEAFKVQPYLDDWLKAFYDKVAEKLKEAF	[65]
SAP6	DWLKAFYDKVAEKLKEAFNGGARLADWLKAFYDKVAEKLKEAF	[65]

另外，可以通过优化酶的三维结构，提高融合酶的催化效率。几丁质是一种丰富的可再生多糖，地球上的含量仅次于纤维素。几丁质酶对于有效利用这种生物高分子十分重要。来自沙雷氏菌的几丁质酶 D（chitinase D from *Serratia proteamaculans*，*Sp*ChiD）是一种具有水解和转糖基化活性的单结构域几丁质酶，由于缺乏辅助结构域，*Sp*ChiD 对不溶性聚合物的水解活性较低。通过将其与多囊肾病（polycystic kidney disease，PKD）结构域和几丁质结合蛋白（chitin binding protein，CBP）等辅助结构域融合，可以提高 *Sp*ChiD 在降解不溶性几丁质底物中的催化效率。融合酶 *Sp*ChiD-PKD 和 *Sp*ChiD-CBP 分别提高了对 α-和 β-几丁质的水解活性，*Sp*ChiD-PKD 的总催化效率（k_{cat}/K_m）提升了近 1 倍。通过结构分析发现，辅助结构域的取向优化了嵌合蛋白的折叠结构，从而提升了酶催化效率[66]。Yang 等报道了一种通过与寡肽融合来提高酶稳定性和活性的蛋白质工程策略[67]。他们以碱性 α-淀粉酶（alkaline α-amylase，AmyK）为模型蛋白，将寡肽 p1（AEAEAKAKAEAEAKAK）融合到 AmyK 的 N 端。融合酶（p1-AmyK）表现出比野生型酶更高的比活性、催化效率、碱性稳定性、热稳定性和氧化稳定性。如图 4-8，通过比较 AmyK［图 4-8（a）］和 p1-AmyK［图 4-8（b）］的三维结构模型，发现 p1-AmyK 中催化残基（Asp248 和 Glu278）之间的灵活性增加，提高了蛋白质结合和水解底物的能力，表明活性位点周围更大的灵活性是提高 p1-AmyK 催化效率的主要原因。另外，寡肽与 AmyK 的融合增加了蛋白质结构中氢键的数量以及二级结构中 α 螺旋的含量［图 4-8（b）］，这有助于提高 p1-AmyK 在不利条件下的稳定性。但需要注意的是，寡肽融合策略并不适用于所有微生物酶，寡肽的选择需要针对每种酶进行调整。与定点诱变和定向进化等其他酶工程策略相比，该技术的优势在于，它可以在没有蛋白质结构信息或有效的高通量筛选方法的情况下应用。

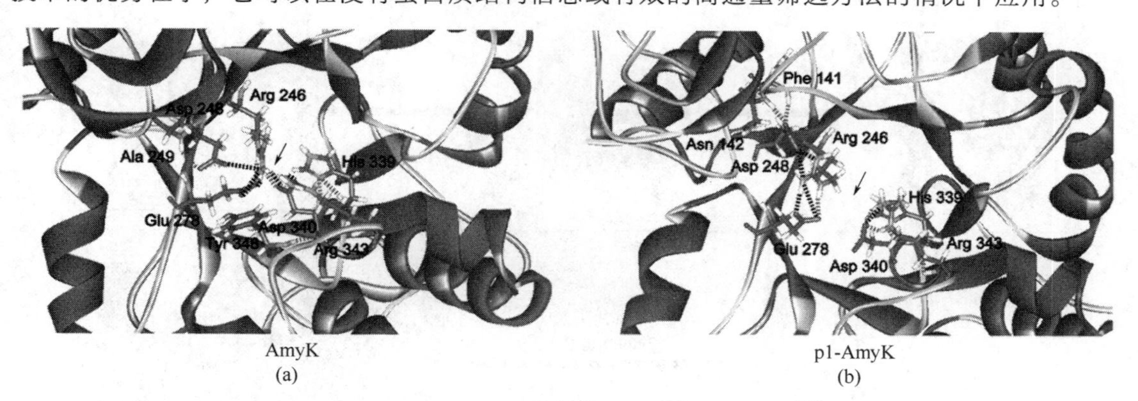

图 4-8 AmyK 和 p1-AmyK 的三维结构对比[67]

（a）AmyK 的蛋白质结构；（b）p1-AmyK 的蛋白质结构

生物信息学研究表明，蛋白质表面存在丰富的谷氨酸（E）和赖氨酸（K）残基，它们的存在对增强蛋白质的抗逆性具有重要作用[68]。因此由重复交替荷电氨基酸 E 和 K 残基组成的两性离子多肽（图 4-9）可以用于提高蛋白质稳定性以及维持蛋白质的空间结构等。Liu 等将这种含有重复交替电荷的两性离子多肽融合到 β-内酰胺酶的 C 端，融合蛋白在保持酶活性的基础上，表现出对高温和高盐溶液等不利环境的耐受性[68]。进一步研究表明，这种两性离子多肽段与有机磷水解酶（organophosphorus hydrolase，OPH）融合还可以提高其催化活性以及底物亲和性[69]。Chen 等通过将这种两性离子多肽（5～30kDa）融合到聚对苯二甲酸乙二醇酯（polyethylene glycol terephthalate，PET）水解酶（PET hydrolase，PETase）的 C 端（图 4-10），融合酶显示出比野生型酶更高的催化活性、动力学稳定性、热力学稳定性以及催化效率（k_{cat}/K_m），且增强效果随融合肽长度增大；对 PET 降解效率也显著优于野生型酶。通过详尽的结构分析、底物结合作用分析和分子动力学模拟研究，阐释了两性离子多肽增强 PETase 催化性能的分子机制[70]，即融合酶的底物结合口袋更加开放，底物结合口袋中疏水氨基酸（W185、I208 和 W159）暴露，并使 Y87 的苯环旋转，促进了底物结合动力学，从而增强了底物亲和力；此外，融合酶使底物催化距离缩短，也有助于提升酶的 PET 降解性能。

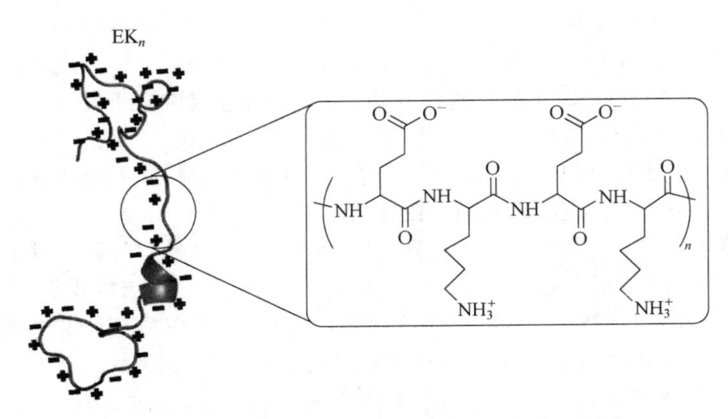

图 4-9　两性离子多肽 EK$_n$ 的氨基酸组成及结构

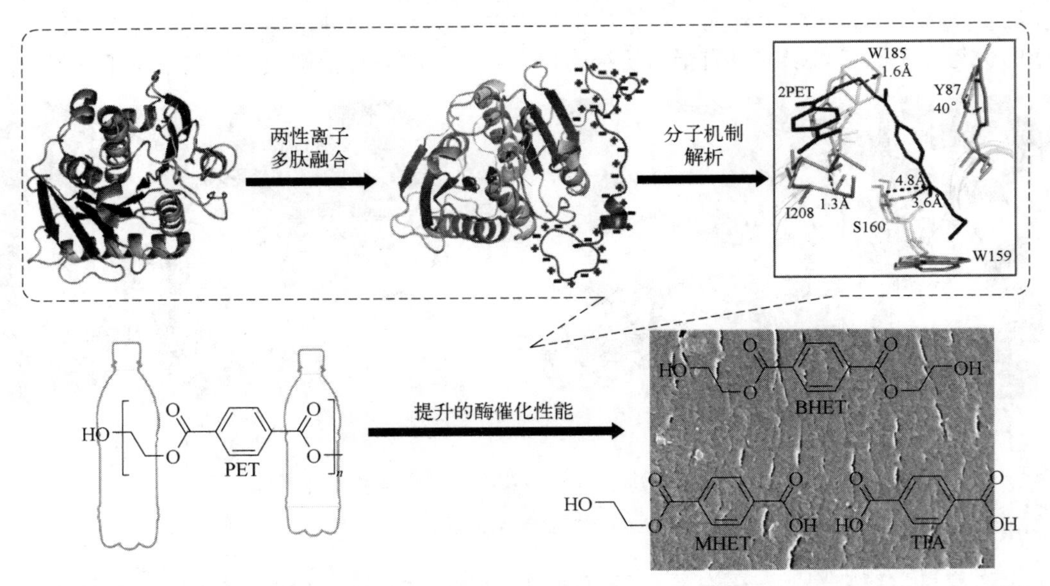

图 4-10　两性离子多肽 EK$_n$（分子质量 30kDa）融合增强 PETase 催化性能及其分子机制[70]

4.4.4 构建固定化蛋白支架

工业生产中通常使用固定化的方式以获得更稳定的酶制剂，提高酶制剂在储存和使用过程的稳定性、便于回收利用和构建连续操作反应过程等。传统的固定化酶通常将酶固定于固体载体材料表面和内部，由于需要额外的材料和制备步骤而增加了生产成本，而且由于载体吸附、共价结合或扩散传质的限制，通常导致酶活性的损失。随着合成生物学方法和理性蛋白质设计策略的发展，已经开发了许多新型酶固定化方法。这些方法利用蛋白质融合策略，可以直接在微生物宿主中生产酶并将其固定化到生物载体材料上，一步生产固定的生物催化剂，即实现胞内固定化。这些方法包括非活性包涵体（inactive inclusion bodies，IBs）支架、催化活性包涵体（catalytically active inclusion bodies，CatIBs）支架、聚羟基脂肪酸酯（polyhydroxyalkanoate，PHA）颗粒蛋白支架以及病毒样颗粒（virus-like particle，VLP）支架等。将目标酶融合到这些蛋白质模块上，重组融合蛋白在微生物细胞内自组装形成纳米或微米尺度的功能化生物材料以及固定化酶。胞内固定化方法可以简单、经济且可持续地生产用于工业应用的稳定生物催化剂，在生命科学、生物催化、合成生物学和生物医学等领域有巨大的应用潜力。

微生物非活性包涵体（IBs）是由细胞应激而形成的致密、不溶性亚微米颗粒，其中错误折叠和部分未折叠的重组蛋白聚集形成 IBs，可用于固定化目标蛋白质的生物支架材料。Steinmann 等建立了一种在微生物细胞内直接将目标酶固定在非活性包涵体表面的方法，它依赖于来自 *Cupriavidus necator* 的多羟基丁酸合酶（polyhydroxybutyrate synthase，PhaC）。如图 4-11（a）所示，该酶在其氨基末端带有一个工程化的带负电荷的 α 螺旋结构［engineered negatively charged α-helical coil，Ecoil，$(EVSALEK)_5$］，在大肠杆菌中高水平表达时形成非活性包涵体。将目标蛋白质半乳糖氧化酶（galactose oxidase，GOase）与编码带正电荷、富含赖氨酸的短肽［positively charged and lysine-rich coil，Kcoil，$(KVSALKE)_5$］进行基因融合，并与 PhaC 在同一细胞中共表达。由于 Ecoil 与 Kcoil 之间的相互作用在胞内形成异二聚体，使 GOase 在包涵体颗粒表面以活性形式展示，这些圆形的酶修饰微粒尺寸约 0.7μm，可直接通过离心从裂解细胞中分离获得[71]。使用改良的 PhaC IBs 方法成功将醇脱氢酶（ADH）和甲酸脱氢酶（formate dehydrogenase，FDH）进行共固定，在 PhaC IBs 表面建立了一个酶级联反应体系，催化 4-氯苯乙酮转化为(*S*)-4-氯-*α*-甲基苯甲醇，转化率达 99.7%，对映体过量（enantiomeric excess，*ee*）达 99%，且实现了辅酶再生与循环利用[72]。这种在非活性包涵体颗粒上固定化酶的一步生产和分离能够大大节省时间和经济成本，可用于各种生物加工和生物转化过程。

催化活性包涵体（CatIBs）是一种具有广泛应用前景的新型生物合成、无载体、可生物降解的酶固定化策略。与非活性包涵体方法相比，CatIB 策略依赖于使用聚集倾向或聚集诱导标签，将其与目标蛋白质进行基因融合。当在宿主细胞中过量表达时，目标蛋白质至少部分折叠成其功能构象，而标签为融合蛋白的聚集提供驱动力，从而将其定位到 CatIBs 中。近年来报道了许多可用于诱导 CatIB 形成的融合肽标签（见表 4-3），包括长度为 8～20 个氨基酸的短肽、中等大小（53～172 个氨基酸）的卷曲螺旋标签、多达几百个氨基酸的较大的易于聚集的蛋白质结构域，以及完整的长度超过 500 个氨基酸的蛋白质等[73]。已固定在 CatIBs 中的酶包括来自大肠杆菌的碱性磷酸酶、来自短小芽孢杆菌的 *β*-木糖苷酶和来自拟南芥的羟基腈裂解酶（hydroxynitrile lyase from *Arabidopsis thaliana*，*At*HNL）等。如图 4-11（b）所示，使用融合肽标签 TdoT（表 4-3）构建的 *At*HNL CatIBs 用于生产各种手性氰醇，具有非常高的转化率和 *ee* 值（96%～99%），证明 CatIBs 在有机溶剂反应体系中的高稳定性和可回收性。此外，与天然酶相比，*At*HNL CatIBs在低pH值下表现出更高的稳定性[74]。CatIB策略生产的固定化酶可直接用于生物催化，无需繁琐、耗时且昂贵的色谱纯化和进一步的固定化步骤。但与大多数酶固定化方法相同，CatIB中的底物/产物必须穿过物理屏障进行扩散传质。

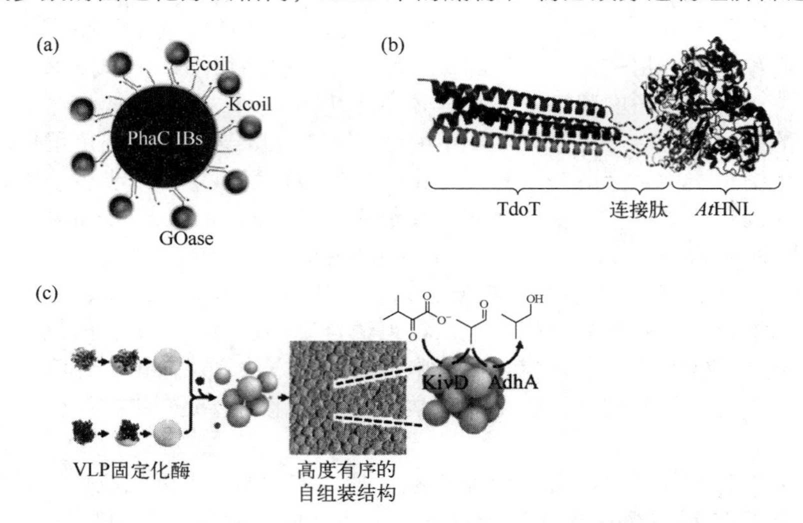

图4-11　IBs、CatIBs和VLP蛋白支架固定化酶构建示意图

（a）PhaC IBs固定化GOase[71]；（b）融合肽标签TdoT CatIBs固定化*At*HNL[74]；（c）VLP共固定化KivD和AdhA[76]

表4-3　诱导催化活性包涵体（CatIBs）形成的融合肽标签

名称	标签大小/aa	靶蛋白	CatIBs形成效率①/%	残余酶活性②/%
L6KD	8	阿马多里酶Ⅱ[77]	61	93
GFIL8	8	阿马多里酶Ⅱ[78]	93	54
ELK16	16	阿马多里酶Ⅱ[79]	120	88
18A	18	脂肪酶A[80]	90	150
TdoT	53	醇腈酶[74]	76	11
3HAMP	172	醇脱氢酶[81]	75	12
CBDcell	108	*β*-葡萄糖醛酸酶[82]	92	19
Aβ42 (F19D)	42	绿色荧光蛋白[83]	61～65	31
CBDclos	156	D-氨基酸氧化酶[84]	>90	42
VP1衣壳蛋白	209	*β*-半乳糖苷酶[83]	36～46	166
PoxB	574	α-淀粉酶[85]	77	200

① CatIBs形成效率：不溶性包涵体的活性相对于粗细胞提取物的活性百分比。

② 残余酶活性：CatIBs相对于纯酶的活性百分比。

聚羟基脂肪酸酯（PHA）颗粒也是一种有效的酶固定化支架。PHA表面的酶固定化可提高酶对高温、低pH值或不同溶剂的耐受性，提高酶的催化性能和可回收性。在适当的生长条件下，合成的PHA占微生物细胞干重的90%，以疏水性PHA为核心、100～500nm球形颗粒的形式在细胞质中积累。将PHA合酶与来自南极念珠菌的脂肪酶B直接融合，在大肠杆菌中直接生成PHA表面展示脂肪酶B的固定化酶，在蛋白质含量、功能性、长期储存容量和可重复使用性等方面均表现出优异的性能[75]。

病毒样颗粒（VLP）是一种多蛋白质组装体，约20～200nm，由一种或多种病毒衣壳蛋白（coat proteins，CPs）组成，可以很容易地使用不同的微生物宿主细胞通过异源基因表达进行胞内合成。CPs 表现出自组装的内在特性，因此研究者对 VLP 作为多功能蛋白质载体材料进行了广泛研究，使这些载体材料可以模块化设计以形成具有生物催化活性的纳米材料。利用 VLP 对目标蛋白质进行封装和表面展示相结合，形成了具有生物催化活性的超晶格。如图 4-11（c）所示，首先将酮异戊酸脱羧酶（ketoisovalerate decarboxylase，KivD）和醇脱氢酶 A（AdhA）进行包封，随后，带正电荷的聚酰胺-胺（polyamidoamine，PAMAM）树枝状大分子促进 VLP 自组装形成三维结构。由此产生的双功能生物催化活性材料可以回收和重复使用，并且在耦合的两步反应中催化 α-酮异戊酸合成异丁醇。这种超晶格形成的多孔结构有利于底物和产物的有效扩散，增加了底物催化效率[76]。

基于蛋白质融合技术的胞内酶固定化方法简单、成本效益高，通过使用具有可持续性的原材料，产生的固定化酶无毒、生物相容性高且可生物降解，因此能够实现循环生物经济过程。

4.4.5 酶的组装

如前所述，通过多酶直接融合表达，或各酶分别通过与标签肽融合后进行多酶组装，可用于级联酶催化系统构建，实现辅酶再生，并通过形成邻近效应和/或底物通道效应提高级联催化反应效率。

自组装两亲肽可通过分子间疏水相互作用诱导松散蛋白质寡聚化，从而提高酶的稳定性。Zhao 等使用 SAP1（表 4-2）为起始 SAP，多聚半乳糖醛酸裂解酶（polygalacturonate lyase，PGL）为模型蛋白，研究了 SAP 与蛋白质融合过程中 SAP 长度、连接肽长度和柔性对酶性能的影响[86]。通过随机组合不同的 SAP 和连接肽开发稳定标签库以构建 SAP-PGL 融合蛋白，同时通过添加氯化钠增强分子间疏水性相互作用。PGL 的活性半衰期相对于野生型酶提高了 33 倍。因此，SAP 通过其自组装特性使目标蛋白质寡聚化，在酶蛋白稳定性增强方面显示出很大的开发潜力。

另一类可用于蛋白质自组装的融合肽系统为 SpyTag-SpyCatcher 系统。SpyTag-SpyCatcher 系统来源于由链霉菌（*Streptococcus pyogenes*）分泌的纤维连接蛋白 FbaB 中的一个结构域 CnaB2[87]，CnaB2 分子内存在一个异肽键使其具有良好的稳定性。因此将 CnaB2 拆分为一个短肽和一个小蛋白质片段，然后通过理性修饰，获得的 SpyTag（13 个氨基酸，1.1kDa）中的 Asp 仍然能够与 SpyCatcher（116 个氨基酸，12kDa）中的 Lys 自发形成稳定的异肽键（图 4-12）[88,89]。Peng 等将 SpyCatcher 和 SpyTag 分别与吉氏库特氏菌来源的 2,3-丁二醇加氢酶（2,3-butanediol hydrogenase from *Kurthia gibsonii*，*Kg*BDH）和甲酸脱氢酶（FDH）基因融合，两种融合蛋白组装后，通过戊二醛将复合物固定在功能化的二氧化硅纳米颗粒上。制备的共固定化酶的活性回收率为 49%，比传统随机共固定化酶的催化活性高 2.9 倍，此外，

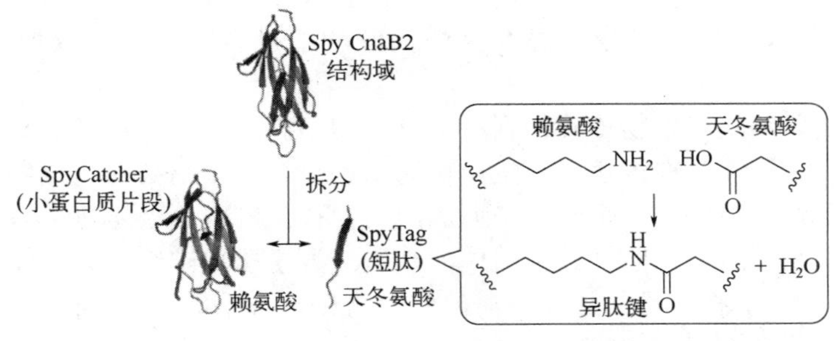

图 4-12　SpyTag-SpyCatcher 分子间自发异肽键的形成机制[88]

共固定化酶表现出比游离酶更高的 pH 稳定性和有机溶剂耐受性[90]。Howarth 等开发了一种通过自发形成异肽键使蛋白质自身环化从而显著提高其从变性状态恢复活性的方法[91]。研究者将 SpyTag 和 SpyCatcher 分别连接在 β-内酰胺酶的 N 端和 C 端。环化后的蛋白质显著增强了高温耐受性，100°C 下孵育后仍能溶解在缓冲液中，且当温度降低后蛋白质能够复性。另外，环化的二氢叶酸还原酶也显示出同样增强的酶学性能。

SpyTag-SpyCatcher 系统在酶的定向（分区）固定化和自组装等方面具有巨大应用潜力，有关内容分别详见第 6 章 6.4.5 节和第 9 章 9.4.1 节。

有些酶催化反应需要在有机溶剂中进行，但是酶的三维活性结构极易被有机溶剂破坏。Sup35 是一种来自酿酒酵母的淀粉样蛋白，可以自组装形成有序的纳米线结构。Sup35 可以通过与蛋白质配体的基因融合来构建功能化的纳米载体，从而赋予其上展示的功能配体一个两亲性（疏水和亲水）的微环境[92]。基于 Sup35 的独特性质，Wei 等开发了一种具有独特“干湿”界面的自组装酶纳米线，并用做酶固定化，以提高有机溶剂存在下的酶催化性能[93]。将 Januvia 转氨酶（Januvia transaminase，JTA）与淀粉样蛋白 Sup35 的自组装结构域进行融合，构建的融合蛋白 Sup35-JTA 可自组装成 JTA 纳米线（JTA nanowire，JTAnw）。JTAnw 表面同时表现出亲水性和疏水性，在多种有机溶剂体系中具有优异的酶催化活性，且具有良好的热稳定性和 pH 稳定性。自组装蛋白纳米结构作为一种新兴的酶固定化支架，具有应用开发前景。

4.4.6 代谢途径调控及辅酶再生

在多步骤代谢途径中，终产物的生成效率往往由于扩散、降解或竞争性酶转化导致的中间产物损失而受到影响。微生物细胞内的酶作用机制非常复杂，为了使新陈代谢更有效，催化级联反应的酶通常彼此接近，它们可以形成聚集体，被细胞结构上的锚定位点紧密地固定在一起，也可以在一个多肽链内融合为双功能或多功能酶。此类酶表现出底物通道效应，通过两个或多个顺序的酶相互作用，将代谢中间产物直接从一个酶的活性位点转移到下一个酶的活性位点，而减少中间产物的自由扩散，在酶活性的代谢调节和细胞控制中具有重要作用。

(*E*,*E*,*E*)-香叶基香叶醇［(*E*,*E*,*E*)-Geranylgeraniol，GGOH］是一种有价值的香水和药品原料，在酿酒酵母细胞中，GGOH 由甲羟戊酸途径的终产物通过法呢基焦磷酸合酶 ERG20、香叶基香叶基焦磷酸合酶（geranylgeranyl pyrophosphate synthase，GPPS）BTS1 和一些内源性磷酸酶的级联反应合成。在酿酒酵母中构建 BTS1-ERG20 融合酶，其过表达极大地提升了 GGOH 的产率。此外，它们过表达甲羟戊酸途径的主要限速酶羟甲基戊二酰辅酶 A 还原酶（hydroxymethylglutaryl-CoA reductase，HMGR）以及二酰基甘油二磷酸磷酸酶（diacylglycerol diphosphate phosphatase，DPP1）与 BTS1 的融合酶 BTS1-DPP1。这些关键酶在酿酒酵母宿主中的共表达使该菌株在发酵罐中通过逐渐加入葡萄糖和乙醇的混合溶液获得了 3.3g/L 的 GGOH 产量，表明在代谢途径中构建顺序酶的双功能融合酶可以有效促进代谢产物合成效率[94]。

将代谢途径从自然生产生物体转移到特征良好的细胞工厂（如酿酒酵母）的能力已得到充分证明。但是，由于许多次级代谢物是由协同酶在复合物中组装而生成的，因此酵母中代谢物的产生可能受到外源酶无法与酵母来源的酶协同作用的限制。这可能是由于扩散、降解或中间体通过竞争途径的转化而导致中间体的损失。为了解决这个问题，将该途径中的关键酶进行融合表达，例如，将酵母的法呢基焦磷酸合酶（farnesyl pyrophosphate synthase，FPPS）与植物来源的广藿香醇合酶（patchoulol synthase，PTS）进行偶联，融合蛋白 FPPS-PTS 在酿酒酵母中的表达将倍半萜烯广藿香醇（patchoulol，PT）的产量提高了 2 倍[95]。此外，这种酶融合策略可以与传统代谢工程相结合，进一步提高酵母细胞中目的代谢产物的生产效率。

Baeyer-Villiger 单加氧酶（BVMO）是一类非常有价值的生物催化剂，它们可以在温和条件下催化 Baeyer-Villiger 反应，通常以高度区域和对映体选择性的方式将酮转化为酯或内酯。BVMO 含有一个 FAD 辅因子作为辅基，在进行催化反应时，FAD 首先被 NADPH 还原，这使得还原后的 FAD 与分子氧反应形成氧化过氧黄素（oxygenating peroxyflavin）中间体，因此将 BVMO 用作生物催化剂时，对 NADPH 的依赖是最大的挑战之一。因为 NADPH 是一种昂贵的辅酶，需要对其进行有效的再生和循环利用。典型的辅酶再生和循环利用方法是将 BVMO 与辅酶还原酶进行融合，将 $NADP^+$转化为 NADPH。可用于辅酶还原的酶主要有醇脱氢酶（ADH）、葡萄糖脱氢酶（GDH）、甲酸脱氢酶（FDH）和亚磷酸盐脱氢酶（phosphite dehydrogenase，PTDH）等。例如，将 ADH 和 BVMO 进行融合并以大肠杆菌为表达宿主，使用该融合酶进行两步全细胞生物催化转化长链仲醇为酯[96]。与单独共表达 ADH 和 BVMO 的重组大肠杆菌相比，使用富含甘氨酸连接肽的融合酶在重组大肠杆菌中对长链仲醇表现出显著增强的生物转化活性，对 12-羟基十八烷-9-烯酸的活性由 9.3μmol/($g_{干细胞}$·min)增加到 22μmol/($g_{干细胞}$·min)，且实现了辅酶再生和循环利用。

GDH 和亮氨酸脱氢酶（LeuDH）的辅酶再生体系在生物合成重要的医药中间体 L-叔亮氨酸（L-*tert*-leucine，L-tle）中表现出很好的偶联催化效率。如图 4-13 所示，Liao 等使用刚性连接肽构建了一种高效生物合成 L-tle 的新型融合酶 GDH-EAK_3-LeuDH，与游离酶相比，融合酶的环境耐受性和热稳定性方面都有很大的提高，并加快了辅酶的再生速度。GDH-EAK_3-LeuDH 催化三甲基丙酮酸（trimethylpyruvic acid，TMA）合成 L-tle 的生产力和产量都提高了 2 倍，在最佳反应条件下，GDH-EAK_3-LeuDH 全细胞催化合成 L-tle 达到当时最高的时空产率［2136g/(L·d)］[97]。众多研究表明，酶融合技术在通过代谢途径调控提高微生物细胞中多步生物催化性能的应用中具有很大潜力。

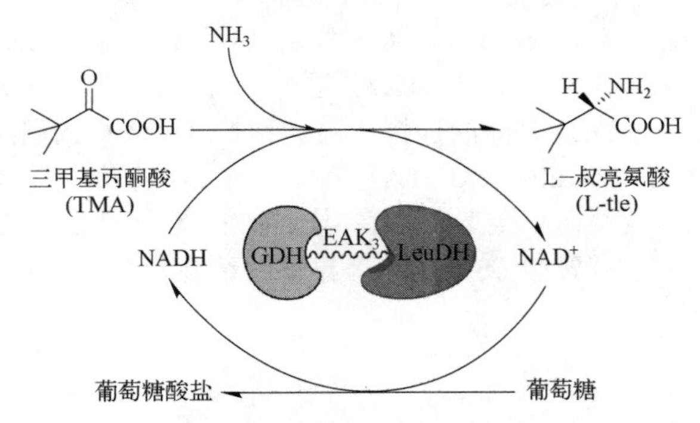

图 4-13　GDH-EAK_3-LeuDH 融合酶设计及辅酶再生体系催化 TMA 生物合成 L-tle 的过程示意图[97]

4.4.7　促进酶与底物的结合

对某些结合域的融合酶工程研究表明，它们可以促进酶与底物的结合，从而增强酶对底物的亲和性和催化性能。这些蛋白质的结合结构域包括碳水化合物结合域（CBM）、疏水性蛋白（hydrophobic protein）和锚定肽（anchor peptides）等[98]。

为了增强酶与底物的结合作用，Zhang 等将来自 *Thermobifida fusca* 纤维素酶 Cel6A 和 *Cellulomonas fimi* 纤维素酶 CenA 的 CBM，即 CBMCel6A 和 CBMCenA，分别融合到角质酶（cutinase）的 C 端。两种融合酶，cutinase-CBMCel6A 和 cutinase-CBMCenA，均在大肠杆菌

中成功表达并纯化，且均表现出相似的催化特性和 pH 稳定性。与野生型酶相比，cutinase-CBMCel6A 对棉纤维的结合活性提高了 2%，cutinase-CBMCenA 提高了 28%[99]。随后，他们通过定点突变对 cutinase-CBMCenA 融合蛋白中的 CBM 结合位点进行基因改造，以增强酶对 PET 纤维的结合作用及降解活性。分别将 Trp14、Trp50 和 Trp68 突变为 Leu 或 Tyr，结果显示突变体表现出与野生型酶相似的热稳定性和 pH 稳定性，突变体 W68L 和 W68Y 通过与 PET 纤维之间产生新的氢键或疏水性相互作用，使融合酶对 PET 纤维的催化效率提高了 1.4～1.5 倍[100]。

疏水性蛋白是一类具有高表面活性的小型真菌蛋白，可以在疏水界面上自发组装，从而逆转表面的润湿性。一种由米曲霉发酵培养的菌丝球中提取的 RolA 疏水性蛋白有助于提升 PETase 对 PET 降解效率，RolA-PETase 对 PET 塑料瓶的降解使其在 4 d 时达到了 26%的质量损失，可能是由于 RolA 对 PET 表面的润湿作用减弱了 PET 的疏水性，使 PETase 更容易吸附到 PET 表面并对其进行催化降解[101]。为了增强 PETase 对 PET 的结合，Dai 等将几种可以黏附到疏水性聚合物表面的蛋白质结合结构域与 PETase 突变体进行融合表达，发现其与来自里氏木霉中纤维二糖水解酶 I 的纤维素结合域形成的融合酶在 30°C 和 40°C 的 PET 降解活性分别提高了 71.5%和 44.5%[102]。此外，木霉属疏水性蛋白，包括Ⅱ类疏水性蛋白 HFB4 和 HFB7 等，与目标蛋白质构建的融合酶同样通过促进酶与底物的结合提高了酶对底物的催化降解性能[103]。

锚定肽可用于将酶固定在作为载体的多种材料上，无需进行表面修饰。例如，天蚕抗菌肽 A（cecropin A，CecA）、liquid chromatography peak I（LCI）和 Tachystatin A2（TA2）[104]，以及 α-突触核蛋白（α-synuclein，αS）和 αS 蛋白 C 端的 17 个氨基酸序列组成的短肽 αSP（YEMPSEEGYQDYEPEA）[105]，与酶蛋白进行融合后，可以将酶固定在各种材料表面，包括聚合物（聚苯乙烯、聚丙烯和 PET）、金属（不锈钢和金）和硅基材料（硅片）等。因此，将目标酶与锚定肽进行融合，通过锚定肽与特定底物间的结合作用，可以促进酶与底物的结合，进而改善酶催化性能。Büscher 等将酚酸脱羧酶（phenolic acid decarboxylase，PAD）与三种锚定肽［dermaseptin SI (DSI)，LCI，TA2］进行基因融合，使 PAD 能够吸附固定在 PET 材料上。通过优化锚定肽与 PAD 之间的连接肽种类和长度，获得的固定化酶中 PET-DSI-GS-PAD（图 4-14）催化阿魏酸（ferulic acid，FA）底物生成 2-甲氧基-4-乙烯基苯酚（2-methoxy-4-vinyl-phenol，MVP）的活性比野生型酶提高 4 倍以上[106]。锚定肽 TA2 和 LCI 与角质酶 Tcur1278 的融合酶也促进了对聚酯-聚氨酯纳米粒子的结合和解聚性能[107]。

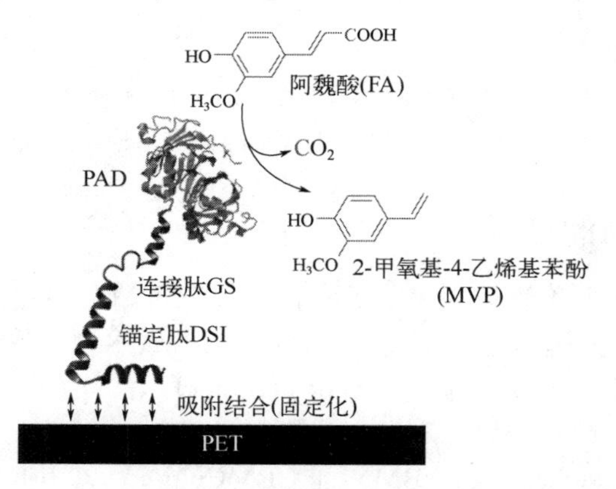

图 4-14 固定化酶 PET-DSI-GS-PAD 的构建以及催化 FA 底物生成 MVP 的过程[106]

4.5 本章总结

在蛋白质化学中，成熟的融合肽标签包括蛋白质片段和多肽。通过蛋白质融合策略构建优化的酶或功能蛋白的参数主要包括活性、稳定性、表达和分泌、溶解性、固定化和晶体质量等。多肽或蛋白质片段融合到酶的N和/或C端可以增强目标酶的pH耐受性和热稳定性；多肽或蛋白质片段融合可以通过改变酶的局部结构或构象以及与底物的相互作用来提高催化活性；一些融合片段（如MBP）可以提高异源重组蛋白的表达和分泌水平以及溶解性等。同时，肽标签与目标蛋白质的末端融合已广泛应用于酶的纯化和固定化。因此，融合肽标签为改善酶和蛋白质的功能及其操作过程提供了非常有效的方法。随着新的融合标签的不断设计开发，融合肽标签技术将在酶工程中发挥越来越大的作用。然而，由于融合肽与蛋白质结构和功能的关系尚不明确，目前的蛋白质融合设计大多具有不确定性、直观性和经验性。

酶融合产生的多酶邻近效应将多步反应的中间体快速转移至下一个酶的活性中心，有利于提高中间体的反应浓度和催化速率，在催化级联反应时具有很大的优势；此外，特殊设计的连接肽还可以产生极其高效的底物通道效应，在邻近效应之外产生更有效的中间体转移和催化反应通道，极大地提升多酶级联催化效率。因此，多酶融合体理性设计是酶工程研究发展的重要方向，可以最大限度地发挥酶融合在多酶级联反应中的优势。

对于从头设计的多结构域融合酶，连接肽的设计尤为重要。控制各酶结构域的距离和方向以使各酶功能最大化是融合酶工程研究的一项挑战。因此，在融合酶工程的发展过程中，理性设计连接肽的构象、灵活性、组成及其与底物（中间产物）的相互作用等，从而有效控制酶结构域的空间分布和微环境，对创建高效的多功能融合酶及其催化过程具有重要意义。

参考文献

[1] Conrado R J, Varner J D, DeLisa M P. Engineering the spatial organization of metabolic enzymes: Mimicking nature's synergy. Curr Opin Biotechnol, 2008, 19 (5): 492-499.

[2] Lu P, Feng M G, Li W F, et al. Construction and characterization of a bifunctional fusion enzyme of *Bacillus*-sourced beta-glucanase and xylanase expressed in *Escherichia coli*. FEMS Microbiol Lett, 2006, 261 (2): 224-230.

[3] Orita I, Sakamoto N, Kato N, et al. Bifunctional enzyme fusion of 3-hexulose-6-phosphate synthase and 6-phospho-3-hexuloisomerase. Appl Microbiol Biotechnol, 2007, 76 (2): 439-445.

[4] Seo J S, An J H, Cheong J J, et al. Bifunctional recombinant fusion enzyme between maltooligosyltrehalose synthase and maltooligosyltrehalose trehalohydrolase of thermophilic microorganism *Metallosphaera hakonensis*. J Microbiol Biotechnol, 2008, 18 (9): 1544-1549.

[5] Maeda Y, Ueda H, Hara T, et al. Expression of a bifunctional chimeric protein A-*Vargula hilgendorfii* luciferase in mammalian cells. BioTechniques, 1996, 20 (1): 116-121.

[6] Hong S Y, Lee J S, Cho K M, et al. Assembling a novel bifunctional cellulase-xylanase from *Thermotoga maritima* by end-to-end fusion. Biotechnol Lett, 2006, 28 (22): 1857-1862.

[7] 黄子亮，张翀，吴希，等. 融合酶的设计和应用研究进展. 生物工程学报, 2012, 28 (4): 393-409.

[8] Gokhale R S, Khosla C. Role of linkers in communication between protein modules. Curr Opin Chem Biol, 2000, 4 (1): 22-27.

[9] Maeda Y, Ueda H, Kazami J, et al. Engineering of functional chimeric protein G-*Vargula* luciferase. Anal Biochem, 1997, 249 (2): 147-152.

[10] Arai R, Wriggers W, Nishikawa Y, et al. Conformations of variably linked chimeric proteins evaluated by synchrotron X-ray small-angle scattering. Proteins: Struct Funct Bioinf, 2004, 57 (4): 829-838.

[11] Ehrmann M, Beckwith B J. Genetic analysis of membrane protein topology by a sandwich gene fusion approach. Proc Natl Acad Sci USA, 1990, 87 (19): 7574-7778.

[12] Kim C S, Pierre B, Ostermeier M, et al. Enzyme stabilization by domain insertion into a thermophilic protein. Protein Eng, Des Sel, 2009, 22 (10): 615-623.

[13] Pierre B, Xiong T N, Hayles L, et al. Stability of a guest protein depends on stability of a host protein in insertional fusion. Biotechnol Bioeng, 2011, 108 (5): 1011-1020.

[14] Hennessey E, Broome-Smith J. Gene-fusion techniques for determining membrane-protein topology. Curr Opin Struct Biol, 1993, 3 (4): 524-531.

[15] Cosgriff A J, Pittard A J. A topological model for the general aromatic amino acid permease, AroP, of *Escherichia coli*. J Bacteriol, 1997, 179 (10): 3317-3323.

[16] Bibi E, Béjà O. Membrane topology of multidrug resistance protein expressed in *Escherichia coli*: N-terminal domain. J Biol Chem, 1994, 269 (31): 19910-19915.

[17] Lacatena R M, Cellini A, Scavizzi F, et al. Topological analysis of the human beta 2-adrenergic receptor expressed in *Escherichia coli*. Proc Natl Acad Sci USA, 1994, 91 (22): 10521-10525.

[18] Lu Z, Murray K S, Cleave V V, et al. Expression of thioredoxin random peptide libraries on the *Escherichia coli* cell surface as functional fusions to flagellin: A system designed for exploring protein-protein interactions. Bio/technology, 1995, 13 (4): 366-372.

[19] Doi N, Yanagawa H. Design of generic biosensors based on green fluorescent proteins with allosteric sites by directed evolution. FEBS Lett, 1999, 453 (3): 305-307.

[20] Ay J, Gotz F, Borriss R, et al. Structure and function of the *Bacillus* hybrid enzyme GluXyn-1: Native-like jellyroll fold preserved after insertion of autonomous globular domain. Proc Natl Acad Sci USA, 1998, 95 (12): 6613-6618.

[21] Zhou H X. Loops, linkages, rings, catenanes, cages, and crowders: Entropy-based strategies for stabilizing proteins. Acc Chem Res, 2004, 37 (2): 123-130.

[22] Vandevenne M, Filee P, Scarafone N, et al. The *Bacillus licheniformis* BlaP beta-lactamase as a model protein scaffold to study the insertion of protein fragments. Protein Sci, 2007, 16 (10): 2260-2271.

[23] Collinet B, Herve M, Pecorari F, et al. Functionally accepted insertions of proteins within protein domains. J Biol Chem, 2000, 275 (23): 17428-17433.

[24] Hirakawa H, Kamiya N, Tanaka T, et al. Intramolecular electron transfer in a cytochrome P450cam system with a site-specific branched structure. Protein Eng, Des Sel, 2007, 20 (9): 453-459.

[25] Popp M W L, Ploegh H L. Making and breaking peptide bonds: Protein engineering using sortase. Angew Chem, Int Ed, 2011, 50 (22): 5024-5032.

[26] Matsumoto T, Sawamoto S, Sakamoto T, et al. Site-specific tetrameric streptavidin-protein conjugation using sortase A. J Biotechnol, 2011, 152 (1-2): 37-42.

[27] Kavoosi M, Creagh A L, Kilburn D G, et al. Strategy for selecting and characterizing linker peptides for CBM9-tagged fusion proteins expressed in *Escherichia coli*. Biotechnol Bioeng, 2007, 98 (3): 599-610.

[28] Huang Z L, Ye F C, Zhang C, et al. Rational design of a tripartite fusion protein of heparinase Ⅰ enables one-step affinity purification and real-time activity detection. J Biotechnol, 2013, 163 (1): 30-37.

[29] Arai R, Ueda H, Kitayama A, et al. Design of the linkers which effectively separate domains of a bifunctional fusion protein. Protein Eng, 2001, 14 (8): 529-532.

[30] 王锐丽，刘敏杰，薛业敏．多功能融合酶基因 Linker 的优化及表达．江苏农业科学, 2016, 44 (4): 31-36.

[31] Sun X, Tang X, Hu R, et al. Biosynthetic bifunctional enzyme complex with high-efficiency luciferin-recycling to enhance the bioluminescence imaging. Int J Biol Macromol, 2019, 130: 705-714.

[32] Carlsson H, Ljung S, Bülow L. Physical and kinetic effects on induction of various linker regions in β-galactosidase/ galactose dehydrogenase fusion enzymes. Biochim Biophys Acta, 1996, 1293 (1): 154-160.

[33] Argos P. An investigation of oligopeptides linking domains in protein tertiary structures and possible candidates for general gene fusion. J Mol Biol, 1990, 211 (4): 943-958.

[34] Gromek K A, Meddaugh H R, Wrobel R L, et al. Improved expression and purification of sigma 1 receptor fused to maltose binding protein by alteration of linker sequence. Protein Expression Purif, 2013, 89 (2): 203-209.

[35] Liu L W, Wang L M, Zhang Z, et al. Domain-swapping of mesophilic xylanase with hyper-thermophilic glucanase. BMC Biotechnol, 2012, 12: 28.

[36] Zhang J, Tuomainen P, Siika-Aho M, et al. Comparison of the synergistic action of two thermostable xylanases from GH

families 10 and 11 with thermostable cellulases in lignocellulose hydrolysis. Bioresour Technol, 2011, 102 (19): 9090-9095.

[37] Aalbers F S, Fraaije M W. Coupled reactions by coupled enzymes: Alcohol to lactone cascade with alcohol dehydrogenase-cyclohexanone monooxygenase fusions. Appl Microbiol Biotechnol, 2017, 101 (20): 7557-7565.

[38] Peters C, Rudroff F, Mihovilovic M D, et al. Fusion proteins of an enoate reductase and a Baeyer-Villiger monooxygenase facilitate the synthesis of chiral lactones. Biol Chem, 2017, 398 (1): 31-37.

[39] Singh A, Yadav D, Rai K M, et al. Enhanced expression of rabies virus surface G-protein in *Escherichia coli* using SUMO fusion. Protein J, 2012, 31 (1): 68-74.

[40] Kyratsous C A, Panagiotidis C A. Heat-shock protein fusion vectors for improved expression of soluble recombinant proteins in *Escherichia coli*. Methods Mol Biol, 2012, 824: 109-129.

[41] Zou Z R, Cao L J, Zhou P, et al. Hyper-acidic protein fusion partners improve solubility and assist correct folding of recombinant proteins expressed in *Escherichia coli*. J Biotechnol, 2008, 135 (4): 333-339.

[42] Costa S, Almeida A, Castro A, et al. Fusion tags for protein solubility, purification, and immunogenicity in *Escherichia coli*: The novel Fh8 system. Front Microb, 2014, 5: 63.

[43] Huang Y S, Chuang D T. Mechanisms for GroEL/GroES-mediated folding of a large 86-kDa fusion polypeptide in vitro. J Biol Chem, 1999, 274 (15): 10405-10412.

[44] Fox J D, Kapust R B, Waugh D S. Single amino acid substitutions on the surface of *Escherichia coli* maltose-binding protein can have a profound impact on the solubility of fusion proteins. Proteins: Struct Funct Bioinf, 2001, 10 (3): 622-630.

[45] Nallamsetty S, Waugh D S. Mutations that alter the equilibrium between open and closed conformations of *Escherichia coli* maltose-binding protein impede its ability to enhance the solubility of passenger proteins. Biochem Biophys Res Commun, 2007, 364 (3): 639-644.

[46] Su Y, Zou Z R, Feng S Y, et al. The acidity of protein fusion partners predominantly determines the efficacy to improve the solubility of the target proteins expressed in *Escherichia coli*. J Biotechnol, 2007, 129 (3): 373-382.

[47] Freitas A I, Domingues L, Aguiar T Q. Tag-mediated single-step purification and immobilization of recombinant proteins toward protein-engineered advanced materials. J Adv Res, 2022, 36: 249-264.

[48] Care A, Bergquist P L, Sunna A. Solid-binding peptides: smart tools for nanobiotechnology. Trends Biotechnol, 2015, 33 (5): 259-268.

[49] Bansal R, Care A, Lord M S, et al. Experimental and theoretical tools to elucidate the binding mechanisms of solid-binding peptides. New Biotechnol, 2019, 52: 9-18.

[50] Peprah Addai F, Wang T, Kosiba A A, et al. Integration of elastin-like polypeptide fusion system into the expression and purification of *Lactobacillus* sp. B164 beta-galactosidase for lactose hydrolysis. Bioresour Technol, 2020, 311: 123513.

[51] Mullerpatan A, Kane E, Ghosh R, et al. Single-step purification of a small non-mAb biologic by peptide-ELP-based affinity precipitation. Biotechnol Bioeng, 2020, 117 (12): 3775-3784.

[52] Oliveira C, Domingues L. Guidelines to reach high-quality purified recombinant proteins. Appl Microbiol Biotechnol, 2018, 102 (1): 81-92.

[53] Ling Z M, Liu Y, Teng S L, et al. Rational design of a novel propeptide for improving active production of *Streptomyces griseus* trypsin in *Pichia pastoris*. Appl Environ Microbiol, 2013, 79 (12): 3851-3855.

[54] Martin M, Wayllace N Z, Valdez H A, et al. Improving the glycosyltransferase activity of *Agrobacterium tumefaciens* glycogen synthase by fusion of N-terminal starch binding domains (SBDs). Biochimie, 2013, 95 (10): 1865-1870.

[55] Algov I, Grushka J, Zarivach R, et al. Highly efficient flavin-adenine dinucleotide glucose dehydrogenase fused to a minimal cytochrome C domain. J Am Chem Soc, 2017, 139 (48): 17217-17220.

[56] Kim G J, Lee D E, Kim H S. Construction and evaluation of a novel bifunctional *N*-carbamylase-D-hydantoinase fusion enzyme. Appl Environ Microbiol, 2000, 66 (5): 2133-2138.

[57] Bulow L. Characterization of an artificial bifunctional enzyme, beta-galactosidase/galactokinase, prepared by gene fusion. Eur J Biochem, 1987, 163 (3): 443-448.

[58] García-García P, Rocha-Martin J, Guisan J M, et al. Co-immobilization and co-localization of oxidases and catalases: Catalase from bordetella pertussis fused with the Zbasic domain. Catalysts, 2020, 10 (7): 810.

[59] Wied P, Carraro F, Bolivar J M, et al. Combining a genetically engineered oxidase with hydrogen-bonded organic frameworks (HOFs) for highly efficient biocomposites. Angew Chem, Int Ed, 2022, 61 (16): e202117345.

[60] Seo H S, Koo Y J, Lim J Y, et al. Characterization of a bifunctional enzyme fusion of trehalose-6-phosphate synthetase and trehalose-6-phosphate phosphatase of *Escherichia coli*. Appl Environ Microbiol, 2000, 66 (6): 2484-2490.

[61] Kummer M J, Lee Y S, Yuan M W, et al. Substrate channeling by a rationally designed fusion protein in a biocatalytic

cascade. JACS Au, 2021, 1 (8): 1187-1197.

[62] Han R Z, Li J H, Shin H D, et al. Fusion of self-assembling amphipathic oligopeptides with cyclodextrin glycosyltransferase improves 2-*O*-D-glucopyranosyl-L-ascorbic acid synthesis with soluble starch as the glycosyl donor. Appl Environ Microbiol, 2014, 80 (15): 4717-4724.

[63] Zhang S, Lockshin C, Herbert A, et al. Zuotin, a putative Z-DNA binding protein in Saccharomyces cerevisiae. EMBO J, 1992, 11 (10): 3787-3796.

[64] Soliman W, Bhattacharjee S, Kaur K. Adsorption of an antimicrobial peptide on self-assembled monolayers by molecular dynamics simulation. J Phys Chem B, 2010, 114 (34): 11292-11302.

[65] Lazar K L, Miller-Auer H, Getz G S, et al. Helix-turn-helix peptides that form α-helical fibrils: Turn sequences drive fibril structure. Biochemistry, 2005, 44 (38): 12681-12689.

[66] Madhuprakash J, El Gueddari N E, Moerschbacher B M, et al. Catalytic efficiency of chitinase-D on insoluble chitinous substrates was improved by fusing auxiliary domains. Plos One, 2015, 10 (1): e0116823.

[67] Yang H, Lu X, Liu L, et al. Fusion of an oligopeptide to the N terminus of an alkaline alpha-amylase from *Alkalimonas amylolytica* simultaneously improves the enzyme's catalytic efficiency, thermal stability, and resistance to oxidation. Appl Environ Microbiol, 2013, 79 (9): 3049-3058.

[68] Liu E J, Sinclair A, Keefe A J, et al. EKylation: Addition of an alternating-charge peptide stabilizes proteins. Biomacromolecules, 2015, 16 (10): 3357-3361.

[69] Liu E J, Jiang S Y. Expressing a monomeric organophosphate hydrolase as an EK fusion protein. Bioconjugate Chem, 2018, 29 (11): 3686-3690.

[70] Chen K, Hu Y, Dong X Y, et al. Molecular insights into the enhanced performance of EKylated PETase toward PET degradation. ACS Catal, 2021, 11 (12): 7358-7370.

[71] Steinmann B, Christmann A, Heiseler T, et al. In vivo enzyme immobilization by inclusion body display. Appl Environ Microbiol, 2010, 76 (16): 5563-5569.

[72] Spieler V, Valldorf B, Maass F, et al. Coupled reactions on bioparticles: Stereoselective reduction with cofactor regeneration on PhaC inclusion bodies. Biotechnol J, 2016, 11 (7): 890-898.

[73] Olcucu G, Klaus O, Jaeger K E, et al. Emerging solutions for in vivo biocatalyst immobilization: Tailor-made catalysts for industrial biocatalysis. ACS Sustainable Chem Eng, 2021, 9 (27): 8919-8945.

[74] Diener M, Kopka B, Pohl M, et al. Fusion of a coiled-coil fomain facilitates the high-level production of catalytically active enzyme inclusion bodies. Chem Cat Chem, 2016, 8 (1): 142-152.

[75] Jahns A C, Rehm B H A. Immobilization of active lipase B from *Candida antarctica* on the surface of polyhydroxyalkanoate inclusions. Biotechnol Lett, 2015, 37 (4): 831-835.

[76] Uchida M, McCoy K, Fukuto M, et al. Modular self-assembly of protein cage lattices for multistep catalysis. ACS Nano, 2018, 12 (2): 942-953.

[77] Zhou B, Xing L, Wu W, et al. Small surfactant-like peptides can drive soluble proteins into active aggregates. Microb Cell Fact, 2012, 11: 10.

[78] Wang X, Zhou B, Hu W, et al. Formation of active inclusion bodies induced by hydrophobic self-assembling peptide GFIL8. Microb Cell Fact, 2015, 14: 88.

[79] Wu W, Xing L, Zhou B, et al. Active protein aggregates induced by terminally attached self-assembling peptide ELK16 in *Escherichia coli*. Microb Cell Fact, 2011, 10: 9.

[80] Lin Z, Zhou B, Wu W, et al. Self-assembling amphipathic alpha-helical peptides induce the formation of active protein aggregates *in vivo*. Faraday Discuss, 2013, 166: 243-256.

[81] Jager V D, Kloss R, Grunberger A, et al. Tailoring the properties of (catalytically)-active inclusion bodies. Microb Cell Fact, 2019, 18: 33.

[82] Choi S L, Lee S J, Ha J S, et al. Generation of catalytic protein particles in *Escherichia coli* cells using the cellulose-binding domain from *Cellulomonas fimi* as a fusion partner. Biotechnol Bioprocess Eng, 2011, 16 (6): 1173-1179.

[83] Garcia-Fruitos E, Gonzalez-Montalban N, Morell M, et al. Aggregation as bacterial inclusion bodies does not imply inactivation of enzymes and fluorescent proteins. Microb Cell Fact, 2005, 4: 27.

[84] Nahalka J, Nidetzky B. Fusion to a pull-down domain: a novel approach of producing *Trigonopsis variabilis* D-amino acid oxidase as insoluble enzyme aggregates. Biotechnol Bioeng, 2007, 97 (3): 454-461.

[85] Park S Y, Park S H, Choi S K. Active inclusion body formation using *Paenibacillus polymyxa* PoxB as a fusion partner in *Escherichia coli*. Anal Biochem, 2012, 426 (1): 63-65.

[86] Zhao W, Du G, Liu S. An efficient thermostabilization strategy based on self-assembling amphipathic peptides for fusion tags. Enzyme Microb Technol, 2019, 121: 68-77.

[87] Amelung S, Nerlich A, Rohde M, et al. The FbaB-type fibronectin-binding protein of *Streptococcus pyogenes* promotes specific invasion into endothelial cells. Cell Microbiol, 2011, 13 (8): 1200-1211.

[88] Zakeri B, Fierer J O, Celik E, et al. Peptide tag forming a rapid covalent bond to a protein, through engineering a bacterial adhesin. Proc Natl Acad Sci USA, 2012, 109 (12): E690-E697.

[89] Li L, Fierer J O, Rapoport T A, et al. Structural analysis and optimization of the covalent association between SpyCatcher and a peptide Tag. J Mol Biol, 2014, 426 (2): 309-317.

[90] Peng F, Ou X Y, Guo Z W, et al. Co-immobilization of multiple enzymes by self-assembly and chemical crosslinking for cofactor regeneration and robust biocatalysis. Int J Biol Macromol, 2020, 162: 445-453.

[91] Schoene C, Fierer J O, Bennett S P, et al. SpyTag/SpyCatcher cyclization confers resilience to boiling on a mesophilic enzyme. Angew Chem, Int Ed, 2014, 53 (24): 6101-6104.

[92] Nelson R, Sawaya M R, Balbirnie M, et al. Structure of the cross-beta spine of amyloid-like fibrils. Nature, 2005, 435 (7043): 773-778.

[93] Wei C, Zhou J, Liu T, et al. Self-assembled enzymatic nanowires with a “dry and wet” interface improve the catalytic performance of Januvia transaminase in organic solvents. ACS Catal, 2022, 12 (1): 372-382.

[94] Tokuhiro K, Muramatsu M, Ohto C, et al. Overproduction of geranylgeraniol by metabolically engineered *Saccharomyces cerevisiae*. Appl Environ Microbiol, 2009, 75 (17): 5536-5543.

[95] Albertsen L, Chen Y, Bach L S, et al. Diversion of flux toward sesquiterpene production in *Saccharomyces cerevisiae* by fusion of host and heterologous enzymes. Appl Environ Microbiol, 2011, 77 (3): 1033-1040.

[96] Jeon E Y, Baek A H, Bornscheuer U T, et al. Enzyme fusion for whole-cell biotransformation of long-chain sec-alcohols into esters. Appl Microbiol Biotechnol, 2015, 99 (15): 6267-6275.

[97] Liao L, Zhang Y, Wang Y, et al. Construction and characterization of a novel glucose dehydrogenase-leucine dehydrogenase fusion enzyme for the biosynthesis of L-tert-leucine. Microb Cell Fact, 2021, 20: 3.

[98] Liu Z, Zhang Y, Wu J. Enhancement of PET biodegradation by anchor peptide-cutinase fusion protein. Enzyme Microb Technol, 2022, 156: 110004.

[99] Zhang Y, Chen S, Xu M, et al. Characterization of *Thermobifida fusca* cutinase-carbohydrate-binding module fusion proteins and their potential application in bioscouring. Appl Environ Microbiol, 2010, 76 (20): 6870-6876.

[100] Zhang Y, Wang L, Chen J, et al. Enhanced activity toward PET by site-directed mutagenesis of *Thermobifida fusca* cutinase-CBM fusion protein. Carbohydr Polym, 2013, 97 (1): 124-129.

[101] Puspitasari N, Tsai S L, Lee C K. Fungal hydrophobin RolA enhanced PETase hydrolysis of polyethylene terephthalate. Appl Biochem Biotechnol, 2020, 3: 1284-1295.

[102] Dai L H, Qu Y Y, Huang J W, et al. Enhancing PET hydrolytic enzyme activity by fusion of the cellulose-binding domain of cellobiohydrolase I from *Trichoderma reesei*. J Biotechnol, 2021, 334: 47-50.

[103] Ribitsch D, Herrero Acero E, Przylucka A, et al. Enhanced cutinase-catalyzed hydrolysis of polyethylene terephthalate by covalent fusion to hydrophobins. Appl Environ Microbiol, 2015, 81 (11): 3586-3592.

[104] Dedisch S, Wiens A, Davari M D, et al. Matter-tag: A universal immobilization platform for enzymes on polymers, metals, and silicon-based materials. Biotechnol Bioeng, 2020, 117 (1): 49-61.

[105] Bhak G, Mendez-Ardoy A, Escobedo A, et al. An adhesive peptide from the C-terminal domain of alpha-Synuclein for single-layer adsorption of nanoparticles onto substrates. Bioconjug Chem, 2020, 31 (12): 2759-2766.

[106] Büscher N, Sayoga G V, Rübsam K, et al. Biocatalyst immobilization by anchor peptides on an additively manufacturable material. Org Process Res Dev, 2019, 23 (9): 1852-1859.

[107] Islam S, Apitius L, Jakob F, et al. Targeting microplastic particles in the void of diluted suspensions. Environ Int, 2019, 123: 428-435.

5

酶的化学修饰

5.1　概述

蛋白质（酶）的化学修饰是一种研究酶结构与功能以及调控其生物催化活性的重要方法。作为一类具有催化能力的生物大分子，酶的催化特性与其化学组成及空间结构密切相关。空间结构的破坏通常导致酶分子全部丧失催化活性等生物学功能，这种构效关系最早的系统阐述是吴宪在20世纪20～30年代系列研究工作基础上提出的蛋白质变性理论[1]。化学组成（一级结构）是蛋白质分子空间结构的基础，它是由构成蛋白质分子的氨基酸残基种类、数量及序列等所决定的。相较于那些由于空间结构破坏带来的变化，通过化学和生物学方法改变酶分子中特定氨基酸残基及其侧链的化学结构，通常仅引起酶分子空间结构及理化性质有限的改变。酶的修饰就是通过化学或生物学方法对构成酶分子的氨基酸侧链基团进行分子改造，以实现调控和优化酶分子的理化特性、催化活性乃至其他各种生物学功能的技术方法。糖基化、磷酸化、泛素化等存在于真核细胞内的翻译后修饰就是自然界中的一种化学修饰过程，其在细胞信号传导、细胞分化、免疫保护等细胞过程中担负着不可替代的作用。在化学修饰过程中参与分子改造的功能试剂称为修饰剂。相较于基因突变方法中可突变氨基酸残基的有限数目（20种天然氨基酸），能够用于蛋白质分子化学修饰的修饰剂种类非常丰富。因此，化学修饰为蛋白质分子结构、催化活性和生物学功能的调控研究提供了重要的工具。本章系统介绍蛋白质（酶）的化学修饰理论，阐述不同侧链基团的化学修饰与表征方法。

5.1.1　酶化学修饰技术的发展

蛋白质化学修饰技术的研究和应用已有近百年历史。随着构成蛋白质分子的最后一种天然氨基酸甲硫氨酸于1921年被发现，蛋白质科学进入了结构与功能关系研究的新阶段，这也成为蛋白质化学修饰技术早期发展的主要驱动力。1923年，Ramon在38～40℃下利用甲醛处理含破伤风毒素滤液制备抗原性类毒素，免疫接种后实现了类毒素的免疫[2]。此后，Heinz Fraenkel-Conrat等系统研究了甲醛与蛋白质之间的反应，实现了对多种蛋白质分子的交联与酶活性中心必需氨基酸残基的分析[3,4]，这一方法至今仍广泛应用于酶的化学修饰和固定化。20世纪60年代，研究者利用苯甲磺酰氟与枯草杆菌蛋白酶活性中心丝氨酸残基反应，以揭示该残基的作用[5]，这一研究不仅标志着酶选择性化学修饰方法的出现，更反映了利用化学修饰重塑酶活性中心的可能性。但蛋白质化学修饰技术的研究仍然停留在基于实验研究的定性描述阶段，大量日益累积的实验数据需要科学的定量方法进行处理。基于统计学方法的邹氏作图法的建立为解决这一问题提供了强有力的工具，实现了对蛋白质功能基团化学修饰与其生物学活性间关系的定量描述[6]。同一时期，Mitz等报道了羧甲基纤维素修饰糜蛋白酶和胰蛋白酶的方法[7]。20 世纪 70 年代，Abuchowski 等在此基础上利用单甲氧基聚乙二醇［monomethoxy poly(ethylene glycol)，mPEG］修饰牛血清白蛋白和过氧化氢酶[8,9]，正式开启了酶的聚合物修饰研究和应用的新方向。mPEG 修饰腺苷脱氨酶等 mPEG 修饰蛋白质药物已经广泛地应用于医学临床。进入二十一世纪，蛋白质化学修饰从分子结构与功能研究拓展到多个实际应用领域，特别是在生物医药和非水相生物催化等若干极端苛刻环境下的应用。

5.1.2 酶化学修饰基团和反应的种类

自然界中构成蛋白质的 20 种氨基酸中，只有那些极性和亲水性的氨基酸侧链基团能够进行化学修饰，进而带来蛋白质分子结构与生物学活性等特性的改变。这些侧链基团包括氨基、羧基、巯基、羟基以及组氨酸侧链的咪唑基团和酪氨酸侧链上的酚羟基等。它们与修饰剂的反应性主要取决于侧链基团的亲核性。根据化学修饰剂与蛋白质分子之间反应性质的差异，化学修饰反应类型主要有酰化反应、烷基化反应、氧化还原类反应以及芳香环取代反应等。酶的化学修饰反应速度和修饰度会受到侧链基团反应性、化学修饰剂种类与浓度以及修饰反应条件等多种因素影响。通常情况下，那些位于酶分子表面的氨基酸残基更易于被修饰。但是，即使存在于同一酶分子表面的同种氨基酸残基，也可能会在修饰反应活性上表现出巨大差异性。这种差异性主要源于酶分子表面的不规则形貌、侧链基团所处的空间位置与微环境等因素的显著差异。即氨基酸残基的位置及其微环境对其侧链基团的理化性质有着显著影响，侧链基团周边局部极性的变化对酶分子中的某些基团反应活性的影响更为明显。这些受影响的侧链基团包括氨基、羧基以及组氨酸、酪氨酸等侧链基团。例如，分布于碳酸酐酶分子表面的 4 个组氨酸残基因受到带电基团相互影响而呈现出 5.9～7.2 的解离常数（pK_a）分布[10]。同样，枯草杆菌蛋白酶的 10 个酪氨酸残基均分布在其表面，但仅有 8 个酪氨酸残基能够被硝基化和碘化[11]。此外，酶分子中个别侧链基团可能与化学修饰剂发生非常快速的反应，展现出超反应性的特征。木瓜蛋白酶分子中含有的 19 个酪氨酸残基，但仅有一个能与二异丙基氟磷酸酯反应。侧链基团的这种超反应性与其 pK_a 值、亲核性及其与化学修饰剂间静电相互作用等因素密切相关。在蛋白质修饰反应的设计和实践中，必须考虑这些影响因素。

5.2 酶化学修饰的基本反应

5.2.1 氨基的修饰反应

氨基修饰是酶化学修饰中最常用的方法。位于酶分子 N 端的 α-氨基以及赖氨酸侧链上的 ε-氨基在以非质子化形式存在时具有很高的亲核反应活性，特别是赖氨酸侧链上的 ε-氨基更是酶化学修饰的重要目标基团。在酶分子中，N 端 α-氨基的 pK_a 介于 8.7～10.7 之间，赖氨酸残基侧链 ε-氨基的 pK_a 约 10.5，因此在生理条件下（pH7.4）氨基通常因解离而带正电，此时反应性较低。为提高这类氨基的反应性，通常需要在碱性 pH（pH 9～10）下进行反应。但如上所述，蛋白质分子中氨基酸残基侧链基团的 pK_a 也会受到其临近残基及溶液环境的影响。例如，乙酰乙酸脱羧酶（acetoacetate decarboxylase，AADase）活性位点中存在一个赖氨酸，其侧链 ε-氨基的 pK_a 值为 5.9，为生理条件下的反应性基团[12]。

绝大部分赖氨酸残基因暴露于酶分子表面而与溶液直接接触，易于与化学修饰剂发生反应。这些试剂包括羰基化合物（醛、酮）、N-羟基琥珀酰亚胺（NHS）、异硫氰酸荧光素（FITC）、1,4-丁二醇二缩水甘油醚、2,4-二硝基氟苯（DNFB）、三硝基苯磺酸（TNBS）和乙酸酐等。图 5-1 中列举了部分赖氨酸侧链基团参与的化学试剂及对应的修饰反应。

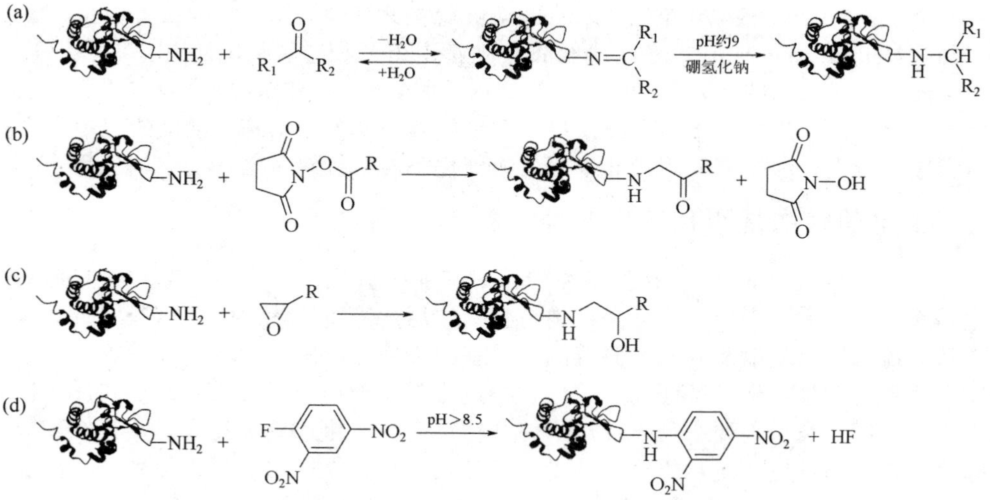

(a)
(b)
(c)
(d)

图 5-1　蛋白质表面氨基的部分修饰剂及修饰反应

(a) 羰基化合物；(b) NHS；(c) 1,4-丁二醇二缩水甘油醚；(d) DNFB

在众多的氨基修饰方法中，烷基化反应是一种重要的反应。例如，赖氨酸侧链基团上的 ε-氨基可与羰基化合物（如醛、酮等）发生亲核反应，生成席夫碱并在氢供体（硼氢化钠等）存在的条件下还原生成稳定的产物［图 5-1（a）］。参与烷基化反应的羰基化合物取代基团的大小对修饰结果影响显著。例如，在硼氢化钠存在条件下，丙酮、环己酮和苯甲醛等修饰剂与溶菌酶和卵转铁蛋白上赖氨酸 ε-氨基之间的反应通常属于单取代反应［图 5-1（a）］，而甲醛则与溶菌酶和卵转铁蛋白之间发生双取代反应，ε-氨基上两个氢原子均被取代[13,14]。磷酸吡哆醛（pyridoxal 5′-phosphate，PLP）是一种赖氨酸 ε-氨基的特异性修饰剂。作为一种维生素 B_6 的衍生物，PLP 可以与罗氏白血病病毒 DNA 聚合酶、磷酸葡萄糖异构酶等底物结合位点上的必需赖氨酸残基反应并在硼氢化钠存在条件下生成稳定的产物[15]。

另一类常用的氨基修饰剂为 NHS 及其衍生物［图 5-1（b）］[16]、1,4-丁二醇二缩水甘油醚［图 5-1（c）］等含环氧基团的试剂，通过其与酶分子中赖氨酸侧链基团 ε-氨基的反应引入不同的修饰基团。例如，Miland 等采用乙酸-*N*-羟基琥珀酰亚胺修饰辣根过氧化物酶（horseradish peroxidase，HRP），显著提升了酶的溶剂耐受性和热稳定性[17]。这类修饰反应通常发生在 pH 7～9 的弱碱性条件下。这类反应也可用于荧光探针、聚合物等不同特征的功能分子对酶的化学修饰。聚合物修饰酶的部分详见 5.4 节。

氨基的修饰反应还在酶分子序列分析中扮演着重要作用，DNFB[18]［图 5-1（d）］以及丹磺酰氯[19]、苯异硫氰酸酯[20]等就是常用于多肽链 N 端氨基分析的修饰剂。

5.2.2　羧基的修饰反应

酶分子表面及末端含有丰富的羧基，这些羧基源自 C 端的 α-羧基以及天冬氨酸和谷氨酸侧链基团。羧基修饰反应生成酰胺类或酯类衍生产物。图 5-2 列举了几种常用的羧基修饰反应，其中以碳二亚胺反应的应用较为普遍［如图 5-2（a）所示］。碳二亚胺对酶分子的修饰反应能够在较为温和的条件下完成。例如，在 37℃和 pH 4.1 条件下，海洋黏质沙雷氏菌纤溶酶通过与 1-乙基-3-(3′-二甲基氨基丙基)碳二亚胺［1-ethyl-3-(3′-dimethylaminopropyl) carbodiimide，EDC］共孵育 2h，生成的修饰酶分子可以显著提升底物的亲和性，修饰酶的催化效率提升 200 倍以上[21]。此外，酶分子侧链上羧基基团与 EDC 反应生成的酰基异脲活性基团能够进一步与伯胺类化合物反应生成酰胺键［图 5-2（b）］，这一反应可以实现酶分子表面电荷特性调控与酶的固定化，也是非常普遍应用的酶修饰方法。同理，上述酶分子上侧链氨基的修饰反应中，也可用 EDC 介导修饰羧基化合物。但碳二亚胺介导的羧基和氨基之间的修饰反应效率不高，需要大大过量的碳二亚胺和修饰剂。对于表面含有大量羧基的葡萄糖氧化酶（glucose oxidase，GOx），借助 EDC/四亚乙基五胺（TEPA）在 GOx 表面引入带正电荷的基团，可显著降低 GOx 表面负电荷数量，从而将 GOx 与带负电荷的纳米粒子的亲和性提高了 250 倍，由此得到的固定化酶活性提高 2.5 倍[22]。

在酸性条件下，酶分子上侧链的羧基也可通过与甲醇等含羟基化合物的酯化反应［图 5-2（c）］实现对酶分子的修饰。但反应需要在极端低 pH 反应条件下进行，容易引起酶分子的（酸）变性，导致酶活性降低甚至完全丧失。

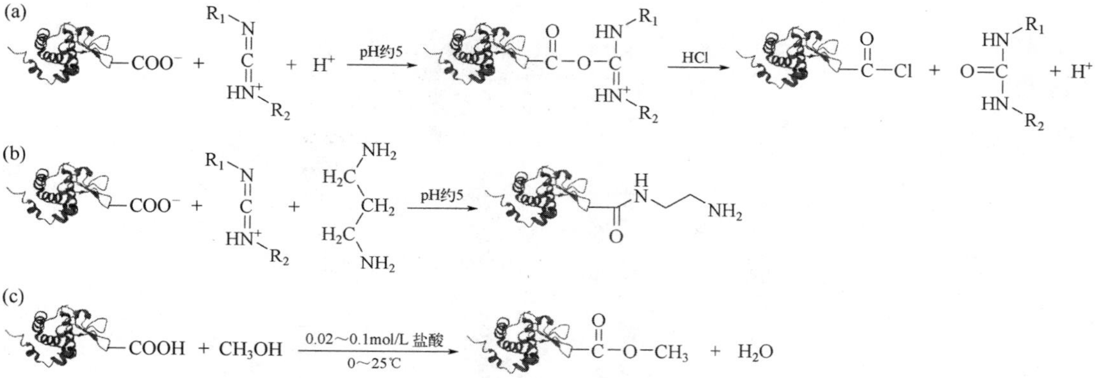

图 5-2　羧基的化学修饰反应

（a）EDC；（b）EDC/乙二胺；（c）甲醇

5.2.3　巯基的修饰反应

半胱氨酸侧链基团上的巯基具有强烈的亲核性，反应性高于赖氨酸侧链的 ε-氨基。在中性条件下（pH 6.5～7.5），多数暴露于酶分子表面的赖氨酸侧链上的 ε-氨基处于质子化状态，活性很低，而此条件下半胱氨酸侧链巯基则容易反应。研究表明，在 pH 7.0 的缓冲液中，马来酰亚胺与巯基形成稳定的衍生物，其反应速率是其与 ε-氨基的 1000 倍。此外，相较于赖氨酸等酶分子表面高丰度残基，酶分子表面的游离半胱氨酸含量很低。因此，巯基可以用作酶分子的特异性或定点修饰基团。这一目标可通过基因工程的定点突变，在酶分子表面特定位置引入半胱氨酸来实现。

如图 5-3 所示，在中性 pH 条件下，半胱氨酸侧链巯基能够与 *N*-乙基马来酰亚胺、二硫-2-硝基苯甲酸［5,5′-dithiobis(2-nitrobenzoic acid)，DTNB］和二硫吡啶以及环氧化物等多种修饰剂发生高效反应。

在众多的巯基修饰反应中，*N*-乙基马来酰亚胺是一种常用巯基修饰剂。Bednar 发现，在 pH 4～8 条件下 *N*-乙基马来酰亚胺仅能够与查耳酮异构酶（chalcone isomerase）活性中心附近的一个半胱氨酸残基反应[23]。通常情况下，*N*-乙基马来酰亚胺在 pH > 5 条件下与酶分子半胱氨酸残基侧链的解离巯基（S^-）具有较大的反应速率及较高的反应专一性，反应生成硫醚键（即 R—S—R′）［图 5-3（a）］，而与质子化巯基（SH）的反应速率仅为前者的 2×10^{-11}[23]。

修饰反应的产物在 300nm 处存在最大吸收峰，因此可以通过吸光度的变化跟踪反应程度。如图 5-4 所示，在实际反应过程中，硫醚键有可能与含有活性巯基的化合物进一步反应而被取代，这是一个快速的反应过程；此外，硫代马来酰亚胺环可能发生水解，但反应速度较慢。因此，在实际修饰反应或应用过程中，应当避免体系中出现含活性巯基的杂质分子。

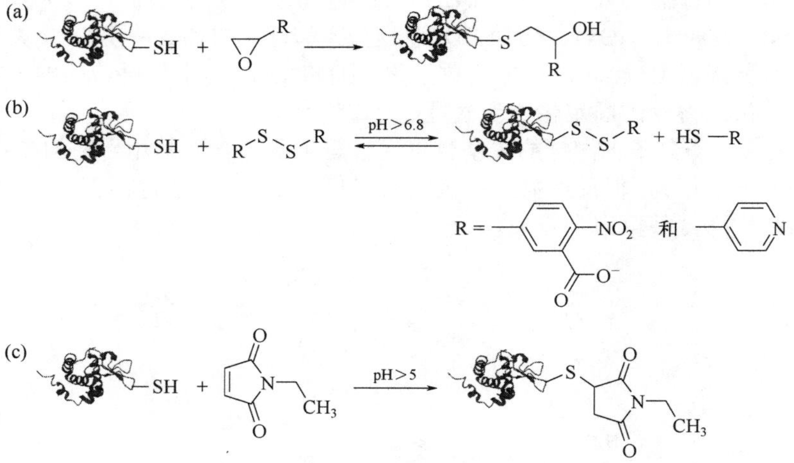

图 5-3　巯基的化学修饰反应

（a）*N*-乙基马来酰亚胺；（b）DTNB 和二硫吡啶；（c）环氧化物

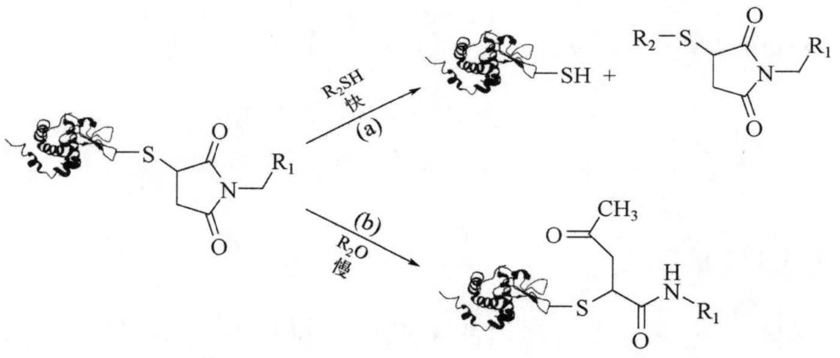

图 5-4　马来酰亚胺修饰酶的进一步反应

（a）与活性巯基化合物反应；（b）硫代马来酰亚胺环的水解反应

DTNB 和二硫二吡啶等修饰剂能够与酶分子中游离巯基发生巯基交换反应［图 5-3（b）］。DTNB 又称为 Ellman 试剂，是巯基交换反应中常用的修饰剂[24]。在蛋白质分子中，大部分巯基是以二硫键的形式存在的，对稳定蛋白质高级结构发挥重要作用。而蛋白质分子中游离的巯基可以通过与 DTNB 等含二硫键的修饰剂通过巯基交换反应生成 2-硝基-5-硫苯甲酸（NTB）。NTB 在 412nm 处有特征吸收，可通过吸光度的变化表征酶的修饰反应程度。二硫吡啶是另一种常用于巯基交换反应的修饰剂，其中以 2,2′-二硫二吡啶和 4,4′-二硫二吡啶最为常用。这些修饰剂很容易与高 pH 值条件下解离巯基反应，生成巯基吡啶修饰酶。这个修饰反应过程中会释放生成吡啶硫酮。鉴于 4,4′-二硫二吡啶和 4-吡啶硫酮独特的光谱特征，吡啶硫酮的生成量通常可用于修饰反应中巯基修饰程度的定量表征。值得注意的是，巯基交换反应有一定可逆性，在过量二硫苏糖醇或者 β-巯基乙醇等还原剂存在下，酶分子表面偶联的巯基吡啶会脱落。

5.2.4 其他侧链基团的修饰反应

组氨酸侧链的咪唑基能够与过渡金属离子结合生成配位键，起到稳定酶分子结构并发挥酶的催化活性的作用。相较于存在于酶分子表面的赖氨酸、天冬氨酸等可修饰的侧链基团，组氨酸侧链的咪唑基（pK_a=6.2）在生理环境下部分解离，即咪唑基团的质子化和非质子化状态共存。基于咪唑基修饰的研究报道较少，图 5-5 列出了几种常见的咪唑基团化学修饰反应。焦碳酸二乙酯是一种常用的咪唑基团修饰剂，在中性条件附近对咪唑基团具有较好的专一性［图 5-5（a）］。Kumar 和 Belur 的研究表明，在 20mmol/L 磷酸盐缓冲液（pH 8.0）中利用焦碳酸二乙酯修饰的草酸氧化酶的催化速率常数和活性分别提高了 1.53 倍和 2 倍[25]。修饰草酸引起氧化酶催化效率的提高，主要归功于修饰反应引起结合于活性位点 Mn^{2+}的丢失。焦碳酸二乙酯的取代反应是可逆的，在碱性条件下修饰位点水解重新生成咪唑基团。此外，咪唑基团也可被碘乙酸修饰。研究者发现，虽然碘乙酸能够通过与氨基和咪唑基团的反应实现对酶分子的化学修饰，但在 pH 5.5～6.0 的条件下这种修饰反应仅发生在咪唑基团上而且能够分别与咪唑环上的 N1 和 N3 两个氮原子反应[26]，咪唑环上 N3 取代的修饰反应如图 5-5 (b) 所示。通过 N1 取代和 N3 取代衍生物的分离可以观察咪唑环上不同氮原子对酶活性的影响。

受组氨酸可逆磷酸化的启发，Jia 等采用硫代磷酰二氯酯（thiophosphorodichloridate，TPAC）修饰 RNA 酶，发现 TPAC 修饰组氨酸残基发生在 N1 氮原子［图 5-5（c）］，并且修饰反应对 RNA 酶活性的影响几乎可以忽略[27]。另一方面，组氨酸所带有的独特缺电子咪唑基团是通过生理 pH 值下咪唑中氮原子质子化引发咪唑环 C2 位置展现独特的缺电性。Chen 等利用不同 1,4-二氢吡啶类（DHP）试剂，在光照作用下实现咪唑环 C2 位置选择性烷基化修饰多肽[28]，由此保留了咪唑环上关键氮原子的功能。

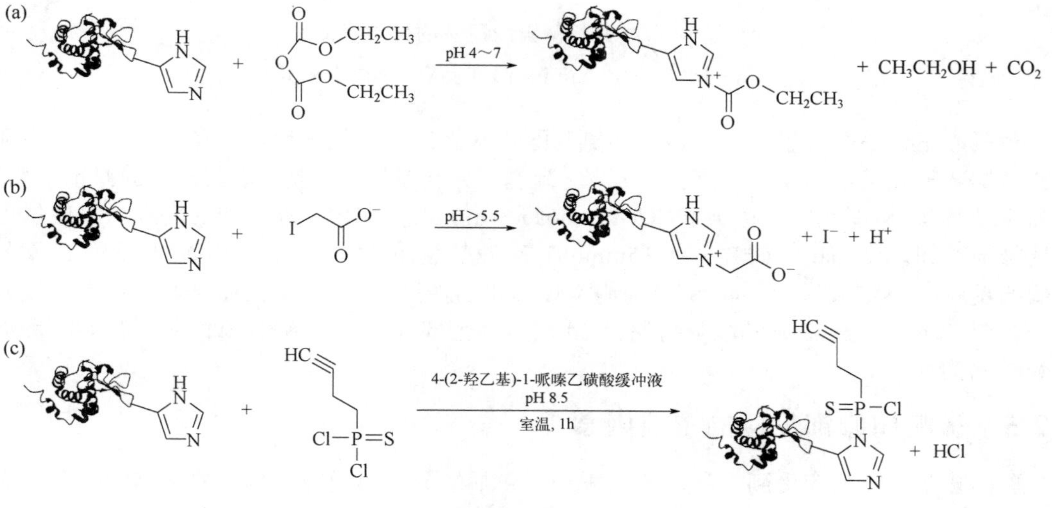

图 5-5 组氨酸侧链咪唑基的化学修饰

（a）焦碳酸二乙酯；（b）碘乙酸；（c）TPAC

酪氨酸在酶分子表面含量很低，其侧链上富电子的酚羟基可以作为一种能够特异性修饰的基团使用。酚羟基修饰主要有两种反应：①对羟基基团的修饰反应；②芳香环的取代修饰反应。图 5-6 给出了常用的酚羟基化学修饰反应。酚羟基的酯化反应是最常用的羟基修饰反应，酪氨酸侧链酚羟基中的羟基基团通过与 *N*-乙酰咪唑（*N*-acetylimidazole，NAI）等修饰剂反应，生成稳定的修饰产物［图 5-6（a）］。Sonawane 等利用 NAI 修饰肉桂酰 CoA 还原酶的结果表明，在修饰剂浓度为 3mmol/L 条件下修饰酶活性降低约 50%；但经底物阿魏酰 CoA 预处理后，NAI 修饰肉桂酰 CoA 还原酶的活性显著提高，由此证明该酶催化活性中存在必需的酪氨酸残基[29]。Choi 等发现，在四甲基胍存在的条件下，苯氟代硫酸盐能够与游离亲核氨基酸混合物中的酪氨酸残基选择性反应，由此提出了一种基于六价硫氟交换反应（sulfur fluoride exchange，SuFEx）的酪氨酸残基选择性修饰蛋白质的方法[30]［图 5-6（b）］。羟基的酯化反应是可逆的，在弱碱性条件下酯化修饰产物可水解重新生成酚羟基。与此相比，芳香环取代反应生成的修饰酶则更加稳定。四硝基甲烷（tetranitromethane，TNM）是一种较为成熟的酪氨酸侧链修饰剂，具有反应专一性好、条件温和等特点，修饰反应的产物 3-硝基酪氨酸衍生物为一种离子化的发色基团［图 5-6（c）］。Fujisawa 等利用 TNM 修饰位于 F_1-ATP 酶 β 亚基上的 Tyr^{345} 和 Tyr^{368}，导致 ATP 酶活性下降 66%[31]。由于 Tyr^{368} 具有更低的 pK_a，其与 TNM 的反应活性比 Tyr^{345} 高 4 倍。在一定条件下，TNM 也可与组氨酸、色氨酸及甲硫氨酸的残基发生反应。

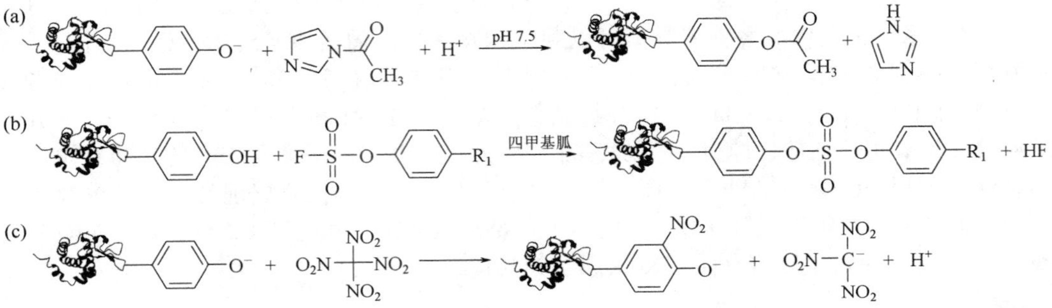

图 5-6　酪氨酸侧链酚羟基的化学修饰

（a）NAI；（b）SuFEx 修饰反应；（c）TNM

色氨酸不仅是酶分子中丰度最低的氨基酸残基之一，并且其通常存在于酶分子的内部，因此其侧链吲哚基修饰反应性远低于氨基、巯基等亲核基团，一般很难与常用的修饰剂反应。但吲哚基可与 *N*-溴代琥珀酰亚胺（*N*-bromosuccinimide，NBS）等修饰剂反应，生成位点选择性修饰产物。Kumar 等研究了在 15mmol/L 磷酸盐缓冲液（pH 6.3）中 NBS 修饰 L-天冬酰胺酶的反应[32]。结果显示，NBS 修饰酶不仅催化活性提高了 1.34 倍而且稳定性得到极大改善。在 25℃下，天然 L-天冬酰胺酶保存 2d 后活性全部丧失，而 NBS 修饰酶保存 60d 后仍保留 80%的活性。

5.2.5　影响酶修饰反应的主要因素

酶的化学修饰反应受到多种因素的影响，包括酶分子组成与结构、修饰剂特性及反应条件等。

5.2.5.1　酶分子的结构和微环境

酶分子是由 20 种天然氨基酸按照一定序列顺序连接而成的多肽分子。酶分子的立体结构信息蕴藏于构成酶分子的氨基酸序列之中，即氨基酸序列决定了酶分子的高级结构。伸展肽链折叠为具有高级结构的生物活性酶分子是一个自发的过程。折叠过程中，非极性氨基酸残基具有向内折叠的趋势，由此多数非极性氨基酸残基存在于酶分子内部靠近中心的位置；

而极性氨基酸残基则更多地存在于酶分子表面并形成表面凹凸起伏的不规则结构。图 5-7 为葡萄糖氧化酶（GOx）的表面结构特征。从中可以看出，GOx 不仅表面结构出现不规则的凹凸形貌，而且形成了若干带有不同电荷的极性区域和疏水性残基存在的疏水区域。这种不规则的结构会影响到那些存在于酶分子凹陷结构中的氨基酸残基，增大修饰剂接近的难度，由此导致这些位置上的氨基酸侧链基团难以被化学修饰。例如，无嘌呤/无嘧啶核酸内切酶（apurinic/apyrmidinic endonuclease，APE）中的 Cys^{65} 和 Cys^{93} 就被视为这样的两个表面无法触及的残基[33]。此外，脂肪酶活性中心的必需氨基酸残基也由于被“盖子”所覆盖而难以接近。

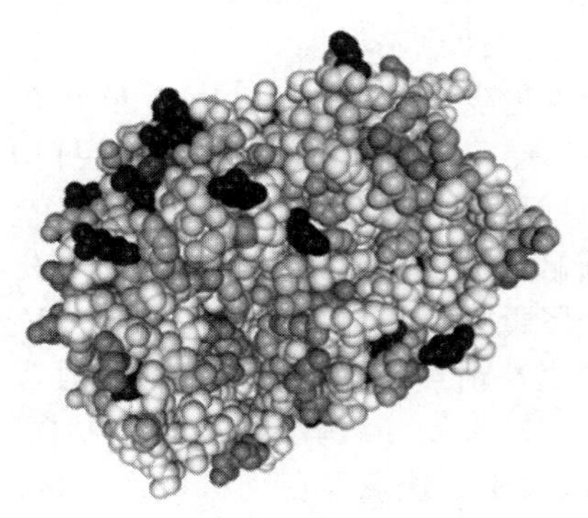

图 5-7　葡萄糖氧化酶（PDB ID: 5NIT）的表面结构特征

深色表示极性残基，浅色表示疏水性残基，由浅入深反映残基疏水性逐渐减弱而极性逐渐增强

构成酶分子的氨基酸残基提供了维系其高级结构的静电作用、氢键、疏水性相互作用、二硫键等主要分子内作用力。同时，那些存在于酶分子表面的极性氨基酸残基通过结合水分子在酶分子表面形成稳定的水化层，起到稳定酶分子的作用。大量研究表明，酶分子表面的电荷特性对底物结合、催化反应过渡态形成、酶分子结构的稳定性等方面担负着重要作用。在生理条件下，天冬氨酸、谷氨酸等酸性氨基酸侧链上的羧基带有负电荷，而赖氨酸、精氨酸等碱性氨基酸侧链上的氨基则带正电荷。利用一种在线 pK_a 预测平台软件（PROPKA）分别预测米曲霉 β-葡萄糖醛酸酶中 Glu^{414} 和 Glu^{505} 的 pK_a 值发现，两者的 pK_a 值相差 2.73，前者的 pK_a 值达到 8.04 [34]。Hass 等利用液相核磁共振研究多变鱼腥藻质体蓝素，发现 His^{61} 和 His^{92} 的 pK_a 值相差 1.8～2.2，由此带来两者不同的构象交换反应[35]。酶分子表面极性氨基酸残基不同的 pK_a 反映出其不同的反应性。AADase 酶中存在一个 pK_a 值为 5.9 的赖氨酸 ε-氨基，在中性 pH 下可实现该赖氨酸侧链氨基的选择性修饰[12]。

构成酶分子氨基酸残基与修饰剂的反应性不仅受到其解离程度等残基特性的影响，也与氨基酸残基所处的空间位置密切相关。一般来说，处于酶分子表面凸起结构上的氨基酸侧链基团更容易参与修饰反应；与之相反，那些处于酶分子内部及表面凹陷处的氨基酸侧链基团则由于空间位阻效应导致修饰反应难度增大。枯草杆菌蛋白酶 BPN′的酪氨酸残基均分布于酶分子的表面。但在对其彻底硝化和碘化后，10 个酪氨酸残基中仅有 8 个被修饰[11]。这反映了枯草杆菌蛋白酶的某些表面结构阻碍了修饰剂的接近。

相较于游离氨基酸，绝大多数酶分子中氨基酸残基与化学修饰剂的反应性会受到不同程度的影响而下降。但酶分子中至少会有一个侧链基团对某一特定的化学修饰剂展现出超反应性，即化学修饰剂与侧链基团间发生快速反应。Colleluori 等报道了鼠肝精氨酸酶（arginase Ⅰ）中 His^{141} 与焦碳酸二乙酯之间的超反应性[36]。这归因于酶分子中的 His^{141} 接近于 Glu^{277}，从而导致氢键的生成和 pK_a 的改变，进而 His[141] 咪唑环上 N3 位置氮原子对焦碳酸二乙酯的反应增强。除了氨基酸侧链基团 pK_a 值、亲核性、静电作用等因素外，侧链基团的反应性还受到修饰剂的结合作用及其与靠近修饰部位的蛋白质区域之间的立体化学适应性等因素的影响[10]。

5.2.5.2 修饰剂的性质

酶的化学修饰中，修饰剂的选择不仅需要考虑酶分子的修饰位点，也需要关注修饰剂对酶化学修饰的影响，主要体现在其反应基团的种类、修饰剂分子的组成及其特性等因素。修饰剂与氨基酸侧链亲核基团的反应性随着其所含反应基团的不同而呈现出显著的差异性。赖氨酸侧链亲核基团对琥珀酰亚胺、环氧基、异硫氰酸盐等基团的反应活性并不相同。即便同一修饰剂，其与氨基酸侧链的反应性也不尽相同。Xin 等发现人工配基偶联的苯并三唑对免疫抑制剂结合蛋白 FKBP12 活性位点周边 Lys[35] 和 Lys[52] 的修饰具有一定的选择性，Lys[52] 具有更高的修饰度[37]。这种选择性归因于 Lys[35] 和 Lys[52] 距结合蛋白 FKBP12 活性中心距离的不同。除了反应基团外，修饰剂的组成及其特性也会影响修饰反应的速度和修饰酶的活性。在利用 *N*-烷基马来酰亚胺类试剂修饰鼠肝糖皮质激素受体的研究中发现，马来酰亚胺修饰受体的活性随着烷基链长的增加而显著降低[38]。进一步的实验证实，*N*-烷基马来酰亚胺修饰糖皮质激素受体是由修饰剂烷基链的疏水性相互作用驱动的。修饰剂组成及其特性的影响还进一步反映在酶分子表面结构对修饰反应的抑制作用。His[12] 位于牛胰核糖核酸酶（ribonuclease, RNase）活性中心，其可与修饰剂 α-溴代丁酸快速反应而被修饰，但链更长的 α-溴代己酸则无法与 His[12] 反应[39]。这意味着 RNase 活性中心的尺寸是有一定限制的。

5.2.5.3 反应体系

酶的化学修饰通常是在一定的溶液环境中进行的，溶液的构成、离子强度和 pH 值等因素对酶的修饰反应都有显著影响。鉴于酶在有机溶剂中容易变性，有机溶剂较少用于酶的化学修饰溶剂，绝大多数化学修饰反应都是在水溶液中于温和条件下进行的。但环氧氯丙烷等某些修饰剂在水中的溶解度很低，很大程度限制了修饰反应速度和酶的修饰度。对于水溶性较低的修饰剂，可以通过在反应体系中加入甲醇、丙酮、二甲基亚砜（dimethyl sulfoxide, DMSO）等亲水性有机溶剂增加其溶解度。

修饰反应 pH 值也是一个影响酶化学修饰的重要因素。构成酶分子的极性氨基酸侧链基团的解离程度随着溶液 pH 值而改变，故侧链基团的亲核性随溶液 pH 值变化而分别呈现出质子化和非质子化状态，由此决定了这些侧链基团的可反应性。碘乙酸及其衍生物（如碘乙酰胺等）可与酶分子末端的 α-氨基以及赖氨酸、半胱氨酸、甲硫氨酸、组氨酸等侧链基团反应，但其反应性则随 pH 值发生改变。碘乙酸修饰 ε-氨基的反应通常发生在 pH>8.5 的条件下，此时赖氨酸侧链上的 ε-氨基具有较高的亲核性。随着 pH 值降低，ε-氨基基团的亲核性随之下降。在中性 pH 下，ε-氨基处于质子化状态，反应性很低；而在同一条件下，咪唑基团则能够与碘乙酸反应［图 5-5（b）］。在 pH<4.0 时，ε-氨基、咪唑基和巯基等氨基酸侧链基团均处于非反应状态下，硫醚的硫原子则以非质子状态存在，成为唯一的亲核性可反应侧链基团，能够与碘乙酸反应。因此，pH 可作为调控酶修饰位点的重要参数。

修饰反应温度也是影响酶化学修饰的重要因素之一。反应温度不仅会影响酶分子中活性基团的微环境，也会影响反应过程中酶分子结构的稳定性、修饰反应的选择性以及修饰产物的修饰率等。修饰反应温度的提高通常会导致酶分子高级结构的破坏和活性丧失，这种情况在有极性有机溶剂存在的情况下更为明显。因此，在有机溶剂存在下的修饰反应通常需要在低温下进行。例如，徐超等在 4℃条件下于 DMSO 溶液中利用手性脯氨酸类离子液体修饰猪胰脂肪酶，修饰脂肪酶酶活性提高了1.5倍以上[40]。但低温导致反应速率下降，相应地需要适当延长反应时间，在修饰度和酶活性之间寻找适当的平衡。

5.3 修饰酶的表征

5.3.1 修饰程度分析

酶的化学修饰带来修饰酶分子量的增大及其催化活性的改变，修饰酶的生物活性和功能与酶分子的修饰程度和修饰基团的位点密切相关。因此，酶修饰程度的分析测量是表征酶化学修饰反应的主要方法。光谱法（spectroscopy）是最简单常用的定量分析修饰程度的方法。

作为常用的巯基修饰剂，DTNB在与半胱氨酸中巯基反应形成二硫键的同时，生成一个在412nm下具有强烈吸收的TNB阴离子［图5-3（b)］。因此，可以通过测定TNB阴离子来实时表征反应进程。这一方法也可用于检测通过其他修饰反应引起的巯基含量变化情况。例如，Shu等在利用醌类试剂修饰甘油醛-3-磷酸脱氢酶等蛋白质巯基的过程中，通过DTNB定量分析游离巯基数量的变化，确定了醌对酶的修饰程度[41]。类似的，4,4′-二硫二吡啶与巯基反应过程生成的2-吡啶硫酮在342nm下有特异性吸收［图5-3（b)］，以此可以确定4,4′-二硫二吡啶修饰酶的修饰程度。

酶分子中氨基修饰程度的分析可通过游离氨基基团与三硝基苯磺酸和荧光胺等试剂的反应进行测量，即通过游离氨基含量的变化测定修饰位点的数量。三硝基苯磺酸与氨基反应生成的产物在420nm和367nm下有特定的吸收，可用于表征酶分子中氨基的修饰程度[42,43]。此外，荧光胺本身及其水解产物不具有荧光性质，但其与氨基的反应可生成激发波长为390nm、发射波长为475nm的荧光产物，该反应也常用于分析酶分子中氨基的修饰程度[44]。

除光谱法外，利用十二烷基磺酸钠-聚丙烯酰胺凝胶电泳（SDS-PAGE）和凝胶过滤色谱（size-exclusion chromatography）可测定修饰反应引起的分子量变化，定性分析修饰程度。例如，Chen等采用SDS-PAGE和TSK-GEL G4000 PWxl凝胶过滤色谱柱表征了分别接枝3～5个不同种类单体分子前后PET（聚对苯二甲酸乙二醇酯）水解酶分子量的变化情况[45]。这种方法通常更多地应用在聚合物修饰酶的研究中。

5.3.2 修饰位点测定

酶的化学修饰位点可以通过修饰反应前后酶切产物的变化来确定。酶分子由天然氨基酸残基按照一定序列顺序构成。在胰蛋白酶、糜蛋白酶等蛋白质水解酶作用下，酶分子可降解为多个分子量不同的肽段，通过肽段分析可确定修饰位点。以最为常用的胰蛋白酶为例，其酶切位点位于酶分子序列中赖氨酸和精氨酸的羧基端，因此，酶蛋白根据其分子序列中赖氨酸和精氨酸的位置和数量降解为一定数量的肽段。酶化学修饰过程中，氨基酸侧链的修饰会引起对应酶切肽段分子量的增加以及肽段性质的变化，这些肽段性质的变化能够通过SDS-PAGE、反相色谱（RP-HPLC）等方法进行测定。通常情况下，酶切产物中氨基酸被修饰的侧链基团是稳定的，因此通过修饰前后酶切产物电泳图中条带和RP-HPLC图谱中色谱峰位置的变化，分析确定修饰位点。借助电喷雾（electrospray ionisation，ESI）、基质辅助激光解吸电离（matrix-assisted laser desorption ionization，MALDI）等软电离技术进行质谱分析，能够测定修饰位点信息。周勤丽等基于MALDI的飞行时间质谱对SDS-PAGE胶的酶切产物进行分析获得了*N*-乙酰咪唑修饰洋葱假单胞菌脂肪酶的肽段的分析结果[46]。研究结果表明，修饰后酶切产物中存在4个分子量增大肽段，由此推测出脂肪酶的修饰位点Tyr^{4}、Tyr^{29}、Tyr^{31}、

Tyr^{45} 和 Tyr^{95}。在实际过程中，当某些氨基酸侧链基团被修饰后，也可能阻碍蛋白质水解酶对其或邻近肽键的酶切作用，导致酶切肽段数量的改变。这种变化同样可用于确定化学修饰的位点。

5.3.3 修饰酶结构表征

酶的化学修饰通常带来酶催化活性的改变，这种变化在很大程度上归因于化学修饰引发的酶分子活性中心附近微环境的变化和酶分子结构的改变。各种光谱学和能谱学等分析技术广泛应用于生物大分子的分子结构表征。在溶液环境下，利用紫外（UV）光谱、荧光（fluorescence）光谱、圆二色（circular dichroism，CD）光谱、傅里叶变换红外光谱（Fourier transform infrared spectroscopy，FTIR）、核磁共振（nuclear magnetic resonance，NMR）光谱等光谱学方法可分析酶分子结构变化信息。这里重点介绍几种常用的酶分子表征方法。

CD 光谱技术是应用最为普遍的一种快速、准确表征溶液中生物大分子二级结构的重要方法。由 L-氨基酸构成的天然蛋白质分子具有旋光性特征，因此经过这些具有旋光性物质的透射光具有一定的椭圆度。利用天然酶分子在远紫外区（180～250nm）椭圆偏振光的椭圆率可以描述其在溶液中的 α 螺旋、β 折叠、无规卷曲等二级结构的信息。而溶液中天然酶分子在近紫外区（250～350nm）的光谱则主要与芳香族氨基酸侧链上的生色基团有关，可以描述天然酶分子所处微环境的变化情况。利用化学修饰前后酶分子在远紫外区和近紫外区 CD 光谱的变化情况可以提供化学修饰对于酶分子结构的影响。Gao 等利用 CD 光谱观测甲硫氨酸氧化修饰对钙调蛋白分子结构的影响，发现甲硫氨酸氧化修饰带来钙调蛋白在 70℃条件下 α 螺旋含量明显下降，意味着修饰蛋白质热稳定性的降低[47]。而在不同种类氨基对甲状旁腺素（parathyroid hormone，PTH）类似物［hPTH(1-28)NH_2 和 hPTH(1-31)NH_2］C 末端的修饰过程中，氨基和甲氨基的修饰提高了 hPTH 的 α 螺旋含量；其对 hPTH(1-28)NH_2 构象的影响更为显著，C 端氨基修饰后其 α 螺旋含量提高了 30%，而 hPTH(1-31)NH_2 分子的 α 螺旋含量仅增加 10%[48]。

构成天然酶分子的苯丙氨酸、色氨酸和酪氨酸等残基通常分布于其内核的疏水环境中，这些芳香族氨基酸的侧链基团有比较强的紫外吸收并根据其生色基团种类的不同分别发射波长为 282nm、303nm 和 348nm 的荧光。在上述三种氨基酸残基中，荧光强度最大的是色氨酸，常作为内源荧光来观察酶分子结构的变化。当化学修饰引起酶分子结构发生改变时，酶分子内核中的色氨酸残基所处的疏水环境发生变化，逐渐趋向于亲水环境。此时，色氨酸残基的生色基团的荧光发射峰发生红移且荧光强度下降。这种荧光光谱可以表征化学修饰对酶分子构象的影响。褶皱假丝酵母脂肪酶（*Candida rugosa* lipase，CRL）表面通过原子转移自由基聚合（atom transfer radical polymerization，ATRP）修饰聚丙烯酸酯类聚合物分子链带来荧光发射光谱的蓝移和色氨酸特征荧光强度的增大，表明修饰导致 CRL 内核中的色氨酸残基周围环境更趋疏水，酶分子结构更加紧密[49]。除了色氨酸残基的内源荧光外，在酶分子表面或者活性中心引入 1,8-对苯氨基萘磺酸（ANS）、2,6-对苯甲氨基萘磺酸（TNS）等荧光探针，通过化学修饰前后探针荧光光谱的变化分析酶分子构象的改变情况。除了荧光发射光谱外，荧光偏振、时间分辨荧光和共振能量转移等方法也在酶的化学修饰、固定化等与酶分子构象演化相关研究中广泛应用[50~52]。

红外光谱是一种振动光谱，在酶分子结构研究中有较长的历史。天然蛋白质分子与多肽在红外光区域内具有多个振动模式，其中以酰胺Ⅰ带在蛋白质分子结构分析中最为常用。早在 20 世纪 50 年代，研究者基于模型多肽分子的红外光谱研究发现，位于 1600～1700cm^{-1} 的酰胺Ⅰ带主要为碳氧双键的伸缩振动峰，其中特征振动频率 1630～1640cm^{-1} 和 1650～1660cm^{-1} 分别属于 β 折叠和 α 螺旋结构。早期红外光谱直接获得的是多种结构特征吸收峰交互覆盖、相互重叠的谱峰，受限于红外光谱的分辨率，难以解析。随着 FTIR 的发展，红外光谱的灵敏度和分辨率得以显著提升。一般情况下，天然蛋白质分子的去卷积傅里叶红外酰胺Ⅰ带有 9～11 个子峰，其中 α 螺旋峰和 3_{10} 螺旋峰分别出现在 $1653cm^{-1}$ 和 $1665cm^{-1}$ 附近，$1663cm^{-1}$、$1671cm^{-1}$、$1684cm^{-1}$、$1689cm^{-1}$ 和 $1694cm^{-1}$ 等为 β 转角结构[53]。磷酸化前后的肉毒神经毒素（botulinum neurotoxins，BoNT）A 和 BoNT E 的 FTIR 分析显示，酪氨酸残基的磷酸化使得 BoNT A 和 BoNT E 中 α 螺旋含量分别提高了 14%和 17%，与此相对应的是无序结构含量显著下降（约 40%）。这反映出磷酸化过程促进了 BoNT 由无序向有序的转换。FTIR 已成为蛋白质等生物大分子构象、分子相互作用等研究中的重要工具。

5.4 酶的聚合物修饰

5.4.1 聚合物修饰反应及表征

酶的聚合物修饰技术始于 20 世纪 50 年代 Campbell 等利用 *p*-氨基苯甲基纤维素偶联抗原用于抗体吸附剂的研究[54]。1961 年，Mitz 等进一步报道了可溶性羧甲基纤维素修饰提高糜蛋白酶热稳定性的方法[7]。随后，聚乙烯醇、聚乙烯吡咯烷酮等聚合物分子修饰酶分子的研究也相继被报道。进入 20 世纪 70 年代，Abuchowski 等采用分子量为 1900 和 5000 的 mPEG 修饰经三聚氯氰活化的牛肝过氧化氢酶，当酶分子表面分别有 43%和 40%的氨基被 mPEG1900 和 mPEG5000 修饰，mPEG 修饰过氧化氢酶保留了 90%以上的活性，但其与抗体等生物大分子的结合能力则被完全屏蔽[8]。目前，PEG 修饰技术已广泛地应用于药用蛋白质修饰并在临床上获得成功。酶与蛋白质的聚合物修饰已发展成为一类重要的化学修饰方法，通过化学修饰在酶分子表面引入不同特性的聚合物分子，由此作为产物的聚合物修饰酶兼具酶与聚合物分子的优点。

酶的聚合物修饰常用的方法包括“接枝到表面”（grafting-to）和“由表面接枝”（grafting-from）两种基本方式。在上述两类聚合物修饰技术中，“接枝到表面”技术是将预先合成的含有特定反应基团的聚合物分子连接到酶分子的表面（图 5-8）。如果聚合物分子上含有可与蛋白质直接反应的基团，则该聚合物可以通过与酶的偶联直接修饰于酶分子表面。酶分子也可借助与环氧氯丙烷、1,4-二甲基缩水甘油醚、NHS 等特定的活化试剂反应在酶分子表面引入反应基团，进而实现聚合物分子与酶的偶联。例如，Kovaliov 等发现，通过“接枝到表面”方式将含 NHS 活性基团的聚低聚(环氧乙烷)甲基醚丙烯酸酯修饰于 Dnase Ⅰ 酶分子表面可获得较好的活性和稳定性［图 5-8（a)］，而“由表面接枝”方式对 Dnase Ⅰ 酶的分子结构有明显影响[55]。Rahman 等就是借助 EDC/NHS 方法将预合成链长不同的聚丙烯酰胺（polyacrylamide，pAm）、聚二甲基丙烯酰胺［poly(*N,N*-dimethyl acrylamide)，pDMAm］等亲水性聚合物分子以及阳离子聚合物聚二甲基氨基丙基丙烯酰胺［poly(*N,N*-dimethylaminopropyl- acrylamide)，pDMAPA］修饰到南极假丝酵母脂肪酶 B（*Candida antarctica* lipase B，CALB）分子表面［图 5-8（b)］[56]。获得的 pAm 和 pDMAm 修饰 CALB 能够在高至 50%的乙醇-水体系中维持催化活性不变，而 pDMAPA 修饰 CALB 的催化活性更是随着乙醇含量增加而升高。Ge 等利用高度分支的聚合物分子修饰 CRL 酶［图 5-8（c)］，由此显著改善了其热稳定性及有机溶剂耐受性[57]。但是，在利用“接枝到表面”技术修饰酶的过程中，聚合物分子链在酶分子表面的偶联会阻碍主体溶液中后续聚合物分子链向酶分子表面的扩散，显著增大了后续聚合物分子在酶分子表面修饰的难度。因此，利用“接枝到表面”技术获得的聚合物修饰酶通常难以获得较高的修饰密度。

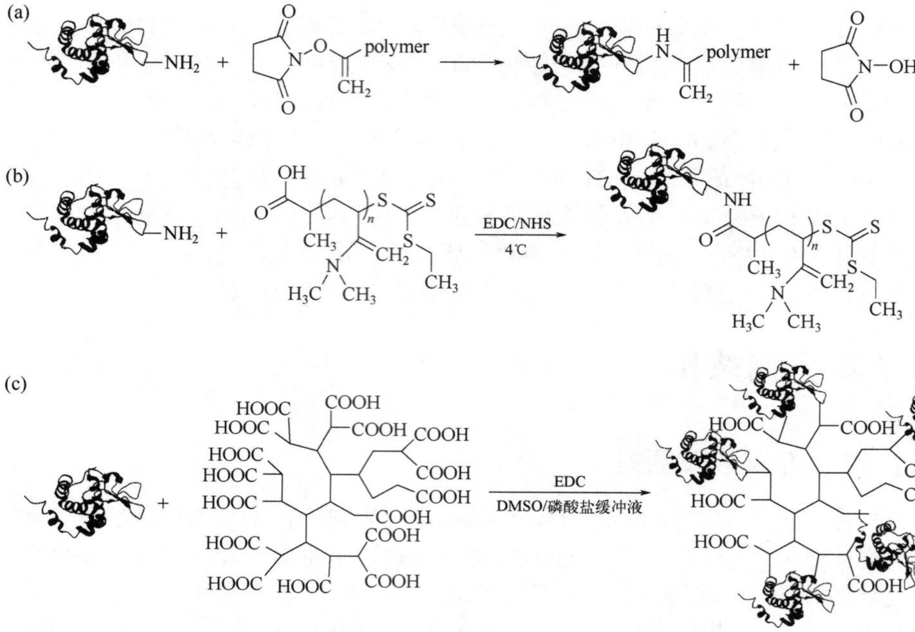

图 5-8 “接枝到表面”技术用于聚合物修饰酶方法

(a) 含 NHS 基团聚合物分子修饰酶；(b) pDMAm 修饰酶；(c) 高度分支聚合物修饰酶

利用“由表面接枝”技术可以规避上述的制约。通过酶分子表面偶联的引发基团与单体(monomer)分子间的聚合反应实现聚合物分子链在酶表面的高密度生长[58]。酶分子表面引发基团是通过其氨基酸侧链基团与引发试剂的修饰反应合成的，称为生物大分子引发剂。相较于高分子量聚合物直接修饰于酶分子表面的“接枝到表面”技术，酶分子表面的引发基团的数量只取决于修饰反应中侧链基团类型与微环境，因此有利于合成更高修饰密度的聚合物修饰酶。也就是说，通过调节酶分子表面引发基团的数量，“由表面接枝”技术可以合成具有较高修饰密度的聚合物接枝酶。Murata 等通过“由表面接枝”技术合成了修饰密度高达 $4nm^2$/链的聚季铵盐接枝糜蛋白酶（图 5-9），其在 167mmol/L 盐酸（pH 1.0）中浸泡 8h 后仍维持

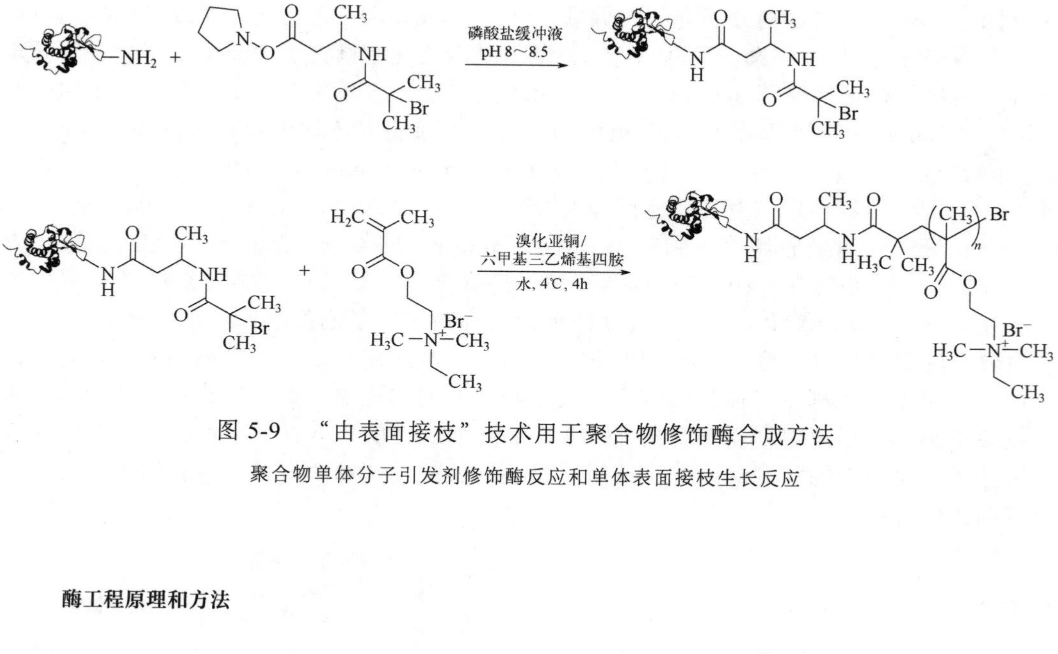

图 5-9 “由表面接枝”技术用于聚合物修饰酶合成方法

聚合物单体分子引发剂修饰酶反应和单体表面接枝生长反应

了 40%以上的活性，而相同条件下天然糜蛋白酶在 3h 后就完全失活[59]。相较于高分子量的聚合物分子直接修饰，“由表面接枝”反应体系中小分子单体更易于接近酶分子表面偶联的引发基团和增长分子链末端，从而有效地避免了聚合物分子直接修饰在酶分子表面过程中引起的空间排阻效应。从另一方面，单体分子在各个位点上的反应速率接近，因此这在反应动力学上更为有利于实现对聚合物分子量的调控。但是，发生在酶分子表面分子链的聚合反应不同于其在主体溶液中的聚合反应，酶分子表面长链聚合物末端更易于与单体分子反应而延长聚合物链，由此导致聚合物链分散性的增大[60]。

5.4.2 聚乙二醇修饰

聚乙二醇化技术（PEGylation）是应用最为广泛的一类酶和蛋白质药物的聚合物修饰方法。继 20 世纪 70 年代 Abuchowski 等报道了将聚合物分子 mPEG 修饰过氧化氢酶和牛血清白蛋白的研究工作后，PEG 修饰技术得到了极大发展，应用领域也不断拓展。PEG 修饰的酶分子通常可显著改善其在水溶液中的溶解性和稳定性；对于蛋白质药物而言，PEG 修饰还可降低其免疫原性，延长其在生物体内的半衰期。

PEG 是一种由环氧乙烷（—CH_2CH_2O—）聚合构成、高度亲水性的线性聚醚分子，其末端由两个羟基或者一个羟基与一个甲氧基构成。用于生物大分子修饰的 PEG 分子的分子量介于 1000～20000 之间，具有强烈结合水分子的能力。PEG 分子中每一环氧乙烷单元能够结合高达 3.8 个水分子[61,62]，因此 PEG 分子的流体力学体积显著高于相同分子量的蛋白质分子。这一特性在维持蛋白质分子在极端条件下的稳定性、提高其在生物体内的半衰期等方面发挥着重要作用。酶的 PEG 修饰中最为常用的就是末端为单甲氧基的 mPEG 分子。由于 mPEG 分子仅拥有一个可衍生的羟基，因此可通过适当的反应在 mPEG 分子的羟基端引入可反应基团，用于酶的聚乙二醇修饰反应。同时，使用 mPEG 修饰可有效阻断修饰过程中酶分子的交联，确保 mPEG 修饰酶的均匀性。mPEG 修饰剂可通过其末端羟基的直接衍生或与双功能交联试剂的反应等方式引入。较完整的 mPEG 修饰剂可参见相关综述文献[63]。这些种类丰富的 PEG 修饰剂适应不同修饰反应基团和不同反应环境的需求。

在 mPEG 修饰反应中，酶分子侧链的 ε-氨基通常是首选基团。由于酶分子表面氨基含量丰富，在修饰过程中，特别是 mPEG 修饰蛋白质药物的修饰中，mPEG 修饰产物可能存在多种修饰位点不同、修饰度不同的衍生物，由此带来 mPEG 修饰产物性能的差异。有研究表明，随着修饰度的提高，mPEG 修饰溶菌酶展现出更高构象与胶体稳定性，但这是以牺牲溶菌酶的催化活性为代价的[64]。此外，不同的修饰位点也会带来 mPEG 修饰酶活性的差异。定点修饰无疑是解决这一问题的最佳途径。Kinstler 等利用蛋白质分子 N 端 α-氨基与赖氨酸侧链 ε-氨基在 pK_a 上的差异，在弱酸性条件下实现 mPEG 在 N 端定点修饰重组人粒细胞集落刺激因子（recombinant human granulocyte colony-stimulating factor，rhG-CSF）[65]。此外，mPEG 修饰也可显著改变酶的底物谱。例如，Tinoco 和 Vazquezduhalt 采用 mPEG-氰脲酰氯和烷基化试剂分别修饰细胞色素 c（cytochrome c，Cyt c）侧链氨基和羧基基团后，修饰后的 Cyt c 可氧化 17 种多环芳烃类底物，天然细胞色素 c 则只能氧化其中的 8 种底物[66]。

巯基的聚乙二醇修饰是一种更为普遍应用的酶分子定点修饰方法。mPEG-马来酰亚胺是一种常用的巯基修饰剂，通过马来酰亚胺双键与巯基的加成反应将 mPEG 与酶分子偶联。半胱氨酸在酶分子中不仅含量低而且大部分存在于分子内部以二硫键的形式发挥稳定酶分子结构的作用，因此处于酶分子表面游离的巯基含量非常低，可以作为聚乙二醇定点修饰的位点。另外，利用基因工程技术通过酶分子氨基酸序列特定位点上半胱氨酸残基的突变能够实现酶分子表面任一位点的定点修饰。Nanda 等利用这一策略将分子质量为 2.76kDa 的 mPEG 定点修饰于尿酸酶分子表面，mPEG 修饰尿酸酶保留了天然酶 86%的活性[67]。Veronese 等尝试了在 3mol/L 盐酸胍溶液中部分改变 G-CSF 分子结构实现对包埋于分子内部 Cys^{17} 残基的 mPEG 定点修饰；待变性剂清除后，mPEG 修饰 G-CSF 恢复了其天然构象[68]。相较于游离巯基的 PEG 修饰，PEG 也可应用于二硫键的修饰。酶分子中二硫键在还原条件下可解离为巯基，当还原条件较为温和时，这种解离对酶分子结构的影响可以忽略。此时，酶溶液中引入双巯基烷基化试剂（图 5-10），通过烷基化试剂中双键与两个解离巯基基团依次加成反应生成一个 C_3 烷基重新桥接两个巯基基团，实现对二硫键的 PEG 修饰[69]。这种修饰方法也称为桥接聚乙二醇化技术（bridging PEGylation）。PEG 定点修饰蛋白质的方法可以参见相关综述文献[70]。

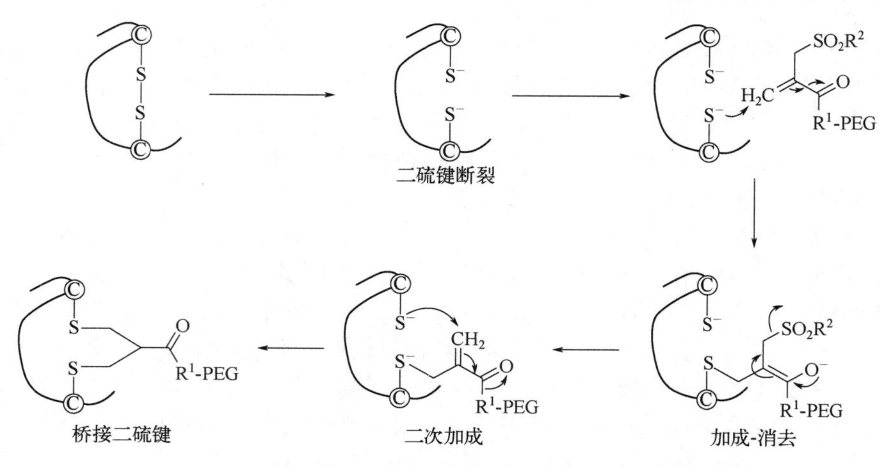

图 5-10 酶分子中二硫键的 PEG 修饰反应[69]

5.4.3 聚合物接枝

聚合物接枝蛋白质是酶修饰的重要方法，仍在不断研究发展之中。该方法采用可控自由基聚合的“由表面接枝”技术，在酶分子表面形成不同特性的聚合物分子链以达到调控酶分子催化性能和稳定性的目标。相关研究的最早报道出现在 2005 年，Russel 等提出了一种利用 ATRP 技术在 α-糜蛋白酶分子表面接枝单甲基聚乙二醇分子梳的方法，所得产物保留了 50%～86%的酶活性[71]。研究表明，聚合物分子对酶活的调控作用与聚合物分子结构和性质以及链传递试剂的种类等密切相关。常用的“由表面接枝”技术包括 ATRP、可逆加成-断裂转移聚合（reversible addition fragmentation transfer polymerization，RAFT）等。

5.4.3.1 ATRP 法

ATRP 是 Matyjaszewski 课题组于 1995 年首先报道的一种自由基可控聚合方法[72]。在 ATRP 反应体系中，有机卤化物、低价过渡金属离子及电子给体配体共同构成了聚合反应的引发体系。常用的有机卤化物引发剂为 α-溴异丁酰溴（2-bromoisobutyryl bromide，BiBB）、2-溴代异丁酸乙酯（ethyl 2-bromoisobutyrate，EBiB）等。ATRP 反应使用的低价过渡金属离子催化剂则包括 Cu^+、Fe^{2+}和 Ru^{2+}等。这些过渡金属离子中，尤以氯化亚铜（CuCl）和溴化亚铜（CuBr）为催化剂的反应体系应用最为普遍，其中 CuBr 催化速率要高于 CuCl。对于铜催化体系，有大量的配体可供选择，这些配体包括 2,2′-联二吡啶、三(2-二甲氨基乙基)胺（Me_6TREN）、4,4′-二(5-壬基)-2,2′-联吡啶等[73]。在这些配体中，Me_6TREN 常用于醇和水的溶剂体系，其与 Cu^+形成络合物催化活性最高。

酶的聚合物接枝的关键在于酶分子表面引发基团的合成。图 5-11 列出了部分常见的蛋白质引发剂合成反应。Russel 课题组通过 pH8.0 条件下糜蛋白酶的 ε-氨基与溶解于二氯甲烷中 BiBB 的非均相反应，合成了不同引发基团密度的蛋白质类引发剂［图 5-11（a）］[71]。近来，Messina 等汇总了蛋白质类引发剂的合成方法[58]。目前，多种不同的引发剂应用于酶的聚合物接枝过程。Averick 等通过 EDC/NHS 方法在 EBiB 末端羟基引入琥珀酰亚胺酯合成了一种新型的引发剂［图 5-11（b）］[74]。该引发剂可溶解于亲水性有机溶剂 DMSO 中，可与蛋白质等生物大分子在均相条件下反应，生成蛋白质类引发剂。此外，Heredia 等利用 BSA 和 T4 溶菌酶 V131C 突变体中游离的半胱氨酸残基通过可逆二硫键连接以及不可逆的二硫吡啶、马来酰亚胺等共价连接在特定的位点实现聚合物的接枝［图 5-11（c）］[75]。

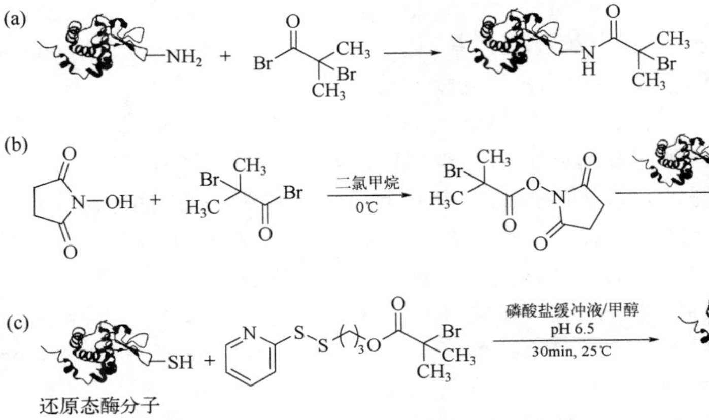

图 5-11　蛋白质表面引发基团的修饰反应

（a）BiBB 合成生物大分子引发剂；（b）EBiB 的合成和 EDC/NHS 反应修饰酶；（c）酶表面巯基反应引入引发基团

利用合成的生物大分子引发剂在 ATRP 反应中单体分子能够直接在蛋白质分子表面发生聚合反应实现分子链的延伸，最终获得聚合物接枝的蛋白质分子。Liu 等采用电子转移生成催化剂的 ATRP 技术（AGET ATRP），在偶联 BiBB 的 HRP 表面接枝 pAm[76]，获得了接枝链均匀的 pAm-HRP。pAm-HRP 基本保留了 HRP 的活性，热稳定性和胰蛋白酶降解的耐受性得到了显著提升。相较于聚合物修饰酶，采用 ATRP 方法合成的聚合物接枝酶尺寸均一性较好，聚合物链长可控。有研究比较了聚合物修饰糜蛋白酶稳定性和酶活性，在修饰密度相近的条件下，采用 ATRP 合成的聚羟丙基甲基丙烯酰胺和聚甲基丙烯磷酰胆酯接枝酶在人血浆中孵育 5d 后仍保留了 25%以上的活性，而天然酶及 PEG 修饰酶在 4d 后完全失活[77]。

5.4.3.2　RAFT 法

RAFT 是由 Chiefari 等发展的一种活性/可控自由基聚合方法[78]。通过引入双硫酯衍生物等具有高链转移常数的链转移试剂与增长链自由基发生双键加成-断裂引入可逆链转移反应，从而实现聚合物链延长。常用的链转移试剂为二硫代酯类化合物。RAFT 聚合反应避免了 ATRP 过程中的过渡金属离子催化剂，后者通常具有一定的毒性。此外，RAFT 具有单体分子选择范围宽、反应条件较为温和、反应速度快以及合成的聚合物分子链结构丰富、分散性低等众多优点[79]。Kovaliov 等将链转移试剂偶联于 CALB 和绵毛嗜热丝孢菌脂肪酶（*Thermomyces lanuginosa* lipase，TLL）两种酶表面合成新型生物大分子链转移分子，分别合成了具有不同链长的亲水与疏水聚合物接枝脂肪酶[80]，其中聚异丁氧基甲基丙烯酰胺接枝脂肪酶展现出显著高于天然酶的活性。

5.4.4 聚合物修饰酶的主要特性

酶的聚合物修饰会带来酶分子理化性质、酶学性质、稳定性及生物降解行为等主要特性的显著变化，其中最基本的理化性质变化就是聚合物修饰酶分子尺寸的增加。这种分子尺寸的增加与聚合物分子种类和结构、分子链长及修饰密度等因素密切相关。常用于蛋白质类药物修饰的mPEG分子因其每一环氧乙烷单元能够结合多个水分子而表现出对水分子的强烈吸附性能，因此在聚合物分子量相同的情况下，PEG分子常常具有更大的流体力学体积。因此，分子质量在5kDa以上的mPEG分子因难以穿透细胞膜或者被巨噬细胞吞噬而获得更长的体内停留时间[81]。因此，mPEG修饰蛋白质通常可以显著提升药物分子在生物体内的半衰期和稳定性。类似的，在聚合物修饰无机焦磷酸酶（inorganic pyrophosphatase，PPase）的研究中发现，随着聚合物分子链长的增大，聚寡聚（乙二醇）丙烯酸甲酯［poly(oligo(ethylene glycol) methyl ether acrylate)，POEGMA］修饰PPase在凝胶过滤色谱的保留时间降低，表明聚合物修饰酶分子尺寸的增大[82]。聚合物修饰引起的另一显著变化是聚合物修饰酶稳定性的改变。酶在溶液中的稳定性是通过其分子内基团间的相互作用以及不同基团与溶液间的相互作用所维系，是酶发挥催化性能的前提。聚合物修饰过程中，单元分子中新基团的引入为酶分子提供新的作用力，聚合物修饰的酶分子构象更加稳定、不易伸展，由此提高了酶分子的稳定性。例如，通过“由表面接枝”技术合成修饰密度高达4nm^2/链的聚季铵盐修饰糜蛋白酶比天然酶具有更好的pH值耐受性，其在167mmol/L盐酸（pH 1.0）中浸泡8h以上仍维持了40%以上的活性[59]。前述的POEGMA修饰PPase酶和聚丙烯酰胺异丙酯［poly(*N*-isopropyl acrylamide)，PNIPAAm］修饰PPase酶同样具有比天然PPase更高的热稳定性[82]，能够在高达90℃的环境中进行催化反应。聚合物修饰不仅可提高酶的热稳定性，而且可能带来最适pH及酶学性质的改变。Zhang等利用EDC/NHS法将聚甲基丙烯酸修饰于Cyt c，拓展了Cyt c催化最适pH范围[83]。利用ATRP技术表面分别接枝甲基丙烯酸丁酯（BMA）等不同单体分子后，聚合物接枝CRL的K_m值随着单体分子烷基链长增加，由0.17mmol/L降至0.09mmol/L，而转换数（turnover number，TON）则从67s^{-1}提高至106～182s^{-1}。聚BMA修饰CRL催化效率提高3.28倍[84]。

5.5 本章总结

化学修饰是酶分子结构与功能研究、生物催化、生物医药及相关领域研究中常用的技术之一。酶是由20种天然L-氨基酸按照一定序列折叠而成的生物大分子。酶分子表面既有末端的α-氨基和α-羧基，也包括那些氨基酸侧链上的ε-氨基、羧基、巯基、咪唑基、酚羟基等。酶的化学修饰就是利用化学或者生物学方法通过化学修饰剂与这些氨基酸侧链基团的化学反应，以改变酶分子的理化特性、催化活性乃至生物学功能的技术方法。酶的化学修饰方法多种多样，但氨基酸侧链基团的反应性主要取决于它们的亲核性。因此，构建适合的化学修饰反应需要对酶分子结构与活性位点的特征以及酶分子侧链基团的特性有深入了解。除此以外，选择合适的修饰剂及修饰反应条件也是需要考虑的问题。那些影响酶化学修饰反应的条件不仅仅包括反应温度和pH值，也包括反应体系的构成及酶与修饰剂的摩尔比等。在实际过程中，通过对酶修饰位点理化性质的了解以及化学修饰剂和修饰反应条件的选择等，化学修饰反应能够发生于酶分子某一特定位置上的残基基团，由此实现对特定位点的选择性修饰。酶的聚合物修饰方法的出现更是极大地延伸了修饰剂的种类。在实现人为改变酶分子尺寸的同时，聚合物修饰酶也创造出了更多天然酶分子所不具备的优良特性和微环境，并将酶的应用范围扩展到了生物体、非水液相乃至气相等极端复杂、苛刻的环境中。另一方面，为数有限的天然氨基酸侧链基团往往限制了酶的化学修饰反应。近来研究者利用基因密码子扩展技术在酶分子表达过程中引入包含不同侧链基团的非编码氨基酸。非编码氨基酸的引入获得了组成和功能更加丰富多样的酶分子，甚至创造了一种新的功能酶。非编码氨基酸侧链基团的修饰和偶联可参见相关综述文献[85]。这些非编码氨基酸中的侧链基团也进一步扩展了酶的化学修饰反应的种类。

参考文献

[1] Wu H. Studies on denaturation of proteins XIII. A theory of denaturation. Chin J Physiol, 1931, 5(4): 321-344.

[2] Ramon G. Surle pouvoir floculant et sur les propriétés immunisantes d'une toxin diphthérique rendu anatoxiques. CR Acad Sci, Ser Ⅱa: Sci Terre Planets, 1923, 177: 1338.

[3] Fraenkel-Conrat H, Cooper M, Olcott H S. The Reaction of Formaldehyde with Proteins. J Am Chem Soc, 1945, 67(6): 950-954.

[4] Fraenkel-Conrat H, Olcott H S. The reaction of formaldehyde with proteins; cross-linking between amino and primary amide or guanidyl groups. J Am Chem Soc, 1948, 70(8): 2673-2684.

[5] Strumeyer D H, White W N, Koshland D E Jr. Role of serine in chymotrypsin action. conversion of the active serine to dehydroalanine. Proc Natl Acad Sci USA, 1963, 50: 931-935.

[6] Tsou C-L. Relation between Modification of Functional Groups of Proteins and their Biological Activity. Sci China, Ser A, 1962, 11(11): 1535-1558.

[7] Mitz M A, Summaria L J. Synthesis of biologically active cellulose derivatives of enzymes. Nature, 1961, 189: 576-577.

[8] Abuchowski A, Mccoy J R, Palczuk N C, Van Es T, Davis F F. Effect of covalent attachment of polyethylene glycol on immunogenicity and circulating life of bovine liver catalase. J Biol Chem, 1977, 252(11): 3582-3586.

[9] Abuchowski A, Van Es T, Palczuk N C, Davis F F. Alteration of immunological properties of bovine serum albumin by covalent attachment of polyethylene glycol. J Biol Chem, 1977, 252(11): 3578-3581.

[10] 罗贵民，曹淑桂，张今．酶工程．北京：化学工业出版社，2002.

[11] Weber B H, Kraut J. Identification of the most rapidly iodinating tyrosine in subtilisin BPN. Biochem Biophys Res Commun, 1968, 33(2): 280-286.

[12] Schmidt D E Jr, Westheimer F H. PK of the lysine amino group at the active site of acetoacetate decarboxylase. Biochemistry, 1971, 10(7): 1249-1253.

[13] Fretheim K, Iwai S, Feeney R E. Extensive modification of protein amino groups by reductive addition of different sized substituents. Int J Pept Protein Res, 1979, 14(5): 451-456.

[14] Means G E, Feeney R E. Reductive alkylation of amino groups in proteins. Biochemistry, 1968, 7(6): 2192-2201.

[15] Paine L J, Perry N, Popplewell A G, Gore M G, Atkinson T. The identification of a lysine residue reactive to pyridoxal-5-phosphate in the glycerol dehydrogenase from the thermophile *Bacillus stearothermophilus*. Biochim Biophys Acta, 1993, 1202(2): 235-243.

[16] Ryan O, Smyth M R, Fagain C O. Thermostabilized chemical derivatives of horseradish peroxidase. Enzyme Microb Technol, 1994, 16(6): 501-505.

[17] Miland E, Smyth M R, Ófágáin C. Increased thermal and solvent tolerance of acetylated horseradish peroxidase. Enzyme Microb Technol, 1996, 19(1): 63-67.

[18] Sanger F. The free amino groups of insulin. Biochem J, 1945, 39(5): 507-515.

[19] Gray W R, Hartley B S. The structure of a chymotryptic peptide from *Pseudomonas* cytochrome C-551. Biochem J, 1963, 89: 379-380.

[20] Heinrikson R L, Meredith S C. Amino acid analysis by reverse-phase high-performance liquid chromatography: precolumn derivatization with phenylisothiocyanate. Anal Biochem, 1984, 136(1): 65-74.

[21] Krishnamurthy A, Mundra S, Belur P D. Improving the catalytic efficiency of Fibrinolytic enzyme from *Serratia marcescens* subsp *sakuensis* by chemical modification. Process Biochem, 2018, 72: 79-85.

[22] Chowdhury R, Stromer B, Pokharel B, Kumar C V. Control of Enzyme-Solid Interactions via Chemical Modification.

Langmuir, 2012, 28(32): 11890-11898.
[23] Bednar R A. Reactivity and pH dependence of thiol conjugation to *N*-ethylmaleimide: detection of a conformational change in chalcone isomerase. Biochemistry, 1990, 29(15): 3684-3690.
[24] Riddles P W, Blakeley R L, Zerner B. Reassessment of Ellman's reagent. Methods Enzymol, 1983, 91: 49-60..
[25] Kumar K, Belur P D. Chemical Modification of Oxalate Oxidase Produced from *Ochrobactrum intermedium* CL6 Gave New Insight on its Catalytic Prowess. Asian J Biochem, 2017, 12(1): 9-15.
[26] Crestfield A M, Stein W H, Moore S. Alkylation and identification of the histidine residues at the active site of ribonuclease. J Biol Chem, 1963, 238: 2413-2419.
[27] Jia S, He D, Chang C J. Bioinspired Thiophosphorodichloridate Reagents for Chemoselective Histidine Bioconjugation. J Am Chem Soc, 2019, 141(18): 7294-7301.
[28] Chen X, Ye F, Luo X, Liu X, Zhao J, Wang S, Zhou Q, Chen G, Wang P. Histidine-Specific Peptide Modification via Visible-Light-Promoted C-H Alkylation. J Am Chem Soc, 2019, 141(45): 18230-18237.
[29] Sonawane P, Patel K, Vishwakarma R K, Srivastava S, Singh S, Gaikwad S, Khan B M. Probing the active site of cinnamoyl CoA reductase 1 (Ll-CCRH1) from *Leucaena leucocephala*. Int J Biol Macromol, 2013, 60: 33-38.
[30] Choi E J, Jung D, Kim J-S, Lee Y, Kim B M. Chemoselective Tyrosine Bioconjugation through Sulfate Click Reaction. Chem Eur J, 2018, 24(43): 10948-10952.
[31] Fujisawa Y, Kato K, Giulivi C. Nitration of tyrosine residues 368 and 345 in the beta-subunit elicits F0F1-ATPase activity loss. Biochem J, 2009, 423: 219-231.
[32] Kumar N S M, Kishore V, Manonmani H K. Chemical Modification of L-Asparaginase from *Cladosporium* sp. for Improved Activity and Thermal Stability. Prep Biochem Biotechnol, 2014, 44(5): 433-450.
[33] Luo M, Zhang J, He H, Su D, Chen Q, Gross M L, Kelley M R, Georgiadis M M. Characterization of the Redox Activity and Disulfide Bond Formation in Apurinic/Apyrimidinic Endonuclease. Biochemistry, 2012, 51(2): 695-705.
[34] Li Q, Jiang T, Liu R, Feng X, Li C. Tuning the pH profile of beta-glucuronidase by rational site-directed mutagenesis for efficient transformation of glycyrrhizin. Appl Microbiol Biotechnol, 2019, 103(12): 4813-4823.
[35] Hass M A S, Hansen D F, Christensen H E M, Led J J, Kay L E. Characterization of conformational exchange of a histidine side chain: Protonation, rotamerization, and tautomerization of His61 in plastocyanin from *Anabaena variabilis*. J Am Chem Soc, 2008, 130(26): 8460-8470.
[36] Colleluori D M, Reczkowski R S, Emig F A, Cama E, Cox J D, Scolnick L R, Compher K, Jude K, Han S F, Viola R E, Christianson D W, Ash D E. Probing the role of the hyper-reactive histidine residue of arginase. Arch Biochem Biophys, 2005, 444(1): 15-26.
[37] Xin X, Zhang Y, Gaetani M, Lundstrom S L, Zubarev R A, Zhou Y, Corkery D P, Wu Y-W. Ultrafast and selective labeling of endogenous proteins using affinity-based benzotriazole chemistry. Chem Sci, 2022, 13(24): 7240-7246.
[38] Formstecher P, Dumur V, Idziorek T, Danze P M, Sablonniere B, Dautrevaux M. Inactivation of unbound rat-liver glucocorticoid receptor by n-alkylmaleimides at sub-zero temperatures. Biochim Biophys Acta, 1984, 802(2): 306-313.
[39] Harada M, Irie M. Alkylation of ribonuclease from *Aspergillus saitoi* with iodoacetate and iodoacetamide. J Biochem, 1973, 73(4): 705-716.
[40] 徐超，薛誉，陈虹月，胡燚. 手性脯氨酸类离子液体化学修饰猪胰脂肪酶催化性能研究. 化工学报，2019，70(06): 2221-2228.
[41] Shu N, Lorentzen L G, Davies M J. Reaction of quinones with proteins: Kinetics of adduct formation, effects on enzymatic activity and protein structure, and potential reversibility of modifications. Free Radical Biol Med, 2019, 137: 169-180.
[42] Verdasco-Martin C M, Villalba M, Dos Santos J C S, Tobajas M, Fernandez-Lafuente R, Otero C. Effect of chemical modification of Novozym 435 on its performance in the alcoholysis of camelina oil. Biochem Eng J, 2016, 111: 75-86.
[43] Snyder S L, Sobocinski P Z. An improved 2,4,6-trinitrobenzenesulfonic acid method for the determination of amines. Anal Biochem, 1975, 64(1): 284-288.
[44] Wang Y, Zeng S, Cui H, Li H, Li Z, Wang J, Chen Q. Reversible Chemical Protein Modification to Endogenous Glutathione and Its Utilities in the Manufacture of Transcellular Pro-Enzymes. Biomacromolecules, 2022, 23(5): 2138-2149.
[45] Chen K, Quan M, Dong X, Shi Q, Sun Y. Low modification of PETase enhances its activity toward degrading PET: Effect of conjugate monomer property. Biochem Eng J, 2021, 175: 108151.
[46] 周勤丽，孟枭，徐刚，杨立荣. 基于化学修饰法探讨脂肪酶对手性伯醇的识别机理. 化工进展，2013, 32(11): 2695-2700, 2706.
[47] Gao J, Yin D H, Yao Y H, Sun H Y, Qin Z H, Schoneich C, Williams T D, Squier T C. Loss of conformational stability in

calmodulin upon methionine oxidation. Biophys J, 1998, 74(3): 1115-1134.
[48] Potetinova Z, Barbier J-R, Suen T, Dean T, Gardella T J, Willick G E. C-terminal analogues of parathyroid hormone: Effect of C-terminus function on helical structure, stability, and bioactivity. Biochemistry, 2006, 45(37): 11113-11121.
[49] 刘宗浩，史清洪．聚合物接枝对脂肪酶活性及稳定性的影响．过程工程学报, 2022, 22(4): 506-514.
[50] Nosrati M, Dey D, Mehrani A, Strassler S E, Zelinskaya N, Hoffer E D, Stagg S M, Dunham C M, Conn G L. Functionally critical residues in the aminoglycoside resistance-associated methyltransferase RmtC play distinct roles in 30S substrate recognition. J Biol Chem, 2019, 294(46): 17642-17653.
[51] Anderson S E, Longbotham J E, O'kane P T, Ugur F S, Fujimori D G, Mrksich M. Exploring the Ligand Preferences of the PHD1 Domain of Histone Demethylase KDM5A Reveals Tolerance for Modifications of the Q5 Residue of Histone 3. ACS Chem Biol, 2021, 16(1): 205-213.
[52] Weng Y, Zhu Q, Huang Z-Z, Tan H. Time-Resolved Fluorescence Detection of Superoxide Anions Based on an Enzyme-Integrated Lanthanide Coordination Polymer Composite. ACS Appl Mater Interfaces, 2020, 12(27): 30882-30889.
[53] 邹承鲁，周筠梅，周海梦．酶活性部位的柔性．济南：山东科学技术出版社, 2004.
[54] Campbell D H, Luescher E, Lerman L S. Immunologic Adsorbents: Ⅰ. Isolation of Antibody by Means of a Cellulose-Protein Antigen. Proc Natl Acad Sci USA, 1951, 37(9): 575-578.
[55] Kovaliov M, Cohen-Karni D, Burridge K A, Mambelli D, Sloane S, Daman N, Xu C, Guth J, Wickiser J K, Tomycz N, Page R C, Konkolewicz D, Averick S. Grafting strategies for the synthesis of active DNase Ⅰ polymer biohybrids. Eur Polym J, 2018, 107: 15-24.
[56] Rahman M S, Brown J, Murphy R, Carnes S, Carey B, Averick S, Konkolewicz D, Page R C. Polymer Modification of Lipases, Substrate Interactions, and Potential Inhibition. Biomacromolecules, 2021, 22(2): 309-318.
[57] Ge J, Yan M, Lu D, Zhang M, Liu Z. Hyperbranched polymer conjugated lipase with enhanced activity and stability. Biochem Eng J, 2007, 36(2): 93-99.
[58] Messina M S, Messina K M M, Bhattacharya A, Montgomery H R, Maynard H D. Preparation of biomolecule-polymer conjugates by grafting-from using ATRP, RAFT, or ROMP. Prog Polym Sci, 2020, 100.
[59] Murata H, Cummings C S, Koepsel R R, Russell A J. Rational Tailoring of Substrate and Inhibitor Affinity via ATRP Polymer-Based Protein Engineering. Biomacromolecules, 2014, 15(7): 2817-2823.
[60] Milchev A, Wittmer J P, Landau D P. Formation and equilibrium properties of living polymer brushes. J Chem Phys, 2000, 112(3): 1606-1615.
[61] Tasaki K. Poly(oxyethylene)—Water Interactions: A Molecular Dynamics Study. J Am Chem Soc, 1996, 118(35): 8459-8469.
[62] Antonsen K P, Hoffman A S. Water Structure of PEG Solutions by Differential Scanning Calorimetry Measurements// Harris J M. Poly(Ethylene Glycol) Chemistry: Biotechnical and Biomedical Applications. Boston, MA: Springer US, 1992: 15-28.
[63] Veronese F M, Pasut G. PEGylation, successful approach to drug delivery. Drug Discov Today, 2005, 10(21): 1451-1458.
[64] Morgenstern J, Baumann P, Brunner C, Hubbuch J. Effect of PEG molecular weight and PEGylation degree on the physical stability of PEGylated lysozyme. Int J Pharm, 2017, 519(1-2): 408-417.
[65] Kinstler O B, Brems D N, Lauren S L, Paige A G, Hamburger J B, Treuheit M J. Characterization and stability of *N*-terminally PEGylated rhG-CSF. Pharm Res, 1996, 13(7): 996-1002.
[66] Tinoco R, Vazquezduhalt R. Chemical modification of cytochrome C improves their catalytic properties in oxidation of polycyclic aromatic hydrocarbons. Enzyme Microb Technol, 1998, 22(1): 8-12.
[67] Nanda P, Jagadeeshbabu P E, Raju J R. Production and Optimization of Site-Specific monoPEGylated Uricase Conjugates Using mPEG-Maleimide Through RP-HPLC Methodology. J Pharm Innov, 2016, 11(4): 279-288.
[68] Veronese F M, Mero A, Caboi F, Sergi M, Marongiu C, Pasut G. Site-specific pegylation of G-CSF by reversible denaturation. Bioconjugate Chem, 2007, 18(6): 1824-1830.
[69] Brocchini S, Balan S, Godwin A, Choi J-W, Zloh M, Shaunak S. PEGylation of native disulfide bonds in proteins. Nat Protoc, 2006, 1(5): 2241-2252.
[70] Pasut G, Veronese F M. State of the art in PEGylation: The great versatility achieved after forty years of research. J Control Release, 2012, 161(2): 461-472.
[71] Lele B S, Murata H, Matyjaszewski K, Russell A J. Synthesis of uniform protein-polymer conjugates. Biomacromolecules, 2005, 6(6): 3380-3387.
[72] Wang J S, Matyjaszewski K. Controlled living radical polymerization - atom-transfer radical polymerization in the presence of transition-metal complexes. J Am Chem Soc, 1995, 117(20): 5614-5615.

[73] Qiu J, Matyjaszewski K, Thouin L, Amatore C. Cyclic voltammetric studies of copper complexes catalyzing atom transfer radical polymerization. Macromol Chem Phys, 2000, 201(14): 1625-1631.
[74] Averick S, Simakova A, Park S, Konkolewicz D, Magenau A J D, Mehl R A, Matyjaszewski K. ATRP under Biologically Relevant Conditions: Grafting from a Protein. ACS Macro Lett, 2012, 1(1): 6-10.
[75] Heredia K L, Bontempo D, Ly T, Byers J T, Halstenberg S, Maynard H D. In situ preparation of protein-"Smart" polymer conjugates with retention of bioactivity. J Am Chem Soc, 2005, 127(48): 16955-16960.
[76] Zhu B, Lu D, Ge J, Liu Z. Uniform polymer-protein conjugate by aqueous AGET ATRP using protein as a macroinitiator. Acta Biomater, 2011, 7(5): 2131-2138.
[77] Depp V, Alikhani A, Grammer V, Lele B S. Native protein-initiated ATRP: A viable and potentially superior alternative to PEGylation for stabilizing biologics. Acta Biomater, 2009, 5(2): 560-569.
[78] Chiefari J, Chong Y K, Ercole F, Krstina J, Jeffery J, Le T P T, Mayadunne R T A, Meijs G F, Moad C L, Moad G, Rizzardo E, Thang S H. Living free-radical polymerization by reversible addition-fragmentation chain transfer: The RAFT process. Macromolecules, 1998, 31(16): 5559-5562.
[79] Kubo K, Goto A, Sato K, Kwak Y, Fukuda T. Kinetic study on reversible addition-fragmentation chain transfer (RAFT) process for block and random copolymerizations of styrene and methyl methacrylate. Polymer, 2005, 46(23): 9762-9768.
[80] Kovaliov M, Allegrezza M L, Richter B, Konkolewicz D, Averick S. Synthesis of lipase polymer hybrids with retained or enhanced activity using the grafting-from strategy. Polymer, 2018, 137: 338-345.
[81] Gursahani H, Riggs-Sauthier J, Pfeiffer J, Lechuga-Ballesteros D, Fishburn C S. Absorption of Polyethylene Glycol (PEG) Polymers: The Effect of PEG Size on Permeability. J Pharm Sci, 2009, 98(8): 2847-2856.
[82] Cao L, Shi X, Cui Y, Yang W, Chen G, Yuan L, Chen H. Protein-polymer conjugates prepared via host-guest interactions: effects of the conjugation site, polymer type and molecular weight on protein activity. Polym Chem, 2016, 7(32): 5139-5146.
[83] Zhang Y, Wang Q, Hess H. Increasing Enzyme Cascade Throughput by pH-Engineering the Microenvironment of Individual Enzymes. ACS Catal, 2017, 7(3): 2047-2051.
[84] 姜紫耀，刘宗浩，白姝，史清洪．聚合物接枝脂肪酶的合成及其对酶活的影响．化工学报, 2019, 70(09): 3473-3482.
[85] Pagar A D, Patil M D, Flood D T, Yoo T H, Dawson P E, Yun H. Recent Advances in Biocatalysis with Chemical Modification and Expanded Amino Acid Alphabet. Chem Rev, 2021, 121(10): 6173-6245.

6

固定化酶

6.1　概述

酶是生命系统中最重要的生物大分子之一，其在有效催化维持生命的生物转化方面的能力远远超过人工催化剂。与传统的有机合成相比，酶催化反应条件更温和、选择性更强、原子利用率更高、合成路线更短。因此，酶催化技术正越来越多地应用于规模化工业过程中，相关研究尤其活跃。然而，天然酶的使用受到许多限制，如成本高、操作稳定性低、回收和再利用困难等。此外，酶本身也是其催化转化产品的污染源，导致不可避免的纯化和分离步骤。酶的这些特性远远不能满足工业催化剂的要求。酶的固定化是解决这些问题的重要手段。在过去的约半个世纪，酶固定化技术得到高度重视和广泛研究，以改善酶的性能，促进酶催化的规模化应用。目前固定化酶已成为工业酶催化的关键技术，特别是在利用生物质衍生的催化转化生产绿色和可持续的能源或化学品方面。

6.1.1　固定化酶的定义及特点

固定化酶是指物理上限制或定位在特定空间区域的酶。固定化酶一般是利用物理包埋、物理吸附或共价结合固定在（多孔）固体载体的内部或（孔）表面，也可采用化学交联或物理组装法将多个酶分子聚集成较大颗粒。所用包埋或固定酶的固体材料称作固定化载体(immobilization carrier/support)。在保留酶的催化活性（全部或大部分）的前提下，固定化可拓宽酶应用的 pH 和温度范围，提高酶在较高温度或有机溶剂存在等苛刻条件下的稳定性，并使其更容易从反应介质中分离和重复使用；固定化允许酶促反应在固定床反应器中连续进行，有利于酶在工业规模中的应用；此外，固定化可以最大限度地减少或完全避免酶对产品的污染，这对于制药和食品行业的应用尤为重要。但是，固定化也会带来一些问题，例如，固定化过程往往引起酶活力损失；载体的引入增加了额外的过程成本；在多数情况下，固定化酶仅适用于可溶性底物，并且主要是小分子底物，大分子底物存在较大的扩散传质阻力，不溶性底物则难以进入固定化载体的内部。

6.1.2　固定化酶的发展史

酶固定化可追溯到 1916 年，Nelson 和 Griffin 将蔗糖酶吸附在焦炭上，这种吸附的酶仍具有与原酶相当的催化活性[1]。因此，酶的固定化已有超过 100 年的历史。第一种工业化使用的固定化酶是物理吸附在二乙氨乙基（DEAE）-Sephadex 上的氨基酰化酶，并于 1969 年由日本田边制药公司用于工业化生产 L-氨基酸，实现了酶应用史上的一大变革。在 1971 年第一届国际酶工程会议上，正式提议采用“固定化酶”（immobilized enzyme）的名称，此后固定化酶研究得到快速发展，固定化酶载体和技术发展日新月异。目前，固定化酶已应用于多个领域。例如，在制药工业中固定化青霉素酰化酶用于催化青霉素G产生6-氨基青霉烷酸（6-APA）；在食品工业中固定化葡萄糖异构酶用于催化淀粉生产高果糖浆；在精细化工领域固定化延胡索酸酶用于从延胡索酸生产L-苹果酸。

6.1.3 固定化酶制备的一般原则

酶的种类繁多且结构多样，固定化后的应用目的、应用环境也不尽相同，可用固定化材料也多种多样。因此，需要选择合适的固定化方法制备固定化酶。不论方法和目的如何，固定化过程一般应遵循以下基本原则。

① 固定过程中，应避免酶活性中心的氨基酸残基与载体结合或参与交联反应，并且尽量采用温和的条件（如水溶液、低温、适宜pH等），尽可能保护酶蛋白的天然高级结构，从而确保固定化酶的高活性。

② 固定化酶的稳定性很大程度上决定了固定化方法的可行性，因而需要综合考虑酶和载体的结合方式、结合键的种类和数量、酶负载量、单位酶活性等影响酶稳定性的因素。

③ 固定化酶应具有一定的机械强度，便于灵活设计酶催化反应器，实现自动化和连续化操作。

④ 固定化酶应有最小的空间位阻，最大程度保证酶活性位点的底物可及性。

⑤ 酶与载体必须结合牢固，不易脱落，从而使固定化酶能回收贮藏，利于重复使用。

⑥ 固定化酶所用载体应该是惰性的（不与底物、产物或反应溶液发生化学反应），并尽可能减少对底物和产物的扩散限制。

⑦ 固定化酶的催化反应过程应易于控制，通过简单的过滤或离心就可回收和重复使用。

⑧ 固定化酶成本低。须综合考虑固定化酶在生产过程总成本中的比例，以利于规模化使用。

⑨ 充分考虑到固定化酶制备过程和应用中的安全因素，在设计制备方案时应慎重考虑化学试剂的残留和有毒物质的生成等安全问题，尤其对于在食品和医药工业应用的固定化酶。

6.2 固定化载体

载体材料在酶固定化中至关重要，直接影响酶催化效率和催化剂寿命，是大规模应用经济可行性的重要方面，是固定化酶需要考虑的首要问题。而且，载体的表面特性和特定官能团直接影响固定方法的选择。合适的载体材料可以稳定酶并延长酶的使用寿命。优良的固定化载体应具备下述大部分性质：

① 良好的物理化学稳定性和机械强度，适用于不同的溶剂和反应器操作环境。

② 易于表面功能化修饰，便于酶固定化。

③ 对于多孔介质，需要具有较大的表面积和孔隙率，以及适当的孔径，可实现酶的高容量负载，并有利于底物和产物的高效传质。

④ 较高的酶结合能力，并使固定化酶发生变性或失活的可能性最小化。

⑤ 成本低、来源丰富、绿色环保。

⑥ 酶固定化后，载体应为酶分子提供相容的微环境，循环催化反应过程中稳定酶的结构。

⑦ 载体与反应介质之间产生良好的分配效应，便于底物富集和产物释放。

酶固定化载体种类繁多、性能多样。从载体材料区分，主要分无机材料、合成高分子、天然高分子和复合材料等。

6.2.1 无机和有机载体

硅胶、氧化铝、羟基磷灰石、玻璃、铁、锌和一些矿物质等无机材料具有良好的耐热性、机械稳定性和微生物抗性。这些材料通常还因具有发达的孔结构和高表面积而有良好的吸附性能。高分子材料中，生物高分子占很大比例，包括壳聚糖、海藻酸钠、卡拉胶、明胶、琼脂糖、纤维素、胶原白蛋白、丝素蛋白等。生物高分子具有结构和化学多样性，易于获得，载体合成条件温和，而且具有良好的生物相容性、生物稳定性、生物降解性和无毒性。与之相比，聚苯乙烯、聚丙烯酸酯、聚丙烯酰胺、聚酰胺及衍生物等合成高分子成本效益高、再生容易、机械强度高、操作稳定性强、耐微生物侵蚀。与无机材料相比，合成和生物高分子的可修饰基团含量较大，有利于酶的共价结合固定化。下面重点介绍几种研究和使用较多的无机和有机固定化载体。

6.2.1.1 二氧化硅

二氧化硅（silica，SiO_2）是一种常用的酶固定化载体材料。二氧化硅材料根据其物理化学性质和形态特征可以分为多种类型，如天然或合成二氧化硅，微孔、介孔或大孔二氧化硅，晶态和无定形二氧化硅等。其中，介孔二氧化硅作为固定化酶载体具有许多优点，如有序的孔隙结构、适宜的孔径分布（2～50nm）、较高的比表面积（300～1500m^2/g）、较大的孔体积（可高达 1.5cm^3/g）、良好的耐有机溶剂和热稳定性以及化学惰性等。而且，硅基材料表面的硅羟基容易功能化修饰用于酶的共价固定或物理吸附。3-氨基丙基三乙氧基硅烷（APTES）是常用的一种氨基硅烷化试剂，通过硅烷化处理赋予硅胶表面高密度的表面官能团（氨基），便于进一步功能化改性或直接固定化酶。大量研究表明，将酶固定在介孔二氧化硅材料上可提高酶的催化活性和稳定性[2,3]。

表 6-1 列出了用于酶固定化的各种介孔二氧化硅材料的结构特征[3,4]。在种类繁多的介孔二氧化硅材料中，MCM-41（Mobil Composition of Matter No. 41）和 SBA-15（Santa Barbara Amorphous-15）研究最为广泛。虽然两者都具有二维六方晶体结构（*p6mm*，见图 6-1），但它们有一些显著的差异[5]：①SBA-15 比 MCM-41 具有更大的孔隙和更厚的孔壁；②MCM-41 本质上是纯介孔的，而典型的 SBA-15 在孔壁内含有大量微孔；③MCM-41 的通道彼此不相连，但 SBA-15 的通道通过微孔或次生介孔互连；④SBA-15 的孔径为 5～30nm，MCM-41 的孔径为 2～10nm。

表 6-1 用于酶固定化的介孔二氧化硅材料的结构特征

介孔材料	典型模板剂	结构/空间群	孔径/nm	BET 比表面积/(m^2/g)
FSM-16	CTAB①，CTMA②	六方晶体/*p6mm*	3～9	500～900
MCM-41	CTAB，CTMA	二维六方/*p6mm*	2～10	300～1200
MCM-48	CTAB，CTMA	双连续立方/*Ia3d*	2～10	—
SBA-15	P123③	二维六方/*p6mm*	5～30	500～1400
SBA-16	F127④	体心立方/*Im3m*	3～15	600～1200
介孔二氧化硅泡沫（MCF）	P123	介孔泡沫	25～40	500～1000
周期性介孔有机硅（PMOs）	CTMA，P123，F127	二维六方或三维立方	2～50	最高达 1800
FDU-12	F127，TMB⑤，KCl	三维笼状/*Fm3m*	10～15	200～700
KIT-6	P123	三维立方/*Ia3d*	4～12	800

① CTAB：十六烷基三甲基溴化铵。

② CTMA：$C_nH_{2n+1}(CH_3)N^+$，n=8～18。

③ P123：聚环氧乙烷（PEO）-聚环氧丙烷（PPO）-聚环氧乙烷三嵌段共聚物（$EO_{20}PO_{70}EO_{20}$）。

④ F127：$EO_{106}PO_{70}EO_{106}$。

⑤ TMB：四甲基联苯胺。

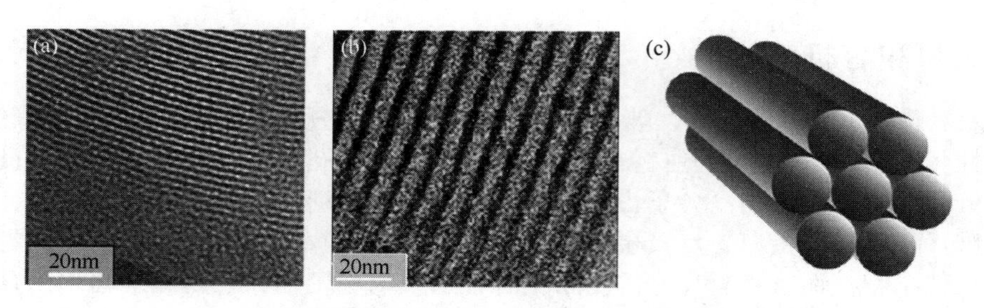

图 6-1　介孔材料 MCM-41 和 SBA-15 的结构特征

（a）MCM-41 和（b）SBA-15 的透射电镜显微图[6]；（c）MCM-41 和 SBA-15 的孔道结构模型[7]

6.2.1.2　石墨烯

石墨烯（graphene）是由单层碳原子组成的材料，呈单原子厚二维蜂窝网络结构。自 2004 年英国科学家首次从石墨中分离出石墨烯以来，由于其高比表面积、高机械强度以及优异的电学、热学和光学特性而得到广泛关注和研究。石墨烯作为固定化酶载体材料也受到广泛关注[8~10]。石墨烯巨大的比表面积有助于增加酶的负载量，良好的机械强度有利于固定化酶的重复使用。此外，由于其特殊的导电性，石墨烯固定化酶在生物传感器方面备受青睐。石墨烯基纳米材料主要通过静电、范德华力、π-π 堆积或疏水作用与生物分子相互作用。石墨烯的氧化产物即氧化石墨烯（GO），具有大量的含氧官能团，如羧基、环氧基、羟基和羰基（醛、酮和醌），酶可以静电吸附、共价结合或交联在 GO 上。例如，Jiang 等[11]研究了胰蛋白酶在树枝状大分子接枝氧化石墨烯纳米片上的固定化（图 6-2），其蛋白质负载量可达 649mg/g，固定化胰蛋白酶的活性在 4℃下可维持 10d 以上，而且利用该固定化酶反应器，蛋白质可以

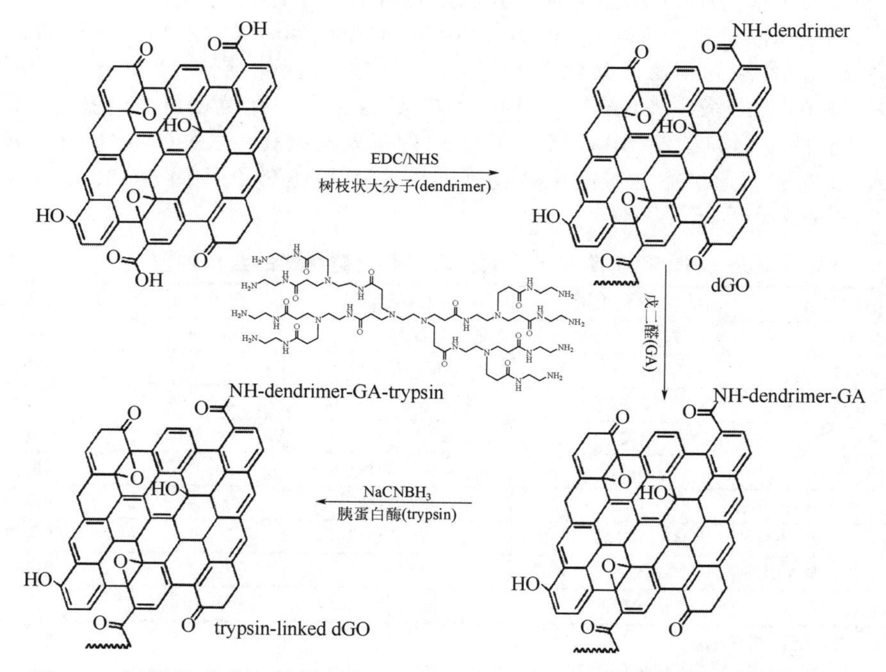

图 6-2　树枝状大分子接枝氧化石墨烯（dGO）固定化胰蛋白酶的示意图[11]

EDC=1-乙基-3-(3-二甲氨基)丙基-碳二亚胺盐酸盐；NHS=*N*-羟基琥珀酰亚胺

在 15min 内被有效酶解，酶解产物的序列覆盖率与传统的过夜溶液消化获得的序列覆盖率相当或更好。Xu 等[12]将纤维素酶共价固定在聚乙二醇（PEG）修饰的 GO 纳米片上，以增强其在木质纤维素糖化中的离子液体耐受性。固定化纤维素酶保留了 61%的初始活性，与游离纤维素酶相比，其耐离子液体能力提高 30 倍以上，而且在离子液体预处理溶液存在下，具有较高的水稻秸秆水解效率。

6.2.1.3 壳聚糖

壳聚糖是一种部分乙酰化的葡糖胺生物高分子，通过甲壳素脱乙酰化制备而成，不溶于水而溶于稀酸。作为固定化酶载体，它可以以溶液、薄膜、膜、珠/微球的形式存在。采用沉淀法、乳液交联法、离子凝胶法、喷雾干燥法、乳液聚结法和反胶团法可制备不同粒径的壳聚糖载体颗粒[13,14]。一般而言，壳聚糖纳米颗粒固定化酶的活性高于大颗粒和微粒，归因于纳米颗粒增大的比表面积和减小的扩散阻力[15,16]。

作为载体，壳聚糖可通过多种方式固定化酶。①壳聚糖富含氨基，可直接与戊二醛反应生成醛基，进而与酶形成席夫碱（Schiff base），利用硼氢化钠还原后即可共价固定。戊二醛交联处理还可提高壳聚糖载体在酸碱环境中的稳定性。②碳二亚胺能够活化壳聚糖的羟基，使之与酶的氨基间形成共价键。③壳聚糖溶于稀酸，将其溶液滴于碱性溶液中可固化形成微珠，在此过程中加入酶液，可将酶包埋其中（图 6-3）。

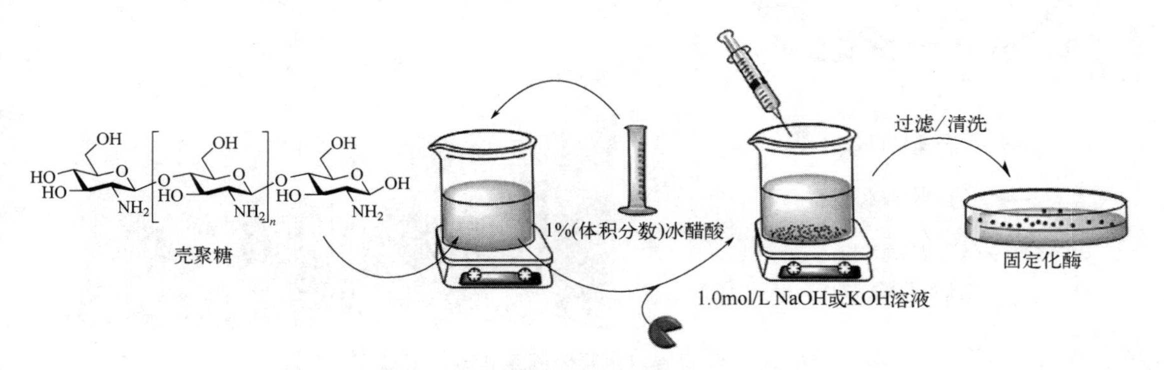

图 6-3 壳聚糖包埋固定化酶示意图

6.2.1.4 丝素蛋白

丝素蛋白（silk fibroin，SF）是从蚕茧中提纯的天然蛋白质聚合物，由氨基酸重复序列组成，可形成 β 折叠结构。组装成 β 折叠结构后，SF 变得不溶于水，从而形成水凝胶。SF 水凝胶可以通过降低 pH 值、高温、超声处理或有机溶剂等诱导形成。例如，在超声波处理下，丝素蛋白溶液可以通过蛋白质疏水域之间的物理交联诱导凝胶化，导致形成 β 折叠域（图 6-4）[17]。该胶凝过程可以在常温下进行，胶凝时间可在几分钟到几小时之间调节。在胶凝前将酶与超声处理的 SF 溶液混合，可避免超声对酶的不利影响。物理交联形成的 SF 凝胶强度较差，化学交联可提高天然聚合物水凝胶的机械强度。Han 等[18]通过 Ru(Ⅱ)介导的光化学方法将碳酸酐酶（carbonic anhydrase，CA）固定在 SF 水凝胶中（图 6-5），所得固定化 CA 的固定化效率达到 100%。固定化 CA 在不利的酸性 pH 值下表现出对硝基苯乙酸（*p*-NPA）水解的酶活性。

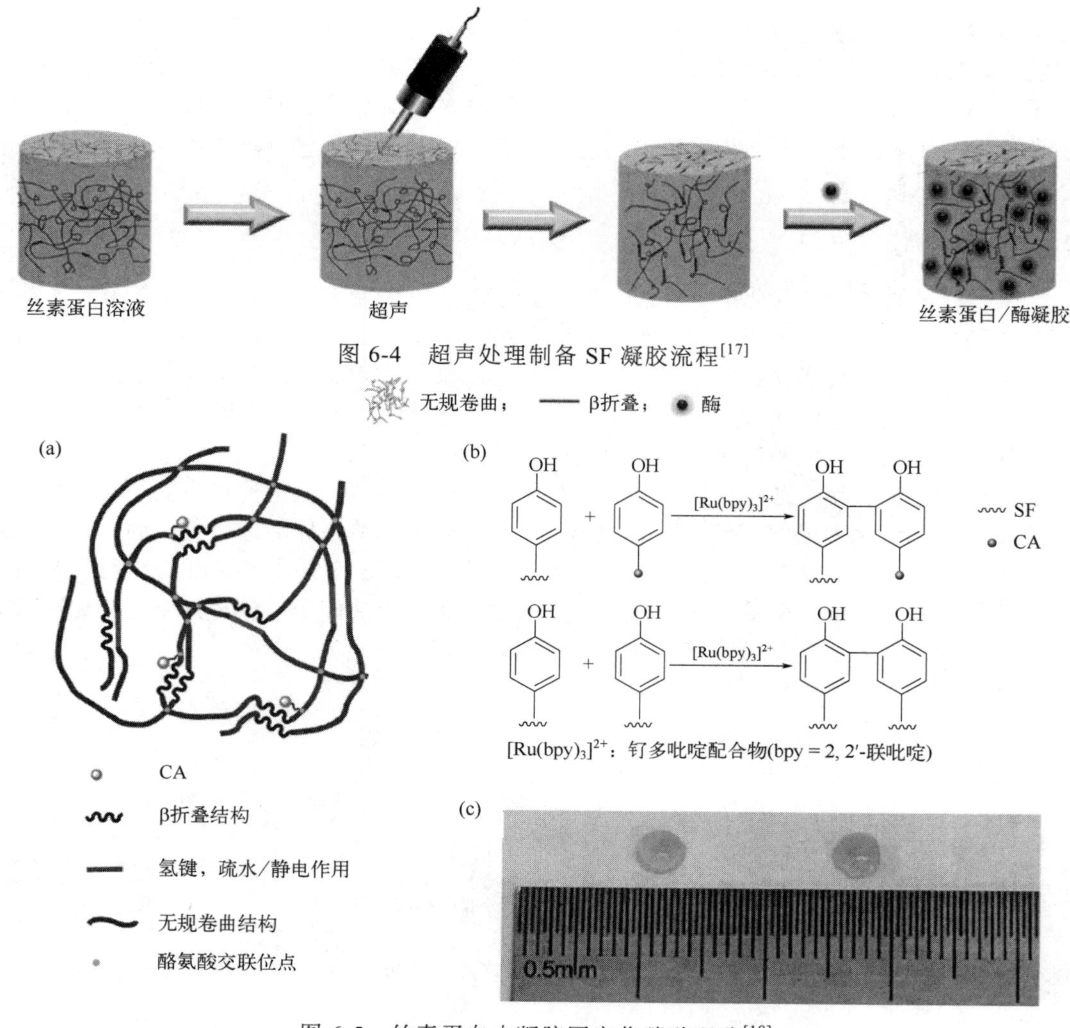

图 6-4 超声处理制备 SF 凝胶流程[17]

图 6-5 丝素蛋白水凝胶固定化碳酸酐酶[18]

（a）水凝胶网络示意图；（b）Ru(Ⅱ)介导的双酪氨酸交联位点形成的反应机理；（c）不含酶（左）和/含酶（右）的 SF 基水凝胶比较

6.2.1.5 丙烯酸树脂

丙烯酸树脂是一类多孔吸附剂和离子交换剂的基质，可以通过疏水作用或静电相互作用吸附酶分子，实现酶的固定化。树脂表面容易进一步功能化修饰，以调控表面特性和固定化酶性质。丙烯酸树脂及其固定化酶有很多市售商品。例如，实验室和工业上常用的商品化固定化脂肪酶产品 Novozym 435 是由南极假丝酵母脂肪酶 B（CALB）吸附固定在大孔丙烯酸树脂上得到的固定化酶制剂，常用于酯类和胺类化合物的合成[19,20]。Novozym 40086 是一种固定在树脂上的 1,3-特异性脂肪酶（来源于米赫根毛霉），能够有效催化立体选择性酯交换反应和酯水解[21]。但以这种方式固定，酶与载体不是共价结合，酶可以在水性介质中或在具有类似表面活性剂性质的底物和/或产物的存在下从载体上脱落。通过对这类树脂的表面功能化修饰，可实现酶的共价连接。如 Eupergits® C 是由 *N,N'*-亚甲基-双-(甲基丙烯酰胺)、甲基丙烯酸缩水甘油酯、烯丙基缩水甘油醚和甲基丙烯酰胺组成的大孔共聚物，具有高度亲水性和化学、机械稳定性，即使在极端的反应条件（如 pH 发生剧烈变化）下也不会溶胀或收缩。该树脂平均粒径 170μm，平均孔径 25nm，表面分布着高密度的环氧乙烷基团（0.6mmol/g dry Eupergits® C），可以与酶蛋白的游离氨基反应形成多点共价连接，因此结合在 Eupergits® C 上的酶一般具有较高的稳定性[22,23]。

6.2.1.6 磁性材料

具有磁响应性的材料广泛应用于酶的固定化，研究最多的是磁性纳米颗粒（magnetite nanoparticles，MNPs）。MNPs 是随着纳米技术的发展而出现的新型磁性材料，广泛应用于细胞标记、磁共振成像、酶固定化、蛋白质分离和靶向药物递送等方面。与其他载体相比，磁性纳米颗粒最大的优势在于可利用其磁性进行分离回收纳米颗粒，避免高速离心过程，极大地简化酶固定化过程和固定化酶回收过程，便于反复回收利用。磁性分离还可以快速终止催化反应。此外，MNPs 具有大比表面积、高载酶能力、低传质阻力等优点。

MNPs 种类很多[24,25]，包括纯金属（Fe 和 Co）、氧化铁（Fe_3O_4 和 γ-Fe_2O_3）、尖晶石型铁氧体（$MgFe_2O_4$、$MnFe_2O_4$ 和 $CoFe_2O_4$）和合金（$CoPt_3$ 和 FePt）等。其中，Fe_3O_4 纳米颗粒因其良好的生物相容性和易于制备特性，常用于酶固定化研究。Fe_3O_4 纳米颗粒的合成方法很多，其中比较典型的是化学共沉淀法、微乳液法、热分解法和溶剂热合成法[26]。

Fe_3O_4 纳米颗粒（Fe_3O_4 NPs）具有非特异性吸附表面，在实际应用中由于粒子之间的磁偶极相互作用，容易在水体系中氧化和聚集，降低磁分离的效率。因此，裸 Fe_3O_4 NPs 通常不能直接用于酶固定化。表面改性有利于防止 MNPs 的聚集和氧化，如在表面涂布或接枝无机材料（如二氧化硅、金、碳）、有机化合物（如氨基酸、多巴胺、壳聚糖、聚乙烯亚胺和聚乙二醇）和表面活性剂。此外，由于 MNPs 本质上是无孔的，因此它们的表面可能会受到侵蚀以及与反应物和产物的相互作用的影响。二氧化硅涂层是一种典型的 Fe_3O_4 纳米颗粒改性方法，即在磁芯表面形成二氧化硅壳[24]。二氧化硅包覆 MNPs 的杂化磁性纳米材料表面存在许多硅烷醇封端的表面反应基团，可直接与酶分子结合或用于进一步功能基团修饰，而且作为保护壳的二氧化硅层不仅可以提高纳米颗粒的亲水性和生物相容性，还可以保护磁芯免于聚集和氧化作用，从而提高其化学稳定性。

6.2.1.7 有机框架材料

有机框架材料包括金属有机框架（metal-organic frameworks，MOFs）、共价有机框架（covalent-organic frameworks，COFs）和氢键有机框架（hydrogen-bonded organic frameworks，HOFs）等。

MOFs 是由金属离子和有机配体通过配位键连接构成的高度有序的多孔晶体杂化材料。由于具有极高的比表面积和易于调节的孔径，再加上优异的多功能性和相对较高的稳定性以及较温和的合成条件，MOFs 作为新型的酶固定化载体受到了广泛关注。常用于酶固定化研究的典型 MOFs 有沸石咪唑酯框架-8（ZIF-8）和锆基（Zr）金属有机骨架 UIO-66（图 6-6）[27,28]。ZIF-8 固定化酶可原位矿化生成，易于合成和大规模制备；UIO-66 容易进行功能化改性，水稳定性、热稳定性和化学稳定性突出。根据 MOFs 材料的不同，固定化酶制备过程中酶可以通过表面吸附、交联、共价键合、渗透扩散和原位包埋等方式固定在 MOFs 中。MOFs 的有序孔隙率和结晶度促进了整个宿主材料中酶的均匀负载，高度有序的结构为酶提供了均一的微环境。与相应的游离酶相比，许多 MOFs-酶复合物表现出前所未有的催化性能，包括提高的活性、稳定性、选择性和可回收性。例如，共价固定在 UIO-66-NH_2 表面的 D-氨基酸转氨酶保持了较高的催化效率，能够有效催化合成 D-丙氨酸，产率为 76.7%，约为粗酶催化产率的 2 倍[29]；物理吸附在 MIL-160 上的碳酸酐酶相对于溶液中的游离酶具有良好的储存稳定性和提高的热稳定性，即使在 70℃加热处理后也保留了几乎所有原始酶活性[30]。此外，通过对孔径、形状和结构的精确控制可设计尺寸适当的载体，以最大限度地减少酶的浸出、变性和失活。MOFs 为酶的固定化技术发展提供了一个很好的机会，但仍需要深入研究开发才能将其转化为商业生物催化剂。

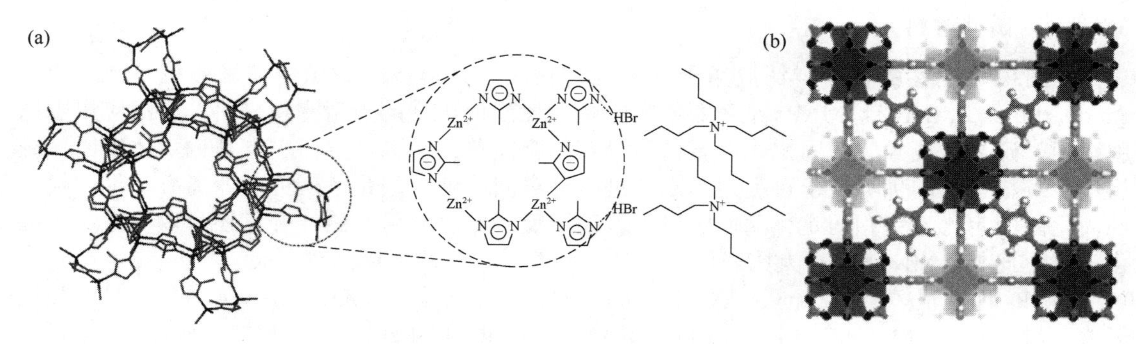

图 6-6　MOFs 的结构示意图

（a）ZIF-8[31]，其中金属离子为 Zn^{2+}，有机配体为 2-甲基咪唑；（b）UIO-66[32]，其中金属离子为 Zr^{4+}，有机配体为对苯二甲酸，Zr、氧、碳和氢原子分别为深灰色、黑色、灰色和白色

COFs 是一类由轻质元素通过可逆共价键连接而成的晶型多孔有机材料。与 MOFs 相似，COFs 的键合、拓扑结构、孔径和 COFs 壁上的官能团可以精确控制，但共价键合的骨架使 COFs 具有更优的机械和化学稳定性及生物相容性。大多数 COFs 具有不含金属离子的纯有机骨架，避免了 MOFs 中富集金属离子可能引起的酶变性或失活。此外，与其他微米/纳米颗粒相比，许多 COFs 的高孔隙率提供了优于其他微米/纳米颗粒的处理量，单位质量载体可以固定更高的生物催化剂。这些特性使 COFs 成为较理想的酶固定化载体[33,34]。但是，因为酶的固定与 COFs 的制备不能同时进行，大多数 COFs 固定化酶材料是通过酶在 COFs 表面或孔隙中的物理吸附和共价连接获得的。例如，胰蛋白酶物理吸附在介孔中空球形 COFs（DHATAB-COFs）的孔道中，最大负载量为 15.5μmol/g，固定化胰蛋白酶保留了游离酶 60%的催化活力[35]。TPMM COFs 对 α-淀粉酶具有高的吸附容量，酶负载量近 550mg/g，而且提高了酶在不同环境中的活性效率，促进了可重用性和储存稳定性[36]。葡萄糖氧化酶（GOx）共价键合在羧基功能化的 COFs（$COFs_{HD}$）上（图 6-7），形成 $COFs_{HD}$-GOx 用作比色生物传感器测定葡萄糖浓度[37]。这种基于 $COFs_{HD}$-GOx 的生物传感器保留了 GOx 的活性，对葡萄糖反应灵敏，线性检测范围为 0.005～2mmol/L，检测限低至 0.54μmol/L，而且具有良好的选择性、可回收性和储存稳定性，可重复用于葡萄糖检测至少 5 次，即使在储存 100d 后，相对活性仍然超过 85%。

HOFs 是由有机单体分子之间的氢键组装而成的多孔网络材料，同时其他非共价相互作用如静电相互作用、π-π 相互作用、范德华相互作用和偶极-偶极相互作用的存在进一步增强了框架结构的稳定性[38]。HOFs 具有与 MOFs 和 COFs 相似的合成设计原则，但与形成 MOFs 和 COFs 的配位键和共价键相比，HOFs 的结合作用相对较弱，但可逆性较强，这赋予了 HOFs 一些固有的优势，例如合成条件温和、溶液加工性好、可以通过简单的重结晶方法进行回收利用等，这些特性使 HOFs 成为优良的酶固定化载体材料[39,40]。此外，由于整体结构中不含金属离子，HOFs 表现出优于 MOFs 的生物相容性，可以避免金属离子对生物大分子的不利影响，更适于酶的固定化。Tang 等[41]以 1,3,6,8-四（对苯甲酸）芘自组装成高度结晶的 MHOFs，之后采用温和的从头组装将不同的双酶或三酶级联体系限域于长程有序的 MHOFs 中，得到 MHOFs 纳米级联反应器（图 6-8）。MHOFs 中的介孔传输通道有利于底物在活性位点之间的扩散，从而促进级联催化过程。这种构建的 MHOFs 级联反应显示出优异的活性、扩大的催化底物范围和超高的稳定性，使其能够在多孔载体中进行复杂的化学转化。

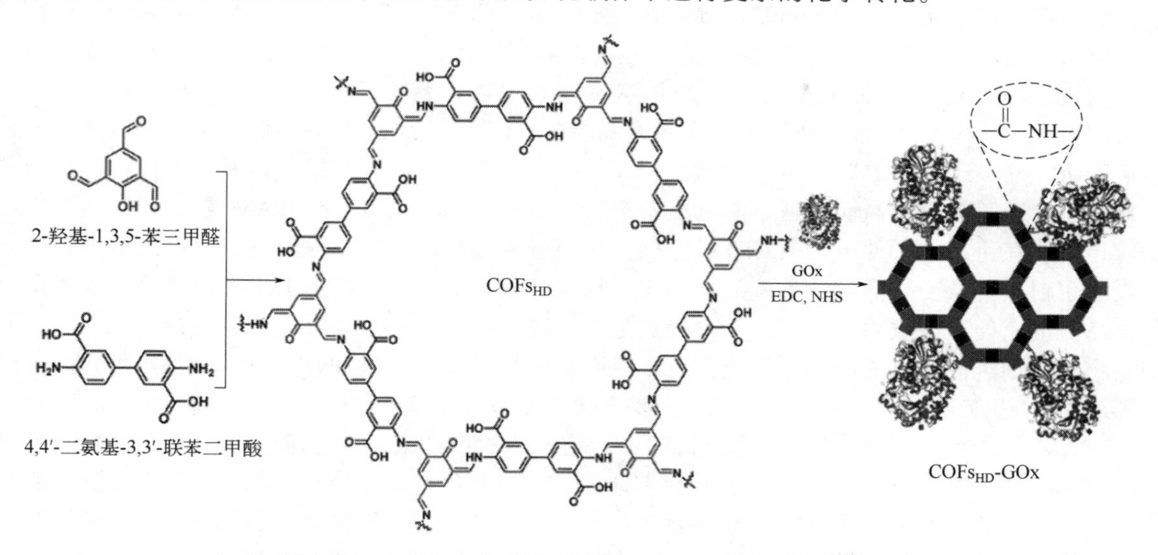

图 6-7　$COFs_{HD}$ 合成及 $COFs_{HD}$-GOx 制备示意图[37]

EDC=1-乙基-3-(3-二甲氨基)丙基-碳二亚胺盐酸盐；NHS=*N*-羟基琥珀酰亚胺

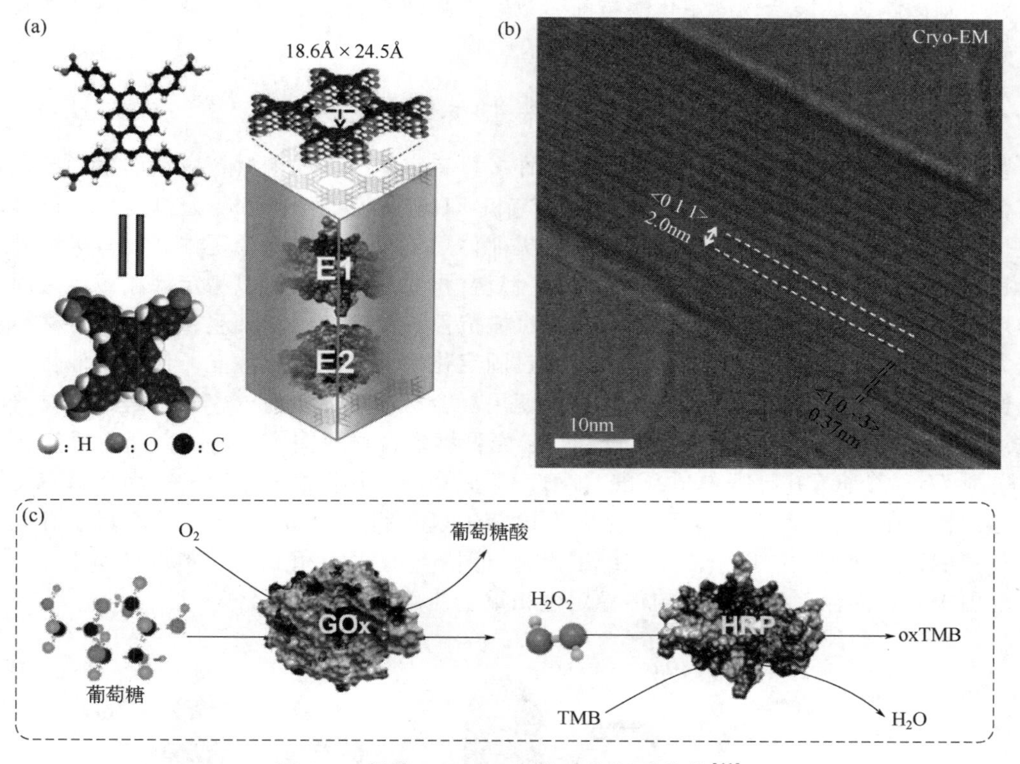

图 6-8　超稳 MHOFs 中的生物级联催化[41]

(a) MHOFs 级联纳米反应器的结构示意图；(b) MHOFs 级联纳米反应器的冷冻电镜（Cryo-EM）结构；(c) 葡萄糖氧化酶（GOx）-辣根过氧化物酶（HRP）双酶的级联化学转化，其中，TMB=四甲基联苯胺，oxTMB=氧化的四甲基联苯胺

6.2.1.8 刺激响应性聚合物

刺激响应性聚合物（stimuli-responsive polymers）又称智能聚合物（smart polymers），是一类可随着环境（如温度、pH 值、离子强度、溶剂极性、电场/磁场、光）变化发生剧烈构象变化的聚合物[42]。最典型的例子是热响应性和生物相容性聚合物聚 *N*-异丙基丙烯酰胺（pNIPAM）。pNIPAM 水溶液的最低临界溶液温度（LCST）约为 32℃，低于该温度时聚合物溶于水，而高于 LCST 时，由于疏水性相互作用增大引起水分子从聚合物网络中排出，聚合物溶解度随着温度升高而快速下降直至不溶（沉淀）。因此，利用 pNIPAM 固定化酶，生物转化可以在可溶的条件下（<LCST）进行，从而最大限度地减少扩散传质阻力以及由于载体表面蛋白质构象变化而导致的酶活性损失。反应结束后将温度提高到 LCST 以上会导致固定化酶沉淀，便于回收再利用。另一个优点是可以控制反应进程，当反应温度超过 LCST 时，生物催化剂沉淀并且反应基本停止。通常使用两种方法来制备酶-pNIPAM 偶联物：①在酶分子表面生成聚合物——将可聚合的乙烯基引入酶分子表面，然后与 *N*-异丙基丙烯酰胺（NIPAM）共聚生成聚合物；②酶与聚合物反应——酶表面上的氨基与含有反应性酯基的 pNIPAM 共聚物或含有 *N*-丁二酰亚胺酯官能团作为端基的均聚物反应。例如，青霉素酰化酶通过与含有活性酯基的 pNIPAM 共聚物缩合而固定化，所得的酶-聚合物偶联物表现出接近游离酶的水解活性，并且催化 D-苯基甘氨酸酰胺与 7-氨基脱乙酰氧基头孢菌素酸反应合成头孢氨苄的能力与游离酶相当[43]。

利用刺激响应性聚合物固定化酶与前一章的酶修饰方法类似，因为修饰酶容易回收再利用，故广义上也是一种固定化酶。

6.2.2 复合材料

鉴于无机和有机材料的上述独特性质，许多具有定制性能的新材料应运而生，旨在将它们结合起来以最大限度地发挥它们的益处。有机-有机/有机-无机/无机-无机复合材料可以综合发挥不同无机和有机载体的优势。通常无机前体赋予复合材料高稳定性，而有机组分由于丰富官能团的存在而有助于酶的结合。因此，复合材料载体通常可以稳定酶和载体之间的相互作用，并使生物催化剂在反应条件下更具机械抗性和稳定性[44]。而且，杂化复合材料载体通常为生物分子提供合适的环境，有利于通过固定化酶保持高催化性能，使生物催化系统可重复使用并保护其在储存期间的构象稳定。使用复合材料载体的另一个好处是这些材料的广谱适用性。例如，Girelli 等[45]使用二氧化硅-壳聚糖复合材料固定化漆酶，所得固定化酶对 2,2′-联氮-双-3-乙基苯并噻唑啉-6-磺酸（ABTS）底物的亲和性高于游离酶，而且具有良好的储存稳定性，在 4℃储存 7 个月后依然保留 40%的残留活性。Poorakbar 等[46]合成了介孔二氧化硅包覆磁性金纳米颗粒用于固定化纤维素酶（图 6-9）。固定化纤维素酶在较宽的 pH 值和温度范围内具有活性，具有较好的热稳定性和重复使用性。

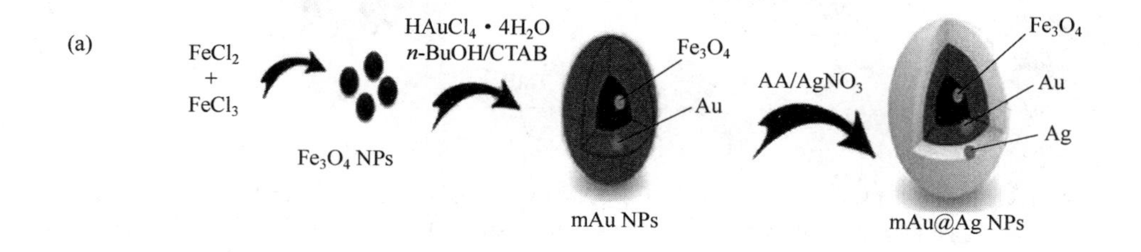

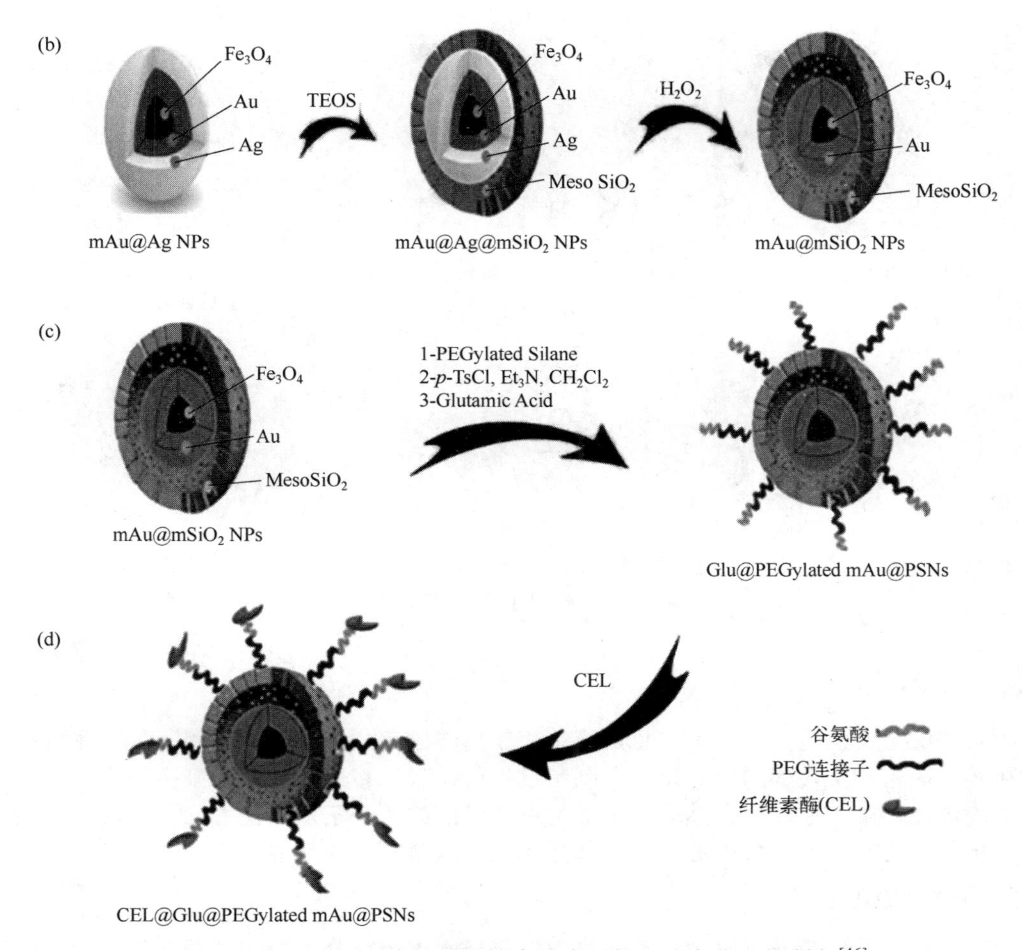

图 6-9　介孔二氧化硅包覆磁性金纳米颗粒及固定化酶的制备[46]

(a) 以共沉淀法合成的 Fe_3O_4 NPs 为内核，依次制备金磁纳米颗粒（mAu NPs）和银包金纳米颗粒（mAu@Ag NPs）；(b) 在 mAu@Ag NPs 表面包覆一层介孔二氧化硅壳，依次制备 mAu@Ag@mSiO_2 NPs 和 mAu@mSiO_2 NPs；（c）对 mAu@mSiO_2 NPs 依次进行 PEG 和谷氨酸修饰，制备谷氨酸修饰的 PEG 化纳米颗粒 Glu@PEGylated mAu@PSNs；（d）共价固定纤维素酶

CTAB：十六烷基三甲基溴化铵；n-BuOH：正丁醇；AA：抗坏血酸；PEGylated Silane：硅烷 PEG；

TEOS：正硅酸乙酯；Et_3N：三甲胺；p-TsCl：对甲基苯磺酰氯；Glutamic Acid：谷氨酸

6.3　传统固定化方法

固定化酶的性质由酶和载体材料的性质决定，两者之间的相互作用提供了具有特定化学、生物化学、机械和动力学特性的固定化酶。酶固定化方法主要有吸附、共价结合、包埋和交联等方法（图 6-10）。吸附法又分物理吸附、静电吸附和亲和吸附；包埋法基于载体的结构，又分为凝胶包埋和微囊化。由于酶分子和载体之间不存在共价相互作用，吸附法和包埋法均属于物理固定化方法。共价结合法和交联法因在酶的官能团之间形成共价键，属于化学固定化方法。

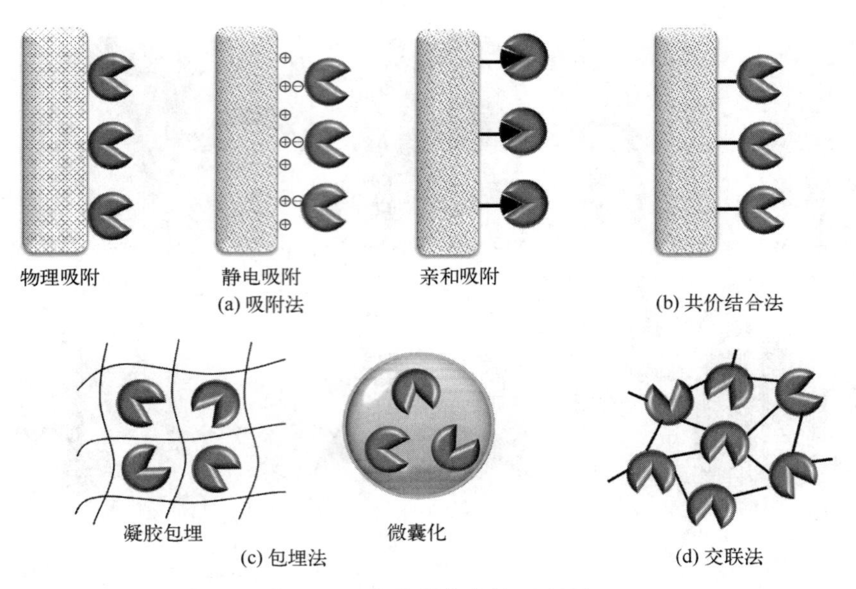

图 6-10　酶固定化方法示意图

6.3.1　吸附法

吸附法的定义及特点：吸附法是最简单和常用的固定化方法，它使用各种固体材料将酶吸附在其表面上，实现酶的固定化。在制备过程中，只需将固体载体在维持酶活性的合适条件下与酶溶液接触一段时间，然后经洗涤将未被吸附的酶分子从表面去除，回收固体颗粒即得固定化酶。工艺简单，条件温和，载体选择范围大且可再生反复使用。

6.3.1.1　物理吸附法

物理吸附法主要是通过氢键、范德华力以及亲水或疏水作用等非特异性作用力实现酶固定的方法。物理吸附过程通常不涉及载体的功能化修饰，因而无需额外的化学试剂，条件温和、成本低。而且，酶与载体间的相互作用可提高酶的稳定性，而不会破坏酶的天然立体结构，因此，固定化酶的催化活性保持率非常高。但是，酶在载体上的吸附作用相对简单，载体和蛋白质之间的弱相互作用使酶结合不牢固，酶分子易发生解吸而从载体上脱落。

可根据酶的特点、载体的来源与价格以及固定化酶的使用要求等因素选择相应的载体。常用的物理吸附载体很多，无机载体如活性炭、金属氧化物、硅藻土、硅胶、多孔玻璃、羟基磷灰石、陶瓷等，有机载体如纤维素、淀粉和多孔合成树脂等。

6.3.1.2　静电吸附法

静电吸附法也是一种物理吸附法，是在适宜的 pH 和离子强度下，利用酶的侧链解离基团与载体的带电基团间发生静电相互作用而产生吸附固定化效应的方法。此法常用的载体是一些阴、阳离子交换剂，如羧甲基纤维素、磺丙基纤维素、DEAE 纤维素、DEAE-葡萄糖凝胶、Dowex-50、Duolite 树脂（一种离子交换树脂的商品名）等。静电吸附法操作简单，条件温和，酶的高级结构和活性中心的氨基酸残基不易被破坏，能得到较高活性的固定化酶。但是载体和酶的结合力比较弱，容易受缓冲液种类或 pH 的影响，在高离子强度下进行反应，酶往往会从载体上脱落。因此，在使用时一定要严格控制 pH 值、离子强度、温度等操作条件。

6.3.1.3 亲和吸附法

亲和吸附法是利用酶和固定在载体上亲和配基间特异性相互作用的固定化酶方法。详见6.4.5.2节“非共价定向固定化”部分。

对于上述吸附法固定化酶，其性能调控的一般策略如下：

(1) 载体　对于无孔载体，酶分子主要吸附于外表面，颗粒越小，比表面积越大，酶负载量越高。但颗粒过小不利于分离回收。对于多孔性载体，载体材料的有效孔隙率（酶分子能够进入的空隙）决定了酶的负载量，而且孔径越大，颗粒越小，底物和产物的扩散传质阻力越小。

(2) pH　pH影响载体和酶的电荷，从而影响酶的吸附。特别是对酶而言，根据溶液pH值与酶的等电点（p*I*）间的差异，酶分子的表面可能带有正电荷或负电荷。当与载体表面电荷相反时，酶所带电荷越多，酶与载体表面的静电相互作用越强。但同时，吸附在表面的带相同电荷的酶残基之间的排斥力也会增强。此外，在较低或较高pH值下酶的变性趋势增加。因此，适当调整溶液的pH值，可以改善载体和酶分子之间的静电相互作用，从而影响酶的吸附和固定化酶的活性。

(3) 离子强度　离子强度具有多方面的影响。一般来说，离子强度增大时，酶与载体间的静电作用减弱，疏水作用增强，络合作用则变化不大。静电吸附固定化酶及其催化反应需在较低的离子强度下进行，一般不高于100mmol/L。

(4) 温度　温度升高有利于酶蛋白的疏水性吸附，但还要考虑酶的稳定性。一般在低温下进行吸附固定化。

(5) 初始酶浓度　一般来说，初始酶浓度越高，酶载量越大。但是，在高蛋白质浓度下，结合位点可能会很拥挤，并且可能会出现空间位阻，从而抑制酶与载体材料的相互作用。此外，由于酶的活性部位可能被阻断或底物传递通道变窄，底物无法与之契合。因此，在固定化中，选择合适的酶浓度既可以减少消耗的酶量，又可以避免蛋白质分子在载体上的过度负载。

6.3.2 共价结合法

共价结合法通过酶分子上的官能团与载体材料上的活性基团之间的化学反应形成稳定的共价键而实现酶的固定化，是应用最广泛的方法之一。酶可以直接与载体结合，也可通过不同长度的间隔臂连接。间隔臂使偶联生物催化剂具有更大的灵活性，因此与直接偶联生物催化剂相比，其活性可能增强。

影响共价固定化的因素包括载体材料的尺寸、可用官能团、反应条件（pH值、温度、离子强度等）、间隔臂的长度和性质等。偶联反应必须在不会导致酶活性丧失的条件（如低温、温和pH值、中等离子强度的缓冲溶液）下进行，并且酶的活性部位必须不受所用试剂的影响。

6.3.2.1 共价结合固定化载体

共价固定所用的载体必须具有在温和条件下可与酶分子结合的功能基团，同时具有一定的机械强度和较大的表面积。常用载体有天然高分子（壳聚糖、纤维素、琼脂糖、葡聚糖、胶原等）、合成聚合物（尼龙、多聚氨基酸、甲基丙烯醇共聚物、各种合成高分子树脂等）和无机材料（金属氧化物、多孔玻璃、介孔二氧化硅等）等。反应性官能团（如有机硅烷、明胶和聚乙烯亚胺以及其他亲/疏水性聚合物）可直接引入到载体上；或者，可通过使用官能化和活化剂对载体表面进行修饰以提供活性基团或反应活性更高的基团。常用的活化剂有：戊二醛（glutaraldehyde，GA）、溴化氰（CNBr）、羰基二咪唑（carbonyl diimidazole，CDI）、*N*-羟基琥珀酰亚胺（N-hydroxysuccinimide, NHS）和 1-乙基-3-(3-二甲氨基)丙基-碳二亚胺盐酸盐（EDC）。

6.3.2.2 共价结合固定化反应

酶分子中可与载体形成共价键的官能团有 α-氨基和 ε-氨基，α-羧基、β-羧基和 γ-羧基，巯基、羟基、咪唑基、吲哚基、酚基。在实际共价偶联中，最常用的是氨基、羧基和巯基。参与形成共价键的基团不应是酶活性中心基团或活性中心附近的基团，否则可能导致固定化酶活性的损失乃至完全丧失。多种偶联反应能够进行酶的固定化，如下所述。

（1）氨基反应 氨基在共价酶固定化中起重要作用。酶表面存在两种类型的氨基：①N 末端 α-NH_2（pK_a<7.5），在中性 pH 条件下反应；②赖氨酸残基的 ε-NH_2（pK_a=10.5），在偏碱性条件下反应。这些氨基促使蛋白质固定在具有活化亲电子的载体上，易于实现高效固定。用于固定的氨基反应不需要预活化和催化剂，去质子化氨基上自由电子对的存在赋予它们亲核特性，因而可以与载体上存在的环氧基、乙烯基或羰基官能团等各种亲电试剂相互作用。

① 在碱性条件下，氨基与醛基反应生成 Schiff 碱，进一步还原为稳定的仲胺键。常使用的还原剂有氰基硼氢化钠、硼氢化钠、硼烷、氢化物等。以硼氢化钠为还原剂时，必须在固定化反应的后期加入，否则会还原载体上的醛基，影响酶的固定化。

$NaCNBH_3$ —C(=O)H + H_2N— → —CH_2—NH— ，—CH_2OH

② 在偏碱性条件下，氨基与 N-羟基琥珀酰亚胺酯或其他活化的酯反应，生成稳定的酰胺键。

—C(=O)—O—N(琥珀酰亚胺) + H_2N— → —C(=O)—HN—

③ 在碱性条件下，氨基与环氧基反应，形成仲胺键。

—O—CH—CH_2(环氧) + H_2N— → —O—CH(OH)—CH_2NH— —($NaCNBH_3$或$NaBH_4$)→ —O—CH_2CH_2NH—

（2）巯基反应 酶分子中的半胱氨酸残基的侧链巯基具有高度的反应性，其亲核特性高于氨基，使其能够与各种亲电试剂反应。因为蛋白质分子中游离半胱氨酸含量相对较少（大部分形成二硫键），因此，通过巯基固定化酶可实现酶的定点固定。利用定点突变引入半胱氨酸残基，也是定点固定化酶的常用方法。

① 巯基与碳-碳双键发生加成反应，可形成稳定的硫醚键。例如，乙烯基砜可以在弱碱性 pH 值下与硫醇有效偶联，形成稳定的硫磺酰基键；丙烯酰化合物与巯基发生反应时会形成稳定的硫醚键。

—S(=O)(=O)—CH=CH_2 ，—CH=CH_2 + HS— → —S(=O)(=O)—CH_2CH_2—S— ，—CH_2CH_2—S—

② 巯基与马来酰亚胺的双键发生烷基化反应，形成稳定的硫醚键。在 pH 值 6.5～7.5，马来酰亚胺对巯基具有特异性，不与氨基反应（在较高的 pH 值下，可能与氨基发生一些交叉反应）。

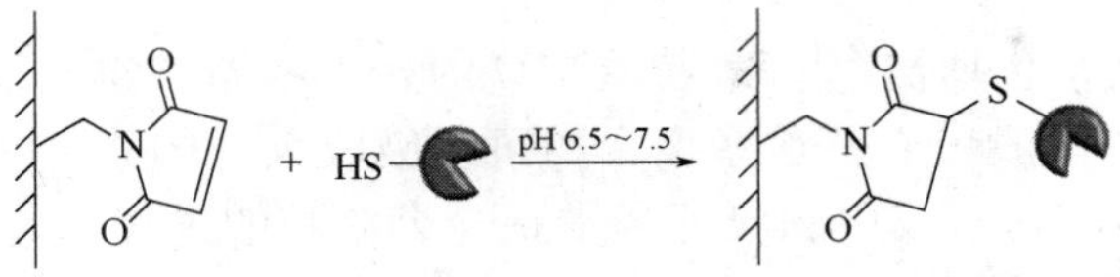

③ 在较宽 pH 条件下，巯基与二硫键可发生交换反应，在酶蛋白和载体之间形成可逆的二硫键。

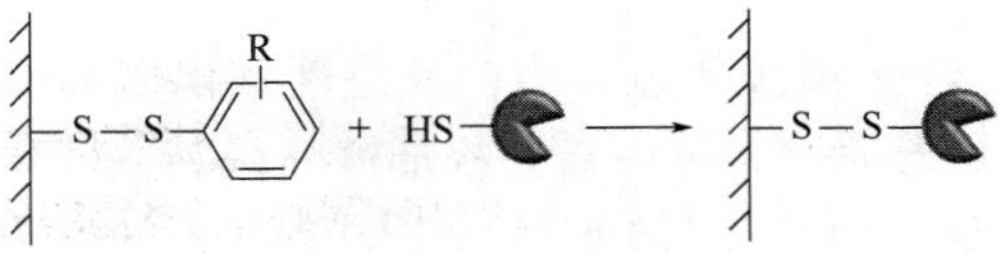

④ 在 pH 值 7.5～8.5，巯基与环氧基反应形成硫醚键。

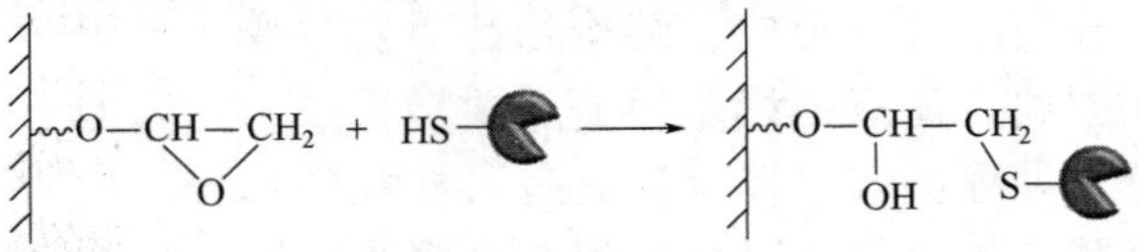

⑤ 在弱碱性条件下，巯基在开环过程中与氮丙啶类化合物反应，形成硫醚键。

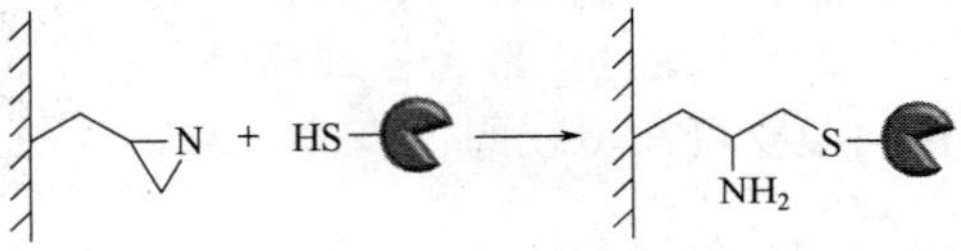

(3) 羧基反应　羧基大量存在于蛋白质的结构中，位于 C 端或天冬氨酸和谷氨酸残基的侧链位置。尽管如此，由于羧酸盐在水性介质中的低反应性，很难在这些基团上缀合蛋白质。羧酸可以通过活化基团（如碳二亚胺）转化成不同的活性酯，进而可以与各种亲核试剂（氨基等）反应。常用的碳二亚胺有水不溶性的 *N,N'*-二环己基碳二亚胺（DCC）和 *N,N'*-二异丙基碳二亚胺（DIC），以及水溶性的 EDC，其中 EDC 最为常用，其最佳反应 pH 值在 6～7 之间。有时在偶联反应中加入 NHS 以提高效率并产生更稳定的反应中间体。

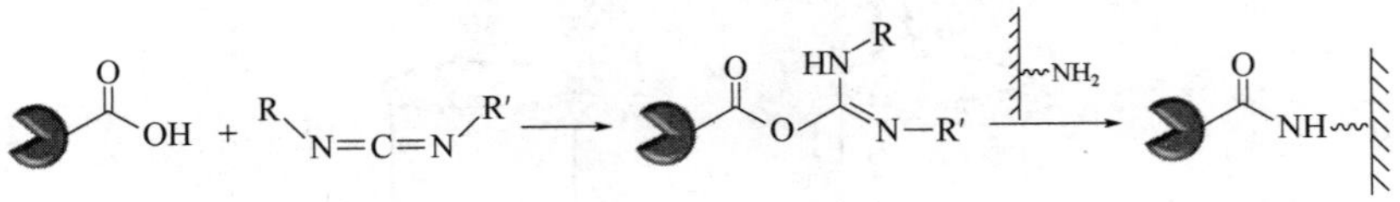

6.3.2.3 共价结合固定化的特点

共价结合法与吸附法相比，共价键提供了酶与载体间牢固的连接和最小的脱落可能性，赋予酶更高的稳定性和重复利用率，有利于其规模化利用。但是，一般共价键不可逆，酶一旦变性，载体将不可重复利用；而且酶和载体间的强附着是对蛋白质的一种显著改性，有时会导致蛋白质亲水/疏水性质的变化，从而显著影响活性；此外，由于固定化过程中酶分子与载体之间的化学反应较激烈，常常会引起酶高级结构发生变化，破坏部分酶活性位点，导致催化活性降低。因此，共价结合固定化酶的操作条件控制尤为重要。

6.3.3 包埋法

包埋法是将酶包裹在聚合物网络（凝胶晶格）或半透膜（如中空纤维或微胶囊）中的一

种酶固定化方法。因此，包埋法固定化酶可分为网格型和微囊型两种。根据不同的包埋方法和应用，包埋酶可以较容易地制成各种形状，如球形、膜状、纤维状等。

6.3.3.1 凝胶包埋法

凝胶包埋法又称网格包埋法[47]。凝胶由交联的聚合物网络组成，酶包埋后酶分子定位于凝胶内部的微孔中。一般来说，这些聚合物可以吸收大量的水，在保持三维形状的同时扩大其体积和总质量。酶在凝胶中的包埋通常是一个温和的过程，允许酶保持其天然结构。凝胶主要通过四种方式实现：溶胶-凝胶法、合成聚合物、天然聚合物交联和超分子组装[48]。通常，溶胶-凝胶形成硬凝胶，超分子组装形成软凝胶，合成聚合物和天然聚合物凝胶软硬皆有。

（1）溶胶-凝胶法　在溶胶-凝胶化过程中，反应性氧化物或醇盐等可溶性前体溶解在溶剂（醇-水混合物）中。反应开始时，可能需要添加酸性或碱性催化剂，单体经过水解反应生成活性单体，进而缩合形成“溶胶”（图 6-11）[49]。为了产生含有固定化酶的氧化物凝胶，可将酶添加到前体溶液中。在凝胶形成期间，水解前体经过缩聚过程。由于化学反应在凝胶形成后持续很长时间，导致凝胶的组成、结构和性质发生变化，因此可以对凝胶进行陈化以产生稳定的凝胶。在此期间，反应继续，但速度要慢得多。之后的干燥过程对凝胶形态起着关键作用。以不同的方式处理凝胶可以设计具有可控孔隙和表面积的定制材料。采用超临界 CO_2 干燥可快速去除凝胶中的溶剂，仍可保留三维凝胶网络，从而产生一种非常高比表面积的材料，称为气凝胶。在环境条件下干燥，因高表面张力的作用，凝胶会收缩产生较大的孔隙塌陷，变成干凝胶。通过添加合成或生物聚合物或离子液体等添加剂可以最大限度地减少凝胶收缩。溶胶-凝胶法制备的凝胶可涂覆在固体表面，或制成粉末或球体。

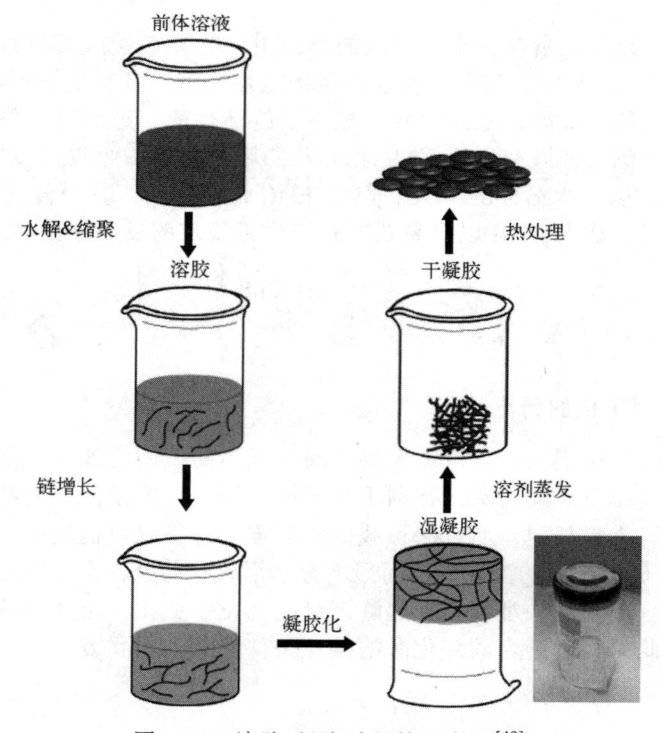

图 6-11　溶胶-凝胶过程的示意图[49]

以 β-半乳糖苷酶的包埋为例[50]，将 7mL 四甲氧基硅烷（TMOS）用 3mL 水和 0.1mL 盐酸（0.1mol/L）在室温下超声水解 20min，并加入 10mL 水。之后，向该混合物中加入 10mL 酶液，在轻轻搅拌下同时加入 10mL 0.1mol/L 的硼酸钠。添加硼酸钠后，混合物迅速固化，所得凝胶在 27℃下静置 24h。最后，将获得的凝胶用研钵研磨成细颗粒并用缓冲液清洗，分离得到固定化酶。

在溶胶-凝胶制备方法中，使用各种金属醇盐和/或改变制备条件（例如温度和原料量），可以轻松地改变载体的特性（包括孔径、疏水性和酸度）。由于凝胶化发生在室温下，且反应条件温和，因此目标酶的失活程度较低。

（2）合成聚合物凝胶包埋法　将酶包埋在合成聚合物的过程，涉及将酶与单体混合，有时还包括交联剂以及介导聚合反应的引发剂，通过形成自由基引发单体聚合，形成水凝胶（图 6-12）。自由基可通过光化学、氧化还原和酶介导产生。例如，聚丙烯酰胺凝胶是以 *N,N*-亚甲基双丙烯酰胺（BAAm）为交联剂、四甲基乙二胺（TEMED）为促凝剂、过硫酸铵/焦亚硫酸钠为引发剂，对丙烯酰胺（AAm）单体进行自由基聚合反应得到的产物。在酶固定化过程中，将适量的单体（AAm）和交联剂（BAAm）在水溶液中充分溶解后，加入一定量的酶溶液，混合均匀，之后向该混合物中加入引发剂，在 37℃水浴中放置 24h 完成交联聚合反应。反应结束后，将含酶的水凝胶取出并切割成小块[51]。此外，聚甲基丙烯酸羟乙酯（pHEMA）也是广泛应用的一种合成聚合物。例如，在 α-葡萄糖苷酶的包埋过程中，将酶与 HEMA 单体、BAAm、TEMED 混合，置于−18℃的冰箱中冷却，之后向该混合物中添加过硫酸钾（KPS）溶液，混合均匀，再次置于冰箱（−18℃）中保存 16h，即获得包埋酶的 pHEMA 冷冻凝胶[52]。该文献中，固定化酶的活性约为游离酶活性的 92%，其在 25℃下储存 10d 后酶活性保留 50%，重复使用 10 次后，活性下降了约 50%。

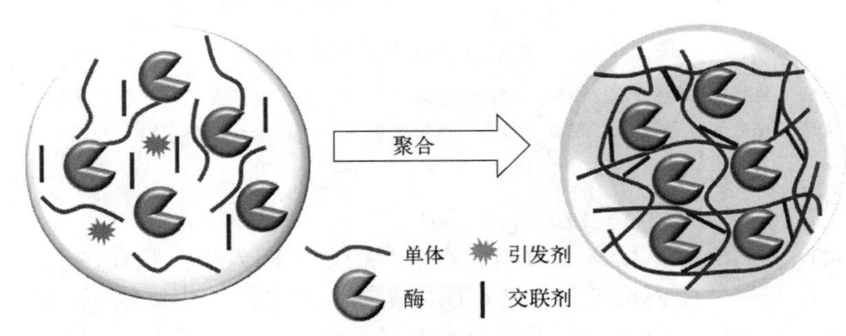

图 6-12　合成聚合物凝胶包埋酶制备示意图

（3）天然聚合物凝胶包埋法　天然聚合物凝胶可以是软凝胶也可以是硬凝胶，这取决于交联方法是否可逆。常用的凝胶载体有海藻酸盐、纤维素、壳聚糖、琼脂糖、卡拉胶、明胶、胶原蛋白和丝素蛋白等。例如，海藻酸钠是一种水溶性的天然阴离子多糖，通过添加二价阳离子如 Ca^{2+}、Mn^{2+}或 Ba^{2+}，可在非常温和的条件下发生凝胶化。Schons 等[53]用注射器将含锰过氧化物酶（MnP）的海藻酸钠溶液滴加到 $CaCl_2$ 溶液中，在 4℃下硬化处理 30min 后，分离得到固定化酶。与游离的 MnP 相比，该固定化酶的催化活性更强，热稳定性更好，可重复使用，并且在更宽的 pH 和温度范围内仍可使用。染料脱色和脱毒研究表明，固定化 MnP 对各种檀香型活性染料的脱色率均在 80%以上，能显著降低染料水溶液的毒性。

（4）基于低分子胶凝剂的超分子组装凝胶包埋法　低分子量凝胶剂（LMWG）是一种中小尺寸的有机分子（分子量<2000），能够自组装成延伸的三维（通常为纤维状）网状结构，将溶剂分子包埋在其中，从而形成凝胶。LMWG 在有机溶剂（或油）中自组装成凝胶，则称

为有机凝胶剂（或油凝胶剂）；在离子液体中自组装，则称为离子液体凝胶；在水中组装成凝胶，则称为水凝胶剂。这些凝胶剂通过氢键、范德华力、静电和疏水性相互作用、π-π 堆积等非共价相互作用使小分子可逆地自组装成固体状网络的超分子聚合物。自组装过程需要 LMWG 溶解在溶剂中，在加热和冷却、pH 变化和酶催化等刺激作用下，凝胶剂会自组装形成凝胶。例如，将含有肉豆蔻酸-L/D-苯丙氨酸-OH 的水性悬浮液加热直至所有内容物溶解并获得澄清溶液，当溶液冷却到常温但仍为溶液状态时，加入酶溶液并充分混合，继续冷却，即可形成含酶的超分子水凝胶（图 6-13）[54]。该水凝胶用于包埋辣根过氧化物酶和 α-淀粉酶，并保持酶的活性和稳定性。

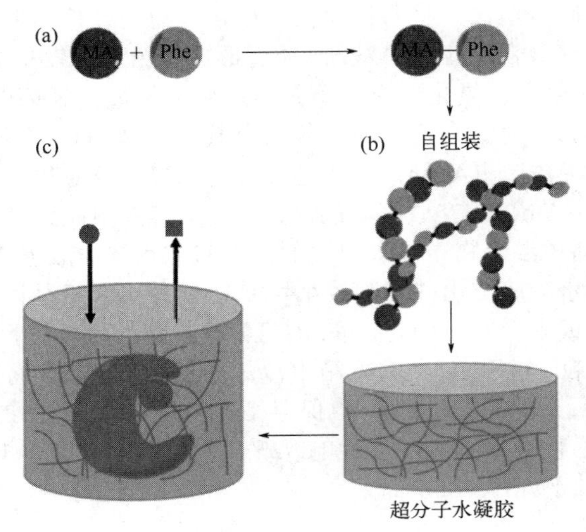

图 6-13　含酶超分子水凝胶制备示意图[54]

（a）利用肉豆蔻酸（MA）和苯丙氨酸（Phe）合成氨基酸结合物；（b）氨基酸结合物超分子组装形成水凝胶；（c）酶被包埋在超分子水凝胶中，底物（圆圈）可扩散进入凝胶发生反应，产物（方块）扩散出凝胶

6.3.3.2　微囊化法

微囊化法又称半透膜法，是基于酶和底物或产物分子的大小与膜孔径的差异，将酶包埋在具有选择渗透性的半透膜内的过程，半透膜限制酶，但允许反应底物/产物自由通过。酶被包裹在膜结合的小液滴或脂质体中，能阻止酶的脱落或直接与微囊外环境接触，从而提高酶的稳定性。由于微囊的比表面积很大，膜内外的物质交换也可以十分迅速，因此，微囊型比网格型更有利于底物和产物扩散传质。常用于微囊化的膜有尼龙、硝酸纤维素、醋酸纤维素、环氧树脂、胶原蛋白、聚砜、聚丙烯酸酯和聚碳酸酯等。制备微囊型固定化酶有下列几种方法[55~57]。

（1）界面沉淀法　高聚物在水相和有机相界面溶解度降低而发生凝聚，从而形成膜将酶包埋起来。常用的包埋剂有醋酸纤维素、硝酸纤维素、聚苯乙烯和聚甲基丙烯酸甲酯等。此法条件温和，酶活损失少，但是不易完全除去膜上残留的有机溶剂。

（2）界面聚合法　利用亲水性单体和疏水性单体在界面聚合，将酶包裹在形成的水不溶性聚合物膜内的过程。常用的包埋剂有尼龙膜、聚酰胺和聚脲等。此法制备的微囊大小能根据乳化剂浓度和乳化时的搅拌速度而自由控制，制备过程所需时间非常短，但在包埋过程中发生的化学反应会引起酶的失活。

（3）二级乳化法　将酶溶液先在高聚物（乙烯纤维素、聚苯乙烯）有机相中乳化分散，再在水相中形成次级乳化液。当有机高聚物固化后，每个固体球内包含着多滴酶液。此方法制备容易，操作简单，固定化可逆。但膜较厚，不利于底物和产物的扩散，且有发生渗漏的可能性。

(4) 脂质体包埋法　脂质体包埋法是将酶包埋于由脂质和/或磷脂分子构成的封闭双层液膜中的过程。脂质体具有制备简单、抗非特异性吸附能力强、在水溶液中具有高抗聚集性等特点。脂质体包裹的酶分子与本体液体物理隔离，而底物和产物通过膜的转移是可控的，同时底物或产物的膜透过性不依赖于膜孔径大小，而只依赖对膜成分的溶解度，因此可加快底物透过膜的速度。此外，脂质体还提供了一个非常灵活的细胞膜样环境，生物分子可以在其中保留其结构和生物活性，有助于稳定酶的活性和稳定性。

脂质体包埋酶的制备方法很多，如冻干水化法、薄膜水化法、挤压法、有机溶剂注入法、逆相蒸发法等[58,59]。以最简单的薄膜水化法为例，首先将类脂质（L-α-磷脂酰胆碱和胆固醇等）溶解在有机溶剂（氯仿）中，通过旋转真空蒸发器去除有机溶剂，使脂质在烧瓶内壁上形成一层均匀的薄膜；然后加入一定量的含酶缓冲液，充分振荡烧瓶使脂质膜水化脱落，即得含酶脂质体。但是该法包封率较低，形成的粒径较大，为多层脂质体[60,61]。

6.3.3.3　包埋固定化的特点

包埋法固定化酶是一种速度快、条件温和、成本低的方法。酶被包埋在多孔基质载体内，载体的孔结构允许小分子底物和产物通过，但阻止酶的渗出。由于酶和载体基质之间不形成共价键或吸附作用，对酶的空间构象影响很小，有利于保持酶的催化活性。但同时也存在一些问题。最主要的问题是对高分子底物传质的限制，使包埋固定化酶只适合用于小分子底物和产物的酶催化反应。因此，需要根据酶和底物的不同分子大小，精确设计具有适当孔径和基质特性的包埋材料。

6.3.4　交联法

6.3.4.1　交联法的定义及优点

交联法是一种无载体固定化技术，通过多功能试剂与酶分子间形成共价键而将酶分子相互连接得到一个大的三维复杂结构[62]。与其他方法相比，该方法的优点是：催化剂中的酶分子高度集中，不需要额外的（昂贵）载体，生产成本较低。

6.3.4.2　交联法固定化酶的种类

包括溶解态的酶交联体（cross-linked enzymes，CLEs）、交联酶晶体（cross-linked enzyme crystals，CLECs）和交联酶聚集体（cross-linked enzyme aggregates，CLEAs）（图 6-14）。1964年，Quiocho 和 Richards 发现溶解酶通过表面氨基与双功能化学交联剂（戊二醛）反应，可形成不溶性交联酶，并保持酶的催化活性[63]。然而，这样制备的交联酶的活性保留率较低、再现性差、机械稳定性低。

交联酶晶体（CLECs）比可溶性酶或冻干粉末更稳定，不易受热、有机溶剂变性和蛋白质水解。CLECs 的制备方法是让酶在最佳 pH 值下从水缓冲液中结晶，然后添加双功能试剂（通常为戊二醛）来交联晶体。所得到的 CLECs 是稳定的、高活性的固定化物，粒径可控，从 1～100 mm 不等，具体取决于酶与交联剂的比例和交联时间[64]。该方法具有广泛的适用性，非常适合工业生物转化。20 世纪 90 年代，Altus Biologics 公司曾将 CLECs 技术商业化，用作工业生物催化剂制备。然而，CLECs 的一个固有缺点是需要使用高纯度的酶并将其结晶，使得制备成本过高。因此，目前 CLECs 不再商业使用，已被 CLEAs 所取代。

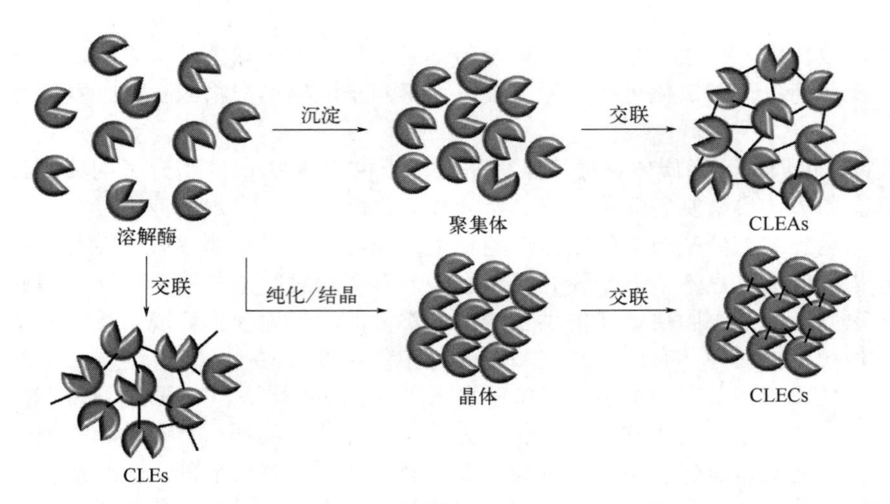

图 6-14　各种交联酶制备过程和形态示意图

CLEAs 使用更简单且便宜的沉淀法代替结晶法，向酶蛋白的水溶液中添加盐、水溶性有机溶剂或非离子聚合物，使其沉淀为蛋白质分子的物理聚集体。由于聚集体中的酶分子通过非共价键聚集在一起，对酶分子三级结构的影响很小，即不会发生变性[16,65]。这些物理聚集体的后续交联使其永久不溶，同时保持其预先组织的基础结构，从而保持较高的催化活性。由于通过添加硫酸铵或聚乙二醇从水介质中沉淀是常用的酶纯化方法，因此 CLEAs 方法基本上可以将酶纯化和固定化结合到一个单元操作中，不需要高纯度的酶原料。CLEAs 通常具有较高的时空产率和储存、操作稳定性，易于回收和再循环利用。CLEAs 技术可以应用于几乎任何酶的固定化，也可以将两种或多种酶共固定，用于催化级联生物转化过程。CLEAs 已应用于许多酶的固定化研究和应用，包括蛋白酶、脂肪酶、酯酶、酰胺酶、腈水解酶和糖苷酶等。

交联剂是一种具有至少两个反应性末端的化学分子，可以与酶表面的特定氨基酸基团结合，使聚集的酶分子交联成超分子结构，在某些情况下不会破坏蛋白质的三维结构。交联反应可以针对特定的氨基酸残基，如戊二醛、苯醌和葡聚糖-聚醛是赖氨酸残基间常用的交联剂，而聚乙烯亚胺和碳二亚胺用于交联谷氨酸或天冬氨酸残基。戊二醛通常是首选的交联剂，因为其价格便宜且易于大量获得。交联剂在载体和酶簇（羧基、巯基或氨基）之间提供强的键合，但若酶表面的赖氨酸含量相对较低，交联效率可能会较低。弥补这种表面氨基缺失的一种方法是将酶与含有大量游离氨基的聚合物（如聚赖氨酸或聚乙烯亚胺）共沉淀。此外，在 CLEAs 的制备过程中添加廉价易得的蛋白质（如牛血清白蛋白）有助于 CLEAs 的形成和保持酶的高活性。

6.3.4.3　影响交联酶性能的因素

CLEAs 的粒径对传质扩散和过滤性有直接影响，可以通过改变酶/交联剂的比例和交联反应时间等来调整粒度；在交联过程中，酶和交联剂的种类和浓度、搅拌速度、交联时间以及交联体系的温度和 pH 等都会影响最后 CLEAs 的活性和稳定性。无论如何，CLEAs 的固化交联反应条件需要严格控制和优化。交联过程使酶发生化学修饰，过度修饰会破坏活性位点，或引起酶构象变化，造成大量活性丧失。

6.3.5　固定化酶方法的比较

表 6-2 归纳了各种固定化方法的一些突出优缺点。每种方法都各有利弊，总的来说，物

理方法有利于保持固定化酶的催化活性，而化学方法有利于保持其稳定性。由于不同酶有不同的特性，没有一种包罗万象的“一刀切”的酶固定化方案。最佳的选择需要根据酶的特性、技术需求、应用和成本控制因素等进行综合考虑。

表 6-2　酶固定化方法的特性比较

特性＼方法	吸附	包埋	共价结合	交联
制备难度	易	较难	难	较难
结合强度	弱	强	强	强
扩散/传质	易	取决于载体孔径和底物分子量	较易	取决于聚集体或晶体的尺寸和底物分子量
活性回收率	高	高	低	中等
操作稳定性	较高	高	高	高
底物专一性	不变	不变	可变	可变
固定化费用	低	低	高	中等
应用	多数酶	小分子底物和药用酶	多数酶	多数酶

6.4　固定化方法的发展

吸附、共价结合、交联和包埋是基本的酶固定化方法，也称作传统固定化方法。基于这些基本固定化方法，固定化载体和方法的研究从未止步，不断发展，产生了许多新型固定化方法。本节介绍在基本固定化方法的基础上发展起来的新型酶固定化方法。

6.4.1　多重固定化

多重固定化是将吸附、共价结合、交联或包埋法联合使用进行酶固定化的方法，多用于解决一种基本的固定化方法不能解决的特定问题。与单一固定化方法相比，物理法和化学法相结合往往效果更好，可制备出既具有高催化活性又具有良好稳定性的固定化酶。

6.4.1.1　吸附-包埋法

吸附法最为简单，酶活力回收较好，但酶容易脱落；而包埋法具有稳定酶的保护作用。所以，可以先吸附后包埋，防止脱落酶的流失。例如，首先将脂肪酶利用静电作用吸附在功能化氧化锌颗粒上，再通过双(2-乙基己基)磺基琥珀酸钠反胶束包埋，进一步将其包埋在聚乙烯醇基微乳分子凝胶中[66]。基于聚电解质的逐层静电组装也可用于包埋吸附在纳米颗粒上的酶（图 6-15），聚电解质外壳可以防止酶的脱落并保护它们免受蛋白酶的水解[67,68]。因此，吸附-包埋法为酶提供了双重保护，所得固定化酶具有更高的稳定性和可重复使用性。

6.4.1.2　吸附-交联法

吸附-交联法是将酶吸附在载体表面后再用戊二醛进行交联，或者将酶固定在戊二醛活化的载体上。从固定的角度来看，两种方案都是首先通过载体吸附蛋白质，然后进行共价反应。然而，第一种方法中所有蛋白质表面都可能被修饰，酶与载体间可能发生强烈的交联，而第二种情况将酶的化学修饰减少到仅涉及固定的蛋白质基团。因此，用戊二醛交联吸附在氨基载体上的酶通常会产生更高的稳定性。吸附-交联的载体一般是离子交换剂、疏水性吸附剂和亲和吸附剂。例如，利用介孔洋葱状二氧化硅（Meso-Onion-S），通过酶吸附和随后的交联两步工艺制备（图 6-16）纳米级固定化脂肪酶（NER-LP）[69]，NER-LP 在剧烈振荡下 40d 后依然稳定，而没有交联的吸附脂肪酶（ADS-LP）在相同条件下由于酶的脱落而快速失活。

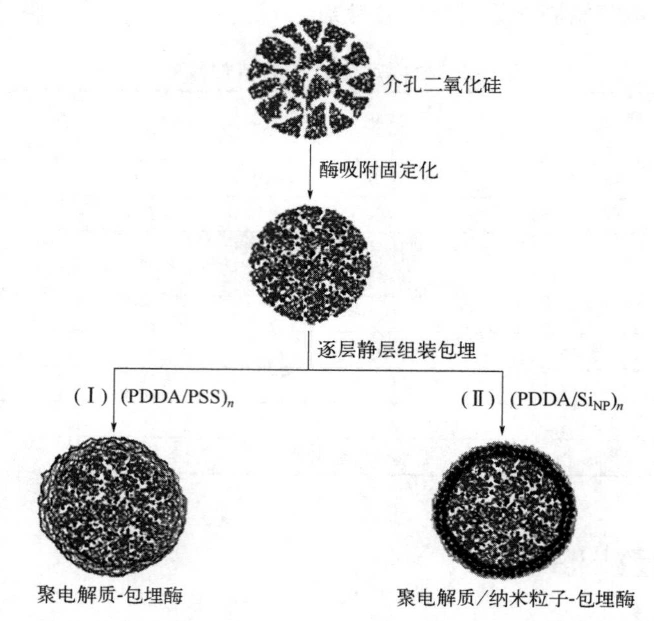

图 6-15　以介孔二氧化硅微球为载体的酶吸附-包埋示意图[68]

PDDA：聚二烯基丙二甲基氯化铵；PSS：聚苯乙烯磺酸钠；Si_{NP}：二氧化硅纳米颗粒

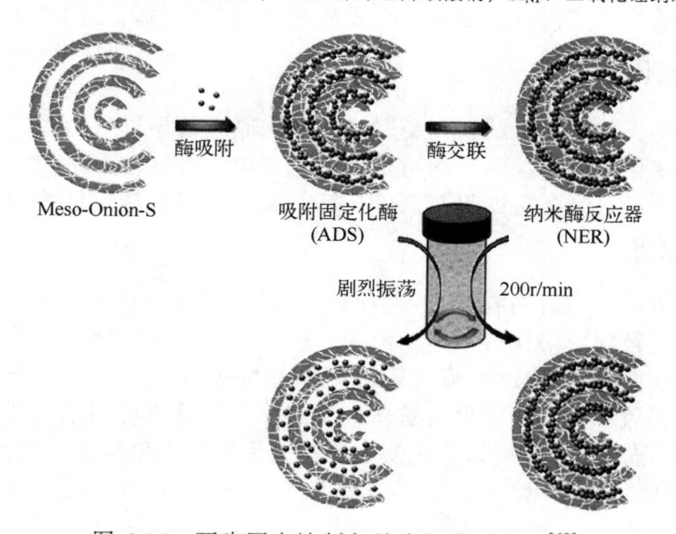

图 6-16　两步固定法制备纳米级酶反应器[69]

图左侧为未交联的吸附脂肪酶（ADS-LP），振荡条件下酶脱落严重；右侧是吸附-交联制备的固定化脂肪酶（NER-LP），酶负载量保持稳定

6.4.1.3　吸附-共价结合法

吸附-共价结合法是将酶分子物理吸附在载体表面，而后通过共价键连接成固定化酶。吸附-共价结合所用载体一般是具有多功能性的疏水或亲水性载体，常需要引入两种不同类型的

反应活性基团（如环氧基-氨基、乙醛基-氨基、辛基-乙醛酸、辛基-戊二醛），一种基团用于吸附固定，另一种则用于在酶与载体间形成多点共价连接。与传统的单点固定方法相比，这种多点固定提供了更高的稳定性。例如，利用硼酸-醛基琼脂糖载体对糖基化 CALB 固定化，先在中性 pH 下酶通过糖链的羟基与有机硼烷相互作用产生特异性结合而被固定，再在碱性条件下通过醛基和氨基之间的反应进行多点共价连接（图 6-17），得到的固定化酶与单点共价结合制备法相比，对有机溶剂和高温的耐受性增加 7 倍以上，比活性提高 5 倍[70]。但有些载体不需要额外的修饰，例如商品化疏水性环氧树脂不需要任何类型的外功能化，其在高离子强度下，酶通过蛋白质的外部疏水域发生吸附，而后亲核基团和环氧基团之间共价连接[71]。

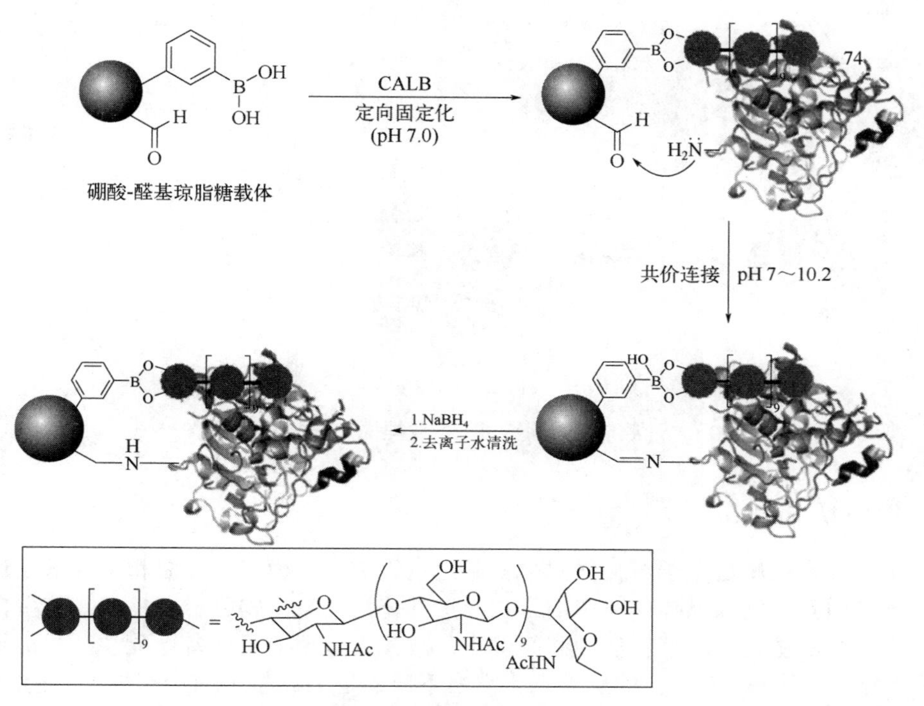

图 6-17　脂肪酶在多功能有机硼烷载体上的定向共价固定[70]

6.4.1.4　交联-包埋法

交联-包埋法是将酶用凝胶包埋并用戊二醛交联的过程，或者将酶液和双功能试剂交联成颗粒很细的聚集体后再包埋成颗粒。在固定过程中，酶的微环境可能发生改变，以提高酶在复合物中的稳定性。例如，将脂肪酶包埋在海藻酸钙-二氧化硅杂化凝胶微球中，并与戊二醛同时交联，所得固定化酶与简单包埋酶相比具有明显提高的催化活性和减少的酶泄漏率[72]；戊二醛交联后包埋在 κ-卡拉胶凝胶中的 α-糜蛋白酶具有明显提高的储存稳定性（至少两周内无活性损失）[73]。

6.4.1.5　共价-包埋法

共价-包埋法是将酶共价固定在载体表面后，再经包埋固定。由于共价结合增强了酶蛋白的刚性，并有助于防止酶高级结构中的亚基解离，同时起包埋作用的聚合物层保护生物催化剂免受外部环境的影响，这样形成的固定化酶具有优异的稳定性、可重用性和高生产率。

例如，将 2-脱氧核糖基转移酶（*Ld*NDT）共价固定在戊二醛活化的仿生二氧化硅纳米颗粒上，然后将生物催化剂包埋在海藻酸钙中（图 6-18），所得固定化酶的活性保留达到 98%，在较宽 pH 和温度范围内保持活性和稳定性，而且还表现出极高的可重复使用性（可重复使用 2100 次）[74]。

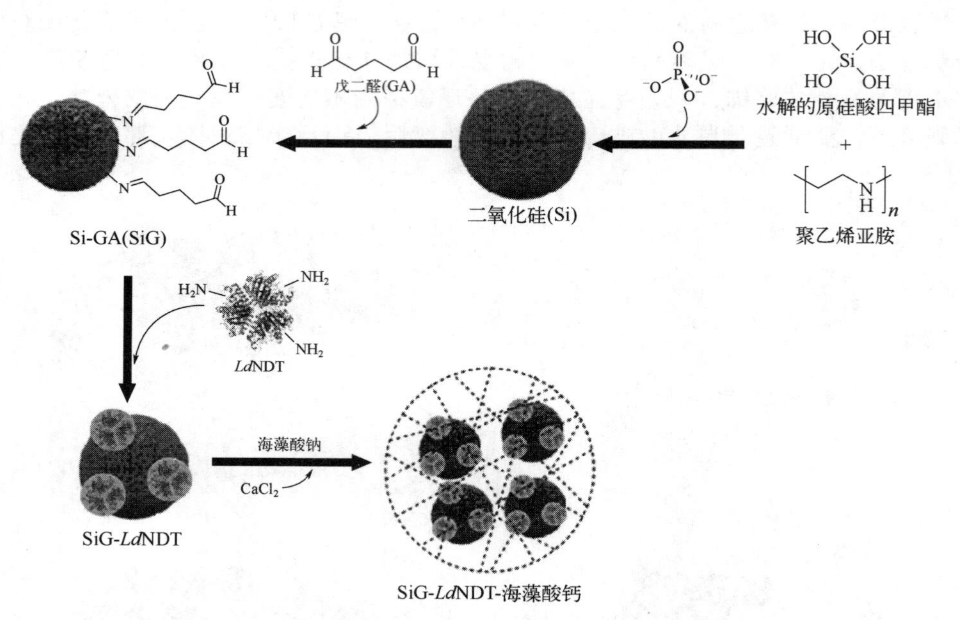

图 6-18　硅胶制备和酶的共价-包埋固定化过程示意图[74]

6.4.2　仿生矿化法

仿生矿化固定化酶是基于对自然界生物矿化过程的人工模拟、在温和条件下通过自组装过程将酶分子固定在纳米晶体材料中的方法。这种方法具有生物相容性良好、酶蛋白包封效率高和固定化酶的稳定性和催化活性高等优点，故颇具应用前景而备受关注。与传统的基于载体的“后合成法”（top-down）的酶固定化方法不同的是，酶的仿生矿化法固定化是一种“从头合成”（bottom-up）策略。在这种固定化方法中，作为有机组分的酶分子通过诱导作为无机组分的矿化材料在其自身周围的自组装过程将酶蛋白本身包埋在仿生矿化材料中，相当于为酶蛋白提供了一层坚实的盔甲，可大大提高固定化酶在极端条件下的稳定性。此外值得一提的是，仿生矿化法固定化酶克服了传统多孔材料固定化酶时的难题，即酶在通过后扩散的方法固定在预先合成的多孔载体材料中时要求载体材料需要有足够大的孔径以保证酶的扩散进入与固定化。在仿生矿化法固定化酶中，通过以酶蛋白为有机基质诱导仿生矿化材料直接在酶分子周围生长并实现后者的固定化，对酶蛋白的尺寸无明显限制。这些载体材料固有的孔径不仅可以允许底物和产物扩散到达酶的活性位点进行反应，还可以在很大程度上防止酶的浸出泄漏。

6.4.2.1　仿生矿化固定化酶的基本原理

生物矿化现象是指生命体从外界环境中吸收特定的无机金属离子和有机大分子以构建具有特殊结构的矿物的过程。生物矿化区别于普通矿化过程的一个显著特征是，生物矿化过程可实现在分子水平上对无机矿物晶体的成核、生长及堆积方式的调控，所得到的生物矿化材料具有精细的微观结构和特殊的生物功能。生物矿化现象在自然界中极其普遍，常见的生物矿化材料有各种软体动物的外壳及脊椎动物的骨骼和牙齿等。这些生物矿化材料通常具有较好的生物相容性、自组装的多级结构和极高的机械强度，为生命体提供了良好的机械支撑和保护作用。

随着仿生学的兴起和发展，人们一直致力于通过模拟生物矿化过程中有机基质分子指导和调控无机物的形成过程，设计和合成具有与天然矿物材料相似结构的人工有机-无机复合矿物材料，该方法即为仿生矿化法。以生物矿化材料为设计基础的仿生矿化材料为开发兼具高稳定性和高催化活性的固定化酶催化剂带来了发展契机。在将仿生矿化法应用于固定化酶时，最常用的方法是通过有机大分子（酶蛋白）和无机组分（矿物材料）的自组装过程在微观尺度上形成具有有序多级结构的酶-无机复合材料。在此过程中，酶蛋白作为有机基质既对矿物材料的组装过程起到一定的调控作用，同时又会与后者相互结合形成有机-无机复合材料。一般认为，仿生矿化过程中有机基质诱导矿化的机理是：有机大分子表面的官能团与过饱和溶液中的离子之间的相互作用降低了无机晶体成核步骤的活化能，由此可实现对矿化过程中的成核速率、成核位点和成核取向等因素的控制。这一过程的显著结果便是生物大分子被封装在仿生矿化材料内部，大大增加所包埋生物大分子的稳定性。

根据仿生矿化现象的普遍原理，已经开发出了多种用于仿生矿化固定化酶的仿生矿化材料。常见的材料有金属有机框架（MOFs）材料、磷酸盐材料、碳酸盐材料、氢键有机框架（HOFs）材料、金属离子-氨基酸络合物、仿生硅化物和仿生钛化物等。

6.4.2.2 MOFs 仿生矿化固定化酶

在众多 MOFs 材料中，沸石咪唑框架（ZIF）材料由于其优异的化学稳定性、热稳定性以及较好的生物相容性而成为研究应用最多的仿生矿化材料之一。在 ZIF 材料的晶体结构中，金属离子（主要是锌离子和钴离子）与具有 135°左右配位角的咪唑类配体以四面体的配位方式结合，得到的三维多孔结构与无机沸石材料的拓扑结构相同。由 2-甲基咪唑（2-mIM）和锌盐通过溶液扩散法或水热法等方法反应得到的分子筛拓扑结构的 $Zn(2\text{-}mIM)_2$ 化合物（即 ZIF-8）应用最多，该晶体一般呈典型的十二面体结构，是一种重要的仿生矿化材料。常见的用于仿生矿化法固定化酶的 MOFs 材料和应用举例见表 6-3。

表 6-3 常见的用于仿生矿化法固定化酶的 MOFs 材料和应用举例

MOFs	制备原料	酶	固定化效果	文献
ZIF-8	$Zn(CH_3COO)_2$，2-mIM	辣根过氧化物酶	固定化酶在 DMF① 中煮沸后保留 88%的酶活	[75]
ZIF-67	$Co(NO_3)_2$，2-mIM	腈水解酶	70℃时酶活残留 40%，游离酶失活	[76]
ZIF-90	$Zn(NO_3)_2$，咪唑-2-羧基醛	过氧化氢酶	DMF① 处理后剩余酶活 11.4%，尿素处理后剩余酶活 85.5%	[77]
MAF-7	$Zn(NO_3)_2$，3-甲基-1,2,4-三唑	过氧化氢酶	重复使用 10 次后无明显活性损失	[77]
Fe-MOFs	$FeCl_3$，均苯三甲酸	脂肪酶，葡萄糖氧化酶，乙醇脱氢酶	5℃储存 10d 后酶活无损失	[78]
Cu-MOFs	$CuCl_2$，4,4′-联吡啶	葡萄糖苷酶，葡萄糖氧化酶	阿卡波糖的检测限为 7.05nmol/L	[79]
HKUST-1	$Cu(CH_3COO)_2$，均苯三甲酸	乙醇脱氢酶	复合物的苯甲醛产率为游离酶的 4.3 倍	[80]
Ca-MOFs	$CaCl_2$，对苯二甲酸	α-淀粉酶	重复使用 10 次后无明显活性损失	[81]

① DMF：二甲基甲酰胺。

下面主要以研究报道最多的 ZIF-8 为例，介绍 MOFs 为载体的仿生矿化固定化酶及其性能。

ZIF-8 晶体可以在温和的条件（如水溶液中和常温常压）下合成，因此可利用 ZIF-8 的这一特性，在其合成过程中加入酶溶液，以实现酶在 ZIF-8 晶体中的原位包封固定化。这一过程中，ZIF-8 的形貌取决于配体和锌离子的浓度，而酶的加入对 ZIF-8 的晶体形貌无明显影响。在矿化过程中，作为有机基质的酶分子在温和的反应条件下诱导 ZIF-8 晶体的形成，同时将自身封装在 ZIF-8 晶体的多孔结构中。需要注意的是，由于 ZIF-8 晶体结构的孔径很小（0.3nm），这种方法得到的固定化酶中的酶蛋白是镶嵌在 ZIF-8 材料的框架中而非位于 ZIF-8 材料的孔或通道中。如图 6-19 所示，相比于传统的基于载体的酶固定化方法，该方法具有反应条件温和、操作简单和无酶活性损失等优势，且该方法允许尺寸大于孔径的分子封装在 ZIF-8 的晶体结构中，同时 ZIF-8 中的微孔能够避免生物大分子的泄漏并允许小分子底物和产物的传质扩散。此外，酶蛋白周围形成的 ZIF 保护层可为其提供较强的保护，使其免受生物、高温和有机试剂的损害，保证固定化酶在极端环境（较高温度、纯有机溶剂或胰蛋白酶溶液）下也具有很高的操作稳定性和催化活性。例如，以 ZIF-8 为载体通过仿生矿化法固定的辣根过氧化物酶在高温（153℃）的二甲基甲酰胺中孵育 1h 后仍保留 88%左右的酶活，而游离酶几乎完全失活[75]。这种快速且成本很低的仿生矿化固定化技术为生物大分子尤其是酶催化剂的工程化制备提供了新的可能性。

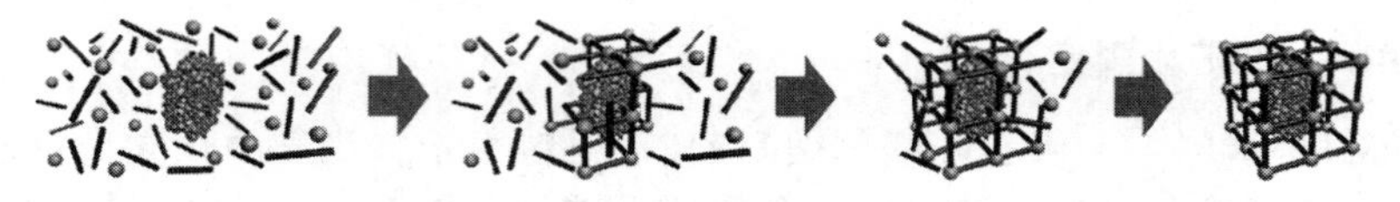

图 6-19　通过仿生矿化法一步法制备固定化酶的示意图（以 ZIF-8 固定化酶为例，其中小球为 Zn^{2+}，棍为配体 2-mIM，客体为目标酶蛋白）[82]

在酶诱导的仿生矿化过程中，酶蛋白的表面电荷性质和化学性质如等电点（p*I*）、zeta 电位和电荷分布情况对 ZIF-8 晶体在其周围生长的能力有很大影响，酶蛋白表面的适当负电荷性质会加速这个过程。模拟计算研究结果也证实，蛋白质的表面荷电性质是影响其诱导仿生矿化能力的重要因素。在 ZIF-8 包封酶的形成过程中，酶蛋白质表面与金属离子亲和较强的负电荷对于 ZIF-8 的成核过程起决定性作用。因此，对于蛋白质表面富含大量羧基残基的酶而言，其对金属离子较高的亲和性有利于酶的仿生矿化固定化。对于蛋白质表面羧基含量较少的酶而言，可通过化学修饰引入并增强酶蛋白表面的负电荷密度来促进酶在 ZIF-8 中的原位包埋过程。例如，牛血清白蛋白（bovine serum albumin，BSA）为酸性蛋白质，容易利用 ZIF-8 原位仿生矿化固定化，其表面的赖氨酸残基与琥珀酸（或乙酸）酐反应，增加其表面负电荷后仍可诱导仿生矿化；反之，如果将蛋白质表面的羧酸基团与乙二胺反应使蛋白质表面的正电荷增多，则不利于仿生矿化过程[83]。因此，对于酶的仿生矿化固定化，表面的简单化学修饰是控制仿生矿化过程的便捷策略。

对表面带有较多正电荷的酶蛋白而言，可通过添加辅助剂来加速酶的仿生矿化固定化，这种方法即为共沉淀法。常用的大分子辅助剂主要是聚乙烯吡咯烷酮（PVP）[84]。将 PVP 加入酶的水溶液中，然后再与含有 ZIF-8 前驱体的溶液混合均匀后培育可制备相应的酶@ZIF-8 复合材料。但是，由于诱导矿化的机理不同，仿生矿化法和共沉淀法得到的 ZIF-8 固定化酶的性能有所不同。例如，以脲酶为模型酶通过共沉淀法和仿生矿化法制备了两种固定化酶，二者的耐热性有明显的差距，当孵育温度超过 40℃后，共沉淀法制备的固定化酶的催化活性剧烈衰减，但仿生矿化法制备的固定化酶的催化活性在超过 60℃后才逐渐降低[84]。造成这一差异的主要原因是两种方法得到的脲酶@ZIF-8 结构中的酶蛋白分布情况不同。如图 6-20 所示，由 PVP 参与的共沉淀法固定化的酶倾向于分布在 ZIF-8 晶体的表面区域；与之相反的是，由仿生矿化法得到的酶@ZIF-8 复合物的整个样品中产生的空腔分布比较均匀。这说明共沉淀法更容易使固定化酶暴露于外部环境。因此，相较于共沉淀法而言，仿生矿化法可为原位包埋于其结构中的酶蛋白提供更好的保护作用。

图 6-20 脲酶@ZIF-8 在高温下煅烧后的 SEM 照片

（a）通过共沉淀法制备的脲酶@ZIF-8，插图为其材料表面形貌；（b）通过仿生矿化法制备的脲酶@ZIF-8，插图为其材料表面形貌[84]

对于在配体 2-mIM 溶液中较易失活的酶而言，共沉淀法会导致固定化酶的失活。原因是配体 2-mIM 引起的酶构象变化和竞争配位。对于这类酶而言，仿生矿化法更适合于其的原位包埋固定化。细胞色素 c（cytochrome c，Cyt c）的 p*I* 为 9.1，是一种典型的表面含有较多正电荷的酶，在以 ZIF-8 为载体的仿生矿化固定化过程中对金属离子的亲和性较弱。当原位包埋过程由缓慢的共沉淀驱动且酶不参与 ZIF-8 的成核时，酶@ZIF-8 纳米催化剂的催化活性较低。在对 Cyt c 进行表面修饰以增加负电荷量后，Cyt c 的这种原位包埋过程由酶蛋白触发的快速 ZIF-8 成核驱动，这时酶@ZIF-8 可以保持较高的活性[85]。

6.4.2.3 HOFs 仿生矿化固定化酶

HOFs 是由有机配体分子自组装而成的多孔晶体材料。构筑 HOFs 的单体分子通常不含金属离子，能提供非共价和非配位的定向相互作用的连接位点。这些分子通常分为两个部分，即中心主干骨架和氢键相互作用位点。骨架（或支架）部分通常决定最终材料的主体框架，而连接在构筑单元骨架边缘可产生氢键的官能团则通过分子间的 O—H···O、O—H···N、N—H···O 和 N—H···N 相互作用将单体分子连接形成 HOFs[38]。Liang 等[86]以四脒和四羧酸盐为单体分子在室温下水溶液中构建电荷辅助的 HOFs，这一 HOFs 在水和极性溶剂具有良好的稳定性，且显示出六重互穿的金刚石拓扑结构。之后他们发现在酶存在时，脒鎓阳离子会吸附在酶蛋白表面，这促进酶@HOFs 复合材料的形成使酶被封装在 HOFs 内部（图 6-21），这一形成方式与 ZIF-8 类似。值得一提的是，HOFs 固定化酶保留了天然酶的大部分活性，且与游离酶相比，HOFs 固定化酶的耐热性、尿素耐受性和抗蛋白酶性能都得到明显增强。

目前通过仿生矿化法合成 HOFs 固定化酶的报道较少（表 6-4），其原因是，与 MOFs 材料相比，用于构建 HOFs 的氢键相互作用较弱，且可以在水环境中合成并保持稳定的 HOFs 屈指可数。因此，需要进一步开发耐极性溶剂和可在温和条件下合成的高稳定性 HOFs。

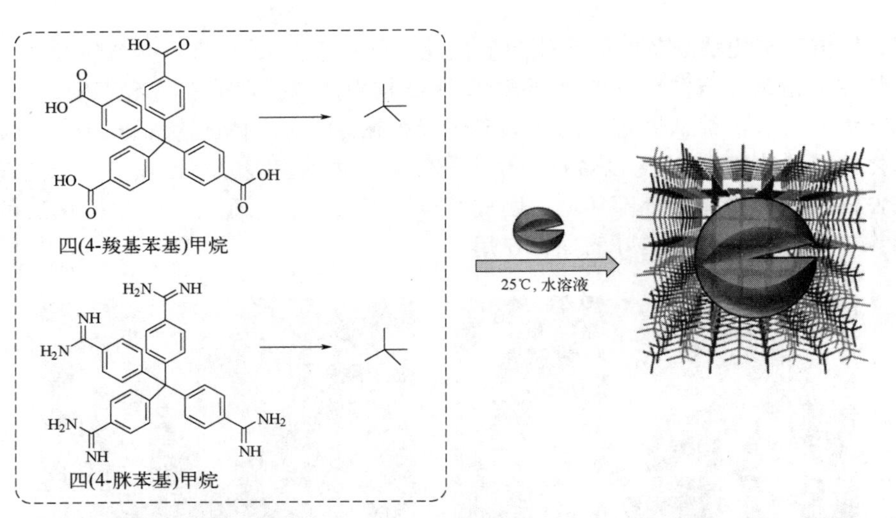

图 6-21 以四(4-脒苯基)甲烷和四(4-羧基苯基)甲烷为单体的 HOFs 用于仿生矿化法固定化酶示意图

表 6-4 以 HOFs 为载体的仿生矿化法固定化酶实例

单体	酶	固定化条件	固定化酶性能	文献
四(4-脒苯基)甲烷和四(4-羧基苯基)甲烷	HRP	25℃，水溶液	相对酶活为 76%，尿素溶液（6mol/L）中孵育 30min 后剩余酶活为 75%，游离酶为 10%	[86]
1,3,6,8-四（对苯甲酸）芘	GOx 和 HRP	25℃，水溶液	级联催化性能比 ZIF-8 固定化体系高 6.7 倍	[41]
四（4-脒苯基）甲烷和偶氮苯二甲酸盐	HRP	25℃，水溶液	催化性能比 ZIF-8 固定化体系高 1.5 倍	[87]

6.4.2.4 磷酸盐晶体仿生矿化固定化酶

2012 年，Ge 等发现了蛋白质（酶）-磷酸铜构成的复合纳米花材料，其中的酶表现出优异的生物催化性能[88]。他们以蛋白质为有机组分，磷酸铜为无机组分，在温和的条件下构建了酶@磷酸铜杂化材料，该材料的微观形貌呈纳米花（nanoflowers）状（图 6-22）[88]。这种新型的仿生矿化固定化酶的方法适用于多种酶（蛋白质）的仿生矿化固定化。一般认为，磷酸铜和蛋白质配位结合形成的络合物作为复合物的成核位点，酶-磷酸铜复合材料以此为基点逐渐生长为微米级大小的花瓣状粒子。具体机理如下：在初始阶段，蛋白质分子通过酰胺基团与 Cu^{2+}配位并形成复合物，这为晶核的形成提供了位置；在接下来的生长过程中，大的蛋白质分子团块和初级晶体逐渐形成，并出现单独的花瓣；在最后的生长阶段，酶蛋白充当将花瓣黏合在一起的“胶水”，诱导花瓣结构的组装并形成纳米花结构。

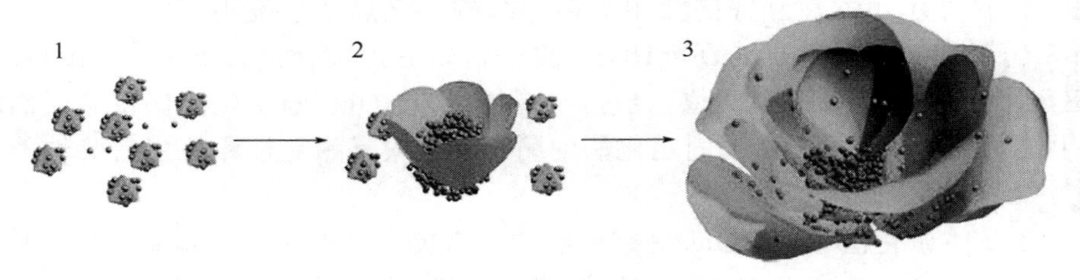

图 6-22 酶@磷酸铜纳米晶体的组装示意图[88]

1—晶核的生成和初级晶体的生长；2—晶体的生长；3—纳米花的形成

但是磷酸铜载体并不适用于所有酶蛋白的固定化，原因是铜离子容易导致一些酶蛋白构象的变化，从而导致酶的变性失活。此外铜离子是一种重金属离子，可对人体和环境造成有害的影响，不适合在工业催化领域大量使用。相对于铜离子，钙离子具有很高的生物相容性，以磷酸钙为代表的无机组分更是生物外骨骼的主要成分。由于与生物钙化硬组织的化学相似性，仿生磷酸钙（CaPs）材料具有出色的生物相容性并可以参与生物体的正常代谢，因此它们作为理想的生物相容性纳米材料广泛应用于固定化酶领域[89]。此外，受磷酸铜和磷酸钙材料的启发，其他磷酸盐材料如磷酸钴、磷酸镁和磷酸铁等也被陆续应用于仿生矿化固定化酶的研究中。

酶@无机物纳米晶体的制备过程简单，只需将金属的无机盐溶液加入到含有酶的磷酸盐缓冲液中培育即可形成纳米花结构的固定化酶。该方法得到的酶@无机物纳米花中酶蛋白被限制在无机物晶体内部，小分子底物/产物能够自由进出。与游离酶相比，酶@磷酸盐复合纳米晶体的活力和稳定性可大幅提高。固定化酶稳定性提高主要是纳米晶体结构对酶蛋白的保护作用，固定化酶活性增强的原因主要是酶和无机材料之间的协同和耦合效应及酶的变构效应。

6.4.2.5 其他纳米仿生矿化载体

除上述 MOFs、HOFs 和磷酸盐外，研究者还将仿生矿化的基本原理扩展到其他基于非共价相互作用的有机或有机/无机复合自组装材料的人工合成中，如基于金属离子和氨基酸配位作用的金属-氨基酸络合物[90]等，并将它们应用于酶在温和条件下的原位包封固定化。此外，一些温和条件下的缩合反应如基于共价作用的仿生硅化作用也被用于酶的仿生矿化固定化[91]。在此过程中，一些阳离子大分子（如聚赖氨酸、聚精氨酸、聚组氨酸）或聚合物（如聚乙烯亚胺和聚丙烯胺盐酸盐）不仅可以通过氢键或静电引力在生物硅化过程中起催化硅醇单体的缩聚作用，还可以作为有机模板在硅化过程中对矿化产物的形貌和粒径进行调控。

综上，酶可以通过诱导仿生矿化材料在酶分子周围的自组装过程将酶蛋白本身包埋在仿生矿化材料中。相比于在载体材料合成后的固定化方式，如物理吸附（包括外表面吸附和孔吸附）或共价结合等，基于仿生矿化材料的酶原位包埋法具有反应条件温和、操作简单、包封效率高和无生物活性损失等优势，且位于仿生矿化材料晶体中的酶分子与包埋材料的各种弱相互作用（如氢键作用、范德华力和疏水相互作用）有助于稳定酶蛋白的结构和阻止酶蛋白从载体材料中泄漏。此外，这种从头开始的酶固定化方法涉及由酶分子诱导的矿化材料成核及其在酶分子周围的生长，因此对酶蛋白的尺寸大小无特殊限制，通用性更大。

6.4.3 生物印迹固定化酶

生物印迹（bio-imprinting）固定化酶是将底物、底物类似物、抑制剂或其他成分（盐和聚合物）加入到酶溶液中，使其与酶分子结合，形成印迹构象，再用吸附、共价结合、包埋、交联等方法将该印迹构象定格（固定）。在此过程中，印迹分子可以诱导酶活性中心构象发生变化，形成一种高活性的构象形式，并在底物进入之前一直保持这种构象。因此，这种固定化技术可提高固定化酶的催化活性和稳定性。

生物印迹是提高无水有机介质中酶活性和稳定性的有效策略。与非印迹酶相比，印迹酶在无水介质中的构象刚性大大增强，催化反应速度显著加快。因此，基于生物印迹的酶固定化技术在提高固定化脂肪酶的催化性能中占有重要的地位。该方法可以巧妙地与“诱导的开放构象”（即“界面活化”）相结合，增强脂肪酶的催化性能。例如，Cao 等[92]在溶胶-凝胶包埋过程中用脂肪酸的底物类似物对脂肪酶进行印迹，印迹的脂肪酶的活性分别是游离和非印迹固定化脂肪酶的 47.9 倍和 2.5 倍。Liu 等[93]将生物印迹和界面活化的脂肪酶固定在大孔树脂上，活性提高了 21.7 倍，热稳定性和有机溶剂耐受性增强，使用 50 次后仍保留 92%以上的初始活性。Sampath 等[94]在表面活性剂 Tween 60 和乙醇的存在下，用油酸对脂肪酶（CRL）

进行生物印迹，并将其与 BSA 和聚乙烯亚胺（PEI）共聚沉淀，然后以戊二醛为交联剂制备交联酶聚集体（CRL-CLEA），该过程提高了脂肪酶对鱼油的水解效率。脂肪酶的印迹技术拓宽了脂肪酶在油脂化学、医药和生物能源等领域的应用。

6.4.4 基于酶修饰的固定化酶

修饰后酶的固定化是利用化学试剂或化学交联剂对天然酶进行化学修饰，进而使用合适的固定方法对修饰后的酶制剂（可溶性或不溶性）进行固定化。此外，还可以对固定化酶进行进一步修饰，以进一步改善酶的性能。

6.4.4.1 先修饰后固定

酶的化学修饰包括对氨基酸残基修饰、引入不饱和键、改变酶的亲/疏水性等。例如，利用聚乙二醇、右旋糖酐、琥珀酸、邻苯二甲酸、马来酸酐、糖类等修饰酶。与基因修饰相比，化学修饰（详见第 5 章）一般难以完全控制修饰过程（除非与定点突变相结合），并且批次间制备的重复性较差。但是，化学修饰具有如下优点：①针对已经折叠的酶进行修饰，克服了基因修饰可能对蛋白质表达和折叠产生的不利影响；②只有外部基团被修饰，修饰基团的类型不限于氨基酸，引入化合物的性质和类型具有多样性。

化学修饰可提高酶的稳定性，甚至可以提高酶的选择性、特异性、活性，以及细胞渗透性。在某些情况下，化学修饰只是为了促进酶的固定化，如增加反应基团的数量可能会增加酶与载体间的结合位点，或者通过阳离子或阴离子基团的变化允许酶在某些载体上进行静电吸附。例如青霉素 G 酰化酶（PGA）在 pH 7.0 时不能吸附在 DEAE-或 PEI-以及羧甲基（CM-）或硫酸葡聚糖（DS-）包被的载体上，而蛋白质表面的化学氨化和琥珀酰化可以使酶分别固定在阴离子、阳离子载体上，并且固定化量取决于酶表面修饰的程度（图 6-23）[95]。商品化葡萄糖淀粉酶在高度活化的乙醛-琼脂糖载体上的固定化非常缓慢，但用乙二胺对羧基进行化学修饰后，氨基化酶可以快速固定在该载体上，保留 50%的活性，稳定性比游离酶提高 500 倍[96]。

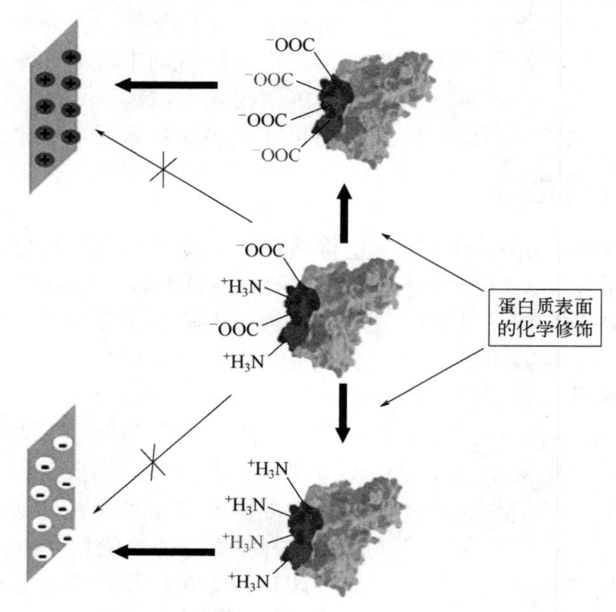

图 6-23　蛋白质的化学修饰提高离子交换剂对蛋白质吸附示意图[95]

上：酸化（羧基化）修饰提高酶在阳离子载体表面的静电吸附；

下：碱化（氨基化）修饰提高酶在阴离子载体表面的静电吸附

此外，修饰酶还常用于提高固定化酶的性能。例如，辣根过氧化物酶（HRP）通过将糖链中的多糖残基氧化成醛类后与胱胺的伯胺基团反应引入二硫键，并化学吸附在金电极上。化学吸附的修饰 HRP 的催化活性比物理吸附在金上的天然 HRP 的活性高近 40 倍，而且由此设计的过氧化氢电流型生物传感器具有高灵敏度和低表观米氏常数（K_m）值[97]。过氧化氢酶（CAT）用邻苯二酚衍生物修饰后再共价固定在二氧化钛亚微球上（图 6-24），所得固定化 CAT 具有高酶载量（500mg/g）和增强的操作稳定性、热稳定性和储存稳定性，重复使用 19 次后依然保持初始活性的 75%[98]。如图 6-24 所示，修饰后 CAT 的自聚是高酶载量的重要原因。云芝漆酶氨基化修饰后固定在乙醛基琼脂糖载体上，其热稳定性提高了 280 倍，而且固定化酶可重复使用 10 个反应循环，活性损失可忽略不计[99]。

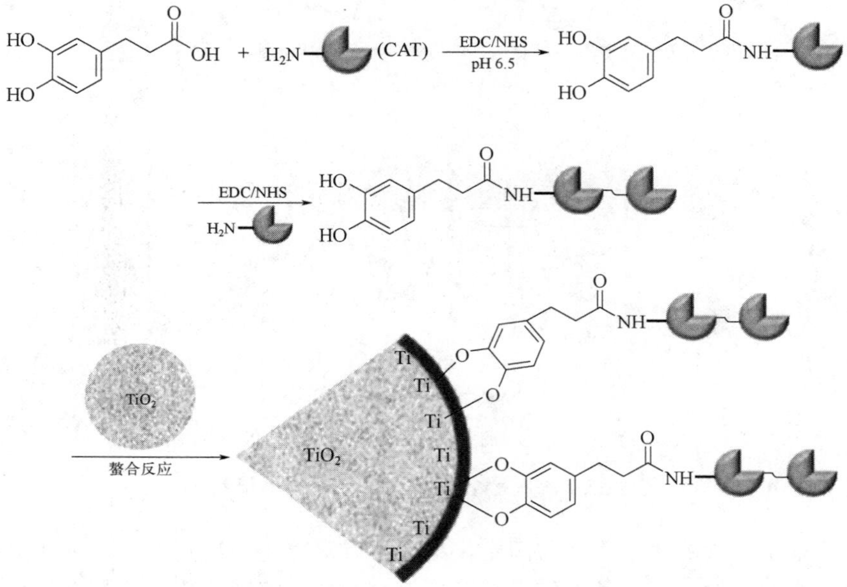

图 6-24　过氧化氢酶（CAT）的先修饰后固定化策略（CAT 发生多层固定）[98]

6.4.4.2　先固定后修饰

先固定后修饰，是先将酶固定在载体上，然后再进行物理或化学修饰。与游离酶的修饰相比，固定化酶的修饰有一些优势，特别是对大规模制备而言。①修饰过程更简单且更容易控制，通过过滤或离心分离即可终止反应，分离回收修饰的固定化酶；②可以使用更稳定的酶形式（例如通过多点或多亚基固定化），对反应条件的抵抗力增加，允许更激烈的修饰条件（pH、温度、有机溶剂）；③酶的一些关键基团（活性位点基团等）可能受到载体表面的保护，从而减少这些基团与化学试剂的接触；④由于固定化酶分子已经牢固地附着并完全分散在载体上，可以避免不希望发生的副反应，例如酶分子间的化学反应或聚集；⑤化学修饰对酶活性的负面影响可能会降低。

酶固定化后的修饰可以极大地改善固定化酶的最终性能。例如，尿嘧啶核苷磷酸化酶（UP）是一种多聚体酶，首先将其静电吸附在 PEI 改性的环氧树脂（Sepabeads FP-EC3）上，然后用氧化葡聚糖（聚多醛）对其进行处理，使氧化葡聚糖与酶和 PEI 的游离氨基反应，在蛋白质亚基和载体之间形成多点共价交联［图 6-25（a）］。形成的固定化酶的活性和稳定性与未修饰的固定 UP 相比均得到提高[100]。头孢菌素 C 酰化酶静电吸附在氨基化载体（HA）

上，并用戊二醛进行酶分子间交联，之后分别用 PEI 和壳聚糖等氨基化大分子（AM）进一步修饰［图 6-25（b）］[101]。经 PEI 修饰的固定化酶制剂的热稳定性为游离酶的 20 倍，K_m 值（14.3mmol/L）远低于未修饰的酶制剂（33.4mmol/L）。甲氧基聚乙二醇对固定化 NAD^+ 还原氢化酶的修饰进一步提高了固定化酶的稳定性，但在固定化前进行酶修饰时未观察到这种效果[102]。

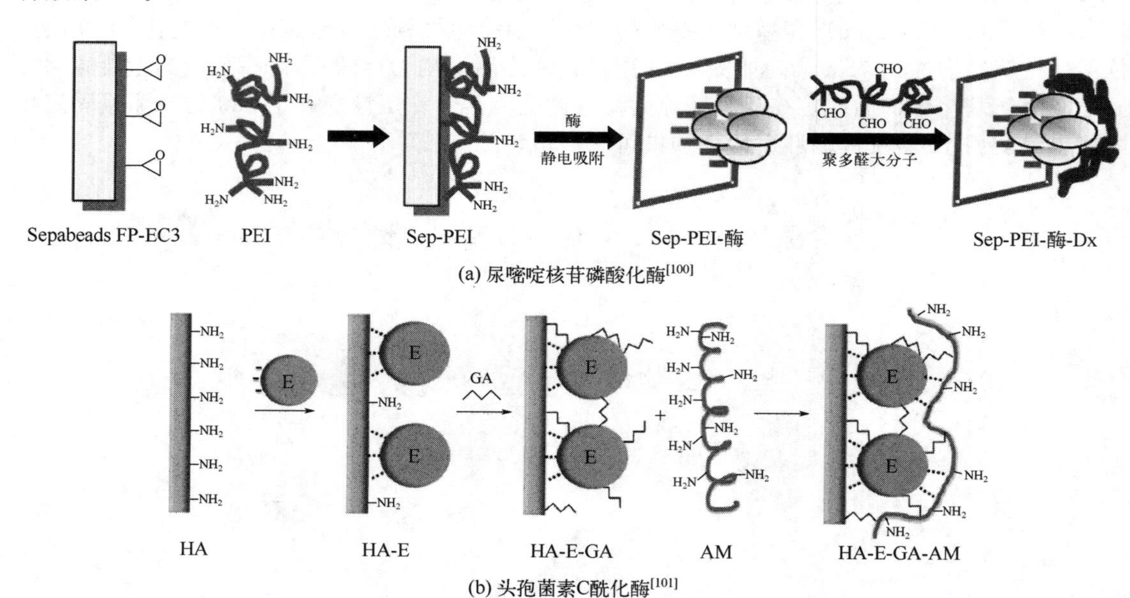

AM：氨基化大分子；E：酶；GA：戊二醛；HA：LX-1000 HA 载体

图 6-25　酶固定后再进行化学修饰的流程图

许多研究表明，酶的化学修饰与固定化结合可以改善酶的稳定性、对映体选择性和重复使用性，为工业酶的设计和制备提供了新的可能。开发新的固定化方法和设计更具体的化学修饰剂可以增加将固定化与化学修饰结合使用的机会，有利于获得更优性能的生物催化剂。

6.4.5　定向固定化

传统的固定化方法中，固定化酶的空间取向存在很强的随机性［图 6-26（a）］。当酶的活性位点中心朝向或接近载体表面时，由于空间位阻效应，底物分子难以接近或进入酶的活性位点，从而导致酶的催化性能大幅下降。另外，由于酶分子上往往存在多个相同的氨基酸残基，因此随机共价固定化过程中，酶分子可能和载体之间形成多点交联，导致酶的构象受到破坏，从而破坏酶的催化性能。

因此，酶的定点和定向固定化非常重要。如图 6-26（b）所示，通过对酶进行理性筛选和设计，将酶的特定位点（通常远离酶的活性中心）以共价或者非共价的方式同载体结合，可实现酶的定向固定化。酶的定向固定化有利于控制酶分子的活性中心在载体上的取向，从而保留固定化酶的活性。经过长时间的发展，酶定向固定化技术已经得到长足进步。目前实现酶定向固定化的方法主要有：①共价键合，主要是通过天然氨基酸残基上的基团（氨基、巯基等）和非天然氨基酸残基上的基团（叠氮基等）与载体上的活性基团进行共价键合；②非共价结合，主要是通过各种特异性亲和结合作用实现。本小节重点阐述酶的定向固定化方法，并将其与酶的随机固定化进行比较。

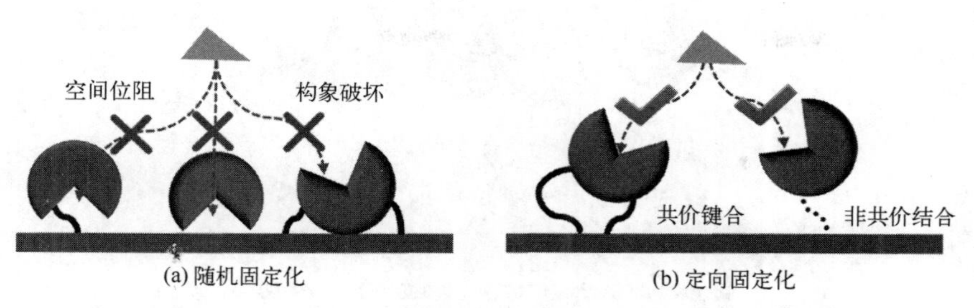

图 6-26　固定化酶空间取向和多点结合对活性位点的影响和底物作用的比较

：酶；　：底物分子

6.4.5.1　共价定向固定化

酶通过共价键与固定化载体键合能够创造稳定的生物催化剂，固定化后的酶不易从载体表面脱落。酶共价定向固定化到载体表面的方式有两种：一种是利用酶分子特定位点的活性基团同载体上的基团发生化学反应；另一种方式是通过外源酶催化目标酶上特定的氨基酸序列与载体进行偶联。后者较前者的反应条件更温和，专一性更强。

（1）化学反应介导的共价定向固定化　氨基（$—NH_2$）和巯基（—SH）是酶中两种常见的活性基团。氨基多数来自于酶 N 末端或赖氨酸（Lys）残基侧链，其中 Lys 在酶中的比例大约为 6%～10%，并且大多数分布在酶的表面，故酶分子表面氨基含量丰富。NHS、醛基（aldehydes）和环氧基（epoxide）都与氨基具有较高的反应活性，可以与氨基反应实现酶的固定化。但酶表面存在太多的氨基，因此利用氨基进行酶固定化存在很大的随机性，无法有效控制固定化酶的取向。与氨基相比，巯基仅来自酶中的半胱氨酸（Cys），且酶中游离的 Cys 含量较少，因此 Cys 更适合实现酶的定向固定化。但酶中大多数 Cys 以二硫键的方式存在，因此利用 Cys 进行酶的固定化，通常需要利用基因定点突变在特定的位点引入新的 Cys。巯基的反应活性较氨基更高。巯基的 pK_a 约 8，在 $pH<9$ 的条件下，大部分的巯基处于去质子化状态，具有较强的亲核性，更容易和活性基团发生反应。

如图 6-27 所示，有三种官能团常修饰在载体表面用于同含有游离巯基的酶进行共价反应，分别为马来酰亚胺（maleimide）、乙烯砜（vinyl-sulfone）和巯基。马来酰亚胺同巯基的反应选择性高，条件温和（pH 6.5～7.5）且快速，能够通过迈克尔加成反应生成相对稳定的硫醚键。在较高的 pH 条件下，马来酰亚胺同氨基也具有较高的反应活性，从而会降低反应的特异性，因此要注意控制 pH 值。另外，当反应体系中存在亲核能力同巯基相近的基团时，会发生桥连（linker）交换反应，发生硫醚键的断裂，酶分子脱落。因此，在进行偶联反应时，应当保证反应体系中不存在二硫苏糖醇（dithiothreitol，DTT）或者谷胱甘肽等竞争性物质。研究表明[103]，当巯基和马来酰亚胺发生加成反应后，对生成的产物施加适当大小的机械力（如超声）能够促进马来酰亚胺五元环的开环水解，从而有效地减弱逆迈克尔加成反应，提高 C-S 键的稳定性。相较于马来酰亚胺，乙烯砜基团在水相中更加稳定，不易发生自身水解，在 pH 7～9.5 的条件下能够同巯基高效反应。但乙烯砜基团的选择特异性不如马来酰亚胺强，在较高的 pH（>9）条件下，能够与氨基或者羟基发生反应。另外对巯基而言，在氧化条件下它们容易发生分子间反应生成二硫键，因此在载体表面修饰二硫键探针，可以通过“巯基-二硫键交换反应”将含有游离 Cys 侧链巯基的酶定向固定到载体表面。但是与天然二硫键性质相似，这种固定化方式生成的共价键在还原性试剂（如巯基乙醇、DTT 等）的存在下容易发生解离。

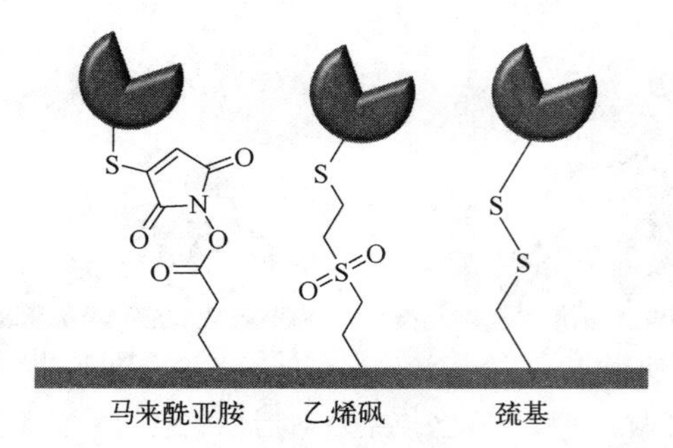

图 6-27　三种常见的用于酶定向固定化的巯基的反应

利用 Cys 进行酶的定向固定化，用于固定化的 Cys 位点应当远离酶的活性中心，否则容易损伤酶的活性。Liu 等[104]用无机焦磷酸酶（pyrophosphatase，PPase）为模型酶，通过定点突变分别在 PPase 表面靠近和远离活性位点的位置构建了两个含有游离 Cys 的突变体 MT1（靠近）和 MT2（远离），分别通过随机吸附和定向固定化将 PPase 的野生型和两个突变体（MT1 和 MT2）固定到金纳米粒子表面。结果表明，MT1 和 MT2 通过定向固定化分别保留原始酶活的 69%和 91.2%，而随机固定化的酶的活性仅残余原始酶活的 45%。这表明定向固定化有利于保留酶的催化活性，并且适当筛选固定化位置，从而暴露出酶的活性位点能够最大限度保留酶活。Viswanath 等[105]为了定向固定枯草杆菌蛋白酶（subtilisin），将其 145 位丝氨酸（Ser）突变为 Cys，S145C 可以通过侧链巯基与载体表面的马来酰亚胺的迈克尔加成反应实现酶分子的定向固定，对照组则通过酶表面氨基与载体表面醛基经过席夫碱反应进行随机固定。结果发现，定向固定化后能保留原始酶活的 83%，而随机固定化的酶活性仅为原始酶活的 48%。

固定化体系通常较为复杂，如果要利用天然氨基酸（natural amino acid）实现酶的定向固定化，往往存在反应特异性较差的问题。因此生物正交化学（bioorthogonal chemistry）受到广泛关注。一些典型的“点击化学”（click chemistry）反应因其温和的反应条件、高特异性、对水和氧气的高耐受性和产物的稳定性而广泛应用到蛋白质工程研究[106]（图 6-28）。非天然氨基酸（unnatural amino acid，UAA）的发展为“点击化学”反应在酶定向固定化领域的应用提供了极大的便利。A. M. Wang 等[107]通过定点突变分别将脂肪酶的 50、137、243、274 和 355 位的酪氨酸（tyrosine，Tyr）突变为含有叠氮基（—N_3）的非天然氨基酸 4-叠氮基-L-苯丙氨酸（4-azido-L-phenylalanine，AzF）。然后通过 SPAAC 环加成反应将酶定向固定化到含有环辛炔基团的载体表面［图 6-28（b）］。作为对照，研究人员同时利用戊二醛将野生型脂肪酶随机固定到含有氨基的载体表面。结果表明，243 和 273 位点突变的脂肪酶定向固定化之后活性分别为野生型游离酶的 121.3%和 137.1%，是随机固定化脂肪酶的 6 倍和 6.8 倍。然而 355 位点突变后的脂肪酶定向固定化之后，活性比随机固定化脂肪酶还低。这可能是由于 355 位点处于脂肪酶的活性位点中心，因此固定化后酶活性中心被遮蔽或受损。

（2）酶催化介导的共价定向固定化　利用一些酶分子对蛋白质中特定氨基酸或氨基酸序列的识别作用，可以实现酶催化介导的定向固定化反应。在目标酶分子上插入特定的氨基酸序列，就能够使得负责催化的酶分子识别目标酶分子，并将其偶联到相应的载体上。转肽酶 A（sortase A）是一种来自于革兰氏阳性菌的转肽酶，能够识别 LPXTG 氨基酸序列（其中 X 为任意氨基酸残基），当转肽酶和该序列结合之后，形成酶和特异性序列的复合中间体，苏氨酸（T）和甘氨酸（G）之间的肽键被切割，随后外源性甘氨酸短肽的氨基或者脂肪胺的氨基能够和序列中的苏氨酸进行反应生成新的酰胺键，从而实现末端含有 LPXTG 序列的酶的定点固定化。Ito 等[108]在糖基转移酶的 C 末端插入 LPETG 序列（图 6-29），然后通过转肽酶 A 的转肽作用将酶分子固定到琼脂糖微球表面（含氨基）。与利用戊二醛随机固定化相比（固定化率 56%），转肽酶 A 介导的固定化率较低（33%），这与转肽酶 A 催化过程中受到的空间位阻和特异性序列的含量有关。但是这种定向固定化后的酶的活性保留高达游离酶的 90%，而通过戊二醛进行随机固定化后酶的活性保留仅为 25%。

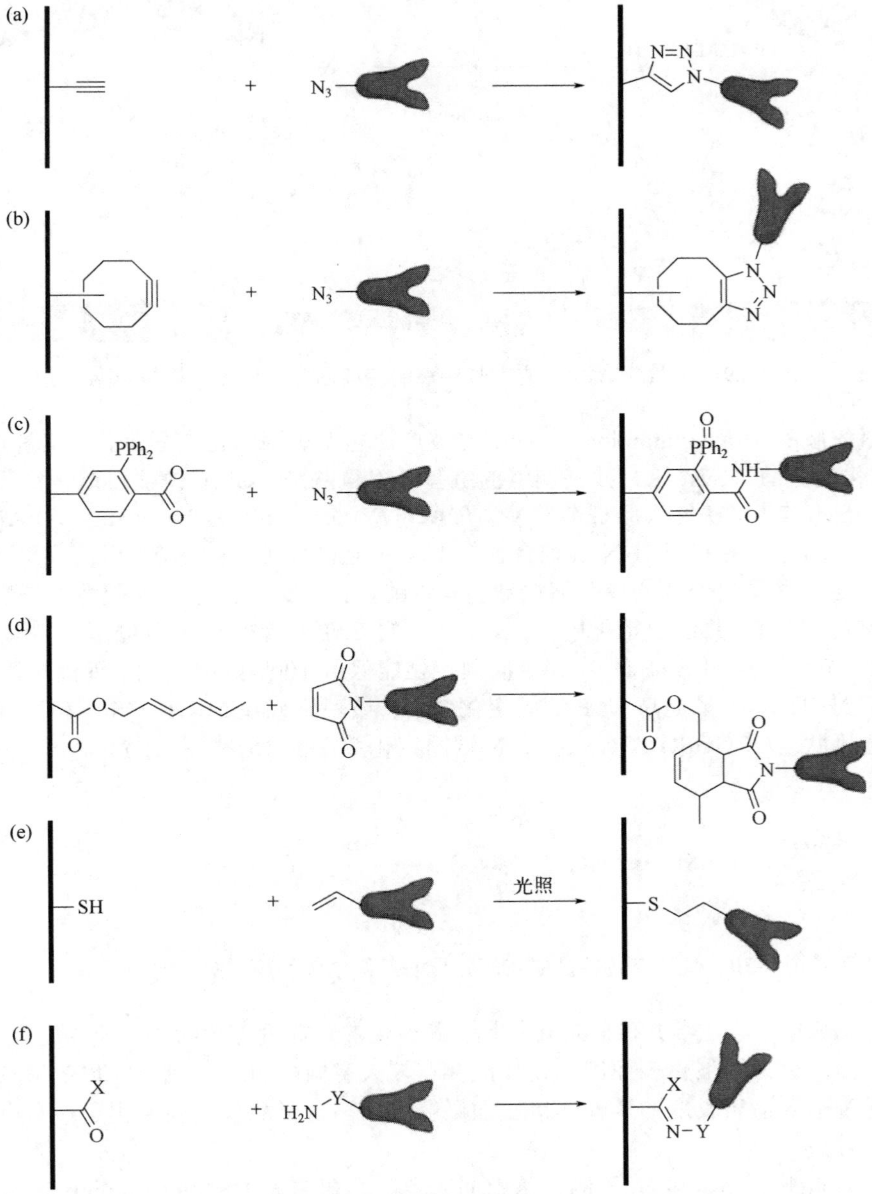

图 6-28　几种典型的“点击化学”反应（酶分子经定点突变引入不同的 UAA，具有不同的活性基团，便于“点击化学”反应）

(a) CuAAC 环加成反应；(b) SPAAC 环加成反应；(c) Staudinger 反应；(d) Diels-Alder 环加成反应；(e) Thiol-ene 加成反应；(f) 肟连接反应[106]

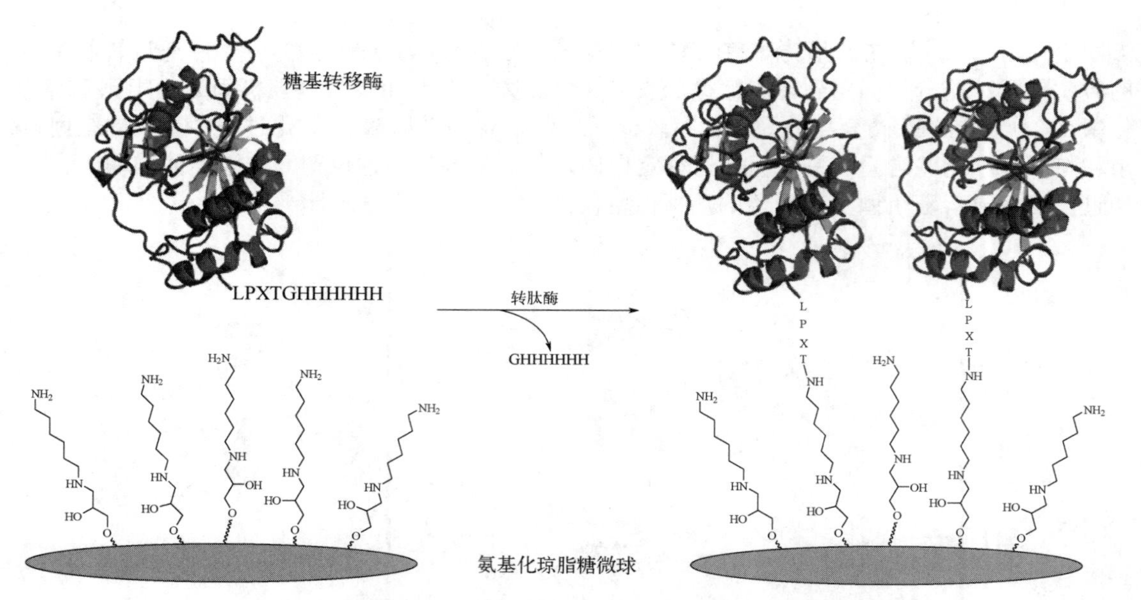

图 6-29　转肽酶 A 介导的糖基转移酶定向固定化到琼脂糖微球[108]

转谷氨酰胺酶（transglutaminase，TG）也被广泛应用于酶的定向固定化。如图 6-30 所示，TG 能够催化赖氨酸（Lys，K）残基侧链的氨基和谷氨酰胺（Gln）的侧链酰胺键反应生成共价键。Tominaga 等[109]研究大肠杆菌碱性磷酸酶（*E. coli* alkaline phosphatase，EAP）的定向固定化，在对酶分子的 C 端或 N 端融合含有 Lys 的短肽序列 MKHKGS 后，利用 TG 催化将 EAP 定向固定到酪蛋白修饰的琼脂糖微球。其中酪蛋白修饰是为了引入活性谷氨酰胺，用于 TG 催化反应。与随机共价固定化相比，TG 介导的 EAP 固定化效率较低（36%）。但是在活性保留方面，TG 介导的 EAP 的 N 端定向固定化能保留 100%的酶活性，而随机固定化 EAP 活性剩余不到 50%。为了提高 EAP 的固定化效率，该项研究在 MKHKGS 序列和酶分子之间引入柔性连接肽（GGGGSGGGGS），使 N 端固定化效率由 36%提升到 71%。

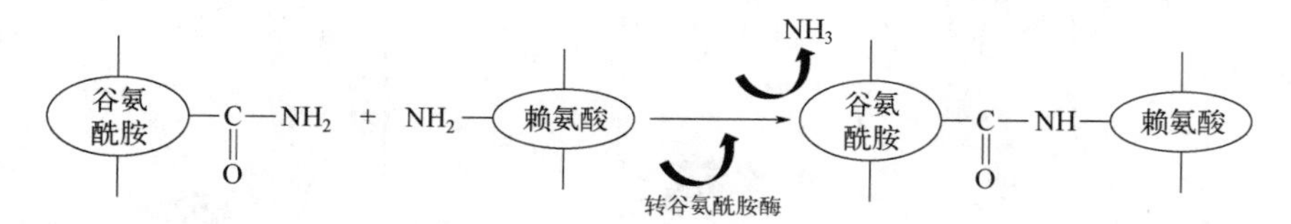

图 6-30　微生物转谷氨酰胺酶介导的谷氨酰胺和赖氨酸之间的交联

上述结果表明，与化学共价固定化相比，酶催化的定向固定化特异性高，反应条件温和，酶活保留率高。因为酶催化表面固定化反应存在较大空间位阻，一般固定化效率较低。这一问题可以通过引入适当长度的柔性连接肽加以解决。因此，酶催化固定化是很有应用前景的定向固定化方法。

（3）SpyCatcher-SpyTag 介导的共价定向固定化　蛋白质中的肽键（peptide bond）对生物体的构建至关重要，它是由氨基酸的 α-羧基与其相邻 C 端方向氨基酸的 α-氨基脱水缩合形成的酰胺键，即—CO—NH—。异肽键（isopeptide bond）也是以酰胺键为主体，但是同肽键不同，异肽键是通过两个氨基酸侧链羧基或侧链氨基缩合而成［图 6-31（a）］。

SpyCatcher-SpyTag 系统是 Howarth 等实验室在 2012 年开发的[110]。该系统来自于酿脓链球菌（*Streptococcus pyogenes*）粘连蛋白 FbaB 中的 CnaB2 结构域。CnaB2 结构域可以划分为两个部分：由 138 个残基（15kDa）构成的 SpyCatcher 和一个仅有 13 个残基的短肽 SpyTag。在 SpyCatcher 中存在用于生成异肽键的赖氨酸以及催化位点谷氨酸（Glu），在 SpyTag 中包含具有反应性的天冬氨酸（Asp）。SpyCatcher 和 SpyTag 具有很高的亲和力（解离常数 0.2μmol/L），两者可以通过异肽键形成稳定的共价复合物［图 6-31（b）和（c）］。近年来，研究人员设计开发了多种类似功能的系统，例如 SnoopCatcher-SnoopTag 和 SpyDock-SpyTag002 系统等。表 6-5 中所列为各种 Catcher-Tag 相关的系统及其特征[111]。

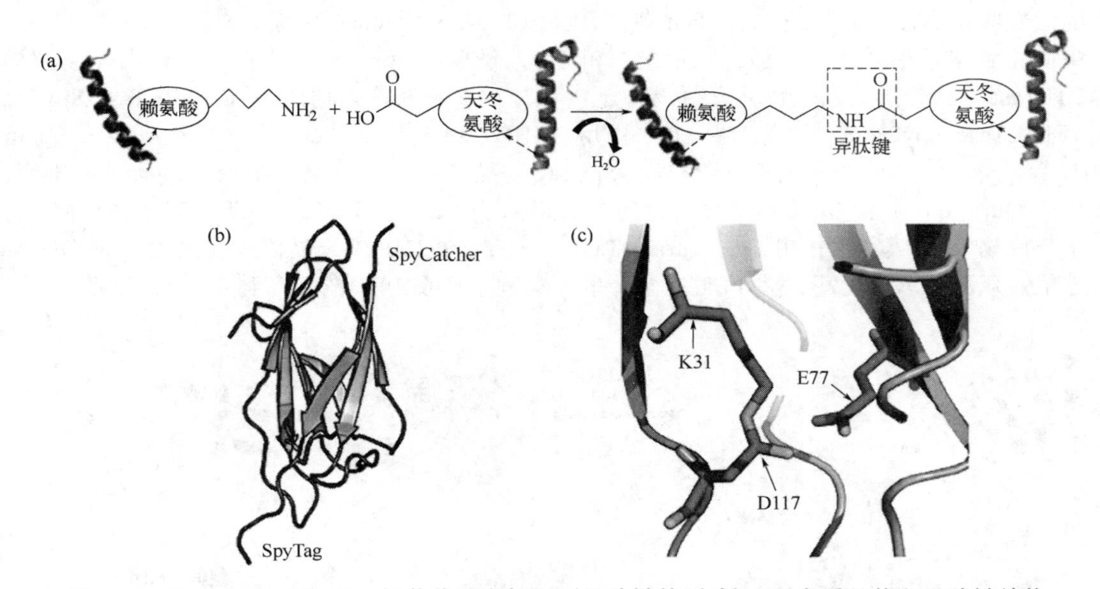

图 6-31　SpyCatcher-SpyTag 间共价反应机理（异肽键的形成）、蛋白质晶体和异肽键结构

（a）赖氨酸（Lys）的侧链氨基与天冬氨酸（Asp）的侧链羧基脱水缩合形成的异肽键；（b）SpyCatcher-SpyTag 的晶体结构［Protein Data Bank（PDB）代码为 4MLI］[111]；（c）SpyCatcher-SpyTag 之间的异肽键示意图，其中具有反应活性的为 Lys 和 Asp，具有催化活性的为 Glu[111]

表 6-5　Catcher-Tag 系统及其特征

Catcher	Tag	Tag 氨基酸序列①	特征	文献
SpyCatcher	SpyTag	AHIVMV**D**AYKPTK	原始 Catcher-Tag 系统	[110]
SpyCatcher △N1△C1	SpyTag	AHIVMV**D**AYKPTK	截短后的 SpyCatcher，与 Tag 仍保持高结合能力	[112]
SpyLigase②	SpyTag KTag	AHIVMV**D**AYKPTK ATHIKFS**K**RD	理性改造的 SpyCatcher，具备两种 Tag 结合能力	[113]
SnoopCatcher	SnoopTag	KLGDIEFI**K**VNK	与 SpyCatcher-SpyTag 具有正交性	[114]
SpyCatcher002	SpyTag002	VPTIVMV**D**AYKRYK	反应速率高于 SpyCatcher-SpyTag	[115]
SnoopLigase②	SnoopTagJr DogTag	KLGSIEFI**K**VNK DIPATYEFTDGKHYIT**N**EPIPPK	理性改造的 SnoopCatcher，具备两种 Tag 结合能力	[116]
SpyDock	SpyTag002	VPTIVMV**D**AYKRYK	基于 SpyCatcher 改造的蛋白质纯化系统	[117]

① 活性氨基酸残基用粗体表示。

② SpyLigase 和 SnoopLigase 均具有两个目标肽段。

利用 Catcher-Tag 系统的蛋白质定向固定化研究很多。Jin 等[118]将 SpyCatcher-SpyTag 系统用于绿色荧光蛋白（green fluorescence protein，GFP）的定向固定化，末端携带 SpyCatcher 的 GFP 可高效结合到修饰 SpyTag 的载体表面，固定化 GFP 没有活性的损失，而且稳定性显著提升。由于 SpyCatcher-SpyTag 作用的特异性，这种定向固定化方式不会受到杂蛋白及表面活性剂的影响。Lin 等[119]构建了含有 SpyCatcher 的 SiO_2 纳米粒子，定向固定化含有 SpyTag 标签的木聚糖酶（xylanases）和地衣聚糖酶（lichenase），酶固定化载量分别高达 415mg/g 和 503mg/g，活性收率分别达到 94%和 93%。大量研究结果表明，该系统具有高固定化效率，酶的活性收率高，具有普适性。Chen 等借助 SpyTag-SpyCatcher 系统，通过磷酸钙（CaP）仿生矿化合成了聚对苯二甲酸乙二醇酯（PET）水解酶（DuraPETase[120]）和 MHET 水解酶（MHETase）的分层定向共固定化系统（图 6-32）。该研究首先构建了 DuraPETase-SpyTag 和 MHETase-SpyCatcher 融合蛋白，利用 MHETase-SpyCatcher 进行仿生矿化，制备 MHETase@CaP 晶体，然后将 DuraPETase-SpyTag 与晶体中包埋的 MHETase-SpyCatcher 键合，实现了 DuraPETase 和 MHETase 分层定向共固定化。由于 DuraPETase 位于纳米晶体外层，有利于与底物 PET 膜发生作用，故 DuraPETase-MHETase@CaP 纳米晶体表现出优异的 PET 降解性能。双酶级联催化可以将 PET 完全降解，有利于实现 PET 的循环利用[121]。

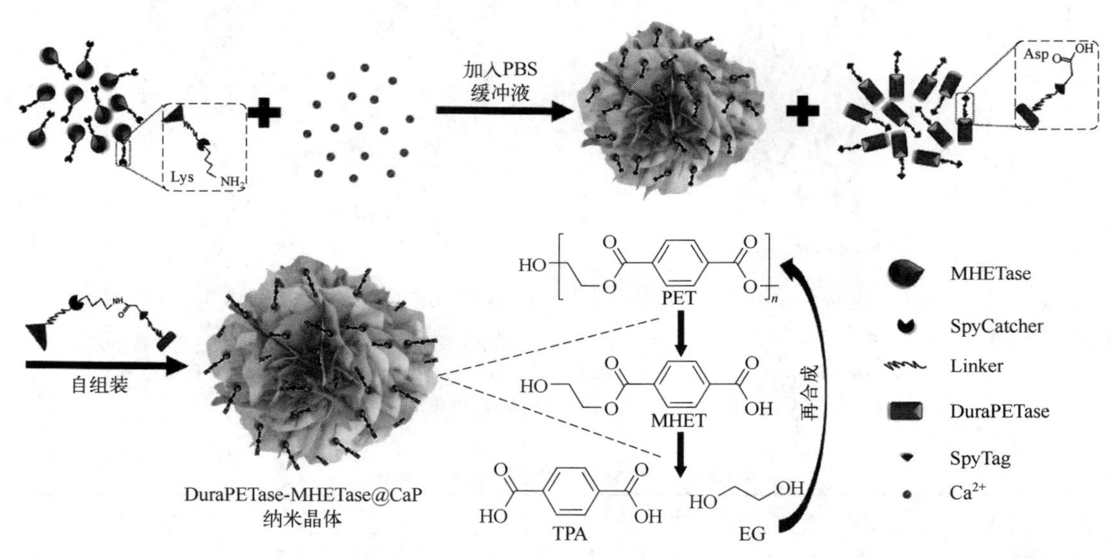

图 6-32　DuraPETase-MHETase@CaP 双酶分层级联纳米晶体的构建及 PET 降解过程[121]

6.4.5.2　非共价定向固定化

利用酶与其亲和配基的特异性亲和结合作用可通过非共价作用将酶定向固定化到载体表面。亲和相互作用的选择性高，结合作用相对稳定，并且失活的固定化酶可从配基上洗脱解离，便于载体的反复利用。用于酶定向固定化的亲和体系较多，包括聚组氨酸-过渡金属离子、硅胶结合肽-硅胶、蛋白 A-抗体和亲和素-生物素等。

（1）组氨酸标签融合酶　聚组氨酸标签（His-tag）一般是由 6 个组氨酸（His）残基组合的融合标签，因其可与许多过渡金属离子（如 Cu^{2+}、Ni^{2+}、Zn^{2+}、Co^{2+}、Fe^{3+}等）通过配位键产生稳定的螯合作用，故 His-tag 融合技术广泛应用在重组蛋白的表达和纯化。因为 His-tag 很小，对目标蛋白质本身特性几乎没有影响。因此，通过对固定化载体进行修饰，使其螯合上述几种过渡金属离子，就可实现融合有 His-tag 标签酶的定向固定化。Zhou 等[122]利用过渡金属离子螯合剂次氮基三乙酸（nitrilotriacetic acid，NTA）修饰病毒样介孔二氧化硅纳米颗粒（virus-like mesoporous silica nanoparticles，VMSN），螯合 Ni^{2+} 的 Ni-NTA-VMSN 可以从细胞破碎液中通过金属螯合吸附末端融合 His-tag 的有机磷水解酶（organosphohydrolase，OPH），实现 OPH 的纯化和定向固定化（图 6-33）。定向固定化 OPH 的底物亲和性、活性和稳定性均高于游离酶。由于这种亲和结合的可逆性，加入 His、咪唑或者 EDTA 溶液就可将螯合的酶分子洗脱下来，实现载体的回收利用。但是，这也意味着这种基于 His-tag 的金属螯合固定化酶在使用过程可能会发生酶的脱落，影响固定化酶的长期使用。

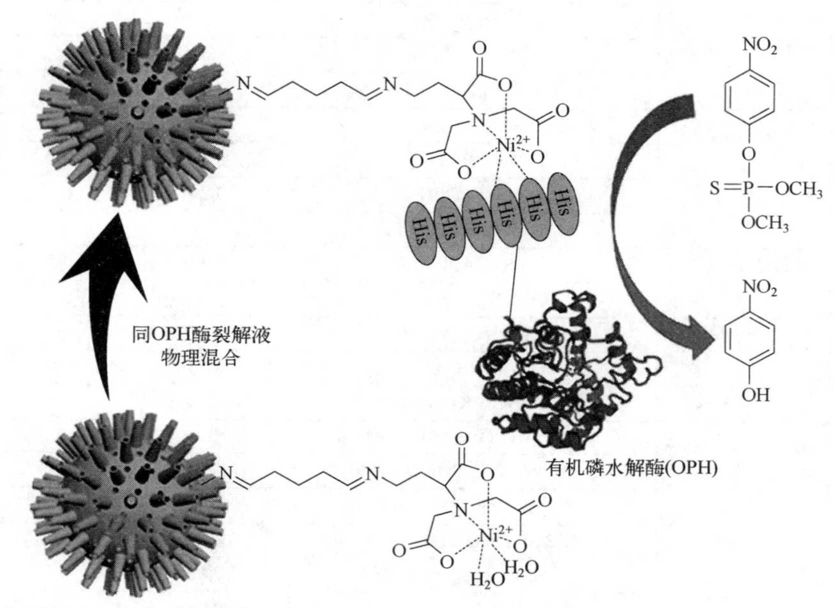

图 6-33　利用 His-tag 实现 OPH 的一步纯化，以及在 Ni-NTA-VMSN 载体表面的定向固定化和固定化酶水解甲基对硫磷反应示意图[122]

（2）固相结合肽　固相结合肽（solid binding peptide，SBP）通常由 7～12 个氨基酸组成，对无机固体材料具有特异性结合作用，因此广泛应用于无机固体材料与生物分子的无缝整合，实现生物分子的可控固定。表 6-6 根据固体材料分类，列出了各种 SBP 的氨基酸序列、等电点、净电荷数等数据。由表 6-6 中肽结构可以看出，与同一类材料结合的 SBP 具有高度相似的氨基酸组成。例如，与贵金属结合的多肽主要含有疏水和含羟基的极性残基，而与碳基材料结合的多肽常富含芳香侧链残基。尽管如此，在确定 SBP 功能时，确切的氨基酸序列更为重要。因为氨基酸序列编码的 SBP 的结构特性对其与固体材料之间的识别和结合至关重要。SBP 必须采用促进关键残基和固体表面之间最大接触的分子构象，以有效地与固体进行结合。因此，肽的构象偏好在与材料表面的结合中起着重要的作用。由于结构和构象柔韧性（即刚柔性）的差异，具有组成相似但序列不同的 SBP 往往会与不同的材料结合。

通过基因工程将 SBP 的基因插入到目标蛋白质的 C 端、N 端或其他位点，可使目标蛋白质以高位点特异性的方式定向锚定到相应的固体载体表面，从而实现定向固定化（图 6-34）。

通过融合 SBP 实现酶的定向固定化，不会对酶的催化性能造成损害。例如，利用金结合肽 GBP1（表 6-6 中的第一个序列）与有机磷水解酶（OPH）融合表达，将 GBP1-OPH 定向固定到金纳米颗粒涂层的石墨烯化学传感器上[149]。与游离的 OPH 相比，固定化 GBP1-OPH

不仅保留了 OPH 的天然构象，而且由于定向固定化表现更高的催化活性，GBP1-OPH 功能化传感器对有机磷农药的检测速度更快、灵敏度更高。

表 6-6　常见的固相结合肽

固体材料		氨基酸序列	等电点	净电荷数	参考文献
金属	金	MHGKTQATSGTIQS	8.52	+1	[123]
		WALRRSIRRQSY	12.00	+4	[124]
		WAGAKRLVLRRE	11.71	+3	[124]
		LKAHLPPSRLPS	11.00	+2	[125]
		VSGSSPDS	3.80	0	[126]
	钯	TSNAVHPTLRHL	9.47	+1	[127]
	铂	PTSTGQA	5.96	0	[128]
		TLTTLTN	5.19	0	[129]
		SSFPQPN	5.24	0	[129]
		CSQSVTSTKSC	8.06	+1	[128]
	银	AYSSGAPPMPPF	5.57	0	[130]
		NPSSLFRYLPSD	5.84	0	[130]
	钛	RPRENRGRERGL	11.82	+3	[131]
		RKLPDA	8.75	+1	[128]
氧化物	氧化铁	RRTVKHHVN	12.01	+3	[132]
	二氧化硅	GRARAQRQSSRGR(**CotB1p**)	12.75	+5	[133]
		DSARGFKKPGKR(**Car9**)	11.40	+4	[134]
		MSPHPHPRHHHT	9.59	+1	[135]
		SSKKSGSYSGSKGSKRRIL (**R5**)	11.22	+6	[136]
		HPPMNASHPHMH	7.10	0	[137]
		RKLPDA	8.75	+1	[138]
		PPPWLPYMPPWS	5.95	0	[139]
	沸石	VKTQATSREEPPRLPSKHRPG	10.90	+3	[140]
	氧化锌	EAHVMHKVAPRP	8.86	+1	[141]
		RPHRK	12.01	+3	[142]
矿物质	磷酸钙	KDVVVGVPGGQD	4.21	−1	[143]
	羟基磷灰石	NPYHPTIPQSVH	6.92	0	[144]
碳基材料	石墨烯	EPLQLKM	6.10	0	[145]
	单层碳纳米管	HSSYWYAFNNKT	8.50	—	[146]
		DYFSSPYYEQLF	3.67	2	[147]
		DSPHTELP	4.35	−2	[148]

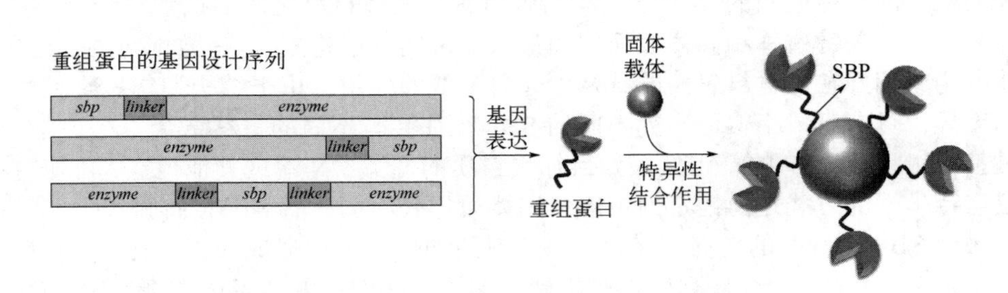

图 6-34　利用 SBP 将蛋白质定向固定到固体载体表面的过程示意图

硅基材料具有生物相容性好、稳定性高、成本低及易获得等优点，广泛用于生物催化和临床诊断应用。在以硅基材料为载体的固定化酶体系中，与传统的化学偶联或非特异性物理吸附方法相比，二氧化硅结合肽（SiBP）是一种很有前途的方法，它在促进蛋白质与硅表面结合方面具有明显的优势。SiBP 标签一般富含带有正电荷的氨基酸（赖氨酸、精氨酸等）（见表 6-6），所以 SiBP 与二氧化硅基材料的结合主要通过静电相互作用。根据这一性质，研究者通过改变 SiBP 标签中碱性氨基酸的数量来调控 SiBP 与二氧化硅的结合相互作用。此外，He 等人发现，聚组氨酸标签的加入可促进 SiBP 与二氧化硅的结合，这是由于聚组氨酸与硅醇基团之间产生了氢键相互作用，促进了融合蛋白在二氧化硅表面的结合亲和力[150]。插入整合素结合肽（integrin-binding peptide）[151]也可促进 SiBP 与二氧化硅的结合作用。

根据 SiBP 与二氧化硅之间的结合亲和性，融合 SiBP 标签的重组蛋白可以固定到许多硅基载体上，包括介孔纳米颗粒、二氧化硅涂层纳米颗粒等。目前为止，已报道了多种具有不同序列及物理特性的 SiBP，如 CotB1p、Car9、R5 等（表 6-6）。Liu 等利用 SiBP 标签（CotB1p）将醇脱氢酶（ADH）与胺脱氢酶（AmDH）定向共固定于纳米二氧化硅颗粒表面，用于将外消旋醇生物转化为手性胺（图 6-35）[152]。共固定化的 ADH 和 AmDH 与游离酶相比表现出增强的底物亲和性和稳定性。以(*S*)-2-己醇为催化底物，反应 48h 后，双酶共固定体系的手性胺产率是游离双酶体系的 1.85 倍，说明通过 SiBP 标签对酶进行定向共固定化有助于提升级联催化反应效率。

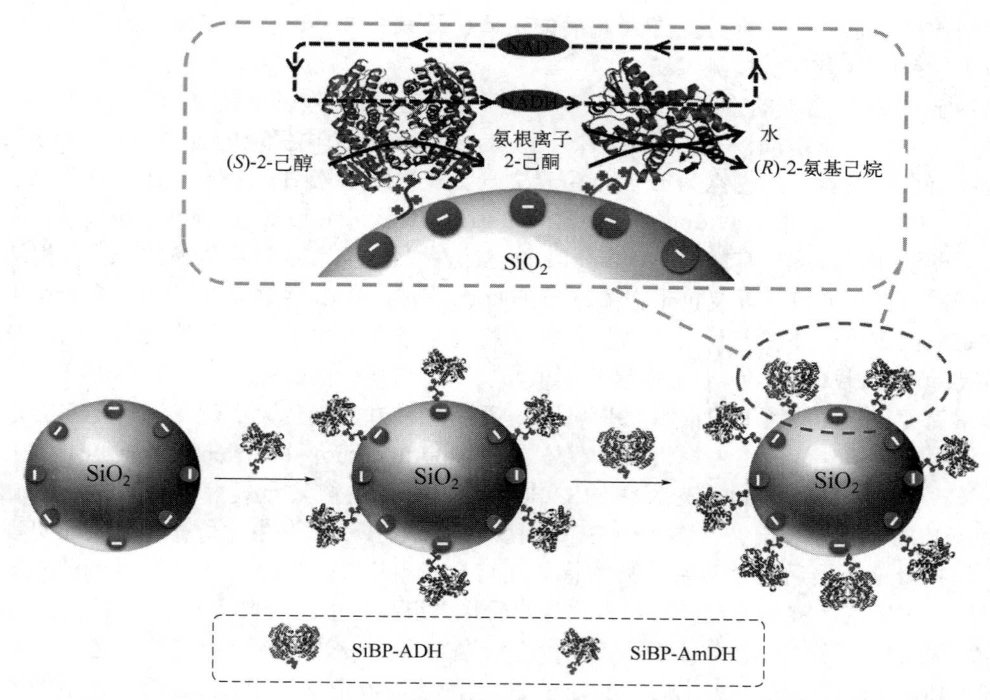

图 6-35　基于 SiBP 标签定向固定醇脱氢酶与胺脱氢酶用于生产手性胺[152]

目标蛋白质融合表达 SiBP 还可应用于蛋白质的分离与纯化[133,153]。

（3）蛋白 A-抗体-酶的亲和作用　蛋白 A（protein A）是金黄色葡萄球菌的一种膜蛋白，与免疫球蛋白（IgG）的 Fc 片段具有特异性亲和作用，是抗体亲和色谱纯化的主要配基，也有研究利用蛋白A和IgG之间的强亲和力进行酶（抗原）的定向固定化。在载体表面修饰蛋白A，则蛋白A可亲和吸附与抗体结合的酶分子（抗原），实现酶分子的定向固定化。例如，羧肽酶A（carboxy peptidase A，CPA）与其抗体mAb100能够形成稳定的复合物（解离常数约10^{-9}μmol/L）。Solomon等[154]分别通过共价结合和亲和作用将mAb100固定到环氧树脂微球（Eupergit C）和键合有蛋白A的琼脂糖凝胶载体上。然后，将CPA通过与其mAb100的亲和作用可以分别固定到上述两种载体上。另外研究人员还通过共价作用将CPA随机固定到未修饰的Eupergit C、氨基化的Eupergit C（通过戊二醛或丁二酰交联）和己二胺修饰的Eupergit C上。结果表明，两种通过抗体-抗原相互作用固定化后的CPA都能保留100%的催化活性，然而通过共价固定化CPA的肽酶活性保留为30%～80%，酯酶的活性保留仅为13%～70%。该研究充分验证了利用抗原-抗体相互作用实现酶定向固定化的可行性和有效性。

当目标酶分子本身无特异性抗体时，将酶分子与具有特异性抗体的短肽融合表达，就可以将酶分子定向固定到键合该短肽抗体的载体上。Vishwanath等[155]利用这种方法将大肠杆菌碱性磷酸酶（EAP）进行定向固定化。该研究的固定化载体是表面修饰蛋白A的聚醚砜膜。在EAP的N末端融合一段八肽标签，首先将该八肽标签的抗体亲和结合到膜表面的蛋白A上，然后加入EAP融合蛋白，通过八肽标签的抗原性实现了EAP的定向固定化。

在利用该方法进行固定化之前，应当确保目标酶分子与其抗体结合区域远离酶的活性位点，或者在酶分子上融合具有抗原性的短肽时应保证其位置远离活性位点，这样才能最大程度保留酶的原始活性。但总体上，基于蛋白A和抗体-抗原结合原理进行酶的定向固定化，操作过程比较复杂，并且所需蛋白A和酶的抗体价格较贵，不适合大规模工业固定化酶，主要适用于特殊的微量分析检测领域。

（4）亲和素-生物素的亲和作用　亲和素是一种糖蛋白，分子质量69kDa，pI 10～10.5，每个分子由4个亚基组成，可以结合4个生物素。但从链霉菌中提取的链霉亲和素应用更多。鸡蛋清中富含生物素，生物素为B族维生素之一，又称维生素H、维生素B_7、辅酶R，分子质量244.31Da。亲和素（avidin）-生物素（biotin）或链霉亲和素（streptavidin）-生物素具有非常高的亲和性（解离常数为10^{-9}μmol/L），接近共价键，基本是不可逆的。此亲和结合还具有很强的抗热、抗酸碱以及抗蛋白酶水解的特点。用亲和素-生物素的高亲和结合作用可实现酶的定向固定化，主要有两种方式。其一是将酶分子进行生物素化，然后固定到含有亲和素/链霉亲和素的载体上。由于生物素分子很小，对蛋白质、核酸或者其他分子进行生物素化修饰非常简便、高效并且干扰很小。戎等人[156]采用这种方法将萤火虫荧光素酶定向固定化到磁珠，具体方法是：首先将生物素羧基载体蛋白（biotin carboxyl carrier protein，BCCP）的C端87个氨基酸序列融合到荧光素酶的C末端，然后在生物素合成酶（biotin holoenzyme synthetase）的催化作用下，生物素同BCCP区域的赖氨酸残基发生共价作用，从而实现荧光素酶的间接修饰，最后通过与亲和素的特异性结合作用将其固定到磁珠上。另一种方式是将酶分子同亲和素或者链霉亲和素融合表达，然后将重组酶分子固定到修饰生物素的载体表面。Dib等[157]将D-氨基酸氧化酶同链霉亲和素进行融合表达，然后将重组酶分子通过亲和作用结合到载体上，这种定向固定化后的酶经过20次的缓冲液清洗之后仍旧保留有原始活性，表明其良好的稳定性。

同其他的非共价固定化方式相比，这种定向固定化方法结合更加稳定，但缺点是固定化过程较为繁琐，且亲和素（69kDa）和链霉亲和素（60kDa）的分子质量较大，与酶融合表达通常会有一定困难（表达量低或不溶性表达）。

6.5 微纳马达及其对固定化酶反应的促进作用

6.5.1 微纳马达概述

马达是一种能够将化学能或物理能转化为机械动能的器件。自工业革命以来，马达的发明与使用解放了人工劳动力，极大推动了人类文明的发展和进步。时至今日，各种形式的马达已经深入到人们的日常生活之中。在微纳尺度，自然界中存在着驱动蛋白（kinesins）、DNA聚合酶（DNA polymerase）等线性生物分子马达和腺苷三磷酸（ATP）合成酶等旋转生物分子马达[158]。这些分子马达的协同合作使得自然界中的生物能够完成增殖、生长、繁育等生命过程及各种复杂运动。近 50 年来，随着纳米技术的发展，国内外的学者设计并制备了不同形式的人工合成微纳马达（micro/nanomotor），为化学、材料学以及机械学等传统学科开辟了一个重要的交叉研究领域[159]。

基于惯性定律，宏观物体在不受力的情况下能够维持其运动状态不发生变化。而在微纳米尺度的流体中，惯性不能再维持低雷诺数物体的运动状态[160]。此时，微纳米尺度的物体受到瞬时力的作用，瞬时改变运动状态，进行无规则的布朗运动。为了实现微纳尺度的持续自主运动，需要在微纳米物体上施加一个持续的合力，打破布朗运动。这种驱动力的来源可以是化学反应[161]，或是物理场（如磁场、超声波、电场、光）等其他形式的能量[162]。人工合成在微纳尺度将化学能和光能、超声能等形式的物理场能转化为自身机械运动动能并执行特定任务的微观器件称为人工合成微纳马达[163]。在驱动力的作用下，微纳马达可以在微观尺度实现特定的运动行为，如直线运动、螺旋运动以及旋转运动等[164]。这种持续的运动行为使得微纳马达能够引起微观的液体混合、接触更大体积的样品，从而加速相应的物理/化学过程[165]。凭借其可控的运动能力、易制备、体积小以及易功能化、智能化、集成化等特点，微纳马达在药物运输、生物医疗、环境修复、传感检测、化学转化、定向运输等领域表现出突出的优势，具有广泛的实际应用前景。

6.5.2 微纳马达分类

依据驱动力的来源，微纳马达可以分为化学驱动微纳马达和物理场驱动微纳马达。

6.5.2.1 化学驱动微纳马达

化学驱动微纳马达的驱动力来源于其表面不对称发生的化学反应。由于微纳马达自身形状、组成、催化剂分布等方面的不对称性，不对称的化学反应能够产生不对称的气泡释放或离子/物质浓度梯度，从而通过气泡反冲（bubble recoil）或自电泳（self-electrophoresis）/自散泳（self-diffusiophoresis）的机理驱动微纳马达持续运动[166]。自 2004 年 Sen 团队首次以 H_2O_2 为燃料构建微米马达（2μm）实现其自主运动以来[167]，各国研究者已经设计了多种基于化学燃料反应产生能量驱动自身运动的化学驱动微纳马达。其中，常见用于微纳马达驱动的反应主要包括 H_2O_2、肼（N_2H_2）、卤素（I_2、Br_2）等燃料在催化剂作用下的氧化还原反应，水、酸、碱等生物相容性燃料与活泼金属的氧化还原反应以及葡萄糖、尿素、甘油酯等常见生物分子由酶催化产生的分解反应[168]。化学驱动微纳马达的运动机理主要包括气泡驱动（bubble propulsion）和自散泳/自电泳驱动。以基于 H_2O_2 的微纳马达为例，H_2O_2 的歧化反应可以不断产生 O_2 分子并产生带电粒子（H_3O^+）。当 O_2 分子生产的速度足够快、微纳马达足够大或存在表面活性剂时，O_2 分子能够在微纳马达表面成核形成气泡。根据动量守恒定律，

O_2气泡从微纳马达表面释放的过程会产生反冲力，从而使微纳马达朝着气泡释放方向相反的方向运动。这种由于气泡释放反冲驱动微纳马达运动的驱动方式被称作气泡反冲驱动［图 6-36（a）］[169]。当缺乏 O_2 分子形成气泡的条件时，微纳马达局部微环境中不对称性的化学反应导致 O_2 分子的非均衡分布，造成 O_2 分子浓度梯度。这种浓度梯度会施加一个持续的力在微纳马达上，从而驱动马达以自散泳的机理进行自主运动。除了 O_2 分子外，带电粒子（H_3O^+）的不对称释放也会造成 H_3O^+的浓度梯度，从而形成局部微电场，引起 H_3O^+ 流动。如图 6-36（b）所示，H_2O_2 的氧化反应和还原反应分别发生在 Pt-Au 微米马达的 Pt 半球和 Au 半球，这导致带电粒子（H_3O^+）在 Pt 半球聚集，形成局部电场。H^+及其水化层在局部电场的作用下向 Au 半球迁移形成电渗流，使得 Pt-Au 微米马达以自电泳的机理向 Pt 半球定向移动[170]。

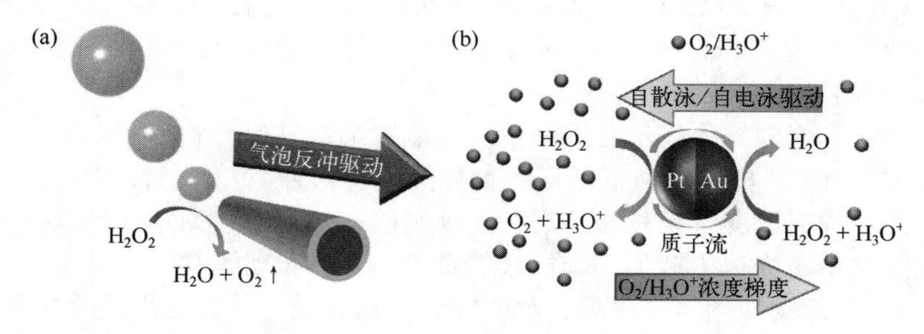

图 6-36　化学驱动微纳马达运动机理示意图

（a）气泡反冲驱动；（b）自散泳/自电泳驱动

6.5.2.2　物理场驱动微纳马达

物理场驱动微纳马达是基于微纳马达组成材料对物理刺激的响应以及自身结构性质的不对称性，在外界光、磁场、电场、超声波等物理场的作用下进行自主运动的微纳马达。由于物理场具有安全、可调控的特性，外界物理场驱动的微纳马达表现出不依赖化学燃料、运动可控、简单有效、对人体无害等优点，是理想微纳马达发展的一个重要方向[171]。如光催化驱动微纳马达，依靠光催化材料在光的激活下，催化化学反应产生不对称产物分布，以自电泳、自散泳和气泡反冲的机理实现自主运动[172]。光催化驱动的运动形式规避了微纳马达对化学燃料的依赖，可以通过光催化反应降解水，实现可控自主运动。在这个过程中，光能和化学能同时被转化为微纳马达运动的动能。如图 6-37（a）所示，在低强度紫外线（UV）照射下，金-二氧化钛（Au-TiO_2）两面体（Janus）微米马达将光能转化为化学能，在 TiO_2 半球上形成电子空穴（h^+）氧化 H_2O 产生 O_2、光激电子和 H^+；同时，TiO_2 半球产生的光激电子会转移到 Au 半球并在 Au 半球表面还原 H^+生成 H_2，产生 H^+浓度梯度。而 H^+则与马达表面的 H_2O 结合形成 H_3O^+，在浓度梯度的作用下流经马达表面，将化学能转化为机械能，推动马达以自电泳的机理实现自主运动[173]。这种光催化驱动微纳马达的运动行为可通过光的开关和光强控制。磁场是驱动和控制微纳马达最有效的方法之一。相较于其他动力而言，磁场具有非入侵性、易于生成和控制、高穿透性等优点。为实现磁场驱动，学者们将磁性材料（如镍）耦合到微纳马达上，在外加磁场的作用下，微纳马达能够定向运动或旋转。例如，振荡磁场作用在柔性磁驱动微米马达（金-镍微链条）上，可使马达产生周期性摆动，从而以类似于鱼游动的方式产生驱动力，实现马达在液体中的自主运动［图 6-37（b）］[174]。

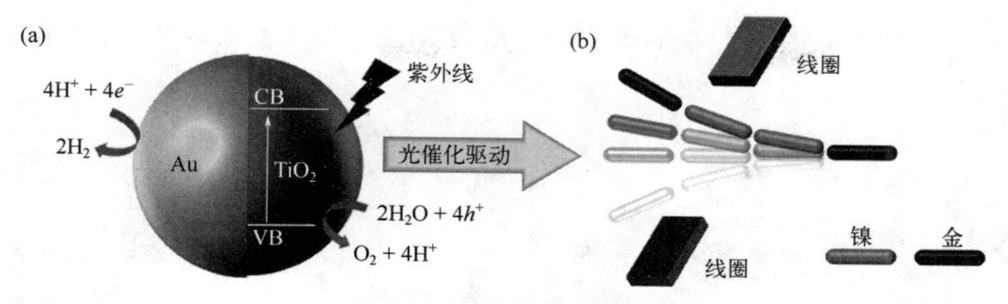

图 6-37 物理场驱动微纳马达运动机理示意图

（a）光催化驱动；（b）振荡磁场驱动

目前为止，人们已经设计制备了许多微/纳米机器来实现在微纳尺度可控、高效的运动，其中佼佼者甚至可与一些生物分子马达相媲美。这些微纳马达在化学/生物催化和药物递送等领域中表现出较大的应用潜力，具有重要的研究价值。

6.5.3 微纳马达促进酶催化过程

酶和微纳马达的结合是酶工程领域的重要组成部分和发展方向。固定化酶能够为酶提供相对稳定的微环境，有利于稳定酶的构象，提高酶的可操作性。常用的固定化酶载体尺度一般在 10nm～100μm 之间。微纳尺度粒子的热运动可用 Stokes-Einstein 方程描述[175]：

$$D=\frac{k_\mathrm{B}T}{6\pi\eta r} \tag{6-1}$$

式中，D 为粒子的扩散系数；k_B 为玻耳兹曼常数；T 为绝对温度；η 为溶液黏度；r 为粒子的水合半径。

由式（6-1）可知，微纳粒子的扩散系数与其尺寸成反比，将约 5～10nm 的酶分子负载在载体上会极大程度地降低酶的扩散系数以及传质能力，从而阻碍酶和底物的相互作用，这也是固定化酶的活性通常会有所降低的原因之一。微纳马达的兴起为改善固定化酶的性能提供了新思路。以微纳马达为载体的固定化酶，不仅可以通过固定化改善酶的稳定性，还可以利用微纳马达的微观自主运动在一定程度上解除载体对酶反应的扩散传质限制，增强固定化酶表面的表观扩散传质能力，从而提高固定化酶的活性[176]。这种马达自主运动促进酶催化能力的现象可以归纳为以下几个方面。

（1）促进酶与底物接触频率　利用微纳马达固定化酶的微观自主运动能力、加强传质的特性，有效促进固定化酶和微环境的相互作用，加强酶与溶液中底物的接触频率，改善酶和底物的亲和性，增强酶催化效率。如图 6-38（a）所示，将溶菌酶负载在超声驱动的金棒微米马达上，在超声场的作用下，马达携带着溶菌酶进行自主运动，加速酶与大肠杆菌等细菌的碰撞过程[177]。当超声微米马达与大肠杆菌接触之后，溶菌酶与大肠杆菌的距离被拉近，有利于溶菌酶降解细菌胞外多糖的催化过程，进而促进马达固定化溶菌酶的抑菌效果。研究结果表明，超声驱动微米马达固定化溶菌酶的杀菌率为相同条件下游离溶菌酶的 4 倍［图 6-38（b）］。微纳马达运动加速底物碰撞、增强酶催化反应的特性不仅适用于水相催化体系，也同样适用于有机相催化体系[178]。如图 6-38（c）所示，研究者发现光热驱动微米马达能够增强酶和底物的碰撞，显著提高固定化酯酶在水相和有机相中催化反应的速率。在绿光、蓝光、紫外线照射条件下，酯酶在水相中催化的酯水解反应和有机相中催化的酯合成反应速率均提升 30%～50%［图 6-38（d）］。酶和底物分子碰撞作用的增强意味着酶对底物的表观亲和性增强。例如，将半乳糖苷酶固定在管状微米马达表面，马达的微观运动能提高半乳糖苷酶与底物乳糖的碰撞概率，固定化半乳糖苷酶的 K_m 值降低为游离酶的 1/3，极大增强了酶对底物的亲和性。

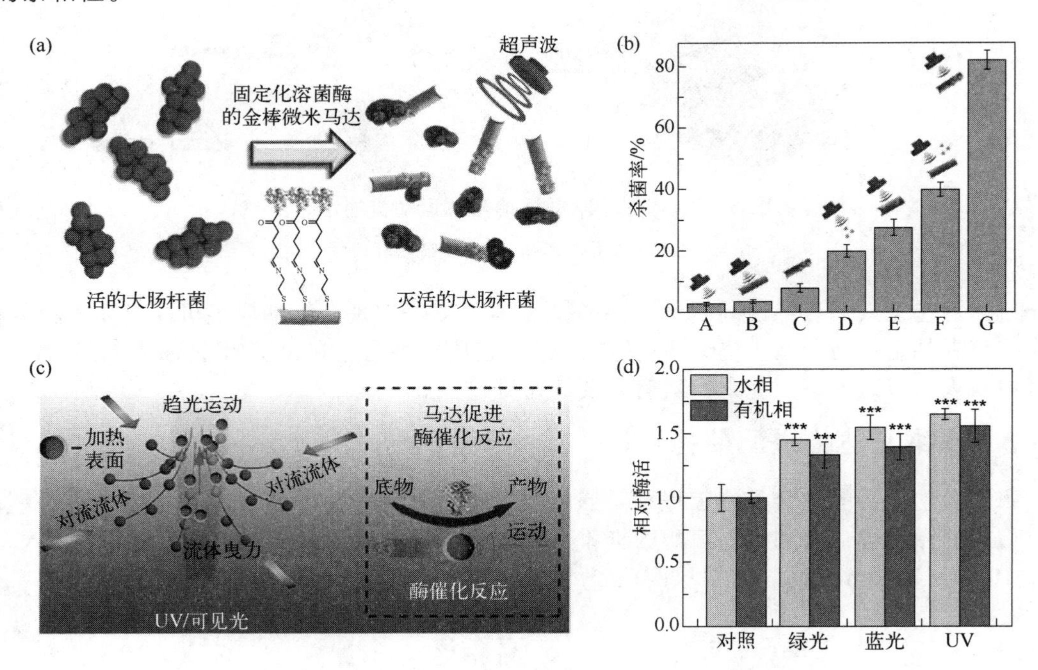

图 6-38 马达微观运动增强传质提升酶催化活性

(a) 超声驱动微米马达加速溶菌酶杀菌过程示意图[177]；(b) 不同条件下超声驱动微米马达固定化溶菌酶杀菌率；(c) 光驱动微米马达运动及加速酶促反应示意图[178]；(d) 光驱动微米马达在不同光照下促进有机相/水相中酯酶的催化活性

A—仅超声；B—超声驱动微米马达；C—静止微米马达固定化酶；D—超声和游离酶；E—超声和非多孔金棒固定化酶；F—游离酶和超声驱动微米马达；G—超声驱动微米马达固定化酶

(2)“微观搅拌”作用 微纳马达的自主运动可以通过气泡释放或者自主运动引起微观液体混合，起到“微观搅拌”的作用，从而加速酶催化过程。例如，在基于葡萄糖氧化酶（GOx）的电化学检测体系中添加气泡驱动的 Mg/Pt 两面体微米马达，Mg/Pt 微米马达释放气泡的过程能够引起液体环境的“微观搅拌”，从而增强固定在电极上葡萄糖氧化酶（GOx）与微环境的传质，提高酶催化活性，从而增强葡萄糖检测的信号及灵敏度（图 6-39）[179]。类似的，气泡驱动微纳马达固定化碳酸酐酶的“微观搅拌”能加强其表面负载碳酸酐酶与底物分子的相互作用，从而提高碳酸酐酶催化 CO_2 水合反应的速度。相较于游离碳酸酐酶和静止状态下的马达固定化碳酸酐酶而言，自主运动的微米马达固定化碳酸酐酶的活性分别提升了 8.2 倍和 10.5 倍[180]。微纳马达的“微观搅拌”可以和宏观搅拌“兼容”，协同强化宏观和微观传质过程，进一步提高催化效率。

(3) 加强酶向底物的富集 以微纳马达为载体的固定化酶，通常可通过其自主运动，将负载的酶运输到底物附近，提高局部底物浓度，从而增强酶催化活性。酶分子大多是水溶性的，对于酯酶等以水不溶性物质作为底物的酶，需要构建两相体系以进行催化反应。此时，酶分子大部分集中在水相且其向有机相的扩散是一个缓慢的过程，这极大程度上限制了酶的有效利用率。而负载酶的微纳马达可通过自主运动富集在两相界面上，这不仅加速了酶分子向底物液滴扩散的过程，还能有效提高两相界面上酶的浓度，强化酶催化过程[181]。类似的，微纳马达可通过人为控制的自主运动将酶分子运输到特定的环境中以实现对酶催化反应环境的精准控制［图 6-40（a)］。聚合物修饰的纳米马达在强力的超声驱动下，能够将负载的半胱天冬酶 3（CASP-3）运输到胃癌细胞内部，并在细胞内部持续运动，加速 CASP-3 催化反应，致使胃癌细胞凋亡[182]。在超声驱动的作用下，纳米马达固定化半胱天冬酶 3 可以诱导80%的细胞凋亡［图 6-40（b)，I]，分别是静止固定化半胱天冬酶的 3.3 倍［图 6-40（b)，D]和游离半胱天冬酶的 2.2 倍［图 6-40（b)，F]。

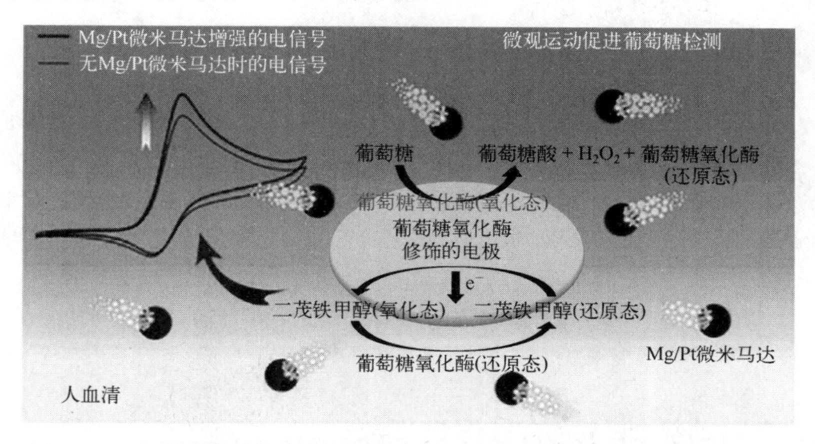

图 6-39　电化学检测额外添加的气泡驱动微米马达通过“微观搅拌”提高酶活性及检测信号示意图[179]

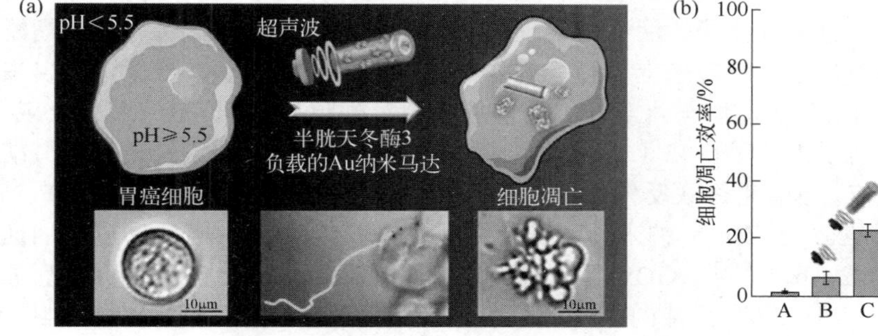

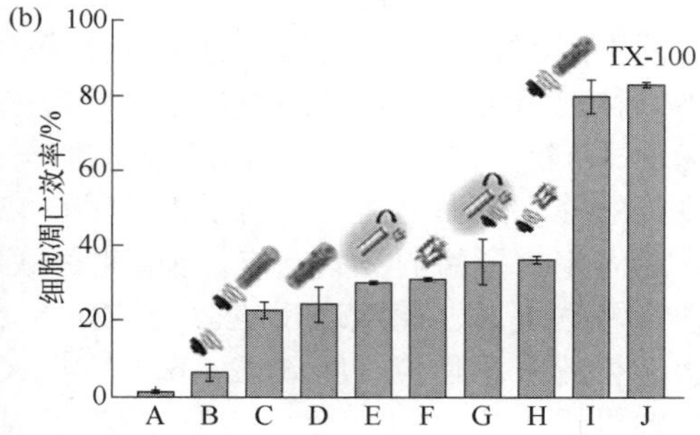

图 6-40　超声驱动纳米马达将半胱天冬酶富集在底物附近、提升活性

（a）纳米马达微观运动递送酶到特定环境的示意图[182]；（b）不同条件下超声驱动纳米马达固定化半胱天冬酶诱导细胞凋亡效率

A—无处理；B—仅超声；C—超声驱动聚合物修饰纳米马达；D—静止聚合物修饰纳米马达固定化酶；E—静止纳米马达及其释放的酶；F—游离酶；G—超声驱动纳米马达及其释放的酶；H—超声和游离酶；I—超声驱动聚合物修饰纳米马达固定化酶；J—2% Triton X-100（TX-100）

（4）马达-酶协同催化　由于种类、制备材料的多样性，微纳马达可以定制，以便与酶协同作用完成催化反应。例如，可以采用无机纳米酶为材料构建微纳马达，建立纳米酶与固定化酶之间的协同催化体系。Liu 等将漆酶（laccase）与具有类过氧化物酶活性的 Fe-MOF/$NiFe_2O_4$ 纳米酶耦合构建自驱动微米马达 Laccase@Fe-MOF/$NiFe_2O_4$［图 6-41（a)］。该微米马达不仅可以利用马达的自主运动改善漆酶与纳米酶的活性，漆酶和马达构建材料纳米酶的协同作用也能进一步提高其催化活性，使其协同催化降解甲基蓝的活性提升为游离漆酶的 8.5 倍[183]。由于马达运动增强微观传质的作用，Laccase@Fe-MOF/$NiFe_2O_4$ 在运动状态下对有机染料的降解速度显著高于静止状态下和宏观搅拌状态下的降解速度［图 6-41（b)］。

此外，微纳马达的光热、光催化等能力，在远程调控固定化酶的催化性能中也表现出巨大的应用开发潜力。

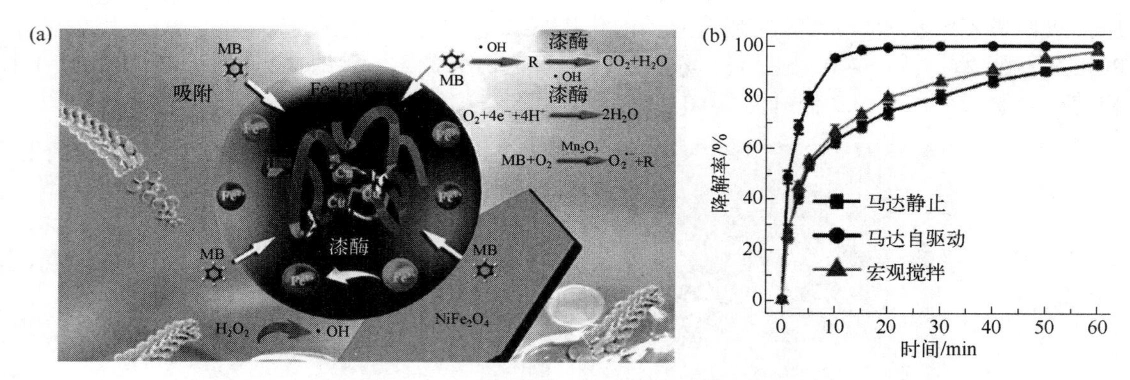

图 6-41　马达和酶的协同催化作用[183]

(a) 微米马达和漆酶协作降解有机染料；(b) 马达固定化漆酶在静止、运动和宏观搅拌作用下对有机染料的降解率随时间变化

6.5.4　酶反应驱动微纳马达的自促进现象

酶催化反应可以作为微纳马达的动力来源，用于驱动微纳马达的自主运动。研究显示，酶反应驱动微纳马达表现出自促进酶反应的现象。通过合理的设计，酶催化反应驱动微纳马达所引起的微观运动可以反过来提高酶的活性，表现出自加速酶催化的现象。例如，将酯酶不对称地固定在非对称的微米聚合物粒子上，酯酶的非对称催化反应能够驱动粒子进行自主运动；而粒子的持续运动则增强了酯酶与水溶性小分子底物的接触频率，自促进酶催化反应，将酶的催化效率提高至 2 倍以上［图 6-42 (a)］[184]。这种自促进酶反应的现象也适用于微纳马达固定化多酶的级联反应。当催化级联反应的 GOx 和 CAT 同时固定在锌有机框架 (ZIF-8) 纳米马达上时，酶级联反应驱动 ZIF-8 纳米马达的自主运动，其运动行为增强反过来加速酶催化的级联反应［图 6-42 (b)］[185]。GOx 活性增强大量消耗葡萄糖，改善了杀灭癌症细胞的饥饿治疗（ST）效果；而 CAT 活性的提升则提供了充足 O_2，增强了杀灭癌症细胞的光动力治疗（PDT）效果。二者协同作用使得 ZIF-8 固定化的 CAT 和 GOx 能够有效杀灭癌细胞。

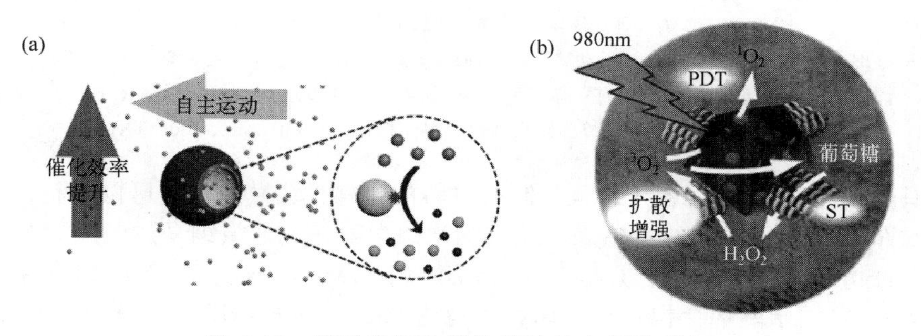

图 6-42　酶反应驱动微纳马达的自促进现象

(a) 酯酶驱动微米马达自促进酶催化反应示意图[184]；(b) 纳米马达共固定化 CAT 和 GOx 自促进级联酶催化反应示意图[185]

微米马达；底物；产物1；产物2；ZIF-8；CAT和GOx

随着对微纳马达运动行为和机理的深入研究，酶催化反应和微纳马达技术的进一步融合，新型自驱动酶催化微纳马达在生物医疗、环境修复、传感检测等应用领域发挥巨大的潜力。

6.5.5 微纳马达固定化酶的应用潜力及限制

微纳马达固定化酶技术的发展目前仍处于基础研究阶段，但已经表现出了巨大的应用潜力。在微纳水平上构建自主运动的酶催化反应体系，最终使酶催化反应达到智能化、可控化，在工业生产、医疗检测，特别是传感检测领域实现最优的应用和新突破。随着研究的不断深入，基于酶种类的多样性和日益丰富的微纳马达类型，微纳马达技术与酶结合的发展前景广阔。

微纳马达固定化酶已在医药和食品生产、癌症治疗、环境修复以及传感检测等领域中表现出应用潜力。例如，利用微纳马达运动加强微观传质的过程可以加速各种酶催化反应，加速生产过程。将半乳糖苷酶固定在气泡驱动微米马达上，可以加速分解牛奶中的乳糖，生产针对乳糖不耐症人群的不含乳糖乳制品[186]。将天冬酰胺酶负载在超声驱动的微米马达上，马达固定化天冬酰胺酶对淋巴瘤细胞的抑制效率高达 92%，远高于游离酶的抑制率 23%[187]。此外，微纳马达的微观运动能够有效促进漆酶降解有机污染物甲基蓝。类似的，碳酸酐酶负载在微纳马达表面促进 CO_2 的水合过程，从而用于加速 CO_2 的捕获，在减缓温室效应中表现出应用潜力。

除了加速酶催化过程，微纳马达固定化酶的运动性能也可以作为检测指标，用于测量目标分子的浓度。由于酶的特异性，利用酶催化反应进行驱动的微纳马达仅在特定底物存在的情况下才能够进行自主运动，且其运动速度与底物的浓度相关。因此，可以通过测定酶催化反应驱动微纳马达运动速度来检测底物分子浓度。例如，基于两端固定化 Cyt c 和 HRP 的微米马达，可以通过两端酶催化的反应驱动马达运动，并且马达运动速度与溶液中底物 H_2O_2 的浓度呈一定比例关系[188]。因此，可通过测定马达运动速度实时测定溶液中 H_2O_2 浓度，从而应用于能够被酶催化产生 H_2O_2 的葡萄糖、尿酸等生物分子的检测。

尽管微纳马达固定化酶已经在许多领域表现出巨大的应用潜力，其实际应用仍然存在许多挑战。

① 目前大多数微纳马达的制备需要昂贵的设备和贵金属，且制备过程复杂，产率低，不利于微纳马达固定化酶的规模化应用。

② 目前微纳马达的微观运动大多以具有氧化性的 H_2O_2 作为燃料，H_2O_2 的存在将导致某些具有还原性生物分子底物和产物的催化转化受限，且高浓度的 H_2O_2 生物相容性较差，限制了微纳马达固定化酶的应用场景。

③ 微纳马达目前大多仅能在水相体系中运动，其加速物理作用/化学反应的过程也均是在水相中进行，有机相和多项体系界面的运动行为和加速物理/化学过程的能力尚待探究。

④ 许多微纳马达的运动机理尚存在争议，其运动控制手段和运动类型不够丰富，微纳马达精准人工操作和其智能调控酶催化反应的领域仍处于初步探索阶段。

随着纳米技术、酶催化工程、材料学、仿生学及计算机科学等领域的不断发展，有关微纳马达固定化酶的研究及其应用将得到快速发展。综合运用生物化学、响应性材料、模拟仿生等多学科交叉的优势将会大大加强微纳马达固定化酶技术的适用性和智能性，从而设计制备在医药、工业生产、环境修复等领域智能高效的生物催化剂，促进微型化、智能化、多功能化的微纳马达固定化酶的问世，对人类社会的发展和进步产生深远的影响。

6.6 固定化酶性能分析

酶固定化会改变酶的几乎所有特性，包括活性、稳定性和选择性等，只是程度不同。通过测定固定化酶的各项性能参数，考察固定化酶的性质，分析评价固定化载体、方法和过程的优劣，进而判断固定化酶的实用性，是固定化酶研究的重要组成部分。固定化酶性能可根据酶的收率、活性、稳定性、选择性、重复使用性等进行综合评估。

6.6.1 固定化酶的评价

常用的评估指标有固定化酶活性、相对活性、固定化率、活性收率、固定化酶的半衰期等。

（1）活性和比活　固定化酶的活力或活性（activity）是在特定条件下固定化酶催化某一特定化学反应的能力。其大小可用在一定条件下固定化酶催化某一反应的初速度表示，单位为单位质量干重固定化酶在单位时间内转化底物或生成产物的量［例如，μmol/(min·g)］。固定化酶的比活（specific activity）定义为固定化酶活性与固定化蛋白质量的比值。

（2）相对活性　相对活性（relative activity，RA）为固定化酶与游离酶的比活之比，或者具有相同蛋白质量的固定化酶与游离酶活性的比值。RA 是表示固定化引起酶活性变化的重要指标。RA 越低，表明固定化引起的酶活损失越高，其生产应用价值越低。因此，固定化酶应该追求较高的 RA 值。如果 RA>1，表明固定化酶在活性方面优于游离酶，说明固定化酶引发酶结构的变化提高了酶的活性。RA 值与载体性质、固定化方法、颗粒大小（传质特性）、底物分子量大小（传质特性）和酶的负载率等密切相关。

（3）固定化率　酶固定化率（immobilization ratio，IR）又称酶偶联效率或酶结合效率，一般是指固定化酶量与所用酶总量的比值。该参数反映的是载体的负载能力和固定化方法的效率。在高酶负载量的条件下产生的高固定化率，是固定化载体和方法基本成功的重要标志。在此基础上的高酶的 RA 值和稳定性，则是成功的固定化酶载体和方法。

（4）活性收率　活性收率（activity recovery yield，ARY）是指固定化酶所显示的总活性与用于固定化的总酶活性的百分比。显而易见，ARY 是上述固定化率（IR）和酶的相对活性（RA）的乘积，即 ARY=IR×RA，是表征整个固定化载体和方法的重要参数。当溶液中的所有酶都被固定化，但由于酶在固定化过程中失活或因某种原因变得不可利用，造成固定化产物中未发现任何活性时（RA=0），固定化率（IR）为 100%，活性收率（ARY）为 0；但若酶固定化率与活性收率相近，则表明固定化过程对酶活没有明显影响（RA 约 100%）。

（5）半衰期　半衰期是衡量酶稳定性的指标之一，在一定条件（固定温度和 pH）下通过测定酶活性随时间的变化确定，酶活性下降为初始酶活的 50%时所经历的时间即为半衰期，用 $t_{1/2}$ 表示。

6.6.2 固定化酶活性和催化反应动力学

酶促反应过程中，底物需通过反应介质扩散到酶的活性位点并结合，发生反应生成产物；同时，生成的产物应快速从活性位点释放并扩散离开活性位点，完成一个催化周期（turnover）。之后继续循环发生底物结合-反应-产物释放过程。酶固定化后，催化反应由均相转变为异相，由此带来底物扩散传质、底物结合（酶的构象）和产物释放（酶的构象）等发生变化，即表观上检测到的催化活性改变。因此，固定化后酶活性的变化取决于固定化酶微环境、底物分配效应、扩散效应、酶构象变化、酶分子取向、酶构象灵活性、构象诱导和底物结合模式等。

在某些情况下，固定化酶表现出比相应的天然酶更高的活性。例如固定在聚乙二醇辅助合成的 Fe_3O_4 纳米颗粒上的角蛋白酶的活性可达到游离酶的 4 倍[189]，经三聚氰胺-戊二醛树枝状大分子修饰的磁性纳米粒子固定的脂肪酶的催化活性达到游离酶的 58 倍[190]。但大多数情况下，固定化会对酶活性产生负面影响。例如，甲醇脱氢酶在氨基环氧树脂和乙醛琼脂糖载体上仅有 15%的活性收率[191]；α-淀粉酶共价固定在氧化石墨烯上后，保留了近 80%的原酶活性[192]；木聚糖酶在三水铝石和无定形 $Al(OH)_3$ 上吸附后，分别保留 75%和 64%的原酶活性[193]。

固定化酶催化底物反应动力学特征仍可用米氏方程表示，但需要注意的是，因为传质阻力的存在，利用米氏方程拟合固定化酶反应动力学数据得到的参数为表观动力学参数（apparent kinetic constants）。

米氏常数（K_m）是表示酶与底物的亲和力的参数，K_m 小则亲和力大。v_{max} 是在底物饱和浓度下测得的酶催化的最大反应速率。因此，较小的 K_m 和较大 v_{max} 是固定化酶追求的目标。但是，除少数情况下观测到固定化酶显示比游离酶具有更小的 K_m 以及更大的 v_{max} 值外，通常固定化会对酶与底物亲和力和催化能力产生负面影响，即导致 K_m 增大和 v_{max} 值降低[194]。

影响固定化酶催化活性的因素主要有以下几个方面。

（1）酶构象变化　酶与载体的相互作用引起酶的空间构象发生改变，甚至影响到酶蛋白的活性中心基团，从而影响酶与底物的结合能力或者酶催化底物的反应能力。

（2）空间位阻效应　酶在载体表面的固定化，使部分活性位点遮蔽在载体表面附近，产生空间位阻效应，影响底物与酶活性中心接触，从而降低催化反应效率。空间位阻效应对大分子底物的影响尤其明显。因此定向固定化非常重要。

（3）微环境效应　载体的亲/疏水性和荷电性质使酶所处的微环境发生变化，直接或间接影响酶的催化能力及酶对抑制剂、激活剂等作出调节反应的能力；同时，载体的亲/疏水性和荷电性质引起底物和产物以及抑制剂、激活剂、辅酶等在微环境和主体溶液中的不等分配，改变了酶反应系统的平衡，影响酶催化反应，此为分配效应。因此，微环境调控是提高固定化酶催化效率的有效手段。

（4）底物和产物的扩散限制　在固定化酶催化反应过程中，由于反应体系从均相转变为多相，底物必须从主体溶液扩散到固定化酶的活性位点，而产物应向远离活性部位处扩散，便于底物的进一步结合[195]。进出活性位点的反应物的扩散限制分为外扩散限制和内扩散限制[196]。外扩散是底物从液相主体穿过围绕固定化酶颗粒周围的近乎停滞的表面液膜层（滞流底层）扩散到颗粒表面，或产物向相反方向的扩散迁移；内扩散是底物从颗粒表面到颗粒内部酶的活性位点或产物向相反方向的扩散过程。当物质扩散系数很小，而酶的催化活力较高时，在固定化酶颗粒内外会形成较大的底物浓度梯度，造成微环境和宏观环境间底物和产物浓度差别。如图 6-43（a）所示，由于扩散限制效应的存在，底物浓度从液相主体到固定化酶外表面，再到颗粒中心处是逐渐降低的，而产物浓度分布则与此相反。因此，固定化酶活性位点处的实际底物浓度比液相底物浓度低很多（球形载体中心处的底物浓度最低），从而造成酶的表观底物亲和力和反应速率降低［图 6-43（b）］。扩散限制可通过减小载体的尺寸（扩散距离）、增大表面孔径、提高底物浓度、改变载体形状、提高流速（或搅拌速度）等进行改善或消除。

6.6.3　最佳反应条件

温度和 pH 对酶的催化活性有显著影响。通常，温度升高会加速酶的反应速率，但高温也会加速酶的变性失活。因此，酶活性随温度变化的曲线存在一个最大值，称为最适温度。此外，pH 对酶的催化活性影响显著，在特定 pH 值（最佳 pH 值）下，酶的催化活性最高。这归因于 pH 值对酶活性位点中官能团的质子化/去质子化平衡的影响。

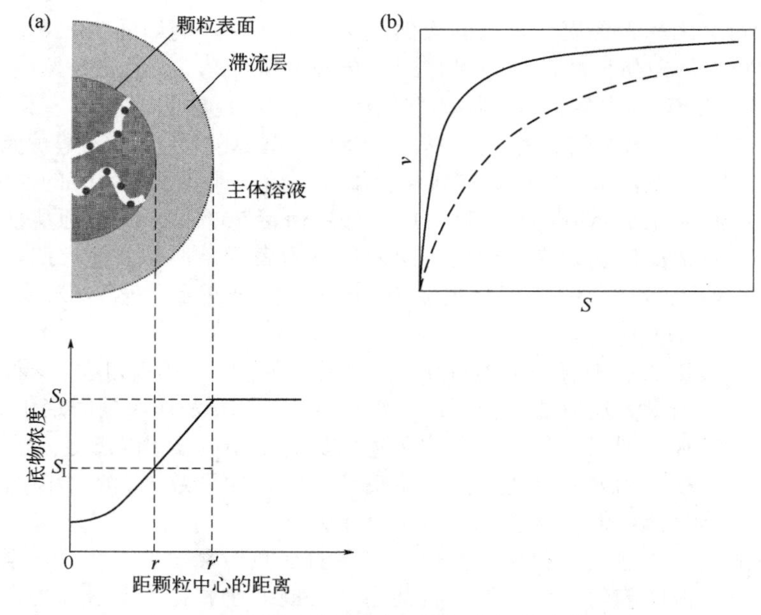

图 6-43　扩散限制对固定化酶催化性能的影响

（a）固定化酶颗粒内外的底物浓度分布，其中 S_I 为底物在固定化酶外表面上的浓度，S_0 为主体溶液中的底物浓度；（b）不同底物浓度（S）下游离酶（实线）与固定化酶（虚线）的初始反应速率（v）

最适温度的变化：一般情况下，与游离酶相比，固定化酶的最适温度会提高，而且在较宽的温度范围内均具有较小的热失活率。这可能归因于空间限制增加了固定化酶的刚性，使酶在极端条件下可抵抗构象变化和酶结构变性。酶失活速率降低，最适温度随之增加，有利于催化反应过程。例如，以包埋法用聚（*N*-乙烯基吡咯烷酮-丙烯酸丁酯-*N*-羟甲基丙烯酰胺）固定果糖转化酶，最适温度为 70℃，比游离酶提高了 15℃[197]。用聚甲基丙烯酸磺基甜菜碱聚合物刷修饰的二氧化硅微球固定不同来源的脂肪酶，对于米黑根毛霉脂肪酶和枯草芽孢杆菌脂肪酶 A，最适温度分别提高 10℃和 20℃，而固定化皱纹假丝酵母脂肪酶（CRL）的最适温度与游离 CRL 相似[198]。用聚（羧基甜菜碱丙烯酰胺）接枝的 Fe_3O_4 纳米粒子共价固定脲酶后，酶的最适温度比固定前提高了 30℃[199]。而脲酶经 ZIF-8 包埋后，其最适温度和最适 pH 值均未改变[200]。由此可见，固定化酶的最适温度受到固定化载体和固定化方法的显著影响，也因酶的不同而呈现不同的变化情况。

最适 pH 的变化：固定化酶的最适 pH 经常随载体材料的荷电性质发生不同程度的变化。载体电荷性质的影响致使固定化酶微环境和主体溶液中 OH^- 和 H^+ 浓度产生不均匀分配，从而导致其最适 pH 向更酸或更碱的方向偏移。通常，酶在正电性载体（阳离子聚合物）上固定后最适 pH 较游离酶降低，这是由于正电性载体表面含有相对丰富的阳离子基团，会吸引溶液中的包括 OH^- 在内的阴离子，使其附着在载体表面，导致固定化酶附近微环境的 OH^- 比主体溶液高，即酶分子附近的 pH 值高于主体溶液，只有主体溶液的 pH 向酸性偏移，才能抵消微环境的作用，使酶表现出较强的活性。反之，用带电负性载体制备固定化酶的最适 pH 向碱性偏移。

此外，固定化可提高酶对酸碱环境的适应能力，从而拓宽酶催化的 pH 范围。例如，将有机磷水解酶（OPH）和 OPH 纳米胶囊（nOPH10）固定在 GO 上，分别形成固定化 OPH（OPH@GO）和双重固定化 OPH（nOPH10@GO）[201]。结果显示，游离 OPH、OPH@GO 和

nOPH10@GO 保持 90%以上相对活性的 pH 范围分别为 7.6～8.7、7.2～9.0 和 6.5～9.2，表明固定化明显拓宽了酶的 pH 适应范围。一般来说，极端酸性和碱性可能导致酶结构的改变以及分子内或分子间键的断裂，因而造成酶活性显著降低。由于酶和载体之间存在分子间作用力，固定化可以保护和稳定酶在极端 pH 下不发生变性，因此固定化酶在较酸或较碱的情况下进行催化反应比游离酶更有利。

6.6.4 稳定性

固定化酶的稳定性是保证其长期活性和重复使用的前提。蛋白质的稳定性取决于分子内弱相互作用的平衡，决定蛋白质呈现其天然折叠构象还是发生变性（去折叠），但分子间相互作用影响分子内相互作用的平衡。酶的固定化引入了额外的共价键或/和非共价相互作用，这种额外的相互作用会降低酶的构象灵活性，提高固定化酶的刚性，从而降低其变性的可能性。特别是酶和载体之间形成的多点连接可显著增加酶活性构象的牢固程度，有效防止酶蛋白的去折叠和变性。此外，固定化可减少或防止酶与不利环境的接触（如液相中的微气泡、微油滴等），提供有利于酶活性发挥和维持的环境，增强酶构象的稳定性。因此，在大多数情况下，固定化酶表现出增强的热稳定性、pH 稳定性、溶剂耐受性、储存稳定性和操作稳定性，从而能够反复回收再利用。

例如，采用几丁质（chitin）物理吸附、Amberlite IRA-45 静电吸附、Duolite XAD761 共价结合及聚丙烯酰胺包埋制备的固定化酶相比于游离酶表现出较高的最适温度、较低的活化能、较低的失活速率、较长的半衰期（$t_{1/2}$）和较高的耐化学变性能力[202]；使用 10 个循环后，这四种固定化酶分别保留 30%（几丁质）、35%（Amberlite IRA-45）、69%（Duolite XAD761）和 54%（聚丙烯酰胺）的初始酶活。将卤代醇脱卤酶（HheC）和牛血清白蛋白交联并固定在玻璃纤维膜上，所得固定化 HheC 在 4℃下储存 60d 后保留 67%的初始活性，而游离 HheC 仅保留其原始活性的 8%；可溶性 HheC 在 60℃热处理 3h 后几乎完全失活，而固定化酶在相同条件下仍保留其初始活性的 60%[203]。用 4-(1-芘基)丁酸修饰的碳纳米管（fCNTs）-泡沫镍复合材料共价固定脂肪酶，该固定化脂肪酶对异丙醇和正己烷表现出良好的耐受性（剩余活性>84%），同时比游离脂肪酶具有更高的活性和更好的热稳定性，而且这种生物催化剂在微反应器系统中表现出高催化效率和长期稳定性[204]。

固定化酶的稳定性往往是由单个稳定因素或多个因素的累积效应决定。不同固定化方法、载体或固定化条件都可能产生不同的稳定性。例如，通过共价结合法，将有机磷水解酶（OPH）分别固定在 1,4-丁二醇二缩水甘油醚（BTDE，双环氧基团化合物）和 CDI 活化的植物纤维素微纤维上，两种固定化酶均表现出提高的储存、热及 pH 稳定性，但 BTDE 改性纤维素表面固定化 OPH 比游离酶和 CDI 活化载体固定化酶有更长的半衰期[205]。经 10 次重复使用后，BTDE 和 CDI 活化纤维素上的固定化 OPH 分别保留了约 59%和 68%的初始活性。因此，要充分考虑酶的特性和固定化酶的应用目的，选择合适的固定化载体和方法。

6.6.5 底物特异性

固定化可能改变酶的底物特异性或选择性，即使这种转变是不期望的。在某些情况下固定化使酶对底物的对映体选择性发生反转，例如 *S*-选择性脂肪酶经共价固定化转化为 *R*-选择性脂肪酶[206]。酶固定化产生的底物选择性变化与载体位阻（孔径和扩散）和酶构象（微环境和活性位点）变化有关。载体孔径的大小决定了底物的可接近性，对于小分子底物的固定化酶（如葡萄糖氧化酶、葡萄糖异构酶、氨基酰化酶），底物容易扩散，受载体的空间阻力影响较小，因而这些酶固定前后的底物特异性基本无变化；但是对于大分子底物而言，固定化酶和游离酶的底物特异性往往不同，影响程度取决于它们的底物分子量大小。

此外，固定化可能使酶结构产生一定形变，尤其是在活性位点区域。因此，通过不同区域固定蛋白质可能会赋予不同的刚性并以非常不同的方式扭曲酶，甚至有可能在酶周围产生具有非常不同物理特性的微环境。受这些因素的影响，在相同的条件下固定在不同载体上的同一种酶可能表现出非常不同的底物选择性变化[207]。

6.7 固定化酶的应用

6.7.1 生物医药

固定化酶在生物医药方面的应用主要是治疗药物的合成和用于临床诊断两个方面。

6.7.1.1 药物合成

酶催化具有的高度选择性、安全性和绿色可持续性等优势，在复杂结构药物合成领域具有独特优势。这里仅介绍几类重要产品利用固定化酶催化生产的案例。

（1）半合成类抗生素 青霉素酰基转移酶是多种半合成类抗生素生产中的重要催化剂，主要参与半合成 β-内酰胺抗生素的工业合成以及 6-氨基青霉烷酸（6-APA）、7-氨基去乙酰氧基头孢烷酸（7-ADCA）和 7-氨基头孢烷酸的生产。半合成类抗生素的合成反应可以在热力学或动力学控制下进行。热力学控制依赖于亲核试剂和酰基供体的直接缩合［图 6-44（a)］，产率取决于反应的热力学平衡。在这种情况下，有机溶剂对调节热力学平衡发挥重要作用。有机溶剂通过增加羧基的 pK_a 和降低水的浓度来提高产率。相反，动力学控制依赖于亲核底物或水对先前形成的酰基-酶复合物的亲核攻击的动力学竞争，产率取决于酶催化的三种不同反应的速率，即产物的合成（合成酶活性）、活化的酰基供体的水解（酯酶活性）和合成抗生素的水解（酰胺酶活性）［图 6-44（b)］。因此，通过改变酶、酶衍生物、反应条件等，可以改变产率。动力学控制方法最为常见，而且在某些情况下，它是抗生素化学合成的唯一替代方法。例如，在全水介质中，以苯基甘氨酸甲酯（PGME）作为酰基供体，7-ADCA 作为限制性底物，利用包埋固定在具有磁性的溶胶-凝胶微粒中的青霉素 G 酰基转移酶动力学控制合成头孢氨苄[208]；在有机溶剂存在下，利用商品化固定化青霉素酰基转移酶（IPA）催化苯甘氨酸甲酯和 6-APA 合成氨苄西林[209]。

（2）L-氨基酸 L-氨基酸在医药、食品和动物饲料中应用广泛，高效规模化生产光学活性氨基酸及其相关衍生物，具有重要经济价值和社会意义。固定化酶已广泛用于 L-氨基酸的工业生产以及工业和医学分析。化学合成方法生产的氨基酸是 L-和 D-异构体的光学非活性外消旋混合物，而酰基 DL-氨基酸可被氨基酰化酶不对称水解，在反应混合物中产生 L-氨基酸和未水解的酰基 D-氨基酸。Wang 等[211]利用离子交换吸附法将氨基酰化酶固定在 DEAE-Sephadex A-25 介质，用于 *N*-酰基-DL-丙氨酸的酶法光学拆分。在酶柱上连续运行至少 300h 后，固定化氨基酰化酶没有明显的活性损失；连续操作 20d 后，固定化酶仍保持原活性的 90% 以上。此外，Xu 等[212]利用酪氨酸酶聚集体（CLEAs）为催化剂，通过 L-酪氨酸催化合成 L-3,4-二羟基苯丙氨酸（L-DOPA）。在间歇式反应器、连续搅拌釜反应器和填充床反应器中，L-DOPA 的产率分别为 209.0mg/(L·h)、103.0mg/(L·h)和 48.9mg/(L·h)。Yen 等[213]采用 Eupergit C 共价固定化 *N*-酰胺酸消旋酶（消旋酶）和固定化 *N*-氨甲酰-L-氨基酸氨基水解酶（L-氨基甲酰化酶）为生物催化剂，从外消旋 *N*-氨甲酰-D-高苯丙氨酸合成 L-高苯丙氨酸。

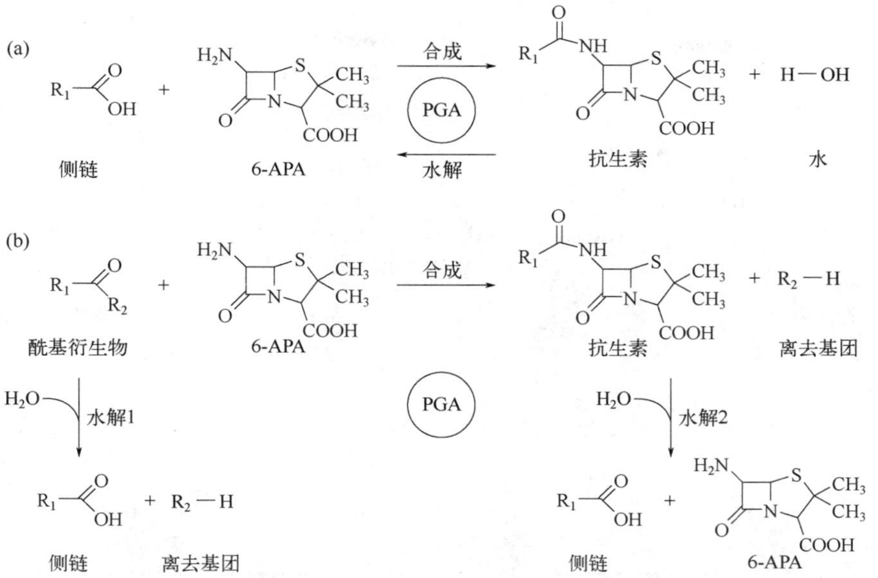

图 6-44 青霉素 G 酰化酶（PGA）合成 6-氨基青霉烷酸[210]

（a）热力学控制；（b）动力学控制

（3）手性药物　在制药工业中，外消旋手性药物的各对映体虽然在物理化学性质方面有相似性，但往往只有一种对映体具有所要求的药效，而另一种对映体效果较差，甚至有不良副作用[214]。例如，(*S*)-布洛芬的药理活性是(*R*)-型的 160 倍[215]，且药物所产生的副作用几乎均是由(*R*)-型异构体引起的。许多酶类特别是脂肪酶已广泛应用于手性药物的对映体选择性拆分[216]。Yuan 等[217]在有机溶剂中利用 Novozym 40086 催化的对映体选择性酯化反应（图 6-45），对外消旋布洛芬进行光学拆分，该酯化反应在约 30h 内达到平衡，转化率为 56%，底物的对映体过量值（ee_s）为 94%。Çakmak 等[218]利用环氧氯丙烷改性磁性纳米粒子共价固定化脂肪酶 CRL 催化外消旋萘普生甲酯、外消旋布洛芬甲酯和外消旋扁桃酸丁酯的对映体选择性水解，水解产物(*S*)-萘普生、(*S*)-布洛芬和(*S*)-扁桃酸的对映体过量值分别为 95%、77%和 68%。Zhang 等[219]将羰基还原酶（SCR）和辅因子（$NADP^+$）以共价方式共固定在氨基功能化树脂 LX-1000HAA 上，并以此固定化物为催化剂，以正己烷为反应介质，在连续填充床生物反应器中制备了降血脂药物瑞舒伐他汀的关键手性中间体(3*R*,5*S*)-6-氯-3,5-二羟基己酸叔丁酯［(3*R*,5*S*)-CDHH］，经过 44 批次反应，产率高达 95.5%，对映体过量>99.5%，非对映体过量>99.5%。Weng 等[220]以多壁碳纳米管（MWCNT）共价固定化 *Bacillus licheniformis* 蛋白酶 6SD（P-6SD@NH_2-MWCNT）为催化剂，在以 P-6SD@NH_2-MWCNT、水相和甲基叔丁基醚为有机相的三相体系中，酶促催化 2-氯苯基甘氨酸甲酯［(*R*,*S*)-1］一步拆分为对映体纯(*S*)-1（一种抗血小板聚集和抗血栓药物氯吡格雷的关键手性前体）（图 6-46）。P-6SD@NH_2-MWCNT 表现出高立体选择性和良好的可重复使用性，转化率为 71%，(*S*)-1 产率为 29%，ee_s>99%。

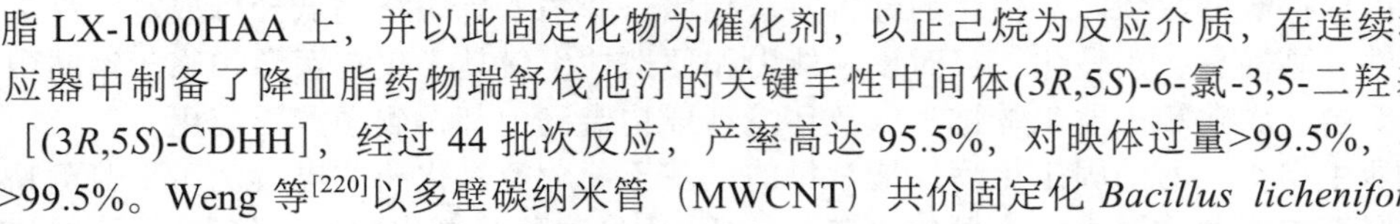

图 6-45 (*R*,*S*)-布洛芬与正己醇的生物催化酯化反应

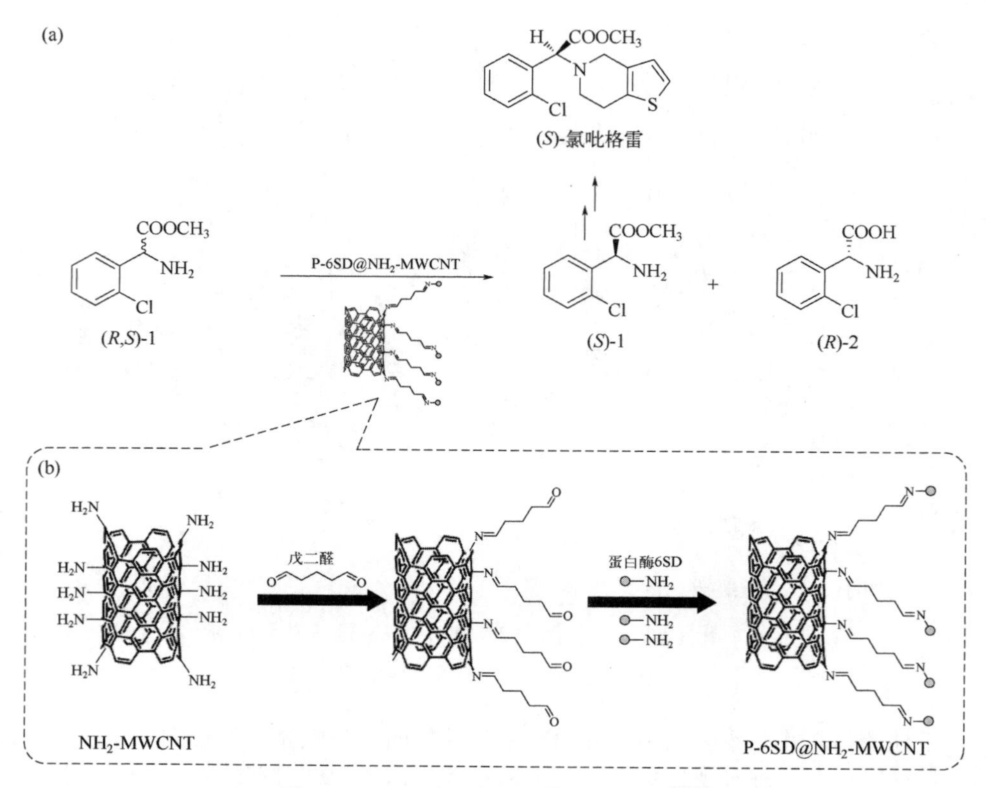

图 6-46　(*R*,*S*)-1 至(*S*)-1 的酶法拆分[220]

(a) P-6SD@NH_2-MWCNT 的酶促反应，30℃；(b) P-6SD@NH_2-MWCNT 制备示意图

6.7.1.2　生物传感器

生物传感器是一种分析设备，通过生物识别系统和电化学传感器的适当组合，对样品中的分析物做出响应，并将其浓度转化为光电信号。生物传感器通常由生物识别元件、传感器和信号处理系统三部分组成。基于酶的生物传感器是固定化酶在各种疾病诊断和治疗中的典型应用。在基于酶的生物传感器中，酶用作识别元件，固定在传感器表面的载体基质表面或内部，以保持酶的活性。与传统的分析方法相比，酶生物传感器的低分析成本、高灵敏度、高特异性、高通量、小型化、实时诊断能力和便携性，使其不仅在医学和临床诊断中，而且在食品安全、农业和工业生物过程以及环境污染物监测中都得到了广泛应用。

作为生物传感器的固定化酶，最常见的是基于葡萄糖氧化酶的电极，用于监测糖尿病人血液和尿液中的葡萄糖水平。例如，Chang 等[221]将葡萄糖氧化酶通过溶胶-凝胶方法包埋在硅胶基凝胶中，然后将其固定在底部紧密结合了氧传感膜的 96 微孔板上，形成的葡萄糖氧化酶光学生物传感器可以通过监测荧光强度的变化评估样品中的葡萄糖浓度。Özbek 等[222]将石墨烯/铂纳米颗粒/全氟磺酸（GR/PtNPs/NF）溶液滴加到玻碳电极（GCE）上，形成复合膜修饰电极 GR/PtNPs/NF-GCE，然后用交联法将葡萄糖氧化酶固定在电极表面，进而制备了一个电流型生物传感器。葡萄糖测定是基于生物传感器表面酶促反应期间在+0.60V 下发生的过氧化氢氧化。该生物传感器的葡萄糖分子的测定限度达到 10nmol/L，20 次测量后活性依然保持在 94.5%。此外，胆固醇是许多临床和心脏疾病相关的重要生物标志物，其快速准确测定也是非常重要的。胆固醇是胆固醇氧化酶的底物，基于固定化胆固醇氧化酶的生物传感器已用于检测血清样品中的胆固醇。此外，固定化脂肪酶和磷脂酶传感器也用作检测血液样本中甘油三酯、胆固醇和磷脂水平的诊断工具。

酶生物传感器的检测技术、工作原理、结构、尺寸等多种多样，在医学和临床诊断中发挥着重要作用。新酶的发现和开发，结合新的传感器高性能材料的开发，以及检测技术的重要进步，正在不断推动酶生物传感器的发展，将为此类仪器设备的实际应用提供更多机会。

6.7.1.3 酶抑制剂（药物）发现

在人体内，酶在维持正常的身体功能方面起着至关重要的作用。但正常的身体功能可能会受到酶过度表达的影响，从而导致疾病。例如，α-葡萄糖苷酶催化糖消化过程的最后一步会导致餐后高血糖，而这种餐后高血糖会使Ⅱ型糖尿病恶化。α-葡萄糖苷酶抑制剂有望抑制餐后高血糖，用于治疗Ⅱ型糖尿病。此外，酪氨酸酶可以催化人体产生黑色素，保护皮肤免受紫外线辐射，但酪氨酸酶的过度表达导致黑色素沉着和进一步的色素沉着过度紊乱。将α-葡萄糖苷酶和酪氨酸酶固定在固体载体上可用于从天然产物中筛选相应的抑制剂。Xiong等[223]以聚甲基丙烯酸甲酯/壳聚糖纳米颗粒为载体，通过共价结合法固定α-葡萄糖苷酶。该固定化酶保持原有的酶活性，用其可从厚朴的甲醇提取物中选择性地分离出木兰碱，从异黄酮化合物的混合物中选择性地分离出染料木黄酮，这两种化合物均具有α-葡萄糖苷酶抑制活性。Zhao 等[224]采用吸附中空纤维固定化酪氨酸酶的方法从葛根叶提取物中筛选酪氨酸酶抑制剂，成功地筛选出了7种潜在的生物活性成分，并通过体外试验证实了葛根素、葛根素-6″-*O*-木糖苷和葛根素苷具有良好的酪氨酸酶抑制活性。此外，凝血酶、脂肪酶、黄嘌呤氧化酶、丙氨酸氨基转移酶等都已固定在不同载体材料上用于酶抑制剂筛选。

6.7.1.4 疾病诊疗

体内有害物质的积累会引发各种疾病，而酶可以用来检测和消除这些物质以达到诊断和治疗疾病的目的。例如，Hu 等[225]将肌氨酸氧化酶（SOx）固定化形成磁性交联酶聚集体（MCLEAs），然后利用 MCLEAs 与前列腺癌生物标志物肌氨酸的酶促反应构建肌氨酸的快速特异性检测方法（图 6-47）。该方法无需复杂预处理即可定量分析尿液样本中肌氨酸，线性

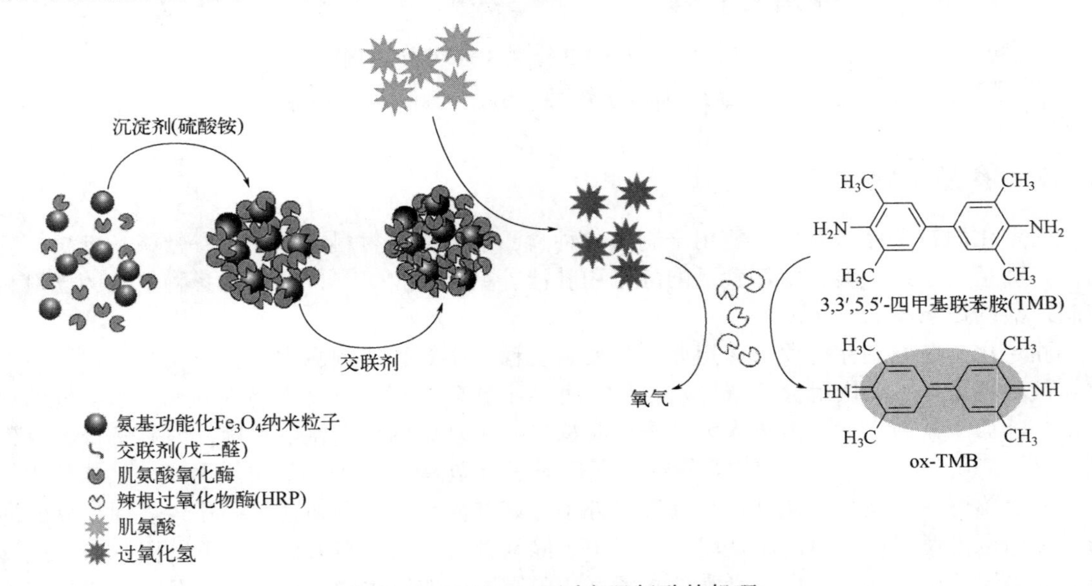

图 6-47 MCLEAs 测定肌氨酸的机理

MCLEAs 与肌氨酸反应生成 H_2O_2，在 H_2O_2 存在下，TMB 被 HRP 催化，形成淡蓝色液体，可在添加盐酸或硫酸后由吸光度计检测[225]

范围为 0.3125～10μg/mL，回收率范围为 87.50%～97.75%。Wu 等[226]采用 HRP 与 ZIF-90 共沉淀法制备酶-MOFs 纳米复合材料（HRP@ZIF-90），然后将富含半胱氨酸的酸性分泌蛋白（SPARC）结合肽（NH_2-GGGSPPTGIN）共价结合到 HRP@ZIF-90 的表面（肽-HRP@ZIF-90），以形成检测 SPARC 的比色传感器（图 6-48）。在测试过程中，HRP 分子可以在酸性条件下从纳米复合材料中快速释放出来，催化 TMB 氧化产生的显色反应，实现 SPARC 的超灵敏检测，检测限低至 30fg/mL，而且该传感器还可以检测不同分化程度结肠癌组织中 SPARC 的含量。Hassabo 等[227]将 L-甲硫氨酸-γ-裂解酶（METase）吸附固定在 UIO-66-COOH 表面，形成 METase@UIO-66 复合物。METase 是一种重要的 5′-磷酸吡哆醛依赖型多功能酶，能够通过从恶性细胞中去除甲硫氨酸，使癌细胞发生凋亡。结果表明，METase@UIO-66 不仅具有增强的热稳定性、pH 耐受性和储存稳定性，还可显著抑制荷瘤小鼠的肿瘤生长。

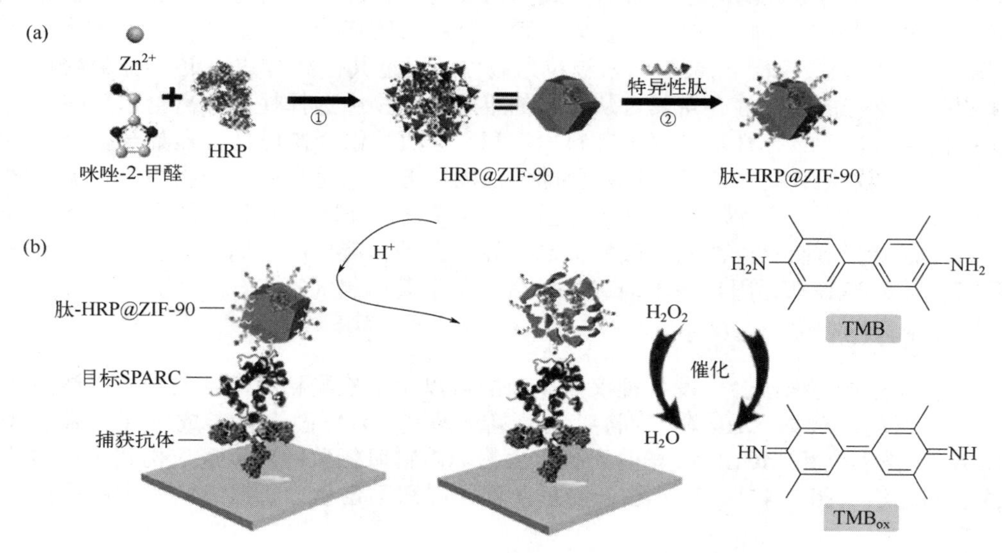

图 6-48　固定化 HRP 检测 SPARC 示意图[226]

（a）肽-HRP@ZIF-90 的制备过程；（b）目标 SPARC 的比色检测

6.7.2　食品工业

固定化酶在食品工业中主要用于制造各种食品成分和原材料，如香精、糖浆、糖果、乳制品、酒精和水果饮料、烘焙食品的酵母和乳清乳糖水解物等，以及测定各种成分的含量和控制产品的质量等。

固定化酶在乳制品行业的应用非常重要。乳糖是牛奶和奶制品中的主要糖分，但很多人有乳糖不耐症，不能饮用含乳糖牛奶。乳糖酶/β-半乳糖苷酶可以将牛奶中的乳糖水解成葡萄糖和半乳糖，其固定化酶能够大大提高低乳糖牛奶生产中的乳糖水解程度，为制备低乳糖牛奶提供了广阔的前景。Li 等[228]首先合成了包埋 β-半乳糖苷酶的氨基功能化二氧化硅基质，随后将溶菌酶共价键合到氨基接枝基质的外部。该共固定化双酶在连续操作中表现出良好的酶活性和重复使用性。当用于从脱脂牛奶中去除乳糖时，填充有共固定化酶的固定床反应器在 30d 的连续运行期间提供了高乳糖水解率和脱脂乳中的微生物灭活率，而且该系统在溶液中乳糖连续水解 60d 期间表现出良好的稳定性。

固定化酶在食品包装中也有应用前景，可以延长食品的货架期，提高包装食品的质量。

Veluchamy 等[229]将枯草杆菌蛋白酶共价固定在聚己内酰胺上，并用于抗菌食品包装。该固定化酶能够在较高 pH 值下保持活性和稳定性，储存 56d 后仍保留 94%的活性，而游离酶仅剩 21%的活性。食品包装应用表明，固定枯草杆菌蛋白酶的聚己内酰胺对革兰氏阳性菌和革兰氏阴性菌均有效，在 4℃时将金黄色葡萄球菌菌落数从 10^5 减少到 10^3，大肠杆菌菌落数从 10^5 减少到 10^2。

固定化酶也可用于果汁澄清和去除柑橘果汁中的苦味。澄清作为去除悬浮物的过程，对果汁的外观、风味和商品化有重要影响，是果汁生产过程中的重要环节。在传统的工业生产中，这一过程是在明胶、膨润土和不同类型膜的帮助下完成的。近年来，随着科学技术进步和对更具选择性和更清洁的工艺需求的增加，酶在该工艺中占有特殊的地位。在工业上，果汁澄清主要是通过使用果胶酶来实现的。果胶酶是果汁澄清中最重要的酶，它能分解果胶聚合物的结构，降低浊度和减少沉淀物。Hosseini 等[230]在夹套玻璃反应器内填充玻璃珠固定果胶酶连续处理小檗果汁，在流速为 0.5mL/min、温度为 50℃、处理时间为 63min 时，固定床反应器的性能最佳。澄清之后，果汁样品的浊度、pH 值、总可溶性固形物含量、黏度、总酚含量和抗氧化活性降低。此外，该工艺还提高了小檗果汁的澄清度、酸度、还原糖浓度和亮度。Hassan 等[231]用京尼平活化的藻酸钠微球固定果胶酶和木聚糖酶澄清苹果汁，澄清度可达到 84%。Andrade 等[232]使用固定化单宁酶澄清苹果汁。单宁酶被包埋在海藻酸钙凝胶珠内，提高了酶的物理化学稳定性。固定化单宁酶去除可水解的单宁，高效澄清苹果汁，无需纯化过程即可将浊度降低 70%以上。

6.7.3 环境保护

各行业产生的废水即使有害化学物质含量很少，也会对环境构成威胁。除了砷和汞等有毒重金属外，工业废水通常还含有芳香族偶氮染料、酚类、药物等。这些有机物质难降解、有毒、致癌、致突变，对人类健康和水生生物构成巨大威胁。物理吸附、沉淀、化学氧化等传统方法存在严重缺陷，例如效率低、成本高、适用范围窄、净化不充分等。固定化酶作为废水处理的一种处理方法受到了广泛关注。废水处理中常用的酶有过氧化物酶、漆酶、偶氮还原酶和脂肪酶等。这些生物分子能够催化大量有机化合物的氧化反应，主要是酚和非酚芳香分子。

6.7.3.1 染料脱色

染料是环境污染物中毒性最大的一类，主要来源于纺织工业，包括蒽醌、偶氮和三芳基甲烷染料。固定化漆酶和过氧化物酶可以对纺织废水中的染料脱色，降低染料毒性。例如，采用包埋法将木瓜漆酶固定在壳聚糖微球中，其在 8h 内可使合成染料靛蓝（50μg/mL）完全脱色，而游离漆酶在相同条件下仅将同一染料脱色 56%[233]。海藻酸钙包埋固定化漆酶在 24h 后对刚果红-21 的脱色率达到 92%[234]。此外，将 HRP 固定在聚苯胺（PANI）接枝聚丙烯腈(PAN)膜上，固定化 HRP 对直接蓝 53 和直接黑 38 染料的最高去除率分别达到 91%和 95%[235]。包埋在海藻酸钙微球中的固定化 HRP 在 pH5.5 和 30℃条件下可去除高达 93%的活性蓝 221 和 75%的活性蓝 198[236]。采用交联法将 MnP 共价固定在戊二醛活化的壳聚糖微球上，该固定化 MnP 对纺织废水中的染料的脱色率达到 97%，而且降低了近 70%的细胞毒性和致突变性[237]。尽管纺织废水中染料的酶脱色效率取决于酶来源、载体类型以及工艺条件，但固定化氧化还原酶能够有效地处理染料，通常能达到 90%以上的去除率。

6.7.3.2 酚类污染物的去除

由于苯酚及其衍生物的剧毒性和腐蚀性，已被列为主要的环境污染物之一。许多研究报道了固定化过氧化物酶在苯酚废水处理中的应用。Qiu 等以双醛淀粉为交联剂，在氨基功能化离子液体修饰的磁性纳米粒子上固定漆酶[238]。该固定化漆酶可在较宽的温度和 pH 范围内有效去除酚类化合物，对苯酚、4-氯苯酚和 2-氯苯酚的去除效率最高分别为 86.1%、93.6%和 100%。Vasileva 等将 HRP 固定在丙烯腈共聚物改性超滤膜上，得到的固定化 HRP 具有更高的操作稳定性和热稳定性，苯酚去除率高达 95.4%[239]。此外，其他来源的过氧化物酶也可用于酚类物质的降解。例如，Rezvani 等采用包埋法将大豆种皮粉中的大豆过氧化物酶（SBP）固定在海藻酸钙微球内，其在填充床生物反应器可连续去除高达 97%的苯酚[240]。Sellami 等将从黑萝卜（*Raphanus sativus* var. *niger*）中分离的过氧化物酶（RSVNP）固定化为交联酶聚集体，RSVNP-CLEAs 对苯酚和对甲酚的最高去除率分别为 92%和 98%，而且连续使用 3 次后苯酚降解率仍超过 71%[241]。

6.7.3.3 药物活性成分的降解

药物污染物包括抗生素、抗炎药、治疗性激素和镇痛剂以及它们的副产物和代谢物，它们可能比母体化合物更有害并可能导致生物积累。固定化氧化还原酶可以有效地从废水中去除这些药物活性化合物。例如，共价固定在聚丙烯腈-生物炭复合纳米纤维膜上的漆酶可用于去除金霉素（CTC）、卡马西平（CBZ）和双氯芬酸（DCF），在间歇式操作模式下，三种药物的去除率分别达到 63%、49%和 73%[242]。Nair 等将漆酶（源于 *Coriolopsis gallica*）吸附在氨基化的介孔二氧化硅球上，之后用戊二醛进行共价偶联[243]。在实际废水条件下连续处理 80 h 后，该生物催化剂可以降解混合物中 85%以上的双酚 A 和类固醇激素 17-α-炔雌醇（EE2）以及 30%的消炎药双氯芬酸。

6.7.4 生物能源

6.7.4.1 生物柴油

生物柴油是一种无毒、硫和芳烃含量极低、可再生和可生物降解的柴油替代品。在催化剂的作用下，可以由新鲜或废弃的植物油和动物脂肪与乙醇或甲醇通过酯交换生产，副产品为甘油。目前世界上生物柴油的生产主要使用碱性或酸性催化剂的化学催化转化。化学催化存在潜在的环境污染、高能耗和反应转化效率不佳等缺点，制约着合成生物柴油的质量和产量。固定化脂肪酶作为高效、环保的生物催化剂，在生物柴油生产中受到了生物技术界的广泛关注。与化学催化相比，固定化脂肪酶催化工艺操作条件温和，产品易于分离，废水处理要求低，甘油易于回收，且无副反应。目前，许多来源的脂肪酶固定在各种载体上用于催化合成生物柴油，且取得较高的转化率（表 6-7）。

表 6-7 用于生物柴油生产的脂肪酶及其固定化酶反应举例

脂肪酶来源	载体	油/脂肪	醇	反应条件	转化率/%	文献
Candida rugosa	Fe_3O_4-poly(GMA-co-MAA)	大豆油	甲醇	25%（质量分数）催化剂，油/醇为 1∶4，40℃，54h	92.8	[244]
Aspergillus oryzae	聚二甲基硅氧烷包覆 ZIF-L	大豆油	甲醇	油/醇为 1∶4，45℃，24h	94	[245]
Alcaligenes sp.	生物基 MOF	葵花籽油	甲醇	油/醇为 8∶1，50℃，4h	＞60	[246]
Candida antarctica lipase B	磁性纳米复合颗粒	废食用油	甲醇	油/醇为 1∶4，40℃，30h	96	[247]

续表

脂肪酶来源	载体	油/脂肪	醇	反应条件	转化率/%	文献
Rhizopus oryzae	四臂 PEG-NH_2 修饰磁性多壁碳纳米管	废食用油	甲醇	油/醇为 1∶4，20%（质量分数）助溶剂，10%（质量分数）水含量，40℃，2.5h	94.7	[248]
Aspergillus oryzae ST11	磁性交联酶聚集体	棕榈油	甲醇	30%（质量分数）CLEAs，30%（质量分数）水含量，油/醇为 1∶3，37℃，24h	95	[249]
Burkholderia cepacia	SBA-15	棕榈仁油	乙醇	油/醇为 1∶6，45℃，72h	98.9	[250]
Candida antarctica lipase B	辛基功能化二氧化硅	葵花籽油	乙醇	油/醇为 1∶6，30℃，3h	91.8	[251]
Pseudomonas fluorescens	氨基功能化单壁碳纳米管	葵花籽油	乙醇	油/醇为 1∶5，30℃，4h	>99	[252]
Pseudomonas cepacia	电纺聚丙烯腈纤维	菜籽油	正丁醇	油/醇为 1∶3，40℃，48h	94	[253]

6.7.4.2 酶燃料电池

酶燃料电池（enzyme fuel cell，EFC）是使用酶作为催化剂的传统燃料电池的一个子类别，是一种适合于环境友好型能源生产的生物电化学装置。聚合物电解质、甲醇和固体氧化物器件等传统燃料电池需要使用昂贵的催化剂和燃料。相比而言，EFC 利用生化途径将化学能转化为电能，利用葡萄糖、甘油或乙醇等可再生燃料，在阳极氧化并释放电子，在阴极的另一侧分子氧还原为水。第一个 EFC 由 Yahiro 于 1964 年使用葡萄糖氧化酶（GOx）修饰的生物阳极和铂阴极制备。此后，产学界开展了大量研究，以促进 EFC 作为有机燃料发电替代技术的发展。

葡萄糖生物燃料电池（glucose biofuel cell，GBFC）由两个经固定化酶修饰的生物电极组成。固定化酶主要通过 GOx 或葡萄糖脱氢酶（GDH）在阳极催化葡萄糖氧化，同时通过漆酶或胆红素氧化酶在阴极催化氧气还原以产生足够的能量（图 6-49）[254]。制备生物电极的关键步骤是在电极表面进行高效酶固定化。由于碳纳米材料的直径很小，使其能够接近酶活性位点，因此碳纳米材料是与氧化还原酶建立电子通信的适用材料。碳纳米材料通过直接电子转移或用作电子转移中间体的氧化还原介质来再生生物催化剂。例如，Chen 等[255]将 GOx 和胆红素氧化酶（BOD）固定在石墨烯/碳纳米管（G/CNTs）复合织物用作阳极和阴极，之

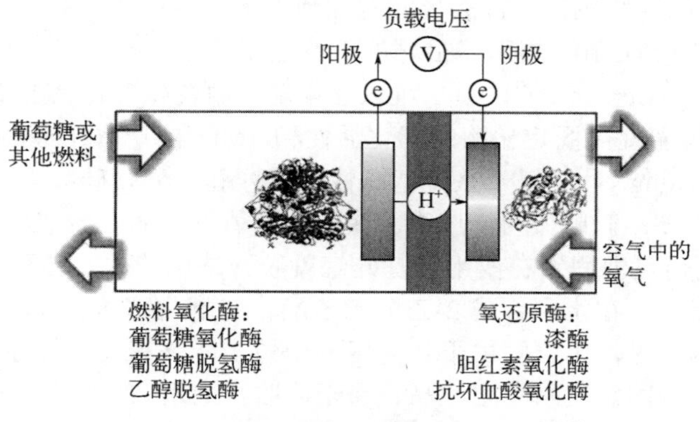

图 6-49 酶生物燃料电池的示意图[254]

后将其配置在含有葡萄糖的聚丙烯酰胺水凝胶（PAAM）电解质板的两侧组装成生物燃料电池（图 6-50）。从石墨烯层共价生长的碳纳米管阵列不仅可以用作固定酶分子的导电基底，还可以在酶与石墨烯电极之间提供有效的电荷传输通道。这样开发的生物燃料电池可输出 0.65V 的开路电压和 64.2μW/cm^2 的功率密度，而且具有高柔性及可拉伸性。

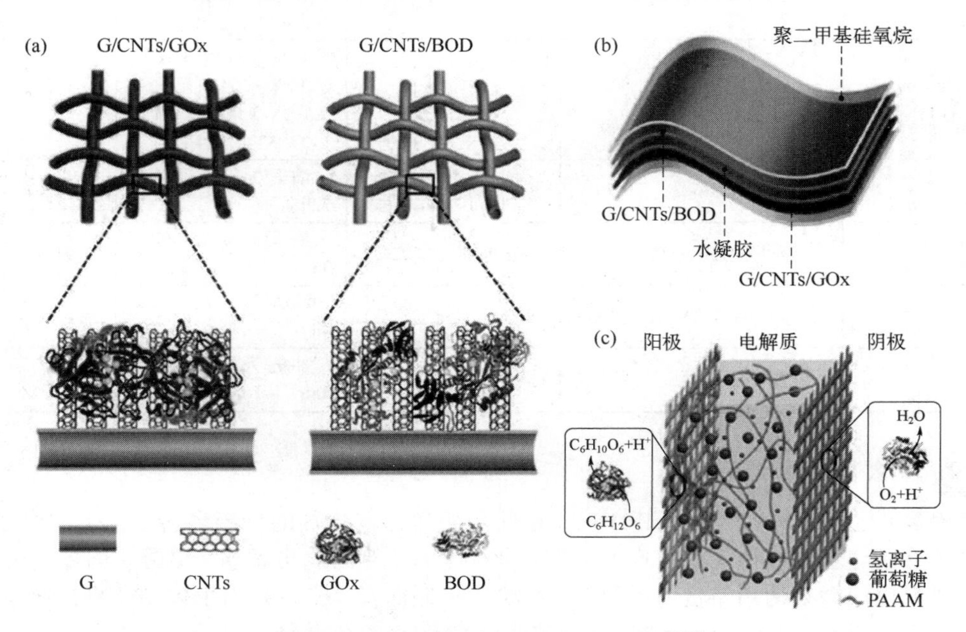

图 6-50　柔性生物燃料电池的示意图[255]

（a）G/CNTs/酶复合纺织生物电极示意图；（b），（c）柔性和可拉伸生物燃料电池的示意图

6.7.5　有机合成

20 世纪 90 年代以来，化学工业的重点逐步转向实施绿色和可持续的工艺生产大宗化学品和各种精细化学品，其中固定化酶催化工艺尤其受到广泛关注和研究。例如，Böhmer 等[256]将节杆菌 ω-转氨酶（AsR-ωTA）通过铁离子亲和结合固定在聚合物包覆的可控孔玻璃珠（EziG™）上，利用该固定化酶催化剂拆分 rac-α-甲基苄胺（rac-α-MBA）。在单批实验中，EziG 固定化 AsR-ωTA 保持了较高的活性。在连续流动的固定床反应器中利用固定化转氨酶连续 96h 进行(S)-α-MBA 的连续生产，没有检测到任何的酶活性损失，化学转化数达到了 110000 以上，时空产率为 335g/(L·h)，展示了很好的工业应用前景。Wan 等[257]将 α-葡萄糖苷酶共价固定在环氧活化树脂（Eupergit C）上，可以催化麦芽糖转化为低聚异麦芽糖（IMO）。乙酸丁酯-缓冲液体系能显著提高固定化酶的催化活性和 IMO 的产率，最高 IMO 产率可以达到 50.8%（质量分数）。Dong 等[258]以十八烷基改性中空介孔二氧化硅吸附固定化脂肪酶 CRL 为催化剂，以植物甾醇与 α-亚麻酸为反应物，在无溶剂体系中酶促合成植物甾醇酯，转化率达到 90%。Li 等[259]利用包埋固定在四甲氧基硅烷凝胶网络中的酰基转移酶催化 2-苯乙醇与乙酸乙烯酯的酯交换反应，在水中合成 2-乙酸苯乙酯，转酯化率达到 99%。

从上述研究举例可见，生物酶由于其高度专一性，能够高效选择性催化一些化学反应难以完成的反应，并结合固定化酶稳定性高、易于回收再利用或可连续操作等特性，展示了广阔的应用前景。

6.8　本章总结

酶的稳定化一直是酶工程和生物催化领域的一个重要课题。酶固定化是使酶稳定化的一种重要手段，除了提供一种活性和稳定的生物催化剂外，它还可简化生物催化操作过程。固定化酶的性质很大程度上取决于固定化方法和所用载体，不同的方法产生不同的固定化效果。由于酶的种类繁多，结构和性能各不相同，因此，理论上不存在适用于所有酶的通用固定化方案。但是，基于酶的结构性质（单体或多聚体）、酶催化的特性（是否需要辅因子）、底物性质（分子量或可溶性）、催化反应介质（水或非水相）等因素，可在一定程度上建立针对性的固定化策略，适用于不同种类的酶或酶催化反应过程。吸附和包埋等物理方法有利于保持固定化酶的催化活性，而共价结合和交联等化学方法有利于提高酶的稳定性。物理法和化学法相结合是生产既具有高催化活性又具有良好稳定性的固定化酶的有效策略。但在选择或设计固定化载体和方法时，必须综合考虑上述多种因素，即酶的特点、酶反应的特点、底物的特点和反应介质的特点，同时考虑产品特性和成本控制，进行综合研判。

酶固定化技术为生物酶的工业应用提供了实质性的好处，但工业生物转化的商业可行性取决于酶的成本。此外，大规模生产具有良好均一性和活性的固定化酶仍然是一个挑战。因此，开发新型酶固定化方法和新型载体以及改进传统固定化方法仍是酶固定化研究的主要趋势。结合基因重组、蛋白质工程、合成生物学等生物技术手段，并结合化学自组装等方法，利用适当的载体并采用有效的固定化技术，可以解决挑战工业发展和人类福利的一些紧迫问题，如降低食品成本，推出更有效的疾病检测试剂或传感器，清理受污染水体，开发治愈/控制重大疾病（如癌症）的方法等。因此，酶固定化虽然已有愈百年的历史，活跃研究也已超过 50 年，但其生命力长久不衰，源于其在促进物质生产和人类健康领域的可能性、机会和前景是无限的。

参考文献

[1] Nelson J M, Griffin E G. Adsorption of invertase. J Am Chem Soc, 1916, 38 (5): 1109-1115.

[2] Thangaraj B, Solomon P R. Immobilization of lipases-A review. Part Ⅱ: Carrier materials. Chem Bio Eng Rev, 2019, 6 (5): 167-194.

[3] Hartmann M, Kostrov X. Immobilization of enzymes on porous silicas-benefits and challenges. Chem Soc Rev, 2013, 42 (15): 6277-6289.

[4] Kleitz F, Choi S H, Ryoo R. Cubic *Ia3d* large mesoporous silica: Synthesis and replication to platinum nanowires, carbon nanorods and carbon nanotubes. Chem Commun, 2003, (17): 2136-2137.

[5] Kato K, Suzuki M, Tanemura M, et al. Preparation and catalytic evaluation of cytochrome c immobilized on mesoporous silica materials. J Ceram Soc Jpn, 2010, 118 (6): 410-416.

[6] Li J X, Xiong Z Y, Zhou L H, et al. Effects of pore structure of mesoporous silicas on the electrochemical properties of hemoglobin. Micropor Mesopor Mat, 2010, 130: 333-337.

[7] Narayan R, Nayak U Y, Raichur A M, et al. Mesoporous silica nanoparticles: A comprehensive review on synthesis and recent advances. Pharmaceutics, 2018, 10 (3): 118-166.

[8] Zhang Y, Wu C Y, Guo S W, et al. Interactions of graphene and graphene oxide with proteins and peptides. Nanotechnol Rev, 2013, 2 (1): 27-45.

[9] Ramakrishna T, Nalder T, Yang W, et al. Controlling enzyme function through immobilisation on graphene, graphene derivatives and other two dimensional nanomaterials. J Mater Chem B, 2018, 6: 3200-3218.

[10] Adeel M, Bilal M, Rasheed T, et al. Graphene and graphene oxide: Functionalization and nano-bio-catalytic system for

enzyme immobilization and biotechnological perspective. Int J Biol Macromol, 2018, 120: 1430-1440.

[11] Jiang B, Yang K G, Zhang L H, et al. Dendrimer-grafted graphene oxide nanosheets as novel support for trypsin immobilization to achieve fast on-plate digestion of proteins. Talanta, 2014, 122: 278-284.

[12] Xu J X, Sheng Z H, Wang X F, et al. Enhancement in ionic liquid tolerance of cellulase immobilized on PEGylated graphene oxide nanosheets: Application in saccharification of lignocellulose. Bioresource Technol, 2016, 200: 1060-1064.

[13] Krajewska B. Application of chitin- and chitosan-based materials for enzyme immobilizations: A review. Enzyme Microb Tech, 2004, 35 (2-3): 126-139.

[14] Agnihotri S A, Mallikarjuna N N, Aminabhavi T M. Recent advances on chitosan-based micro- and nanoparticles in drug delivery. J Control Release, 2004, 100 (1): 5-28.

[15] Biró E, Németh Á S, Sisak C, et al. Preparation of chitosan particles suitable for enzyme immobilization. J Biochem Biophy Meth, 2008, 70 (6): 1240-1246.

[16] Sheldon R A, Basso A, Brady D. New frontiers in enzyme immobilisation: Robust biocatalysts for a circular bio-based economy. Chem Soc Rev, 2021, 50: 5850-5862.

[17] Fu Y H, Xie X S, Wang Y F, et al. Sustained photosynthesis and oxygen generation of microalgae-embedded silk fibroin hydrogels. ACS Biomater Sci Eng, 2021, 7 (6): 2734-2744.

[18] Han Y Y, Yu S H, Liu L C, et al. Silk fibroin-based hydrogels as a protective matrix for stabilization of enzymes against pH denaturation. Mol Catal, 2018, 457: 24-32.

[19] Hvidsten I B, Marchett J M. Novozym 435 as bio-catalyst in the synthesis of methyl laurate. Energ Convers Man-X, 2020, 10: 100061.

[20] Ortiz C, Ferreira M L, Barbosa O, et al. Novozym 435: The "perfect" lipase immobilized biocatalyst?. Catal Sci Technol, 2019, 9: 2380-2420.

[21] Sun S D, Tian L Y. Novozym 40086 as a novel biocatalyst to improve benzyl cinnamate synthesis. Rsc Adv, 2018, 8: 37184-37192.

[22] Pečar D, Vasić-Rački Đ, Vrsalović Presečki A. Immobilization of glucose oxidase on Eupergit C: Impact of aeration, kinetic and operational stability studies of free and immobilized enzyme. Chem Biochem Eng Q, 2018, 32 (4): 511-522.

[23] Wang B, Zhang C Y, Hu X Y, et al. Improved stabilities of lipase by immobilization on Eupergit C. Adv Mater Res, 2015, 1096: 219-223.

[24] Rossi L M, Costa N J S, Silva F P, et al. Magnetic nanomaterials in catalysis: Advanced catalysts for magnetic separation and beyond. Green Chem, 2014, 16: 2906-2933.

[25] Bilal M, Zhao Y P, Rasheed T, et al. Magnetic nanoparticles as versatile carriers for enzymes immobilization: A review. Int J Biol Macromol, 2018, 120: 2530-2544.

[26] Reddy L H, Arias J L, Nicolas J, et al. Magnetic nanoparticles: Design and characterization, toxicity and biocompatibility, pharmaceutical and biomedical applications. Chem Rev, 2012, 112 (11): 5818-5878.

[27] Liu J, Liang J Y, Xue J Y, et al. Metal-organic frameworks as a versatile materials platform for unlocking new potentials in biocatalysis. Small, 2021, 17: 2100300.

[28] Ye N, Kou X X, Shen J, et al. Metal - organic frameworks: A new platform for enzyme immobilization. Chembiochem, 2020, 21 (18): 2585-2590.

[29] Wang B, Zhou J, Zhang X Y, et al. Covalently immobilize crude D-amino acid transaminase onto UiO-66-NH_2 surface for D-Ala biosynthesis. Int J Biol Macromol, 2021, 175: 451-458.

[30] Liu Q, Chapman J, Huang A S, et al. User-tailored metal-organic frameworks as supports for carbonic anhydrase. Acs Appl Mater Inter, 2018, 10 (48): 41326-41337.

[31] Hu L H, Chen L, Fang Y H, et al. Facile synthesis of zeolitic imidazolate framework-8 (ZIF-8) by forming imidazole-based deep eutectic solvent. Micropor Mesopor Mat, 2018, 268: 207-215.

[32] Cavka J H, Jakobsen S, Olsbye U, et al. A new zirconium inorganic building brick forming metal organic frameworks with exceptional stability. J Am Chem Soc, 2008, 130 (42): 13850-13851.

[33] Gan J S, Bagheri A R, Aramesh N, et al. Covalent organic frameworks as emerging host platforms for enzyme immobilization and robust biocatalysis - A review. Int J Biol Macromol, 2020, 167: 502-515.

[34] Oliveira F L, Frana S A, Castro A M, et al. Enzyme immobilization in covalent organic frameworks: Strategies and applications in biocatalysis. Chempluschem, 2020, 85 (9): 2051-2066.

[35] Kandambeth S, Venkatesh V, Shinde B D, et al. Self-templated chemically stable hollow spherical covalent organic framework. Nat Commun, 2015, 6 (1): 6786-6795.

[36] Samui A, Sahu S K. Integration of α-amylase into covalent organic framework for highly efficient biocatalyst. Micropor Mesopor Mat, 2020, 291: 109700-109708.
[37] Yue J Y, Ding X L, Wang L, et al. Novel enzyme-functionalized covalent organic frameworks for colorimetric sensing of glucose in body fluids and drinks. Mater Chem Front, 2021, 5: 3859-3866.
[38] Yang J Y, Wang J K, Hou B H, et al. Porous hydrogen-bonded organic frameworks (HOFs): From design to potential applications. Chem Eng J, 2020, 399: 125873.
[39] Feng Y M, Xu Y, Liu S C, et al. Recent advances in enzyme immobilization based on novel porous framework materials and its applications in biosensing. Coordin Chem Rev, 2022, 459: 214414.
[40] Wang B, Lin R B, Zhang Z J, et al. Hydrogen-bonded organic frameworks as a tunable platform for functional materials. J Am Chem Soc, 2020, 142: 14399-14416.
[41] Tang Z P, Li X Y, Tong L J, et al. A biocatalytic cascade in an ultrastable mesoporoushydrogen-bonded organic framework for point-of-care biosensing. Angew Chem Int Edit, 2021, 60 (44): 23608-23613.
[42] Kumar A, Srivastava A, Galaev I Y, et al. Smart polymers: Physical forms and bioengineering applications. Prog Polym Sci, 2007, 32 (10): 1205-1237.
[43] Ivanov A E, Edink E, Kumar A, et al. Conjugation of penicillin acylase with the reactive copolymer of *N*-Isopropylacrylamide: A step toward a thermosensitive industrial biocatalyst. Biotechnol Progr, 2003, 19: 1167-1175.
[44] Zdarta J, Meyer A, Jesionowski T, et al. A general overview of support materials for enzyme immobilization: Characteristics, properties, practical utility. Catalysts, 2018, 8 (2): 92-118.
[45] Girelli A M, Quattrocchi L, Scuto F R. Silica-chitosan hybrid support for laccase immobilization. J Biotechnol, 2020, 318: 45-50.
[46] Poorakbar E, Shafiee A, Saboury A A, et al. Synthesis of magnetic gold mesoporous silica nanoparticles core shell for cellulase enzyme immobilization: Improvement of enzymatic activity and thermal stability. Process Biochem, 2018, 71: 92-100.
[47] 孙君社. 酶与酶工程及其应用. 北京：化学工业出版社, 2006: 88-89.
[48] Imam H T, Marr P C, Marr A C. Enzyme entrapment, biocatalyst immobilization without covalent attachment. Green Chem, 2021, 23: 4980-4825.
[49] Esposito S. “Traditional” sol-gel chemistry as a powerful tool for the preparation of supported metal and metal oxide catalysts. Materials, 2019, 12: 668-692.
[50] Ariga O, Suzuki T, Sano Y, et al. Immobilization of a thermostable enzyme using a sol-gel preparation method. J Ferment Bioeng, 1996, 82 (4): 341-345.
[51] Saloglu D, Ozcan N, Temel G. Poly (acrylamide) hydrogels with improved thermal, morphological properties and swelling behaviour: Influence of lipase immobilization onto hydrogel. Int J Eng Sci, 2017, 6(10): 70-78.
[52] Demirci S, Sahiner M, Yilmaz S, et al. Enhanced enzymatic activity and stability by in situ entrapment of α-Glucosidase within super porous p(HEMA) cryogels during synthesis. Biotechnol Rep, 2020, 28: e00534.
[53] Bilal M, Asgher M. Dye decolorization and detoxification potential of Ca-alginate beads immobilized manganese peroxidase. BMC Biotechnol, 2015, 15: 111-124.
[54] Falcone N, Shao T, Rashid R, et al. Enzyme entrapment in amphiphilic myristyl-phenylalanine hydrogels. Molecules, 2019, 24(16): 2884.
[55] Nguyen H H, Kim M. An overview of techniques in enzyme immobilization. Appl Sci Converg Tec, 2017, 26 (6): 157-163.
[56] Khosravi-Darani K, Jahadi M. Liposomal encapsulation enzymes: From medical applications to kinetic characteristics. Mini-Rev Med Chem, 2017, 17 (4): 366-370.
[57] Mazurek P, Zelisko P M, Skov A L, et al. Enzyme encapsulation in glycerol-silicone membranes for bioreactions and biosensors. ACS Appl Polym Mater, 2020, 2 (3): 1203-1212.
[58] Mohan A, Rajendran S R C K, He Q S, et al. Encapsulation of food protein hydrolysates and peptides: A review. Rsc Adv, 2015, 5 (97): 79270-79278.
[59] Patil Y P, Jadhav S. Novel methods for liposome preparation. Chem Phys Lipids, 2014, 177: 8-18.
[60] Bang S H, Sekhon S S, Kim Y-H, et al. Preparation of liposomes containing lysosomal enzymes for therapeutic use. Biotechnol Bioproc E, 2014, 19: 766-770.
[61] Yoshimoto M, Yamashita T, Kinoshita S. Thermal stabilization of formaldehyde dehydrogenase by encapsulation in liposomes with nicotinamide adenine dinucleotide. Enzyme Microb Tech, 2011, 49 (2): 209-214.
[62] Velasco-Lozano S, López-Gallego F, Mateos-Díaz J C, et al. Cross-linked enzyme aggregates (CLEA) in enzyme

improvement-A review. Biocatalysis, 2015, 1: 166-177.

[63] Quiocho F A, Richards F M. Intermolecular cross linking of a protein in the crystalline state: Carboxypeptidase-A. P Natl Acad Sci USA, 1964, 52 (3): 833-839.

[64] Sheldon R A, Pelt S V. Enzyme immobilisation in biocatalysis: Why, what and how. Chem Soc Rev, 2013, 42 (15): 6223-6235.

[65] Talekar S, Joshi A, Joshi G, et al. Parameters in preparation and characterization of cross linked enzyme aggregates (CLEAs). Rsc Adv, 2013, 3(31): 12485-12511.

[66] Patel V, Deshpande M, Madamwar D. Increasing esterification efficiency by double immobilization of lipase-ZnO bioconjugate into sodium bis (2-ethylhexyl) sulfosuccinate (AOT)- reverse micelles and microemulsion based organogels. Biocatal Agr Biotech, 2017, 10: 182-188.

[67] Wang Y J, Caruso F. Enzyme encapsulation in nanoporous silica spheres. Chem Commun, 2004, (13): 1528-1529.

[68] Wang Y J, Caruso F. Mesoporous silica spheres as supports for enzyme immobilization and encapsulation. Chem Mater, 2005, 17: 953-961.

[69] Jun S H, Lee J, Kim B C, et al. Highly efficient enzyme immobilization and stabilization within meso-structured onion-like silica for biodiesel production. Chem Mater, 2012, 24 (5): 924-929.

[70] Gutarra M L E, Mateo C, Freire D M G, et al. Oriented irreversible immobilization of a glycosylated *Candida antarctica* B lipase on heterofunctional organoborane-aldehyde support. Catal Sci Technol, 2011, 1 (2): 260-266.

[71] Mateo C, Grazu V, Palomo J M, et al. Immobilization of enzymes on heterofunctional epoxy supports. Nat Protoc, 2007, 2 (5): 1022-1033.

[72] Wu J C, Wong Y K, Chang K W, et al. Immobilization of *Mucor javanicus* lipase by entrapping in alginate-silica hybrid gel beads with simultaneous cross-linking with glutaraldehyde. Biocatal Biotransfor, 2007, 25 (6): 459-463.

[73] Belyaeva E, Valle D D, Poncelet D. Immobilization of α-chymotrypsin in κ-carrageenan beads prepared with the static mixer. Enzyme Microb Tech, 2004, 34 (2): 108-113.

[74] Rivero C W, García N S, Fernández-Lucas J, et al. Green production of cladribine by using immobilized 2′-deoxyribosyltransferase from *Lactobacillus delbrueckii* stabilized through a double covalent/entrapment technology. Biomolecules, 2021, 11: 657-672.

[75] Liang K, Ricco R, Doherty C M, et al. Biomimetic mineralization of metal-organic frameworks as protective coatings for biomacromolecules. Nat Commun, 2015, 6: 7240-7247.

[76] Pei X L, Wu Y F, Wang J P, et al. Biomimetic mineralization of nitrile hydratase into a mesoporous cobalt-based metal-organic framework for efficient biocatalysis. Nanoscale, 2020, 12 (2): 967-972.

[77] Liang W B, Xu H S, Carraro F, et al. Enhanced activity of enzymes encapsulated in hydrophilic metal-organic frameworks. J Am Chem Soc, 2019, 141 (6): 2348-2355.

[78] Gascón V, Carucci C, Jiménez M B, et al. Rapid in situ immobilization of enzymes in metal-organic framework supports under mild conditions. Chemcatchem, 2017, 9 (7): 1182-1186.

[79] Zhong Y Y, Yu L J, He Q Y, et al. Bifunctional hybrid enzyme-catalytic metal organic framework reactors for *α*-glucosidase inhibitor screening. Acs Appl Mater Inter, 2019, 11 (36): 32769-32777.

[80] Xia H, Li Z X, Zhong X, et al. HKUST-1 catalyzed efficient in situ regeneration of NAD^+ for dehydrogenase mediated oxidation. Chem Eng Sci, 2019, 203: 43-53.

[81] Li Q B, Pan Y X, Li H, et al. Size-tunable metal-organic framework-coated magnetic nanoparticles for enzyme encapsulation and large-substrate biocatalysis. Acs Appl Mater Inter, 2020, 12 (37): 41794-41801.

[82] Doonan C, Riccò R, Liang K, et al. Metal-organic frameworks at the biointerface: Synthetic strategies and applications. Accounts Chem Res, 2017, 50 (6): 1423-1432.

[83] Maddigan N K, Tarzia A, Huang D M, et al. Protein surface functionalisation as a general strategy for facilitating biomimetic mineralisation of ZIF-8. Chem Sci, 2018, 9 (18): 4217-4223.

[84] Liang K, Coghlan C J, Bell S G, et al. Enzyme encapsulation in zeolitic imidazolate frameworks: A comparison between controlled co-precipitation and biomimetic mineralisation. Chem Commun, 2016, 52 (3): 473-476.

[85] Chen G S, Kou X X, Huang S M, et al. Modulating the biofunctionality of metal-organic-framework-encapsulated enzymes through controllable embedding patterns. Angew Chem Int Edit, 2020, 59 (7): 2867-2874.

[86] Liang W L, Carraro F, Solomon M B, et al. Enzyme encapsulation in a porous hydrogen-bonded organic framework. J Am Chem Soc, 2019, 141 (36): 14298-14305.

[87] Tang J K, Liu j, Zheng Q Z, et al. In-situ encapsulation of protein into nanoscale hydrogen-bonded organic frameworks for

intracellular biocatalysis. Angew Chem Int Edit, 2021, 60 (41): 22315-22321.
[88] Ge J, Lei J D, Zare R N. Protein-inorganic hybrid nanoflowers. Nat Nanotechnol, 2012, 7 (7): 428-432.
[89] Lei Z X, Gao C L, Chen L, et al. Recent advances in biomolecule immobilization based on self-assembly: Organic-inorganic hybrid nanoflowers and metal-organic frameworks as novel substrates. J Mater Chem B, 2018, 6: 1581-1594.
[90] Liu K, Yuan C Q, Zou Q L, et al. Self-assembled zinc/cystine-based chloroplast mimics capable of photoenzymatic reactions for sustainable fuel synthesis. Angew Chem Int Edit, 2017, 56 (27): 7876-7880.
[91] Lin Y Q, Qiu Y, Cai L X, et al. Investigation of the ELP-mediated silicification-based protein self-immobilization using an acidic target enzyme. Ind Eng Chem Res, 2020, 59 (44): 19829-19837.
[92] Cao X W, Yang J K, Shu L, et al. Improving esterification activity of *Burkholderia cepacia* lipase encapsulated in silica by bioimprinting with substrate analogues. Process Biochem, 2009, 44 (2): 177-182.
[93] Liu T, Liu Y, Wang X F, et al. Improving catalytic performance of *Burkholderia cepacia* lipase immobilized on macroporous resin NKA. J Mol Catal B-Enzym, 2011, 71 (1-2): 45-50.
[94] Sampath C, Belur P D, Iyyasami R. Enhancement of n-3 polyunsaturated fatty acid glycerides in Sardine oil by a bioimprinted cross-linked *Candida rugosa* lipase. Enzyme Microb Tech, 2018, 110: 20-29.
[95] Montes T, Grazu V, López-Gallego F, et al. Chemical modification of protein surfaces to improve their reversible enzyme immobilization on ionic exchangers. Biomacromolecules, 2006, 7 (11): 3052-3058.
[96] Tardioli P W, Vieira M F, Vieira A M S, et al. Immobilization–stabilization of glucoamylase: Chemical modification of the enzyme surface followed by covalent attachment on highly activated glyoxyl-agarose supports. Process Biochem, 2011, 46 (1): 409-412.
[97] Suárez G, Jackson R J, Spoors J A, et al. Chemical introduction of disulfide groups on glycoproteins: A direct protein anchoring scenario. Anal Chem, 2007, 79 (5): 1961-1969.
[98] Wu H, Zhang C H, Liang Y P, et al. Catechol modification and covalent immobilization of catalase on titania submicrospheres. J Mol Catal B-Enzym, 2013, 92: 44-50.
[99] Addorisio V, Sannino F, Mateo C, et al. Oxidation of phenyl compounds using strongly stable immobilized-stabilized laccase from *Trametes versicolor*. Process Biochem, 2013, 48 (8): 1174-1180.
[100] Rocchietti S, Ubiali D, Terreni M, et al. Immobilization and stabilization of recombinant multimeric uridine and purine nucleoside phosphorylases from *Bacillus subtilis*. Biomacromolecules, 2004, 5 (6): 2195-2200.
[101] He H, Wei Y M, Luo H, et al. Immobilization and stabilization of cephalosporin C acylase on aminated support by crosslinking with glutaraldehyde and further modifying with aminated macromolecules. Biotechnol Progr, 2015, 31 (2): 387-395.
[102] Herr N, Ratzka J, Lauterbach L, et al. Stability enhancement of an O^{2-}-tolerant NAD^+-reducing [NiFe]-hydrogenase by a combination of immobilisation and chemical modification. J Mol Catal B-Enzym, 2013, 97: 169-174.
[103] Huang W M, Wu X, Gao X, et al. Maleimide-thiol adducts stabilized through stretching. Nat Chem, 2019, 11 (4): 310-319.
[104] Liu F, Wang L, Wang H W, et al. Modulating the activity of protein conjugated to gold nanoparticles by site-directed orientation and surface density of bound protein. ACS Appl Mater Inter, 2015, 7 (6): 3717-3724.
[105] Viswanath S, Wang J, Bachas L G, et al. Site-directed and random immobilization of subtilisin on functionalized membranes: Activity determination in aqueous and organic media. Biotechnol Bioeng, 1998, 60 (5): 608-616.
[106] Redeker E S, Ta D T, Cortens D, et al. Protein engineering for directed immobilization. Bioconjugate Chem, 2013, 24 (11): 1761-1777.
[107] Wang A M, Du F C, Pei X L, et al. Rational immobilization of lipase by combining the structure analysis and unnatural amino acid insertion. J Mol Catal B-Enzym, 2016, 132: 54-60.
[108] Ito T, Sadamoto R, Naruchi K, et al. Highly oriented recombinant glycosyltransferases: Site-specific immobilization of unstable membrane proteins by using *Staphylococcus aureus* sortase A. Biochemistry, 2010, 49 (11): 2604-2614.
[109] Tominaga J, Kamiya N, Doi S, et al. Design of a specific peptide tag that affords covalent and site-specific enzyme immobilization catalyzed by microbial transglutaminase. Biomacromolecules, 2005, 6 (4): 2299-2304.
[110] Zakeri B, Fierer J O, Celik E, et al. Peptide tag forming a rapid covalent bond to a protein, through engineering a bacterial adhesin. P Natl Acad Sci USA, 2012, 109 (12): E690-697.
[111] Hatlem D, Trunk T, Linke D, et al. Catching a SPY: Using the SpyCatcher-SpyTag and telated systems for labeling and localizing bacterial proteins. Int J Mol Sci, 2019, 20 (9): 2129-2147.
[112] Li L, Fierer J O, Rapoport T A, et al. Structural analysis and optimization of the covalent association between SpyCatcher and a peptide Tag. J Mol Biol, 2014, 426 (2): 309-317.

[113] Fierer J O, Veggiani G, Howarth M. SpyLigase peptide-peptide ligation polymerizes affibodies to enhance magnetic cancer cell capture. P Natl Acad Sci USA, 2014, 111 (13): E1176-E1181.

[114] Veggiani G, Nakamura T, Brenner M D, et al. Programmable polyproteams built using twin peptide superglues. P Natl Acad Sci USA, 2016, 113 (5): 1202-1207.

[115] Keeble A H, Banerjee A, Ferla M P, et al. Evolving accelerated amidation by SpyTag/SpyCatcher to analyze membrane dynamics. Angew Chem Int Edit, 2017, 129 (52): 16748-16752.

[116] Buldun C M, Jean J X, Bedford M R, et al. SnoopLigase catalyzes peptide-peptide locking and enables solid-phase conjugate isolation. J Am Chem Soc, 2018, 140 (8): 3008-3018.

[117] Khairil Anuar I N A, Banerjee A, Keeble A H, et al. Spy&Go purification of SpyTag-proteins using pseudo-SpyCatcher to access an oligomerization toolbox. Nat Commun, 2019, 10 (1): 1734-1746.

[118] Jin X Y, Ye Q H, Wang C W, et al. Magnetic nanoplatforms for covalent protein immobilization based on Spy chemistry. Acs Appl Mater Inter, 2021, 13 (37): 44147-44156.

[119] Lin Y Q, Zhang G Y. Target-specific covalent immobilization of enzymes from cell lysate on SiO_2 nanoparticles for biomass saccharification. ACS Appl Nano Mater, 2019, 3 (1): 44-48.

[120] Cui Y L, Chen Y C, Liu X Y, et al. Computational Redesign of a PETase for Plastic Biodegradation under Ambient Condition by the GRAPE Strategy. ACS Catal, 2021, 11 (3): 1340-1350.

[121] Chen K, Dong X Y, Sun Y. Sequentially co-immobilized PET and MHET hydrolases via Spy chemistry in calcium phosphate nanocrystals present high-performance PET degradation. J Hazard Mater, 2022, 438: 129517.

[122] Zhou L Y, Li J J, Gao J, et al. Facile oriented immobilization and purification of his-tagged organophosphohydrolase on viruslike mesoporous silica nanoparticles for organophosphate bioremediation. ACS Sustain Chem Eng, 2018, 6 (10): 13588-13598.

[123] Brown S, Sarikaya M, Johnson E. A genetic analysis of crystal growth. J Mol Biol, 2000, 299 (3): 725-735.

[124] Hnilova M, Oren E E, Seker U O S, et al. Effect of molecular conformations on the adsorption behavior of gold-binding peptides. Langmuir, 2008, 24 (21): 12440-12445.

[125] Nam K T, Kim D W, Yoo P J, et al. Virus-enabled synthesis and assembly of nanowires for lithium ion battery electrodes. Science, 2006, 312 (5775): 885-888.

[126] Huang Y, Chiang C Y, Lee S K, et al. Programmable assembly of nanoarchitectures using genetically engineered viruses. Nano Lett, 2005, 5 (7): 1429-1434.

[127] Pacardo D B, Sethi M, Jones S E, et al. Biomimetic synthesis of Pd nanocatalysts for the stille coupling reaction. ACS Nano, 2009, 3 (5): 1288-1296.

[128] Sarikaya M, Tamerler C, Jen A K Y, et al. Molecular biomimetics: Nanotechnology through biology. Nat Mater, 2003, 2 (9): 577-585.

[129] Li Y J, Huang Y. Morphology-controlled synthesis of platinum nanocrystals with specific peptides. Adv Mater, 2010, 22 (17): 1921-1925.

[130] Naik R R, Stringer S J, Agarwal G, et al. Biomimetic synthesis and patterning of silver nanoparticles. Nat Mater, 2002, 1 (3): 169-172.

[131] Khatayevich D, Gungormus M, Yazici H, et al. Biofunctionalization of materials for implants using engineered peptides. Acta Biomater, 2010, 6 (12): 4634-4641.

[132] Brown S. Engineered iron oxide-adhesion mutants of the *Escherichia coli* phage lambda receptor. P Natl Acad Sci USA, 1992, 89 (18): 8651-8655.

[133] Abdelhamid M A A, Motomura K, Ikeda T, et al. Affinity purification of recombinant proteins using a novel silica-binding peptide as a fusion tag. Appl Microbiol Biot, 2014, 98 (12): 5677-5684.

[134] Coyle B L, Rolandi M, Baneyx F. Carbon-binding designer proteins that discriminate between sp^2- and sp^3-hybridized carbon surfaces. Langmuir, 2013, 29 (15): 4839-4846.

[135] Naik R R, Brott L L, Clarson S J, et al. Silica-precipitating peptides isolated from a combinatorial phage display peptide library. J Nanosci Nanotechnol, 2002, 2 (1): 95-100.

[136] Kröger N, Deutzmann R, Sumper M. Polycationic peptides from diatom biosilica that direct silica nanosphere formation. Science, 1999, 286 (5442): 1129-1132.

[137] Eteshola E, Brillson L J, Lee S C. Selection and characteristics of peptides that bind thermally grown silicon dioxide films. Biomol Eng, 2005, 22 (5-6): 201-204.

[138] Sano K I, Shiba K. A hexapeptide motif that electrostatically binds to the surface of titanium. J Am Chem Soc, 2003, 125

(47): 14234-14235.
[139] Oren E E, Tamerler C, Sahin D, et al. A novel knowledge-based approach to design inorganic-binding peptides. Bioinformatics, 2007, 23 (21): 2816-2822.
[140] Nygaard S, Wendelbo R, Brown S. Surface-specific zeolite-binding proteins. Adv Mater, 2002, 14 (24): 1853-1856.
[141] Umetsu M, Mizuta M, Tsumoto K, et al. Bioassisted room-temperature immobilization and mineralization of zinc oxide - The structural ordering of ZnO nanoparticles into a flower-type morphology. Adv Mater, 2005, 17 (21): 2571-2575.
[142] Thai C K, Dai H X, Sastry M S R, et al. Identification and characterization of Cu_2O- and ZnO-binding polypeptides by *Escherichia coli* cell surface display: Toward an understanding of metal oxide binding. Biotechnol Bioeng, 2004, 87 (2): 129-137.
[143] Chiu D, Zhou W B, Kitayaporn S, et al. Biomineralization and size control of stable calcium phosphate core-protein shell nanoparticles: Potential for vaccine applications. Bioconjugate Chem, 2012, 23 (3): 610-617.
[144] Chung W J, Kwon K Y, Song J, et al. Evolutionary screening of collagen-like peptides that nucleate hydroxyapatite crystals. Langmuir, 2011, 27 (12): 7620-7628.
[145] Cui Y, Kim S N, Jones S E, et al. Chemical Functionalization of Graphene Enabled by Phage Displayed Peptides. Nano Lett, 2010, 10 (11): 4559-4565.
[146] Pender M J, Sowards L A, Hartgerink J D, et al. Peptide-mediated formation of single-wall carbon nanotube composites. Nano Lett, 2006, 6 (1): 40-44.
[147] Kase D, Kulp J L, Yudasaka M, et al. Affinity selection of peptide phage libraries against single-wall carbon nanohorns identifies a peptide aptamer with conformational variability. Langmuir, 2004, 20 (20): 8939-8941.
[148] Dang X N, Yi H J, Ham M H, et al. Virus-templated self-assembled single-walled carbon nanotubes for highly efficient electron collection in photovoltaic devices. Nat Nanotechnol, 2011, 6: 377-384.
[149] Yang M H, Choi B G, Park T J, et al. Site-specific immobilization of gold binding polypeptide on gold nanoparticle-coated graphene sheet for biosensor application. Nanoscale, 2011, 3 (7): 2950-2956.
[150] Liu C, Steer D L, Song H P, et al. Superior binding of proteins on a silica surface: Physical insight into the synergetic contribution of polyhistidine and a silica-binding peptide. J Phys Chem Lett, 2022, 13 (6): 1609-1616.
[151] Chen W S, Guo L Y, Masroujeh A M, et al. A single-step surface modification of electrospun silica nanofibers using a silica binding protein fused with an RGD motif for enhanced PC12 cell growth and differentiation. Materials, 2018, 11 (6): 927-939.
[152] Liu S, Wang Z F, Chen K, et al. Cascade chiral amine synthesis catalyzed by site-specifically co-immobilized alcohol and amine dehydrogenases. Catal Sci Technol, 2022, 12 (14): 4486-4497.
[153] Rauwolf S, Steegmüller T, Schwaminger S P, et al. Purification of a peptide tagged protein via an affinity chromatographic process with underivatized silica. Eng Life Sci, 2021, 21 (10): 549-557.
[154] Solomon B, Koppel R, Pines G, et al. Enzyme immobilization via monoclonal antibodies I. Preparation of a highly active immobilized carboxypeptidase A. Biotechnol Bioeng, 1986, 28 (8): 1213-1221.
[155] Vishwanath S K, Watson C R, Huang W, et al. Kinetic studies of site-specifically and randomly immobilized alkaline phosphatase on functionalized membranes. J Chem Technol Biot, 1997, 68 (3): 294-302.
[156] 戎晶晶，陈之遥，周国华. 生物素化荧光素酶的克隆表达及其固定化研究. 中国生物工程杂志, 2007, (09): 41-46.
[157] Dib I, Stanzer D, Nidetzky B. *Trigonopsis variabilis* D-amino acid oxidase: Control of protein quality and opportunities for biocatalysis through production in *Escherichia coli*. Appl Environ Microb, 2007, 73 (1): 331-333.
[158] Guix M, Mayorga-Martinez C C, Merkoçi A. Nano/micromotors in (Bio)Chem Sci applications. Chem Rev, 2014, 114 (12): 6285-6322.
[159] Venugopalan P L, Esteban-Fernández de Ávila B, Pal M, et al. Fantastic voyage of nanomotors into the cell. Acs Nano, 2020, 14 (8): 9423-9439.
[160] Jurado-Sánchez B, Escarpa A. Milli, micro and nanomotors: Novel analytical tools for real-world applications. TrAC-Trend Anal Chem, 2016, 84: 48-59.
[161] Wang W, Duan W T, Ahmed S, et al. Small power: Autonomous nano- and micromotors propelled by self-generated gradients. Nano Today, 2013, 8 (5): 531-554.
[162] Fernández-Medina M, Ramos-Docampo M A, Hovorka O, et al. Recent advances in nano- and micromotors. Adv Funct Mater, 2020, 30 (12): 1908283-1908299.
[163] Guix M, Weiz S M, Schmidt O G, et al. Self-propelled micro/nanoparticle motors. Part Part Syst Char, 2018, 35 (2): 1700382-1700412.

[164] Wang J, Manesh K M. Motion control at the nanoscale. Small, 2010, 6 (3): 338-345.
[165] Karshalev E, Esteban-Fernández de Ávila B, Wang J. Micromotors for "Chemistry-on-the-Fly". J Am Chem Soc, 2018, 140 (11): 3810-3820.
[166] Dey K K, Wong F, Altemose A, et al. Catalytic Motors—Quo Vadimus?. Curr Opin Colloid In, 2016, 21: 4-13.
[167] Paxton W F, Kistler K C, Olmeda C C, et al. Catalytic nanomotors: Autonomous movement of striped nanorods. J Am Chem Soc, 2004, 126 (41): 13424-13431.
[168] Safdar M, Khan S U, Jänis J. Progress toward catalytic micro- and nanomotors for biomedical and environmental applications. Adv Mater, 2018, 30 (24): 1703660.
[169] Wang H, Zhao G J, Pumera M. Beyond platinum: Bubble-propelled micromotors based on Ag and MnO_2 catalysts. J Am Chem Soc, 2014, 136 (7): 2719-2722.
[170] Paxton W F, Baker P T, Kline T R, et al. Catalytically induced electrokinetics for motors and micropumps. J Am Chem Soc, 2006, 128 (46): 14881-14888.
[171] Teo W Z, Pumera M. Motion control of micro-/nanomotors. Chem-Eur J, 2016, 22 (42): 14796-14804.
[172] Dong R F, Cai Y P, Yang Y R, et al. Photocatalytic micro/nanomotors: From construction to applications. Accounts Chem Res, 2018, 51 (9): 1940-1947.
[173] Dong R, Zhang Q, Gao W, et al. Highly efficient light-driven TiO_2-Au Janus micromotors. ACS Nano, 2016, 10 (1): 839-844.
[174] Li T L, Li J X, Zhang H T, et al. Magnetically propelled fish-like nanoswimmers. Small, 2016, 12 (44): 6098-6105.
[175] Howse J R, Jones R A L, Ryan A J, et al. Self-motile colloidal particles: from directed propulsion to random walk. Phys Rev Lett, 2007, 99 (4): 048102-048105.
[176] Hu Y, Liu W, Sun Y. Self-propelled micro-/nanomotors as "on-the-move" platforms: Cleaners, sensors, and reactors. Adv Funct Mater, 2022, 32 (10): 2109181.
[177] Kiristi M, Singh V V, Esteban-Fernández de Ávila B, et al. Lysozyme-based antibacterial nanomotors. Acs Nano, 2015, 9 (9): 9252-9259.
[178] Hu Y, Liu W, Sun Y. Multiwavelength phototactic micromotor with controllable swarming motion for "chemistry-on-the-fly". Acs Appl Mater Inter, 2020, 12 (37): 41495-41505.
[179] Kong L, Rohaizad N, Nasir M Z M, et al. Micromotor-assisted human serum glucose biosensing. Anal Chem, 2019, 91 (9): 5660-5666.
[180] Uygun M, Singh V V, Kaufmann K, et al. Micromotor-based biomimetic carbon dioxide sequestration: Towards mobile microscrubbers. Angew Chem Int Edit, 2015, 54 (44): 12900-12904.
[181] Wang L, Hortelão A C, Huang X, et al. Lipase-powered mesoporous silica nanomotors for triglyceride degradation. Angew Chem Int Edit, 2019, 58 (24): 7992-7996.
[182] Esteban-Fernández de Ávila B, Ramírez-Herrera D E, Campuzano S, et al. Nanomotor-enabled pH-responsive intracellular delivery of caspase-3: Toward rapid cell apoptosis. Acs Nano, 2017, 11 (6): 5367-5374.
[183] Yang J, Li J, Ng D H L, et al. Micromotor-assisted highly efficient Fenton catalysis by a laccase/Fe-BTC-$NiFe_2O_4$ nanozyme hybrid with a 3D hierarchical structure. Environ Sci-Nano, 2020, 7 (9): 2573-2583.
[184] Hu Y, Sun Y. Autonomous motion of immobilized enzyme on Janus particles significantly facilitates enzymatic reactions. Biochem Eng J, 2019, 149: 107242.
[185] You Y Q, Xu D D, Pan X, et al. Self-propelled enzymatic nanomotors for enhancing synergetic photodynamic and starvation therapy by self-accelerated cascade reactions. Appl Mater Today, 2019, 16: 508-517.
[186] Maria-Hormigos R, Jurado-Sánchez B, Escarpa A. Surfactant-free β-galactosidase micromotors for "on-the-move" lactose hydrolysis. Adv Funct Mater, 2018, 28 (25): 1704256.
[187] Uygun M, Jurado-Sánchez B, Uygun D A, et al. Ultrasound-propelled nanowire motors enhance asparaginase enzymatic activity against cancer cells. Nanoscale, 2017, 9 (46): 18423-18429.
[188] Pavel I-A, Bunea A-I, David S, et al. Nanorods with biocatalytically induced self-electrophoresis. Chemcatchem, 2014, 6 (3): 866-872.
[189] Konwarh R, Karak N, Rai S K, et al. Polymer-assisted iron oxide magnetic nanoparticle immobilized keratinase. Nanotechnology, 2009, 20 (22): 225107-225116.
[190] Li K, Wang J H, He Y J, et al. Enhancing enzyme activity and enantioselectivity of *Burkholderia cepacia* lipase via immobilization on melamine-glutaraldehyde dendrimer modified magnetic nanoparticles. Chem Eng J, 2018, 351: 258-268.

[191] Bolivar J M, Wilson L, Ferrarotti S A, et al. Evaluation of different immobilization strategies to prepare an industrial biocatalyst of formate dehydrogenase from *Candida boidinii*. Enzyme Microb Tech, 2007, 40 (4): 540-546.

[192] Zhang H, Hua S F, Li C Q, et al. Effect of graphene oxide with different morphological characteristics on properties of immobilized enzyme in the covalent method. Bioproc Biosyst Eng, 2020, 43 (10): 1847-1858.

[193] Jiang Y, Wu Y, Li H X, et al. Immobilization of *Thermomyces lanuginosus* aylanase on aluminum hydroxide particles through adsorption: Characterization of immobilized enzyme. J Microbiol Biotechn, 2015, 25 (12): 2016-2023.

[194] Zahirinejad S, Hemmati R, Homaei A, et al. Nano-organic supports for enzyme immobilization: Scopes and perspectives. Colloid Surface B, 2021, 204: 111774.

[195] Malar C G, Seenuvasan M, Kumar K S, et al. Review on surface modification of nanocarriers to overcome diffusion limitations: An enzyme immobilization aspect. Biochem Eng J, 2020, 158: 107574.

[196] Liese A, Hilterhaus L. Evaluation of immobilized enzymes for industrial applications. Chem Soc Rev, 2013, 42 (15): 6236-6249.

[197] Hakkoymaz O, Mazi H. An immobilized invertase enzyme for the selective determination of sucrose in fruit juices. Anal Biochem, 2020, 611: 114000.

[198] Weltz J S, Kienle D F, Schwartz D K, et al. Dramatic increase in catalytic performance of immobilized lipases by their stabilization on polymer brush supports. ACS Catal, 2019, 9 (6): 4992-5001.

[199] Zhang L, Du Y, Song J Y, et al. Biocompatible magnetic nanoparticles grafted by poly(carboxybetaine acrylamide) for enzyme immobilization. Int J Biol Macromol, 2018, 118: 1004-1012.

[200] Liang X, Li Q, Shi Z Y, et al. Immobilization of urease in metal-organic frameworks via biomimetic mineralization and its application in urea degradation. Chinese J Chem Eng, 2020, 28 (8): 2173-2180.

[201] Chen Y Z, Luo Z G, Lu X X. Construction of novel enzyme-graphene oxide catalytic interface with improved enzymatic performance and its assembly mechanism. Acs Appl Mater Inter, 2019, 11 (12): 11349-11359.

[202] Abdel-Naby M A, Fouad A, Reyad R M. Catalytic and thermodynamic properties of immobilized *Bacillus amyloliquefaciens* cyclodextrin glucosyltransferase on different carriers. J Mol Catal B-Enzym, 2015, 116: 140-147.

[203] Gul I, Wang Q, Jiang Q F, et al. Enzyme immobilization on glass fiber membrane for detection of halogenated compounds. Anal Biochem, 2020, 609: 113971.

[204] Xie W Q, Xiong J, Xiang G Y. Enzyme immobilization on functionalized monolithic CNTs-Ni foam composite for highly active and stable biocatalysis in organic solvent. Mol Catal, 2019, 483: 110714.

[205] Sharifi M, Robatjazi S M, Sadri M, et al. Immobilization of organophosphorus hydrolase enzyme by covalent attachment on modified cellulose microfibers using different chemical activation strategies: Characterization and stability studies. Chinese J Chem Eng, 2019, 27 (1): 191-199.

[206] Palomo J M, Fernandez-Lorente G, Mateo C, et al. Modulation of the enantioselectivity of lipases via controlled immobilization and medium engineering: Hydrolytic resolution of mandelic acid ester. Enzyme Microb Tech, 2002, 31: 775-783.

[207] Mateo C, Palomo J M, Fernandez-Lorente G, et al. Improvement of enzyme activity, stability and selectivity via immobilization techniques. Enzyme Microb Tech, 2007, 40: 1451-1463.

[208] Bernardino S, Fernandes P, Fonseca L P. Improved specific productivity in cephalexin synthesis by immobilized PGA in silica magnetic micro - particles. Biotechnol Bioeng, 2010, 107 (5): 753-762.

[209] Illanes A, Fajardo A. Kinetically controlled synthesis of ampicillin with immobilized penicillin acylase in the presence of organic cosolvents. J Mol Catal B-Enzym, 2001, 11: 587-595.

[210] Giordano R C, Ribeiro M P A, Giordano R L C. Kinetics of β-lactam antibiotics synthesis by penicillin G acylase (PGA) from the viewpoint of the industrial enzymatic reactor optimization. Biotechnol Adv, 2006, 24: 27-41.

[211] Wang H J, Bai J H, Liu D S, et al. Preparation and properties of immobilized pig kidney aminoa cylase and optical resolution of *N*-acyl-*DL*-alanine. Appl Biochem Biotech, 1999, 76 (3): 183-191.

[212] Xu D Y, Chen J Y, Yang Z. Use of cross-linked tyrosinase aggregates as catalyst for synthesis of L-DOPA. Biochem Eng J, 2012, 63: 88-94.

[213] Yen M C, Hsu W H, Lin S C. Synthesis of L-homophenylalanine with immobilized enzymes. Process Biochem, 2010, 45 (5): 667-674.

[214] Mukherjee A, Bera A. Importance of chirality and chiral chromatography in pharmaceutical Industry : A detailed study. J Curr Chem Pharm Sc, 2012, 2 (4): 334-346.

[215] Adams S S, Bresloff P, Mason C G. Pharmacological differences between the optical isomers of ibuprofen: Evidence for

metabolic inversion of the (−)-isomer. J Pharm Pharmacol, 1976, 28 (3): 256-257..

[216] Chaupka J, Sikora A, Kozicka A, et al. Overview: Enzyme-catalyzed enantioselective biotransformation of chiral active compounds used in hypertension treatment. Curr Org Chem, 2020, 24 (23): 2782-2791.

[217] Yuan X, Wang L J, Liu G Y, et al. Resolution of (*R,S*) - ibuprofen catalyzed by immobilized Novozym 40086 in organic phase. Chirality, 2019, 31 (6): 445-456.

[218] Çakmak R, Topal G, Çınar E. Covalent immobilization of *Candida rugosa* lipase on epichlorohydrin-coated magnetite nanoparticles: Enantioselective hydrolysis studies of some racemic esters and HPLC analysis. Appl Biochem Biotech, 2020, 191 (4): 1411-1431.

[219] Zhang X J, Wu D, Wang W Z, et al. Highly efficient synthesis of rosuvastatin intermediate using a carboyl reductase-cofactor co-immobilized biocatalyst in the non-aqueous biosystem. J Chem Technol Biot, 2021, 96 (11): 3094-3100.

[220] Weng C Y, Wang D N, Ban S Y, et al. One-step eantioselective bioresolution for (*S*)-2-chlorophenylglycine methyl ester catalyzed by the immobilized Protease 6SD on multi-walled carbon nanotubes in a triphasic system. J Biotechnol, 2021, 325: 294-302.

[221] Chang G, Tatsu Y, Goto T, et al. Glucose concentration determination based on silica sol-gel encapsulated glucose oxidase optical biosensor arrays. Talanta, 2011, 83 (1): 61-65.

[222] Özbek M A, Yaşar A, Çete S, et al. A novel biosensor based on graphene/platinum nanoparticles/Nafion composites for determination of glucose. J Solid State Electr, 2021, 25 (5): 1601-1610.

[223] Xiong Y J, Liu Q S, Yin X Y. Synthesis of α-glucosidase-immobilized nanoparticles and their application in screening for α-glucosidase inhibitors. J Chromatogr B, 2016, 1022: 75-80.

[224] Zhao C P, Yin S J, Chen G Y, et al. Adsorbed hollow fiber immobilized tyrosinase for the screening of enzyme inhibitors from *Pueraria lobata* extract. J Pharmaceut Biomed, 2021, 193: 113743.

[225] Hu Q Q, Chen G N, Han J L, et al. Determination of sarcosine based on magnetic cross-linked enzyme aggregates for diagnosis of prostate cancer. Biochem Eng J, 2021, 172: 108039.

[226] Wu S, Sun Z W, Peng Y, et al. Peptide-functionalized metal-organic framework nanocomposite for ultrasensitive detection of secreted protein acidic and rich in cysteine with practical application. Biosens Bioelectron, 2020, 169: 112613.

[227] Hassabo A A, Mousa A M, Abdel-Gawad M, et al. Immobilization of L-methioninase on a zirconium-based metal organic framework as an anticancer agent. J Mater Chem B, 2019, 7 (20): 3268-3278.

[228] Li H, Cao Y T, Li S, et al. Optimization of a dual-functional biocatalytic system for continuous hydrolysis of lactose in milk. J Biosci Bioeng, 2019, 127 (1): 38-44.

[229] Veluchamy P, Sivakumar P M, Doble M. Immobilization of subtilisin on polycaprolactam for antimicrobial food packaging applications. J Agr Food Chem, 2011, 59 (20): 10869-10878.

[230] Hosseini S S, Khodaiyan F, Mousavi S M, et al. Continuous clarification of barberry juice with pectinase immobilized by oxidized polysaccharides. Food Technol Biotech, 2021, 59 (2): 174-184.

[231] Hassan S S, Williams G A, Jaiswal A K. Computational modelling approach for the optimization of apple juice clarification using immobilized pectinase and xylanase enzymes. Curr Res Food Sci, 2020, 3: 243-255.

[232] Andrade P M L, Baptista L, Bezerra C O, et al. Immobilization and characterization of tannase from Penicillium rolfsii *Penicillium rolfsii* CCMB 714 and its efficiency in apple juice clarification. J Food Meas Charact, 2021, 15: 1005-1013.

[233] Jaiswal N, Pandey V P, Dwivedi U N. Immobilization of papaya laccase in chitosan led to improved multipronged stability and dye discoloration. Int J Biol Macromol, 2016, 86: 288-295.

[234] Chakravarthi B, Mathkala V, Palempalli U M D. Degradation and detoxification of congo red azo dye by immobilized laccase of *Streptomyces sviceus*. J Pure Appl Microbio, 2021, 15 (2): 864-876.

[235] Bayramoglu G, Altintas B, Arica M Y. Cross-linking of horseradish peroxidase adsorbed on polycationic films: Utilization for direct dye degradation. Bioproc Biosyst Eng, 2012, 35 (8): 1355-1365.

[236] Farias S, Mayer D A, de Oliveira D, et al. Free and Ca-alginate beads immobilized horseradish peroxidase for the removal of reactive dyes: An experimental and modeling study. Appl Biochem Biotech, 2017, 182 (4): 1290-1306.

[237] Bilal M, Asgher M, Iqbal M, et al. Chitosan beads immobilized manganese peroxidase catalytic potential for detoxification and decolorization of textile effluent. Int J Biol Macromol, 2016, 89: 181-189.

[238] Qiu X, Wang Y, Xue Y, et al. Laccase immobilized on magnetic nanoparticles modified by amino-functionalized ionic liquid via dialdehyde starch for phenolic compounds biodegradation. Chem Eng J, 2019, 391: 123564.

[239] Vasileva N, Godjevargova T, Ivanova D, et al. Application of immobilized horseradish peroxidase onto modified acrylonitrile copolymer membrane in removing of phenol from water. Int J Biol Macromol, 2009, 44 (2): 190-194.

[240] Rezvani F, Azargoshasb H, Jamialahmadi O, et al. Experimental study and CFD simulation of phenol removal by immobilization of soybean seed coat in a packed-bed bioreactor. Biochem Eng J, 2015, 101: 32-43.

[241] Sellami K, Couvert A, Nassrallah N, et al. Bio-based and cost effective method for phenolic compounds removal using cross-linked enzyme aggregates. J Hazard Mater, 2020, 403: 124021.

[242] Taheran M, Naghdi M, Brar S K, et al. Covalent Immobilization of laccase onto nanofibrous membrane for degradation of pharmaceutical residues in water. ACS Sustain Chem Eng, 2017, 5 (11): 10430-10438.

[243] Nair R R, Demarche P, Agathos S N. Formulation and characterization of an immobilized laccase biocatalyst and its application to eliminate organic micropollutants in wastewater. New Biotechnol, 2013, 30 (6): 814-823.

[244] Xie W L, Huang M Y. Fabrication of immobilized *Candida rugosa* lipase on magnetic Fe_3O_4-poly(glycidyl methacrylate-co-methacrylic acid) composite as an efficient and recyclable biocatalyst for enzymatic production of biodiesel. Renew Energ, 2020, 158: 474-486.

[245] Zhong L, Feng Y X, Hu H T, et al. Enhanced enzymatic performance of immobilized lipase on metal organic frameworks with superhydrophobic coating for biodiesel production. J Colloid Interf Sci, 2021, 602: 426-436.

[246] Li Q, Chen Y X, Bai S W, et al. Immobilized lipase in bio-based metal-organic frameworks constructed by biomimetic mineralization: A sustainable biocatalyst for biodiesel synthesis. Colloid Surface B, 2020, 188: 110812.

[247] Parandi E, Safaripour M, Abdellattif M H, et al. Biodiesel production from waste cooking oil using a novel biocatalyst of lipase enzyme immobilized magnetic nanocomposite. Fuel, 2022, 313: 123057.

[248] Abdulmalek S A, Li K, Wang J H, et al. Enhanced performance of *Rhizopus oryzae* lipase immobilized onto a hybrid-nanocomposite matrix and its application for biodiesel production under the assistance of ultrasonic technique. Fuel Process Technol, 2022, 232: 107274.

[249] Paitaid P, H-Kittikun A. Magnetic cross-linked enzyme aggregates of *Aspergillus oryzae* ST11 lipase using polyacrylonitrile coated magnetic nanoparticles for biodiesel production. Appl Biochem Biotech, 2020, 190 (4): 1319-1332.

[250] Pinto F G H S, Fernandes F R, Caldeira V P S, et al. Influence of the procedure to immobilize lipase on SBA-15 for biodiesel production from palm kernel oil. Catal Lett, 2021, 151 (8): 2187-2196.

[251] Luna C, Gascón-Pérez V, López-Tenllado F J, et al. Enzymatic production of ecodiesel by using a commercial lipase CALB, immobilized by physical adsorption on mesoporous organosilica materials. Catalysts, 2021, 11: 1350.

[252] Bartha-Vári J-H, Moisă M E, Bencze L C, et al. Efficient biodiesel production catalyzed by nanobioconjugate of lipase from *Pseudomonas fluorescens*. Molecules, 2020, 25 (3): 651.

[253] Sakai S, Liu Y P, Yamaguchi T, et al. Production of butyl-biodiesel using lipase physically-adsorbed onto electrospun polyacrylonitrile fibers. Bioresource Technol, 2010, 101 (19): 7344-7349.

[254] Babadi A A, Bagheri S, Hamid S B A. Progress on implantable biofuel cell: Nano-carbon functionalization for enzyme immobilization enhancement. Biosens Bioelectron, 2016, 79: 850-860.

[255] Chen Z L, Yao Y, Lv T, et al. Flexible and stretchable enzymatic biofuel cell with high performance enabled by textile electrodes and polymer hydrogel electrolyte. Nano Lett, 2022, 22: 196-202.

[256] Böhmer W, Knaus T, Volkov A, et al. Highly efficient production of chiral amines in batch and continuous flow by immobilized ω-transaminases on controlled porosity glass metal-ion affinity carrier. J Biotechnol, 2019, 291: 52-60.

[257] Wang J, Li W, Niu D D, et al. Improved synthesis of isomaltooligosaccharides using immobilized α-glucosidase in organic-aqueous media. Food Sci Biotechnol, 2017, 26 (3): 731-738.

[258] Dong Z, Jiang M Y, Shi J, et al. Preparation of immobilized lipase based on hollow mesoporous silica spheres and its application in ester synthesis. Molecules, 2019, 24 (3): 395.

[259] Li H, Qin F, Huang L H, et al. Enzymatic synthesis of 2-phenethyl acetate in water catalyzed by an immobilized acyltransferase from *Mycobacterium smegmatis*. Rsc Adv, 12 (4): 2310-2318.

7

酶分子的自驱动和酶驱微纳马达

7.1 概述

自然界中一切生命的活动都伴随着能量转换。高效、特异性的天然分子马达、“分子复印机”等生物分子器械在能量转换传递、遗传信息复制、物质运输等方面发挥着极其重要的作用。人们将那些能够在细胞中利用化学能产生机械力，进行胞内运动的生物分子统称为生物分子马达（biomolecular motor，BM）。生物分子马达在生物体内无处不在，按照运动类型，可以分为两大类。第一类是线性运动分子马达，它们能够利用化学能实现微纳尺度的线性运动。例如，细胞骨架上的驱动蛋白能够利用腺苷三磷酸（adenosine triphosphate，ATP）分解释放的能量为动力，实现在微管上的定向“行走”。第二类为旋转运动分子马达，它们主要分布在细胞的膜结构上。顾名思义，这类分子马达利用化学势能等能量实现自身的旋转，同时带动链接的细胞结构实现旋转运动。其主要成员包括 ATP 合成酶和细菌旋转鞭毛马达等，在自身旋转的同时能够实现 ATP 的合成或分解或带动鞭毛的旋转。

近些年，随着纳米技术的进步和微观检测手段的快速发展，研究人员发现，除了上述传统的生物分子马达外，酶作为一种自然界中重要的生物分子，也能够在催化反应的同时产生足够的机械力驱动自身的运动，被认为是一种新的生物分子马达。酶分子马达（enzyme molecule motor，EMM）在单次催化过程产生机械力的强度与驱动蛋白等传统线性运动分子马达相近，因此酶分子可能通过一些机械生物学的方式影响细胞的代谢过程，从而影响细胞结构和功能。酶分子马达在底物存在情况下运动性能增强的特性使其作为一种新的生物分子马达被广泛关注。2009 年，Muddana 等发现脲酶（urease，Ur）在底物溶液中的扩散行为增强，表现出自驱动行为，这是首次酶分子马达走入人们的视野[1]。同年，Schwartz 等发现 DNA 聚合酶在底物浓度梯度中表现出定向运动行为，即表现出趋化性（chemotaxis）[2]。自此以后，各国学者相继投入酶分子马达的研究之中，并在短短数年内取得了一系列的进展，发现过氧化氢酶、葡萄糖氧化酶、DNA 聚合酶等不同类型的酶存在生物分子马达的特性。

一般而言，酶分子马达是指能够将催化转化过程产生的化学能转化为自身动能、增强自身运动行为的酶[3]。在酶催化反应进行的过程中，酶和底物结合、催化转化、底物分子释放等过程中的物理化学变化均可能引起酶分子扩散行为的增强，并且酶分子扩散行为增强的幅度通常与上述过程的速度呈正相关。因此，大多数酶分子扩散行为的增强表现出底物浓度依赖性，其扩散增强与底物浓度的关系类似酶催化的米氏方程［式（1-3）］。酶分子马达自驱动扩散增强、自驱动机理、扩散增强观测手段等内容在 7.2 节讨论。此外，酶的趋化性也是酶分子马达的一种表现形式。即酶能够对底物浓度梯度做出响应，在一定的底物浓度梯度下，酶催化反应所产生的机械力驱动其沿着或逆着底物浓度梯度的方向进行定向运动。考虑到酶分子趋化行为与其扩散增强行为的运动机理、运动条件差异较大，趋化性驱动酶分子马达的相关内容在 7.4 节中单独阐述。

酶分子自驱动行为的发现为人工合成微纳设备提供了新的契机。酶分子催化产生的机械力可以传递到周围环境中，带动周围液体、分子和微观粒子的运动。当酶分子马达结合在微纳尺度的粒子（20nm～200μm）时，酶分子可以作为粒子的“引擎”驱动粒子进行自主运动，构建可在微纳尺度进行定向运动的酶驱微纳马达（enzyme-powered micro/nanomotor，EMNM）；当酶分子马达被固定在不可移动的平面上时，酶分子催化的反应可以作为动力源驱动其周边流体发生对流，传递流体和物质，构建酶驱微泵（enzyme-powered micropump，EMP）。酶驱微纳马达和酶驱微泵可以作为动力元件，使微观智能机器的设计构建成为可能。此外，酶分子马达表现出微纳尺度的趋化运动，可为细胞内分子水平信息传递、局部代谢区域的形成等提供新的理论支持，推动人类对生命奥义的探索。而酶分子及人工酶驱微纳马达的自主运动、趋化性、生物相容等特点，使得它们在医学、环境、食品等实际领域表现出巨大的应用潜力。本章阐述酶分子马达和酶微纳设备的研究发展现状、酶的趋化行为、微观运动检测方法，重点讨论其驱动机理、潜在应用领域及今后的发展方向。

7.2 酶分子马达及其原理

7.2.1 生物分子马达

地球生命已诞生 20 亿年，漫长的自然进化发展出多层次、多维度的胞内结构来维持生命的活动。细胞中含有种类丰富的酶，在将生物/化学分子催化转化为生命所需各种物质的同时，还能协同合作利用源自化学分子的能量，驱动细胞中的各种蛋白分子马达，以维持生命的代谢和生理功能[4]。例如，腺苷三磷酸酶（adenosine-triphosphatease，ATPase）能够催化水解高能物质 ATP 释放能量，驱使驱动蛋白（kinesin）等生物分子马达按照预定的路径自主运动，从而维持胞内物质运输等胞内生命活动。在此过程中，酶每次催化产生约 10pN 的力，以供马达蛋白使用[5]。

类似的，真核细胞的生命活动均伴随着各种高效特异性生物分子机器，如分子泵、分子复制器和分子马达。这些分子机器能够利用酶催化过程实现能量转化、进行分子尺度的运动，在分子运输、代谢传递以及肌肉收缩等各种生理功能中扮演着至关重要的角色。如前所述，生物分子马达分为线性生物分子马达和旋转生物分子马达[6]。传统的线性生物分子马达主要有沿着肌动蛋白微丝运动的肌球蛋白（myosin）、沿着微管运动的动力蛋白（dynein）和驱动蛋白；而旋转生物分子马达主要有 ATP 合酶（ATP synthase）和细菌鞭毛旋转马达[7]。大部分传统生物分子马达实现运动需要 ATP 酶（ATPase）的参与，通过降解 ATP 产生化学能量（$ATP + H_2O \rightarrow ADP + Pi +$ 能量）改变其分子构象，将化学能转化为机械能。肌球蛋白作为生物分子马达存在于多种细胞和组织中，主要参与肌肉的收缩过程。如图 7-1（a）所示，肌球蛋白通过降解 ATP 释放的能量将其与肌动蛋白微丝结合的头部快速交替地与微丝结合，将两个结合头部不断交替地向前“甩动”，使整个肌球蛋白前进，实现肌球蛋白沿着肌动蛋白微丝的定向运动[8]。动力蛋白和驱动蛋白则参与各种胞内的物质运输，如细胞分离和线粒体能量的供应。两者在微观上的运动方式是相似的，但驱动蛋白的运动表现出一定的方向性。即，由于微管具有一定的极性，驱动蛋白向着微管的正极或者负极运动[3]。ATP 合酶广泛地存在于细胞膜、叶绿体以及其他细胞器中，参与 ATP 的合成及降解。APT 合酶由拥有不同数量亚基的 F_0 根部和 F_1 头部两部分组成，其中 F_0 根部作为质子通道嵌在膜结构中，而 F_1 催化头部则暴露在细胞膜外。利用 ATP 分解释放的能量，F_0 根部自主旋转，并带动 F_1 头部的旋转运动［图 7-1（b）］，完成物质的主动跨膜运输过程；相反的，ATP 合酶在 ATP 的合成过程中，物质运输和马达旋转方向相反[9]。此外，自然界中还存在一些不涉及 ATP 的传统生物分子马达。例如，细菌鞭毛旋转分子马达可以利用离子流（如 H^+或 Na^+）穿过质膜时释放的化学势能来驱动产生扭矩的定子，实现圆柱形环和中心轴的旋转运动，从而驱动细菌鞭毛的旋转[10]。

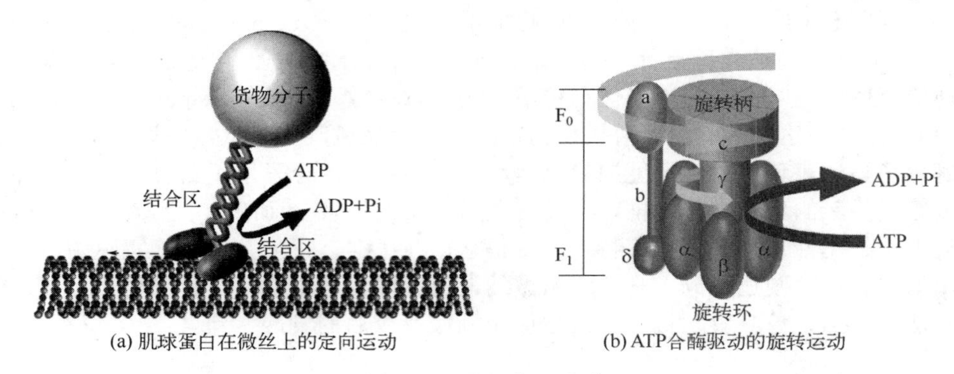

图 7-1　蛋白分子马达

近年来学者们发现，除了上述锚定在膜结构或细胞骨架上的分子马达外，胞质中自由扩散的酶分子也表现出分子马达的特性。游离在胞质中的酶分子也具有将化学能转化为机械能的能力，这拓宽了生物分子马达的概念和研究范围。酶这种能够利用催化反应释放的能量将其无规则扩散行为增强的生物分子马达进入人们的视野之中。2009 年，Muddana 等报道了游离脲酶分子在其底物尿素溶液中扩散增强的行为[1]。脲酶在催化分解尿素的同时产生了驱动力，使其自身的扩散行为显著增强，表现出自驱动的特性（图 7-2）。研究结果表明，脲酶的催化反应是其扩散增强的原因。游离脲酶的扩散系数与酶催化速度表现出极高的相关性，随着尿素浓度提高，脲酶扩散系数以类似米氏动力学模型的方式增强，在较高尿素浓度时达到饱和；而当脲酶活性被邻苯二酚抑制之后，脲酶的扩散系数也随之降低。随后，过氧化氢酶（catalase，CAT）、葡萄糖氧化酶（glucose oxidase，GOx）、醛缩酶（aldolase）、己糖激酶（gexokinase）、磷酸葡萄糖异构酶（phosphoglucose isomerase）、磷酸果糖激酶（phosphofructokinase）、乙酰胆碱酯酶（acetylcholinesterase）、碱性磷酸酶（alkaline phosphatase）、酸性磷酸酶（acid phosphatase）以及 DNA 聚合酶（DNA polymerase）等均表现出酶催化增强扩散行为的自驱动能力[11]。

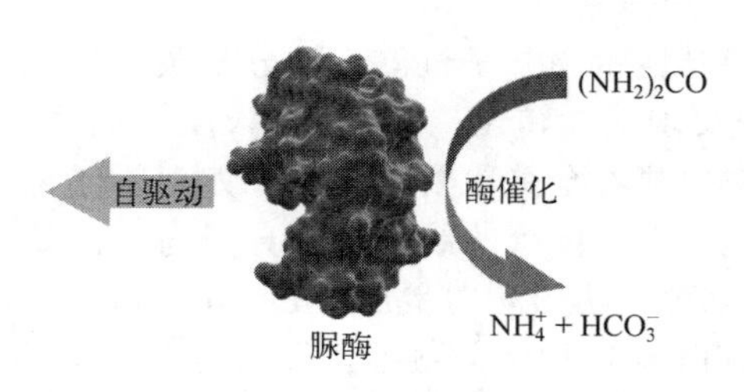

图 7-2　脲酶分子的自驱动行为

7.2.2　酶分子马达的自驱动机理

酶分子马达能够将化学能转化为酶分子动能，增强其扩散行为。在这个过程中，化学能主要用于产生足够的力克服与运动方向相反的阻力，例如黏滞阻力。酶分子自驱动的根本原因在于酶分子的不对称性，这种不对称性使得酶能够产生一个以自身为参考系的、特定方向的力，从而进行定向运动。酶分子的旋转扩散则会使运动方向随机发生改变，描述其旋转扩散强度的参数为旋转扩散系数（rotational diffusion coefficient，D_r），描述其平移扩散强度的参数为平移扩散系数（translational diffusion coefficient，D_t）。酶分子布朗运动的平移扩散系

数（D_t）可通过 Stokes-Einstein 定律计算[12]:

$$D_t = \frac{k_B T}{6\pi\eta r} \tag{7-1}$$

式中，k_B为玻耳兹曼常数；T为绝对温度；η为溶液黏度；r为粒子的水合半径。通常酶分子马达的扩散增强是其布朗运动和方向随机自驱动运动共同作用的结果。因此，酶分子马达的表观扩散系数可以记做其自身平移扩散系数和自驱动引起的扩散之和[13]:

$$D_{app} = D_t + \frac{v^2}{6D_r} \times \frac{t_p}{t_c} \tag{7-2}$$

式中，D_{app}为酶分子马达的表观扩散系数（apparent diffusion coefficient）；D_t为酶分子布朗运动的平移扩散系数；D_r为旋转扩散系数；v为酶分子马达运动速度；$\frac{t_p}{t_c}$为催化循环中产生推动力的时间所占的平均时间分数。

酶分子马达运动机理的解析阐释对于生物分子马达的开发、胞内代谢区域的形成、胞内信息传递、人工分子马达的合成具有重要意义。针对酶分子马达驱动机理，学者们提出多种假说。目前，构象转变、局部热效应和自泳动是解释酶分子自驱动行为的主流理论。由于酶催化反应动力学的复杂性和不同酶分子运动行为的差异，明确酶分子自主运动的确切机理仍然是一个巨大的挑战。研究酶分子马达的驱动行为，探究其驱动机理，开拓酶分子马达在生产、检测、医药等领域中可能的应用已成为新的研究热点。

7.2.2.1 构象转变

酶分子催化包括酶与底物结合、催化反应以及产物释放等过程，这些过程均能引起酶分子构象的转变，并随着催化反应的持续进行往复循环。酶构象转变理论认为，酶催化过程分子构象的循环变化是产生自驱动运动的主要原因之一。酶分子的构象变化使其与周围液体环境不断相互作用，改变酶分子的运动状态。根据扇贝定理（scallop theorem），低雷诺数（Reynolds number，Re）环境中微观结构时间对称的构象循环变化会产生线性的正向和反向运动，且构象循环变化引起的正向运动均会被同一循环产生的反向运动所抵消，二者叠加仅使酶在原地往复运动，并不能产生定向运动[14,15]。如图 7-3（a）所示，在低雷诺数的环境中，微扇贝结构“打开”时，微扇贝会和环境相互作用产生向前位移；而微扇贝“闭合”时，则会和环境相互作用产生向后位移。在微纳尺度上，惯性不再占据主导地位，一个微扇贝构象变化周期所产生的前后位移相互抵消，不产生净位移。然而，酶分子结构是手性的，由催化反应引起的构象变化随时间具有方向性和滞后性，因此能够和其周围液体发生非对称作用，产生非对称的流体波动作为推动力，驱动酶分子产生净位移[16]。此外，即使酶催化过程中构象变化是完全时间可逆的，但由于旋转扩散的存在，酶催化构象变化所引起线性正反运动的方向也会发生改变，从而增强酶的线性扩散系数。

此外，对酶分子马达而言，扩散行为的增强并不需要酶催化过程的完全进行。如图 7-3（b）所示，酶和底物或抑制剂的结合过程所引起酶分子构象的变化也能增强酶的扩散行为[17]。Illien 等发现，哑铃形醛缩酶的构象随着底物分子的结合和释放发生周期性变化。醛缩酶水动力学耦合的扩散系数随着底物浓度的升高而变大，二者变化方式也表现出类似于米氏方程的关系，而与酶催化的转换频率（turnover frequency，k_{cat}）无关[18]。同理，在无底物存在的条件下，酶和辅因子结合所引起的构象变化也能够有效增强酶的扩散行为[19]。酶和底物的结合除了能使酶构象产生周期性的变化，还有可能改变酶分子的水力学半径或者酶分子半径的热波动。根据 Stokes-Einstein 定律［式（7-1）］，粒子的水合半径和粒子的扩散系数呈反比。因此，粒子水合粒径的减小可能是酶扩散行为增强的原因之一。

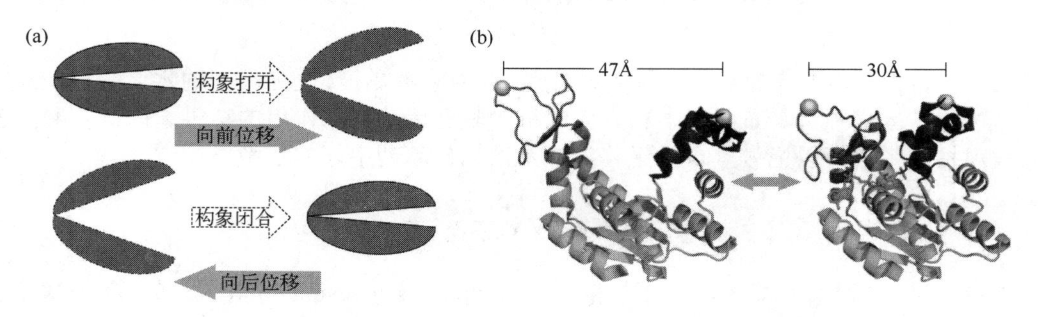

图 7-3　扇贝定理及酶-底物结合过程发生的构象变化

（a）微观尺度扇贝定理示意图：扇贝打开时向前位移，扇贝闭合时向后位移，正负位移互相抵消；（b）醛缩酶和底物结合过程的构象变化[17]

7.2.2.2　热效应

酶分子催化过程除了构象改变，还伴随着吸收或释放热量的过程。热效应理论认为，催化引起热量的吸收或释放可能是酶分子扩散行为增强的原因之一。热量释放会导致酶分子催化位点周围局部温度升高，溶液密度降低（发生热膨胀），从而在酶-溶剂界面上产生不对称的压力波（图 7-4）。这种压力波对酶分子施加一定的力，改变酶分子质心的位置，驱动酶分子的运动。例如，催化放热反应的脲酶、过氧化氢酶和碱性磷酸酶在底物存在的情况下扩散系数可增大 30%～80%，而催化吸热反应的磷酸丙糖异构酶（triosephosphate isomerase）在催化反应时并未引起酶分子扩散系数的明显变化[20]。经模拟计算，每个酶催化循环引起压力波施加在约 10nm 酶分子上的力约为 10pN，这与生物分子马达的驱动力在同一量级。此外，酶分子催化释放的热可以迅速传递到溶液中，导致溶液整体温度上升。温度升高会引起溶液黏度下降，并加快酶催化转化速率。根据式（7-1），这些变化均可能会引起放热反应酶扩散行为的增加[21]。因此，酶催化反应的放热过程也被认为是酶分子马达驱动力的来源之一。

图 7-4　热效应驱动酶分子运动机理

7.2.2.3　自泳动

酶的泳动自驱动（phoretic self-propulsion）是指由酶催化反应所引起的物质浓度梯度及电势梯度所造成酶分子扩散增强的行为。由于酶的催化活性中心与酶的结构中心并不重叠，酶催化过程会导致酶分子结构周围微环境中产生底物和产物的浓度梯度。在局部物质浓度梯度的作用下，酶的扩散行为会有所增强。根据产物和底物带电性质的不同，酶的自泳动（self-phoresis）可以分为自电泳（self-electrophoresis）和自散泳（self-diffusiophoresis）。电泳是指带电粒子在外加电场作用下沿电场方向进行定向运动的现象。与普通电泳不同，当酶催化的产物和底物分子带有一定量的电荷时，其不均衡分布会形成局部电场。在局部电场的作用下，带正电和带负电的物质会进行定向移动。带正电/负电物质在电场中的迁移过程会施加一个合力在酶结构上，从而驱动酶分子进行定向运动直至带电粒子扩散到整个溶液中。这种驱动机理即为自电泳，能够解释脲酶等催化产生带电产物（图 7-2）酶分子的运动行为。散泳是指粒子在溶质浓度梯度的作用下进行运动的现象。对于电中性产物和底物的酶分子，若催化反应前后物质总量发生变化，则催化过程会在酶分子附近形成中性粒子的浓度梯度。如图 7-5 所示，中性粒子在浓度梯度作用下的迁移能够带动酶分子移动，增强其扩散行为，这种机理即为自散泳。例如，DNA 或 RNA 聚合酶催化 ATP 形成相应的单磷酸盐[2,22]，以及过氧化氢酶催化 H_2O_2 歧化反应生成水和氧气的过程[23]，均能够产生物质浓度梯度，驱动酶分子的运动。

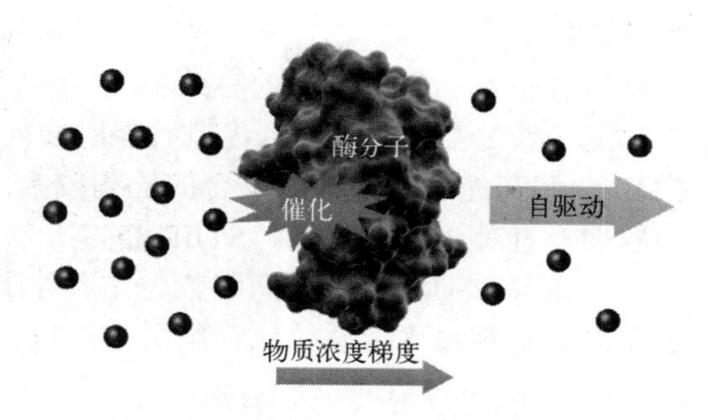

图 7-5　酶分子马达自散泳机理

上述各种酶分子的自驱动机理已得到一定程度的分析论证，但酶分子马达的运动机理仍存在争论。不同酶分子的结构不同，催化反应动力学、产物/底物性质、催化过程构象变化以及催化产热情况也不相同，因此尚未有一个统一的理论能够解释所有酶分子的运动行为。研究者们所提出的各种驱动机理仅针对具体酶分子，且其验证过程均存在一定的理想条件假定，具有一定的局限性。解析酶催化引起酶分子扩散增强的理论仍是一个长期的挑战性课题。

7.2.3　酶分子马达运动的观测方法

酶分子尺寸一般为 10nm 以下，且能够良好地分散（溶解）在水相中。普通光学显微镜的光学观测极限为 200nm，因此，光学显微镜难以直接观测酶分子的运动状态。此外，酶分子的布朗运动使其运动方向持续随机性变化，难以直接测量其运动速度。因此，酶分子的运动行为通常采用扩散系数 D 的变化来表征。在无外力作用下，酶分子进行布朗运动，其扩散系数可用 Stokes-Einstein 方程计算［式（7-1)］。当添加底物之后，酶分子的扩散系数可以利用动态光散射仪（dynamic light scattering，DLS）直接测量。此外，利用荧光分子标记酶增强其光学信号，酶分子扩散行为可通过在光学显微镜上加装荧光相关光谱（fluorescence correlation spectroscopy，FCS）检测装置观测。电化学法和示踪粒子法也可用于间接观测酶分子的运动行为。

7.2.3.1　动态光散射

动态光散射法又称光相干光谱法，是一种测定溶液中分子扩散行为的有效手段。当一束单色光射线照射到含有大分子的溶液中，光随着大分子的形状和尺寸向各方向进行散射。当大分子进行持续的布朗运动等微观运动时，散射光会产生多普勒展宽的现象，散射光要么产生相互抵消的相位，要么产生相互叠加的相位以产生可检测的信号。探测器记录这些信号并通过数字相关器将光强波动与时间相关，确定波动的快慢，从而计算大分子的扩散系数[24]。动态光散射法是基于溶液中存在较多酶分子共同引起光散射变化的测量方法，一般测得的结果为酶分子的平均扩散系数。

7.2.3.2　荧光相关光谱

荧光相关光谱法是检测溶液中生物分子浓度、运动能力及其与荧光分子相互作用的有效手段，也是酶分子马达运动行为检测使用最多的方法。荧光相关光谱法一般与共聚焦显微技术结合。共聚焦显微镜可将激光聚焦形成一个衍射极限点，针对超小的、体积约为亚飞升的区域进行观测。配备的极灵敏雪崩光电二极管（avalanche photo diodes）能够检测荧光流中单光子通过检测区域的时间，从而经过一系列的转换处理过程计算出生物分子的扩散系数[25]。在使用荧光相关光谱检测酶分子马达运动行为的过程中，荧光分子通常用于标记酶分子，产生适当的荧光信号。这种方法能够在酶浓度极低的情况下，检测单个酶分子的扩散行为，是一种酶分子运动定量检测的有效手段。

基于荧光相关光谱法，将受激辐射损耗显微法（stimulated emission depletion microscopy，STED）和荧光相关光谱法联合的检测技术，可用于酶分子运动行为的检测。这种方法称为受激辐射损耗荧光相关光谱（STED-FCS）。STED-FCS 不同于普通的荧光相关光谱法，可通过引入一束环形损耗光束来抑制荧光光斑外围的荧光，减小点扩散函数，从而实现超分辨成像的目的。这种技术能够检测亚衍射点扩散，精准捕捉单酶分子马达的弹道跳跃[26]。

7.2.3.3 全内反射荧光显微镜

全内反射荧光显微镜（total internal reflection fluorescence，TIRF）技术利用高光密度物质和低光密度物质界面存在全内反射和损耗波的现象，实现单分子检测。当界面上入射角大于某一临界值时（例如，玻璃/水界面的临界角为 62°），激发光会反射进入玻璃，并在玻璃/水界面产生耗损波。耗损波在玻璃界面强度最大并随着远离界面的方向指数衰减。不同于普通的荧光技术，全内反射荧光技术能够避免较大的背景荧光和散射光的影响，将背景信号最小化从而实现界面附近单分子的超灵敏检测。在检测酶分子运动的过程中，研究者使用适当的聚合物溶液确保酶分子不黏附在界面上，同时将酶分子的运动限制在二维界面上[27]。该技术和显微镜耦合，可以实现显微镜直接检测荧光分子标记酶形成光斑的运动，从而检测酶分子马达的运动行为。

7.2.3.4 其他检测方法

电化学法可基于粒子-电极间的碰撞进行溶液中自由扩散粒子运动的间接原位检测。通过与电极碰撞，粒子能触发氧化还原反应、引起特征电信号峰。这些新信号峰可以转化为粒子的浓度、尺寸、性状和扩散行为等信息。例如，硼掺杂金刚石超微电极可以作为活性电极与酶相互作用产生信号峰。将该电极置于酶溶液中，酶分子和其相互作用能够引起电流变化。酶分子扩散的强度可以通过检测电流峰出现的频率来定性检测。Foord 等利用此方法观测到过氧化氢酶在底物存在条件下扩散行为随着底物浓度增强的行为[28]。

示踪粒子法是一种对设备要求较小、操作相对简单的酶分子运动间接检测方法。示踪粒子通常选择约 1μm 大小、与水密度接近的聚合物粒子。这种示踪粒子可通过普通光学显微镜直接观测。在含有示踪粒子的溶液中，酶分子扩散行为的增强必然导致酶分子与示踪粒子的碰撞概率增加，使得示踪粒子的扩散行为也随之增强[18]。因此，酶分子的自驱动行为可通过测定示踪粒子扩散系数的变化来定性判断。相较于其他方法而言，示踪粒子法仅需普通显微镜便可检测，无需昂贵精密设备。但此方法只能定性反映酶分子扩散的变化，不能定量测定酶分子的扩散系数。

7.3 酶驱微纳马达与微泵

7.3.1 概述

酶分子马达在催化过程中产生的力使其能够与环境液体相互作用，从而增强其扩散运动。然而，酶分子马达尺寸较小，难以对其进行理性设计，缺乏对其运动行为人工操控的手段，不够“智能”。因此，有研究者将酶分子固定到溶液中悬浮的微纳粒子上，以酶催化反应作为动力源驱动微纳粒子自主运动，构建人工合成的、酶驱动的微纳马达。相较于酶分子马达而言，酶反应驱动微纳马达可以通过对其微纳粒子结构进行合理设计实现可控运动和功能化。例如，磁性材料和酶驱微米马达结合使得马达运动方向可通过外界磁场控制；酶分子负载在固定的平面上时，酶催化反应可实现其周围液体的定向运输，发挥微泵的作用。由于酶催化反应的生物相容性和自主运动的特性，人工合成酶驱微纳马达和微泵在药物递送、生化转化和环境检测等领域中表现出巨大的应用前景。

7.3.2 酶驱微纳马达运动机理

化学驱动微纳马达是能够将化学反应释放的能量转化为自身运动动能的微纳尺度设备。化学驱动微纳马达将催化剂非对称地分布在微纳马达表面，产生非对称的化学反应，实现微纳马达的自驱动运动。酶是一种高效的生物催化剂，也是一种广泛存在于生物体内的蛋白质，催化反应条件相对温和，具有良好的生物相容性。因此，酶可以作为微纳马达的“引擎”，以其催化反应为动力源驱动微纳马达自主运动，表现出内在的生物相容性。相较于化学驱动微纳马达而言，酶驱微纳马达对于不对称性的要求相对较弱，负载在均匀粒子表面的酶也能够驱动微纳粒子的运动[29]。这极大程度地降低了人工合成微纳马达的制备难度，使得微纳马达的实用化更加容易。由于酶催化的高效性，酶驱微纳马达均表现出较强的运动性能。

为了开发运动性能强的酶驱微纳马达，必须研究酶催化反应驱动微纳马达运动的机理。近年来涌现了各种不同的酶驱微纳马达，这些酶驱微纳马达的催化反应不同、结构设计不同、材料性质不同，它们驱动机理可以分为两大类，即自泳动机理和气泡驱动机理。

7.3.2.1 自泳动机理

类似于酶分子马达的泳动自驱动，酶驱微纳马达也可以通过自泳动机理实现自驱动。对于酶驱微纳马达而言，由于酶分布以及马达结构的不对称性，酶催化燃料分解的过程能够引起带电物质和中性物质的浓度梯度。这种由马达自身产生的物质浓度梯度能够形成局部电场或者浓度差，驱动马达进行自电泳和自散泳运动。

（1）自电泳　类似于酶分子马达的自电泳驱动，酶驱微纳马达可通过其催化的反应产生局部电场驱动自身运动，进行自电泳运动[30]。以辣根过氧化物酶（HRP）和细胞色素 c（cytochrome c，Cyt c）驱动的微米马达为例（图 7-6），HRP 在马达一端催化 H_2O_2 的还原，同时消耗 H^+，使得此端带正电物质减少；Cyt c 在马达另一端催化 O_2 氧化，产生 $O_2^{\cdot -}$，使得此端带负电物质增多。随着催化反应的持续进行，在马达两端会形成带电物质的非对称分布，形成局部微电场。水合氢离子及其他带电粒子在该电场中能够通过黏滞力带动马达表面水化层的移动，引起马达表面的电渗流，使马达朝着相反的方向运动。酶驱微纳马达自电泳的关键是形成带电离子的非对称分布，从而引起局部电场。因此，酶的非对称分布对于自电泳驱动机理的马达十分重要。氧化还原酶是自然界中一类主要的酶，种类极为丰富。因此，通过不同氧化还原酶对的搭配，酶驱马达可利用不同生物分子作为燃料，通过自电泳机理实现自主运动，表现出巨大的应用潜力。

自电泳驱动微纳马达存在一些局限。例如，自电泳运动会受到高盐浓度的屏蔽[31]。在高离子强度的条件下，大量的带电粒子会快速平衡酶催化引起的带电粒子浓度差，从而削弱自电泳运动强度。此外，马达自电泳运动的能量效率十分低[31]，约为 10^{-9}～10^{-8}。因此，自电泳运动的酶驱马达仍具有很大改进和发展空间。

（2）自散泳　酶驱微纳马达的自散泳运动是酶催化反应产生的底物/产物浓度梯度驱动马达自身运动的现象[32]。当酶催化反应的底物消耗量和产物生成量存在差异时，马达表面不对称分布的酶能够引起局部的溶质浓度梯度，从而驱动马达的运动。因此，能够进行自散泳运动的酶驱微纳马达需要有两个条件：(a) 能够产生非对称的局部底物/产物浓度梯度；(b) 粒子与浓度梯度间的相互作用足够强，产生足够的驱动力，使粒子运动。

散泳可以根据形成浓度梯度的溶质带电与否将其分为两类：电解质散泳和非电解质散泳。当酶催化反应产生浓度梯度的底物/产物为非电解质时，酶驱马达进行非电解质自散泳运动。粒子表面和溶质间存在空间排斥作用。由于马达粒子组成、形貌、反应速率的不对称性会导致跨越粒子的溶质浓度梯度，从而打破粒子表面和溶质之间相互作用的平衡，产生一个跨越粒子的压力梯度，从而驱动粒子运动[33]。如图 7-7 所示，葡萄糖氧化酶能够将葡萄糖转化为 H_2O_2 和葡萄糖酸，产生溶质浓度梯度，从而驱动纳米马达进行扩散增强的自散泳运动[34]。

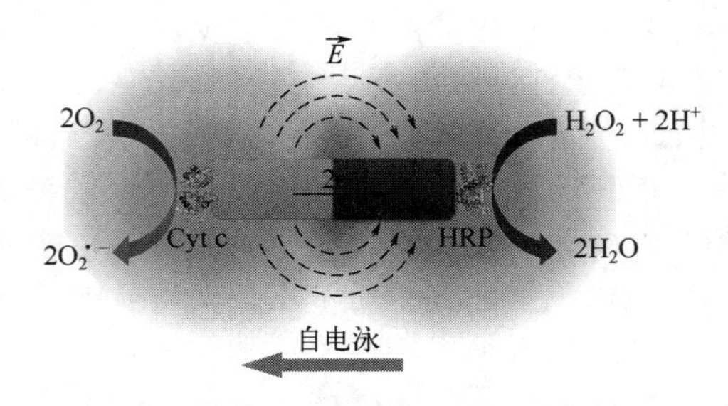

图 7-6　基于辣根过氧化物酶和细胞色素 c 的双金属棒微米马达自电泳运动

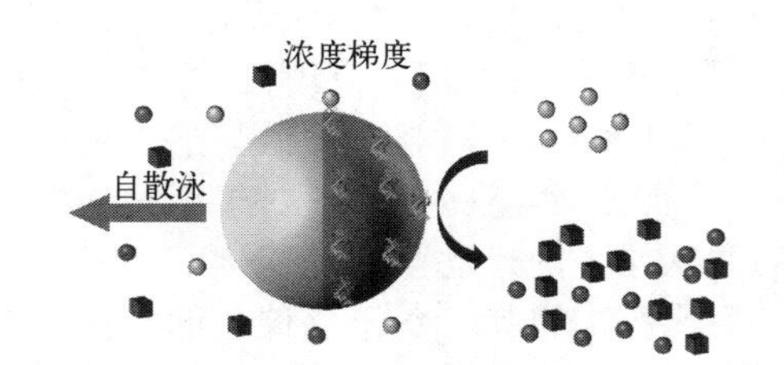

图 7-7　葡萄糖氧化酶驱动微纳马达进行非电解质自散泳运动

葡萄糖氧化酶；葡萄糖；葡萄糖酸；过氧化氢

当酶催化反应产生浓度梯度的底物/产物为电解质时，酶驱马达进行电解质自散泳运动。如图 7-8 所示，在电解质浓度梯度中，阴离子和阳离子的扩散速度不同，形成局部电场，通过电泳力驱动带电马达粒子的运动。此外，阴离子/阳离子与带电粒子的双电层相互作用不同，也会在粒子上施加一个化学泳（chemiphoresis）的力驱动粒子运动。在单价盐的浓度梯度 ∇c 中，带电粒子的电解质散泳的速度 U 可以通过下式描述[35,36]：

$$U=\frac{\nabla c}{c_0}\left[\left(\frac{D^+-D^-}{D^++D^-}\right)\left(\frac{k_B}{e}\right)\frac{\varepsilon(\zeta_p-\zeta_w)}{\eta}\right]+\frac{\nabla c}{c_0}\left[\left(\frac{2\varepsilon k_B^2T^2}{\eta e^2}\right)\{\ln(1-\gamma_w^2)-\ln(1-\gamma_p^2)\}\right] \tag{7-3}$$

$$\gamma_w=\tanh[e\zeta_w/(4k_BT)]$$

$$\gamma_p=\tanh[e\zeta_p/(4k_BT)]$$

式中，D^+ 和 D^- 为阳离子和阴离子的扩散系数；c_0 为溶液中离子浓度；e 是电子电荷；k_B 为玻耳兹曼常数；T 为绝对温度；ε 是溶液的介电常数；η 为黏度；ζ_p 和 ζ_w 为离子和墙体的电势。

上式第一项为电泳贡献项，第二项为化学泳贡献项。即，电解质扩散泳相较于单纯的自电泳运动而言，电解质扩散泳多了电解质浓度梯度对粒子的驱动力。当阳离子和阴离子的扩散系数不同时，带电粒子的电解质散泳主要由电泳贡献项主导。若阳离子和阴离子的扩散系数接近时，此时阴阳离子距离较近，局部电场强度较小，此时可认为电解质呈现中性，以电解质浓度梯度施加在粒子上的力为主导驱动粒子自主运动，类似于非电解质散泳。对于大多数基于电解质自散泳机理的酶驱微纳马达而言，其催化的反应一般伴随着 H^+ 和 OH^- 浓度梯度的形成。这两种离子扩散较快，因此，电解质自电泳酶驱微纳马达一般由电泳现象主导。以脲酶驱动的中空介孔硅微米马达为例，脲酶催化尿素分解的过程产生了 OH^- 和 NH_4^+ 的浓度梯度；两种离子不同的扩散速率导致局部电场的形成，引起微米马达表面的电渗流，驱动马达自主运动[37]，这种自主运动属于自电泳项主导的电解质扩散泳。

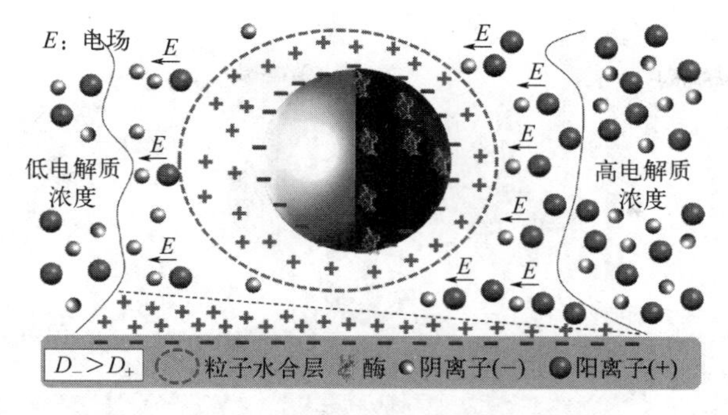

图 7-8 酶驱微纳马达进行电解质自散泳运动

类似的，基于电解质自散泳机理的微纳马达也和自电泳微纳马达一样承受着高离子强度环境的限制，能量利用效率同样较低。

7.3.2.2 气泡驱动机理

当驱动马达运动的酶催化反应能够产生气泡时，气泡在脱离马达的瞬间形成的连续动量变化导致马达的持续运动。气泡驱动运动这种由酶不断催化燃料释放气泡驱动的运动方式能够有效避免高离子强度环境的影响，在复杂的环境中进行持续运动。例如，过氧化氢酶驱动的管状微米马达（图 7-9），通过管内的过氧化氢酶降解过氧化氢持续生成 O_2 气泡，不断产生作用力驱动管状马达前进[38]。这种能够依靠气泡释放进行运动的方式与火箭这种宏观设备相似，因此这种气泡驱动的管状微纳马达也称为“微纳火箭”(micro/nano-rocket)。

图 7-9 酶反应产生气泡驱动微纳马达

氧气；过氧化氢；过氧化氢酶

7.3.3 酶驱微纳马达分类

自然界中酶的种类丰富、催化反应多样，尽管目前研究用做动力源驱动微纳马达的酶仅有寥寥数种（主要有过氧化氢酶、脲酶、葡萄糖氧化酶、酯酶、三磷酸酰胺酶和碱性磷酸酶等）[39]，但随着研究的不断深入，基于酶催化反应微纳马达的种类将越来越多（图 7-10）[40]。

7.3.3.1 单酶驱微纳马达

酶驱微纳马达实现自主运动的主要策略是利用单一酶催化反应的能量驱动马达运动。例如，脲酶催化尿素分解的反应可用于提供驱动力，驱动粒子进行定向运动或者扩散增强。因此，酶以及相应燃料分子（底物）的选择对于酶驱微纳马达的运动能力至关重要。近年来，随着研究的不断深入，可作为微纳马达动力来源的酶选择范围也越来越广泛。目前，研究较多的单酶驱微纳马达主要以过氧化氢酶、脲酶、葡萄糖氧化酶、酯酶等酶作为动力。下面对这些酶驱微纳马达做简单介绍。

(1) 过氧化氢酶驱微纳马达　过氧化氢酶是最常见的酶驱微纳马达的动力酶。Sánchez 等最早将过氧化氢酶固定在卷曲的 Au/Ti 微米管内部，构建过氧化氢酶驱微纳马达，通过其降解燃料过氧化氢的反应 $2H_2O_2 \rightarrow 2H_2O + O_2$ 驱动马达运动［图 7-11（a)］[41]。在这个过程中，产生的 O_2 在管内成核积聚为气泡，然后从管中排除，产生反冲力驱动微米管自主运动。由于

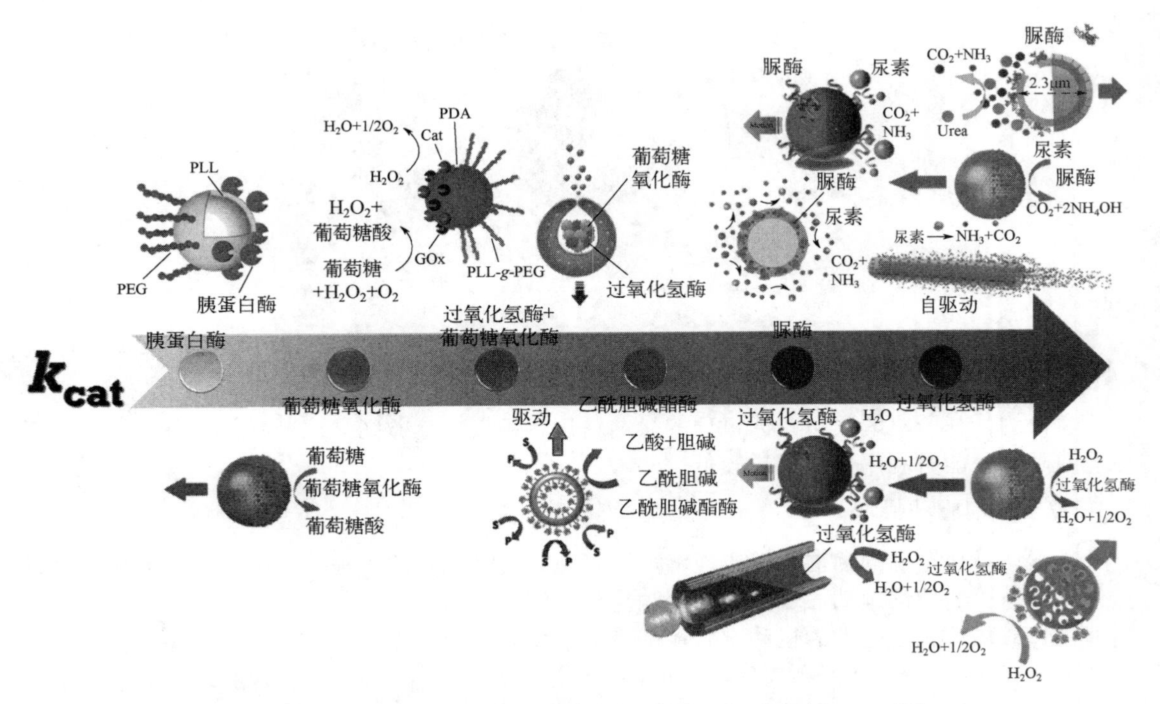

图 7-10　基于不同催化转化频率酶催化反应驱动的微纳马达[40]

从左向右酶催化转化频率（k_{cat}）逐渐增大

过氧化氢酶的高效性，该微米马达的运动速度可达到 10 体长/s，比贵金属铂（platinum，Pt）催化驱动的微纳马达快很多。H_2O_2 具有一定的生物毒性，这要求在实际的应用中 H_2O_2 的浓度不能太高。过氧化氢酶的高效性使得 H_2O_2 能够被快速分解，这使得过氧化氢酶驱动的微纳马达即使在低 H_2O_2 浓度溶液中也能表现出很高的运动速度，这无疑有利于以 H_2O_2 为燃料的微纳马达的应用。尽管管状微纳马达更适合在流体中运动，但其制造一般采用模板辅助电化学沉积法或者物理蒸镀沉积法，过程较为繁琐，需要昂贵设备且难以大批量生产，不利于马达的大规模应用[42]。因此，研究者们开发了微流控等技术构建球形酶驱微纳马达。相较于管状马达，球形马达的构建方法简单、易放大，更适宜实际应用。例如，微流控技术可以大批量生产壳-核结构的液滴，“核”和“壳”液滴的性质差异能引起相分离从而得到具有凹槽结构、不对称的聚合物球形结构［图 7-11（b）］[43]。凹槽的粗糙表面使得 O_2 更易成核凝结，释放气泡，驱动马达自主运动。类似的，利用自组装聚合物囊泡可以响应周围溶液环境的变化发生形变成为口形红细胞形结构的特性，将过氧化氢酶包裹在内部，大量制备过氧化氢酶驱微纳马达［图 7-11（c）］[44]。这种纳米马达能够在 2mmol/L H_2O_2 的溶液中进行强有力的自主运动。

然而，气泡的产生在一些情况下会引起不利影响。例如，在体内运输的过程中，气泡的产生会对器官和组织产生副作用。因此，研究者们构建了过氧化氢酶驱动、不产气泡的微纳马达。当微纳马达尺寸较小、表面平坦或缺乏表面活性剂时，酶催化产生的 O_2 缺乏成核条件，以 O_2 分子形式溶解在水中。由于微纳马达的不对称性，O_2 分子会形成跨越马达的物质浓度梯度，从而以自泳动机理驱动微纳马达运动。例如，利用中空介孔硅球（HMSNP）表面不对称的化学性质，选择性地将过氧化氢酶固定在 HMSNP 的特定半球，构成不对称（两面体，Janus）结构的“JHMSNP-酶”［图 7-11（d）］，从而催化 H_2O_2 分解产生 O_2 浓度梯度，实现自主运动[45]。

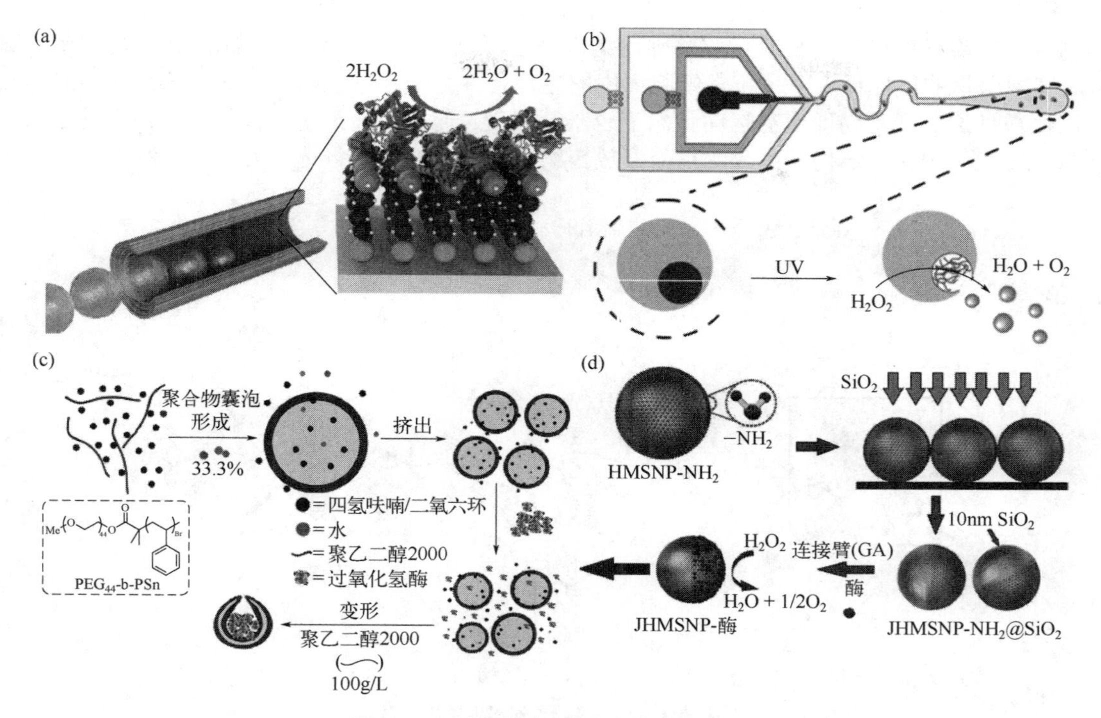

图 7-11　过氧化氢酶驱动的微纳马达

(a) 管状微纳马达[41]；(b) 具有凹槽球形微纳马达[43]；(c) 口形红细胞形聚合物微囊微纳马达[44]；(d) 不对称（两面体）球形微纳马达[45]。

GA：戊二醛

在目前的酶驱微纳马达中，仅有过氧化氢酶驱微纳马达能够进行气泡驱动。尽管气泡驱动运动速度快、运动强劲，H_2O_2的毒性仍是其应用的一个重要障碍。

（2）脲酶驱微纳马达　脲酶的底物尿素（脲），广泛存在于生理环境中。相较于过氧化氢酶驱微纳马达而言，脲酶驱微纳马达使用生物相容性底物脲，并且避免了气泡的产生。因此，脲酶驱微纳马达具有更好的生物相容性，有效地拓宽了微纳马达的应用范围。脲酶能够降解脲生成NH_4^+和CO_3^{2-}:

$$CO(NH_2)_2 + 2H_2O \longrightarrow CO_3^{2-} + 2NH_4^+ \tag{7-4}$$

显然，脲酶催化的反应使体系中物质的总摩尔数增加。当脲酶不对称分布在微纳马达上时，脲酶催化的过程会引起物质浓度梯度，从而在物质浓度梯度的作用下驱动马达自主运动[46]。由于较高的催化效率，脲酶驱动的微纳马达能够在生理浓度的尿素溶液中进行自主运动。如图7-12（a）所示，Sánchez等设计合成了脲酶驱动中空介孔二氧化硅微米马达（JHP-Urease），其运动速度与酶催化活性紧密相关，升高尿素浓度能够有效提高马达运动速度，而当添加酶抑制剂时，该马达运动速度则显著降低[47]。在人血液尿素浓度范围（5～10mmol/L）内，该脲酶驱动微米马达的速度接近10μm/s，与过氧化氢酶驱马达的运动速度在同一数量级。此外，该马达表面可以耦合磁性材料，实现对其运动方向以及运动轨迹的调控。

由于燃料和产物均是生物相容性分子，可自主运动的脲酶驱微纳马达在医药领域中表现出极大的优势，特别是在药物递送方面。例如，脲酶驱动的介孔二氧化硅壳核纳米马达可以作为载体负载抗肿瘤药物阿霉素，纳米马达的运动能够有效地加速阿霉素释放的过程，从而达到更好的治疗效果[48]。此外，脲酶驱动纳米马达可以在其表面修饰 pH 响应性聚合物苯并咪唑，实现药物的可控释放[49]。正常细胞周围的生理条件为中性或弱碱性，此时苯并咪唑的屏蔽效应使得马达负载药物即使在运动状态下也不会释放；而在肿瘤细胞周围的微酸性条件下，苯并咪唑发生质子化，结构发生改变从而释放药物，对肿瘤细胞进行选择性杀灭［图 7-12（b）］。

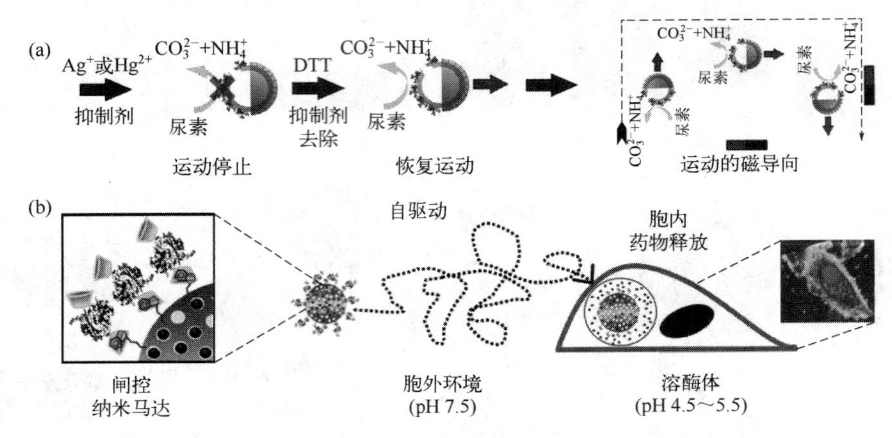

图 7-12　脲酶驱微纳马达

（a）脲酶驱动中空介孔二氧化硅微米马达的制备及运动示意图；（b）pH 响应聚合物修饰脲酶驱动微米马达负载药物的选择性释放

DTT：二硫苏糖醇

脲酶驱微纳马达在医疗中的另一个优势是，脲酶驱微纳马达的燃料是尿素。而膀胱中尿素浓度一般较高，这使得脲酶驱马达更适宜用作药物载体治疗膀胱相关疾病。在模拟膀胱的环境中，脲酶微纳马达的运动较为强力，能跨越细胞屏障使更多的载药马达进入膀胱癌细胞小球中，增强其抑制膀胱癌细胞生长的能力[50]。值得一提的是，脲酶驱微纳马达运动过程中能释放 NH_3，这会提高局部环境的 pH 值，从而加强对某些病变细胞的杀灭效果。

（3）葡萄糖氧化酶驱微纳马达　葡萄糖作为一种主要的能源物质，广泛存在于生物体中。因此，构建以葡萄糖为“燃料”的葡萄糖氧化酶驱微纳马达对于药物递送、微手术等领域极具吸引力。He 等将葡萄糖氧化酶不对称固定在聚合物-Au 两面体纳米粒子上，葡萄糖氧化酶催化氧化葡萄糖的过程产生葡萄糖、葡萄糖酸和过氧化氢的浓度梯度，从而驱动纳米马达的运动［图 7-13（a）］[34]。葡萄糖氧化酶驱动的亚 100nm 级纳米马达在 80mmol/L 的葡萄糖溶液中运动速度可达到 9.1μm/s。以类似的原理，葡萄糖氧化酶也可以作为微米级马达的动力酶，以其催化反应为动力源，驱动中空介孔二氧化硅两面体微米马达，使该马达的扩散系数显著增加约 40%[45]。

（4）酯酶驱微纳马达　酯酶可以催化酯水解和酯交换反应。其中，酯酶驱微纳马达可以通过酯酶催化酯类的水解反应产生非平衡的物质分布，即产生物质浓度梯度，驱动微纳粒子的运动。Hu 等将酯酶固定化在单孔聚苯乙烯微球中，利用酯酶催化对硝基苯酚乙酸酯水解的反应，实现微米级马达的自主运动［图 7-13（b）］[51]。在存在过量底物的条件下，酯酶催化的反应能使该微米马达的扩散系数提升近 60%。该微米马达的自主运动能够反过来增强酯酶催化对硝基苯酚乙酸酯的水解，提高酯酶活性，表现出自加速酶反应的现象。酯酶能特异催化酯键断裂，底物并非唯一物质，因此酯酶驱动的微纳马达能够以其中一种底物作为燃料进行自驱动运动，同时利用运动增强的特性加速酯酶降解其他酯类分子的速度[52]。例如，酯酶驱动纳米马达可以利用三乙酰甘油酯为燃料，驱动马达向不溶性底物三丁酸甘油酯液滴运动，增强马达负载酯酶与三丁酸甘油酯液滴的碰撞概率，从而提升酯酶降解三丁酸甘油酯的效率。利用这种特性，酯酶驱微纳马达可以有效催化脂肪中主要组成物质甘油三酯的降解，从而在医药领域中表现出应用潜力。

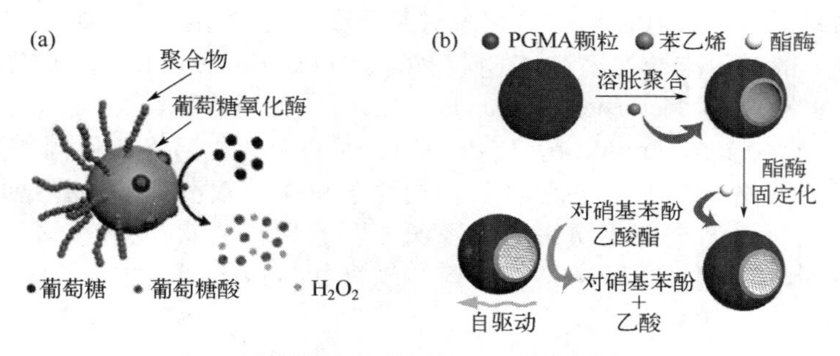

图 7-13　葡萄糖氧化酶和酯酶驱动的微纳米马达

（a）葡萄糖氧化酶驱动的纳米马达；（b）酯酶驱动的微米马达

（5）其他酶驱动的微纳马达　随着研究的不断深入，可用于驱动微纳马达酶的选择范围也越来越广泛。除了前面提到的几种酶，胰蛋白酶（trypsin）、胶原酶（collagenase）、ATP 合酶（ATP synthetase）和辣根过氧化物酶（horse radish peroxidase，HRP）等也已用于驱动微纳马达的研究。胰蛋白酶能够水解肽键，通过肽键断裂引起的浓度梯度驱动微纳马达运动[53]。类似的，胶原酶能够催化胞外基质胶原的分解，驱动马达在胞外基质中进行自主运动[54]。作为生物膜结合酶家族中的一员，ATP 合酶催化 ATP 转化的过程能够将磷脂脂质体的扩散系数提升约 37%[55]。

7.3.3.2　多酶驱动的微纳马达

在自然界中，细胞通过多酶的协同作用进行代谢反应、完成物质的转化利用。相互协作的酶也可以通过催化级联反应驱动微纳马达，即为多酶驱微纳马达。同时利用两种以上的酶协同或共同作用能够产生更强的驱动力。例如，Schattling 等同时将葡萄糖氧化酶和胰蛋白酶修饰在同一纳米马达上，在两种酶的底物均存在的条件下，实现了马达扩散系数的协同增强[图 7-14（a）][53]。当仅存在一种底物时，葡萄糖氧化酶或胰蛋白酶能够单独驱动纳米马达。而存在两种底物时，由于协同驱动的作用，纳米马达的扩散系数进一步提高。类似的，棒状的微米马达能以辣根过氧化物酶和细胞色素 c 协同催化反应产生更强的驱动力[30]。相较于单酶驱动的微米马达，双酶驱动微米马达的扩散系数增幅高达 5 倍。

酶驱微纳马达利用多酶催化的级联反应进行自主运动，可以规避有毒燃料。过氧化氢酶驱微纳马达具有较强的运动性能。然而，高浓度的过氧化氢具有一定毒性。在生物体中，过氧化氢一般为酶催化级联反应的中间产物，处于较低的浓度。例如，葡萄糖氧化酶（glucose oxidase，GOx）和过氧化氢酶（catalase，CAT）催化的级联反应：

$$\beta\text{-D-葡萄糖} + O_2 + H_2O \xrightarrow{\text{GOx}} \text{葡萄糖酸} + H_2O_2 \quad (7\text{-}5a)$$

$$2H_2O_2 \xrightarrow{\text{CAT}} H_2O_2 + O_2 \quad (7\text{-}5b)$$

利用这个级联反应，研究者构建了双酶驱微纳马达，以其催化的级联反应作为微纳马达动力源，从而避免大量过氧化氢的使用和高浓度过氧化氢带来的毒性。Städler 等将 GOx 和 CAT 同时固定在微米粒子上，利用二者催化的级联反应以葡萄糖为燃料驱动马达的自主运动[56]。

类似的，口形红细胞囊泡状双酶驱微纳马达中，GOx 和 CAT 级联催化葡萄糖的过程能够产生 O_2[57]。由于其独特的性状，即使以低至 5mmol/L 的葡萄糖作为底物，O_2 也能够在其内部积累成核并通过小孔释放，驱动马达进行定向自主运动。

模拟自然界中的代谢途径，将催化级联反应的多种酶同时用作微纳马达的动力源可以扩大微纳马达的燃料范围，使其运动行为摆脱对某单一底物的响应性。如图 7-14（b）所示，以葡萄糖和磷酸烯醇式丙酮酸为燃料，在己糖激酶（hexokinase，HK）、丙酮酸激酶（pyruvate kinase，PK）、乳酸脱氢酶（lactic dehydrogenase，LDH）、葡萄糖脱氢酶（glucose dehydrogenase，GDH）、乳糖氧化酶（lactose oxidase，LO）、CAT 等酶的催化网络的协同作用下，微囊泡纳米马达可实现多酶网络驱动的自主运动[58]。相较于单酶或双酶驱动的微纳马达而言，多酶网络驱动微米马达可以通过催化网络的自我调节调控燃料的消耗速度，实现在不同底物浓度下较为恒定的运动速度。这种基于多酶网络的微纳马达也为人工生命系统的发展提供了一种新的思路。

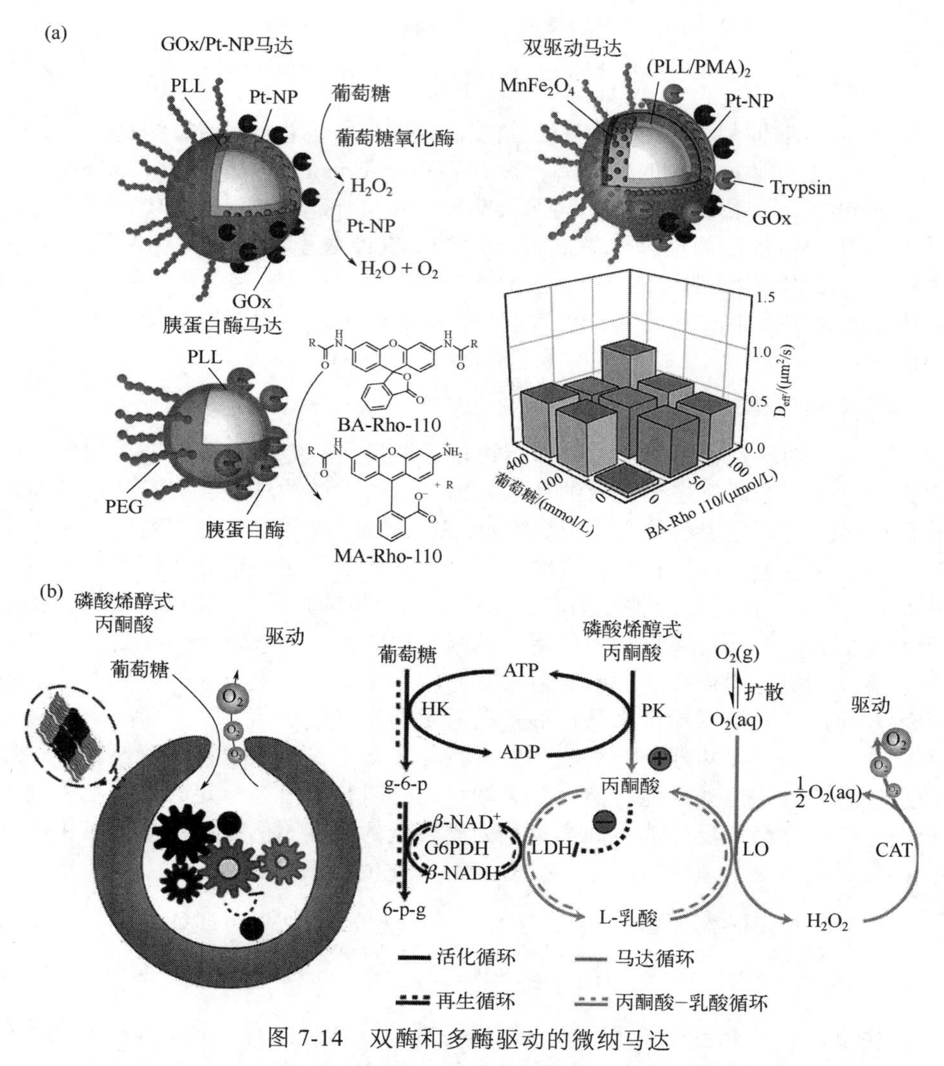

图 7-14 双酶和多酶驱动的微纳马达

（a）葡萄糖氧化酶和胰蛋白酶协同驱动的纳米马达；（b）多酶级联催化驱动的微米马达（g-6-p：葡萄糖-6-磷酸；6-p-g：6-磷酸-葡萄糖醛酮）

7.3.4 酶驱微纳马达的控制

可控的运动性能是酶驱微纳马达实现实际应用的保障。目前已有许多策略用于调控酶驱微纳马达的运动行为。一些马达运动调控方式依靠酶性质的变化来改变酶驱微纳马达的运动行为，例如通过酶的浓度、分布以及底物活性等方法。此外，马达自身的结构、形貌也能够影响其运动行为，这一特点也被用于调控酶驱马达的运动速度和运动轨迹。当酶驱马达结构中含有物理（例如，磁）响应性材料时，磁场等外界物理场也能够有效地调控马达的运动。控制酶驱动微米马达运动行为的方法主要通过改变催化条件，酶的种类、浓度及分布，马达结构设计等参数实现，如表 7-1 和图 7-15 所示。

表 7-1 常见的酶驱微纳马达运动调控方式

调控策略	马达类型	驱动酶	示意图	参考文献
燃料浓度和 pH	超组装多孔框架微米马达	过氧化氢酶	图 7-15（a）	[68]
酶浓度	DNA 马达	无嘌呤/五嘧啶核酸内切酶 APE 1	图 7-15（b）	[69]
酶浓度和分布	基于 PS 微球的均匀微米马达	脲酶	图 7-15（c）	[29]
酶分布	PGMA/PS 聚合物微粒	酯酶/脲酶	图 7-15（d）	[51]
酶自身性质	中空二氧化硅微囊	脲酶/乙酰胆碱酯酶/葡萄糖氧化酶/醛缩酶	图 7-15（e）	[60]
形貌	类似水母形微米马达	过氧化氢酶	图 7-15（f）	[61]
形貌	不对称聚合物微囊微米马达	葡萄糖氧化酶/过氧化氢酶	图 7-15（g）	[70]
燃料浓度和马达尺寸	壳状微米马达	葡萄糖氧化酶/过氧化氢酶	图 7-15（h）	[64]
燃料浓度和表面粗糙度	凝胶微米马达	过氧化氢酶	图 7-15（i）	[43]
气泡生成	口形红细胞状囊状微米马达	过氧化氢酶	图 7-15（j）	[44]
pH 值	介孔二氧化硅微米马达	脲酶	图 7-15（k）	[71]
pH 值	凝胶微米马达	脲酶	图 7-15（l）	[66]
磁场和酶活性	两面体中空介孔二氧化硅微米马达	脲酶	图 7-15（m）	[47]

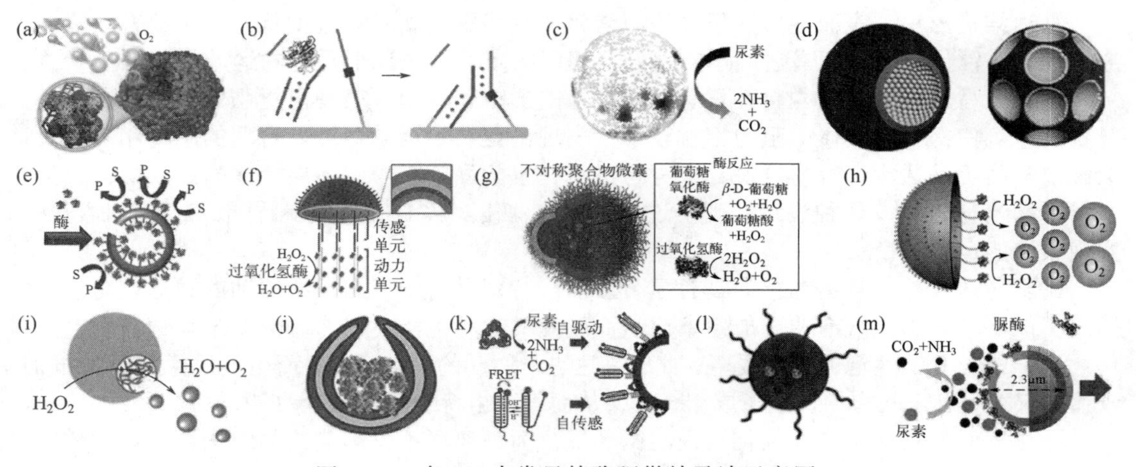

图 7-15 表 7-1 中常见的酶驱微纳马达示意图

7.3.4.1 燃料浓度

酶驱微纳马达运动的直接动力来源是酶催化反应，其运动速度与酶促反应速度具有一定的关联性。根据米氏动力学方程，酶催化反应的速度受底物浓度影响。大多数酶驱微纳马达的运动性能和燃料浓度也表现出类似于米氏动力学方程的关系[59]。因此，改变燃料分子的浓度是一种调控酶驱马达运动行为的有效方式。

7.3.4.2 酶的种类、浓度及分布

酶自身的催化性能在驱动微纳马达运动的过程中也起到重要的作用。酶的种类、浓度、在马达上的分布都可以用来调控酶驱微纳马达的运动性能。酶自身的催化速率常数（催化转化数，k_{cat}）等催化性能是影响酶驱微纳马达运动行为的重要因素，因此不同酶驱马达通常表现出不同的运动速度。例如，将脲酶（$k_{cat}=23400s^{-1}$）、乙酰胆碱酯酶（$k_{cat}=10833s^{-1}$）、葡萄糖氧化酶（$k_{cat}=920s^{-1}$）和醛缩酶（$k_{cat}=13s^{-1}$）以相同的流程分别构建酶驱动纳米马达，其运动性能表现出显著差异。运动速度从高到低排序，依次为脲酶、乙酰胆碱酯酶、葡萄糖氧化酶和醛缩酶驱动的马达[60]。它们的运动速度与 k_{cat} 值正相关：酶自身的催化速率常数越大，相同条件下酶驱微纳马达的运动速度越快。

酶在马达上的酶用量和分布是常见的调控马达运动行为的方式。一个典型的例子是脲酶驱动的聚苯乙烯（polystyrene，PS）微米马达。该马达的驱动力和运动速度与其表面酶的覆盖率呈相关性[29]。随着酶负载量提升，马达的运动性能增强。对于这种均匀结构的酶驱微纳马达，存在一个临界的酶负载量：当高于此值时，酶能够在均匀马达上局部聚集，产生不对称性，实现自主运动；当低于此值时，则观察不到显著的酶驱马达自主运动行为。增强酶驱微纳马达上酶的负载量能够有效地提高其运动性能。例如，将过氧化氢酶和 DNA 单链链接，通过 DNA 自组装形成酶的组装体，从而提高马达上酶的负载量，能够有效提高马达的运动速度[61]。

酶分布也是调控酶驱微纳马达运动性能的主要方式之一。研究表明，酶在马达上的非对称分布能够更有效驱动微纳马达的自主运动。脲酶驱动的两面体微米马达运动性能显著高于结构均匀的微米马达[62]。类似的，酯酶驱动微纳马达随着酯酶在马达上不对称分布程度的增强，运动性能也随之增强[51]。

7.3.4.3 马达结构设计

马达结构形貌、表面性质、尺寸等因素是调控酶驱微纳马达运动行为的主要方法之一。通常而言，管状结构酶驱马达的运动性能在相同的条件下比球形马达的运动性能强[63]。管状结构的酶驱马达由于其结构特性更有利于气泡的形成和释放，表现出更强的驱动力。此外，管状的形貌使得其在液体中阻力相对较小，表现出更快的运动速度。合理的结构和形貌设计能够改善酶驱马达运动行为。Zhang 等将过氧化氢酶固定在伞状多层金属壳凹表面，设计了水母形微米马达[61]。这种设计有利于过氧化氢酶催化降解 H_2O_2 生成和释放 O_2 的过程，从而实现较快的运动速度。

酶驱马达尺寸对其运动行为具有显著影响，特别是对于气泡反冲驱动的马达。马达尺寸的改变能够显著影响气泡的形成效率，从而改变其运动性能。以水母形微米马达为例，当其尺寸小于 5μm 时，气泡的生成受阻，此时马达进行颤动的运动行为；而当其尺寸大于 5μm 时，较大的尺寸有利于气泡的快速形成和释放，从而表现出持续定向的运动[64]。

马达表面性质决定了酶催化过程的微环境，而微环境不仅影响酶的结构还会影响燃料分子和酶的接触。因此，改变马达表面特性能够调控酶的催化活性，从而有效调控酶驱马达的

运动速度。此外，酶驱马达表面粗糙度也能影响马达运动行为。对于气泡驱动微纳马达而言，粗糙的表面能够促进气泡成核和释放，从而使得具有粗糙表面的酶驱马达表现出更快的运动速度。

7.3.4.4 其他方法

对酶驱微纳马达进行不同响应性聚合物的表面改性，能够实现酶驱马达运动行为的响应性控制。例如，采用温度响应性聚合物修饰口形红细胞形微囊马达表面，可以通过聚合物性质变化调控底物是否能够进入聚合物微囊[65]。这使通过控制温度来调控酶和燃料的接触、调节酶催化反应及酶驱马达的运动行为成为可能。类似的，也可以采用 pH 响应性聚合物对马达表面进行改性，通过 pH 值变化控制酶驱马达的运动行为[66]。这种酶驱微纳马达能够针对环境变化做出响应，改变其运动性能，属于智能性微纳马达。

物理场响应性材料和酶驱微纳马达结合可以实现对马达运动的实时调控。例如，Sánchez 等将磁性材料耦合在两面体中空介孔二氧化硅马达上，通过施加外加磁场实时调控微纳马达运动方向[47]。类似的，将光热材料耦合在微米马达上，可以通过外加光照改变酶局部环境温度、调节酶的催化活性，从而实时控制酶驱微纳马达的运动速度[67]。通过外界物理场对马达运动速度和运动方向的实时调控，马达运动轨迹可以精准调控。物理场调控马达运动是酶驱微纳马达运动控制发展的重要方向，在微手术、药物递送等领域有很大应用潜力。

7.3.5 酶驱微纳马达特性

7.3.5.1 制备简易性

酶驱微纳马达具有制备简易性，无需刻意引入不对称性，直接把酶分子修饰在微纳米粒子上便可实现自主运动。Sen 课题组分别将过氧化氢酶和脲酶均匀固定化在聚苯乙烯粒子上，构建了酶驱微米马达[72]。这两种酶驱马达均表现出随底物浓度升高扩散行为增强的现象。Patiño 等发现，即使基于表面均匀对称粒子构建的脲酶驱微纳马达，表面酶的分布也具有一定不对称性[29]。脲酶以簇状的形式存在并随机分布在均匀粒子的表面，形成不对称酶分布。在底物存在时，不对称分布酶催化的反应产生驱动力，驱动酶马达自主运动。

相较于上述酶均匀分布的微纳马达而言，通过酶不对称修饰构建的酶驱微纳马达能够表现出更高的运动效率。如图 7-16 所示，脲酶半修饰血小板微米马达（JPL-motor）和脲酶全修饰血小板微米马达（non-JPLs）的扩散系数均随底物浓度升高而提升[62]。然而，相较于 non-JPLs，在相同底物浓度下 JPL-motor 表现出更高的运动速度和扩散系数，反映出 JPL-motor 更高的驱动效率。

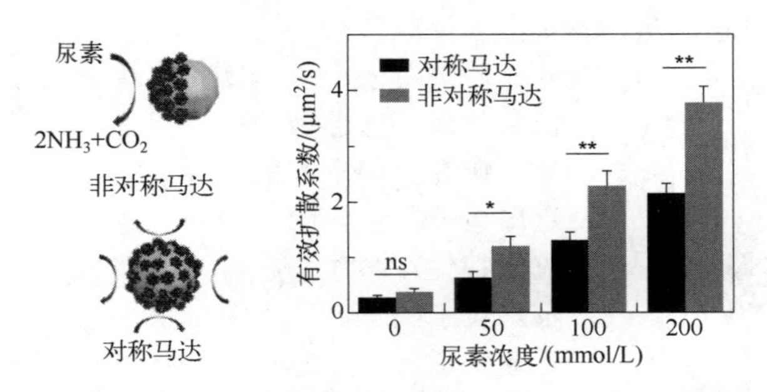

图 7-16 非对称（JPL-motor）和对称（non-JPLs）脲酶驱动微米马达的有效扩散系数（D_{eff}）随底物（尿素）浓度的变化（t 检验显著性符号：ns，无显著性差异；*，$P<0.05$；**，$P<0.01$）

7.3.5.2 生物相容性

酶是一种生物大分子，存在于生物体中，是一种生物相容性极好的催化剂。因此，酶驱微纳马达相较于化学驱动微纳马达而言生物相容性较好[73]。此外，脲酶和酯酶等酶驱微纳马达相应的底物（尿素和甘油酯），也是生物分子，是生物相容性良好的燃料。因此，酶驱微纳马达通常可以利用生物体自身存在的物质进行自主运动，具有较好的生物相容性。

7.3.5.3 环境敏感性

酶驱微纳马达的动力来源是酶催化的反应。酶的本质是蛋白质分子，其活性容易受到温度、pH、重金属离子等环境因素的影响。因此，酶驱微纳马达的运动性能通常也会受到环境的影响，具备环境敏感性。例如，重金属离子的存在会对酶产生毒害作用，使酶结构改变、活性丧失，导致酶驱微纳马达运动性能降低[74]。类似的，高温、强酸、强碱环境也会引起酶驱微纳马达丧失其运动性能。

7.3.6 酶驱微泵

7.3.6.1 微泵

泵是输送流体或是流体增压的机械，它能将原动机的机械能或其他外部能量输送给液体。泵是一类通用机械设备，在工农业以及飞机、火车、船舶等机械和日常生活的各种场景中均发挥着重要作用。微观复杂智能系统的构建和应用也需要进行微管液体的运输，需要微泵的参与。因此，构建微泵（micropump，MP）实现微观环境中液体的运输是一个极具研究价值和应用潜力的领域。

目前，微泵以化学驱动的非机械微泵为主。因此，本章中微泵是指不需要外力驱动、依靠化学反应驱动的能够实现微观液体输送的微观设备，即化学微泵。化学微泵大多基于化学催化剂，以过氧化氢等物质为燃料自驱动并实现微观液体输送。但是，化学微泵运输液体的过程中不可避免地使用具有一定毒性的化学试剂作为燃料，会对输送的液体造成一定污染。毒性化学燃料的使用限制了化学微泵的应用场景，特别是涉及生物液体运输的过程[75]。因此，设计制备生物相容性好、功能强的微泵对于构建具有生物活性的微观智能复杂设备具有重要意义。

前文已经介绍，酶不仅是一种高效、高生物相容性的生物催化剂，还可作为一种分子马达，通过酶促反应在液体中增强其运动性能。当酶分子固定在颗粒上时，可以通过酶促反应驱动粒子运动，构成酶驱微纳马达。因此，从理论上讲，当酶固定在固定平面（不能运动）时，其催化过程所产生的驱动力将作用于固定平面的周边环境，带动周围液体及液体中粒子产生流动，形成酶驱马达的另一种形式——酶驱微泵[76]。然而，并非所有驱动微纳马达的酶都可以用于构建酶驱微泵。目前为止，仅有 DNA 聚合酶、过氧化氢酶、酯酶、脲酶、葡萄糖氧化酶、酸性磷酸酶等用于构建酶驱微泵[11,77]。

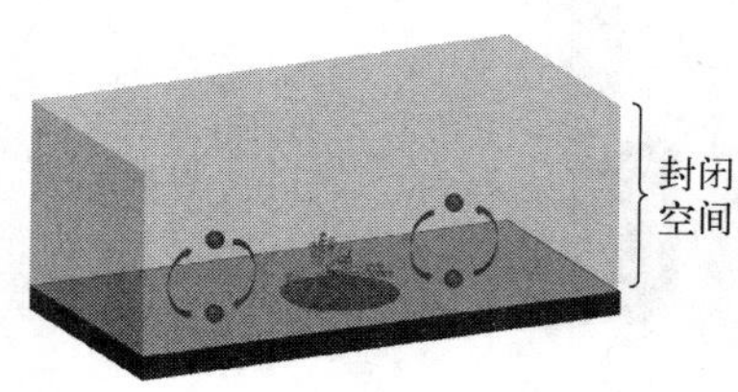

图 7-17 微泵示意图

酶；● 示踪粒子；⟶ 流动方向

酶在封闭空间以底物为燃料可以驱动整个微泵工作，定向运输固定化酶周边的液体。利用微泵能够运输悬浮颗粒的特性，微泵引起流体流动的速度可以通过观测体系中示踪粒子的运动行为来定量描述。如图 7-17 所示，在底物存在的情况下，平面上固定化酶的催化反应能够将微泵“打开”，使封闭空间中酶周围液体及悬浮在其中的微粒向着或远离酶的方向进行对流。以 DNA 聚合酶驱动的微泵为例[22]，

DNA 聚合酶驱动的微泵可以通过将负载 DNA 聚合酶的金片固定在聚苯乙烯改性的玻璃片上，再将整个体系采用硅胶片封装完成构建。当向封闭体系中添加酶的底物 2′-腺苷三磷酸（dATP）和辅因子 Mg^{2+}时，聚合酶依照模板将核苷酸聚合，微泵“打开”，驱使周围的液体向金片流动。

7.3.6.2 微泵的机理

酶驱微泵并不依赖泳动现象和气泡产生实现液体运输。酶驱微泵在底物存在的条件下被“打开”，依靠其较快的酶催化转化能力致使周围液体产生显著的密度差，从而依靠密度差驱动机理驱动流体流动。造成局部流体密度差异的原因可以是酶催化反应放出的热量、反应产生的浓度梯度等现象。对于放热的酶催化反应，酶周围液体的温度会随着催化反应的进行而升高，致使局部液体密度降低而引起热对流。这种热对流由泵的四周向泵中酶所在的位置汇聚。由于流体的连续性，液体在酶的位置向上流动而后向四周扩散形成循环（图 7-18）。基于密度差异，酶驱微泵的直接驱动力来自重力。因此，倒置微泵装置能够改变泵中流体相对于酶的流向。当将整个微泵装置倒置时，热流体由于其较小的密度会优先占据靠近酶的上层空间，随后沿着硅胶片向四周扩散。此时，流体相对于酶的流动方向与倒置前相反，微泵驱动流体朝着远离酶所在位置的方向流动。而对于自泳动机理驱动的化学微泵而言，微泵的倒置不能改变泵所引起流体相对于酶位置的流动方向。这是微泵密度差驱动机理的主要证据[78]。

对于基于放热反应的微泵而言，酶催化反应所引起的温度梯度可以用式（7-6）描述：

$$\frac{\mathrm{d}T}{\mathrm{d}x}=\frac{Q}{\kappa}=\frac{r\Delta H}{\pi R^2} \tag{7-6}$$

式中，κ 为液体的热导率；Q 为热通量；r 为反应速率；ΔH 为酶促反应焓变；R 为泵中酶分布区域的半径。

在温度梯度 $\mathrm{d}T/\mathrm{d}x$ 下，水平平面的热对流的强度受瑞利数（Rayleigh number，Ra）支配：

$$Ra=\frac{g\beta h^4}{v\chi}\times\frac{\mathrm{d}T}{\mathrm{d}x} \tag{7-7}$$

式中，g 为重力加速度；h 是液层的厚度；β 为体积热膨胀系数；v 为运动黏度；χ为液体的热扩散系数。

假定泵引起的流体流动为层流且速度较小，流体速度 V 可通过下式计算：

$$V\approx\frac{\chi}{h}Raf(a) \tag{7-8}$$

式中，$a=R/h$，为微泵的纵横比；$f(a)$是微泵纵横比的函数。

因此，催化放热反应的酶驱马达所引起流体的流动速度为：

$$V\approx\frac{g\beta h^3 r\Delta H}{v\kappa\pi R^2}f(a) \tag{7-9}$$

酯酶、过氧化氢酶和葡萄糖氧化酶等催化放热反应的酶所构建的微泵均可以密度差驱动机理解释其运输液体的机理。

除了酶促反应放热引起的密度变化，酶促反应产物和反应物间存在密度差时，酶促反应的进行在微泵的密闭空间中直接形成密度差，运输液体，实现微泵的功能[79]。当产物密度大于反应物时，流体在酶固定化区域下沉并向四周分散（图 7-19）；与此相对应，当产物密度小于反应物时，流体则在酶固定化区域上升随后向四周分散。

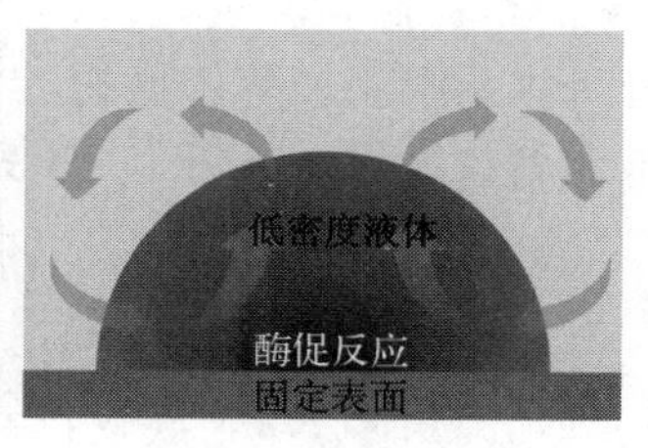

图 7-18　放热酶催化反应驱动微泵示意图（密度差驱动机理）

图 7-19　酶催化反应底物、产物密度差驱动微泵的示意图（产物密度大于反应物）

以脲酶驱动微泵为例，脲酶催化脲水解产生NH_4^+和HCO_3^-，这些产物的生成会增加脲酶附近液体的密度；密度大的液体则在酶催化区域下沉，随后向四周分散（图 7-19）。类似的，DNA 聚合酶驱动的微泵也是通过酶催化的反应直接形成密度差，实现液体的定向运输。DNA 聚合酶附近密度降低，故其驱动微泵中液体运输的方向与脲酶驱微泵中液体流动方向相反。DNA 聚合酶附近密度降低的原因有两种可能：一是 DNA 聚合酶催化的反应（dATP → dAMP + PPi）导致液体的密度降低；二是 DNA 聚合酶催化过程中驱动构象的变化会增加其附近水分子与酶负载表面之间的平均自由程，从而降低该位置的密度[22]。

7.3.6.3　输送液体流动的影响因素

酶驱微泵的运输依靠酶促反应提供动力，因此改变酶的反应速度能够有效地改变微泵的性能。随着酶促反应速度的加快，酶驱马达中液体的流速也随之增加。因此，可以通过控制微泵中燃料分子的浓度调节微泵的性能[80]。以过氧化氢酶驱动微泵为例，当过氧化氢的浓度由 1mmol/L 提高至 100mmol/L 时，酶催化反应速度由 12.60μmol/s 增强到 613.50μmol/s，相应的泵速则由 0.37μm/s 提升至 4.51μm/s[78]。

微泵中流体的流动方向可以通过改变酶的种类来控制。酶驱微泵均依靠密度差实现流体的运输，而酶催化反应的不同会导致微泵中流体流动方向的改变[11]。例如，对于放热（如酯酶、过氧化氢酶、葡萄糖氧化酶）或产生低密度产物（如 DNA 聚合酶）酶催化反应驱动的微泵而言，当其正置时，酶负载中心周围液体密度降低，泵中流体在底部由四周向酶负载中心流动（图 7-18）；而对于产生高密度产物（如脲酶）酶促反应驱动的微泵而言，当其正置时，酶负载中心液体密度升高，泵中流体在底部由酶负载中心向四周流动（图 7-19）。

7.4　酶的趋化行为

识别特定的信号并做出响应、进行定向运动的能力对于生物的生存至关重要，这种行为称为趋化性。趋化性是活性分子/粒子或生物对外界环境中的化学物质刺激所产生的趋向性反应，是自然界活性个体的本能之一。在自然界中，微生物细胞依靠向食物趋化性移动，远离有毒物质，并与环境进行信号传递和交换，实现物质运输等简单生命活动以及生物膜的形成等复杂性生物行为；细菌依靠其分子记忆系统调整其顺或逆物质浓度梯度运动方向；真核生物通过其尺寸变化来实时感知细胞周边的物质浓度梯度方向，并做出相应调整。趋化性的存在使得生物细胞能够趋利避害，与环境进行化学信号交流，运输物质，进行细胞间的协同作用，促进组织结构的形成。如前所述，酶分子亦具有趋化性，但与细胞水平的趋化性存在显著区别。

人类是否可以模拟自然界活性个体的趋化行为，构建人工趋化系统呢？这一问题持续推动科学家们设计能够进行趋化运动的人工合成微观器械。近年来，酶分子表现出的顺着/逆着底物浓度梯度运动的趋化行为，引起了诸多关注。

7.4.1 酶分子的趋化性

由于空间依赖的酶扩散行为的影响，游离酶分子表现出趋化运动的特性。但是，酶在底物浓度梯度存在条件下的定向运动并不严格符合传统意义上的趋化行为，因为酶分子并不存在分子感知系统和尺寸变化。尽管如此，我们仍将酶分子在底物浓度梯度中的定向运动行为归类于广义上的趋化性。酶分子趋化运动可通过如图 7-20 所示的微流控设备观测。这种设备含有两个或多个入口，仅在其中一个入口中注入底物便可在整个设备中建立起底物浓度梯度。在对酶进行荧光标记后，酶在入口下游一定距离处通道横截面上的浓度分布可通过观测截面中不同位置的荧光强度进行评估[81]。以无底物时酶的分布情况作为对照，可检测酶分子在底物浓度梯度中是否进行了趋化运动。

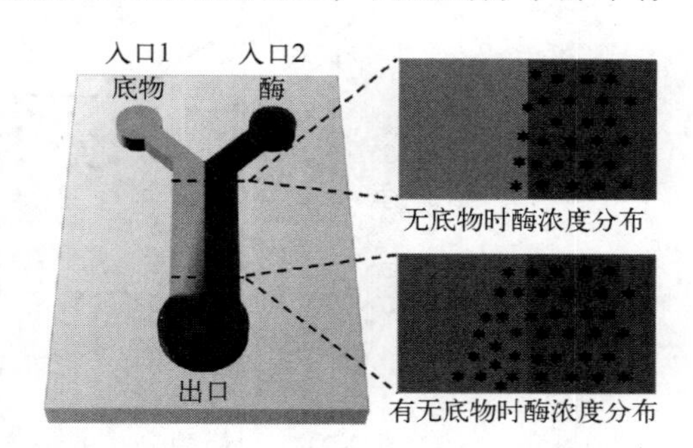

图 7-20 酶分子马达的趋化运动示意图

7.4.1.1 单酶分子的趋化运动

对于大多数酶分子而言，酶在催化转化的作用下会向着底物浓度更高的方向运动，表现出正趋化性。Schwartz 等最早发现了单酶趋化运动：在毫米级别的设备中建立底物核苷三磷酸（NTPs）的浓度梯度，RNA 合成酶和 DNA 的复合物在浓度梯度中表现出偏向高浓度 NTPs 运动的趋势[2]。类似的，单分子酶如脲酶处于底物浓度梯度中也表现出朝向高浓度底物方向的定向运动。随后，研究者基于微流控技术构建了微米级别的流体通道（图 7-20），发现过氧化氢酶、DNA 聚合酶等酶也能够表现出趋化运动的特性[22,23]。

7.4.1.2 催化级联反应多酶的趋化行为

多酶分子可以催化级联反应，共同完成物质的转化过程。催化级联反应的多酶在协同催化的同时也表现出彼此关联的多酶趋化运动。级联反应中每个酶分子会向它们各自底物浓度升高的方向运动，而级联反应催化的连续性则使这些酶分子的趋化行为表现出一定的关联性和聚集性。例如，苹果酸脱氢酶催化苹果酸生成草酰乙酸，草酰乙酸在乙酰辅酶 A 存在下可进一步被柠檬酸合成酶转化为柠檬酸。在苹果酸浓度梯度存在的条件下，苹果酸脱氢酶和柠檬酸合成酶先后向着高浓度苹果酸的方向扩散[19]。催化级联反应的酶在初始底物浓度存在的条件下，其趋化运动表现出一定的协调性和依赖性。催化糖酵解途径的前四种酶，己糖激酶、磷酸葡萄糖异构酶、磷酸果糖激酶和醛缩酶，均能在各自的底物浓度梯度下定向运动。在初始底物葡萄糖存在的条件下，前一种酶催化反应的产物是后一种酶的底物。这导致后一种酶跟随着前一种酶进行趋化运动，从而形成催化级联反应酶的局部聚集，形成局部的代谢区室[82]。即使在模拟胞质拥挤的情况下，催化级联反应的酶也能够进行快速的趋化运动，其运动的速度接近酶分子在活细胞中的迁移速率[83]。这表明酶分子的趋化性可能是细胞胞质中代谢区室形成的基础。

7.4.1.3 酶的趋化运动的方向

目前为止，大多数具有趋化行为的酶分子均朝着底物浓度升高的方向移动。酶分子在底物浓度梯度存在的情况下，向着更高浓度方向定向运动的行为称为酶分子的正趋化运动。例如，RNA 聚合酶、过氧化氢酶、脲酶、DNA 聚合酶等酶均表现出正趋化性。酶分子的正趋化运动是有利于其催化反应进行的，也能够推进局部代谢区域的形成。酶的正趋化运动特性可以用来分离混合酶液中具有活性的酶分子[84,85]。如图 7-21 所示，在底物浓度梯度下，具有活性的酶分子进行正趋化运动，进入含有底物的通道中；而失活的酶分子则在管道中进行层流流动，仍然维持在原有位置，从而实现活性酶分子的分离。

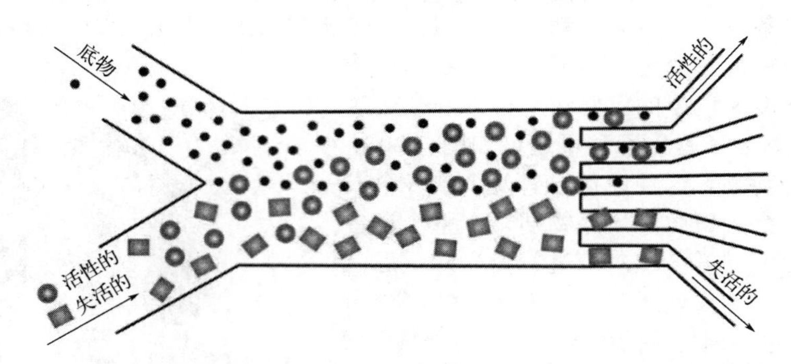

图 7-21　利用酶分子的趋化运动实现活性酶分子分离的示意图[84,85]

酶分子也可能进行远离高底物浓度方向的负趋化运动。例如，底物浓度梯度中，乙酰胆碱酯酶向低底物浓度方向运动，集中在底物浓度较低的环境中，表现出负趋化性[26]。有研究发现脲酶分子也表现出负趋化运动的行为[86]，与前述部分研究结果有所矛盾。这一矛盾现象也表明，酶分子的趋化运动可能存在两个相互竞争的驱动机制，在不同的条件下占据支配地位的驱动机制不同，从而导致了同一酶分子产生不同趋化方向的现象[13]。当底物浓度较高、浓度梯度较大时，脲酶催化所引起的正趋化运动占据支配地位，酶分子表现出正趋化运动；而随着催化时间延长，底物浓度降低、催化速率下降，生成产物的浓度梯度变大，产物和脲酶分子的相互作用占据主导地位，酶分子在产物浓度梯度的作用下进行负趋化运动。脲酶负趋化实验中微流控通道更长，酶和底物分子相互作用的时间也更长，这有助于建立起酶在底物浓度梯度中的最终稳态分布。这可能是不同学者观测到脲酶分子分别表现出正趋化和负趋化运动的原因。

7.4.2　酶驱微纳马达的趋化行为

类似于酶分子马达，人工合成酶驱微纳马达也表现出浓度梯度响应的定向运动。存在底物浓度梯度的条件下，人工合成酶分子马达的定向运动也被认为是趋化运动。酶驱马达趋化运动的观测方法与酶分子马达相似，也是采用微流控设备构建底物浓度梯度，观测马达器件在底物浓度梯度下的定向运动。在相应底物浓度梯度中，脲酶和过氧化氢酶驱动的微纳马达均朝向高底物浓度的区域运动[72,87]。这种特性使得马达能够感应环境变化，从而实现特定应用。例如，脱氧核糖核酸酶驱动的纳米马达，可以感应其底物 DNA 的浓度梯度，向着高 DNA 浓度的区域运动。这种沿着细胞凋亡释放的 DNA 浓度梯度向细胞凋亡位置定向运动的能力使得人工合成酶驱微纳马达在药物运输等过程中表现出巨大的应用潜力[88]。类似的，过氧化氢酶驱动的共聚（乳酸-苹果酸）微米马达可以沿着炎症细胞引起的 H_2O_2 物质浓度梯度向炎症细胞定向运动，完成特定药物的运输过程[89]。

不仅是单酶驱动的微纳马达，催化级联反应多酶驱动的微纳马达也表现出趋化运动的行为。包裹有过氧化氢酶和葡萄糖氧化酶的不对称聚合物囊泡微米马达，在初始底物 D-葡萄糖存在的条件下表现出正趋化运动[70]。该马达的运动性能较强，在一定流速的液体的干扰下也能朝着葡萄糖浓度升高的方向定向运动。研究表明，与非趋化但靶向血脑屏障的聚合物囊泡相比，囊泡微米马达的趋化运动使其能更有效地跨越血脑屏障，将递送至小鼠脑中微囊泡的数量提高 4 倍。

酶驱微纳马达运动的方向受马达结构和酶种类影响。对于设计相同的马达，不同酶催化反应会导致马达进行不同方向的趋化运动。Somasundar 等基于不同的酶构建了自组装脂质体微米马达[90]。研究发现，过氧化氢酶驱动的脂质体微米马达表现出正趋化运动，而脲酶驱动的脂质体则表现出负趋化运动。对于 ATP 酶驱动的脂质体微米马达而言，其趋化运动方向则受到底物浓度的影响。这是因为：酶催化引起的自主运动能够引起马达的正趋化运动；而生成的产物和脂质体相互作用，通过其浓度梯度带动马达进行负趋化运动，二者形成竞争的关系（图 7-22）。当该马达在底物浓度较高且浓度梯度较大时，酶催化引起的主动运动占据主导地位，马达自主向着高底物浓度的方向进行正趋化运动；而当底物进一步消耗，产物 ADP 和磷酸形成的浓度梯度及其对酶活性的抑制导致产物浓度梯度的作用占据主导地位，马达向着低底物浓度的方向进行负趋化运动。

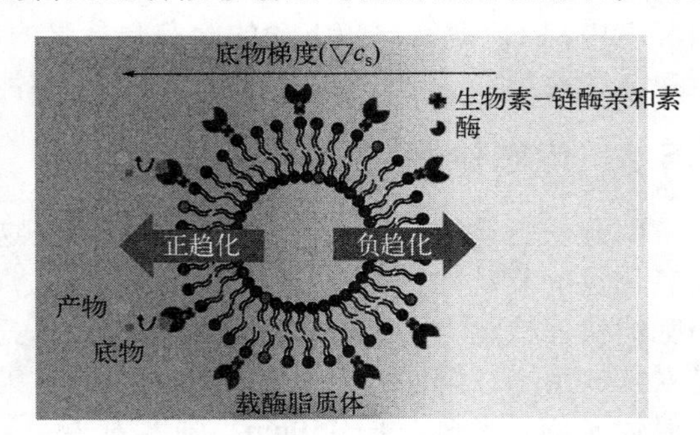

图 7-22 酶驱马达的正/负趋化运动的示意图[90]

7.5 酶驱微纳马达和微泵的应用

酶驱微纳马达和微泵能够实现物质运输。此外，微纳马达和微泵所引起的液体混合能够增强酶周围微环境中的传质行为，加快物理化学过程。结合良好的生物相容性，酶驱微纳马达和微泵在药物递送、传感检测、环境修复、微手术等方面具有极大的应用潜力。

7.5.1 药物递送

酶驱微纳马达和微泵具有运输物质的能力和良好的生物相容性，可作为载体实现药物递送。传统的药物递送系统主要依靠载体和药物分子的被动扩散运输药物分子，属于被动运输过程，递送效率较低。酶驱微纳马达的自主运动可以增强药物载体的运输性能，加速药物的释放过程。Hortelão 等构建了脲酶驱动的球形二氧化硅纳米马达作为载体递送阿霉素用于治疗癌症。在酶驱动运动的作用下，药物递送效率显著增强，使 HeLa 癌细胞的死亡率显著上升[48]。在生物体中存在一些生理和病理屏障能够阻碍传统药物递送系统的运输，限制药物的递送效率。而酶驱微纳马达较强的运动性能使得整个马达药物递送系统能跨越这些屏障，实现药物递送效率的最大化。

酶驱马达的自主运动能够增强药物递送效率，但仍存在药物分子的不可控泄漏、产生一些毒副作用的问题。为了解决这一过程的影响，研究者将响应性物质耦合在酶驱微纳马达上构建智能可控的药物递送系统。这种智能可控的药物递送系统可以响应外界环境如 pH、温度、光、氧化剂等的刺激，在目标位置实现药物的可控释放，提高药物的递送效率。例如，He 等通过将温度响应性凝胶修饰在聚赖氨酸/牛血清白蛋白多层微米管上，构建光响应自驱动药物递送系统。该系统以过氧化氢酶催化反应作为动力源实现自主运动，依靠趋化运动将整个系统运输到目的地。在到达目的地之后，近红外光照的施加能够引起局部温度升高，使得温度响应性凝胶发生相转变，实现药物的定点释放，从而有效杀灭马达周围的癌细胞[91]。

酶驱微纳马达的智能药物释放不仅可以通过外加刺激控制，还可以通过在微纳马达表面构建微环境响应性材料，识别递送过程中介质和目标特征物质的响应来实现。研究表明，苯并咪唑与环糊精修饰的脲酶所形成的复合体可以作为纳米阀门控制纳米马达递送系统释放药物[49]。当整个体系处于酸性条件下，苯并咪唑会发生质子化，从而将整个阀门分解，实现药物的智能释放过程。过氧化氢酶驱动马达表面通过二硫键连接寡聚乙二醇作为药物载体，可实现谷胱甘肽响应的药物释放过程[92]。在燃料 H_2O_2 存在的条件下，该马达进行自主运动。而当遇到谷胱甘肽时，二硫键在谷胱甘肽的作用下断裂，释放出负载的药物。酶驱马达在燃料存在情况下才被“激活”工作的特性也被用于药物的可控释放。例如，在燃料葡萄糖存在的环境中，葡萄糖氧化酶驱动的含有胰岛素的凝胶微泵被“打开”，将凝胶中的胰岛素泵出[78]。泵速与葡萄糖的含量呈一定正相关，这一特性使得这种微泵在控制血糖方面具有应用潜力。

7.5.2 传感检测

酶分子驱动微观运动的过程能够加速生物化学传感检测过程，提高检测效率。例如，在过氧化氢酶驱动的微米马达上负载四苯基乙烯衍生物-荧光素-适配体复合物，可实现对癌症细胞的快速检测[93]。适配体和癌细胞的特异竞争性结合使得原负载的四苯基乙烯衍生物和荧光素释放出来，解除四苯基乙烯衍生物的聚集诱导发光效应和荧光素的聚集猝灭效应，从而使得荧光从蓝光（波长 450nm，强度为 I_{450}）转换为绿光（波长 526nm，强度为 I_{526}）。癌细胞的浓度可以通过蓝光（I_{450}）和绿光（I_{526}）的发射光强度的比值定量检测。这一检测过程可以在 1min 内完成，表现出快速筛选癌细胞的能力。

酶驱微纳马达的运动特性使其速度等运动参数也可以作为分析信号，用于检测环境中特定物质的含量。这种检测过程不需要精密设备的参与，十分适用于现场即时检测的需要。酶驱微纳马达的运动性能和酶的催化速率密切相关。因此，酶驱微纳马达的运动速度或扩散系数可以作为分析信号反映体系中诸如底物、毒害物质等影响酶活性物质的含量。根据酶促反应米氏方程，酶的催化速度与底物浓度呈正相关。因此，葡萄糖氧化酶、谷氨酸氧化酶和黄嘌呤氧化酶驱动的微纳马达扩散系数的变化可以用于检测相应的底物浓度[94]。

此外，可以简单观测微纳马达运动速度的变化实现诸如酶抑制剂、重金属、毒素等影响酶活性物质的检测[95]。例如，在 NaN_3、Hg、Cu 以及除草剂氨基三唑存在的条件下，过氧化氢酶驱动的聚合物/金复合管状微米马达运动速度的变化可以反映出上述有害物质的浓度[74]。因为，这些物质能够抑制过氧化氢酶的活性，从而使得微米马达气泡驱动的速度降低，且这种降低程度和毒害物质的浓度具有一定的关联性。类似的，脲酶和过氧化氢酶驱动的微泵周围流体流速的变化也可以检测汞、镉、氰化物、叠氮化物等物质的含量[96]。

酶驱微纳马达的运动性能与其表面酶的负载量呈正相关，目标检测物引起酶量的变化能够改变马达的运动速度。因此，可以通过观测酶驱微纳马达运动性能的改变检测目标检测物的含量。例如，Wu 等将过氧化氢酶耦合在单链 DNA 上，通过 DNA 互补负载在微米管上，构建了酶驱动微米马达[97]。目标单链 DNA 可取代过氧化氢酶耦合的 DNA 单链，使得马达的运动速度显著下降。因此，可以通过检测马达运动速度的变化推测目标 DNA 的含量[61,98]。

7.5.3 其他应用

酶驱微纳马达的运动能够引起微观搅拌，加速马达表面与周围环境相互作用，从而强化物理/化学过程[99,100]。过氧化氢酶和葡萄糖氧化酶驱动微米马达的自主运动能够加速酚类污染物的分解转化过程[101]。该纳米马达不仅通过过氧化氢酶利用过氧化氢作为燃料实现自主驱动，还利用过氧化物酶将过氧化氢作为氧化剂催化氧化酚类污染物。此外，在该马达上附加额外的过氧化氢酶还可以进一步提高过氧化氢的利用率，将驱动和氧化污染物所需过氧化氢浓度从0.5%降低至0.01%，实现酚类污染物的高效降解。除此之外，酶驱微纳马达自主运动的特性使得催化剂能够富集在不溶性污染物表面，从而加速污染物的降解。例如，酯酶驱动的纳米马达通过自主运动可以富集在水不溶性甘油三酯表面，加速三丁酸甘油酯的降解过程[52]。

酶驱微波能够在外界刺激下精准控制流体的流向和流速，可以用于设计便携、智能的微流控设备。例如，过氧化氢酶、酯酶、脲酶、葡萄糖氧化酶等酶驱微泵可以在底物存在的条件下被触发，其驱动流体的速度可通过底物浓度来控制，从而实现物质运输等功能[78,79,102]。

7.6 本章总结

酶分子不仅是一种催化剂，也是一种能够利用催化过程释放化学能产生机械运动的分子马达。酶分子马达在底物存在的情况下，扩散系数显著增强，在底物浓度梯度中表现出趋化运动。与细胞中的肌球蛋白、驱动蛋白、动力蛋白等生物分子马达一样，酶分子马达可能在胞内代谢区室的形成等生命活动中发挥重要的作用。目前为止，学术界已提出了泳动机理、构象变化机理等理论来解释酶分子马达的运动。酶分子负载在微纳粒子或者固体表面上时可以作为微纳马达和微泵的动力源，构建生物相容性极好的微纳器件，其运动性能可以通过尺寸、燃料浓度、酶自身性质等诸多因素调控。酶驱微纳器件还具有良好的生物相容性，避免一些有毒燃料的使用，在药物递送、微手术、传感检测等领域中表现出极大的应用潜力。

但是，酶分子马达及酶驱动微纳器件的发展仍处于初级阶段。无论是酶分子马达还是酶驱微纳马达，实现微观运动的准确机理仍不清楚，尚未形成统一认识，应用也大多处于概念验证的阶段，存在许多重要的问题亟须解决。首先，酶分子马达及酶驱微纳马达运动的机理需要进一步探索，这是设计更加智能的酶驱微观马达、实现微纳马达实际应用的基础；其次，酶分子马达及酶驱动微观设备的运动控制手段需要进一步丰富，为其在药物递送等重要领域的应用提供技术支撑；最后，酶分子马达及酶驱微纳马达的生物相容性、持续运动性等功能需要进一步完善，提高酶分子马达在真实应用场景中的运动性能，这是其在环境修复、生物传感等领域应用的重要保障。在酶工程、纳米技术、材料科学和生物医学等交叉学科的共同推动下，更加智能、可控和高效的酶驱微纳马达可能在不久的将来进入人们的生活，为提高人类生活和健康水平做出贡献。

参考文献

[1] Muddana H S, Sengupta S, Mallouk T E, et al. Substrate catalysis enhances single-enzyme diffusion. J Am Chem Soc, 2010, 132(7): 2110-2111.

[2] Yu H, Jo K, Kounovsky K L, et al. Molecular propulsion: chemical sensing and chemotaxis of DNA driven by RNA polymerase. J Am Chem Soc, 2009, 131(16): 5722-5723.

[3] Schliwa M, Woehlke G. Molecular motors. Nature, 2003, 422(6933): 759-765.

[4] Spudich J A, Rice S E, Rock R S, et al. Optical traps to study properties of molecular motors. Cold Spring Harbor Protocols, 2011, 2011(11): pdb.top066662.

[5] Vale R D, Milligan R A. The Way Things move: looking under the hood of molecular motor proteins. Science, 2000, 288(5463): 88-95.

[6] Van Den Heuvel M G L, Dekker C. Motor proteins at work for nanotechnology. Science, 2007, 317(5836): 333-336.

[7] Guix M, Mayorga-Martinez C C, Merkoci A. Nano/micromotors in (bio)chemical science applications. Chem Rev, 2014, 114(12): 6285-6322.

[8] Woehlke G, Schliwa M. Walking on two heads: the many talents of kinesin. Nat Rev Mol Cell Biol, 2000, 1(1): 50-58.
[9] Junge W, Muller D J. Seeing a molecular motor at work. Science, 2011, 333(6043): 704-705.
[10] Berg H C. The rotary motor of bacterial flagella. Annu Rev Biochem, 2003, 72: 19-54.
[11] Ghosh S, Somasundar A, Sen A. Enzymes as active matter. Annu Rev Condens Matter Phys, 2021, 12: 177-200.
[12] Sabass B, Seifert U. Dynamics and efficiency of a self-propelled, diffusiophoretic swimmer. J Chem Phys, 2012, 136(6): 064508.
[13] Feng M D, Gilson M K. Enhanced diffusion and chemotaxis of enzymes. Annu Rev Biophys, 2020, 49: 87-105.
[14] Lauga E. Life around the scallop theorem. Soft Matter, 2011, 7(7): 3060-3065.
[15] Schwarz U S. Physical constraints for pathogen movement. Semin Cell Dev Biol, 2015, 46: 82-90..
[16] Slochower D R, Gilson M K. Motor-like properties of nonmotor enzymes. Biophys J, 2018, 114(9): 2174-2179.
[17] Pelz B, Zoldak G, Zeller F, et al. Subnanometre enzyme mechanics probed by single-molecule force spectroscopy. Nat Commun, 2016, 7:10848.
[18] Zhao X, Dey K K, Jeganathan S, et al. Enhanced diffusion of passive tracers in active enzyme solutions. Nano Lett, 2017, 17(8): 4807-4812.
[19] Wu F, Pelster L N, Minteer S D. Krebs cycle metabolon formation: metabolite concentration gradient enhanced compartmentation of sequential enzymes. Chem Commun, 2015, 51(7): 1244-1247.
[20] Riedel C, Gabizon R, Wilson C a M, et al. The heat released during catalytic turnover enhances the diffusion of an enzyme. Nature, 2015, 517(7533): 227-230.
[21] Golestanian R. Enhanced diffusion of enzymes that catalyze exothermic reactions. Phys Rev Lett, 2015, 115(10): 108102.
[22] Sengupta S, Spiering M M, Dey K K, et al. DNA Polymerase as a molecular motor and pump. ACS Nano, 2014, 8(3): 2410-2418.
[23] Sengupta S, Dey K K, Muddana H S, et al. Enzyme molecules as nanomotors. J Am Chem Soc, 2013, 135(4): 1406-1414.
[24] Stetefeld J, Mckenna S A, Patel T R. Dynamic light scattering: a practical guide and applications in biomedical sciences. Biophys Rev, 2016, 8(4): 409-427.
[25] Ries J, Schwille P. Fluorescence correlation spectroscopy. Bioessays, 2012, 34(5): 361-368.
[26] Jee A Y, Dutta S, Cho Y K, et al. Enzyme leaps fuel antichemotaxis. Proc Natl Acad Sci USA, 2018, 115(1): 14-18.
[27] Xu M Q, Ross J L, Valdez L, et al. Direct single molecule imaging of enhanced enzyme diffusion. Phys Rev Lett, 2019, 123(12): 128101.
[28] Jiang L Y, Santiago I, Foord J. Observation of nanoimpact events of catalase on diamond ultramicroelectrodes by direct electron transfer. Chem Commun, 2017, 53(59): 8332-8335.
[29] Patino T, Feiner-Gracia N, Arque X, et al. Influence of enzyme quantity and distribution on the self-propulsion of non-Janus urease-powered micromotors. J Am Chem Soc, 2018, 140(25): 7896-7903.
[30] Pavel I-A, Bunea A-I, David S, et al. Nanorods with biocatalytically induced self-electrophoresis. Chem Cat Chem, 2014, 6(3): 866-872.
[31] Paxton W F, Baker P T, Kline T R, et al. Catalytically induced electrokinetics for motors and micropumps. J Am Chem Soc, 2006, 128(46): 14881-14888.
[32] Dey K K, Wong F, Altemose A, et al. Catalytic motors—quo vadimus?. Curr Opin Colloid Interface Sci, 2016, 21: 4-13.
[33] Zhang H, Yeung K, Robbins J S, et al. Self-powered microscale pumps based on analyte-initiated depolymerization reactions. Angew Chem Int Ed, 2012, 51(10): 2400-2404.
[34] Ji Y X, Lin X K, Wu Z G, et al. Macroscale chemotaxis from a swarm of bacteria-mimicking nanoswimmers. Angew Chem Int Ed, 2019, 58(35): 12200-12205.
[35] Ibele M E, Lammert P E, Crespi V H, et al. Emergent, collective oscillations of self-mobile particles and patterned surfaces under redox conditions. ACS Nano, 2010, 4(8): 4845-4851.
[36] Wang W, Duan W T, Ahmed S, et al. Small power: autonomous nano- and micromotors propelled by self-generated gradients. Nano Today, 2013, 8(5): 531-554.
[37] Xu D D, Zhou C, Zhan C, et al. Enzymatic micromotors as a mobile photosensitizer platform for highly efficient on-chip targeted antibacteria photodynamic therapy. Adv Funct Mater, 2019, 29(17): 1807727.
[38] Sitt A, Soukupova J, Miller D, et al. Microscale rockets and picoliter containers engineered from electrospun polymeric microtubes. Small, 2016, 12(11): 1432-1439.
[39] Mathesh M, Sun J W, Wilson D A. Enzyme catalysis powered micro/nanomotors for biomedical applications. J Mater Chem B, 2020, 8(33): 7319-7334.

[40] Patino T, Arque X, Mestre R, et al. Fundamental aspects of enzyme-powered micro- and nanoswimmers. Acc Chem Res, 2018, 51(11): 2662-2671.

[41] Sanchez S, Solovev A A, Mei Y F, et al. Dynamics of biocatalytic microengines mediated by variable friction control. J Am Chem Soc, 2010, 132(38): 13144-13145.

[42] Wang H, Pumera M. Fabrication of micro/nanoscale motors. Chem Rev, 2015, 115(16): 8704-8735.

[43] Keller S, Teora S P, Hu G X, et al. High-throughput design of biocompatible enzyme-based hydrogel microparticles with autonomous movement. Angew Chem Int Ed, 2018, 57(31): 9814-9817.

[44] Sun J W, Mathesh M, Li W, et al. Enzyme-powered nanomotors with controlled size for biomedical applications. ACS Nano, 2019, 13(9): 10191-10200.

[45] Ma X, Jannasch A, Albrecht U R, et al. Enzyme-powered hollow mesoporous Janus nanomotors. Nano Lett, 2015, 15(10): 7043-7050.

[46] Ma X, Hortelao A C, Miguel-Lopez A, et al. Bubble-free propulsion of ultrasmall tubular nanojets powered by biocatalytic reactions. J Am Chem Soc, 2016, 138(42): 13782-13785.

[47] Ma X, Wang X, Hahn K, et al. Motion control of urea-powered biocompatible hollow microcapsules. ACS Nano, 2016, 10(3): 3597-3605.

[48] Hortelao A C, Patino T, Perez-Jimenez A, et al. Enzyme-powered nanobots enhance anticancer drug delivery. Adv Funct Mater, 2018, 28(25): 1705086.

[49] Llopis-Lorente A, Garcia-Fernandez A, Murillo-Cremaes N, et al. Enzyme-powered gated mesoporous silica nanomotors for on-command intracellular payload delivery. ACS Nano, 2019, 13(10): 12171-12183.

[50] Hortelao A C, Carrascosa R, Murillo-Cremaes N, et al. Targeting 3D bladder cancer spheroids with urease-powered nanomotors. ACS Nano, 2019, 13(1): 429-439.

[51] Hu Y, Sun Y. Autonomous motion of immobilized enzyme on Janus particles significantly facilitates enzymatic reactions. Biochem Eng J, 2019, 149: 107242.

[52] Wang L, Hortelão A C, Huang X, et al. Lipase-powered mesoporous silica nanomotors for triglyceride degradation. Angew Chem Int Ed, 2019, 58(24): 7992-7996.

[53] Schattling P S, Ramos-Docampo M A, Salgueirino V, et al. Double-fueled Janus swimmers with magnetotactic behavior. ACS Nano, 2017, 11(4): 3973-3983.

[54] Ramos-Docampo M A, Fernandez-Medina M, Taipaleenmaki E, et al. Microswimmers with heat delivery capacity for 3D cell spheroid penetration. ACS Nano, 2019, 13(10): 12192-12205.

[55] Ghosh S, Mohajerani F, Son S, et al. Motility of enzyme-powered vesicles. Nano Lett, 2019, 19(9): 6019-6026.

[56] Schattling P, Thingholm B, Stadler B. Enhanced diffusion of glucose-fueled Janus particles. Chem Mater, 2015, 27(21): 7412-7418.

[57] Abdelmohsen L K E A, Nijemeisland M, Pawar G M, et al. Dynamic loading and unloading of proteins in polymeric stomatocytes: formation of an enzyme-loaded supramolecular nanomotor. ACS Nano, 2016, 10(2): 2652-2660.

[58] Nijemeisland M, Abdelmohsen L K, Huck W T, et al. A compartmentalized out-of-equilibrium enzymatic reaction network for sustained autonomous movement. ACS Cent Sci, 2016, 2(11): 843-849.

[59] Yang Q, Gao Y, Xu L, et al. Enzyme-driven micro/nanomotors: recent advances and biomedical applications. Int J Biol Macromol, 2021, 167: 457-469.

[60] Arque X, Romero-Rivera A, Feixas F, et al. Intrinsic enzymatic properties modulate the self-propulsion of micromotors. Nat Commun, 2019, 10(1): 2826.

[61] Zhang X Q, Chen C T, Wu J, et al. Bubble-propelled jellyfish-like micromotors for DNA sensing. ACS Appl Mater Interfaces, 2019, 11(14): 13581-13588.

[62] Tang S, Zhang F, Gong H, et al. Enzyme-powered Janus platelet cell robots for active and targeted drug delivery. Sci Robot, 2020, 5(43): eaba6137.

[63] Li J X, Rozen I, Wang J. Rocket science at the nanoscale. ACS Nano, 2016, 10(6): 5619-5634.

[64] Chen C T, He Z Q, Wu J, et al. Motion of enzyme-powered microshell motors. Chem Asian J, 2019, 14(14): 2491-2496.

[65] Tu Y F, Peng F, Sui X F, et al. Self-propelled supramolecular nanomotors with temperature-responsive speed regulation. Nat Chem, 2017, 9(5): 480-486.

[66] Che H L, Buddingh' B C, Van Hest J C M. Self-regulated and temporal control of a "breathing" microgel mediated by enzymatic reaction. Angew Chem Int Ed, 2017, 56(41): 12581-12585.

[67] Wang D, Zhao G, Chen C H, et al. One-step fabrication of dual optically/magnetically modulated walnut-like micromotor.

Langmuir, 2019, 35(7): 2801-2807.

[68] Gao S, Hou J W, Zeng J, et al. Superassembled biocatalytic porous framework micromotors with reversible and sensitive pH-speed regulation at ultralow physiological H_2O_2 concentration. Adv Funct Mater, 2019, 29(18): 1808900.

[69] Li L D, Li N, Fu S N, et al. Base excision repair-inspired DNA motor powered by intracellular apurinic/apyrimidinic endonuclease. Nanoscale, 2019, 11(3): 1343-1350.

[70] Joseph A, Contini C, Cecchin D, et al. Chemotactic synthetic vesicles: design and applications in blood-brain barrier crossing. Sci Adv, 2017, 3(8): e1700362.

[71] Patino T, Porchetta A, Jannasch A, et al. Self-sensing enzyme-powered micromotors equipped with pH-responsive DNA nanoswitches. Nano Lett, 2019, 19(6): 3440-3447.

[72] Dey K K, Zhao X, Tansi B M, et al. Micromotors powered by enzyme catalysis. Nano Lett, 2015, 15(12): 8311-8315.

[73] Ou J F, Liu K, Jiang J M, et al. Micro-/nanomotors toward biomedical applications: the recent progress in biocompatibility. Small, 2020, 16(27): e1906184.

[74] Orozco J, Garcia-Gradilla V, D'agostino M, et al. Artificial enzyme-powered microfish for water-quality testing. ACS Nano, 2013, 7(1): 818-824.

[75] Zhou C, Zhang H, Li Z H, et al. Chemistry pumps: a review of chemically powered micropumps. Lab Chip, 2016, 16(10): 1797-1811.

[76] Zhao X, Gentile K, Mohajerani F, et al. Powering motion with enzymes. Acc Chem Res, 2018, 51(10): 2373-2381.

[77] Valdez L, Shum H, Ortiz-Rivera I, et al. Solutal and thermal buoyancy effects in self-powered phosphatase micropumps. Soft Matter, 2017, 13(15): 2800-2807.

[78] Sengupta S, Patra D, Ortiz-Rivera I, et al. Self-powered enzyme micropumps. Nat Chem, 2014, 6(5): 415-422.

[79] Ortiz-Rivera I, Shum H, Agrawal A, et al. Convective flow reversal in self-powered enzyme micropumps. Proc Natl Acad Sci USA, 2016, 113(10): 2585-2590.

[80] Alarcon-Correa M, Gunther J P, Troll J, et al. Self-assembled phage-based colloids for high localized enzymatic activity. ACS Nano, 2019, 13(5): 5810-5815.

[81] Agudo-Canalejo J, Adeleke-Larodo T, Illien P, et al. Enhanced diffusion and chemotaxis at the nanoscale. Acc Chem Res, 2018, 51(10): 2365-2372.

[82] Zhao X, Palacci H, Yadav V, et al. Substrate-driven chemotactic assembly in an enzyme cascade. Nat Chem, 2018, 10(3): 311-317.

[83] An S G, Kumar R, Sheets E D, et al. Reversible compartmentalization of de novo purine biosynthetic complexes in living cells. Science, 2008, 320(5872): 103-106.

[84] Dey K K, Das S, Poyton M F, et al. Chemotactic separation of enzymes. ACS Nano, 2014, 8(12): 11941-11949.

[85] Ilacas G C, Basa A, Sen A, et al. Enzyme chemotaxis on paper-based devices. Anal Sci, 2018, 34(1): 115-119.

[86] Mohajerani F, Zhao X, Somasundar A, et al. A theory of enzyme chemotaxis: from experiments to modeling. Biochemistry, 2018, 57(43): 6256-6263.

[87] Jang W S, Kim H J, Gao C, et al. Enzymatically powered surface-associated self-motile protocells. Small, 2018, 14(36): e1801715.

[88] Ye Y C, Tong F, Wang S H, et al. Apoptotic tumor DNA activated nanomotor chemotaxis. Nano Lett, 2021, 21(19): 8086-8094.

[89] Wang J M, Toebes B J, Plachokova A S, et al. Self-propelled PLGA micromotor with chemotactic response to inflammation. Adv Healthcare Mater, 2020, 9(7): 1901710.

[90] Somasundar A, Ghosh S, Mohajerani F, et al. Positive and negative chemotaxis of enzyme-coated liposome motors. Nat Nanotechnol, 2019, 14(12): 1129-1134.

[91] Wu Z G, Lin X K, Zou X, et al. Biodegradable protein-based rockets for drug transportation and light-triggered release. ACS Appl Mater Interfaces, 2015, 7(1): 250-255.

[92] Llopis-Lorente A, Garcia-Fernandez A, Lucena-Sanchez E, et al. Stimulus-responsive nanomotors based on gated enzyme-powered Janus Au-mesoporous silica nanoparticles for enhanced cargo delivery. Chem Commun, 2019, 55(87): 13164-13167.

[93] Zhao L, Liu Y, Xie S Z, et al. Janus micromotors for motion-capture-ratiometric fluorescence detection of circulating tumor cells. Chem Eng J, 2020, 382: 123041.

[94] Bunea A I, Pavel I A, David S, et al. Sensing based on the motion of enzyme-modified nanorods. Biosens Bioelectron, 2015, 67: 42-48.

[95] Singh V V, Kaufmann K, De Avila B E F, et al. Nanomotors responsive to nerve-agent vapor plumes. Chem Commun, 2016, 52(16): 3360-3363.

[96] Ortiz-Rivera I, Courtney T M, Sen A. Enzyme micropump-based inhibitor assays. Adv Funct Mater, 2016, 26(13): 2135-2142.

[97] Xie Y Z, Fu S Z, Wu J, et al. Motor-based microprobe powered by bio-assembled catalase for motion detection of DNA. Biosens Bioelectron, 2017, 87: 31-37.

[98] Fu S Z, Zhang X Q, Xie Y Z, et al. An efficient enzyme-powered micromotor device fabricated by cyclic alternate hybridization assembly for DNA detection. Nanoscale, 2017, 9(26): 9026-9033.

[99] Zhang Y, Gregory D A, Zhang Y, et al. Reactive inkjet printing of functional silk stirrers for enhanced mixing and sensing. Small, 2019, 15(1): 1804213.

[100] Hu Y, Liu W, Sun Y. Self-propelled micro-/nanomotors as “on-the-move” platforms: cleaners, sensors, and reactors. Adv Funct Mater, 2022, 32(10): 2109181.

[101] Sattayasamitsathit S, Kaufmann K, Galarnyk M, et al. Dual-enzyme natural motors incorporating decontamination and propulsion capabilities. RSC Adv, 2014, 4(52): 27565-27570.

[102] Das S, Shklyaev O E, Altemose A, et al. Harnessing catalytic pumps for directional delivery of microparticles in microchambers. Nat Commun, 2017, 8: 14384.

8

多酶级联催化反应

8.1 概述

8.1.1 多酶级联催化及其发展

级联反应（cascade reaction）是指在一个反应器中实现两个或以上化学反应步骤的反应过程，并且无需对中间产物进行分离纯化。如果级联反应过程中至少有一个步骤是生物催化完成的，该过程就可称为生物催化级联（biocatalytic cascade）。生物催化剂包括单独的酶、无细胞粗提物、固定化酶和在全细胞中的酶等。“人工级联催化体系”（artificial cascade catalysis system）是指将不同来源的酶组建成体外（*in vitro*）的级联催化体系，这种级联催化体系可以是存在于自然生物体中的代谢途径，也可以是根据具体产物需求人工设计的、自然界中不存在的反应途径。

“人工级联催化体系”可根据特定的生产要求设计催化反应途径，进行一些自然界生物体中无法通过代谢实现的催化反应。因此，“人工级联催化体系”是对生物体中生物合成的扩展。该过程可合成种类更加丰富的有机化合物，可实现从简单底物到复杂产物的生物转化。本章主要介绍“人工级联催化体系”的分类及构建两方面。由于“人工级联催化体系”是由多种酶组建的级联催化体系，以下将其称为“多酶级联体系”。

体外研究的第一个多酶级联体系可能是糖酵解过程中的糖向乙醇和二氧化碳的生物转化，该研究引起了人们对该级联催化过程中酶与中间产物的广泛关注[1]。在生物催化的发展史上，早在 1949 年就有基于糖酵解过程对多酶级联反应进行分类的报道[2]。后来，通过将糖酵解过程涉及的酶进行分离纯化，重新组建了糖酵解系统，以研究该级联催化体系内的中间产物的浓度变化情况[3]。1984 年，首次报道了由乳酸脱氢酶和丙氨酸脱氢酶组建的体外人工双酶级联催化体系，该级联催化体系可将乳酸经中间产物丙酮酸转化为 L-丙氨酸[4]。除丙酮酸外，辅酶 β-烟酰胺腺嘌呤二核苷酸（NADH）也为该级联反应的中间产物。随后，又有研究者通过组合甲酸脱氢酶与 L-苯丙氨酸脱氢酶用于 L-苯丙氨酸的生物合成[5]。该双酶级联催化体系通过中间产物辅酶 NADH 偶联在一起。1990 年，研究者报道了由四种酶（D-氨基酸氧化酶、过氧化氢酶、亮氨酸脱氢酶及甲酸脱氢酶）构建的多酶级联体系，用于将外消旋甲硫氨酸去消旋化生成 L-甲硫氨酸[6]。1992 年，Fessner 等人设计了一种由八种酶构建的“人工代谢”系统，反应中生成的中间产物 1,3-二羟基丙酮磷酸盐可参与后续的醛缩酶反应以生成新的 C-C 键[7]。随着研究的不断发展，多酶级联体系还衍生出了酶催化反应与化学催化反应搭配的化学-酶级联反应（chemoenzymatic cascade reaction），其中比较经典的实例是将 D-氨基酸氧化酶和硼氢化钠组合，用于从外消旋体混合物制备纯 L-脯氨酸[8]。化学-酶级联反应不属于本章范畴，将在第 11 章阐述。随着蛋白质工程和基因工程等领域研究的不断深入，极大扩展了生物催化剂的种类与催化反应范围，使得多酶级联体系的建立具有更多的选择性及更广的应用范围。

8.1.2 多酶级联催化的意义

与化学催化相比，酶催化具有反应条件温和与选择性高等优点。除此之外，酶催化无需使用对环境有害的物质，更加契合绿色发展的理念。21 世纪以来，酶催化理论和技术迅速发展，在光学活性中间产物的合成或拆分以及各种化学品合成和制备方面，已经发展成为一项相当成熟和广泛应用的技术。目前，大多数应用于工业生产的酶催化反应主要是单酶催化反应。单酶催化能够完成生产的产物或反应种类有限，很难执行复杂的合成步骤。因此，多酶级联体系在实际应用中具有更大的潜力与优势。酶催化剂的种类日益增多，性能不断提高，包括各种天然酶、工程酶、进化酶和人工酶等。酶催化剂广泛的可用性意味着建立更多全新多酶级联途径的可能性。

多酶级联催化有如下优点：①无需对中间产物进行分离，可大大节约生产过程成本（包括人力、物料和时间等）；②对于一些不稳定或有毒性的中间产物来说，多酶级联催化可使中间产物快速进入下一步催化反应，使催化过程更安全、产生副反应的风险最小化；③多酶级联催化能够改变反应的平衡状态，使一些可逆催化过程转变为不可逆催化过程，有利于提升级联催化的产率。因此，与单步酶催化相比，多酶级联催化一般更具经济可行性与高产性。总之，多酶级联催化为工业生产各种高附加值产品奠定了基础。目前，一些多酶级联催化体系已成功用于工业生产，如利用共表达 α-双加氧酶/羧酸还原酶和转氨酶的全细胞催化羧酸/二元酸生物转化生产胺/二胺[9]。

8.2 多酶级联催化反应的种类

按照酶催化反应途径进行分类，多酶级联催化反应可分为线性、正交、平行和循环级联反应 4 类[10]。

8.2.1 线性级联反应

线性级联（linear cascade）反应是指一种底物通过多种酶催化和中间产物最终转化为一种产物（图 8-1）。线性级联反应中最常见的是双酶线性级联反应，因此将在 8.2.1.2 中对双酶线性级联反应进行详细介绍。除双酶线性级联体系外，目前还开发出更多酶数（三酶及三酶以上，此处统称为多酶）的线性级联体系。需要注意的是，有些具有多功能性的酶可催化多步反应，在这里也归为线性级联反应的范畴。下面根据线性级联体系中酶的数量进行分类介绍。

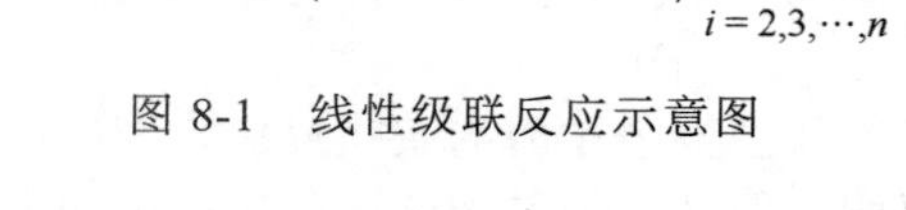

$$\text{底物} \xrightarrow{\text{酶}1} \left(\text{产物}[i-1] \xrightarrow{\text{酶}i} \right) \text{产物}n \quad i = 2,3,\cdots,n$$

图 8-1 线性级联反应示意图

8.2.1.1 单酶线性级联反应

单酶线性级联反应是指单一酶分子进行的多步线性催化反应。例如，P450 单加氧酶介导的二羧酸的双脱羧反应。如图 8-2 所示，P450 单加氧酶通过两步氧化反应将二元酸转为双烯烃[11]。以十四烷双羧酸为初始底物时，具有最高的产物产率（0.49g/L）。另一个例子是，醇脱氢酶催化 1,6-己二醇经两步氧化反应生成 ε-己内酯的线性级联反应（图 8-3）[12]。其中，两个氧化步骤中所需的辅酶(氧化态的烟酰胺腺嘌呤二核苷酸磷酸，$NADP^+$)由 Baeyer-Villiger 单加氧酶作用环己酮的还原反应进行原位再生提供。在实际反应体系中，反应 72h 后，20mmol/L 环己酮和 10mmol/L 1,6-己二醇可生成 18.3mmol/L ε-己内酯，转化率为 61%。

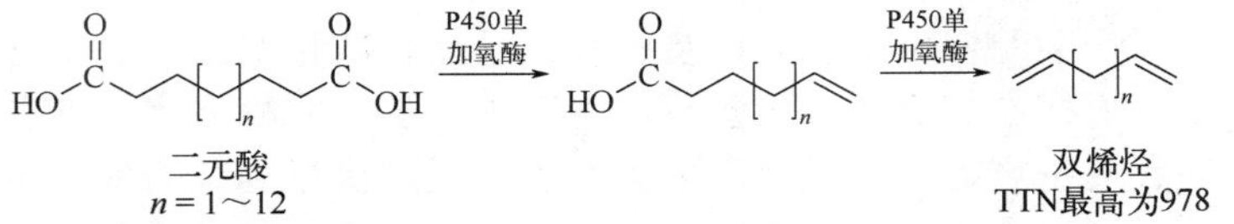

反应条件：pH为7.5的缓冲溶液、乙醇(体积分数5%)、4～25℃、24～72h

图 8-2　P450 单加氧酶催化二元酸生成双烯烃的级联反应

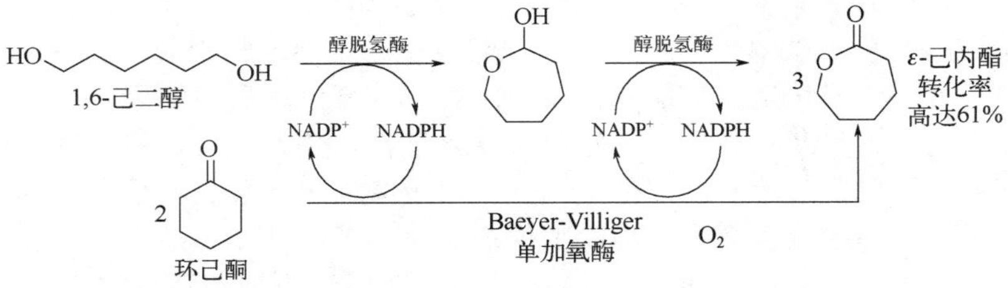

反应条件：pH为8.0的缓冲溶液、30℃

图 8-3　醇脱氢酶催化 1,6-己二醇生成 ε-己内酯的级联反应

需要注意的是，单酶分子在催化线性级联反应时，要么以相同的催化功能进行多步反应，要么以两个类似的催化功能进行级联反应。具有这样功能的酶较少，所以现已报道的单酶线性级联反应的案例很少。

8.2.1.2　双酶线性级联反应

双酶线性级联体系由于酶的数量相对较少，容易进行设计与构建，所以有大量关于双酶线性级联体系的研究报道。氧化还原酶约占酶总数的四分之一，如此高的占比使得氧化还原酶贯穿到大部分双酶级联催化体系中。因此，本小节根据反应类型介绍各种双酶线性级联反应，包括氧化还原级联反应、包含一个氧化还原步骤的双酶级联反应和非氧化还原级联反应。

（1）氧化还原级联反应　在氧化还原级联反应中，典型的级联反应主要有借氢级联反应与去消旋化级联反应。借氢级联反应（hydrogen-borrowing cascade）是一个典型的氧化还原级联反应。氧化和还原步骤通常通过氢化物的交换而相互连接，即氧化步骤生成氢化物而还原步骤消耗氢化物。所以，只有在每个步骤都起作用的情况下，借氢级联反应才会进行。根据一、二步氧化还原顺序的不同，可分为两种：①先氧化后还原级联反应；②先还原后氧化级联反应。

先氧化后还原级联反应的典型例子是醇的胺化反应。醇的胺化反应是一类重要的借氢级联反应，由醇脱氢酶与转氨酶、氨基酸脱氢酶或胺脱氢酶组建而成。如图 8-4 所示，当醇脱氢酶与转氨酶组建成级联催化体系时，醇脱氢酶在氧化态烟酰胺腺嘌呤核苷酸（NAD^+）的参与下将醇氧化为中间产物酮，然后转氨酶催化酮和有机胺（如丙氨酸）生成相应的胺。为使整个体系在催化过程中自给自足，即除了向催化系统中补给底物外，无需加入额外的NAD^+，则通常需向级联体系中引入一种额外的酶（如丙氨酸脱氢酶，图 8-4），以实现NAD^+的原位再生。由醇脱氢酶、转氨酶及丙氨酸脱氢酶组建的级联体系可催化不同伯醇（包括脂肪醇与芳香醇）及 1,ω-二醇进行胺化反应，最高胺化转化率可达 99%以上（如以 1-己醇/3-苯基-1-丙醇/1,8-辛二醇/1,10-癸二醇为底物）（图 8-4）[13]。然而，由于热力学平衡的限制，醇脱氢酶-转氨酶-丙氨酸脱氢酶多酶级联体系催化仲醇的胺化转化率（最高仅达 64%，图 8-4）一般小于伯醇的胺化转化率。

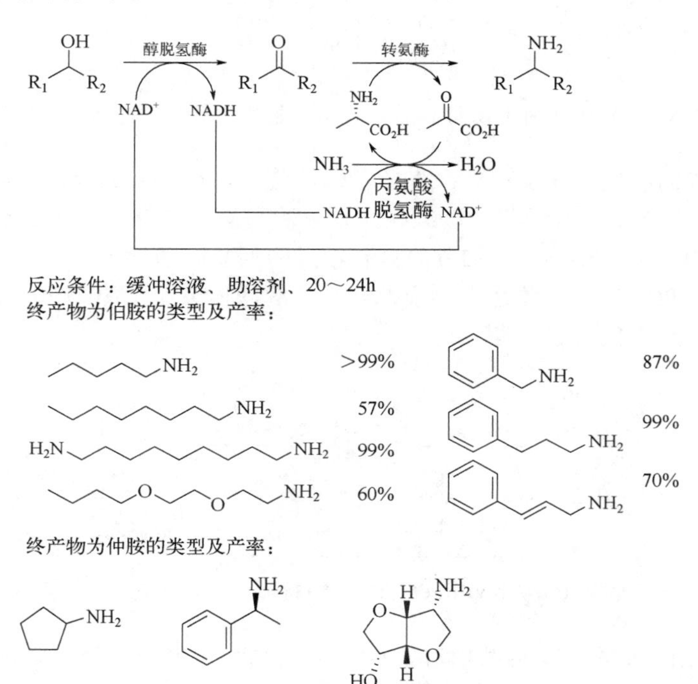

图 8-4　由醇脱氢酶、转氨酶和丙氨酸脱氢酶组建的借氢级联体系用于醇的胺化反应

在胺化反应步骤中使用氨基酸脱氢酶或胺脱氢酶代替转氨酶可以简化反应系统，因为醇氧化步骤所需的 NAD^+可由氨基酸脱氢酶或胺脱氢酶进行再生提供。除此之外，氨基酸脱氢酶或胺脱氢酶均以无机铵盐作为氮源，这与转氨酶（以有机胺为氮源）大不相同，更有利于降低生产成本。如图 8-5 所示，由 D-扁桃酸脱氢酶与亮氨酸脱氢酶组建的多酶级联体系用于将扁桃酸衍生物转化为 L-苯基甘氨酸衍生物。为了扩大底物范围，在此级联催化体系的基础上增加了扁桃酸消旋酶，这样就可以外消旋扁桃酸作为催化底物，有助于进一步降低生产成本。以 L-扁桃酸为催化底物，D-扁桃酸脱氢酶-亮氨酸脱氢酶-扁桃酸消旋酶多酶级联体系最终可生成转化率约为 97%的 L-苯基甘氨酸，对映体过量（enantiomeric excess，*ee*）达 99%以上[14]。图 8-5 还标注了上述多酶级联体系以其他 L-扁桃酸衍生物为底物时的产物转化率及光学纯度。

一些工程化的胺脱氢酶，如苯丙氨酸脱氢酶、亮氨酸脱氢酶及新型嵌合胺脱氢酶，也可与醇脱氢酶组合构建级联胺化反应。新型嵌合胺脱氢酶是通过工程化亮氨酸脱氢酶和苯丙氨酸脱氢酶进行结构域重组而得到的，因此新型嵌合胺脱氢酶具有这两种酶的底物特异性，可催化脂肪族、芳香族和大体积的酮生成手性胺。Mutti 等人将三种不同来源的醇脱氢酶与上述三种胺脱氢酶进行组合用于催化外消旋仲醇、对映体仲醇或伯醇的胺化反应[15]。

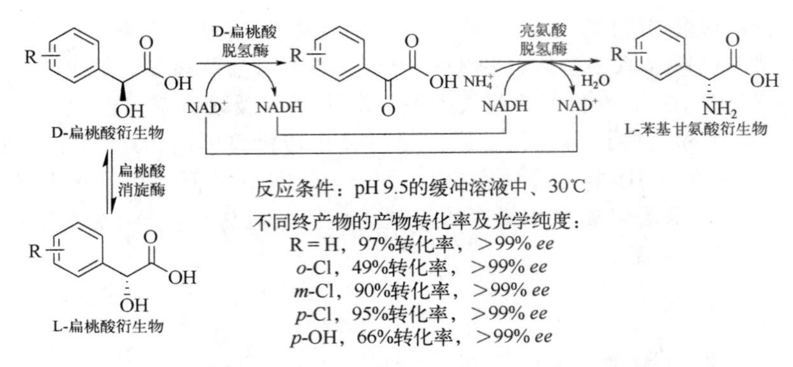

图 8-5　扁桃酸衍生物向 L-苯基甘氨酸衍生物转化的醇胺级联反应

除了典型的醇的胺化级联反应外，将环己醇转化为 ε-己内酯的反应也属于先氧化后还原的借氢级联反应，如图 8-6 所示[16]。该级联体系由醇脱氢酶与 Baeyer-Villiger 单加氧酶构成，由于醇脱氢酶与 Baeyer-Villiger 单加氧酶具有相反的烟酰胺辅酶依赖性，所以烟酰胺腺嘌呤核苷酸磷酸［NADP(H)］可在体系内实现循环。该级联体系作用 10～200mmol/L 的环己醇，最高可实现产率为 96%的 ε-己内酯。

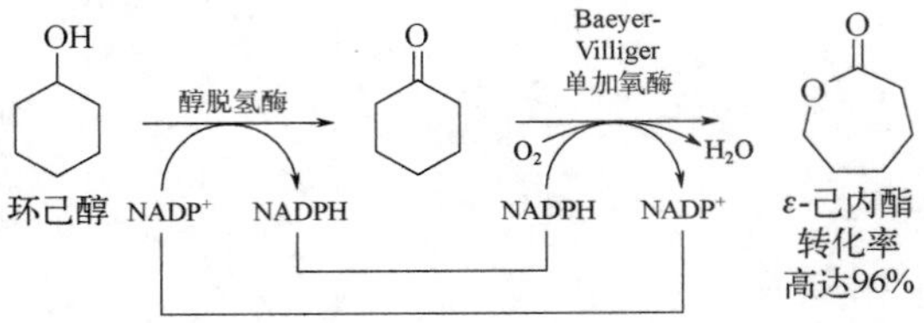

环己醇　醇脱氢酶　NADP⁺　NADPH　Baeyer-Villiger 单加氧酶　O_2　H_2O　NADPH　NADP⁺　ε-己内酯 转化率 高达96%

图 8-6　利用醇脱氢酶和 Baeyer-Villiger 单加氧酶将环己醇转化为 ε-己内酯的借氢级联反应

先还原后氧化的级联反应实例相对较少，烯还原酶和醛脱氢酶组建的借氢级联反应将 α,β-不饱和醛转化为相应的饱和羧酸（图 8-7）[17]为其中之一。该级联体系有 91%以上的产率，81%～95%的化学选择性，较高的光学纯度（$ee = 95\%～99\%$）。

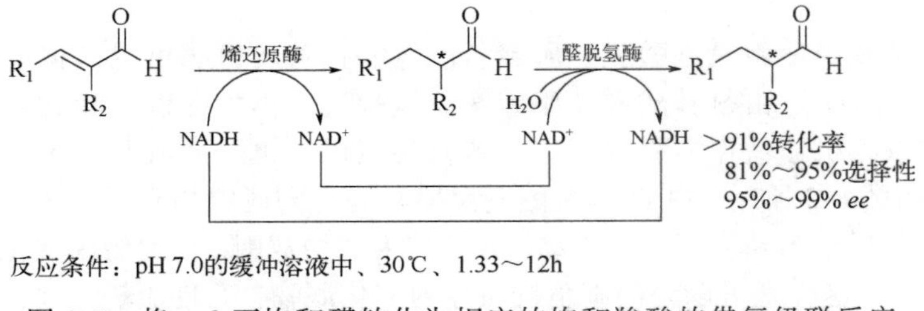

烯还原酶　NADH　NAD⁺　醛脱氢酶　H_2O　NAD⁺　NADH　＞91%转化率　81%～95%选择性　95%～99% ee

反应条件：pH 7.0的缓冲溶液中、30℃、1.33～12h

图 8-7　将 α,β-不饱和醛转化为相应的饱和羧酸的借氢级联反应

去外消旋级联反应是指通过氧化还原反应进行去外消旋化，一般需要一个氧化步骤和一个还原步骤，类似于上述借氢级联反应。然而，与借氢级联反应不同的是，去外消旋级联体系中的各反应不是通过 NAD(P)(H)连接起来的，并且产物与底物除了光学纯度不同之外其余均相同。如图 8-8 所示，选择两种立体互补的醇脱氢酶组建氧化还原级联反应用于仲醇的去外消旋化[18]。(*R*)-醇脱氢酶只将外消旋仲醇中的(*R*)-对映异构氧化成酮，生成的酮随后被(*S*)-醇脱氢酶手性催化还原为(*S*)-仲醇。所以在整个级联反应过程中，外消旋仲醇中的(*R*)-仲醇逐

渐转化为(*S*)-仲醇。(*R*)-醇脱氢酶与(*S*)-醇脱氢酶多酶级联体系的产物收率与 *ee* 值均在 99%以上。此外，上述级联体系还可用于(*R*)-构型的仲醇生产。

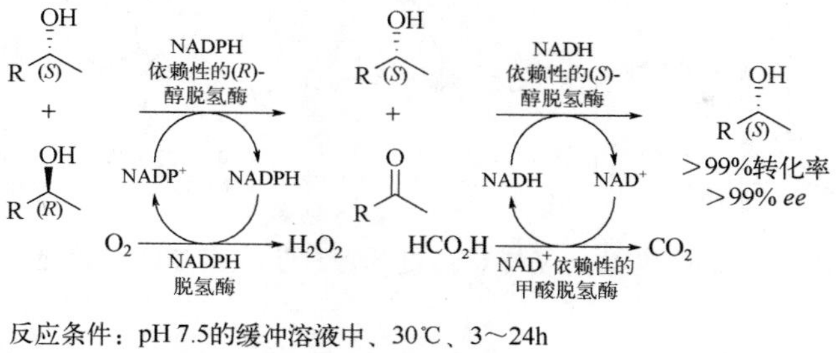

反应条件：pH 7.5的缓冲溶液中、30℃、3～24h

图 8-8　立体互补的醇脱氢酶用于仲醇的去外消旋化和辅酶再生

除借氢级联反应与去外消旋级联反应外，还存在一些其他氧化还原级联反应。例如，烯还原酶和乙醇脱氢酶所构建的两步还原反应用于还原不饱和羰基中的 α-取代醇以生成手性 β-支链醇，产物收率最高可达 99%，产物的 *ee* 值在 91%以上[19]。由香草醇氧化酶与漆酶所组建的两步氧化反应中，香草醇氧化酶催化底物丁香酚转化为松柏醇，然后松柏醇经漆酶催化发生二聚化生成植物雌激素外消旋松脂醇[20]。

（2）包含一个氧化还原步骤的双酶级联反应　双酶级联体系的两步反应仅含一步氧化还原反应时，根据氧化还原步骤在级联反应过程出现的位置可分为两种情况：①先氧化还原反应后非氧化还原反应；②先非氧化还原反应后氧化还原反应。

先氧化还原反应后非氧化还原反应的多酶级联催化的典型实例如醇脱氢酶与卤代醇脱卤酶构建的多酶级联体系。如图 8-9 所示，以前手性 α-氯酮为起始底物经醇脱氢酶的不对称还原转变为氯醇中间产物，氯醇中间产物再通过卤代醇脱卤酶的催化作用生成环氧化合物。该双酶级联催化已成功用于合成各种芳香类环氧化合物和脂肪族类环氧化合物，产物收率为 7%～57%，产物的 *ee* 值在 99%以上[21]。

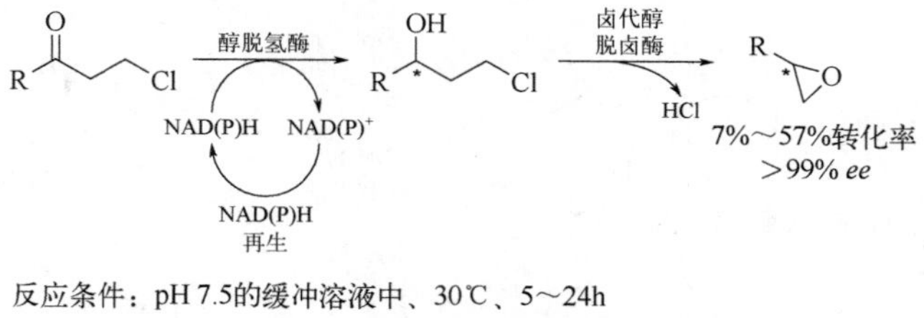

反应条件：pH 7.5的缓冲溶液中、30℃、5～24h

图 8-9　由 α-氯酮的不对称还原反应与环氧化合物的形成反应组建的多酶级联体系

此外，转氨酶介导的末端伯胺的氧化脱氨反应与去甲乌药碱合成酶介导的 C-C 键的形成反应的偶联也属于上述级联反应类型。不同的是，转氨酶-去甲乌药碱合成酶级联体系的第一步反应为氧化反应，而醇脱氢酶-卤代醇脱卤酶级联体系的第一步反应为还原反应。如图 8-10 所示，转氨酶-去甲乌药碱合成酶级联催化可用于合成 1,2,3,4-苄基四氢异喹啉类生物碱[22]。

对于先非氧化还原反应后氧化还原反应的多酶级联体系，典型的级联反应为由硫胺素二磷酸盐依赖的苄醛裂解酶与醇脱氢酶所组建的级联反应，通过 C-C 键的形成和酮还原制备手性邻位二醇。如图 8-11 所示，苄醛裂解酶-醇脱氢酶多酶级联催化通过两步反应可将苯甲醛与乙醛转换为邻位(1*R*,2*R*)-二醇，产品收率为 80%，*ee* 值在 99%以上[23]。

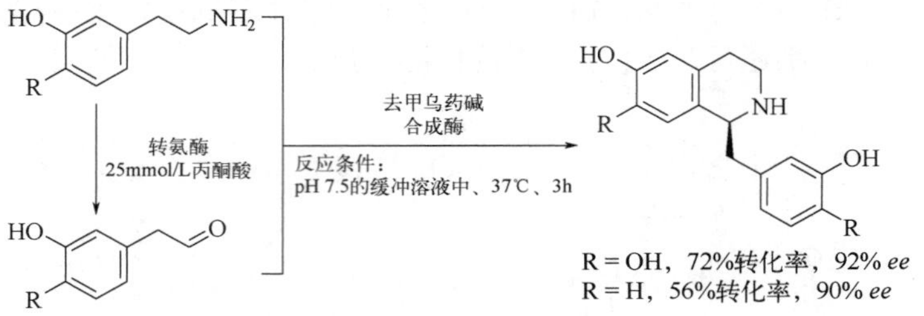

图 8-10　由氧化脱氨反应与 C-C 键的形成反应组建的多酶级联体系

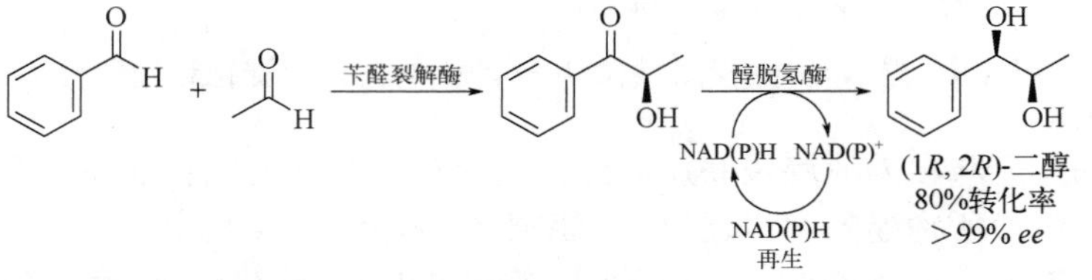

图 8-11　由 C-C 键的形成反应与酮还原反应组建的多酶级联体系

（3）非氧化还原级联反应　对于非氧化还原级联反应，虽然级联体系中包含两种酶，但整个级联体系是通过三步完成的。要么是其中一种酶催化两个步骤的反应；要么是其中一种酶具有双功能性，可催化两步反应。第一种情况的典型实例是由卤代醇脱卤酶和腈水解酶所组建的三步骤反应的级联催化体系，用于将卤代醇转化为*β*-羟基羧酸。如图 8-12 所示，卤代醇脱卤酶首先将(*S*)-4-氯-3-羟基丁酸乙酯转化为相应的环氧化合物［(*S*)-环氧酯］，然后该酶通过氰化物将(*S*)-环氧酯开环并生成(*R*)-4-氰基-3-羟基酯，最后腈水解酶催化上一步生成的(*R*)-4-氰基-3-羟基酯生成(*R*)-3-羟基戊二酸乙酯[24]。该级联体系表现出高的产物收率（>99%）和高的光学纯度（*ee*>99%）。

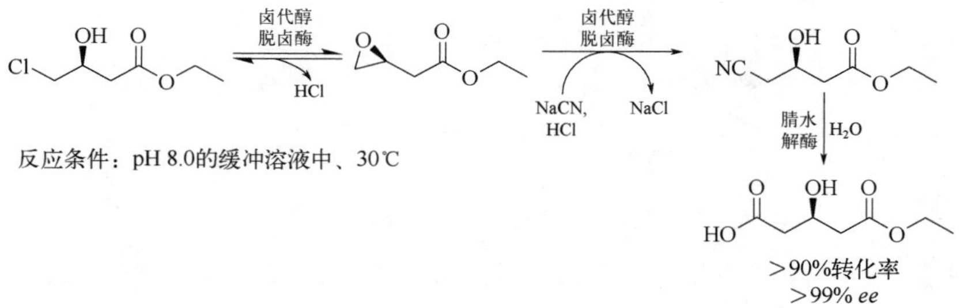

图 8-12　生物合成(*R*)-3-羟基戊二酸乙酯的双酶三步级联反应

第二种情况的实例是由 L-岩藻糖激酶/鸟嘌呤核苷-5′-二磷酸(GDP)-岩藻糖焦磷酸化酶与 α(1,2)-岩藻糖基转移酶组建的级联催化体系，其中 L-岩藻糖激酶/GDP-岩藻糖焦磷酸化酶为双功能酶[25]。如图 8-13 所示，双功能酶首先将岩藻糖转化为岩藻糖-GDP 中间产物，然后 α(1,2)-岩藻糖基转移酶作用岩藻糖-GDP 与外加的半乳糖苷生成终产物 α(1,2)-岩藻糖基化半乳糖苷。α(1,2)-岩藻糖基化半乳糖苷是人血型 H 抗原和人乳寡糖的重要成分。上述级联催化体系表现出 95%～98%的高产物收率。

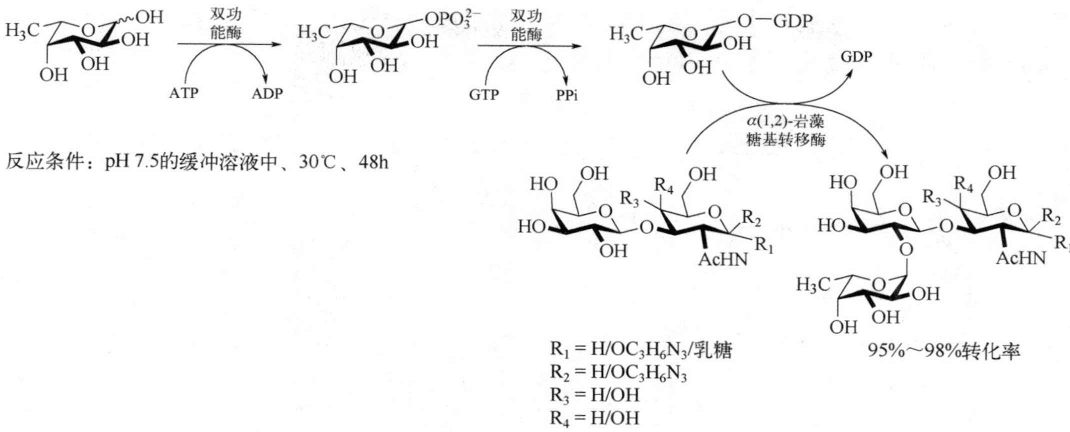
双功
能酶
ATP
ADP
GTP
PPi
GDP
α(1,2)-岩藻
糖基转移酶
反应条件：pH 7.5的缓冲溶液中、30℃、48h
R1 = H/OC3H6N3/乳糖
R2 = H/OC3H6N3
R3 = H/OH
R4 = H/OH
95%～98%转化率

图 8-13　生物合成 α(1,2)-岩藻糖基化半乳糖苷的双酶三步级联反应

8.2.1.3　多酶线性级联反应

构建多酶线性级联反应具有一定的难度，因为酶数量的增多使得对各酶的相容性、整体反应的热动力学等要求更高。即使如此，开发更高酶数量的线性级联体系仍具有非常重要的意义：一是比拟了生物体内复杂的代谢网络；二是可将简单的初始底物转化为复杂且具有重要价值的化学品。下面通过一些具体案例描述多酶线性级联反应。

图 8-14 展示了从乙醇和二氧化碳合成 L-乳酸的多酶级联反应，该多酶级联体系由醇脱氢酶、醛脱氢酶及 L-乳酸脱氢酶组成[26]。体系中所需的 NAD(H)能够在反应途径中循环再生，这归因于醇脱氢酶与 L-乳酸脱氢酶具有相反的辅酶依赖性。理论上，底物乙醇和二氧化碳可完全转化为 L-乳酸。但实际上，产品收率仅为 41%，并且必须使用过量的碳酸盐和连续添加乙醇来推动级联体系向所需方向转移。

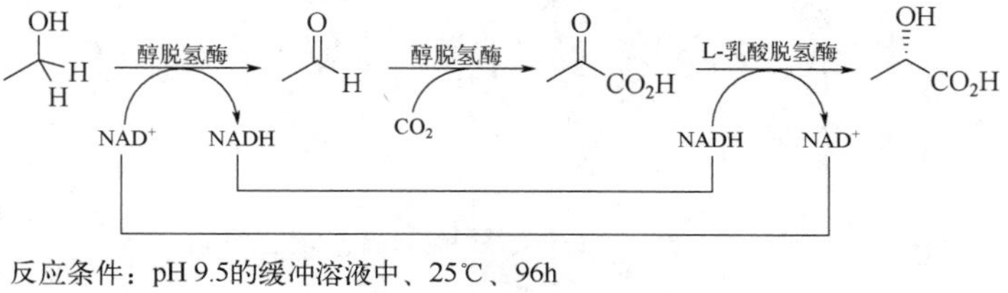
醇脱氢酶
醇脱氢酶
L-乳酸脱氢酶
NAD+
NADH
CO2
NADH
NAD+
反应条件：pH 9.5的缓冲溶液中、25℃、96h

图 8-14　生物合成 L-乳酸的三酶级联反应

Xu 等人报道了由糖醇氧化酶、二羟酸脱水酶、乙酰乳酸合成酶及乙酰乳酸脱羧酶所构建的四酶线性级联反应，通过五步将甘油转化为(*R*)-乙偶姻（图 8-15）[27]。糖醇氧化酶将甘油经两步氧化反应转变为甘油酸，同时形成的副产物过氧化氢被引入的过氧化氢酶分解为水和氧气，然后，甘油酸被二羟酸脱水酶转化为丙酮酸。丙酮酸经乙酰乳酸合成酶与乙酰乳酸脱羧酶作用进一步转化为(*R*)-乙偶姻。该多酶级联体系可获得 86%的产物收率和 95%的 *ee* 值。

Sieber 课题组设计了一个由八种酶组建的十步级联催化反应，用于从 D-葡萄糖到异丁醇的转化（图 8-16）[28]。该多酶级联催化体系相当于最小化的糖酵解级联反应，反应中只需要添加一种辅酶。多酶级联催化体系主要包括葡萄糖脱氢酶、二羟酸脱水酶、2-酮-3-脱氧-葡萄糖酸醛缩酶、乙醛脱氢酶、乙酰乳酸合成酶、酮醇酸还原异构酶、2-酮酸脱羧酶及醇脱氢酶。二羟酸脱水酶是级联催化体系的关键酶，因为其可催化三个反应，即葡萄糖酸转化为 2-酮基-

3-脱氧葡萄糖酸、甘油酸转化为丙酮酸及 2,3-二羟基戊酸转化为 2-酮异戊酸。该催化体系作用 25mmol/L D-葡萄糖可获得 10.3mmol/L 异丁醇（产物收率为 41%）。

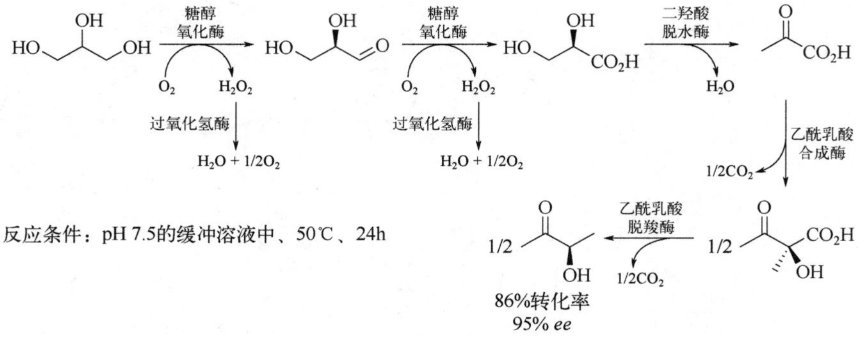

反应条件：pH 7.5的缓冲溶液中、50℃、24h

图 8-15　生物合成(*R*)-乙偶姻的四酶五步级联反应

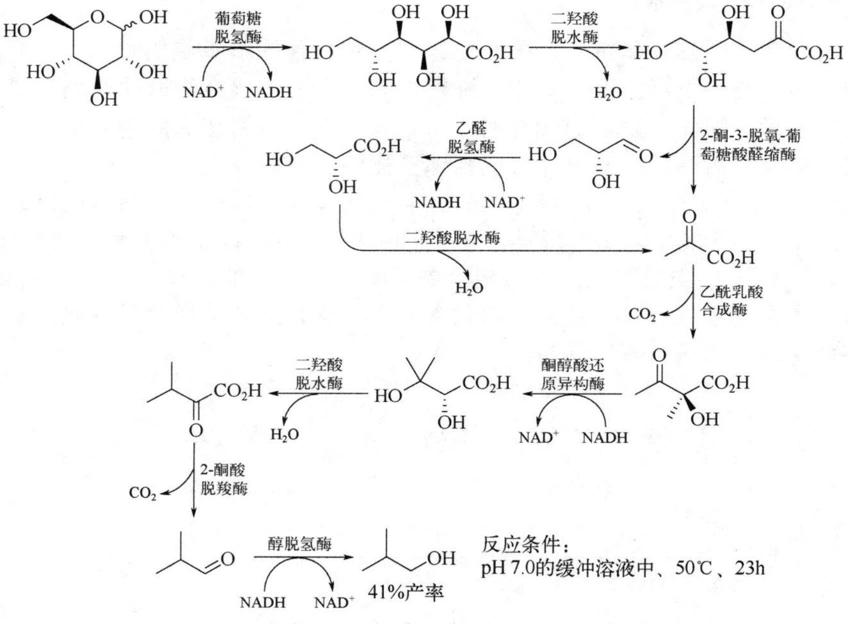

反应条件：pH 7.0的缓冲溶液中、50℃、23h

图 8-16　生物合成异丁醇的八酶十步级联反应

8.2.2　正交级联反应

正交级联反应是指将底物转化为产物的过程中，需要额外的酶促反应提供主反应所需的共底物或辅因子，或去除主反应的副产物，使反应向正方向进行［图 8-17（a)］。一个典型的例子是以 NAD(P)依赖的氧化还原酶为主反应途径中所需的 NAD(P)辅因子进行再生。关于常见的 NAD(P)依赖的氧化还原酶可参考第 10 章中关于 NAD(P)的酶促再生部分。在特殊情况下，可能需要更复杂的系统，例如，在 Soda 等创建的生物催化级联反应中，酮酸通过 D-氨基酸转氨酶转化为 D-氨基酸，同时还需要另外三种酶（丙氨酸消旋酶、L-丙氨酸脱氢酶和甲酸脱氢酶）来提供 D-氨基酸转氨酶所需的共底物（D-丙氨酸）和循环 NADH 辅因子［图 8-17（b)］[29]。

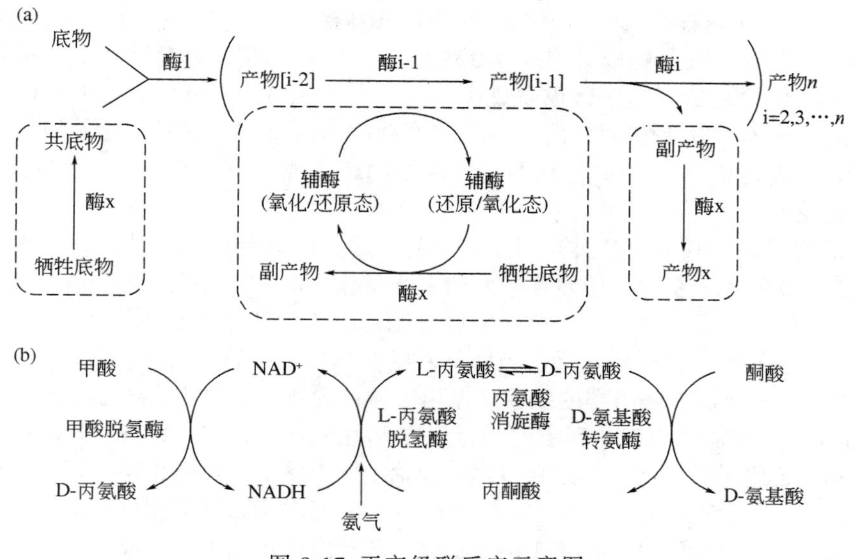

图 8-17 正交级联反应示意图

(a) 典型正交级联反应（虚线框部分）；(b) 合成 D-氨基酸的四酶正交级联反应

8.2.3 平行级联反应

在平行级联反应中，两种底物经两条反应路径转化为两种产物，其中这两条反应路径通过辅因子的循环耦合起来（图 8-18）。辅因子循环是指辅因子的氧化态与还原态之间的相互转换。所以，在平行级联反应体系中，一个酶催化反应为氧化反应，另一个则为还原反应。

虽然平行级联与正交级联均可实现级联反应体系内部的辅因子循环，但二者之间存在着一定的区别，即所涉及物质的经济价值。在平行级联中，两种产品都是具有较高价值的化合物。例如，Gotor 等人将醇脱氢酶和 Baeyer-Villiger 单加氧酶进行组合，用于同时生产有利用价值的非外消旋醇和亚砜[30]。而在正交级联反应中，为主反应再生辅因子的酶促反应的产物通常是一些无价值的副产物。除此之外，正交级联反应较平行级联反应更为复杂，可以认为正交级联反应是线性级联和平行级联反应的组合。

8.2.4 循环级联反应

在循环级联反应中，外消旋的底物（如 D 和 L 的对映体）中只有一种（如 L 对映体）可被选择性地催化，但随后又转化为最初原料（如 D 和 L 的对映体）进行重复循环反应（图 8-19）。这一概念已广泛用于氨基酸、羟基酸和胺的化学-酶法脱外消旋。例如（图 8-19），D 型氧化酶（例如，D-氨基酸氧化酶）首先作用外消旋底物（D 和 L 的对映体），由于 D 型氧化酶的

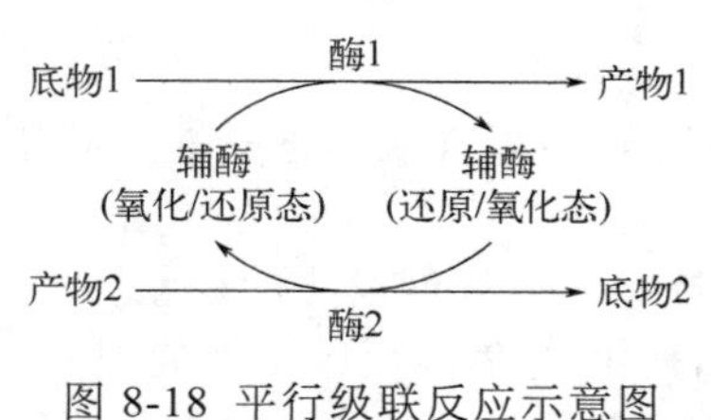

图 8-18 平行级联反应示意图

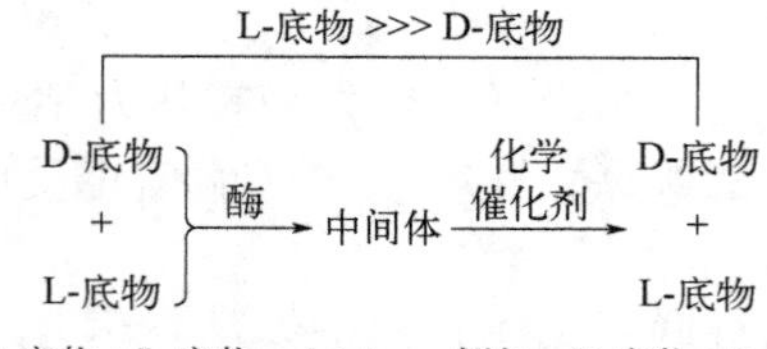

图 8-19 循环级联反应的示意图

立体选择性，仅将 D 型底物氧化为前手性中间产物。然后，化学还原剂（例如，硼氢化钠、胺-硼烷）再将前手性中间产物非对映选择性地还原为 D 和 L 型两种对映体。生成的 D 和 L 型两种对映体又可作为起始底物进行级联反应。在几个循环中，未氧化的对映异构体（如 L 型的对映体）逐渐积累，从而实现外消旋体的去消旋化。由于使用这种方法的所有已发表的级联催化系统大多数为化学-酶级联催化而不是纯多酶级联催化，因此本章不过多叙述，详细内容可参考综述论文[31]。

上述介绍的四种级联反应分类并不是完全的，因为级联反应的设计可以以许多不同的方式组合。线性级联的一个步骤可能需要额外的平行反应，如 8.2.1.2 所述。同样，正交级联中反应副产物的降解可能涉及不止一个步骤，所以可能构成其自身的线性级联序列。此外，正交级联反应中也会涉及辅酶，需要构建平行级联体系以促进辅酶的循环利用。例如，在利用醇脱氢酶和 Baeyer-Villiger 单加氧酶组建的级联体系用于 ε-己内酯的合成中（图 8-20）[12]，体系中的 Baeyer-Villiger 单加氧酶通过催化环己酮进行原位再生 $NADP^+$，并且该再生过程中还生成了终产物 ε-己内酯，避免了后续的产物分离过程。理论上，上述反应体系由两个环己酮分子和一个 1,6-己二醇分子生成三个 ε-己内酯分子。但是，由于 ε-己内酯易水解和低聚的性质，在实际生产中，20mmol/L 环己酮和 10mmol/L 1,6-己二醇在 72h 内仅生成 18.3mmol/L ε-己内酯。所以，仅靠组合不同类型的级联反应不足以满足工业应用在产量方面的要求。为提高级联反应的整体催化效率还需要额外的调控措施，这样在代替传统的化学合成工艺方面才更具竞争力。

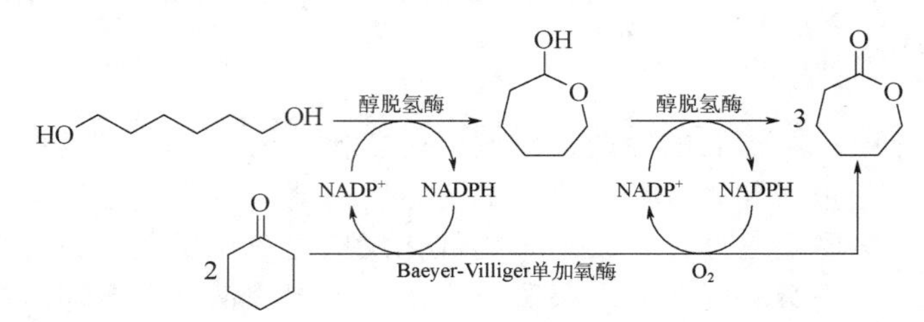

图 8-20　正交与平行级联的组合反应体系用于合成 ε-己内酯

8.3　多酶级联催化体系的构建

8.3.1　构建原则

多酶级联催化体系通过人工设计可以从简单的底物合成各种具有重要价值的化学品，因而在实际生产中具有广泛应用。然而，多酶级联催化体系与自然界固有的代谢合成途径不同，因为生物体内的代谢合成途径是经过长期进化演变而来的。因此，分析并归纳自然界中已有的代谢合成途径的一些重要特征有助于设计构建多酶级联体系。多酶级联体系的成功构建应遵循以下原则：

① 设计的多酶级联催化体系在热力学上应是可行的（$\Delta G < 0$）；

② 在多酶级联催化体系中，酶催化反应应具有高反应特异性和官能团正交性，防止出现交叉反应；

③ 多酶级联催化体系的整体反应动力学参数由酶活性控制，以确保反应的通量；

④ 多酶级联催化体系中的各个酶催化反应应该互相兼容，以避免因反应条件的差异（如最适 pH 范围和最佳操作温度）而引起酶活的下降和催化效率的降低，或者避免因不相容的

酶（如将蛋白水解酶与其他酶进行搭配）而引起酶的失活；

⑤ 当底物不易溶于水溶液时，需要使用助溶剂（如二甲基亚砜）来提高底物溶解度，多酶级联体系中所涉及的每个酶催化剂都应对助溶剂具有一定的耐受性，以避免引起酶活性的大幅度下降；

⑥ 最后一步酶催化反应应该一直向终产物的生成方向进行，无其他副产物生成；

⑦ 对于依赖辅酶的多酶级联催化体系，需要设计辅酶再生系统。

因此，在设计多酶级联催化体系时，首先要在酶库中选择合适的酶催化剂。除天然酶外，进化酶、工程酶，甚至人工酶的涌现丰富了酶催化剂的选择范围，使得多酶级联催化体系设计具有多样性；然后，对酶催化剂的性质及反应条件进行分析，以确保多酶级联催化体系正常且高效地进行；此外，如果需要设计辅酶再生体系，要确保辅酶再生体系与多酶级联催化体系的相容性与匹配性；最后，根据设计的多酶级联催化体系进行生物反应器的设计（如膜反应器、流加反应器、连续搅拌釜式反应器等），以便控制多酶级联催化体系的各种反应条件和催化反应的速度。此外，所选择使用的反应器应当尽可能具备结构简单、操作容易、易于维护和清洁、普适性高、成本低等优点，以使所构建的多酶级联催化体系具有规模化应用的潜力和优势。

8.3.2　多酶级联体系的邻近效应

自然界经数百万年的进化得到了能够高效的、一锅多步催化的生物系统。然而，在人工多酶级联催化体系的反应过程中，生成的中间产物需要经过在溶液中的扩散才能到达下一个酶的活性位点，而且中间产物在扩散过程中浓度逐渐降低（图 8-21）。对于一些不稳定的中间产物来说，其在溶液中的扩散过程易造成质量损失，从而降低多酶级联催化体系的产物收率。因此，研究自然界中生物代谢体系反应过程的内在机制能够为人工多酶级联体系的构建提供灵感。研究发现，多酶复合体中酶分子活性位点之间的接近，能够缩短底物在酶分子间的传递距离，增加酶周围底物浓度和/或降低底物向周围溶液中扩散，从而提升整体反应效率。这种通过促进酶分子空间位置上的接近而提升多酶级联体系的整体反应效率的机理称为邻近效应（proximity effect）[32]。

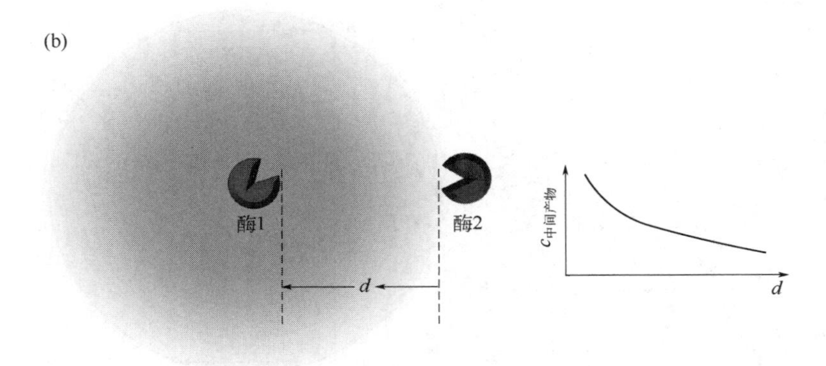

图 8-21　双酶级联反应中的中间产物在扩散过程中的浓度变化

(a) 双酶级联反应示意图；(b) 中间产物随扩散距离延长的浓度变化

圆形阴影表示中间产物的扩散途径，颜色深浅对应中间产物浓度高低；d 代表两酶之间的距离

邻近效应可以促进多酶级联体系中的中间产物转移，从而降低不稳定中间产物的分解或损失。此外，级联体系中的第二个酶能够在较高的中间产物浓度下进行催化反应。所以，在多酶级联体系中构建邻近效应有利于促进整体催化反应效率。例如，Liu 等人通过二氧化硅结合肽将醇脱氢酶与胺脱氢酶共固定在二氧化硅纳米粒子表面，用于生物合成手性胺[33]，双酶共固定化体系的手性胺产率是游离双酶体系的 1.85 倍，主要是由于共固定化体系中产生了邻近效应。

虽然邻近效应具有诸多优点，但在实际过程中创建邻近效应还存着较大挑战。因为邻近效应可能会受到一些其他因素的约束。也就是说，酶间距的降低是产生邻近效应的必要不充分条件。为了更清楚地说明这一点，建立双酶线性级联反应模型，如图 8-21（a）所示。基于布朗运动模拟中间产物浓度与距离和时间的关系，见式（8-1）[34]：

$$c(r,t)=\frac{1}{4\pi Dt^{3/2}}\exp\left(-\frac{r^2}{4Dt}\right) \tag{8-1}$$

假设酶 1 以恒定的速率 k 生成 I。式（8-2）[35]描述了在给定时间 t 及恒定的催化速率下，酶 1/酶 2 对 I 的布朗运动的卷积函数，即酶 1 活性位点周围中间产物浓度变化模型方程：

$$c(r,t)=\sum_{i=0}^{i=t/\tau-1}\frac{1}{[4\pi D(t-i\tau)]^{3/2}}\exp\left[-\frac{r^2}{4D(t-\tau)}\right] \tag{8-2}$$

上述二式中，c 为在时间 t 时距离酶 1 活性位点径向距离 r 处的中间产物浓度，nmol/L；t 为时间，s；D 是中间产物的扩散系数，$\mu m^2/s$；τ 为两个酶促反应产物生成时间的差值，即 $1/k$，s。

从式（8-2）可以看出，中间产物在两酶活性位点之间转移过程中的浓度与 r、t、D 及 k 有关。当级联催化反应处于稳态的条件下（$t=10^4\tau$），图 8-22（a）展示了不同 k/D 值下的中间产物浓度随距离的变化情况（k/D 表示反应速率和扩散速率的比值）[36]。从图 8-22（a）可以看出，当 k/D 小于或等于 $0.1\mu m^{-2}$ 时，即酶 1 的反应速率相对较小而扩散系数较大时，距离酶 1 活性位点任意距离处中间产物的浓度均相同，说明中间产物从酶 1 向酶 2 扩散的过程中，不会因扩散距离的改变而导致中间产物浓度的变化。所以，在这种条件下构建邻近效应不会引起中间产物局部浓度的升高，从而影响整体催化反应效率。相反，当 k/D 大于或等于 $1\mu m^{-2}$ 时，即酶 1 反应速率相对较大而扩散速率相对较小时，中间产物在越靠近酶 1 活性位点处的浓度越高。也就说明，中间产物从酶 1 到酶 2 的扩散过程中，随着扩散距离的增加，

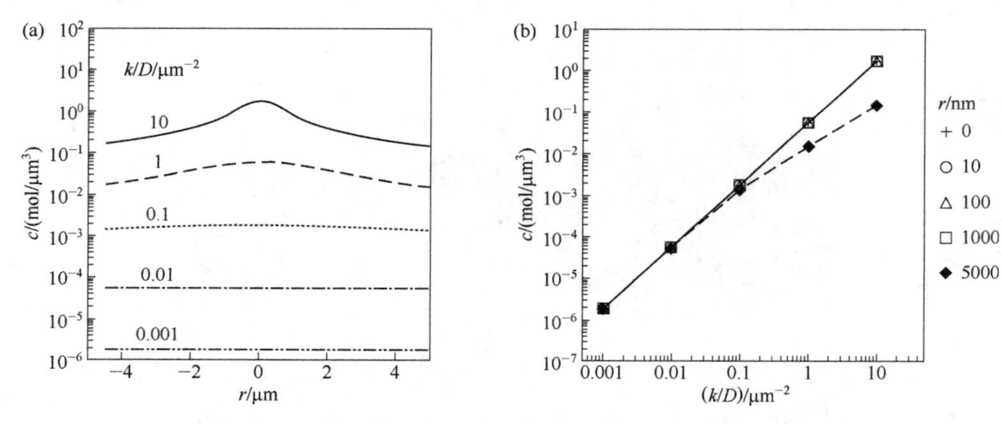

图 8-22 中间产物在单一催化活性位点的扩散情况[36]

（a）距催化活性位点不同径向距离（r）处的中间产物浓度（c）变化情况；
（b）不同 k/D 值下的中间产物的浓度变化情况

中间产物的浓度逐渐下降。因此，在这种条件下构建邻近效应有助于提高级联体系的整体催化反应效率。为进一步说明此现象，在距酶 1 活性位点不同距离处，绘制了多个中间产物浓度与 k/D 之间的关系曲线图［图 8-22（b）］[36]。在任一 k/D 值（0.001～10μm^{-2}）下，距离酶 1 活性位点 10nm、100nm 和 1000nm 处的中间产物浓度均与酶 1 活性位点中心的浓度几乎相同。只有在 k/D 值大于 0.1μm^{-2} 的情况下，距酶 1 活性中心 5000nm（5μm）时中间产物浓度才显著低于酶 1 活性中心处，这时，缩短酶 1 与酶 2 的空间距离，可以缓解中间产物因扩散距离的延长而浓度降低的情况。值得注意的是，酶 2 反应速率与中间产物扩散速率之间的关系对邻近效应的影响与上述结果相同。综上，当酶促反应速率与中间产物扩散速率相比较大时，在多酶级联反应中构建邻近效应有助于整体催化反应效率的提升。

然而，对于一些多酶级联体系来说，在满足上述条件（酶促反应速率大于中间产物扩散速率）的情况下，构建邻近效应未必会引起级联体系催化效率的增加。因为，溶液体系中的酶间距与酶浓度呈负相关。也就是说，当溶液中酶浓度高于一定值时，酶之间的距离足够接近，中间产物能够以较高的浓度快速到达下一个酶的活性位点，此时拟通过降低酶间距来促进级联体系的整体催化效率将是徒劳的。为了更清楚地说明这一点，需要分析溶液中的酶分子间距。溶液中酶分子间距与浓度的关系可用下式表示[37]:

$$d \approx \frac{1.18}{c^{1/3}} \tag{8-3}$$

式中，d 为酶之间的距离，nm；c 为酶分子的浓度，mol/L。

根据式（8-3），可绘制出它们的关系图（图 8-23）。从图 8-23 中可以看出，当酶浓度大于 1×10^{-3}mol/L 时，酶分子间距小于 11.8nm。此时，游离体系中的酶分子已经足够接近，再针对该系统构建邻近效应将无明显促进作用。换句话说，对于酶浓度较大的多酶级联催化体系，刻意构建邻近效应将没有意义。但是，体外多酶级联系统中的酶浓度一般为 6.7～66.9nmol/L，对应的酶间距为 626～291nm（图 8-23）。因此，对于常见的体外多酶级联催化体系来说，通过构建邻近效应缩短酶之间的距离，将有利于降低中间产物扩散途径中的浓度差，提升多酶级联反应的催化效率。

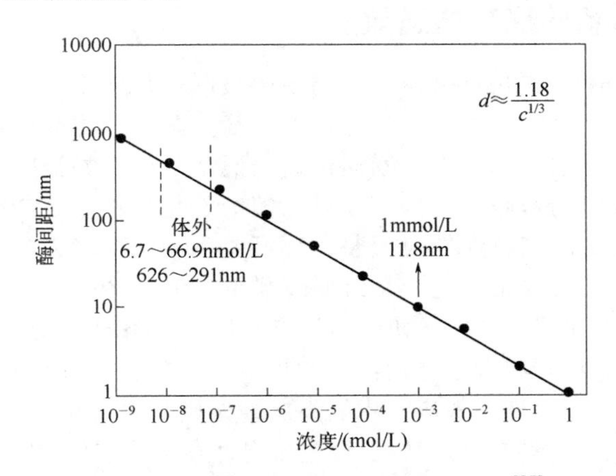

图 8-23　酶浓度与酶间距之间的关系[37]

除了在构建邻近效应时需要考虑上述因素外，还需注意邻近效应在多酶级联反应中可能仅在间歇催化反应初期的短时间内发挥作用。为了清楚地说明这一点，以双酶级联反应为研究模型［图 8-21（a）］，酶 1 与酶 2 的反应速率分别为 k_1、k_2。注意，以下均在反应速率相对较

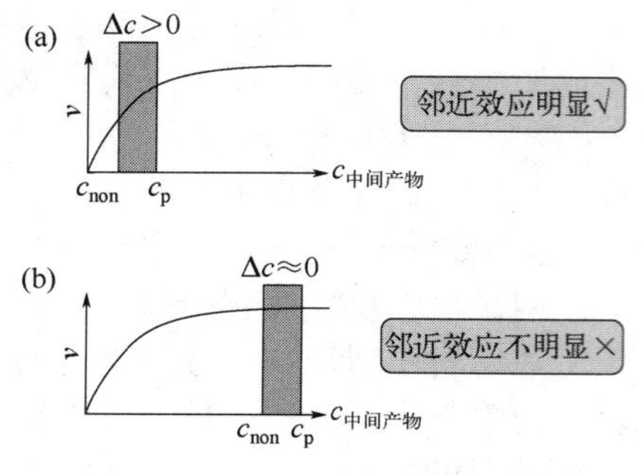

图 8-24　邻近效应的有无在不同酶促反应阶段对反应速率的影响情况

（a）酶促反应初期；（b）酶促反应后期
c_{non}为无邻近效应的多酶级联体系的中间产物浓度；
c_p为有邻近效应的多酶级联体系的中间产物浓度

大的情况下进行讨论（这是高效酶催化常见的情况）。

当 $k_1>k_2$ 时，酶 2 周围的中间产物浓度存在一个从低到高的分布。当级联反应体系中的中间产物浓度较低时，也就是反应初始阶段，邻近效应有助于提升反应速率。这是因为，对于存在邻近效应的双酶级联体系来说，由于酶分子的接近使得酶 2 活性位点周围的中间产物浓度（c_p）大于无邻近效应的双酶级联体系（c_{non}）。基于米氏方程［式（1-3）］，在较低底物浓度下酶促反应速率与底物浓度成正比，所以邻近效应可以提高酶促反应速率［图 8-24（a）］。然而，随着反应不断进行，生成的中间产物逐渐积累并达到一个较高的浓度范围时（因为 $k_1>k_2$），底物浓度接近米氏反应动力学的饱和浓度，邻近效应对反应速率则无明显作用［图 8-24（b）］。所以，虽然存在邻近效应的双酶级联体系中的中间产物浓度（c_p）高于无邻近效应的双酶级联体系（c_{non}），但两体系的反应速率近似相等［图 8-24（b）］。综上，当第一个酶的反应速率大于第二个酶时，邻近效应仅在第二个酶的一级反应阶段起明显作用。

当 $k_1<k_2$ 时，即第二个酶的反应速率大于第一个酶时，第二个酶消耗中间产物的速率大于第一个酶生成中间产物的速率，致使第二个酶一直处于“饥饿”（低底物浓度）状态。所以，此时酶 2 的反应速率受底物浓度影响较大。对这样的多酶级联体系，构建邻近效应有利于促进酶 2 活性位点周围的中间产物浓度，从而提升反应速率。

综上所述，在多酶级联体系中构建邻近效应并使其发挥作用受诸多因素的影响，如酶促反应速率与中间产物扩散速率之间的大小关系、酶浓度及各酶的反应速率大小关系等。所以在级联催化体系的实际构建中，需要考虑上述影响因素，以实现邻近效应对级联催化体系的整体反应速率发挥作用。

8.3.3　多酶级联体系的底物通道效应

底物通道效应（substrate channeling）是指多酶级联催化体系中的中间产物从一个酶的活性位点直接扩散到下一个酶的活性位点，在一定程度上限制了中间产物向溶液主体扩散。这种通道的作用可促进多酶催化体系中的物质传递，而且中间产物被限制在活性位点附近，减少了其在竞争性副反应中的暴露。此外，还可保护细胞免受不稳定或有毒中间产物的影响。这种具有高局部浓度的中间产物还能克服整体环境中不利的热动力学。

底物通道效应产生的必要条件之一是级联催化反应的两个酶活性位点之间具有足够近的距离。除此之外，还需一个“介导力”使中间产物从第一个酶的活性位点定向传递到第二个酶的活性位点，同时限制中间产物向主体溶液中的扩散。第二个条件是底物通道效应与邻近效应的本质区别。同时，由于底物通道效应产生的先决条件是两酶活性位点的接近，邻近效应也可以说是底物通道效应产生的前提。自然界已经进化出许多不同的促进或控制级联反应中间产物扩散的通道机制，包括分子内隧道（intramolecular tunnel）、静电引导（electrostatic guidance）及化学摆臂（chemical swing arms）。下面通过一些例子简要介绍这些调控措施。

借助分子内隧道促进底物通道效应的典型例子是色氨酸合酶[38]。色氨酸合酶是一种由 α 和 β 亚基组成的双功能酶，能够催化两步级联反应。在色氨酸合酶的第一个催化活性位点将吲哚-3-甘油磷酸转化为吲哚和 3-磷酸甘油醛，然后在第二个活性位点加入丝氨酸使吲哚缩合生成色氨酸和水。图 8-25 展示了色氨酸合酶的晶体结构，该酶的两个活性位点之间是一个长为 2.5nm 的疏水隧道。吲哚中间产物沿分子隧道的扩散速度非常快，而且受活性位点配体结合的蛋白质构象变化进行调节。通过对开放与阻塞的分子隧道进行比较，证明了吲哚中间产物几乎完全与主体环境隔离，仅通过分子隧道进入第二个活性位点。除色氨酸合酶之外，还有很多双功能酶，如醛缩酶-脱氢酶、氨基甲酰磷酸合酶和谷氨酰胺磷酸核糖焦磷酸酰胺转移酶，在这些双功能酶中同样发现了分子内隧道，分别引导中间产物短链醛、氨基甲酸酯和氨的转移。

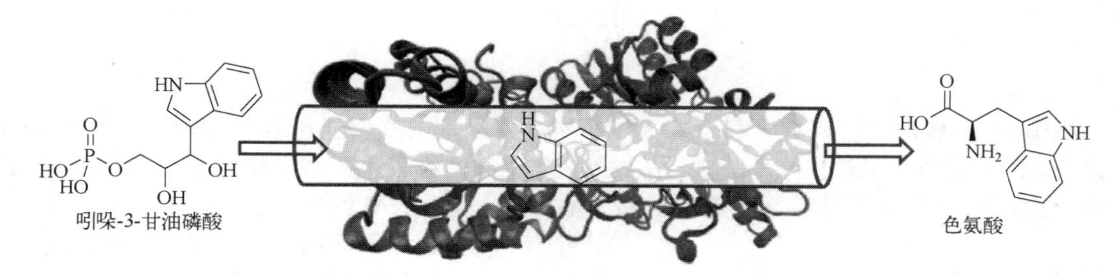

图 8-25　分子内隧道引发的底物通道效应

借助静电引导的中间产物转移的经典例子是三羧酸循环（tricarboxylic acid cycle，TCA）过程中的酶——苹果酸脱氢酶（malate dehydrogenase，MDH）与柠檬酸合酶（citrate synthase，CS）——所形成的超分子复合物。如图 8-26 所示，在 MDH-CS 级联催化反应中，带负电荷的草酰乙酸级联中间产物由于表面带正电荷蛋白质的吸引作用，在上游 MDH 和下游 CS 活性位点之间扩散[39]，产生底物通道效应。虽然 20 多年前的动力学实验已经证明了 MDH-CS 级联体系中的静电作用驱动了底物通道效应，但是直到最近才揭示了组装酶的天然结构，从而提供了 TCA 酶中通道的完整图像。由于 MDH 的催化反应平衡常数在 TCA 的正向方向上是不利的［K_{eq} = (2.86 ± 0.12)×10^{-5}］[40]，所以在游离酶体系中中间产物的转运通量极低，而在双酶超分子复合物中却截然相反。这种对草酰乙酸中间产物的高亲和力，可降低其在环境中的浓度，尽管在热力学上不利，但它能够支持通过 MDH-CS 分子对的高通量代谢。

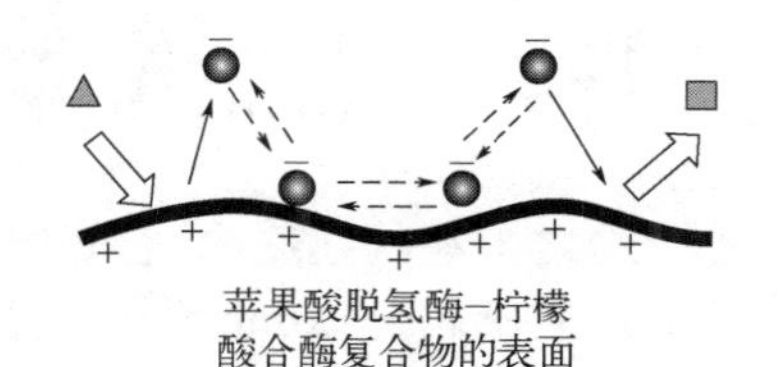

图 8-26　静电引导引发的底物通道效应

▲苹果酸；● 草酰乙酸；■ 柠檬酸

化学摆臂机制发现于丙酮酸脱氢酶系，丙酮酸脱氢酶系为多酶复合物，该复合物存在着天然的化学摆臂，能够促进底物通道效应的发生。在生物体内，该多酶复合物将丙酮酸氧化脱羧为乙酰辅酶 A（acetyl-CoA），并且此级联催化过程将糖酵解与 TCA 联系起来。该复合物包含三种酶，丙酮酸脱氢酶（E1）、二氢硫辛酰转乙酰基酶（E2）和二氢硫辛酰脱氢酶（E3）。在真核生物或革兰氏阳性菌中，E2 组装成 60 亚基的核心，E1 和 E3 通过相应的结合蛋白连接到 E2 核心结构上，形成丙酮酸脱氢酶系。上述三酶涉及的级联催化途径如图 8-27 所示。首先，二磷酸硫胺素（ThDP）依赖的 E1 催化丙酮酸发生脱羧反应，生成的乙酰基通过 E1 转移到 E2 的硫辛酰胺摆臂（lipoamide swing arm）上；然后，乙酰化硫辛酰胺摆臂将乙酰基部分转移至 E2 的活性位点，同时将辅酶 A 转化为乙酰辅酶 A；最后，E3 重新激活摆臂，使摆臂能够接受 E1 新产生的乙酰基[41,42]。硫辛酰胺摆臂对中间产物的共价键合促进了底物通道效应。在其他一些 2-氧代酸脱氢酶复合物上，包括 2-氧代戊二酸脱氢酶复合物和支链 2-氧代酸脱氢酶复合物，也发现了类似上述多酶复合物的结构及底物通道效应[43]。

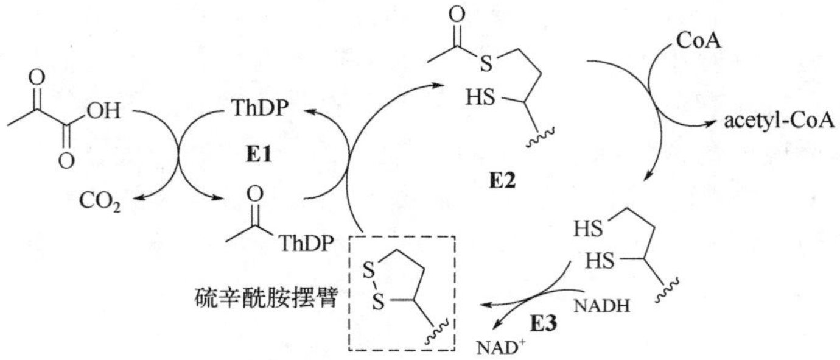

图 8-27　化学摆臂引发的底物通道效应

模仿上述化学摆臂，研究者已开发人工化学摆臂以增强底物通道效应。例如，在基于 DNA 支架组装的葡萄糖-6-磷酸脱氢酶与苹果酸脱氢酶所组建的级联体系中（图 8-28），为使 NAD(H) 在两酶的活性位点之间转移，利用单链核苷酸 $(T)_{20}$ 栓系 NAD(H)，然后将其锚定在两酶之间[44]。$(T)_{20}$ 可起到摆臂的作用，使 NAD(H)在两酶之间转移。结果表明，随着摆臂长度的增加，级联体系的催化活性也逐渐提高，证明了摆臂的作用。此外，研究者向体系中添加竞争中间产物 NADH 的乳酸脱氢酶，以证明底物通道效应存在的优势。结果表明，加入竞争酶后，上述含人工摆臂的双酶组装体系的催化活性高于游离酶体系。这是由于含人工摆臂的双酶组装体系中的底物通道效应降低了中间产物被竞争酶作用的频率，所以其催化速率高于游离酶体系。

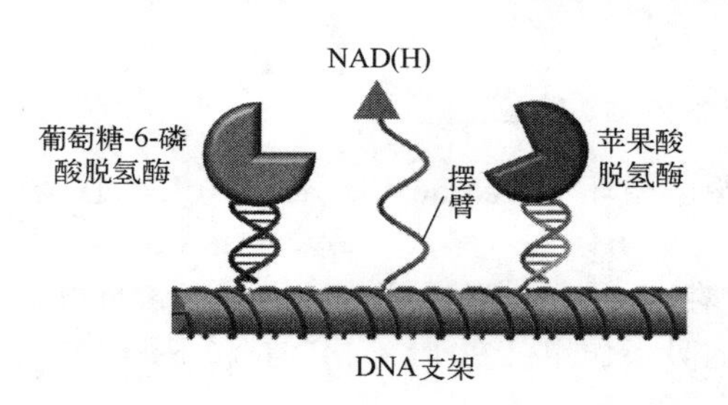

图 8-28　基于 DNA 支架组装双酶及人工 NAD(H)化学摆臂

总之，在构建底物通道效应时，首先应保证酶分子活性位点的接近，有研究表明，酶间距最远应不超过 10nm[36]；其次，在两酶之间构建可以引导中间产物定向传递的通道（分子内隧道、静电引导或化学摆臂）。一定要同时满足以上两点条件，才能实现底物通道效应。由于在两酶之间构建用于中间产物定向传递的通道具有一定的难度及局限，所以目前报道的多酶级联构建系统中存在底物通道效应的案例还很少。

8.3.4　构建方法

为了实现多酶级联催化反应高效快速稳定地进行，可基于邻近效应和底物通道效应的原理构建多酶级联体系。目前，多酶级联催化体系的构建方法主要有多酶融合、多酶共固定化以及多酶组装等。酶融合（第 4 章）和酶固定化（第 6 章）方法已经在本书前面两章详细介绍，以此为基础，下面重点介绍基于酶融合和酶固定化的多酶级联体系构建方法。基于多酶组装的级联体系构建将在第 9 章详细阐述。

8.3.4.1　多酶融合

基因融合是早期构建多酶级联体系的常用方法之一，是一种在细胞内合成两种或两种以上融合酶的方法。不同来源的多个酶通过基因融合的方式可整合到一起，形成由中间短肽连接的嵌合蛋白[45]。嵌合蛋白可以产生多功能生物催化剂来催化一系列反应，并且在某些特性上可能优于单酶的简单组合，比如可增强酶分子表达，提高酶分子稳定性、催化活性以及级联反应转化率等[46]。但是，这些相较于单酶的优势并不总是存在，具体情况因催化系统的不同而各不相同。关于融合酶的构建、连接肽的设计、连接肽对融合多酶的影响以及融合酶的应用等详细内容参见第 4 章。

现实中的多酶融合系统构建还缺乏合成高效多功能催化剂的理论指导，需要依靠实验进行试错分析。在融合酶的构建过程中，为了确保融合表达的多酶能够正确折叠，保留各个酶分子完整的生物活性和稳定性，多酶分子之间常常需要加入连接肽（linker）。连接肽可分为柔性和刚性两种，柔性连接肽中主要包含甘氨酸（G），而刚性连接肽中主要包含螺旋多肽中常见的丙氨酸（A）和赖氨酸（K）。柔性连接肽的优势在于允许融合区域之间的相互作用并能调整融合区域之间的距离［图 8-29（a）］，而刚性连接肽的优势则是保持融合区域之间的距离［图 8-29（b）］[47]。

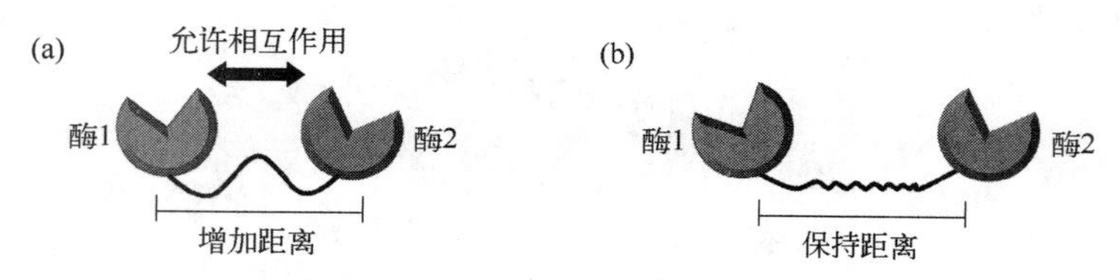

图 8-29　不同连接肽介导的融合酶

（a）柔性连接肽；（b）刚性连接肽

融合多酶体系中常见的为双酶融合体系，所构建的融合酶可应用于体外生物催化，也可应用于体内代谢工程。1970 年，Yourno 等采用基因融合技术将组氨酸醇脱氢酶（HDH）和氨基转移酶（AT）进行融合表达，获得一种双功能融合酶[48]。在之后的研究中，Bülow 等利用基因融合技术构建了 β-半乳糖苷酶（LacZ）和半乳糖激酶（galK）双功能融合酶，尝试将乳糖经过级联催化反应转化为 1-磷酸半乳糖。所构建的双功能融合酶中 LacZ 的活性大幅降低，而 galK 活性则为游离酶活性的 50%～70%，分析其原因可能是 LacZ 进行 C 端融合不利于 LacZ 的四聚体结构，进而对 LacZ 的功能造成了破坏[49]。他们还构建了一种由 β-半乳糖苷酶（LacZ）和半乳糖脱氢酶（galdH）组成的双功能融合酶，可将乳糖通过级联反应转化为半乳糖内酯，融合酶的活性可达到游离混合双酶体系的 4 倍[50]。此后，越来越多的研究人员采用融合技术构建多功能融合酶，用于改善多酶级联催化反应。例如，将四聚体醇脱氢酶（ADH）与氨基转移酶（AT）进行融合表达，获得的双功能融合酶将异山梨醇转化为相应氨基醇（图 8-30），融合双酶催化醇转化为氨基醇的效率是游离混合双酶的 2 倍[51]。在酵母体内合成丹参酮的代谢途径中，将贝壳烯合酶（KSL）和柯巴基焦磷酸合酶（CPS）进行融合表达，又将香叶基香叶基二磷酸酯合酶（GGPPS）和法呢基焦磷酸合酶（FPPS）融合表达，引入两组融合酶可使丹参酮体内合成产量达到 365 mg/L，比非融合体系产量提升了 2.9 倍[52]。

此外，融合酶构建的过程中还可根据中间产物的性质进行连接肽的设计，促使双酶之间形成静电引导机制介导的底物通道效应，加快中间产物在双酶之间的传递。Milton 等采用分子动力学模拟对阴离子中间产物（草酸和葡萄糖-6-磷酸）与阳离子 α 螺旋多肽（富含精氨酸和赖氨酸的多肽）上的传递行为进行分析发现，草酸和葡萄糖-6-磷酸可以在富含赖氨酸的多肽上进行高频率吸附和传递过程，有效防止草酸和葡萄糖-6-磷酸分子扩散到溶液中[53]。将富含赖氨酸的阳离子多肽（K5）通过化学修饰的方式连接到己糖激酶（HK）和葡萄糖-6-磷酸脱氢酶（G6PDH）之间，应用于葡萄糖生成葡萄糖-6-磷酸内酯的级联催化反应中［图 8-31（a）］。由阳离子多肽连接的双酶达到反应稳定状态的时间（t = 56s±11s）明显低于游离双酶所对应的时间（t = 102s±10s），催化级联反应的速率得到显著提升。催化性能改善的原因主要是中间产物葡萄糖-6-磷酸可依靠阳离子连接肽所构成的底物通道快速从 HK 传递至 G6PDH

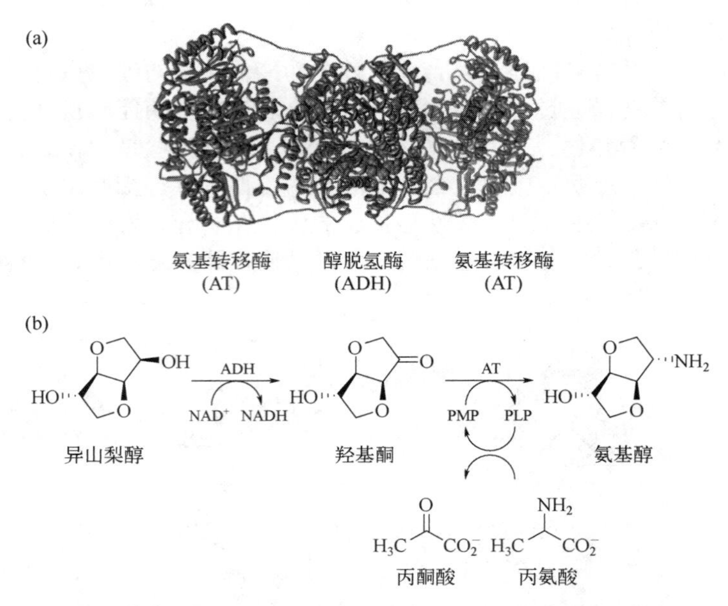

图 8-30　融合表达醇脱氢酶和氨基转移酶催化山梨醇转化为相应氨基醇

（a）二聚体氨基转移酶与四聚体醇脱氢酶进行融合；（b）氨基转移酶和醇脱氢酶催化的级联反应

PLP 为磷酸吡哆醛，PMP 为磷酸吡哆胺

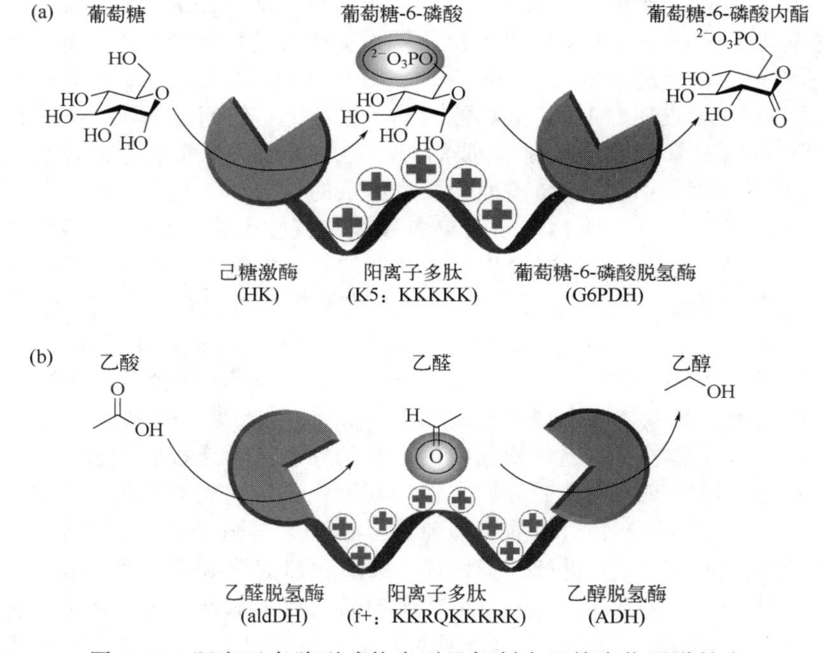

图 8-31　阳离子多肽形成静电引导机制介导的底物通道效应

（a）阳离子多肽（K5）与己糖激酶和葡萄糖-6-磷酸脱氢酶间形成静电引导机制介导的底物通道效应；
（b）阳离子多肽（f+）与乙醛脱氢酶和乙醇脱氢酶间形成静电引导机制介导的底物通道效应

转化为终产物葡萄糖-6-磷酸内酯。基于上述研究结果，该小组进一步设计了应用于 ADH 和乙醛脱氢酶（aldDH）融合表达的阳离子多肽（f+），以提高乙酸向乙醇的转化效率，加快双酶级联反应的速率[54]。研究中，为了使 f+多肽融合后足够靠近 ADH 和 aldDH 的活性位点，促使中间产物乙醛能够沿着 f+多肽快速在活性位点之间进行传递，分别对 ADH 的 C 末端和 aldDH 的 N 末端进行截短。将截短的双酶与 f+多肽融合表达获得 aldDH-f+-ADH 融合双功能酶［图 8-31（b）］，所构建的融合酶可快速将乙酸转化为乙醇，其反应速率可达到游离双酶的 500 倍。

8.3.4.2 多酶共固定化

自然界中存在着许多多酶级联催化反应体系，在这些反应体系中，多酶通常通过高度有序的自组装形成的多酶复合体发挥催化活性。这种催化方式可以通过提高中间产物在不同酶之间的转运浓度提高催化反应效率。受此启发，人们将单酶的固定化技术应用于多种酶催化剂的共固定化中。顾名思义，多酶共固定化（multienzyme co-immobilization）是将多酶级联反应中的多种酶共固定在载体材料上或使用无载体的交联剂结合固定多种酶的一种技术。与单酶的固定化一样，多酶共固定化技术可明显提高多酶级联催化体系的稳定性。在级联催化反应中，将多个酶固定在合适的载体上，可防止酶的解离，减少聚集、自溶或蛋白酶水解，因而提高酶的稳定性和重复使用性，有利于解决多酶催化工艺中催化剂制备步骤繁琐、游离酶稳定性差以及不能被重复利用等问题。此外，通过固定化将多步级联反应变成一锅法的级联反应，使许多复杂的反应能通过一锅法高效地进行，可以最大程度地提高催化工艺的时空效率，缓解中间产物向外部环境的扩散和不稳定中间产物的降解等问题，在温和的条件下生产高纯度的产物。值得一提的是，由于酶催化剂之间的空间距离减小，缩小酶与反应物之间的距离，可增大酶分子周围的反应物的局部浓度，从而提高酶的整体催化效率。这也是多酶共固定化区别于单酶固定化的主要特征。因此，相对于较成熟的单酶固定化，多酶的共固定化对于实际的工业应用具有更重要的意义。

目前主要利用三种多酶固定化策略研究固定化多酶级联催化反应，包括随机共固定化（random co-immobilization）、分隔集成固定化（compartmentalization）和定位共固定化（positional co-immobilization）。如图 8-32 所示。

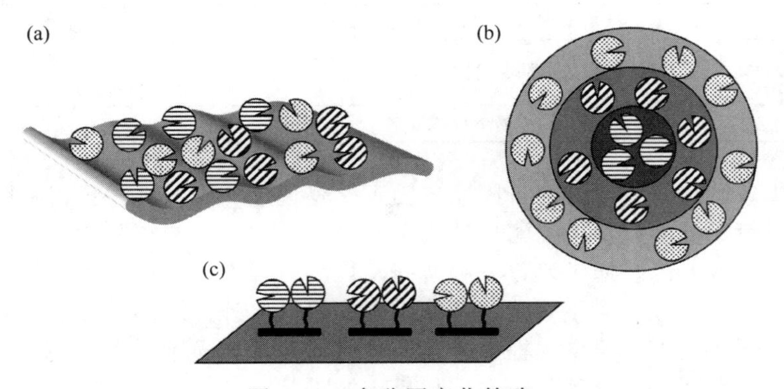

图 8-32 多酶固定化策略

（a）随机共固定化；（b）分隔集成固定化；（c）定位共固定化

（1）随机共固定化　随机共固定化是一种简单的多酶共固定化方法，是将多种酶随机固定在载体表面或嵌入载体内，因得到的固定化酶中各种酶蛋白的分布随机而得名。多酶在载体上或者无载体形式的随机固定化通常是一步进行的，常见的用于多酶随机共固定化的方法与单酶固定化方法相同，包括吸附、包埋、共价连接和交联等。这些方法的酶固定化过程的随机性主要体现在各种酶蛋白在载体（或者交联酶聚体）上的分布情况，一般可通过调控各种酶的初始浓度比例来对固定化酶中各酶的比例进行调控。特别地，在某些固定化酶的制备中，为了增强固定化多酶的稳定性，会将不同的方法进行结合，如先将多种酶蛋白进行交联，然后将得到的交联酶聚体吸附固定在载体上或包埋在凝胶介质中。一些常用于单酶固定化的载体，如二氧化硅、琼脂糖凝胶、壳聚糖微球、多孔玻璃微珠、纤维素、硅藻土和环氧树脂等，也同样适用于多酶的随机共固定化。多酶的随机共固定化技术可以进一步缩小酶与酶之间的距离，通过产生邻近效应提高多酶催化体系的催化效率，且这种共固定化法简单有效，得到的固定化酶稳定性好，具有一定的通用性。但美中不足的是，该法得到的固定化酶中酶的固定位置随机性大，且多酶之间存在相互接触可能会影响多酶级联体系的酶活和催化效率。

典型的多酶随机共固定化实例列于表 8-1。

表 8-1　多酶随机共固定化实例

载体材料	酶	固定化方法	文献
氧化石墨烯	葡萄糖氧化酶和辣根过氧化物酶	吸附	[55]
碳纳米管修饰电极	氢化酶，NAD 还原酶，醇脱氢酶和 L-丙氨酸还原酶	吸附	[56]
聚苯乙烯纳米颗粒	甲酸脱氢酶，甲醛脱氢酶，醇脱氢酶	共价连接	[57]
氧化铝	漆酶和辣根过氧化物酶	共价连接	[58]
四氧化三铁	葡萄糖氧化酶和辣根过氧化物酶	交联	[59]
水凝胶	葡萄糖氧化酶和辣根过氧化物酶	交联后共价连接	[60]
二氧化硅纳米颗粒	硝基苯硝基还原酶和葡萄糖-6-磷酸脱氢酶	包埋	[61]
二氧化钛纳米颗粒	甲酸脱氢酶，甲醛脱氢酶，醇脱氢酶	包埋	[62]
SpyCatcher 修饰的二氧化硅	与 SpyTag 融合表达的苔聚糖酶和木聚糖酶	共价连接	[63]
Ni 修饰的二氧化硅	与多聚组氨酸标签融合表达的老黄酶和葡萄糖脱氢酶	亲和吸附	[64]
二氧化硅	来自嗜热霉菌的脂肪酶和来自南极念珠菌的脂肪酶 B	共价连接	[65]
pH 响应型聚合物	纤维素酶，葡萄糖氧化酶和过氧化氢酶	共价连接和包埋	[66]
聚乙二醇修饰的碳纳米管	来自米根霉菌和念珠菌的脂肪酶	共价连接	[67]
二氧化硅@ZIF-8	乙醇脱氢酶，乳酸脱氢酶	先共价连接后包埋	[68]
（无载体）	酮还原酶和葡萄糖脱氢酶	交联	[69]

（2）分隔集成固定化　多酶的分隔集成固定化是通过调控各种酶蛋白的固定方式和固定反应时间，将具有不同催化功能的酶单独固定于同一载体不同的空间位置上，是一种控制每种酶相对位置的有效方法。通过该方法制备固定化酶时，不同的酶根据一定的顺序添加，实现了多酶的时空分隔，减少了不同酶之间的相互作用。此外，固定化后的各酶的位置相对独立，彼此之间的干扰较小。值得一提的是，多酶的分隔集成固定化还有利于根据不同酶的性质为其构筑适宜的微环境，更利于级联催化反应的进行。

常见的分隔集成方式按催化剂之间的分隔方式可分为基于牺牲模板（sacrifice template）的空间隔离法（space isolation）和基于核壳结构的分层固定法（hierarchical immobilization）两种基本方法。基于牺牲模板的空间隔离法区别于传统固定化酶的特点是，通过模板法制备具有明显的内外表面的中空结构，然后将酶分别固定在中空结构的内侧和外侧，以达到分隔多酶的目的。与此同时，分隔载体还要有适当的孔结构，在保护位于中空结构内部的酶蛋白不泄漏的前提下保证底物、中间产物或者产物的传质扩散。目前已经开发的用于空间分隔的中空结构载体有以磷脂脂质体和聚合物微囊为代表的软物质材料与以二氧化硅和二氧化钛为代表的介孔纳米材料。

根据模板的不同，该方法又可分为自模板法（self-template）和模板法（template）。自模板法的典型物质是类磷脂脂质体微囊。磷脂脂质体分散在水中自然形成多层微囊结构，每层均为脂质双分子层，结构与生物膜类似。基于磷脂脂质体微囊的构建原理，研究者开发了以双亲性嵌段聚合物为聚合单体的聚合物微囊结构。例如，以含有异氰肽和苯乙烯的嵌段共聚物制备的多孔聚合体已用于三种酶的分隔集成固定化，即葡萄糖氧化酶（GOx）固定在内腔部分，辣根过氧化物酶（HRP）嵌入到膜结构中，脂肪酶（CALB）固定在表面（图 8-33）[70]。

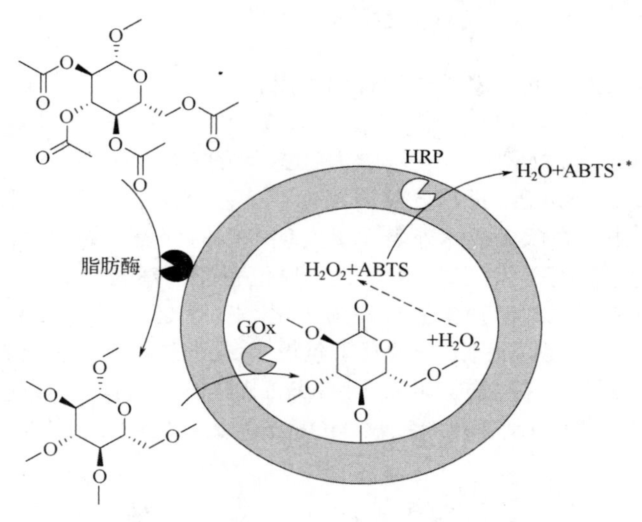

图 8-33　以嵌段共聚物为单体的三酶共固定化体系及其催化级联反应

ABTS 为 2,2′-联氮-双-3-乙基苯并噻唑啉-6-磺酸

通过模板法构建中空结构的主要材料是聚合物微囊、二氧化硅和二氧化钛等。以聚合物微囊为例，制备聚合物微囊的一般步骤是将聚合物材料通过静电作用等非共价相互作用包裹在硬模板材料外表面，然后使用刻蚀剂对得到的核壳结构进行溶解处理，除去硬模板，从而得到具有中空结构的聚合物微囊。对于基于二氧化硅和二氧化钛材料的中空结构而言，需要加入二者的前体物质和催化缩合反应的物质以实现其在硬模板上的包裹和涂层。在应用于固定化酶时，可通过在材料制备的各个过程中添加酶溶液以实现多酶在中空微囊结构上不同位置的固定化。如图 8-34 所示，首先以碳酸钙为模板将葡萄糖苷酶原位包埋，接着将含有 β-淀粉酶的聚多巴胺在碳酸钙模板外层进行涂层，然后将 α-淀粉酶固定在聚多巴胺涂层表面，最后通过弱酸的刻蚀作用去除碳酸钙模板，从而实现了三种酶在聚多巴胺微囊上的分隔集成固定化[71]。

基于核壳结构的分层固定法与传统的固定化酶类似，基本原理是先将一种酶固定在基质载体上，然后通过改变其他酶的固定条件和时间，通过逐层沉积的方式把不同酶依序固定，从而实现多酶的分隔集成固定化。由于避免了牺牲模板的使用，该法亦适用于对部分弱酸或弱碱性的刻蚀剂敏感的酶的固定化，因而具有更广的适用范围。根据沉积方式的不同可分为无媒介沉积法和聚合物沉积法。无媒介沉积法一般适用于双酶体系的分层固定化，一般可通

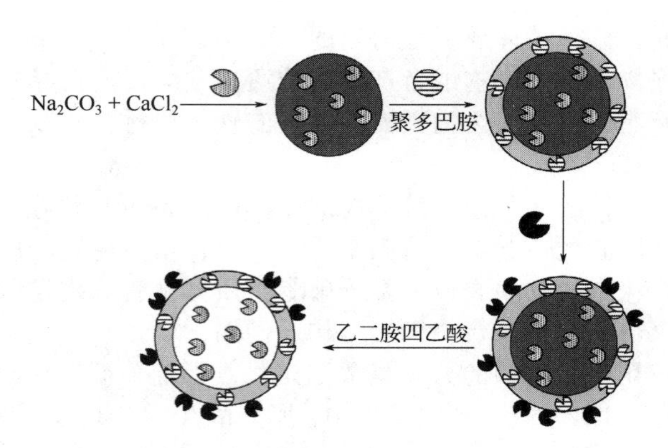

图 8-34　基于碳酸钙模板法的多酶体系的构建

过二者的尺寸差异或加入时间的差异实现分隔固定化。目前无媒介沉积法主要有两种，一种是使用具有层级结构的多孔材料，如图 8-35（a）所示，具有多种不同尺寸的孔结构的金属有机框架材料 PCN-888 可对两种尺寸不同的酶［较大的 GOx（6.0nm×5.2nm×7.7nm）和较小的 HRP（4.0nm×4.4nm×6.8nm）］进行分隔固定化[72]。另一种是先将一种酶原位包埋在载体内部，继而将另一种酶固定在酶@载体外表面以实现多酶的分隔，如图 8-35（b）所示。例如，利用磷酸铜为载体通过仿生矿化法对 GOx 进行原位包埋，然后将葡糖淀粉酶吸附在 GOx@磷酸铜复合材料的表面，实现两种酶的分隔固定化[73]，就是采用图 8-35（b）的分隔固定化方法。在此基础上，Man 等人报道了一种基于包埋-后包埋技术的双酶分隔集成固定化法，先通过仿生矿化法将 GOx 包埋在 ZIF-8 中得到 GOx@ZIF-8，然后再通过仿生矿化法将 HRP 固定在 GOx@ZIF-8 外层，从而制得具有双层 MOF 结构的固定化双酶[74]。

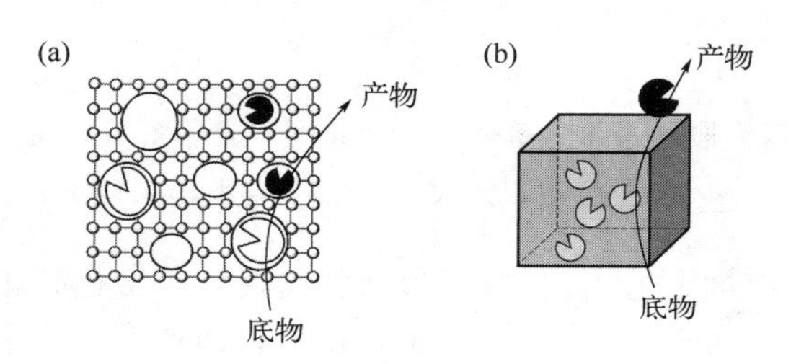

图 8-35　多酶的分隔集成固定化技术

（a）基于具有分级孔结构的 MOF 的一步法多酶分隔集成固定化；（b）基于包埋-表面吸附的多酶分隔集成固定化

聚合物沉积法适用于多种酶的共固定化。常用于沉积的聚合物主要是聚电解质，如聚苯乙烯磺酸钠和聚丙烯胺盐酸盐等。与制备聚合物微囊的方法类似，首先将一种酶固定在带电的基质载体上，然后将含有另一种酶的、带有相反电荷的聚电解质溶液对其进行涂层，反复重复该过程即可得到具有精准位置的多酶共固定化体系，这种方法即为层层组装法（layer by layer，LBL），如图 8-36 所示。

（3）定位共固定化　为实现对多酶共固定化过程中酶蛋白位置的精准控制，研究者开发了基于载体的多酶定位共固定化技术。根据定位方式的不同可分为基于模块反应器的宏观模块化控制法和基于酶的特异性固定化的微观模块化控制法。

基于模块反应器的宏观模块化控制法的典型例子是多酶在玻璃微管［图 8-37（a）］和微反应器中的固定化。利用二者实现多酶的定位共固定化的原理一样，即把不同的酶蛋白固定

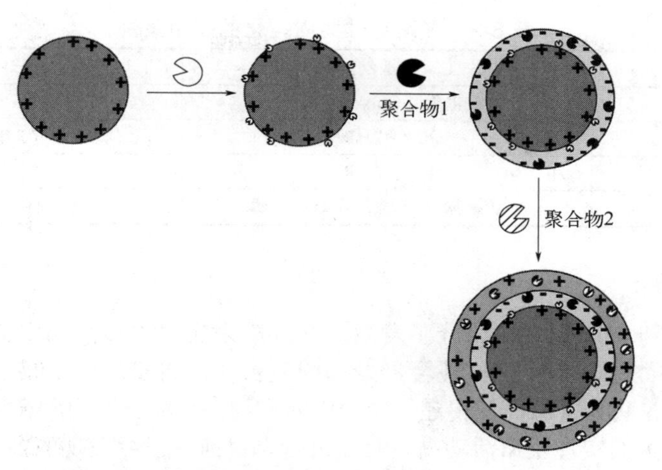

图 8-36　基于带电聚合物的多酶分隔集成固定化

在不同的反应模块中，然后通过调节不同模块中酶的负载比例和反应模块的顺序对反应效果进行调节。需要注意的是，在宏观模块化控制技术中，只有当固定化有多酶的模块以正确的顺序排列时，才会有相应的产物检出。

在微观模块化控制法中，酶的特异性固定化作用媒介主要是特异性作用对，常用的特异性作用对为 DNA 双链和蛋白质支架。作为天然的生物纳米材料，二者所具有的独特物化性能和灵活可变的构筑方式有利于多酶体系的定位共固定化。特别是近年来迅速发展起来的 DNA 折纸技术［图 8-37（b)］以其精确的纳米定位能力、优良的生物相容性、温和的反应条件、高度的有序结构、灵活的组装性和丰富的图案化，为从更复杂空间和更高维度研究多酶定位共固定化开辟了新方向。

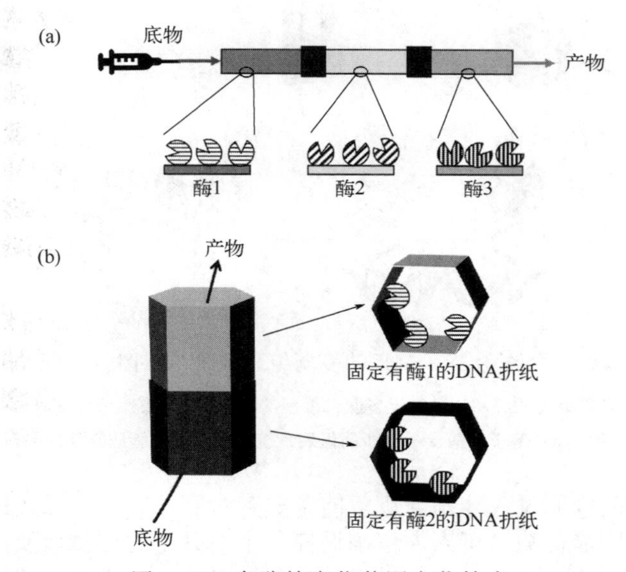

图 8-37　多酶的定位共固定化技术

(a) 基于玻璃微管的多酶定位共固定化（宏观模块化控制）；(b) 基于 DNA 折纸的多酶定位共固定化（微观模块化控制）

多酶的定位共固定化应用实例列于表 8-2。

表 8-2　多酶定位共固定化的应用案例

载体材料	模型酶	固定化方法	文献
微反应器通道	转化酶、GOx 和 HRP	共价连接	[75]
玻璃管	GOx 和 HRP	吸附	[76]
DNA 折纸	GOx 和 HRP	包埋	[77]
蛋白质支架	内切葡聚糖酶和 β-葡萄糖苷酶	亲和吸附	[78]

8.3.4.3　多酶组装

在生物体中，一般需要多个酶分子发生级联反应来实现生命活动中的某一代谢反应，而该代谢反应中的多酶分子在体内往往会形成多酶复合体，将多酶分子组装为精妙的生物催化机器，使不同底物在酶分子间高效传递、减少中间产物的累积、抑制副产物的生成以及促进辅因子的循环再生，进而实现生命活动高效有序进行。目前，已经发现的多酶复合体多种多样，包括细胞基础代谢中的纤维素小体、细菌羧酶体以及微生物次级代谢中的聚酮合酶等[79,80]。

受自然界启发，人们尝试采用自组装的方式进行体外多酶级联催化反应，以构建人工多酶自组装体来模拟天然的高效生物催化机器。人工多酶自组装体的构建主要依赖于自然界中存在的自组装模块和人工设计的自组装模块，自组装模块中多数都为生物材料，具有较好的生物相容性，不会引起环境污染问题。常见多酶组装系统主要包括基于蛋白质支架的多酶组装系统、基于多肽自组装的多酶组装系统、基于多肽-蛋白质相互作用的多酶组装系统、基于核酸支架的多酶组装系统以及基于脂质支架的多酶组装系统（图 8-38）[81]。

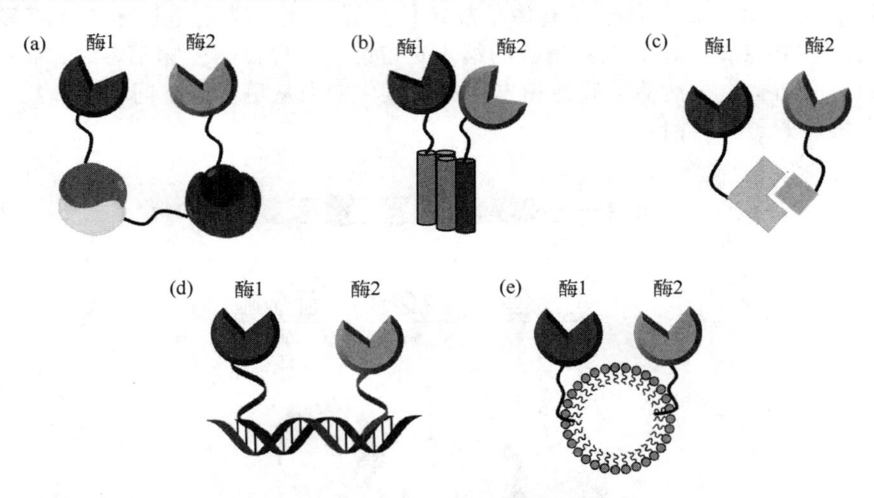

图 8-38　常用的多酶组装系统示意图

（a）基于蛋白质支架的多酶组装系统；（b）基于多肽自组装的多酶组装系统；（c）基于多肽-蛋白质相互作用的多酶组装系统；（d）基于核酸支架的多酶组装系统；（e）基于脂质支架的多酶组装系统

多酶组装构建多酶级联反应体系与传统的多酶融合表达、共固定化和分区固定化等方式相比，此方式的一个明显优势是可人为精确调控各个酶分子的比例以及酶分子之间的相对位置，促进多酶级联反应更加高效稳定地进行。另外，多酶组装中的组装模块可在生物体内构建，减少了酶分子的体外化学修饰，酶分子的结构破坏程度相对较小，所获得的催化剂也具有较高的活性。

因为多酶组装内容丰富，将在本书第 9 章详细论述。

8.4　本章总结

多酶级联催化反应由于其高度可控及构建途径和方法多样，正逐渐成为一个强大的技术平台，能够完成许多体内代谢途径无法完成的工作。多酶级联催化反应根据反应途径可分为四类，包括线性级联反应、正交级联反应、平行级联反应及循环级联反应。其中，线性级联催化体系与其他三种相比，构建简单且约束条件少，因此目前已有大量基于线性级联催化体系的研究案例。而且，线性级联催化体系中的酶的数量不限于两个，使得线性级联催化体系具有多样性。在构建多酶级联催化反应时，首先要考虑整个反应的热力学、各个酶催化反应的性质、底物的溶解性、辅酶依赖性等方面；然后，为促进级联体系中的中间产物转移，还需进行邻近效应或底物通道效应的调控；最后，可根据多酶融合、多酶共固定、多酶分区固定及多酶组装等方法构建多酶级联催化体系，这些方法不仅可促进多酶催化剂的循环利用，而且有助于提高整个体系的稳定性。

相对于传统的微生物发酵生产，多酶级联催化体系拥有诸多优势，但其未来的应用仍存在相当大的挑战，即其应用存在一定的局限性。这种局限性表现在两个方面：①酶与辅酶的价格成本偏高。现代工业化生产最重要的就是标准化和规模化，只有通过基因工程手段构建大量热稳定的、价格低廉的酶，并发展仿生辅酶类似物，或者对酶与辅酶进行固定化处理，才能大幅降低多酶级联催化体系的成本，使其可以与传统的微生物发酵进行竞争。②多酶级联催化体系的反应速率仍有待大幅度提高。可以通过多酶系统适配和优化、增加底物浓度、增加酶负载量、提高反应温度等手段促进反应速率、提高催化效率。针对基于多酶级联催化反应的合成生物技术，现阶段的发展目标是在低成本和大规模工业化的基础上构建可控、高效的多酶催化体系。可以充分挖掘无细胞系统的潜能，以实现更好的控制和调节。随着酶制备成本的降低及酶工程技术的不断提高，相信在不远的将来，基于多酶级联催化反应的合成生物技术将越来越多地应用于生物制造。

参考文献

[1] Buchner E. Alkoholische gährung ohne hefezellen. Berichte der deutschen chemischen Gesellschaft, 1897, 31: 117-124.

[2] Dixon M. Multi-enzyme systems. New York: Cambridge University Press, 1949.

[3] Welch P, Scopes R K. Studies on cell-free metabolism: Ethanol production by a yeast glycolytic system reconstituted from purified enzymes. J Biotechnol, 1985, 2: 257-273.

[4] Wandrey C, Fiolitakis E, Wichmann U, et al. L-amino acids from a racemic mixture of alpha-hydroxy acids. Ann N Y Acad Sci, 1984, 434: 91-94.

[5] Hummel W, Schütte H, Schmidt E, et al. Isolation of l-phenylalanine dehydrogenase from *Rhodococcus* sp. M4 and its application for the production of l-phenylalanine. Appl Microbiol Biotechnol, 1987, 26: 409-416.

[6] Nakajima N, Esaki N, Soda K. Enzymatic conversion of racemic methionine to the l-enantiomer. J Chem Soc Chem Comm, 1990, 947-948.

[7] Fessner W D, Walter C. Artificial metabolisms for the asymmetric one-pot synthesis of branched-chain saccharides. Angew Chem Int Ed, 1992, 31: 614-616.

[8] Huh J W, Yokoigawa K, Esaki N, et al. Synthesis of l-proline from the racemate by coupling of enzymatic enantiospecific oxidation and chemical non-enantiospecific reduction. J Ferment Bioeng, 1992, 74: 189-190.

[9] Schaffer S, Gielen J, Wessel M, et al. Preparation of amines and diamines from a carboxylic acid or dicarboxylic acid or a monoester thereof: EP2746400A1. 2014.

[10] Ellis G A, Klein W P, Lasarte-Aragones G, et al. Artificial multienzyme scaffolds: Pursuing in vitro substrate channeling

with an overview of current progress. ACS Catal, 2019, 9: 10812-10869.

[11] Dennig A, Kurakin S, Kuhn M, et al. Enzymatic oxidative tandem decarboxylation of dioic acids to terminal dienes. Eur J Org Chem, 2016, 2016: 3473-3477.

[12] Bornadel A, Hatti-Kaul R, Hollmann F, et al. A bi-enzymatic convergent cascade for epsilon-caprolactone synthesis employing 1,6-hexanediol as a "double-smart cosubstrate'. Chemcatchem, 2015, 7: 2442-2445.

[13] Sattler J H, Fuchs M, Tauber K, et al. Redox self-sufficient biocatalyst network for the amination of primary alcohols. Angew Chem Int Ed, 2012, 51: 9156-9159.

[14] Fan C W, Xu G C, Ma B D, et al. A novel d-mandelate dehydrogenase used in three-enzyme cascade reaction for highly efficient synthesis of non-natural chiral amino acids. J Biotechnol, 2015, 195: 67-71.

[15] Mutti F G, Knaus T, Scrutton N S, et al. Conversion of alcohols to enantiopure amines through dual-enzyme hydrogen-borrowing cascades. Science, 2015, 349: 1525-1529.

[16] Sattler J H, Fuchs M, Mutti F G, et al. Introducing an in situ capping strategy in systems biocatalysis to access 6-aminohexanoic acid. Angew Chem Int Ed, 2014, 53: 14153-14157.

[17] Knaus T, Mutti F G, Humphreys L D, et al. Systematic methodology for the development of biocatalytic hydrogen-borrowing cascades: Application to the synthesis of chiral alpha-substituted carboxylic acids from alpha-substituted alpha,beta-unsaturated aldehydes. Org Biomol Chem, 2015, 13: 223-233.

[18] Paul C E, Lavandera I, Gotor-Fernandez V, et al. Escherichia coli/adh-a: An all-inclusive catalyst for the selective biooxidation and deracemisation of secondary alcohols. Chemcatchem, 2013, 5: 3875-3881.

[19] Brenna E, Gatti F G, Malpezzi L, et al. Synthesis of robalzotan, ebalzotan, and rotigotine precursors via the stereoselective multienzymatic cascade reduction of alpha, beta-unsaturated aldehydes. J Org Chem, 2013, 78: 4811-4822.

[20] Ricklefs E, Girhard M, Koschorreck K, et al. Two-step one-pot synthesis of pinoresinol from eugenol in an enzymatic cascade. Chemcatchem, 2015, 7: 1857-1864.

[21] Seisser B, Lavandera I, Faber K, et al. Stereo-complementary two-step cascades using a two-enzyme system leading to enantiopure epoxides. Adv Synth Catal, 2007, 349: 1399-1404.

[22] Lichman B R, Lamming E D, Pesnot T, et al. One-pot triangular chemoenzymatic cascades for the syntheses of chiral alkaloids from dopamine. Green Chem, 2015, 17: 852-855.

[23] Jakoblinnert A, Rother D. A two-step biocatalytic cascade in micro-aqueous medium: Using whole cells to obtain high concentrations of a vicinal diol. Green Chem, 2014, 16: 3472-3482.

[24] Yao P Y, Wang L, Yuan J, et al. Efficient biosynthesis of ethyl (r)-3-hydroxyglutarate through a one-pot bienzymatic cascade of halohydrin dehalogenase and nitrilase. Chemcatchem, 2015, 7: 1438-1444.

[25] Zhao C, Wu Y J, Yu H, et al. The one-pot multienzyme (opme) synthesis of human blood group h antigens and a human milk oligosaccharide (hmos) with highly active thermosynechococcus elongatus alpha 1-2-fucosyltransferase. Chem Commun, 2016, 52: 3899-3902.

[26] Tong X D, El-Zahab B, Zhao X Y, et al. Enzymatic synthesis of l-lactic acid from carbon dioxide and ethanol with an inherent cofactor regeneration cycle. Biotechnol Bioeng, 2011, 108: 465-469.

[27] Gao C, Li Z, Zhang L J, et al. An artificial enzymatic reaction cascade for a cell-free bio-system based on glycerol. Green Chem, 2015, 17: 804-807.

[28] Guterl J K, Garbe D, Carsten J, et al. Cell-free metabolic engineering: Production of chemicals by minimized reaction cascades. Chemsuschem, 2012, 5: 2165-2172.

[29] Galkin A, Kulakova L, Yoshimura T, et al. Synthesis of optically active amino acids from a-keto acids with escherichia coli cells. Appl Environ Microbiol, 1997, 63: 4651-4656.

[30] Rioz-Martinez A, Bisogno F R, Rodriguez C, et al. Biocatalysed concurrent production of enantioenriched compounds through parallel interconnected kinetic asymmetric transformations. Org Biomol Chem, 2010, 8: 1431-1437.

[31] Turner N J. Deracemisation methods. Curr Opin Chem Biol, 2010, 14: 115-121.

[32] Dubey N C, Tripathi B P. Nature inspired multienzyme immobilization: Strategies and concepts. ACS Appl Bio Mater, 2021, 4: 1077-1114.

[33] Liu S, Wang Z F, Chen K, et al. Cascade chiral amine synthesis catalyzed by site-specifically co-immobilized alcohol and amine dehydrogenases. Catal Sci Technol, 2022, 12: 4486-4497.

[34] Pathria R K. Statistical mechanics. 2nd ed. Oxford: Butterworth-Heinemann, 1996: 459-464.

[35] Fu J L, Liu M H, Liu Y, et al. Interenzyme substrate diffusion for an enzyme cascade organized on spatially addressable DNA nanostructures. J Am Chem Soc, 2012, 134: 5516-5519.

[36] Wheeldon I, Minteer S D, Banta S, et al. Substrate channelling as an approach to cascade reactions. Nat Chem, 2016, 8: 299-309.

[37] Erickson H P. Size and shape of protein molecules at the nanometer level determined by sedimentation, gel filtration, and electron microscopy. Biol Proced Online, 2009, 11: 32-51.

[38] Hyde C C, Ahmed S A, Padlan E A, et al. Three-dimensional structure of the tryptophan synthase alpha 2 beta 2 multienzyme complex from salmonella typhimurium. J Biol Chem, 1988, 263: 17587-17871.

[39] Wu F, Minteer S. Krebs cycle metabolon: Structural evidence of substrate channeling revealed by cross-linking and mass spectrometry. Angew Chem Int Ed, 2015, 54: 1851-1854.

[40] Guynn R W, Gelberg H J, Veech R L. Equilibrium constants of the malate dehydrogenase, citrate synthase, citrate lyase, and acetyl coenzyme a hydrolysis reactions under physiological conditions. J Biol Chem, 1973, 248: 6957-6965.

[41] Smolle M, Prior A E, Brown A E, et al. A new level of architectural complexity in the human pyruvate dehydrogenase complex. J Biol Chem, 2006, 281: 19772-19780.

[42] Zhou Z H, McCarthy D B, O'Connor C M, et al. The remarkable structural and functional organization of the eukaryotic pyruvate dehydrogenase complexes. Proc Natl Acad Sci USA, 2001, 98: 14802-14807.

[43] Perham R N. Swinging arms and swinging domains in multifunctional enzymes: Catalytic machines for multistep reactions. Annu Rev Biochem, 2000, 69: 961-1004.

[44] Fu J L, Yang Y R, Johnson-Buck A, et al. Multi-enzyme complexes on DNA scaffolds capable of substrate channelling with an artificial swinging arm. Nat Nanotechnol, 2014, 9: 531-536.

[45] Bülow L M K. Multienzyme systems obtained by gene fusion. Trends biotechnol, 1991, 9: 226-231.

[46] Aalbers F S, Fraaije M W. Enzyme fusions in biocatalysis: Coupling reactions by pairing enzymes. Chem Bio Chem, 2019, 20: 20-28.

[47] Chen X Y, Zaro J L, Shen W C. Fusion protein linkers: Property, design and functionality. Adv Drug Deliver Rev, 2013, 65: 1357-1369.

[48] Yourno J, Kohno T, Roth J R. Enzyme evolution: Generation of a bifunctional enzyme by fusion of adjacent genes. Nature, 1970, 228: 820-824.

[49] Bülow L, Ljungcrantz P, Mosbach K. Preparation of a soluble bifunctional enzyme by gene fusion. Bio/Technology, 1985, 3: 821-823.

[50] Ljungcrantz P, Carlsson H, Mansson M O, et al. Construction of an artificial bifunctional enzyme, beta-galactosidase/galactose dehydrogenase, exhibiting efficient galactose channeling. Biochemistry, 1989, 28: 8786-8792.

[51] Lerchner A, Daake M, Jarasch A, et al. Fusion of an alcohol dehydrogenase with an aminotransferase using a pas linker to improve coupled enzymatic alcohol-to-amine conversion. Protein Eng Des Sel, 2016, 29: 557-562.

[52] Zhou Y J J, Gao W, Rong Q X, et al. Modular pathway engineering of diterpenoid synthases and the mevalonic acid pathway for miltiradiene production. J Am Chem Soc, 2012, 134: 3234-3241.

[53] Liu Y C, Hickey D P, Guo J Y, et al. Substrate channeling in an artificial metabolon: A molecular dynamics blueprint for an experimental peptide bridge. ACS Catal, 2017, 7: 2486-2493.

[54] Kummer M J, Lee Y S, Yuan M W, et al. Substrate channeling by a rationally designed fusion protein in a biocatalytic cascade. JACS Au, 2021, 1: 1187-1197.

[55] Yasujima R, Yasueda K, Horiba T, et al. Multi-enzyme immobilized anodes utilizing maltose fuel for biofuel cell applications. Chem Electro Chem, 2018, 5: 2271-2278.

[56] Fang Y, Bullock H, Lee S A, et al. Detection of methyl salicylate using bi-enzyme electrochemical sensor consisting salicylate hydroxylase and tyrosinase. Biosens Bioelectron, 2016, 85: 603-610.

[57] Bilal, El-Zahab, Dustin, et al. Particle-tethered nadh for production of methanol from CO_2 catalyzed by coimmobilized enzymes. Biotechnol Bioeng, 2008, 99: 508-514.

[58] Crestini C, Melone F, Saladino R J B M C. Novel multienzyme oxidative biocatalyst for lignin bioprocessing. Bioorgan Med Chem, 2011, 19: 5071-5078.

[59] Zhou L, Tang W, Jiang Y, et al. Magnetic combined cross-linked enzyme aggregates of horseradish peroxidase and glucose oxidase: An efficient biocatalyst for dye decolourization. RCS Adv, 2016, 6: 90061-90068.

[60] Wei Q, Xu M, Liao C, et al. Printable hybrid hydrogel by dual enzymatic polymerization with superactivity. Chem Sci, 2016, 7: 2748-2752.

[61] Liu W, Zhang S, Wang P. Nanoparticle-supported multi-enzyme biocatalysis with in situ cofactor regeneration. J Biotechnol, 2009, 139: 102-107.

[62] Sun Q, Jiang Y, Jiang Z, et al. Green and efficient conversion of CO_2 to methanol by biomimetic coimmobilization of three dehydrogenases in protamine-templated titania. Ind Eng Chem Res, 2009, 48: 4210-4215.
[63] Lin Y Q, Jin W H, Cai L X, et al. Green preparation of covalently co-immobilized multienzymes on silica nanoparticles for clean production of reducing sugar from lignocellulosic biomass. J Clean Prod, 2021, 314: 127994.
[64] Zhou L Y, Ouyang Y P, Kong W X, et al. One pot purification and co-immobilization of his-tagged old yellow enzyme and glucose dehydrogenase for asymmetric hydrogenation. Enzyme Microb Tech, 2022, 156: 110001.
[65] Shahedi M, Habibi Z, Yousefi M, et al. Improvement of biodiesel production from palm oil by co-immobilization of thermomyces lanuginosa lipase and candida antarctica lipase b: Optimization using response surface methodology. Int J Biol Macromol, 2021, 170: 490-502.
[66] Yu X X, Zhang Z Y, Li J Z, et al. Co-immobilization of multi-enzyme on reversibly soluble polymers in cascade catalysis for the one-pot conversion of gluconic acid from corn straw. Bioresource Technol, 2021, 321: 124509.
[67] Abdulmalek S A, Li K, Wang J H, et al. Co-immobilization of rhizopus oryzae and candida rugosa lipases onto MMWCNTs@4-ARM-PEG-NH2-a novel magnetic nanotube-polyethylene glycol amine composite-and its applications for biodiesel production. Int J Mol Sci, 2021, 22: 11956.
[68] Wang L, Sun P X, Yang Y Y, et al. Preparation of ZIF@ADH/NAD-MSN/LDH core shell nanocomposites for the enhancement of coenzyme catalyzed double enzyme cascade. Nanomaterials-Basel, 2021, 11: 2171.
[69] Zhang J L, Pu T, Xu Y, et al. Synthesis of dehydroepiandrosterone by co-immobilization of keto reductase and glucose dehydrogenase. J Chem Technol Biotechnol, 2020, 95: 2530-2536.
[70] Vriezema D M, Garcia P M L, Oltra N S, et al. Positional assembly of enzymes in polymersome nanoreactors for cascade reactions. Angew Chem Int Edit, 2007, 46: 7378-7382.
[71] Zhang L, Shi J, Jiang Z, et al. Bioinspired preparation of polydopamine microcapsule for multienzyme system construction. Green Chem, 2011, 13: 300-306.
[72] Lian X, Chen Y P, Liu T F, et al. Coupling two enzymes into a tandem nanoreactor utilizing a hierarchically structured mof. Chem Sci, 2016, 7: 6969-6973.
[73] Han J, Luo P, Wang L, et al. Construction of a multienzymatic cascade reaction system of coimmobilized hybrid nanoflowers for efficient conversion of starch into gluconic acid. ACS Appl Mater Inter, 2020, 12: 15023-15033.
[74] Man T T, Xu C X, Liu X Y, et al. Hierarchically encapsulating enzymes with multi-shelled metal-organic frameworks for tandem biocatalytic reactions. Nat Commun, 2022, 13: 305.
[75] Logan T C, Clark D S, Stachowiak T B, et al. Photopatterning enzymes on polymer monoliths in microfluidic devices for steady-state kinetic analysis and spatially separated multi-enzyme reactions. Anal Chem, 2007, 79: 6592-6598.
[76] Küchler A, Adamcik J, Mezzenga R, et al. Enzyme immobilization on silicate glass through simple adsorption of dendronized polymer–enzyme conjugates for localized enzymatic cascade reactions. RSC Adv, 2015, 5: 44530-44544.
[77] Linko V, Eerikäinen M, Kostiainen M A. A modular DNA origami-based enzyme cascade nanoreactor. Chem Commun, 2015, 51: 5351-5354.
[78] Honda T, Tanaka T, Yoshino T. Stoichiometrically controlled immobilization of multiple enzymes on magnetic nanoparticles by the magnetosome display system for efficient cellulose hydrolysis. Biomacromolecules, 2015, 16: 3863-3868.
[79] Bayer E A, Morag E, Lamed R. The cellulosome--a treasure-trove for biotechnology. Trends Biotechnol, 1994, 12: 379-386.
[80] Shen B. Polyketide biosynthesis beyond the type Ⅰ, Ⅱ and Ⅲ polyketide synthase paradigms. Curr Opin Chem Biol, 2003, 7: 285-295.
[81] Dubey N C, Tripathi B P. Nature inspired multienzyme immobilization: Strategies and concepts. ACS Appl Bio Mater, 2021, 4: 1077-1114.

9

多酶组装系统

9.1 概述

9.1.1 多酶组装的背景及意义

相较于传统化学催化，酶催化具有高选择性和反应条件温和的特点，有利于提高生产过程效率，降低过程成本。与自然界中的生物反应类似，大多数工业生物催化转化过程不能利用一种酶通过一步催化完成，而是需要多步反应。故多酶催化是生物催化领域的研究重点之一。

在自然界中，生物体中的复杂多酶复合体催化不同代谢通路中的级联反应。其中，多酶复合体将不同功能的酶分子组装为精妙的生物分子机器，通过快速传递产物中间体、减少产物抑制效应以及高效再生辅因子等过程，充分发挥各个酶及辅因子的功能，实现生物分子机器的高效运转和生命活动的正常进行。天然多酶复合体或生物分子机器所具有的优势，启发人们尝试在体外构建高效的多酶组装系统，以避免中间产物的分离纯化过程，实现高效的生物催化转化过程。前面各章已经阐述了高效酶分子的设计和发现、工程化改造、修饰以及固定化等在生物催化中的重要性。体内或者体外人工构建高效的多酶复合体，不仅需要性能优异的酶分子或酶制剂，还需要合理调控各酶分子的比例和空间分布，以使级联催化转化过程高效运转。同时，辅因子再生和循环对于含有辅因子参与的氧化还原反应过程也至关重要。而多酶组装系统便可在体内或者体外对多酶的比例和空间分布实现人工精确调控，并且可通过加入辅因子再生酶实现辅因子的循环再生，进而促进生物转化过程的高效运行，提高工业生产效率，降低生产过程成本。

9.1.2 构建多酶组装系统的原理和特点

天然多酶系统中，多酶分子之间往往存在邻近效应（proximity effect）和底物通道效应（substrate channeling）[1]。人工构建多酶组装体的基本原理，便是利用多酶分子间存在的邻近效应和底物通道效应，最大限度提升多酶之间的协同性，实现多酶催化反应的快速进行。

邻近效应是指在空间上降低多酶复合体中酶分子活性位点之间的距离，缩短底物在酶分子间的传递通道，增加酶周围底物浓度，从而提升产物生成速率[1,2]。底物通道效应是指系统中具备某种形式的底物传递通道，其可介导底物传递，将级联催化反应的中间产物（I）从前一个酶（酶 A）释放后直接传递至下一个酶（酶 B）的活性位点，作为酶 B 的底物继续反应。这样，可很大程度上避免 I 扩散到周围溶液中，更多地与酶 B 结合而被催化转化。在自然界中，已发现三类底物通道发生机制，即分子内隧道（intramolecular tunnel）、静电引导

(electrostatic guidance) 和化学摆臂 (chemical swing arms) [3]。关于邻近效应和底物通道效应的详细内容参见第 8 章。

多酶组装体一般具有以下特点：由于邻近效应和底物通道效应的存在，可一定程度上消除产物抑制效应、促进中间产物的传递以及辅因子原位再生。相较于传统的多酶固定化，采用组装构建的多酶系统能够更加精确地模拟自然界的多酶复合系统，实现酶空间位置和比例的人工调控。多酶组装不仅可以在体外构建，也可以在体内构建。在微生物细胞内构建多酶组装体，可加速关键代谢通路反应，提高细胞工厂的生产效率。

目前，常用于实现多酶精确可控组装的方法主要包括蛋白质支架系统、多肽自组装系统、多肽-蛋白质相互作用系统、核酸支架系统以及脂质支架系统。本章将系统介绍各个多酶组装系统的原理、特点和应用。

9.2 基于蛋白质支架的多酶组装系统

9.2.1 Cohesin-Dockerin 系统

自然界中的纤维素小体是一种锚定在厌氧细菌细胞壁上、由多酶组装成复杂结构的天然多酶催化反应器。纤维素小体是由一些厌氧细菌和真菌分泌的蛋白质所组成的用于降解纤维素的复合物。纤维素小体主要由三部分组成，包括支架蛋白质模块、Dockerin 和纤维素酶（外切葡聚糖酶、内切葡聚糖酶与木聚糖酶等）（图 9-1）。广泛研究的纤维素小体为来自热纤梭菌（*Clostridium thermocellum*）的 CipA。支架蛋白质负责将纤维素小体固定到细胞膜上，将纤维素酶固定在纤维素小体上，以及将纤维素小体与纤维素结合。支架蛋白质主要由 Ⅰ 型 Cohesin、Ⅱ 型 Cohesin 及纤维素结合模块构成（图 9-1），正是因为这三个模块的性质赋予了支架蛋白质上述的多功能性。Ⅰ 型 Cohesin 对 Ⅰ 型 Dockerin 结构域表现出强亲和力，而且 Ⅰ 型 Dockerin 结构域通常与纤维素酶连接。支架蛋白质中通常含有各种各样的 Ⅰ 型 Cohesin，

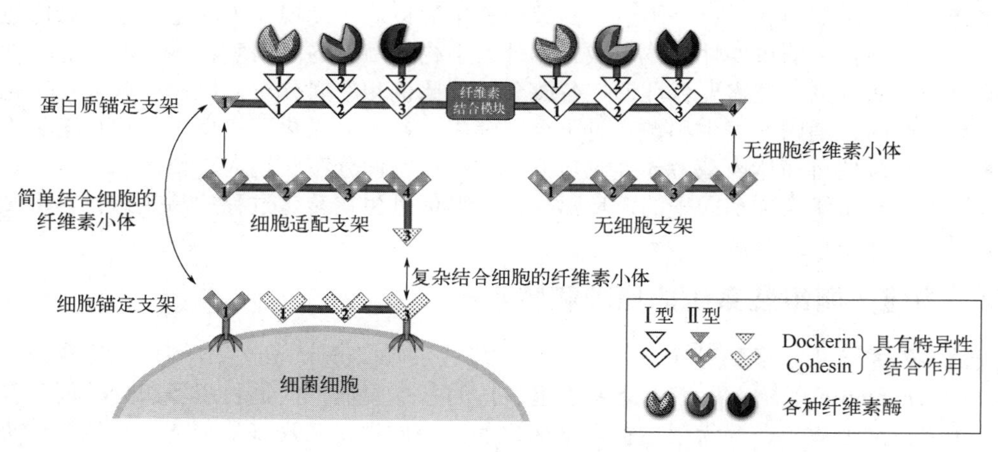

图 9-1 天然纤维素小体的结构示意图

天然纤维素小体存在三种形式：简单结合细胞的纤维素小体、复杂结合细胞的纤维素小体及无细胞纤维素小体。这些纤维素小体主要通过蛋白质锚定支架上的 Dockerin 与细胞锚定支架或无细胞支架上的 Cohesin 之间的特异性相互作用而形成。其中，复杂结合细胞的纤维素小体通过细胞适配支架将蛋白质锚定支架与细胞锚定支架连接起来，但整个结合过程也是基于 Cohesin-Dockerin 之间的特异性相互作用。Cohesin 与 Dockerin 上的纹路和数字代表具有不同结合作用的 Cohesin-Dockerin 对

用于紧密锚定多种纤维素降解酶。例如，来自热纤梭菌的纤维素小体含有63种Ⅰ型Cohesin。Ⅱ型Cohesin通常与细胞表面的Ⅱ型Dockerin进行连接，使得支架附着在细胞表面。实际上，纤维素小体是一种天然的蛋白质支架，它结合了一系列的纤维素降解酶，并含有纤维素结合域，使纤维素小体能够接近其底物。这些支架的优点是，使底物和纤维素降解酶接近，允许酶之间的相互协作，导致更有效的纤维素降解[4]。

纤维素小体中Cohesin-Dockerin之间较强的结合作用赋予了纤维素小体强大的水解功能，而且Cohesin-Dockerin不具有跨物种识别功能，即一种Cohesin只能与其相应的Dockerin发生结合。这种高特异性的结合作用源于Cohesin-Dockerin的结构特征和作用方式。以来自热纤梭菌CipA的第二Cohesin结构域（Cohesin 2）与来自*C. thermocellum* Xyn-10B中的Dockerin结构域和C末端家族22碳水化合物结合模块的融合蛋白为例（图9-2）[5]。如图9-2所示，Cohesin-Dockerin复合物的形成主要通过Cohesin的一个面与Dockerin的α螺旋1和3之间的疏水相互作用介导，并且在Cohesin与Dockerin的结合过程中，Cohesin的结构基本保持不变，而Dockerin结构域中的loop-helix-helix-loop-helix基序发生了构象变化，但其结构中的两个钙离子仍保持经典12-残基EF-hand配位。值得注意的是，Dockerin内部呈现近乎完美的双对称结构，这两个对称结构可能以类似的方式与Cohesin相互作用，从而为纤维素小体提供了更高水平的结构。该结构解释了Cohesin-Dockerin对之间缺乏跨物种识别的原因，从而为这些催化组件的合理设计、构造和开发提供了蓝图。

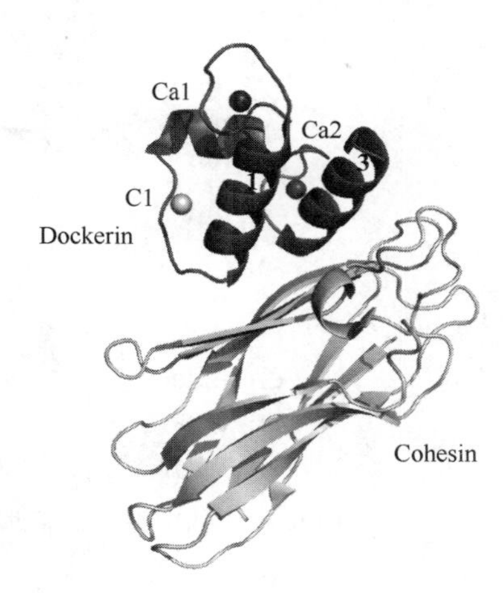

图9-2 Cohesin-Dockerin复合物的结构[5]

受自然界中纤维素小体结构特性的启发，涌现了大量利用Cohesin-Dockerin这对亲和标签构建人工多酶级联体系的研究报道。一般是选择不同来源的Cohesin组建蛋白质支架，然后将目的蛋白质与相应的Dockerin结构进行连接，通过Cohesin-Dockerin之间的亲和作用，可将目的蛋白质锚定在特定蛋白质支架上。此外，蛋白质支架除包括Cohesin组分外，还含有载体锚定结构域，载体一般指纤维素、酵母菌及大肠杆菌。生物体内的蛋白质支架因含有大量的Cohesin而具有长且复杂的结构，但是这种生物固有的蛋白质支架在体外/其他细胞进行异源表达及分泌具有一定的复杂性与困难度。所以，目前开发最多的是短蛋白质支架与微纤维素小体，其不会引起宿主细胞过高的代谢负担。Xu等利用Cohesin-Dockerin之间的特异性相互作用和大肠杆菌-冰核蛋白之间的结合作用，在大肠杆菌表面对脂肪酶、羧酸还原酶和醛还原酶进行了组装，用于将三酰基甘油高效转化为脂肪醇（图9-3）[6]。同时，通过可遗传编码调控三种酶的比例及位置（图9-4），优化后多酶组装体系表现出更高的产物收率。除此之外，在高温、酸性/碱性环境、有机溶剂或高底物浓度等不利环境条件下，上述多酶组装体系具有较好的稳定性。Yang等根据Cohesin-Dockerin亲和标签，在解脂耶氏酵母细胞表面构建了多酶共固定化体系，用于合成脂肪酸衍生的碳水化合物[7]。其中融合不同Dockerin的各酶在酵母细胞内表达后分泌至细胞外，然后通过Cohesin-Dockerin之间的特异性相互作用，可实现各酶在酵母细胞表面的固定化。该共固定化多酶体系的制备无需复杂的蛋白质分离纯化步骤，有助于降低生产成本。此外，该多酶共固定化体系相较于游离多酶体系具有更高的催化效率与稳定性。除利用Cohesin-Dockerin亲和标签构建多酶复合物用于降解纤维素或合成化学品外，在降解塑料方面也有应用。塑料降解酶通过Cohesin-Dockerin亲和标签展示在酵母表面，表面展示的塑料降解酶稳定性得到提高，降解塑料能力与游离酶相比提高了 36 倍[8]。Li 等利用 Cohesin-Dockerin 之间的特异性相互作用及纤维素结合模块将脂肪酶与 P450 脂肪酸脱羧酶固定在纤维素上，用于生物合成炔类物质（图 9-5）[9]。多酶共固定化体系与游离多酶体系相比，初始反应速率最多提高了 12.5 倍，这是由于在 Cohesin-Dockerin 介导形成的多酶复合物体系中产生了邻近效应。除此之外，上述多酶共固定化体系还增加了酶的稳定性及重复使用性。

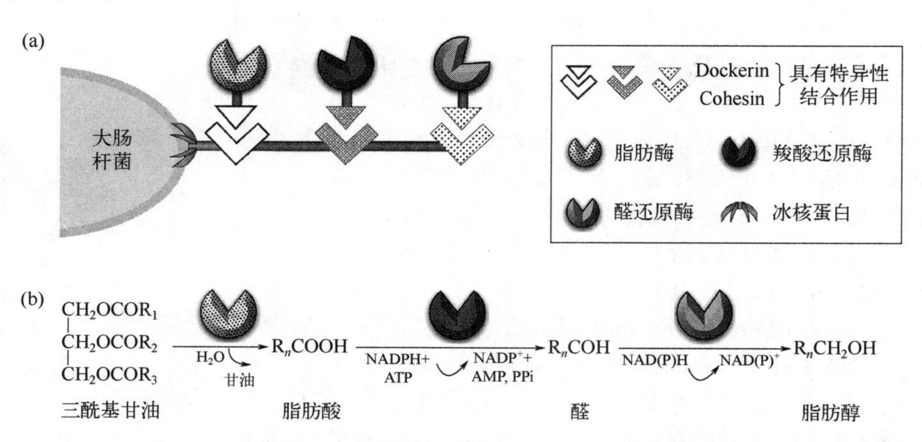

图 9-3 （a）细胞表面展示构建多酶复合物与（b）多酶级联反应用于生成脂肪醇

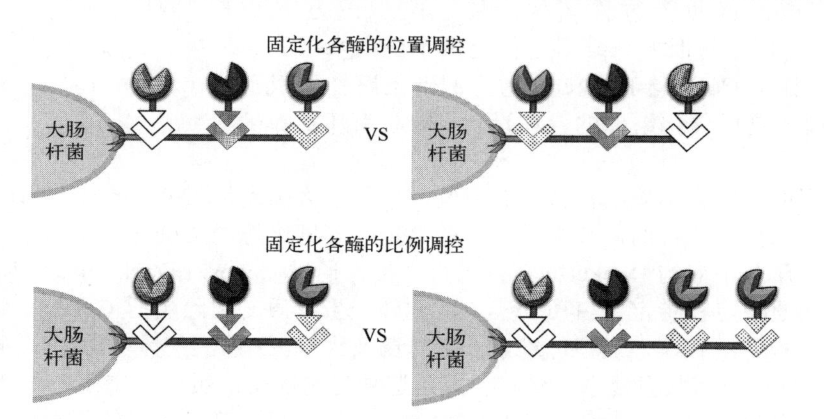

图 9-4 基于 Cohesin-Dockerin 特异性结合标签对多酶共固定化位置及比例进行调控

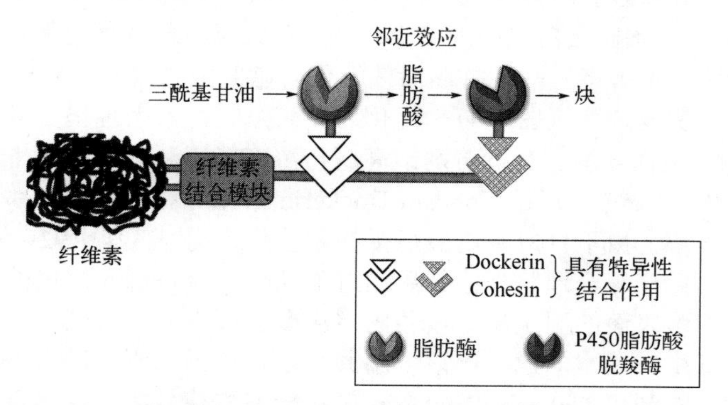

图 9-5 纤维素表面构建多酶复合物用于生物合成炔类物质

9.2.2 蛋白质纳米笼

生物体中存在种类繁多的蛋白质笼形结构，它们是由一种或几种蛋白质亚基自组装形成的空心笼状结构，一般具有正四面体、正八面体、正二十面体等对称性。自然界中的蛋白质纳米笼主要包括病毒样颗粒（VLP）[10~13]、铁蛋白（ferritin）[14]、伴侣蛋白（GroEL）[15]、稳定蛋白 1（SP1）[16]以及热激蛋白（Hsp）等（图 9-6）[17,18]。

图 9-6 天然蛋白质纳米笼

（a）噬菌体 P22（bacteriophage P22）；（b）豇豆花叶病毒（cowpea mosaic virus，CPMV）；（c）噬菌体 MS2（bacteriophage MS2）；（d）小热激蛋白（small heta-shock protein）；（e）铁蛋白（ferritin）；（f）伴侣蛋白（GroEL）

病毒样颗粒（virus-like particles，VLP）也被称作类病毒颗粒，是病毒的衣壳结构蛋白自组装而成的空壳结构。它不含病毒的遗传物质，无法自我复制，没有感染性。病毒样颗粒可以与天然病毒形成同样的结构和形貌，也可以在形貌、尺寸和亚基数量上与天然病毒不同。目前已经报道的病毒样颗粒主要有豇豆花叶病毒（cowpea mosaic virus，CPMV）、豇豆褪绿斑点病毒（cowpea chlorotic mottle virus，CCMV）、重组乙型肝炎病毒衣壳（recombinant hepatitis B virus capsids）、噬菌体 P22（bacteriophage P22）、噬菌体 MS2（bacteriophage MS2）以及噬菌体 Qβ（bacteriophage Qβ）等。

CPMV 的衣壳蛋白由 60 个大亚基和 60 个小亚基蛋白质组装成直径为 30nm 的二十面体蛋白质纳米笼。CPMV 的结构很稳定，在 60℃下可至少保持 1h，在 pH 4～9 的室温溶液中可以存在至少 2d。对 CPMV 内部和外部氨基酸残基进行修饰可以实现 CPMV 蛋白质纳米笼对不同药物和蛋白质的负载。CCMV 的衣壳由 180 个完全相同的衣壳蛋白组成二十面体外壳，组装后的衣壳外部和内部尺寸分别为 28nm 和 24nm。CCMV 内部带负电荷的单链 RNA 与带正电的衣壳蛋白内表面发生强烈的相互作用，进而实现病毒衣壳蛋白对 RNA 的包被，衣壳蛋白内表面强烈的正电荷性质主要是由此部分结构上存在大量碱性氨基酸(精氨酸和赖氨酸)所导致的。此外，CCMV 形成的蛋白质纳米笼表面还具有 60 个 2nm 的孔结构，该孔结构可以实现笼内部与外部的物质交换和分子传递。当 pH≥7.5 或者高离子强度下（约 1mol/L），蛋白质纳米笼会发生去自组装形成二聚体释放包被的 RNA，pH 降低至 4.5 左右会促使二聚体重新自组装为蛋白质纳米笼。噬菌体 MS2 为单链 RNA 噬菌体，它的衣壳由 180 个相同衣壳蛋白自组装为正二十面体结构，颗粒的直径为 27nm，表面分布有 32 个 2nm 的孔结构，可促进噬菌体内部和外部的物质交换，并且对温度、pH 以及有机溶剂都表现出较好的耐受性，可作为生物支架材料应用于多个方向。噬菌体 P22 为双链 DNA 噬菌体，它的衣壳则由 420 个衣壳蛋白（CP）与 100～300 个支架蛋白质（SP）的 C 末端通过非共价键相互作用共同自组装为二十面体对称蛋白质纳米笼。噬菌体 P22 蛋白质纳米笼的尺寸为 58nm，改变组装温度和时间可调整噬菌体 P22 蛋白质纳米笼的孔隙度和内部体积。

VLP 所形成的蛋白质纳米笼在蛋白质亚基相互作用界面上往往会形成孔结构，孔的直径因蛋白质纳米笼的不同而各不相同。蛋白质纳米笼亚基之间的孔结构可以连通纳米颗粒的内部与外部环境，底物分子可以通过这些孔结构。此外，孔结构还可以对底物分子起到选择性作用，仅允许小于孔径的分子进入。在 VLP 中，有些孔结构由带电或者疏水性氨基酸组成，这时孔结构则可以根据电荷和极性选择性地传输底物分子。由于病毒样颗粒是通过蛋白质亚基自组装形成的至少含有一个空腔的中空纳米颗粒，并且所形成的空腔尺寸足够用于酶分子的封装，底物分子则可以通过亚基之间的孔结构与内部酶分子进行接触，因此 VLP 也被应用于多酶自组装研究中。以下主要介绍 CCMV 和噬菌体 P22 在多酶自组装中的应用。

Brasch 等利用 CCMV 构建了酶-模拟酶和双酶两种自组装系统[19]。在酶-模拟酶自组装系统中，葡萄糖氧化酶（GOx）通过共价作用修饰带有负电荷的单链 DNA（ssDNA），构成 GOx-ssDNA，同时在组装体中加入血红素以结合 ssDNA 形成具有过氧化物酶活性的 DNA 模拟酶（DNAzyme）。DNA 模拟酶以 2,2′-联氮-双-3-乙基苯并噻唑啉-6-磺酸（$ABTS^{2-}$）为底物并结合 GOx 催化产生的 H_2O_2 形成 ABTS 氧化自由基（$ABTS^{+}$）（图 9-7）。该复合体与 CCMV 衣壳蛋白混合后可形成包含有酶-模拟酶的蛋白质纳米笼结构，被包封的双酶都具有催化活性，双酶级联催化反应的米氏常数 K_m 增加 2.2 倍，速度常数 k_{cat} 提升 1.2 倍。在天然双酶自组装系统中，葡萄糖酸激酶（GCK）共价修饰 ssDNA 的互补序列 csDNA 得到 GCK-csDNA，再将 GOx-ssDNA、GCK-csDNA 和 CCMV 共混合后，可实现 CCMV 对 GOx-ssDNA 和 GCK-csDNA 的共封装（图 9-8）。葡萄糖在 CCMV 蛋白质纳米笼内经双酶级联催化反应转化为 D-6-磷酸葡萄糖，生成的 D-6-磷酸葡萄糖可由蛋白质纳米笼外未封装的 6-磷酸葡萄糖脱氢酶进一步转化为 5-磷酸核酮糖，封装后双酶的 K_m 值增大，k_{cat} 值得到提升。酶-模拟酶和天然双酶采用 CCMV 封装后都发生 K_m 值增大的现象，主要是由于底物进入蛋白质纳米笼内部依靠笼表面的孔结构进行传递，具有较大的传质阻力，而 k_{cat} 的提升可能是由于中间产物在蛋白质纳米笼内部局部浓度提升或者双酶分子之间的邻近效应所致。

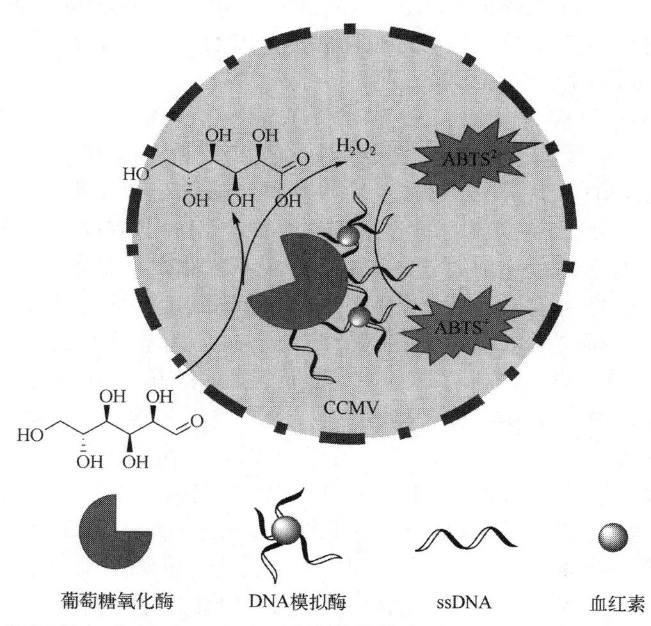

图 9-7　豇豆褪绿斑点病毒（CCMV）封装葡萄糖氧化酶和 DNA 模拟酶及其催化反应

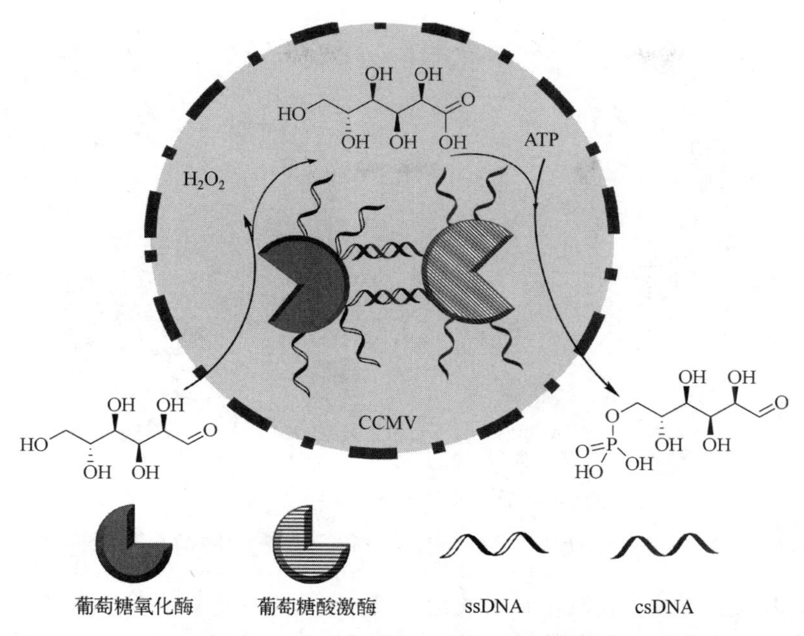

图 9-8　豇豆褪绿斑点病毒（CCMV）封装葡萄糖氧化酶和葡萄糖酸激酶

相较于上述 CCMV 蛋白质纳米笼，噬菌体 P22 蛋白质纳米笼内部体积更大，可应用于更多酶的自组装。Patterson 等实现了三酶系统在噬菌体 P22 中的自组装[20]，其中四聚体蛋白 β-半乳糖苷酶（CelB）、单体蛋白 ATP 依赖半乳糖激酶（GALK）和二聚体蛋白 ADP 依赖葡萄糖激酶（GLUK）与噬菌体 P22 的支架蛋白质（SP）进行共融合表达（GALK-GLUK-CelB-SP）。在三酶所组成的级联反应中，CelB 负责将乳糖转化为半乳糖和葡萄糖，半乳糖由 GALK 进一步催化形成 1-磷酸乳糖，葡萄糖则由 GLUK 催化形成 6-磷酸葡萄糖，GALK 和 GLUK 分别与 CelB 形成双酶级联反应，而 GALK 和 GLUK 则形成 ATP 循环再生级联反应［图 9-9（a）］。GALK-GLUK-CelB-SP 与衣壳蛋白（CP）进行共表达后，SP 与 CP 通过相互作用形成噬菌体 P22 蛋白质纳米笼对 GALK-GLUK-CelB-SP 的包封［图 9-9（b）］，所形成的蛋白质纳米笼中共计有 15 个三酶融合模块。在仅以乳糖和 ATP 为底物的条件下，所形成的三酶级联催化纳

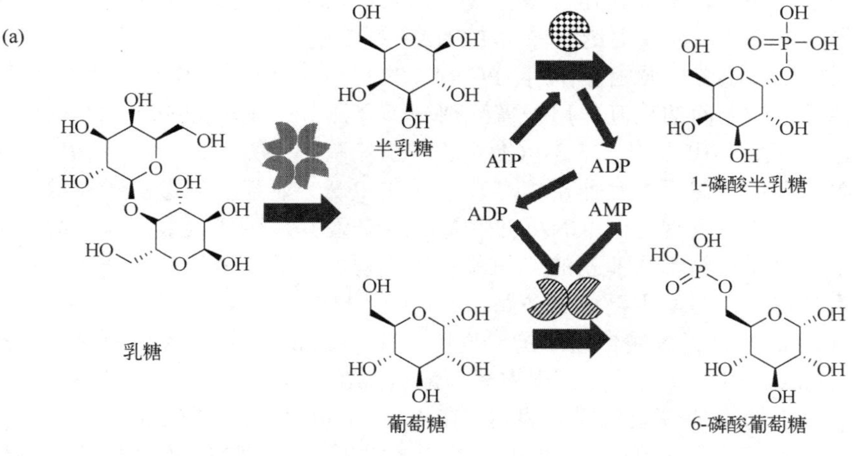

(a)

乳糖　半乳糖　葡萄糖　ATP　ADP　ADP　AMP　1-磷酸半乳糖　6-磷酸葡萄糖

图 9-9

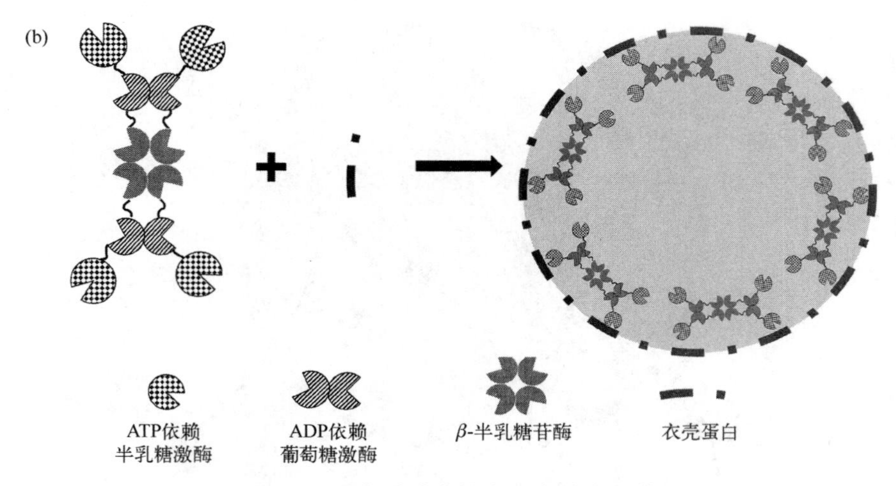

图 9-9 蛋白质纳米笼介导多酶自组装

(a) 三酶级联催化将乳糖转化为1-磷酸半乳糖和6-磷酸葡萄糖；(b) 噬菌体P22病毒样颗粒介导三酶自组装[20]

米反应器可以获得1-磷酸半乳糖和6-磷酸葡萄糖，证实了三酶级联反应在纳米反应器内部发生，并且所形成的三酶纳米反应器催化速率比双酶构建的纳米反应器提升2倍，进一步说明纳米笼共组装多酶对于级联催化反应改善具有重要作用。

9.2.3 增殖细胞核抗原系统

增殖细胞核抗原（proliferating cell nuclear antigen，PCNA）是一种三聚体环状蛋白，其作为DNA相关酶（DNA聚合酶、DNA连接酶、内切酶以及糖基化酶）的支架与双链DNA（dsDNA）相连。PCNA在古细菌中是保守的，并且古细菌的PCNA与真核生物中的PCNA相似，都是同源三聚体（homotrimer）。而来源于硫磺矿硫化叶菌（*Sulfolobus solfataricus*）和其他硫化叶菌（*Sulfolobus*）的PCNA则为异源三聚体（heterotrimer）[21]。硫磺矿硫化叶菌PCNA（SsPCNA）三个亚基PCNA1、PCNA2和PCNA3之间的序列相似性为22%，具有相似的折叠结构。PCNA中的每个亚基由两个重复结构域组成，每个结构域类似于三角形，三角形的三条边中一条由两个α螺旋组成，另外两条分别由两个β折叠组成。两个结构域通过各自的一个β折叠进行相互作用形成扩展β折叠结构（图9-10）。SsPCNA三个亚基之间的相互作用分别为PCNA1的N端结构域与PCNA3的C端结构域相互作用，PCNA1的C端结构域与PCNA2的N端结构域相互作用，PCNA2的C端结构域与PCNA3的N端结构域相互作用，并且各个亚基之间的相互作用无需溶剂分子介导，最终使得SsPCNA三个亚基形成一个环形结构蛋白（图9-10）[22]。在SsPCNA的三个亚基之间，PCNA1与PCNA2会先形成一个稳定的异源二聚体，然后相互作用相对较弱的PCNA3亚基参与进来形成异源三聚体。通过蛋白质晶体结构研究发现，SsPCNA三个亚基的C端暴露于环状蛋白同一侧，也即可以人为地将酶分子融合表达至不同亚基的C末端，以实现多个酶分子位于SsPCNA同一侧，进而构建出多酶组装体，最终实现高效的多酶级联反应[22]。

在利用SsPCNA进行多酶自组装的研究中，Nagamune等将细胞色素P450cam、假单胞氧还原蛋白（PdX）和假单胞氧还原蛋白还原酶（PdR）通过基因工程方法分别与PCNA3、PCNA2和PCNA1的C末端进行融合表达。在体外，PdR-PCNA1与PdX-PCNA2首先形成稳定的二聚体，然后加入P450cam-PCNA3与二聚体蛋白自组装形成异源三聚体多酶反应器[图9-11（a）]，所构建的多酶反应器与相同比例单酶混合物相比催化活性提升50倍[23]。进一

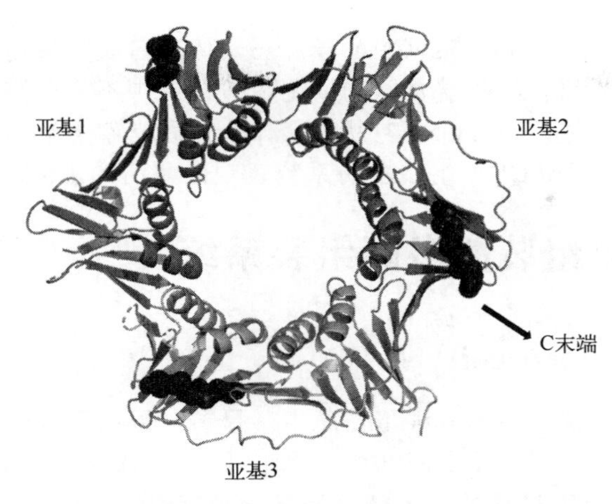

图 9-10 增殖细胞核抗原（SsPCNA）的三级结构

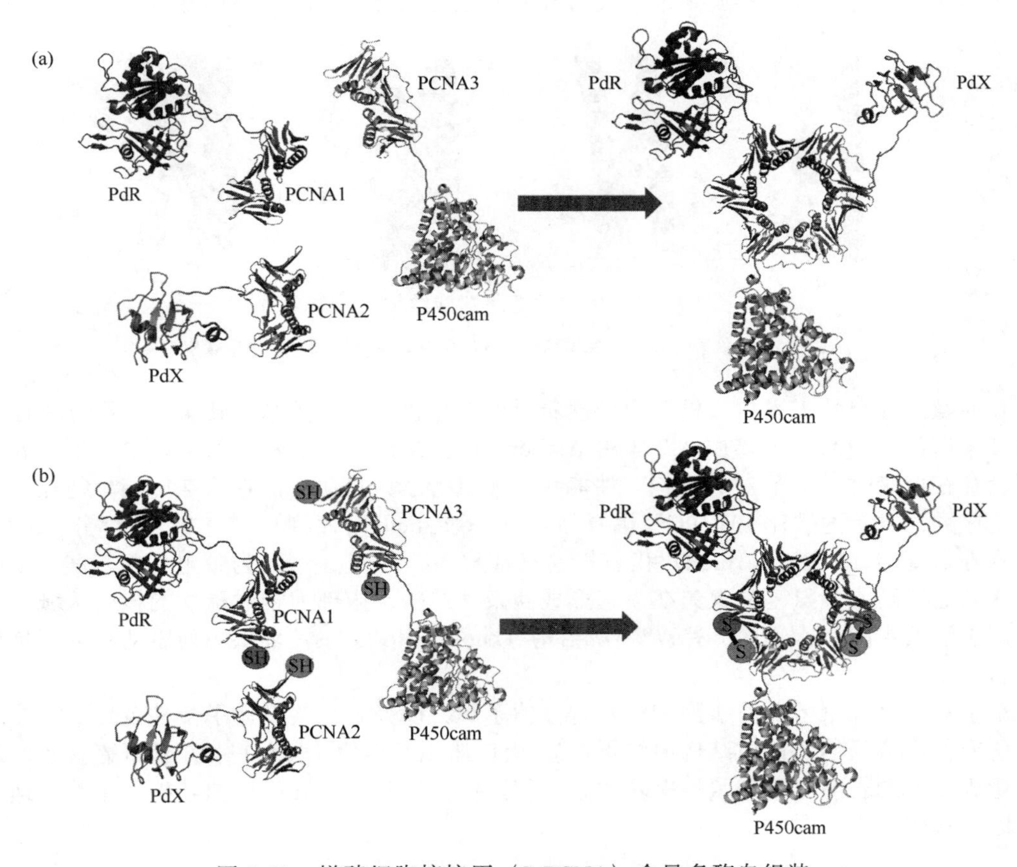

图 9-11 增殖细胞核抗原（SsPCNA）介导多酶自组装

(a) 野生型 SsPCNA 介导多酶自组装；(b) 突变型（加入二硫键）SsPCNA 介导多酶自组装

步研究发现，由于 PCNA3 与 PCNA1-PCNA2 二聚体间的相互作用较弱，与 PCNA3 融合的酶分子很容易从三聚体多酶反应器上解离下来，进而造成多酶组装体表观比酶活下降。为了增加 PCNA3 与 PCNA1-PCNA2 二聚体间的相互作用强度，该课题组在 PCNA1-PCNA2 二聚体与 PCNA3 相互作用界面上设计了亚基之间的二硫键（$PCNA1_{G108C}$-$PCNA2_{L171C}$-$PCNA3_{T180C/R112C}$）

[图 9-11（b）][24]。将重新设计的 SsPCNA 异源三聚体蛋白质支架用于上述多酶自组装级联反应中，组装体系在加入氧化型谷胱甘肽的情况下，系统中不再有游离的 P450cam-PCNA3，说明加入二硫键解决了低浓度下 PCNA3 从三聚体蛋白质支架上解离的问题，多酶表观比酶活也得到了提升，是野生型 PCNA 组装多酶系统表观比酶活的 1.6 倍[24]。

9.3 基于多肽自组装的多酶组装系统

9.3.1 卷曲螺旋（coiled-coil）系统

α 螺旋（α-helix）普遍存在于各种蛋白质中，是参与蛋白质低聚反应的一种重要二级结构，也是最早被认定的一种蛋白质空间结构基本组件。卷曲螺旋（coiled-coil）是由两股或两股以上的 α 螺旋相互缠绕而形成的平行或者反平行左手超螺旋结构（图 9-12）。根据卷曲螺旋是由同种螺旋还是异种螺旋组成，又可分为同型卷曲螺旋和异型卷曲螺旋。

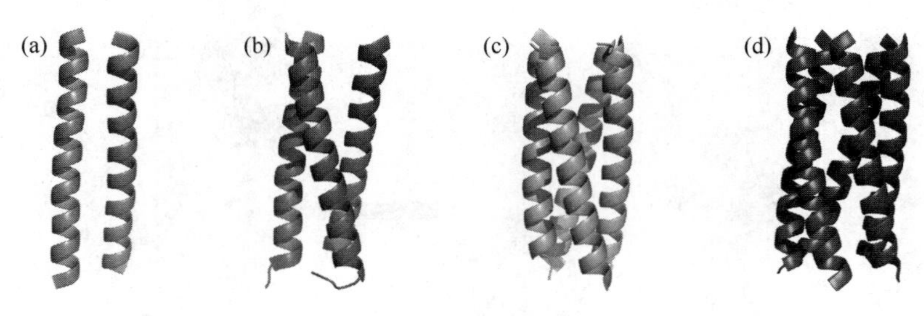

图 9-12　卷曲螺旋结构

（a）二聚体螺旋；（b）三聚体螺旋；（c）四聚体螺旋；（d）五聚体螺旋

卷曲螺旋在自然界蛋白质机器中扮演着重要的角色，参与到基因转录、细胞分化以及病毒感染等广泛生命活动中。自 1930 年由 Astbury 通过 X 射线衍射从天然纤维中发现有 α 型卷曲螺旋存在以来[25]，人们对其结构、性能和功能进行了大量研究。卷曲螺旋结构往往是七肽的重复序列，表示为“HPPHCPC”重复序列（也称 abcdefg 序列），其中的 H 部分（a,d）代表疏水性氨基酸、P 部分（b,c,f）代表极性氨基酸、C 部分（e,g）为带电性氨基酸。α 螺旋多肽序列通过疏水性氨基酸聚集在一起形成两亲性结构，内部为相对疏水的核心区域，外部为暴露于溶液中的亲水表面，并以杵-臼结构（knobs-into-holes）堆积排列驱动和调节蛋白质聚集。

基于对天然寡聚蛋白质序列和结构特性的了解，研究者从头设计了多种多样的卷曲螺旋用于研究和模拟天然蛋白质结构中的蛋白质-蛋白质相互作用（表 9-1），并且研究者还通过调节 α 螺旋序列的长度、亲疏水性氨基酸分布和连接方式来改变 α 螺旋的结构稳定性、螺旋链取向以及寡聚状态。

表 9-1　人工设计用于形成卷曲螺旋的 α 螺旋

名称	氨基酸序列	参考文献
α3-peptide	$(LGTLALA)_3$	[26]
r3-peptide	$(ALALTGL)_3$	[27]
SAF-p1	KIAALKQKIASLKQEIDALEYENDALEQ	[28]
SAF-p2	KIRALKAKNAHLKQEIAALEQEIAALEQ	[28]

续表

名称	氨基酸序列	参考文献
SAF-p3	EIDALEYENDALEQKIAALKQKIASLKQ	[28]
His_6-T40A	MRGSHHHHHHGSGDLAPQMLRELQEANAALQDVRELLRQQvKEITFLKNTVMESDASGKLN	[29]
His_6-L44A	MRGSHHHHHHGSGDLAPQMLRELQETNAAAQDVRELLRQQVKEITFLKNTVMESDASGKLN	[29]
Q	MRGSHHHHHHGSIEGRVKEITFLKNTAPQMLRELQETNAALQDVREL	[30]
CC-Di	GEIAALKQEIAALKKENAALKWEIAALKQGYY	[31]
CC-Tri	GEIAAIKQEIAAIKKEIAAIKWEIAAIKQGYG	[31]
CC-Tri3	EIAAIKKEIAAIKQEIAAIKQGWW	[32]
CC-Tet	GELAAIKQELAAIKKELAAIKWELAAIKQGAG	[31]
CC-Tet2	GNILQEVKNILKEVKNILWEVKNILQEVKG	[31]
CC-Pent	GKIEQILQKIEKILQKIEWILQKIEQILQG	[31]
CC-Hex-T	GELKAIAQELKAIAKELKAIAWELKAIAQGAG	[31]
CC-Hex2-T	GEIAKSLKEIAKSLKEIAWSLKEIAKSLKG	[31]
CC-Hex3-T	GEIAQSIKEIAKSIKEIAWSIKEIAQSIKG	[31]
CC-Hep-T	GEIAQALKEIAKA LKEIAWALKEIAQALKG	[31]
A-B′	AQLEKELQALEKLAQLEWE NQALEKELAQAQLKKKLQANKKELAQLKWKLQALKKKLAQ	[33]
Z_R	EIRAAFLRRRNTALRTRVAELRQRVQRLRNIV SQYETRYGPL	[34]
Z_E	LEIEAAFLERENTALETRVAELRQRVQRARNRVSQYRT RYGPL	[34]
RIAD	CGQIEYLAKQIVDNAIQQAGC	[35]
RIDD	CGHIQIPPGLTELLQGYTVEVLRQQPPDLVEFAVEYFTRLREARA	[35]
ELP [$V_1A_8G_7$-n]	MSKGPG [(VPGVG) $(VPGAG)_8$ $(VPGGG)_7]_n$YP	[36]
CSP	MRGSH6GSGRLRPQMLRELQRTNAALRDVRELLRQQVKEITRLKNTVRRSRASGKLN	[37]
CC-Di-A	EIAALEKENAALEQEIAALEQGWW	[32]
CC-Di-B	KIAALKKKNAALKQKIAALKQGWW	[32]

二聚体卷曲螺旋是最常见的一种超螺旋结构，也是研究量最大和从头设计最多的一种 α 螺旋寡聚化结构[38,39]。亮氨酸拉链（leucine zipper）是一种天然的二聚体卷曲螺旋结构，其中 α 螺旋由 60～80 个氨基酸组成，所形成的二聚体具有碱性区域和 C 端拉链区域两部分（图 9-13）。碱性区域用于和 DNA 结合，而 C 端拉链区由两条 α 螺旋盘绕形成二聚体。C 端拉链区为长度可变换的两亲性氨基酸序列，亮氨酸每间隔 7 个残基重复出现一次，依靠双链中亮氨酸的相互作用形成二聚体。

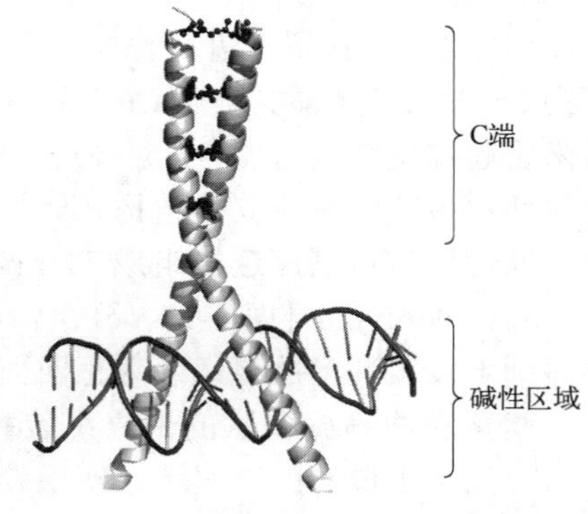

图 9-13　亮氨酸拉链与 DNA 复合结构（球棍结构为拉链区域的亮氨酸）

在卷曲螺旋自组装为纤维的研究中，Woolfson 等依靠对天然亮氨酸拉链结构和形成机制的理解，设计了两条由 28 个氨基酸构成的自组装 α 螺旋多肽，即 SAF-p1 和 SAF-p2，并在螺旋多肽 SAF-p1 和 SAF-p2 重复序列中的 C 位置设计了赖氨酸和谷氨酸构成黏性末端（sticky ends），可实现纤维组装体扩展形成微米或者更长级别螺旋多肽纤维组装体［图 9-14（a）］[40]。另外，研究人员还设计了由 3 个重复 LETLAKA 序列（21 肽）组成的 α3-peptide 螺旋［图 9-14（b）］，

此 α 螺旋可在溶液中形成直径为 5～10nm 的同源四聚体卷曲螺旋，增加溶液中的 KCl 浓度可以使自组装形成的纳米原纤维进一步组装为尺寸更大的纤维组装体。将 α3-peptide 的七肽重复序列进行倒置可获得由 3 个重复单元 AKALTEL 构成的 r3-peptide［图 9-14（b）］。相较于 α3-peptide，r3-peptide 可以自组装为尺度更大的纤维组装体，并且增加溶液中盐浓度可使此 21 肽所形成的组装体更稳定[26,27]，说明 r3-peptide 自组装中疏水性相互作用发挥了主导作用。

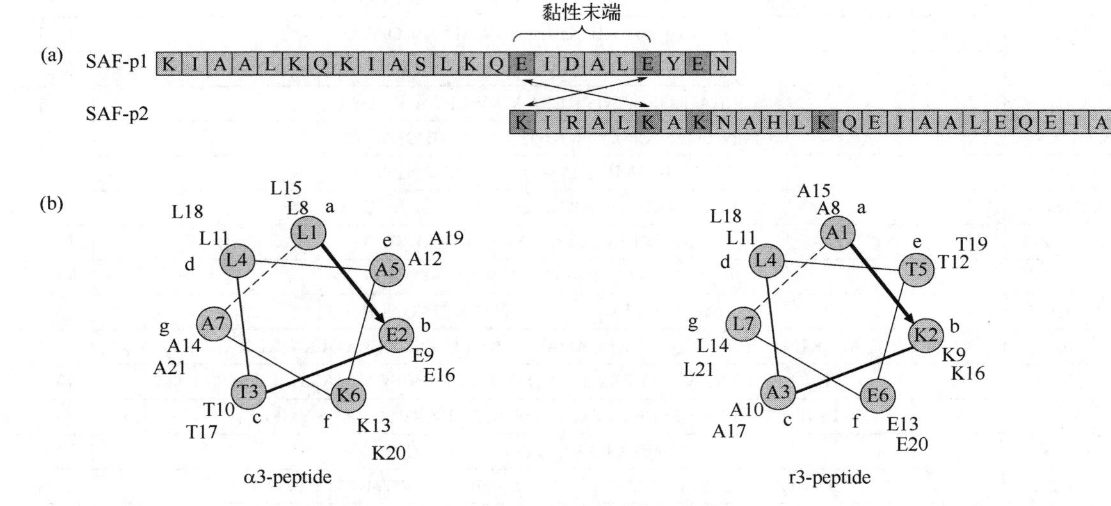

图 9-14　α 螺旋多肽序列

（a）SAF-p1 和 SAF-p2 及其组装结构；（b）α3-peptide 和 r3-peptide（21 肽）的螺旋结构（abcdefg 为七肽重复序列，a 位置为螺旋多肽的 N 端起始位置）

卷曲螺旋不仅可以组装形成纤维，还可以组装成纳米管和纳米笼。Burgess 等对不同寡聚状态多肽的 C 末端用带电氨基酸（E/K）进行替换，同时对 N 端附近的疏水核心氨基酸（重复序列中的 H 位置）进行替换。在重新设计的多肽中，六聚体（CC-Hex）卷曲螺旋的修饰序列 CC-Hex-T 依靠其自身 C6 对称性和螺距等于重复序列单位长度整倍数的性质可自组装为纳米管超螺旋结构［图 9-15（a），（b）］[31]。而应用多个 α 螺旋组装成不同配对的卷曲螺旋则可获得多肽纳米笼立体结构。比如 Gradišar 等将 3 对异源二聚体 α 螺旋肽与 3 对同源二聚体 α 螺旋肽进行顺序连接组成 TET12 肽，经大肠杆菌表达并纯化后可自组装形成正四面体结构，粒径为 6.9nm［图 9-15（c），（d）］。删除 TET12 肽中 C 末端多肽或者调整内部多肽部分顺序则难以实现多肽自组装为正四面体结构[41]。

基于卷曲螺旋多肽的聚集组装特性，可以通过基因工程手段将其与蛋白质进行融合表达，应用于蛋白质的自组装，实现卷曲螺旋多肽组装支架的功能化。在卷曲螺旋多肽应用于多个蛋白质自组装的研究中，Shekhawat 等将萤火虫荧光素酶（firefly luciferase）截断为两个部分，C 端结构域（CFluc）和 N 端结构域（NFluc）。两个结构域分别和自抑制反向平行的卷曲螺旋（A-B′/B）进行融合表达获得 CFluc-A-TEV-B′和 B-NFluc，A 螺旋与 B′螺旋之间加入烟草花叶病毒蛋白酶降解序列（cleavable linker，TEV）（图 9-16）。CFluc-A-TEV-B′之间的 TEV 被蛋白降解酶切断后，CFluc-A 与 B-NFluc 进行自组装使荧光素酶形成具有催化活性的完整结构，实现对荧光素酶活性开/关的人工调控[33]。

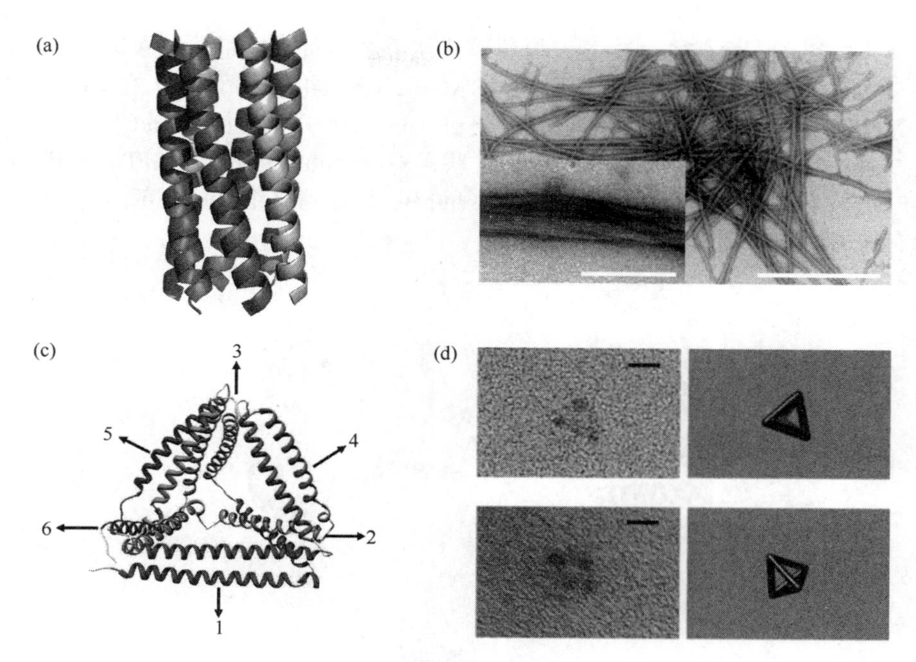

图 9-15　卷曲螺旋多肽自组装

(a) 六聚体卷曲螺旋三级结构 CC-Hex；(b) 六聚体 CC-HexT 组装形成纳米管超螺旋的透射电镜图[31]；(c) 卷曲螺旋 TET12 组装为正四面体结构（1,3,4 为同源二聚体；2,5,6 为异源二聚体）；(d) 卷曲螺旋 TET12 组装为正四面体的透射电镜图[41]

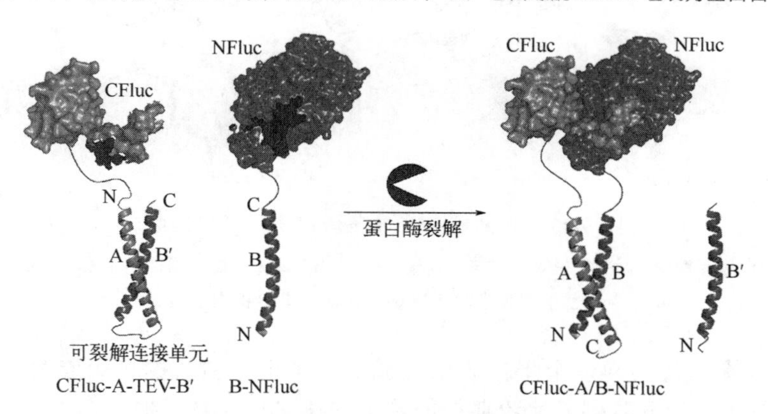

图 9-16　卷曲螺旋多肽（A-B′/B）介导荧光素酶自组装[33]

另外，利用卷曲螺旋结合类弹性黏蛋白（elastin-like polypeptides，ELP）对温度的响应性可构建温度响应性两亲性模块，实现多个蛋白质自组装为类囊泡结构[34]。亮氨酸拉链螺旋 Z_R 与 ELP 进行融合获得 Z_R-ELP 模块，亮氨酸拉链螺旋 Z_E 分别与红色荧光蛋白（mCherry）和增强型绿色荧光蛋白（EGFP）融合构建 mCherry-Z_E 和 EGFP-Z_E。通过 Z_E/Z_R 异源二聚体之间的强相互作用，mCherry-Z_E 和 EGFP-Z_E 可分别与 Z_R-ELP 形成 mCherry-Z_E/Z_R-ELP 和 EGFP-Z_E/Z_R-ELP 异源二聚体，Z_R-ELP 依靠 Z_R/Z_R 之间的弱相互作用形成同源二聚体。混合同源二聚体和异源二聚体，升温至 25℃便可形成含有 mCherry、EGFP 以及兼具两种荧光蛋白的中空囊泡结构［图 9-17（a）］[34]。在卷曲螺旋肽自组装构建多个蛋白质类囊泡研究中，Woolfson 等还从头设计了同源三聚体卷曲螺旋（CC-Tris3）和异源二聚体卷曲螺旋（CC-DiA/CC-DiB），异源二聚体中的螺旋和同源三聚体中的螺旋可依靠螺旋外部的二硫键进行组装获得两种六聚体模块（hubA 和 hubB），两模块等比例混合后可先自组装为六边形结构再进一步自组装为尺寸在 132nm 左右的纳米笼结构（SAGE）［图 9-17（b）］[32]。在 CC-Tris3 的 N 末端融合麦芽糖结合蛋白（MBP）和红色荧光蛋白（mCherry）得到 MBP-mCh-hubA，CC-Tris3 的 N 和 C 末端分别融合绿色荧光蛋白（GFP）获得 GFP-hubA 和 hubA-GFP。MBP-mCh-hubA 分别与 GFP-hubA 或者 hubA-GFP 混合并加入 hubB，可分别自组装成外部含有双荧光蛋白和内外均含有荧光蛋白的类囊泡结构[42]。

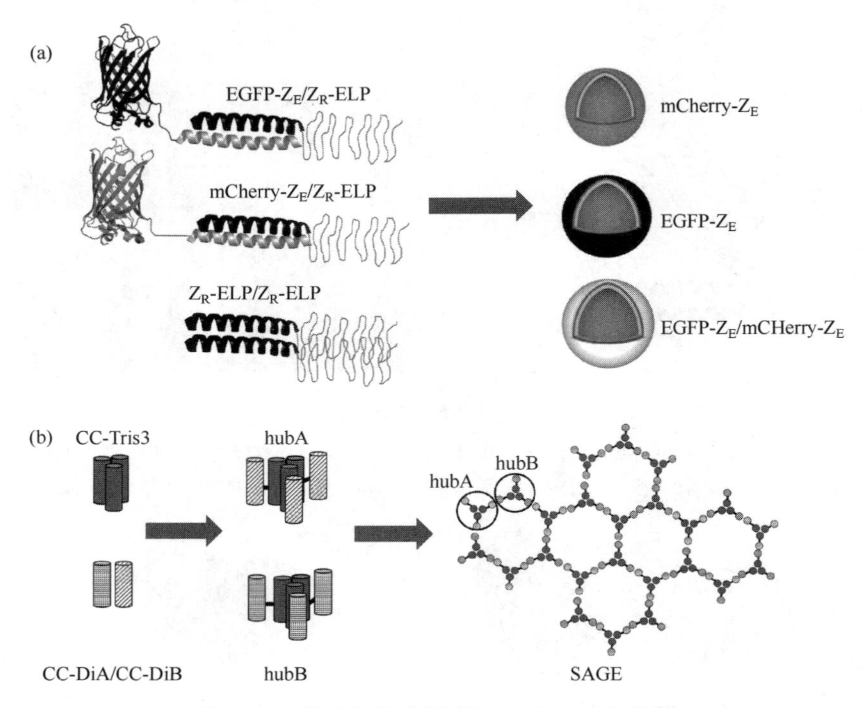

图 9-17　卷曲螺旋介导多蛋白质分子自组装

（a）卷曲螺旋 Z_R/Z_E 介导双荧光蛋白自组装[34]；（b）同源三聚体卷曲螺旋 CC-Tris3 和异源二聚体卷曲螺旋 CC-DiA/CC-DiB 的自组装

通过卷曲螺旋高效实现多个蛋白质结构域或者多个蛋白质的自组装为后续其应用于多酶分子自组装奠定了研究基础。比较典型的例子为 RIAD-RIDD 相互作用异源螺旋多肽介导的多酶自组装，RIAD-RIDD 相互作用螺旋多肽主要是利用环腺苷依赖性蛋白激酶（PKA）与 A 型激酶锚定蛋白（AKAPs）之间的相互作用。RIAD（RA）为来源于 A 型激酶锚定蛋白的单体两亲性螺旋，其可与来源于环腺苷依赖性蛋白激酶的Ⅱ类调节亚基（RIIs）表面为疏水性的二聚体区域 RIDD（RD）进行特异性结合［图 9-18（a）］[35,43]。将其应用于多酶自组装时，RIAD 的 C 末端和 N 末端以及 RIDD 的 N 末端可加入半胱氨酸，依靠二硫键的形成来进一步稳定卷曲螺旋三聚体结构。在 Kan 等的研究中，他们以甲基萘醌生物合成途径（MenD：2-琥珀酰基-5-烯丙基-6-羟基-3-环己二烯-1-羧酸合酶，四聚体蛋白，单亚基为 63kDa；MenH：2-琥珀酰基-6-羟基-2,4-环己二烯-1-羧酸合酶，单体蛋白，分子质量 30kDa；MenF：异分支酸合成酶）为模板［图 9-18（b）］，分别构建了 MenD-RD/MenH-RA、MenD-RA/MenH-RD、MenD-RA-RA/MenH-RD 三种组合模块，可实现 MenD 与 MenH 按不同比例（4∶2、4∶8 和 4∶16）的体外自组装［图 9-18（c）］，其中以 4∶16 组装的多酶体系较游离多酶体系的产物量提升了

40%。将 RIAD-RIDD 进一步应用于类胡萝卜素生物合成途径中关键酶（Idi：异戊烯基焦磷酸异构酶；CrtE：香叶基二磷酸合酶）的体内自组装，含组装体菌株的类胡萝卜素产量是游离多酶菌株的 2.3 倍。催化效率提升的主要原因是双酶体内自组装促进了代谢中间产物向终产物的转化，提高了终产物的合成效率和产量[44]。

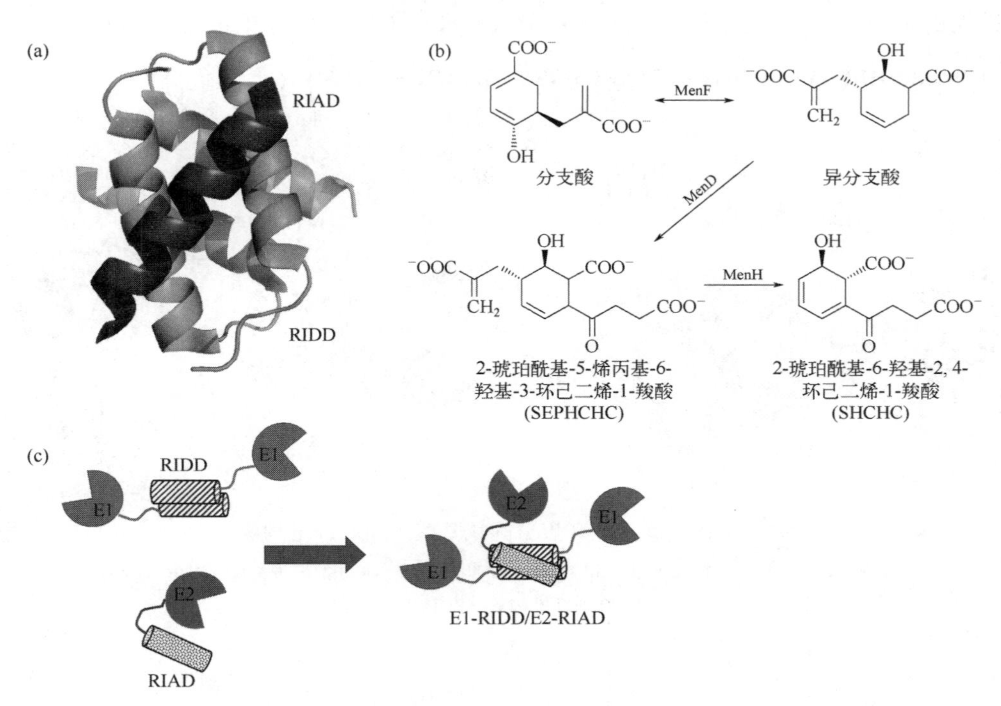

图 9-18　卷曲螺旋 RIAD-RIDD 介导的自组装

（a）RIAD-RIDD 的复合结构；（b）甲基萘醌生物合成途径；（c）RIAD-RIDD 介导的多酶自组装示意图

9.3.2　β 折叠股（β-strand）系统

β 折叠（β-sheet）是天然蛋白质中另外一种重要的基本结构组装件，由 β 折叠股（β-strand）形成。在生命系统中，β 折叠股可以通过分子内氢键和疏水相互作用形成高度稳定的纤维状聚集体，对生命活动产生重要影响。在体外条件下，β 折叠在水溶液中倾向于自组装为超分子结构，所形成的 β 折叠聚集体往往为纤维状结构或丝带状结构，并且组装的超分子可进一步交联形成水凝胶，使其成为构建生物材料的理想选择之一[45]。

淀粉样蛋白（amyloid protein）在人体内的错误折叠和聚集会引发一系列疾病，如阿尔兹海默症、亨廷顿症、帕金森病和二型糖尿病等。这些疾病与不同淀粉样蛋白聚集产生的毒性相关，共同特点是相关蛋白质都会形成富含 β 折叠结构的纤维状聚集体[46]。目前对生命体中蛋白质纤维结构研究比较透彻的是淀粉样 β 蛋白（amyloid β-protein，Aβ），该蛋白质是一种由 36～43 个氨基酸组成的多肽，可自组装成富含 β 折叠结构的不溶淀粉样纤维，图 9-19 为 Aβ40（40 肽）和 Aβ42（42 肽）的氨基酸序列和其各自所对应的纤维构象。研究证明，Aβ 具有一个由 4～7 个氨基酸组成的淀粉样变性核心序列和高度有序的交叉 β 结构，通过核心序列和交叉 β 结构来最大程度地提高多肽自组装过程中侧链和主链原子之间的结合稳定性。Aβ 的自组装过程与盐的结晶类似，采用“成核-生长”动力学机制，聚集过程分成核和生长两个阶段（图 9-20）。Aβ 单体为无规卷曲结构，没有稳定的二级和三级结构。在成核期，Aβ

单体通过自身识别位点（疏水核心序列 LVFFA）之间的相互作用聚集为二聚体，形成反平行的β折叠结构。二聚体 Aβ 依靠疏水相互作用和氢键相互作用进一步组装形成寡聚体。所形成的寡聚体核结合 Aβ 单体或者其他寡聚体，促进 Aβ 单体结构产生转变，聚集形成大量原纤维(protofibril)。在伸长期凭借成核期形成的大量原纤维，β 折叠结构在此时快速增加直至稳定期。进入稳定期后，Aβ 聚集体达到一种平衡状态形成成熟的淀粉样纤维（amyloid fibrils）。

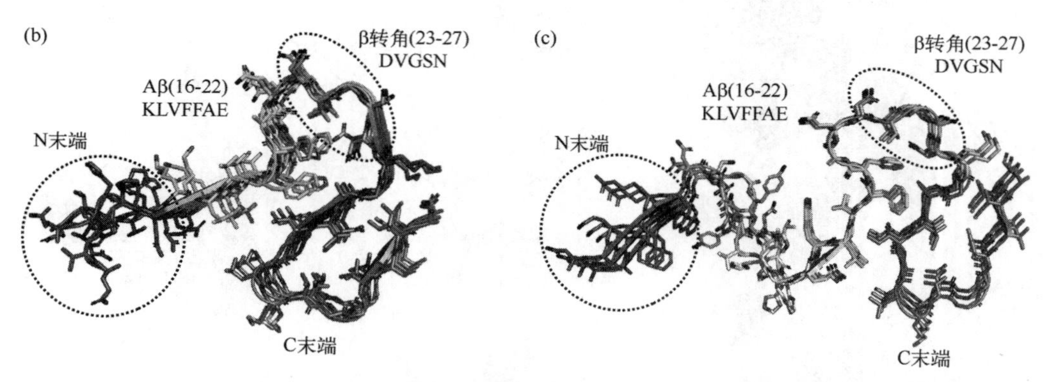

图 9-19　淀粉样 β 蛋白的氨基酸序列和纤维构象

（a）Aβ 的氨基酸序列：Aβ40（40 肽）和 Aβ42（42 肽）；（b）Aβ40 的纤维构象（PDB ID:2NAO）；（c）Aβ42 的纤维构象（PDB ID:5KK3）

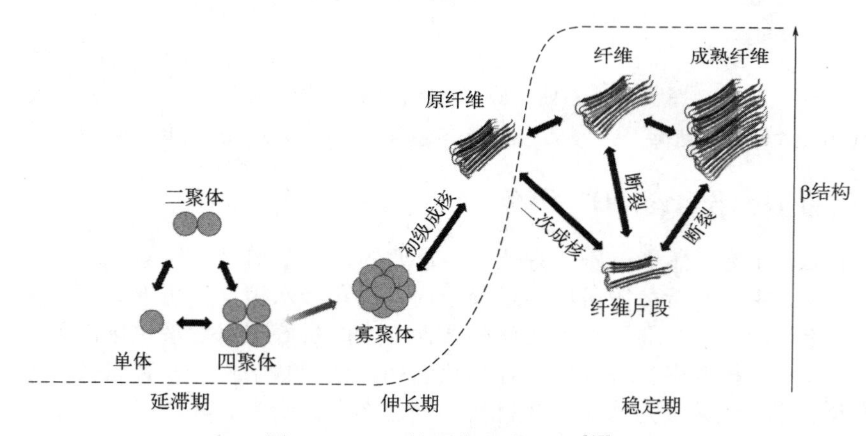

图 9-20　Aβ 的聚集组装过程[47]

随着对 Aβ 形成机理的解析不断深入，研究人员对淀粉样蛋白核心序列进行了重新设计和修饰，开发了多种方法来调节其自组装行为以产生不同的纤维形态。其中两亲性多肽是一类重要的生物材料构建单元（表 9-2）。自组装两亲性多肽的一级序列往往由交替的极性和非极性氨基酸组成$(XZXZ)_n$序列，其中 X 代表疏水性氨基酸，Z 表示亲水性氨基酸。两亲性多肽自组装为 β 折叠结构，在该结构中疏水性氨基酸包埋在内部，亲水性氨基酸暴露在外部（图 9-21）。组装所形成的双层结构使得所设计的多肽具有天然淀粉样蛋白聚集所形成的纤维结构，同时可溶于水溶液而不会形成沉淀，进而使组装形成的纤维可应用于药物递送、多价免疫刺激剂以及支撑细胞生长水凝胶网络材料的构建[48]。

表 9-2　人工设计的两亲性自组装多肽

名称	序列	参考文献
EAK16-Ⅰ	$(AEAKAEAK)_2$	[49]
EAK16-Ⅱ	$(AEAEAKAK)_2$	[50]
EAK16-Ⅳ	$(AEAE)_2(AKKE)_2$	[50]
RAD16-Ⅰ	$(RADARADA)_2$	[51]
RAD16-Ⅱ	$(RARARDRD)_2$	[52]
RAD16-Ⅳ	$(RARA)_2(RDRD)_2$	[53]
DAR16-Ⅳ	$(ADAD)_2(ARAR)_2$	[53]
FKFE2	$(FKFE)_2$	[54]
EFK12	$(FKFE)_3$	[55]
EFK16	$(FEFEFKFK)_2$	[55]
MAX1	VKVKVKVKV^{D}PPTKVKVKVKV	[56]
MAX2	VKVKVKVKV^{D}PPTKVKTKVKV	[56]
MAX3	VKVKVKTKV^{D}PPTKVKTKVKV	[56]
P_{11}-1	QQRQQQQQEQQ	[57]
P_{11}-2	QQRFQWQFEQQ	[58]
P_{11}-3	QQRFQWQFQQQ	[59]
P_{11}-4	QQRFEWEFEQQ	[59]
βTail	MALKVELEKLKSELVVLHSELHKLKSEL	[60]
W-βTail	WGSGSMALKVELEKLKSELVVLHSELHKLKSEL	[61]
Q11	QQKFQFQFEQQ	[62]
HK-Q11	QQKFQFQFHQQ	[61]
KFE8	FKFEFKFE	[63]

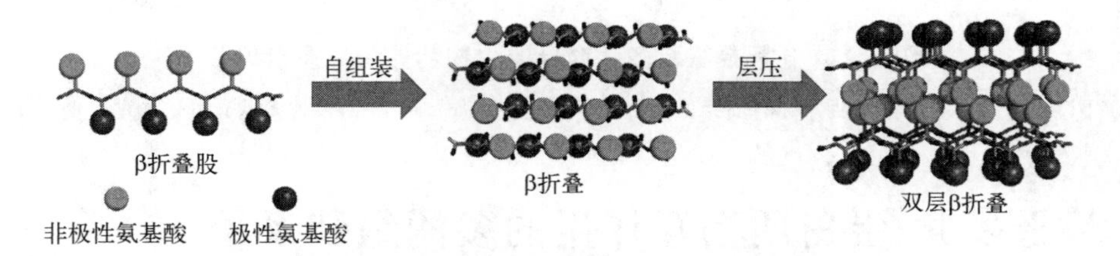

图 9-21　两亲性多肽自组装为 β 折叠结构[48]

自组装两亲性多肽除上述用途外，还可以作为生物支架应用于蛋白质或酶的自组装。目前，将自组装多肽应用于多酶自组装系统的研究相对较少，主要集中于单酶分子或者模型蛋白质的自组装，但为未来其作为生物支架进行多酶自组装提供了宝贵的经验。在以 β 折叠作为组装系统的研究中，Collier 等构建了 N 端含有甲硫氨酸和丙氨酸的“βTail”多肽，该多肽在水溶液中能够缓慢由 α 螺旋转换为 β 折叠结构，这种缓慢的结构转化可一定程度上防止其在微生物体内过表达产生聚集或者错误折叠[61]。在微生物体内融合表达绿色荧光蛋白（GFP）与 βTail 得到融合蛋白 βTail-GFP，融合蛋白与两亲性多肽 Q11（表 9-2）按摩尔比为 1∶1000 混合后，80%以上的融合蛋白会被整合至纳米纤维上。βTail-GFP 与其他的两亲性多肽 KFE8 和 HK-Q11（表 9-2）混合后，同样可以实现绿色荧光蛋白在 β 折叠纳米纤维上的组装。增强型绿色荧光蛋白（EGFP）和红色荧光蛋白（dsRED）分别与 βTail 融合表达后与 Q11 以不同比例混合，不同的融合蛋白可按照设定比例组装至 β 折叠纳米纤维上，获得装载多个蛋白质的纳米纤维组装体［图 9-22（a）］。将 βTail 与角质酶（cutinase）融合表达（βTail-cutinase），并与 βTail-GFP、Q11 共混便可将角质酶和绿色荧光蛋白按照所设定比例组装至纤维组装体上，组装后对角质酶的活性不产生影响[61]。此外，He 等将两亲性多肽 $P_{11}4$（表 9-2）与碳酸酐酶（BCA）进行融合表达［图 9-22（b）］，纯化后的 BCA-$P_{11}4$ 可通过调整溶液 pH 触发融合酶分子自组装为纳米颗粒[64]。BCA-$P_{11}4$ 组装形成纳米颗粒总体形貌为球形结构，粒径范围为 50～200nm。碳酸酐酶自组装纳米颗粒活性与游离碳酸酐酶催化活性相当，但具有更好的热稳定性，有利于碳酸酐酶在较高温度环境下对二氧化碳的捕捉和酶分子的回收再利用。

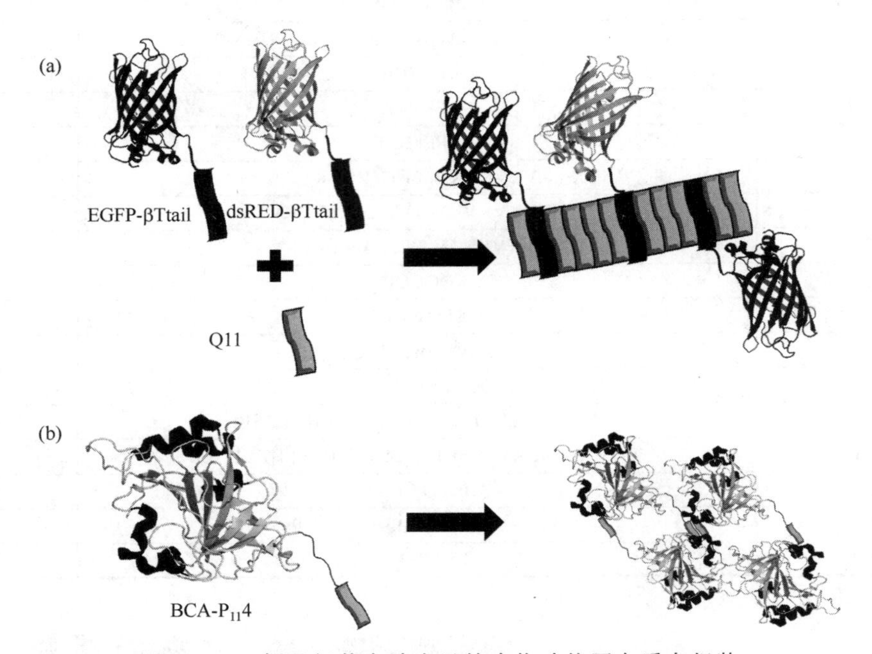

图 9-22　β 折叠组装多肽介导的生物功能蛋白质自组装

（a）βTail 和 Q11 两亲性多肽介导的多荧光蛋白分子自组装；（b）P_{11}-4 两亲性多肽介导的碳酸酐酶自组装

9.4　基于多肽-蛋白质相互作用的多酶组装系统

9.4.1　Catcher-Tag 共价系统

链霉菌（*Streptococcus pyogenes*, Spy）和许多其他革兰氏阳性菌一样，都含有通过分子内自发形成异肽键所稳定的胞外蛋白。研究发现，来自链霉菌纤连蛋白（FbaB）的第二个免疫球蛋白纤粘结构域（CnaB2）对于内皮细胞对细菌的吞噬摄取至关重要[65]。研究还发现，CnaB2 中含有一个异常稳定的异肽键，维护 CnaB2 在 pH 2.0 或者高于 100℃条件下仍能保持折叠状态[66]。晶体学和核磁共振分析表明，CnaB2 的分子内异肽键是由赖氨酸（Lys31）和天冬氨酸（Asp117）在附近谷氨酸（Glu77）催化下自发反应生成的（图 9-23）。将 CnaB2 结构域拆分为一个含有活性 Asp 的 β 折叠股和剩余氨基酸所形成的蛋白质配体，其中含有活性 Asp 的 β 折叠股由 13 个氨基酸组成，称为 SpyTag；相对应的蛋白质配体由 138 个氨基酸构成，称为 SpyCatcher（图 9-23）。对 SpyCatcher 与 SpyTag 的晶体结构进行分析发现，SpyCatcher 的 N 端氨基酸残基对两者共价相互作用的形成没有明显影响，故对 SpyCatcher 的 N 末端残基进行截短使其优化为目前研究中常用的由 116 个氨基酸所构成的结构[67]。SpyTag 和 SpyCatcher 在溶液中能够自发且高效地形成异肽键，实现特异性的共价偶联。SpyTag-SpyCatcher 系统还具有较宽的反应条件，温度范围为 4℃到 37℃，pH 范围为 5～8，反应缓冲液中的离子强度以及种类对异肽键的形成没有明显影响，反应过程也不需要加入 Ca^{2+}和 Mg^{2+}等金属离子，并且 SpyTag-SpyCatcher 在细胞内和哺乳细胞膜表面都可以进行特异相互作用[68]。因此，SpyTag-SpyCatcher 是构建蛋白质组装体的理想偶联系统。

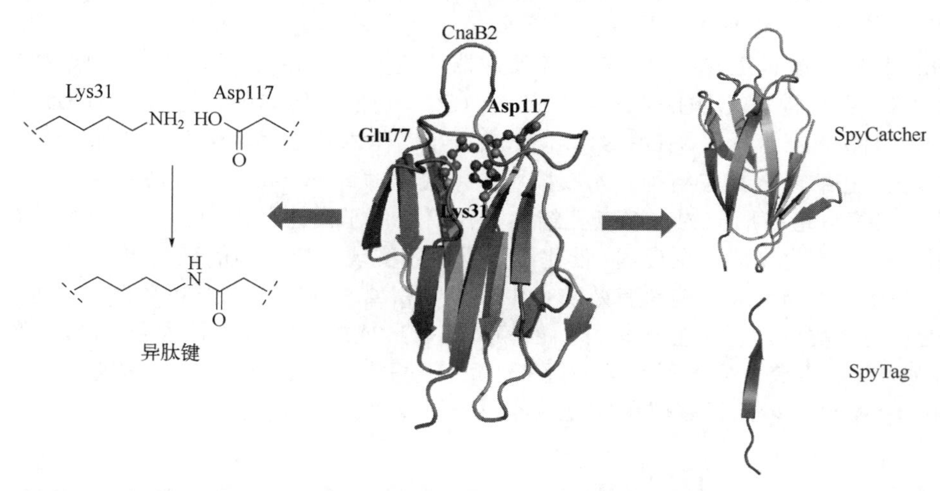

图 9-23　免疫球蛋白纤粘结构域（CnaB2）分子内异肽键形成过程（左侧箭头）及拆分为 SpyCatcher 和 SpyTag（右侧箭头）

此外，研究人员基于另外一种革兰氏阳性菌 *Streptococcus pneumoniae* 的菌毛黏附蛋白（RrgA）开发了 SnoopTag-SnoopCatcher 相互作用系统[69]。RrgA 由 D1～D4 四个结构域组成，其中 D4 结构域内含有赖氨酸（Lys742）和天冬酰胺（Asn854）形成的异肽键，此异肽键由相邻的谷氨酸（Glu803）进行催化自发形成（图 9-24）[70]。将 D4 结构域拆分为一个由 12 个氨基酸组成的 β 折叠股，称为 SnoopTag，剩余的 112 个氨基酸组成部分称为 SnoopCatcher。

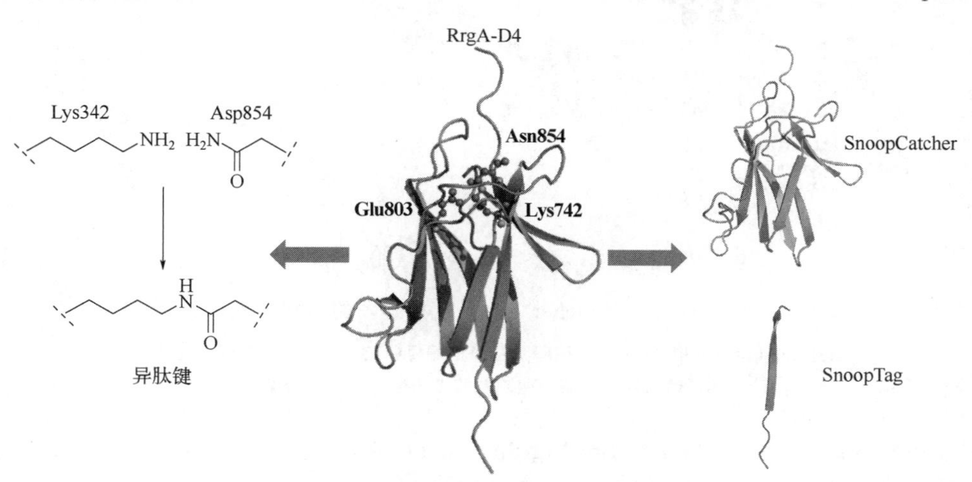

图 9-24　菌毛黏附蛋白（RrgA）D4 结构域分子内异肽键形成过程（左侧箭头）及拆分为 SnoopCatcher-SnoopTag（右侧箭头）

SnoopTag 和 SnoopCatcher 混合后也可以自发形成异肽键，在 4～37℃和 pH 6～9 的环境中都可高效进行，并且反应对缓冲液组成没有特殊要求[69]。SnoopTag-SnoopCatcher 系统与 SpyTag-SpyCatcher 系统相比，SnoopTag 含有活性赖氨酸，SnoopCatcher 含有活性天冬酰胺，SnoopTag 不会与 SpyCatcher 进行反应，SnoopCatcher 也不会和 SpyTag 反应，也即两个系统为正交关系。因此，两个系统可以进行组合应用来构建复杂的多蛋白质自组装系统。

基于 Tag 和 Catcher 之间的高效特异性相互作用，结合多酶反应中酶分子本身结构特性，将其应用于多酶自组装对人工构建高效多酶级联反应器具有很大优势。在采用 SpyTag 和 SpyCatcher 构建多酶自组装水凝胶连续流反应器的研究中，SpyTag（ST）与四聚体葡萄糖脱氢酶（GDH）融合构建 GDH-ST, SpyCatcher（SC）与四聚体醇脱氢酶（LbADH）融合构建 LbADH-SC［图 9-25（a)］。GDH-ST 和 LbADH-SC 在体外按摩尔比为 1∶1 混合后，双酶可自组装形成多孔纳米水凝胶结构，水凝胶中的颗粒尺寸约 65nm，孔直径 < 200nm［图 9-25（b)］[71]。双酶自组装形成的水凝胶孔结构直径恰好位于微滤范围内，故而将其结合微流控装置构建了连续流生物催化反应器，催化级联反应并实现双酶之间的辅酶再生［图 9-25（a)］。所构建的连续流生物反应器能够有效防止中间产物积累并高效转化为终产物，同时可使酶分子对有机溶剂的耐受性得到显著提升。依赖于组装形成的水凝胶对辅因子 $NADP^+$的包封作用，所构建的双酶组装反应器可连续进行催化反应，并且 $NADP^+$在 1μmol/L 时总转换数（TTN）可达 14000，实现了多酶级联催化反应中辅因子的高效循环再生。

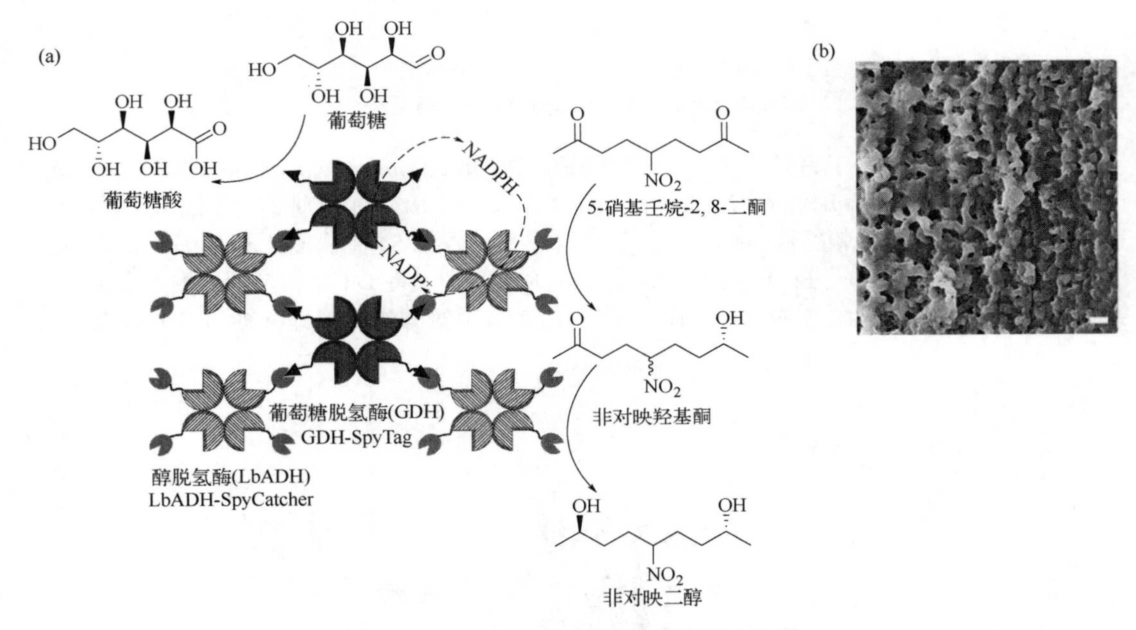

图 9-25　Catcher-Tag 系统构建多酶自组装

（a）SpyCatcher 和 SpyTag 构建醇脱氢酶和葡萄糖脱氢酶纳米反应器示意图；
（b）葡萄糖脱氢酶和醇脱氢酶自组装形成水凝胶结构

构建多酶级联反应中单独采用 SpyTag-SpyCatcher 或者 SnoopTag-SnoopCatcher 所能够实现的往往为双酶系统自组装，当所需的酶超过两个时可采用混合两个系统的方式进行多酶自组装。Qu 等将 SpyTag-SpyCatcher 和 SnoopTag-SnoopCatcher 共同应用于体内代谢通路中以实现限速酶的自组装，提高番茄红素和虾青素的产量[72]。四聚体乙酰乙酰 CoA 硫解酶

(ACAT)、二聚体羟甲基戊二酰辅酶 A(HMG-CoA)合成酶(HMGS)和四聚体 HMG-CoA 还原酶(HMGR,限速酶)为甲羟戊酸途径(MVA)中用于合成甲羟戊酸的关键酶,也是合成番茄红素和虾青素上游代谢途径中的必需酶。将 ACAT、HMGS 和 HMGR 分别与 SpyTag-SnoopTag、SpyCatcher 和 SnoopCatcher 进行融合表达,获得 ACAT-SpyTag-SpyTag- SnoopTag-SnoopTag 组装支架、HMGS-SpyCatcher 模块和 HMGR-SnoopCatcher 模块(图 9-26)。在大肠杆菌中共同表达组装支架和两个模块可实现三酶自组装。组装后的多酶结合代谢途径下游合成番茄红素和虾青素的多酶,番茄红素和虾青素的总产量相较于游离多酶系统分别提升了 5 倍和 2 倍。组装所形成的多酶纳米反应器形状为椭球形,内部为中空结构且具有均一的厚度和形貌。通过组装支架上 SpyTag 和 SnoopTag 的融合比例可调控 HMGS 和 HMGR 在组装体中的比例,以提高级联反应的效果,有效解决因酶活差异所导致的总体反应速率较低的问题。

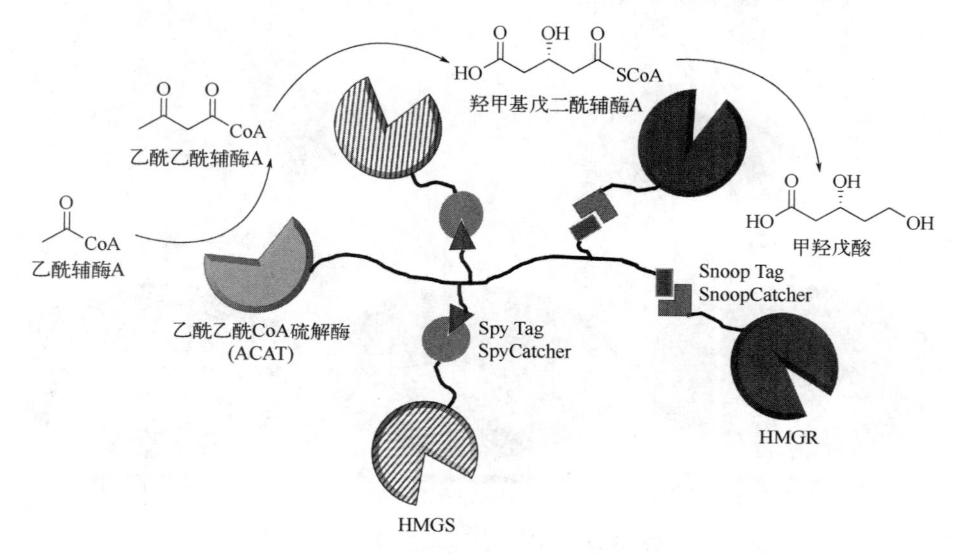

图 9-26 SpyTag-SpyCatcher 和 SnoopTag-SnoopCatcher 双系统构建甲羟戊酸途径中三酶自组装纳米反应器示意图

9.4.2 蛋白质及其肽配体系统

PDZ 结构域是由大约 100 个氨基酸组成的蛋白质-蛋白质相互作用模块,含有 DHRs(discs-large homology regions)序列和保守 GLGF(Gly-Leu-Gly-Phe)重复序列。PDZ 的名称来源于最早发现含有此结构域的 3 个蛋白质:突触后致密蛋白(post-synaptic density protein-95, PSD-95)、椎间盘蛋白(discs large,DLG)和闭锁连接蛋白 1(zonula occludens 1,ZO-1)首字母的缩写[73]。它是一种非常保守的蛋白质结构域,广泛存在于细菌、酵母、果蝇以及高等动植物的多种蛋白质中。PDZ 在多种蛋白质中的广泛存在使其在生物体内扮演着重要角色,比如细胞信号的转导、细胞分裂、蛋白质降解、蛋白质复合体的组装以及蛋白质定位等。常见的 PDZ 结构域一般由 6 个 β 折叠股(β-A～β-F)和 2 个 α 螺旋(α-A、α-B)形成球形结构[图 9-27(a)]。α-B 与 β-B 形成 1 个疏水性凹槽,识别以反向平行 β 折叠方式伸入其中配体的 C 末端肽。PDZ 的 N 端和 C 端在由 α-B 和 β-B 形成的 PDZ 配体(PDZlig)结合位点的对面一侧相互靠近。

多数 PDZ 结构域具有相似的三维结构,但不同的 PDZ 结构域通常具有不同的 PDZ 配体结合特异性。一般 PDZ 结构域能特异性识别配体蛋白 C 末端的 4 个氨基酸，其中 P_0 和 P_{-2}（P_0 表示 C 末端残基，P_{-2} 表示与 P_0 间隔一个残基的氨基酸残基）位置的两个残基在识别过程中起着至关重要的作用［图 9-27（b）］。根据结合配体 C 末端氨基酸序列的特点，PDZ 结构域被系统地分为 3 类：第一类识别配体 C 末端序列 X-S/T-X-Φ；第二类识别 X-Φ-X-Φ；第三类识别 X-D/E-X-Φ（其中 X 表示任意氨基酸，Φ 表示疏水性氨基酸）［图 9-27（c）］。

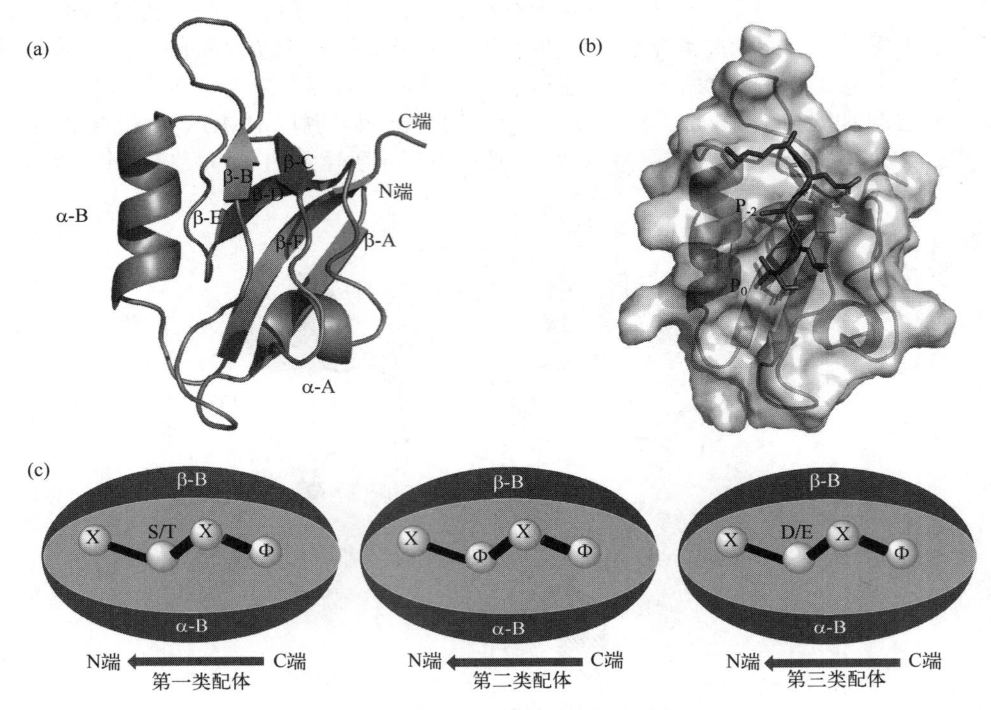

图 9-27　PDZ 与 PDZ 配体的结构

（a）PDZ 结构域的三维结构；（b）PDZ 与 PDZ 配体复合物结构；
（c）复合物中的第一类配体、第二类配体和第三类配体

除了 PDZ/PDZ 配体系统，SH3/SH3 配体是另外一个重要的蛋白质-配体相互作用系统。在自然界中，Src（Sarcoma，肉瘤）家族中不同信号蛋白质之间存在着相似的序列，比如 Src 家族中的酪氨酸激酶、衔接蛋白 Crk 以及磷酸酯酶 C-γ，故而人们将这段相似序列定义为 SH3 结构域。SH3 结构域相对较小，一般由 60 个氨基酸残基组成，可结合富含脯氨酸的多肽。典型的 SH3 结构域由 5 个 β 折叠组成（β-1～β-5），β-1 折叠和 β-2 折叠由名为 RT 的 loop 连接，β-2 折叠和 β-3 折叠由名为 N-Src 的 loop 连接，β-3 折叠和 β-4 折叠由名为 Distal 的 loop 连接，而 β-4 折叠和 β-5 折叠则由名为 α-3_{10} 的螺旋分隔开［图 9-28（a）］。蛋白质中含有 SH3 结构域的数目不等，可多至 5 个 SH3 结构域在同一个蛋白质中存在。SH3 结构域具有一个相对平坦的疏水配体结合表面，该表面由 3 个保守芳香残基形成 3 个浅的结合口袋［图 9-28（b）］。SH3 配体（SH3lig）为扩展的左螺旋构象，该螺旋被定义为 2-聚脯氨酸螺旋（PPII）。PPII 螺旋每个转角有三个残基，横截面大致成三角形，三角形底部位于 SH3 结构域的表面上。SH3 结构域 3 个结合口袋中的 2 个被螺旋上相邻的两个疏水性脯氨酸二肽所占据，第 3 个“特异性”结合口袋与远离配体核心的碱性残基相互作用［图 9-28（b）］。由于 PPII 螺旋从 N 端和 C 端上看总体结构非常相似，因此与 SH3 结合时会有两种构象，基于此两种构象，SH3

配体分为第一类配体和第二类配体，第一类配体一般具有+XΦPXΦP 序列，第二类配体一般具有 ΦPXΦPX+序列［其中 X 为任意残基，+为碱性残基（精氨酸），Φ 表示疏水性氨基酸］［图 9-28（c）］。

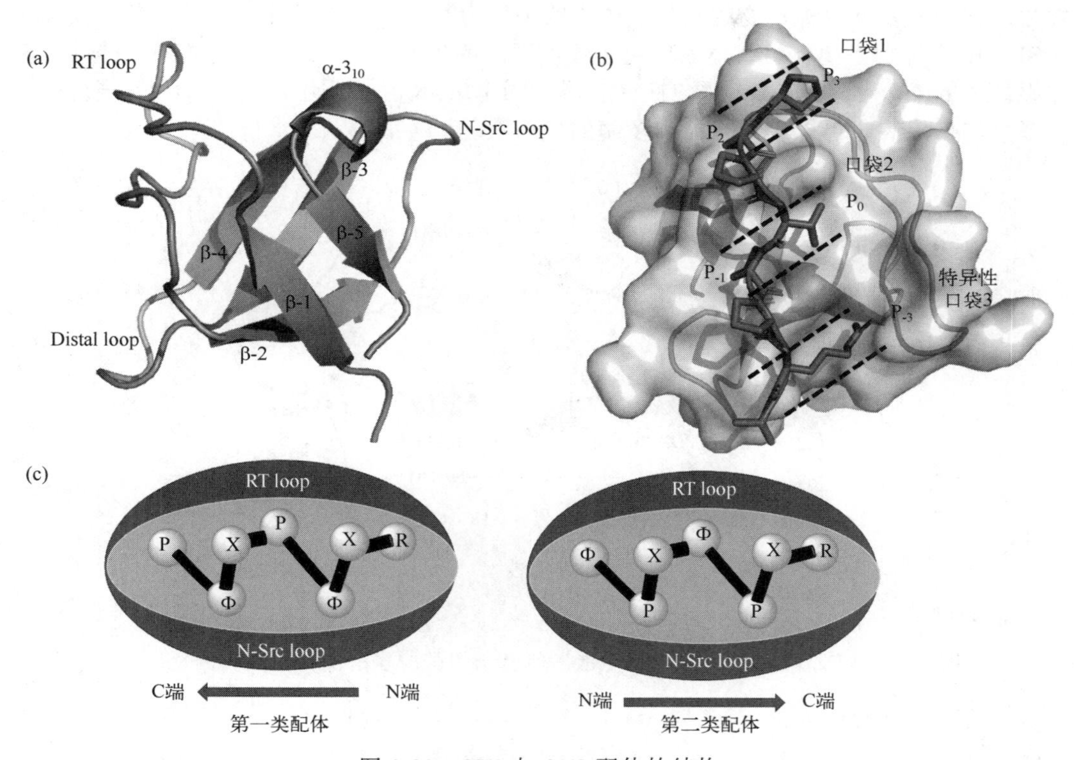

图 9-28　SH3 与 SH3 配体的结构

（a）SH3 结构域三维结构；（b）SH3 与 SH3 配体复合物结构及其结合口袋（P_0为中心氨基酸残基位置，P_{-3}为 N 端氨基酸残基位置，P_3为 C 端氨基酸残基位置）；（c）复合物中的第一类配体和第二类配体

基于 PDZ/PDZ 配体和 SH3/SH3 配体中受体-配体间的特异性相互作用，研究人员将其应用于体内和体外的多酶自组装研究。在利用 PDZ/PDZ 配体相互作用及酶自身结构特性介导的多酶自组装研究中，Gao 等将 PDZ 和 PDZ 配体（PDZlig）分别与八聚体亮氨酸脱氢酶（LDH）和二聚体甲酸脱氢酶（FDH）进行 C 端融合表达，获得 LDH-PDZ 与 FDH-PDZlig，双酶自组装体可实现辅因子 NAD^+的快速循环再生和亮氨酸的高效生物合成（图 9-29）[74]。将 LDH-PDZ 和 FDH-PDZlig 在体外进行 1∶1 混合后，可快速形成二维片层状多酶组装体，直径为 100～500nm，高度为 12.8nm。体外双酶形成的组装体可在较低 NAD^+浓度下（50μmol/L）达到游离双酶高浓度 NAD^+（200μmol/L）才可实现的产物转化率，并且组装体前期的底物转化较游离酶提升了 2 倍，说明 PDZ/PDZlig 介导的双酶组装体能够实现低浓度 NAD^+的快速循环再生，可以一定程度上解决体内或体外辅因子（NAD^+）再生多酶体系中辅因子的循环利用和生物医药合成中因辅因子消耗较大所带来的成本过高问题。

在将 SH3/SH3 配体（SH3lig）应用于体外/体内的多酶自组装中，SH3 与 3-己糖-6-磷酸合酶（HPS）、6-磷酸-3-己酮半胱氨酸酶（PHI）进行融合表达，获得 SH3-HPS-PHI；SH3lig 与十聚体甲醇脱氢酶（MDH3）融合表达，获得 MDH3-SH3lig。融合表达的酶发生自组装后可完成甲醇向果糖-6-磷酸的高效生物转化（图 9-30）[75]。研究中，MDH3-SH3lig 与

SH3-HPS-PHI 于体外进行 1∶1 混合后，甲醇转化为果糖-6-磷酸的产量是游离多酶的 50 倍，甲醛与己糖-6-磷酸的积累量明显降低，说明多酶自组装体能够促进甲醛向己糖-6-磷酸的转化并且抑制甲醛还原为甲醇，也即多酶之间的邻近效应促进了中间产物的积累并抑制逆向反应的发生，促进底物向目标产物的转化。体内的多酶组装往往比体外的组装条件更加复杂，将 SH3/SH3lig 介导的多酶自组装体系应用于体内甲醇的生物转化，组装多酶体系甲醇的消耗量为非组装体的 4.5 倍，果糖-6-磷酸的产量为游离多酶的 8 倍，证明了 SH3/SH3lig 既可应用于体外多酶的自组装也可以应用于体内多酶的自组装。

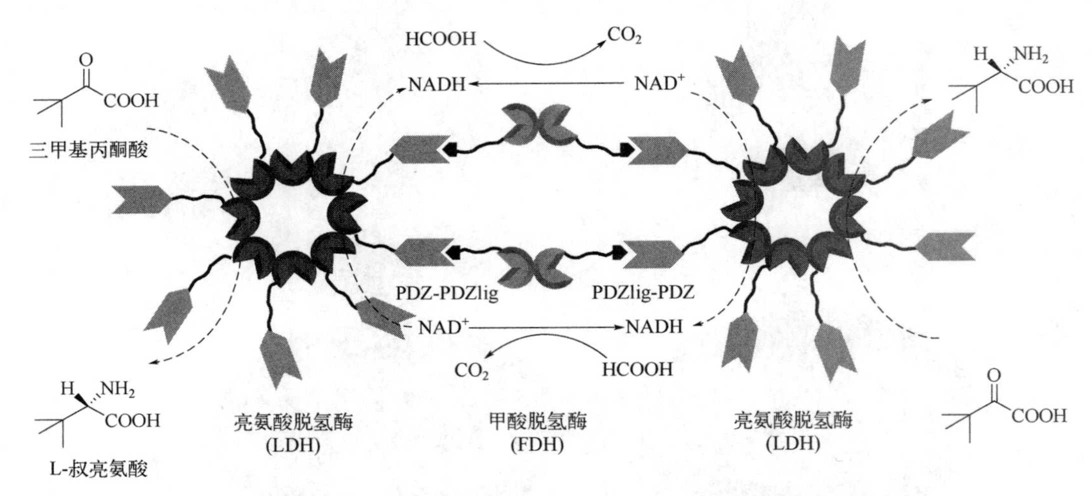

图 9-29　PDZ/PDZlig 介导的亮氨酸脱氢酶与甲酸脱氢酶的自组装和催化反应

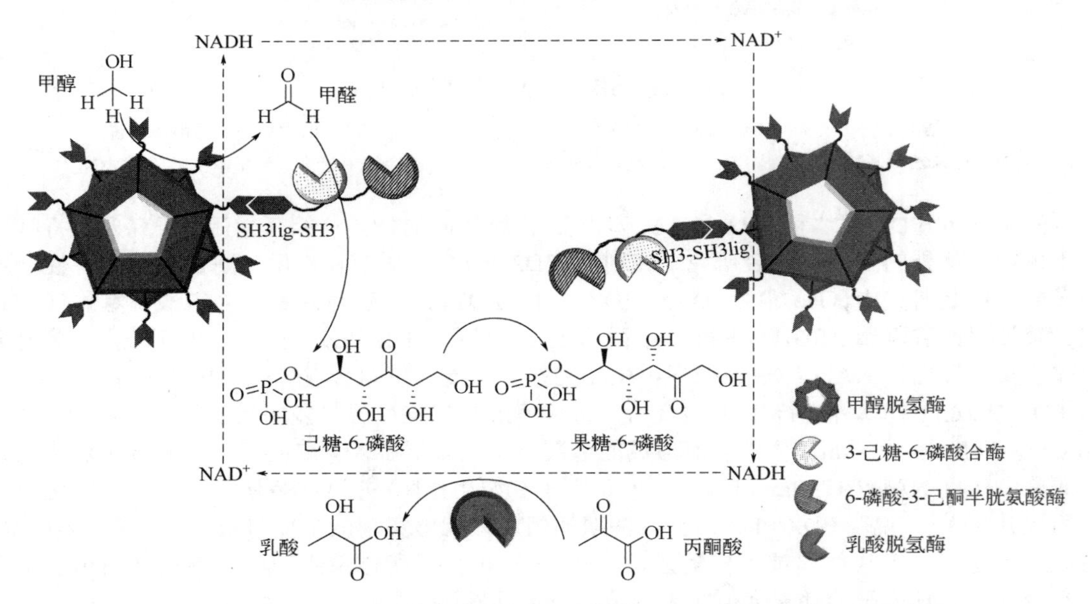

图 9-30　SH3/SH3lig 介导的 3-己糖-6-磷酸合酶、6-磷酸-3-己酮半胱氨酸酶和甲醇脱氢酶自组装和催化反应

单独采用 PDZ/PDZlig 和 SH3/SH3lig 对构建双酶系统比较方便，但当酶的数目增多时往往难以实现高效精确自组装。因此，将两种系统共同应用于多酶自组装便可实现对多酶自

组装的精确调控。在衣康酸的生物合成途径中需要柠檬酸合成酶（*glt*A，GA）、顺乌头酸酶（*acn*A，ACN）和顺乌头酸脱羧酶（*cad*A，CAD）的共同作用，将三酶构建为多酶自组装纳米反应器可提升衣康酸的合成效率。Yang 等将 PDZ 和 SH3 结构域与二聚体柠檬酸合成酶（GA）进行融合表达形成 GPS 模块（GA-PDZ-SH3），PDZlig 与单体顺乌头酸酶（ACN）融合表达获得 APl 模块（ACN-PDZlig），SH3lig 与二聚体顺乌头酸脱羧酶（CAD）融合表达形成 CSl 模块（CAD-SH3lig）。体外三个模块 Apl、CSl、GPS 按照摩尔比为 2∶1∶1 混合后，可获得直径为 50～120nm、高度约 13nm 的多酶自组装纳米反应器（图 9-31）。该自组装体包含了 2～4 个（2APl-CSl-GPS）组装重复单元，生产衣康酸的产量较游离酶得到明显提升[76]。

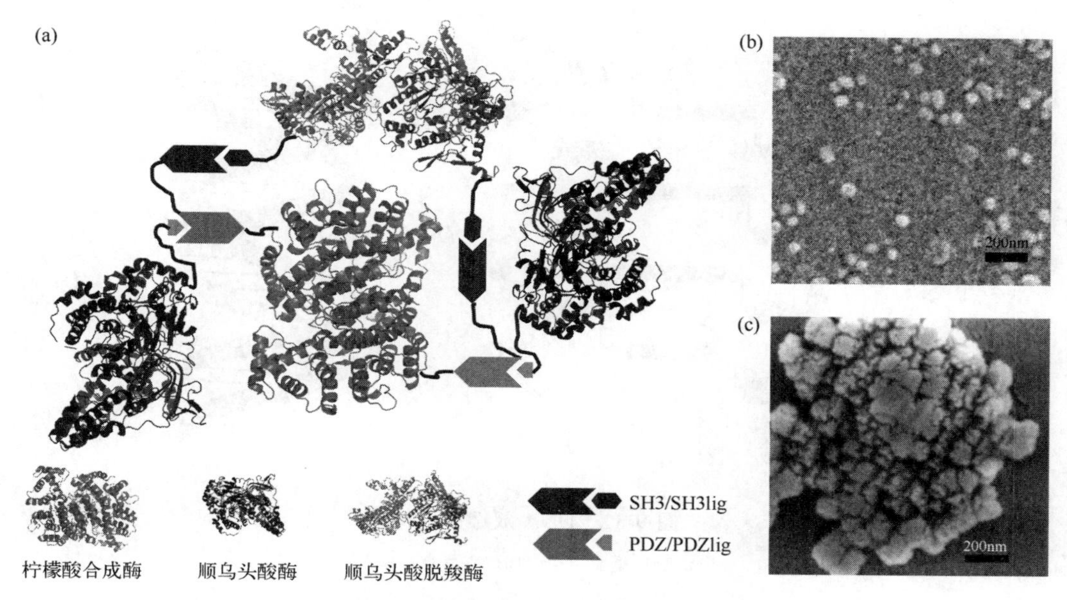

图 9-31　PDZ/PDZlig 和 SH3/SH3lig 系统共同介导的多酶自组装

（a）PDZ/PDZlig 与 SH3/SH3lig 共同介导柠檬酸合成酶、顺乌头酸酶和顺乌头酸脱羧酶自组装；（b）体外三酶自组装体的扫描电子显微镜图；（c）体内三酶自组装体的扫描电子显微镜图[76]

9.5　基于核酸支架的多酶组装系统

9.5.1　DNA 支架系统

脱氧核糖核酸（DNA）是遗传信息携带者，是由脱氧核苷酸以磷酸二酯键连接而成的高分子聚合物。1953 年 Watson 和 Crick 首次提出了 DNA 双螺旋结构模型（图 9-32），该模型揭示了双链 DNA 的基本结构和四个基本碱基腺嘌呤（adenine，A）、胸腺嘧啶（thymine，T）、胞嘧啶（cytosine，C）和鸟嘌呤（guanine，G）之间的配对关系（A 与 T 之间形成两个氢键：A=T；G 与 C 之间形成三个氢键：G≡C）[77]，碱基之间通过氢键进行互补配对的性质为分子生物学研究和 DNA 纳米技术的发展奠定了基础。

1982 年，Seeman 首次提出并证明了通过设计单链 DNA（ssDNA）可以人工构建分支 DNA 瓦片（DNA tiles），采用简单的元素比如霍利迪连接（Holliday junction）［图 9-33（a）］和双交叉瓦片（DX tiles）［图 9-33（b)］可以设计出生物进化所无法达到的复杂形状[78]，由此开启了 DNA 纳米技术领域的快速发展。2006 年 Rothemund 开发了一种 DNA 组装新模式，称为 DNA 折纸（DNA origami）[79]。DNA 折纸是把一条长单链 DNA 作为模板逐行折叠出图案脉络，随后利用大量短单链 DNA 作为“铆钉”穿梭于这些脉络间，每条短链 DNA 同时与长 DNA 的若干条相邻脉络互补，从而将图案固定得到预期的组装体［图 9-33（c)］[79]。利用折纸技术可以设计出较为复杂和多维度的纳米结构，比如一维（1D）纳米管、二维（2D）矩形或三角形、弯曲容器、纳米级多面体、多面体网格和周期性 DNA 晶体等。DNA 纳米技术的快速发展以及通过 DNA 链延伸实现组装结构的可拓展性为组装结构的功能化和分子间相互作用的精细研究提供了平台。

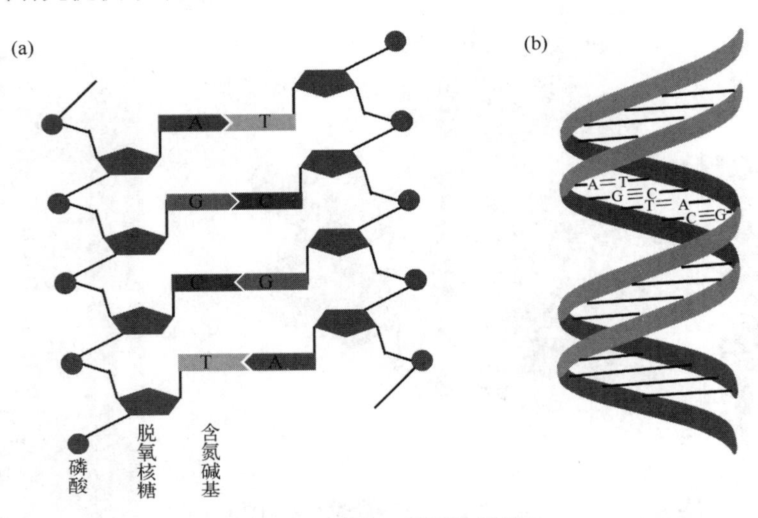

图 9-32　DNA 双螺旋结构

（a）平面结构；（b）立体结构

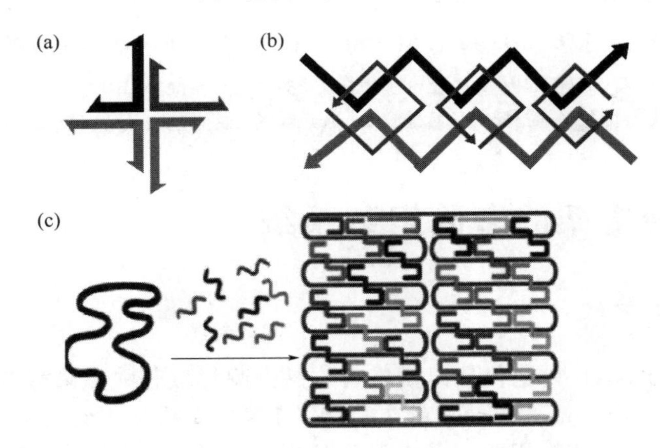

图 9-33　DNA 瓦片和 DNA 折纸示意图

（a）霍利迪连接；（b）双交叉瓦片；（c）DNA 折纸[80]

目前，许多 DNA 纳米技术也成功运用到多酶的自组装研究中，比如将多酶定位于 DNA 上实现多酶分子之间距离的精确控制、强化底物传递、探究底物通道机理以及调节配对酶之间的相互作用等。

将酶分子负载于DNA纳米结构上的方法主要分为三类:共价交联(covalent crosslinking)、非共价结合（noncovalent binding）以及融合构建（fusion tags）[80]。共价交联通常是将酶分子表面现有的氨基酸官能团(伯氨基和巯基)与化学修饰后的DNA进行反应获得连接有DNA的酶分子。常用于连接酶分子和DNA的交联剂（crosslinker）有4-(*N*-马来酰亚氨基甲基)环己烷-1-羧酸琥珀酰亚胺酯（SMCC）和3-(2-吡啶二硫代)丙酸-琥珀酰亚胺酯（SPDP）。SMCC和SPDP交联剂带有的*N*-羟基琥珀酰亚胺（NHS），可以和赖氨酸上的氨基进行反应，马来酰亚氨基团和吡啶二硫基可以与巯基进行反应。赖氨酸和巯基可以是酶分子上的也可以是化学修饰的DNA分子上的（图9-34）。此外，交联剂双琥珀酰亚胺辛二酸酯（DSS）可用于偶联DNA与小分子NAD^+或者ATP，点击化学反应则可利用非天然氨基酸进行酶分子与DNA的定点偶联。

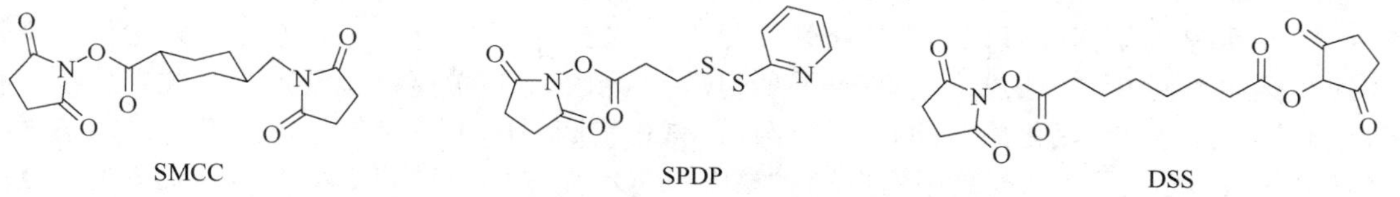

SMCC　　SPDP　　DSS

图9-34　DNA与酶分子共价连接常利用的交联剂分子

SMCC=4-(*N*-马来酰亚氨基甲基)环己烷-1-羧酸琥珀酰亚胺酯；
SPDP=3-(2-吡啶二硫代)丙酸-琥珀酰亚胺酯；DSS=双琥珀酰亚胺辛二酸酯

非共价结合是指酶分子与DNA通过配体与受体的特异性相互作用实现酶分子与DNA纳米结构的结合，比如常用到的生物素（biotin）与链霉亲和素（streptavidin，STV）相互作用［图9-35（a）］以及核酸适配体（oligonucleotide aptamers）与目标物质的特异相互作用［图9-35（b）］。融合构建是指融合有特异性多肽序列或者特异性标签的酶分子定向结合到对应分子修饰的DNA纳米结构上，比如常用的聚组氨酸亲和标签和次氨基三乙酸（NTA）螯合过渡金属离子、Halo Tag-氯化烷烃配基［图9-35（c）］和SNAP Tag-苄基鸟嘌呤衍生物相互作用［图9-35（d）］等[81]。

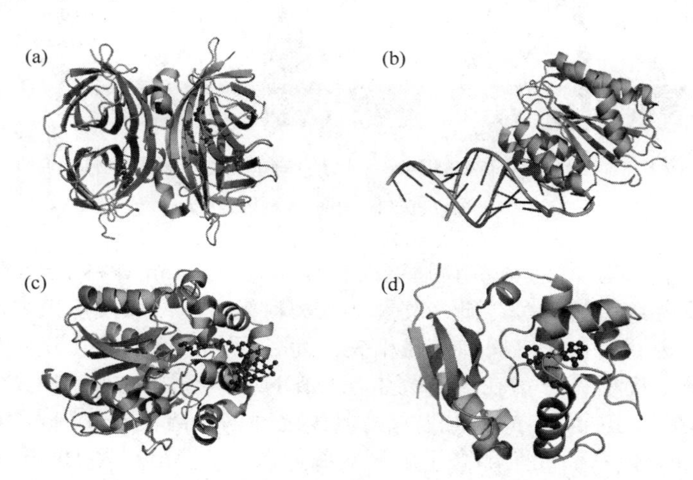

图9-35　非共价结合和融合构建常用的相互作用

(a) 生物素（球棍结构）与链霉亲和素；(b) 核酸适配体与目标蛋白质；(c) Halo Tag与氯化烷烃配基（球棍结构）；(d) SNAP Tag与苄基鸟嘌呤衍生物（球棍结构）

将 DNA 支架应用于多酶的自组装中，Niemeyer 等利用生物素-STV 相互作用模块实现多酶在线性 DNA 上的自组装，为后续 DNA 支架应用于多酶组装做出了开创性研究[82]。对 FMN 氧化还原酶（NFOR）和荧光素酶（Luc）的 N 端进行生物素化（bNFOR 和 bLuc），DNA 链与 STV 进行共价交联获得带有不同亲和素（S）的单链 DNA（SA 和 SB）。生物素修饰的酶分子依靠生物素和 STV 的相互作用自组装到单链 DNA 上，酶-DNA 单链复合物则通过 DNA 双链之间的碱基互补配对进一步组装到修饰有 STV 并带有互补 DNA 单链的微孔板上（图 9-36）。此方式不仅可以实现多酶的随机自组装，还可以通过增长 DNA 链长实现模块化自组装（DNA 单链上组装双酶），模块化自组装后级联反应的效果是随机自组装的 2 倍，也证明了双酶之间的邻近促进了双酶的级联反应效率[82]。Wilner 等通过设计 DNA 序列构建了两条带和四条带 DNA 支架应用于双酶的自组装（图 9-37）。在双“六边形”条带 DNA 支架中［图 9-37（a）］，核酸序列 1 和 2 分别含有 70 个碱基，其中 60 个碱基用于构建六边形，剩余 10 个碱基为游离碱基以作为铰链区用于 DNA 支架组装生物分子。在四“六边形”条带 DNA 支架中［图 9-37（b）］，生物分子通过序列 3 和 6 上的游离铰链区组装在此支架上。将此支架应用于葡萄糖氧化酶（GOx）和辣根过氧化物酶（HRP）的自组装，HRP 采用与序列 1 和序列 3 铰链区互补的核酸序列进行功能化，GOx 则采用与序列 2 和序列 6 上游离铰链区互补的序列进行功能化，依靠核酸序列之间的互补配对可实现双酶在 DNA 支架上的自组装［图 9-37（c），（d）］。自组装双酶反应器活性远高于游离双酶体系，双“六边形”自组装的总体活性是四“六边形”自组装双酶总体活性的 1.2 倍，其原因是双“六边形”自组装系统中双酶之间拥有更小的距离，促进了中间产物在酶分子之间的传递[83]。

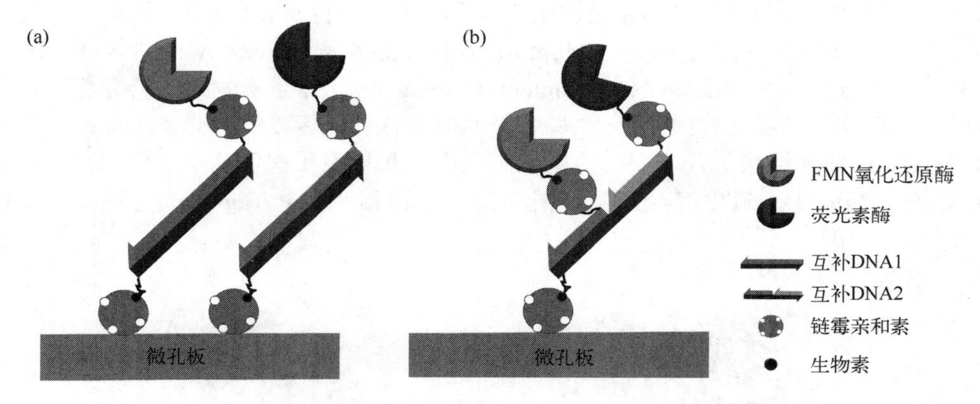

图 9-36 DNA 介导的 FMN 氧化还原酶和荧光素酶线性自组装

（a）双酶随机自组装；（b）双酶模块化自组装

在 DNA 纳米材料应用于多酶底物通道的机理研究中，Yan 等将 DNA 折纸纳米材料作为 HRP 和 GOx 的双酶自组装平台。研究发现，双酶自组装体级联反应效率的提升不但与酶分子之间的近距离促进底物在酶之间的传递相关，而且还与中间产物在双酶分子间形成的二维表面上的限制扩散效应相关[84]。在该研究中，将 DNA 修饰的 HRP 和 GOx 以碱基互补配对作用组装在 DNA 折纸上［图 9-38（a）］，双酶分子之间的距离精确控制为 10nm、20nm、45nm 和 60nm。组装的双酶体系活性全部高于游离双酶体系，并且距离为 10nm 时活性最高，20 nm 及以上双酶级联反应的效率则明显降低。距离为 10nm 双酶级联反应效率最高的原因可能是双酶分子之间的距离足够近，促进中间产物在双酶活性位点之间的传递，防止其扩散进入溶液中。另外，双酶分子之间的近距离可以使双酶分子表面形成实质上的连接以对中间产物扩散起到限制效应。为了进一步说明限制效应对级联反应效率的促进作用，在相距 30nm 的 HRP 和 GOx 之间加入非催化活性的蛋白质以形成蛋白质桥［图 9-38（b)］。插入的蛋白质有中性抗生物素蛋白（NTV）和链霉亲和素偶联的 β-半乳糖苷酶（β-Gal）。加入 β-Gal 的双酶反应体系相较于非加入的级联反应效率提升了 42%，加入 NTV 的双酶反应体系则较非加入蛋白质桥体系反应效率提升了 20%。β-Gal 的尺寸约 16nm，大于 NTV（约 6nm）。实验结果表明，较大尺寸的蛋白质桥对促进中间产物在双酶分子之间的传递、提升级联反应效率更有效。该研究证明，在 GOx 和 HRP 双酶反应体系中，不但分子之间的距离对于提升级联反应效率至关重要，酶分子之间所形成的水化层表面连接对中间产物形成扩散限制对级联反应效率的提升也具有重要意义，这种酶分子表面间水化层的连接也可归属为一种底物通道效应。

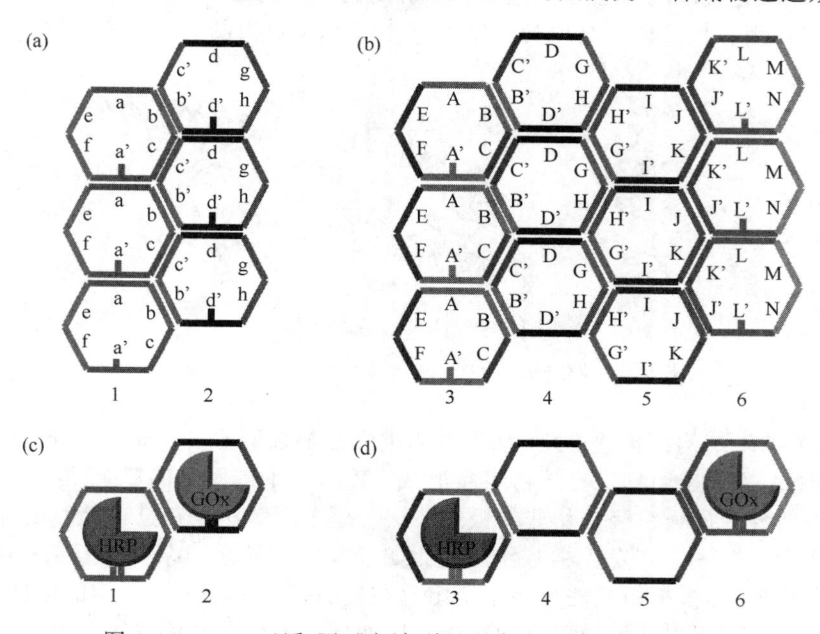

图 9-37　DNA 双和四“六边形”平台介导的双酶自组装

(a) DNA 双“六边形”平台（字母代表不同 DNA 序列，a-a′、b-b′、c-c′和 d-d′代表互补的 DNA 序列）；(b) DNA 四“六边形”平台（字母代表不同 DNA 序列，A-A′、B-B′、C-C′、D-D′、G-G′、H-H′、I-I′、J-J′、K-K′和 L-L′代表互补的 DNA 序列）；(c) 双“六边形”平台介导 GOx 和 HRP 自组装；(d) 四“六边形”平台介导 GOx 和 HRP 自组装

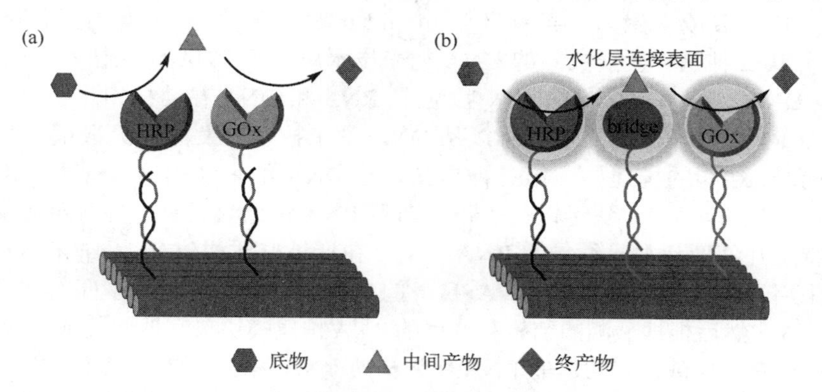

图 9-38　DNA 介导多酶自组装研究底物通道效应

(a) DNA 折纸组装 GOx 和 HRP；(b) DNA 折纸上存在的蛋白质桥（bridge）效应

9.5.2 RNA 支架系统

核糖核酸（RNA）是由含有腺嘌呤（adenine，A）、尿嘧啶（uracil，U）、鸟嘌呤（guanine，G）和胞嘧啶（cytosine，C）四种碱基的核糖核苷酸所构成的高分子聚合物，RNA 纳米技术是在 DNA 纳米技术的基础上发展起来的。RNA 可以像 DNA 一样采用简单的程序进行设计和操作，因而 RNA 纳米技术也可以视为 DNA 纳米技术的一个分支，但 RNA 自身的独特性质又使其明显地区别于 DNA 纳米技术[85]。二者的明显区别是：RNA 二级结构中不仅可以像 DNA 一样采用传统的 Watson-Crick 碱基配对互补原则，还可以采用非传统的碱基互补配对原则使 RNA 分子折叠形成刚性结构，这种非传统的配对原则可以使 RNA 形成环-受体（loop-receptor）相互作用、核酶以及其他特定结构（比如 tRNA）（图 9-39）[86~88]。

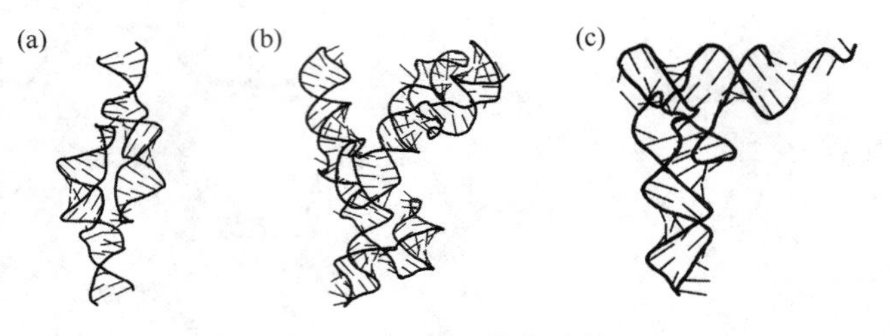

图 9-39 RNA 基本结构

（a）环-受体相互作用；（b）核酶结构；（c）tRNA 结构

构建 RNA 纳米结构与构建 DNA 纳米结构类似，都采用“自下而上”（bottom- up）的方法，需要使 RNA 模块按照预定方式自组装形成二维、三维或四维的复杂结构。实现 RNA 自组装的方法主要分为模板组装法和非模板组装法。模板组装法是在其他特殊的外力、结构和限定空间的作用下分子之间发生相互作用，比如 RNA 的转录、杂交、复制和噬菌体 phi29 pRNA 六环的形成；非模板组装法是指单个组分在没有任何外部因素影响的情况下通过物理、化学或生物等相互作用主动形成更大的结构，比如化学键合、共价连接和 RNA 的环-环相互作用等[85]。

目前，构建 RNA 纳米结构的途径主要分为四种：第一种是利用天然 RNA 在体内形成独特的多聚体组装机制，比如噬菌体 phi29 DNA 装配马达中的 pRNA 通过两个环左右互锁的握手相互作用自组装成六聚体，果蝇胚胎 bicoid mRNA 则通过手-臂相互作用形成二聚体［图 9-40（a）］。第二种是将发展成熟的 DNA 纳米技术应用于 RNA 纳米技术中［图 9-40（b）］。虽然 RNA 与 DNA 相比具有一定的特殊性，但是 RNA 和 DNA 在结构和化学上也具有某些共同特性，故而 RNA 纳米技术的发展可以从 DNA 纳米技术的发展中汲取部分经验，并将其应用到 RNA 纳米结构的构建中。第三种是在构建 RNA 纳米结构的过程中应用计算的方法［图 9-40（c）］[89]。计算的方法可以用于指导新型 RNA 的组装设计，并且可以优化用于构建特定方向和特定几何形状纳米结构的 RNA 序列。在计算方法构建 RNA 纳米结构中有两个步骤：首先是采用计算机设计，根据 RNA 自身的自折叠性质，通过碱基配对作用将其设计为特定的RNA结构，然后根据预测的结构将产生的RNA构建模块自发地组装成更大的组装结构。第四种是利用现有结构或已知功能的 RNA 作为构建 RNA 纳米结构的基础［图 9-40（d）］[90]。从丰富的 RNA 数据库中提取设计特定 RNA 结构所需要的 RNA 构建单元，进而在有模板或者没有模板的情况下自组装为所需要的 RNA 纳米结构。

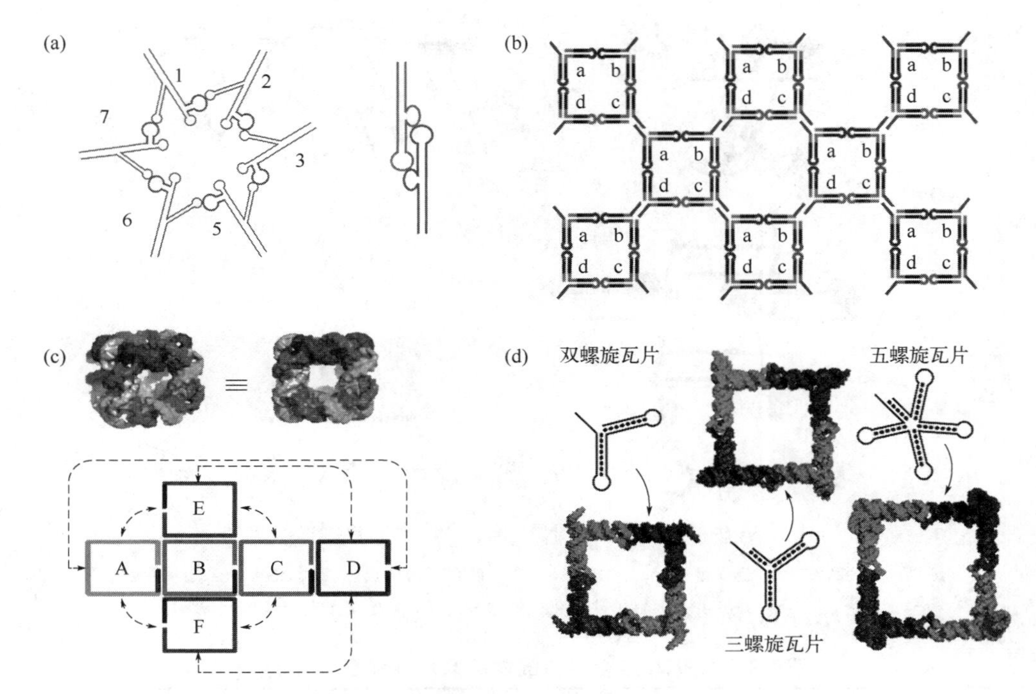

图 9-40　构建 RNA 纳米结构的主要途径

（a）噬菌体 phi29 DNA 装配马达中的 pRNA 六聚体（左）和 bicoid mRNA 二聚体（右）；（b）人工构建的正方形 RNA 瓦片（a-b-c-d）自组装；（c）计算设计构建的 RNA 正方体；（d）利用天然 RNA 结构作为瓦片构建正方形组装体

在多酶自组装研究中，Delebecque 等受 DNA 纳米结构的启发构建了多种 RNA 组装支架应用于生物体内多酶的自组装。所构建的 RNA 支架包括经 PP7 适配体和 MS2 适配体共同功能化的离散结构（0D）、一维纳米结构（1D）和二维纳米结构（2D），目标酶分子与适配体所对应的 RNA 结合蛋白进行融合表达，酶分子依靠核酸适配体和 RNA 结合蛋白的相互作用自组装至 RNA 支架上（图 9-41）[91]。将所构建的 RNA 支架应用于生物体内制氢过程，共表达[FeFe]氢化酶和铁氧化还原蛋白催化质子通过电子转移形成氢，反应中的氢化酶与单个 PP7 结合蛋白进行融合，铁氧化还原蛋白和 MS2 结合蛋白进行融合。融合的双酶与 0D、1D 和 2D 形成的 RNA 支架发生自组装后，生物氢的产量分别是非组装融合酶的 4 倍、11 倍和 48 倍。Sachdeva 等利用相同的 RNA 组装策略即 RNA 支架可以在大肠杆菌中自组装并结合多酶形成纳米反应器的性质，在微生物体内实现了十五烷和琥珀酸的高效合成[92]。为了扩大 RNA 支架的适用性，设计了与 RNA 适配体相互作用的 RNA 结合蛋白库（RBDs）（表 9-3）。十五烷生物合成中的酰基-ACP 还原酶（AAR）和醛去甲酰化加氧酶（ADO）分别与 RNA 结合蛋白 BIV-Tat 和 PP7 进行融合表达，与 2D 和 1D 的 RNA 支架分别进行组装后，十五烷的产量相较于游离体系增加了 80%，中间产物十六烷醇的生成量在 2D 组装体中明显减少。同时利用 RNA 结合蛋白库中的多种蛋白质和多肽可进行三酶和四酶的体内自组装，合成琥珀酸所需要的丙酮酸羧化酶（PYC）、NAD^+依赖性甲酸脱氢酶（FDH）和苹果酸脱氢酶（MDH）分别与 PP7、LambdaN、BIV-Tat 进行融合后，体内多酶自组装体系琥珀酸的产量提升 83%。进一步加入 RevR11Q 融合的碳酸酐酶（eCA）后，体内多酶组装 RNA 纳米反应器相较于游离多酶体系琥珀酸的产量进一步提升 88%。

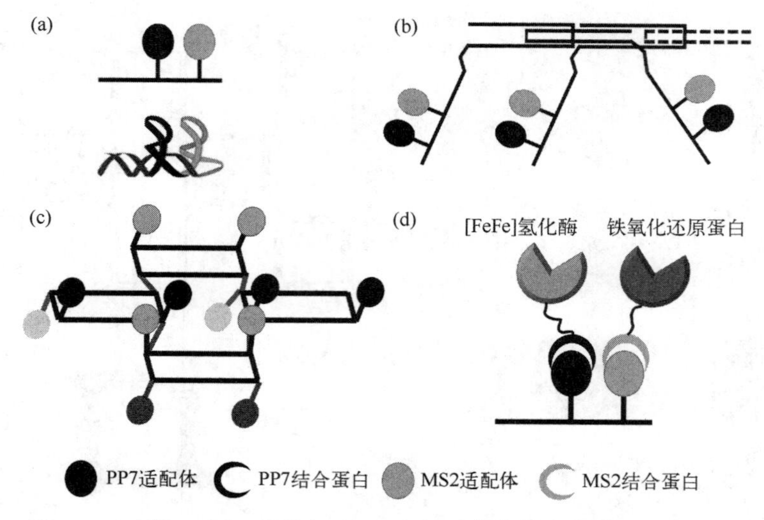

图 9-41 双酶在 RNA 支架平台上的自组装

（a）离散 RNA 纳米组装平台；（b）一维 RNA 纳米组装平台；（c）二维 RNA 纳米组装平台；（d）[FeFe]氢化酶和铁氧化还原蛋白在 RNA 支架上自组装

表 9-3 RNA 结合蛋白的氨基酸序列和配体序列

RNA 结合蛋白	氨基酸序列	配体 RNA 序列
RevN7D	TRQARRDRRRRWRERQR	GACAAGUUGGUCCGC ACAGUUGCGAGGUGU
RevR11Q	TRQARRNRRRQWRERQR	CGCUUAUGGUCAUUG AGUAUCUCCUGCCGA
BMVGag	KMTRAQRRAAARRNRWTAR	GGCGGUGGGUUUGGA AAACGGUAACGGGCA
LambdaN	MDAQTRRRERRAEKQAQWK	GGGCCUGAAGAAGGGCCC
BIV- Tat	SGPRPRGTRAANG KGRRIRR	GGCUCGUGUAGCUC AUUAGCUCCGAGCC
HTLV	MPKTRRRPRRSQRKRP	GCUCAGGUCGAGGTACGC AAGTACCUCCCUUGGAGC
PP7	MSKTIVLSVGEATRTLTEIQSTADRQIFEEKVGPLVGRLRLTA SLRQNGAKTAYRVNLKLDQADVVDSGLPKVRYTQVWSHD VTIVANSTEASRKSLYDLTKSLVATSQVEDLVVNLVPLGR	GGCACAGAAGAT ATGGCTTCGTGCC
MS2	MASNFTQFVLVDNGGTGDVTVAPSNFANGVAEWISSNSRSQAY KVTCSVRQSSAQNRKYTIKVEVPKVATQTVGGVELPVAAWRS YLNMELTIPIFATNSDCELIVKAMQGLLKDGNPIPSAIAANSGIY	CCACAGTCACTGGG

9.6 基于脂质支架的多酶组装系统

相较于蛋白质类支架、多肽支架和核酸支架，近年来研究人员还发展了基于脂质的支架用于多酶自组装。脂质是一种独特的生物材料，可用于多酶自组装支架的构建。脂质可以作为膜蛋白的锚定物，也可以形成膜屏障控制小分子选择性地进出。基于脂质所构建的支架具有独特的性质，比如尺寸更大、能够耐受疏水性环境、可以利用膜蛋白等。此外，脂质支架还可能对产生疏水性中间体（比如生物燃料、类固醇或脂肪酸）的多酶催化反应提供特定的便利，但对于非疏水环境需求的多酶组装体也会产生不利影响[93]。

在脂质支架用于多酶自组装的研究中，目前已经报道的有两种可用支架：细胞内脂质/蛋白质依赖支架（intracellular lipid/protein-based scaffolds）和脂肪滴支架（lipid droplets）。

Myhrvold 等利用噬菌体 $\phi6$ 的两种蛋白质和脂质在大肠杆菌中构建了细胞内脂质/蛋白质依赖支架［图 9-42（a)］[94]。该系统主要利用噬菌体 $\phi6$ 蛋白质衣壳可被脂质和膜蛋白所组成的包膜包被的特性，在大肠杆菌中单独表达噬菌体 $\phi6$ 的三种病毒蛋白 P8、P9 和 P12，可以形成包含脂质及三种蛋白质的球形纳米颗粒。在将其应用于体内蛋白质和多酶的自组装研究中发现，在大肠杆菌中共表达与 P9 的 C 端融合的蛋白质和 P12 蛋白，可以使目标蛋白质定位到脂质上，而 P9 的 N 端融合蛋白或不表达 P12 蛋白都不能使目标蛋白质定位到脂质上形成纳米反应器，其主要原因是 P9 蛋白的 N 端与目标蛋白质进行融合无法使 P9 蛋白靶向地插入到脂质中。将细胞内脂质/蛋白质依赖支架应用于吲哚的生物合成中［图 9-42（b)］，合成靛蓝所需的色氨酸酐酶（TnaA）和黄素单加氧酶（FMO）分别与 P9 蛋白进行 C 端融合表达。体内共表达 P12 蛋白，吲哚的产量可以得到明显提升，达到非组装体的 2～3 倍，证明了该系统在微生物体内可以自组装，并且自组装的多酶可通过邻近效应提升产物的产量。

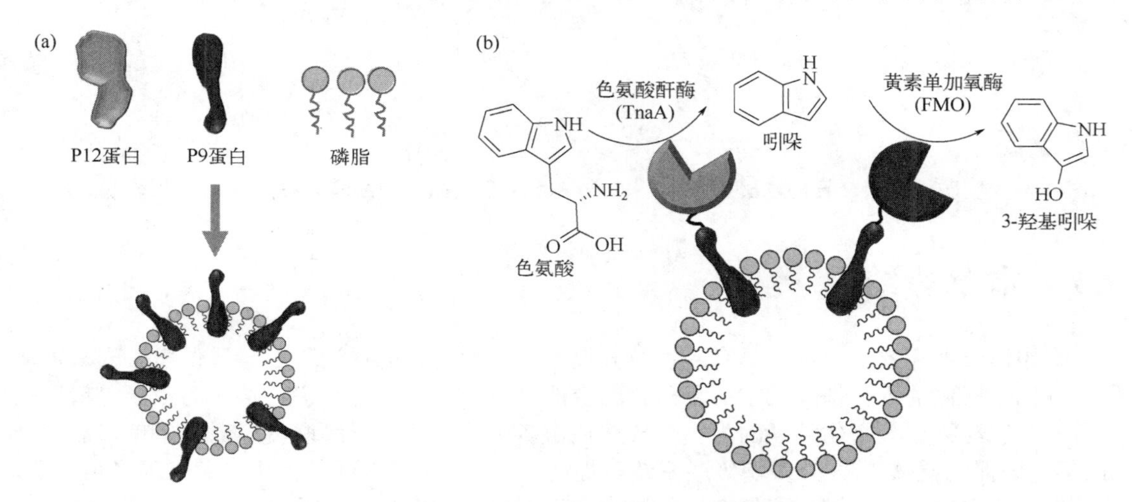

图 9-42　细胞内脂质/蛋白质依赖支架介导的多酶自组装

(a）细胞内脂质/蛋白质依赖支架；(b）脂质/蛋白质依赖支架介导的色氨酸酐酶和黄素单加氧酶自组装及级联反应

Wheeldon 等则利用酵母细胞中天然脂质及 Cohesin-Dockerin 相互作用构建了脂肪滴多酶组装系统，并将其应用于乙酸乙酯的生物合成中（图 9-43）[95]。在酿酒酵母（*S. cerevisiae*）中乙酸乙酯的合成途径主要由乙醛脱氢酶（Ald6）、乙酰辅酶 A 合成酶（Acs1）和醇酰基转移酶（Atf1）组成。Ald6 和 Acs1 位于细胞质中，而 Atf1 位于线粒体上，三个参与合成的酶被天然分割于不同部位，限制了酶分子之间的底物传递，影响产物的合成速率和产量。为了实现三酶在酿酒酵母脂肪滴上的自组装，对靶向脂肪滴蛋白进行筛选，发现荧光蛋白与来自玉蜀黍（*Zea mays*）的油脂蛋白（Ole）进行融合后可以将荧光蛋白组装到脂肪滴上。将 Ald6 和 Acs1 分别与油脂蛋白（Ole）进行融合并共表达 Atf1，全细胞破碎液的催化活性与空白相比没有明显差异，这可能是由于 Acs1 的活性位点附近具有正电荷环境，其与脂质的负电荷磷酸基团发生静电作用造成了活性位点被屏蔽。为了实现 Ald6 和 Acs1 的活性位点定向问题，选择 Cohesin-Dockerin 相互作用对酶和油脂蛋白进行融合表达，Ald6 和 Acs1 分别与不同的 Dockerin 结构域 D1 和 D2 进行融合表达，获得 Ald6-D1 和 Acs1-D2，Ole 与两种不同的 Cohesin

结构域C1和C2进行融合表达，获得Ole-C1-C2，体内共组装后全细胞裂解液与游离多酶相比活性得到增加。进一步提升限速酶的表达量并更改酶分子之间的比例，三酶共组装体乙酸乙酯的产物生产速率可达到游离多酶的2倍左右。

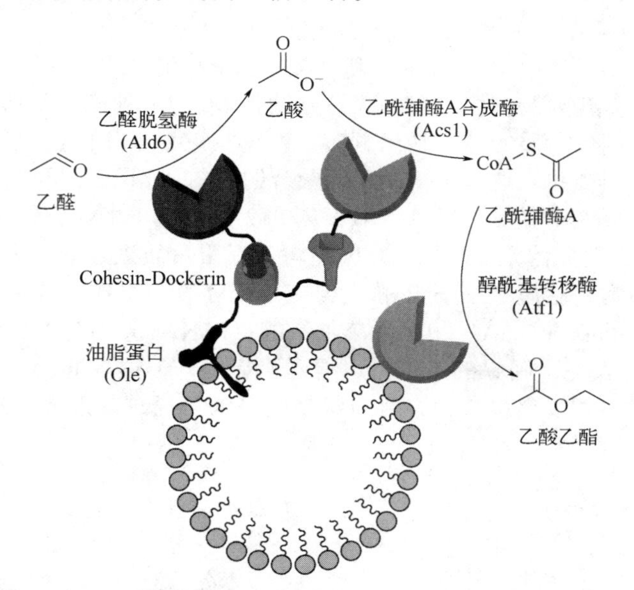

图 9-43 脂肪滴支架介导的乙醛脱氢酶、乙酰辅酶A合成酶和醇酰基转移酶自组装及级联反应

9.7 本章总结

酶作为一种高效、绿色、具有手性特异性的催化剂受到的欢迎程度与日俱增，未来可取代许多化学催化剂进行精细化学品和药物的合成，也可以应用于大宗化学品的合成。精细化学品、手性药物和大宗化学品的生物合成往往由多个酶分子进行级联反应而非单单依靠一个酶分子，因而构建体内/体外多酶级联系统可提高生产的效率、降低过程成本和实现绿色制造。

生物体内的多酶通过形成复合体促进生命活动高效有序进行。通过对天然多酶复合体进行研究，发现其催化的高效性主要是由两种不同的机制所导致的，即底物通道机制和邻近效应机制。多酶复合体形成底物通道的目的在于形成酶分子之间分子级/纳米级的通道，促进中间产物的传递和转移，增强多酶反应的活性；而形成邻近效应的目的则是从空间上减少酶分子活性位点之间的距离，实现酶分子间具有更短的通道以利于底物的传递，提升单酶分子周围的底物浓度，促进多酶级联反应的快速进行。受天然多酶复合物具有较高级联催化效率的启发，研究人员致力于开发各种多酶组装系统，模拟天然多酶纳米反应器。当前，多酶组装体系统主要包含基于生物体内相互作用模块发展起来的蛋白质介导的组装系统、多肽自组装介导的多酶系统、多肽-蛋白质相互作用介导的组装系统、核酸介导的组装系统以及脂质介导的组装系统。这些自组装系统在体内生物合成和体外多酶级联反应中得到了大量的研究和尝试，多数情况下可提高多酶级联反应的速率，提升终产物的产量。此外，多酶组装系统还可以混合使用，将两个或者多个模块进行混合设计，在体内或体外进行更复杂多酶体系的构建。

虽然多酶自组装体系能够在一定程度上实现级联反应效率的提升，但是多酶自组装系统研究还面临许多问题和挑战：

① 多酶组装系统往往需要使用融合蛋白技术，但如何获得高活性及高产量的融合酶还

没有明确的理论指导。虽然有部分经验积累，但仍需要大量实验尝试。

② 有些多酶组装系统需要相对严格的形成和使用条件。例如，多肽介导的自组装中，溶液条件对于酶分子的组装状态有显著影响。这种影响虽然便于人工调控组装体的形成和实验，但如何使最适的组装条件与酶活性和稳定性最高的条件相匹配，仍然需要继续探索。

③ 对多酶组装系统催化性能提升的原因尚存在争议，关于底物通道效应或邻近效应的贡献尚无统一的认识。例如，也有研究者认为多酶组装系统催化性能提升是酶分子在组装后其构象和周围环境发生变化所导致的。因此，多酶组装系统的级联催化反应理论尚需深入研究。

参考文献

[1] Dubey N C, Tripathi B P. Nature inspired multienzyme immobilization: strategies and concepts. ACS Appl Bio Mater, 2021, 4 (2): 1077-1114.

[2] Spivey H O, Ovadi J. Substrate channeling. Methods, 1999, 19 (2): 306-321.

[3] Wheeldon I, Minteer S D, Banta S, et al. Substrate channelling as an approach to cascade reactions. Nat Chem, 2016, 8 (4): 299-309.

[4] Caparco A A, Dautel D R, Champion J A. Protein mediated enzyme immobilization. Small, 2022, 18 (19): 1-23.

[5] Carvalho A L, Dias F M, Prates J A, et al. Cellulosome assembly revealed by the crystal structure of the cohesin-dockerin complex. Proc Natl Acad Sci USA, 2003, 100 (24): 13809-13814.

[6] Xu Y, Li F, Yang K X, et al. A facile and robust non-natural three enzyme biocatalytic cascade based on *Escherichia coli* surface assembly for fatty alcohol production. Energy Convers Manage, 2019, 181: 501-506.

[7] Yang K X, Li F, Qiao Y G, et al. Design of a new multienzyme complex synthesis system based on Yarrowia lipolytica simultaneously secreted and surface displayed fusion proteins for sustainable production of fatty acid-derived hydrocarbons. ACS Sustainable Chem Eng, 2018, 6 (12): 17035-17043.

[8] Chen Z Z, Wang Y Y, Cheng Y Y, et al. Efficient biodegradation of highly crystallized polyethylene terephthalate through cell surface display of bacterial PETase. Sci Total Environ, 2020, 709: 1-5.

[9] Li F, Yang K X, Xu Y, et al. A genetically-encoded synthetic self-assembled multienzyme complex of lipase and P450 fatty acid decarboxylase for efficient bioproduction of fatty alkenes. Bioresource Technol, 2019, 272: 451-457.

[10] Golmohammadi R, Valegard K, Fridborg K, et al. The refined structure of bacteriophage MS2 at 2.8 A resolution. J Mol Biol, 1993, 234 (3): 620-639.

[11] Chen D H, Baker M L, Hryc C F, et al. Structural basis for scaffolding-mediated assembly and maturation of a dsDNA virus. Proc Natl Acad Sci USA, 2011, 108 (4): 1355-1360.

[12] Speir J A, Munshi S, Wang G, et al. Structures of the native and swollen forms of cowpea chlorotic mottle virus determined by X-ray crystallography and cryo-electron microscopy. Structure, 1995, 3 (1): 63-78.

[13] Lin T, Chen Z, Usha R, et al. The refined crystal structure of cowpea mosaic virus at 2.8 A resolution. Virology, 1999, 265 (1): 20-34.

[14] Evans G, Bricogne G. Triiodide derivatization and combinatorial counter-ion replacement: two methods for enhancing phasing signal using laboratory Cu Kalpha X-ray equipment. Acta Crystallogr Sect D Struct Biol, 2002, 58: 976-991.

[15] Wang J, Boisvert D C. Structural basis for GroEL-assisted protein folding from the crystal structure of (GroEL-KMgATP)14 at 2.0A resolution. J Mol Biol, 2003, 327 (4): 843-855.

[16] Dgany O, Gonzalez A, Sofer O, et al. The structural basis of the thermostability of SP1, a novel plant (Populus tremula) boiling stable protein. J Biol Chem, 2004, 279 (49): 51516-51523.

[17] Kim K K, Kim R, Kim S H. Crystal structure of a small heat-shock protein. Nature, 1998, 394 (6693): 595-599.

[18] Zhang Y, Ardejani M S, Orner B P. Design and applications of protein-cage-based nanomaterials. Chem Asian J, 2016, 11 (20): 2814-2828.

[19] Brasch M, Putri R M, de Ruiter M V, et al. Assembling enzymatic cascade pathways inside virus-based nanocages using dual-tasking nucleic acid tagsl. J Am Chem Soc, 2017, 139 (4): 1512-1519.

[20] Patterson D P, Schwarz B, Waters R S, et al. Encapsulation of an enzyme cascade within the bacteriophage p22 virus-like particle. ACS Chem Biol, 2014, 9 (2): 359-365.

[21] Dionne I, Nookala R K, Jackson S P, et al. A heterotrimeric PCNA in the hyperthermophilic archaeon Sulfolobus solfataricus. Mol Cell, 2003, 11 (1): 275-282.

[22] Williams G J, Johnson K, Rudolf J, et al. Structure of the heterotrimeric PCNA from Sulfolobus solfataricus. Acta Crystallogr F, 2006, 62: 944-948.

[23] Suzuki R, Hirakawa H, Nagamune T. Electron donation to an archaeal cytochrome P450 is enhanced by PCNA-mediated selective complex formation with foreign redox proteins. Biotechnol J, 2014, 9 (12): 1573-1581.

[24] Hirakawa H, Kakitani A, Nagamune T. Introduction of selective intersubunit disulfide bonds into self-assembly protein scaffold to enhance an artificial multienzyme complex's activity. Biotechnol Bioeng, 2013, 110 (7): 1858-1864.

[25] Gruber M, Lupas A N. Historical review: Another 50th anniversary - new periodicities in coiled coils. Trends Biochem Sci, 2003, 28 (12): 679-685.

[26] Kojima S, Kuriki Y, Yoshida T, et al. Fibril formation by an amphipathic alpha-helix-forming polypeptide produced by gene engineering. P Jpn Acad B-Phys, 1997, 73 (1): 7-11.

[27] Kojima S, Kuriki Y, Yazaki K, et al. Stabilization of the fibrous structure of an alpha-helix-forming peptide by sequence reversal. Biochem Biophys Res Commun, 2005, 331 (2): 577-582.

[28] Pandya M J, Spooner G M, Sunde M, et al. Sticky-end assembly of a designed peptide fiber provides insight into protein fibrillogenesis. Biochemistry, 2000, 39 (30): 8728-8734.

[29] Gunasekar S K, Anjia L, Matsui H, et al. Effects of divalent metals on nanoscopic fiber formation and small molecule recognition of helical proteins. Adv Funct Mater, 2012, 22 (10): 2154-2159.

[30] Hume J, Sun J, Jacquet R, et al. Engineered coiled-coil protein microfibers. Biomacromolecules, 2014, 15 (10): 3503-3510.

[31] Burgess N C, Sharp T H, Thomas F, et al. Modular design of self-assembling peptide-based nanotubes. J Am Chem Soc, 2015, 137 (33): 10554-10562.

[32] Fletcher J M, Harniman R L, Barnes F R H, et al. Self-assembling cages from coiled-coil peptide modules. Science, 2013, 340 (6132): 595-599.

[33] Shekhawat S S, Porter J R, Sriprasad A, et al. An autoinhibited coiled-coil design strategy for split-protein protease sensors. J Am Chem Soc, 2009, 131 (42): 15284-15290.

[34] Park W M, Champion J A. Thermally triggered self-assembly of folded proteins into vesicles. J Am Chem Soc, 2014, 136 (52): 17906-17909.

[35] Gold M G, Lygren B, Dokurno P, et al. Molecular basis of AKAP specificity for PKA regulatory subunits. Mol Cell, 2006, 24 (3): 383-395.

[36] Dreher M R, Simnick A J, Fischer K, et al. Temperature triggered self-assembly of polypeptides into multivalent spherical micelles. J Am Chem Soc, 2008, 130 (2): 687-694.

[37] Shi P, Aluri S, Lin Y A, et al. Elastin-based protein polymer nanoparticles carrying drug at both corona and core suppress tumor growth in vivo. J Controlled Release, 2013, 171 (3): 330-338.

[38] Gurnon D G, Whitaker J A, Oakley M G. Design and characterization of a homodimeric antiparallel coiled coil. J Am Chem Soc, 2003, 125 (25): 7518-7519.

[39] Litowski J R, Hodges R S. Designing heterodimeric two-stranded alpha-helical coiled-coils effects of hydrophobicity and alpha-helical propensity on protein folding, stability, and specificity. J Biol Chem, 2002, 277 (40): 37272-37279.

[40] Papapostolou D, Smith A M, Atkins E D T, et al. Engineering nanoscale order into a designed protein fiber. Proc Natl Acad Sci USA, 2007, 104 (26): 10853-10858.

[41] Gradisar H, Bozic S, Doles T, et al. Design of a single-chain polypeptide tetrahedron assembled from coiled-coil segments. Nat Chem Biol, 2013, 9 (6): 362-366.

[42] Ross J F, Bridges A, Fletcher J M, et al. Decorating self-assembled peptide cages with proteins. ACS Nano, 2017, 11 (8): 7901-7914.

[43] Sarma G N, Kinderman F S, von Daake S, et al. Structure of D-AKAP2:PKA RI complex: insights into AKAP specificity and selectivity. Structure, 2010, 18:155-166 .

[44] Kang W, Ma T, Liu M, et al. Modular enzyme assembly for enhanced cascade biocatalysis and metabolic flux. Nat Commun, 2019, 10: 4248-4258.

[45] Al-Halifa S, Babych M, Zottig X, et al. Amyloid self-assembling peptides: potential applications in nanovaccine engineering and biosensing. Pept Sci, 2019, 111 (1): 1-11.

[46] Raymond D M, Nilsson B L. Multicomponent peptide assemblies. Chem Soc Rev, 2018, 47 (10): 3659-3720.
[47] Han X, He G. Toward a rational design to regulate beta-amyloid fibrillation for alzheimer's disease treatment. ACS Chem Neurosci, 2018, 9 (2): 198-210.
[48] Bowerman C J, Nilsson B L. Review self-assembly of amphipathic beta-sheet peptides: Insights and applications. Biopolymers, 2012, 98 (3): 169-184.
[49] Hong Y S, Lau L S, Legge R L, et al. Critical self-assembly concentration of an ionic-complementary peptide EAK16-I. J Adhes, 2004, 80 (10-11): 913-931.
[50] Hong Y S, Legge R L, Zhang S, et al. Effect of amino acid sequence and pH on nanofiber formation of self-assembling peptides EAK16-Ⅱ and EAK16-Ⅳ. Biomacromolecules, 2003, 4 (5): 1433-1442.
[51] Zhang S G, Holmes T C, Dipersio C M, et al. Self-complementary oligopeptide matrices support mammalian-cell attachment. Biomaterials, 1995, 16 (18): 1385-1393.
[52] Zhang S G, Lockshin C, Cook R, et al. Unusually stable beta-sheet formation in an ionic self-complementary oligopeptide. Biopolymers, 1994, 34 (5): 663-672.
[53] Zhang S G, Rich A. Direct conversion of an oligopeptide from a beta-sheet to an alpha-helix: A model for amyloid formation. Proc Natl Acad Sci USA, 1997, 94 (1): 23-28.
[54] Hwang W M, Marini D M, Kamm R D, et al. Supramolecular structure of helical ribbons self-assembled from a beta-sheet peptide. J Chem Phys, 2003, 118 (1): 389-397.
[55] Caplan M R, Schwartzfarb E M, Zhang S G, et al. Control of self-assembling oligopeptide matrix formation through systematic variation of amino acid sequence. Biomaterials, 2002, 23 (1): 219-227.
[56] Pochan D J, Schneider J P, Kretsinger J, et al. Thermally reversible hydrogels via intramolecular folding and consequent self-assembly of a de novo designed peptide. J Am Chem Soc, 2003, 125 (39): 11802-11803.
[57] Aggeli A, Bell M, Boden N, et al. Engineering of peptide beta-sheet nanotapes. J Mater Chem, 1997, 7 (7): 1135-1145.
[58] Fishwick C W G, Beevers A J, Carrick L M, et al. Structures of helical beta-tapes and twisted ribbons: the role of side-chain interactions on twist and bend behavior. Nano Lett, 2003, 3 (11): 1475-1479.
[59] Aggeli A, Bell M, Carrick L M, et al. pH as a trigger of peptide beta-sheet self-assembly and reversible switching between nematic and isotropic phases. J Am Chem Soc, 2003, 125 (32): 9619-9628.
[60] Pagel K, Seri T, von Berlepsch H, et al. How metal ions affect amyloid formation: Cu^{2+}- and Zn^{2+}-sensitive peptides. Chem Bio Chem, 2008, 9 (4): 531-536.
[61] Hudalla G A, Sun T, Gasiorowski J Z, et al. Gradated assembly of multiple proteins into supramolecular nanomaterials. Nat Mater, 2014, 13 (8): 829-836.
[62] Collier J H, Messersmith P B. Enzymatic modification of self-assembled peptide structures with tissue transglutaminase. Bioconjugate Chem, 2003, 14 (4): 748-755.
[63] Marini D M, Hwang W, Lauffenburger D A, et al. Left-handed helical ribbon intermediates in the self-assembly of a beta-sheet peptide. Nano Lett, 2002, 2 (4): 295-299.
[64] Shanbhag B K, Liu B Y, Fu J, et al. Self-assembled enzyme nanoparticles for carbon dioxide capture. Nano Lett, 2016, 16 (5): 3379-3384.
[65] Amelung S, Nerlich A, Rohde M, et al. The FbaB-type fibronectin-binding protein of streptococcus pyogenes promotes specific invasion into endothelial cells. Cell Microbiol, 2011, 13 (8): 1200-1211.
[66] Hagan R M, Bjornsson R, McMahon S A, et al. NMR spectroscopic and theoretical analysis of a spontaneously formed lys-asp isopeptide bond. Angew Chem Int Ed, 2010, 49 (45): 8421-8425.
[67] Li L, Fierer J O, Rapoport T A, et al. Structural analysis and optimization of the covalent association between SpyCatcher and a peptide tag. J Mol Biol, 2014, 426 (2): 309-317.
[68] Zakeri B, Fierer J O, Celik E, et al. Peptide tag forming a rapid covalent bond to a protein, through engineering a bacterial adhesin. Proc Natl Acad Sci USA, 2012, 109 (12): E690-E697.
[69] Veggiani G, Nakamura T, Brenner M D, et al. Programmable polyproteams built using twin peptide superglues. Proc Natl Acad Sci USA, 2016, 113 (5): 1202-1207.
[70] Izore T, Contreras-Martel C, El Mortaji L, et al. Structural basis of host cell recognition by the pilus adhesin from streptococcus pneumoniae. Structure, 2010, 18 (1): 106-115.
[71] Peschke T, Bitterwolf P, Gallus S, et al. Self-assembling all-enzyme hydrogels for flow biocatalysis. Angew Chem Int Ed, 2018, 57 (52): 17028-17032.
[72] Qu J L, Cao S, Wei Q X, et al. Synthetic multienzyme complexes, catalytic nanomachineries for cascade biosynthesis in

vivo. ACS Nano, 2019, 13 (9): 9895-9906.
[73] Harris B Z, Hillier B J, Lim W A. Energetic determinants of internal motif recognition by PDZ domains. Biochemistry, 2001, 40 (20): 5921-5930.
[74] Gao X, Yang S, Zhao C C, et al. Artificial multienzyme supramolecular device: highly ordered self-assembly of oligomeric enzymes in vitro and in vivo. Angew Chem Int Ed, 2014, 53 (51): 14027-14030.
[75] Price J V, Chen L, Whitaker W B, et al. Scaffoldless engineered enzyme assembly for enhanced methanol utilization. Proc Natl Acad Sci USA, 2016, 113 (45): 12691-12696.
[76] Yang Z W, Wang H L, Wang Y X, et al. Manufacturing multienzymatic complex reactors in vivo by self-assembly to improve the biosynthesis of itaconic acid in escherichia coil. ACS Synth Biol, 2018, 7 (5): 1244-1250.
[77] Watson J D, Crick F H. Molecular structure of nucleic acids; a structure for deoxyribose nucleic acid. Nature, 1953, 171 (4356): 737-738.
[78] Seeman N C. Nucleic acid junctions and lattices. J Theor Biol, 1982, 99 (2): 237-247.
[79] Rothemund P W. Folding DNA to create nanoscale shapes and patterns. Nature, 2006, 440 (7082): 297-302.
[80] Fu J, Wang Z, Liang X H, et al. DNA-scaffolded proximity assembly and confinement of multienzyme reactions. Top Curr Chem , 2020, 378 (3): 38.
[81] Sacca B, Meyer R, Erkelenz M, et al. Orthogonal protein decoration of DNA origami. Angew Chem Int Ed, 2010, 49 (49): 9378-9383.
[82] Niemeyer C M, Koehler J, Wuerdemann C. DNA-directed assembly of bienzymic complexes from in vivo biotinylated NAD(P)H:FMN oxidoreductase and luciferase. Chem Bio Chem, 2002, 3 (2-3): 242-245.
[83] Wilner O I, Weizmann Y, Gill R, et al. Enzyme cascades activated on topologically programmed DNA scaffolds. Nat Nanotechnol, 2009, 4 (4): 249-254.
[84] Fu J, Liu M, Liu Y, et al. Interenzyme substrate diffusion for an enzyme cascade organized on spatially addressable DNA nanostructures. J Am Chem Soc, 2012, 134 (12): 5516-5519.
[85] Guo P X. The emerging field of RNA nanotechnology. Nat Nanotechnol, 2010, 5 (12): 833-842.
[86] Ikawa Y, Tsuda K, Matsumura S, et al. De novo synthesis and development of an RNA enzyme. Proc Natl Acad Sci USA, 2004, 101 (38): 13750-13755.
[87] Matsumura S, Ohmori R, Saito H, et al. Coordinated control of a designed trans-acting ligase ribozyme by a loop-receptor interaction. FEBS Lett, 2009, 583 (17): 2819-2826.
[88] Leontis N B, Lescoute A, Westhof E. The building blocks and motifs of RNA architecture. Curr Opin Struct Biol, 2006, 16 (3): 279-287.
[89] Afonin K A, Bindewald E, Yaghoubian A J, et al. In vitro assembly of cubic RNA-based scaffolds designed in silico. Nat Nanotechnol, 2010, 5 (9): 676-682.
[90] Severcan I, Geary C, Verzemnieks E, et al. Square-shaped RNA particles from different RNA folds. Nano Lett, 2009, 9 (3): 1270-1277.
[91] Delebecque C J, Lindner A B, Silver P A, et al. Organization of intracellular reactions with rationally designed RNA assemblies. Science, 2011, 333 (6041): 470-474.
[92] Sachdeva G, Garg A, Godding D, et al. In vivo co-localization of enzymes on RNA scaffolds increases metabolic production in a geometrically dependent manner. Nucleic Acids Res, 2014, 42 (14): 9493-9503.
[93] Ellis G A, Klein W P, Lasarte-Aragones G, et al. Artificial multienzyme scaffolds: pursuing in vitro substrate channeling with an overview of current progress. ACS Catal, 2019, 9 (12): 10812-10869.
[94] Myhrvold C, Polka J K, Silver P A. Synthetic lipid-containing scaffolds enhance production by colocalizing enzymes. ACS Synth Biol, 2016, 5 (12): 1396-1403.
[95] Lin J L, Zhu J, Wheeldon I. Synthetic protein scaffolds for biosynthetic pathway colocalization on lipid droplet membranes. ACS Synth Biol, 2017, 6 (8): 1534-1544.

10

辅酶再生和循环利用

10.1 概述

10.1.1 辅酶及其分类

辅酶（coenzyme）是一种与酶蛋白结合作用相对较弱的有机小分子，对于某些酶形成完整结构并发挥催化功能具有不可或缺的作用。相对于辅酶，与酶蛋白分子结合作用较强或以共价键的方式与酶分子相连的有机小分子称为辅基（prosthetic group）。辅酶与辅基的差别主要是与酶分子的结合强度不同，但两者的功能没有明显的区别。辅酶和辅基一般统称为辅因子（cofactor）。

辅酶分烟酰胺类辅酶和非烟酰胺类辅酶两大类，大多由维生素或者维生素的衍生物生成。烟酰胺类辅酶包括烟酰胺腺嘌呤二核苷酸（nicotinamide adenine dinucleotide，NAD，通称辅酶Ⅰ）和烟酰胺腺嘌呤二核苷酸磷酸（nicotinamide adenine dinucleotide phosphate，NADP，通称辅酶Ⅱ）。非烟酰胺类辅酶包括硫胺酸焦磷酸（thiamine pyrophosphate，TPP）、黄素单核苷酸（flavin mononucleotide，FMN）、黄素腺嘌呤二核苷酸（flavin adenine dinucleotide，FAD）、辅酶A（coenzyme A，CoA）、磷酸吡哆醛（pyridoxal-5-phosphate，PLP）、5′-脱氧腺苷钴胺素（5′-deoxyadenosylcobalamin）、生物素（biotin）、四氢叶酸（tetrahydrofolate，THF，通称辅酶Q）以及硫辛酸（lipoic acid）等。除上述维生素衍生物外，非烟酰胺类辅酶还有腺嘌呤核苷三磷酸（adenosine triphosphate，ATP）、腺嘌呤核苷二磷酸（adenosine diphosphate，ADP）及腺嘌呤核苷单磷酸（adenosine monophosphate，AMP），它们也是细胞合成代谢中常见的辅酶。上述部分非烟酰胺类辅酶的分子结构式示于图10-1。

10.1.2 非烟酰胺类辅酶及其在酶催化中的作用

硫胺酸焦磷酸由维生素 B_1 和腺嘌呤核苷三磷酸在硫胺酸焦磷酸合成酶的作用下形成，在生物体内主要作为辅酶参与糖的分解代谢，涉及糖代谢中羰基碳的合成与裂解。黄素类辅酶中主要包括黄素单核苷酸和黄素腺嘌呤二核苷酸。黄素单核苷酸由维生素 B_2 与腺嘌呤核苷三磷酸相互作用形成，黄素单核苷酸进一步与ATP相互作用形成FAD。生物体内黄素单核苷酸和黄素腺嘌呤二核苷酸主要作为氧化反应中的递氢体，是一些氧化还原酶的辅酶，这些酶类统称为黄素酶，主要催化糖类、脂质和氨基酸的代谢。辅酶A由维生素 B_3、巯基乙胺和3′-磷酸腺嘌呤核糖焦磷酸缩合而成。辅酶A是生物体内各种酰化反应的辅酶，主要进行酰基的传递，起活化酰基及酰基 α 氢的作用。磷酸吡哆醛由维生素 B_6 衍生，是维生素 B_6 在体内的活性形式，是参与氨基酸代谢中转移酶、脱羧酶和消旋酶的辅酶。5′-脱氧腺苷钴胺素由维生

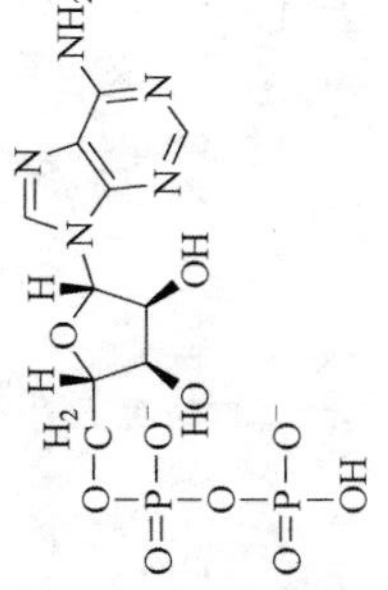

腺嘌呤核苷三磷酸

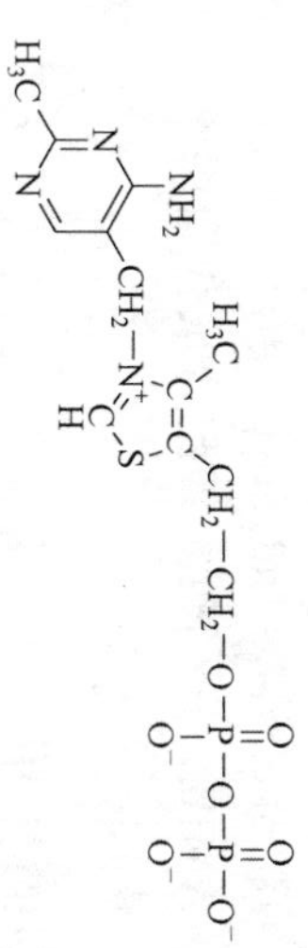

硫胺酸焦磷酸

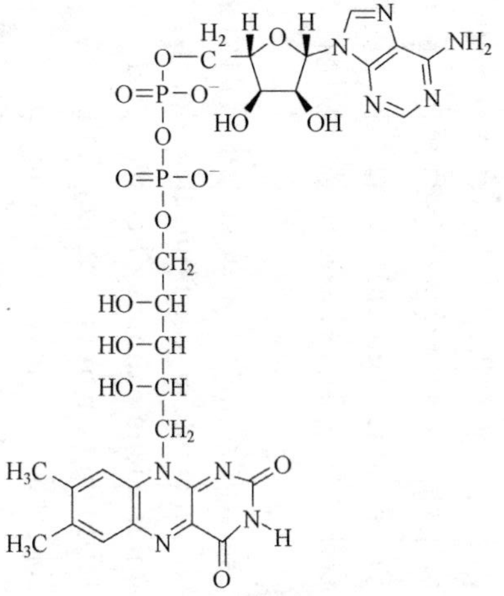

黄素腺嘌呤二核苷酸

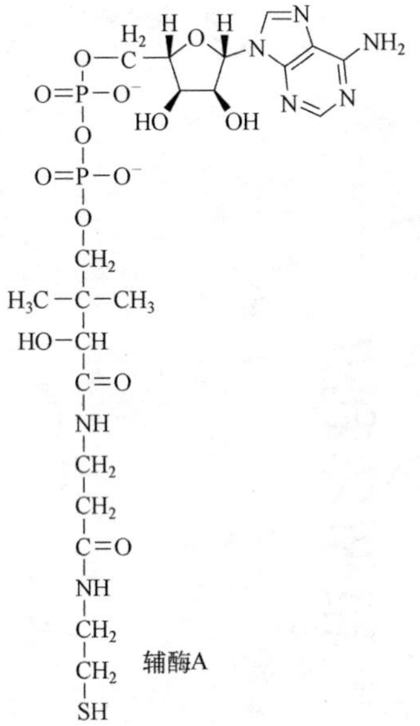

辅酶A

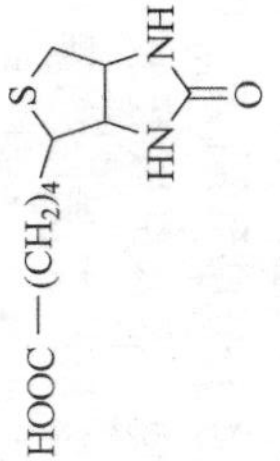

生物素

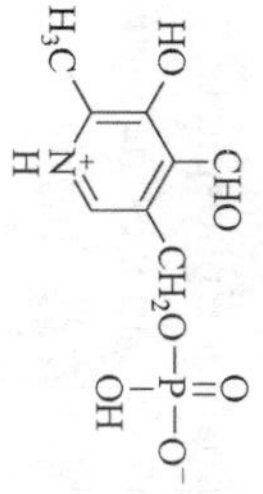

磷酸吡哆醛

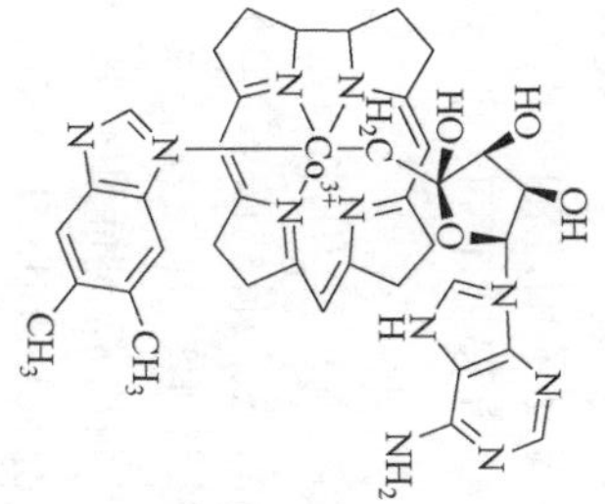

5'-脱氧腺苷钴胺素

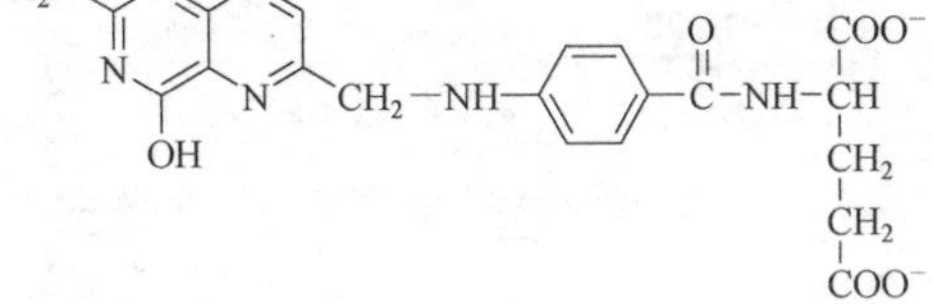

四氢叶酸

图 10-1 部分非烟酰胺类辅酶的分子结构式

素 B_{12} 衍生，结构与卟啉环类似，中心金属离子为钴离子，在生物体内作为辅酶参与分子内重排以及核苷酸还原为脱氧核苷酸的反应。生物素是维生素 B_7 的别称，是多种羧化酶的辅酶。以生物素为辅酶的酶分子多为多聚体结构，生物素可通过与蛋白质上的 ε-氨基形成共价键结合到酶分子上。四氢叶酸是由维生素 B_{11} 发生还原反应形成的，常作为一碳单位的载体（亚甲基、甲酰基、甲醛等），在蛋白质和核酸的生物合成中扮演重要角色。硫辛酸与生物素类似，常通过与酶分子上的 ε-氨基形成酰胺键共价结合到蛋白质分子上，存在于丙酮酸脱氢酶和 α-酮戊二酸脱氢酶中，作为一种酰基载体参与氧化脱羧反应。

10.1.3 烟酰胺类辅酶及其在酶催化中的作用

NAD 和 NADP［统称 NAD(P)］是代谢中心的一类辅酶，由维生素烟酰胺或烟酸衍生，通过磷酸酸酐键连接两个核苷酸构成。约 90%的氧化还原酶具有 NAD(P)依赖性，即氧化还原酶在进行催化反应时需要 NAD(P)以化学计量的方式参与到反应中，发挥运输氢或电子的作用，因此，NAD(P)在生物催化领域具有重要的作用。正因如此，本章涉及的再生和循环利用的辅酶，均特指 NAD(P)。

NAD(P)存在两种形式：$NAD(P)^+$（氧化态）和 NAD(P)H（还原态）（图 10-2）。需要注意的是，$NAD(P)^+$的加号并非表示分子的净电荷，而是表示烟酰胺环处于氧化状态，烟酰胺环上的氮原子带一个正电荷。在生理 pH 条件下，$NAD(P)^+$/NAD(P)H 均带负电荷。

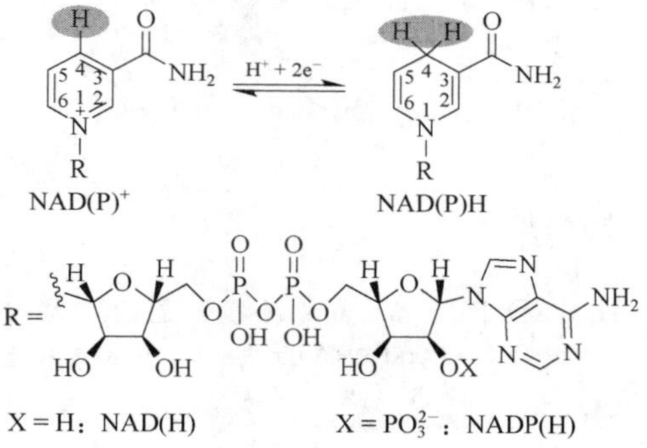

图 10-2　$NAD(P)^+$和 NAD(P)H 的分子结构式及其相互转化

NADP 除了腺嘌呤上 D-核糖 2′位置处磷酸化以外，其余与 NAD 均相同，并且腺嘌呤上 D-核糖 2′位置处的磷酸根基团不影响 NADP 的氧化/还原性质。然而，$NAD(P)^+$与 NAD(P)H 对不同的酶发挥辅酶作用。例如，$NAD(P)^+$依赖性的酶通常具有分解功能，生成的 NAD(P)H 作为细胞的能量来源，而利用 NAD(P)H 的酶则通常具有合成功能。

大多数 NAD(P)依赖性的氧化还原酶在一个称为罗斯曼折叠（Rossmann fold）的保守蛋白质结构域与辅酶进行结合。该结合域通常由一个六股平行 β 折叠和四个相关的 α 螺旋组成。氧化还原酶和 NAD(P)之间的结合相对松散，NAD(P)很容易通过扩散作用从一种酶转移至另一种酶，因而可作为从一种代谢物到另一种代谢物的水溶性电子载体。下面以一个具体的实例来阐述 NAD(P)在酶催化过程中的作用机制。

来源于马肝的醇脱氢酶（ADH）以 NAD^+作为辅酶，通过被称作西-钱氏（Theorell-Chance）机制的动力学机制催化伯醇或仲醇的氧化反应。在催化反应过程中，NAD^+首先与酶发生结合，然后底物（伯醇或仲醇）再与酶结合；然而，产物的释放顺序却大不相同，即产生的羰基化合物先进行释放，NADH 最后离开。值得注意的是，NADH 从酶的解离是整个反应的限速步骤，这也是为什么 NAD^+被认为是一个辅酶而不是简单地作为一个底物的原因。ADH 为二聚体蛋白，每个亚基上有一个 NAD^+结合部位，两个 Zn^{2+}结合部位，但是只有一个 Zn^{2+}起到催化作用。1975 年，Branden 等根据 X 射线衍射结果推测 ADH 中底物、NAD^+与 Zn^{2+}之间可能呈三元配合物的结合关系，如图 10-3 所示。ADH 催化伯醇或仲醇的氧化反应的反应机制如图 10-4 所示。

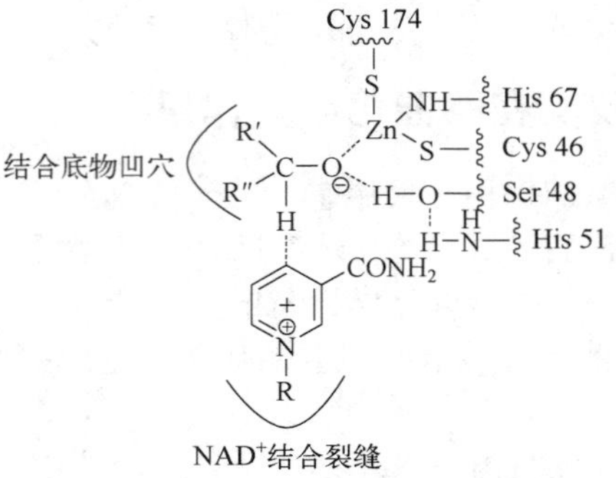

图 10-3　ADH 中底物、NAD^+与 Zn^{2+}之间形成的三元配合物

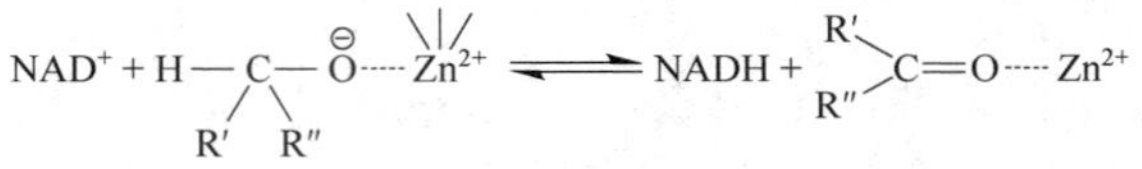

图 10-4　马肝醇脱氢酶催化反应机制

10.1.4　NAD(P)的检测方法

对于体外检测 NAD(P)H/NAD(P)$^+$，最有效的方法是利用紫外-可见光谱分析。烟酰胺环的还原会在紫外-可见光谱中产生一个新的宽吸收带，在 340nm 具有最大吸收峰。通过检测 340nm 处的吸光度的变化情况，可以方便地检测反应体系中 NAD(P)H 的浓度变化情况，从而间接反映 NAD(P)$^+$的浓度变化。根据朗伯特-比尔（Lambert-Beer）定律，可以通过在 340nm 处测量的吸光度值计算 NAD(P)H 浓度。需要注意的是，NAD(P)H 与 NAD(P)$^+$因结构中腺嘌呤的存在，均在 260nm 处具有强烈的紫外吸收峰。因此，无法根据 260nm 处的吸光度变化来判断 NAD(P)H 的浓度变化情况。

NAD(P)H 的定量检测通常可以通过监测 340nm 处的吸光度变化来完成。但是，在 NAD(P)$^+$还原为 NAD(P)H 的过程中可能产生的 NAD_2 二聚体和 1,6-NAD(P)H 及 1,2-NAD(P)H 同分异构体在 340nm 处同样具有吸光值。一般来说，具有生物活性的还原态烟酰胺辅酶为 1,4-NAD(P)H，而在还原过程中产生的副产物 NAD_2、1,6-NAD(P)H 及 1,2-NAD(P)H 不具有生物活性。核磁共振波谱（nuclear magnetic resonance，NMR）是有机合成中提供分子结构信息的有力工具。因此，可利用 ^1H NMR 对 1,4-NAD(P)H 进行定性测定，作为辅酶活性测定的补充方法。NAD(P)$^+$在 δ 9.46 具有特征信号，而当其吡啶环上氮阳离子的对位（C4）上加入氢后，特征信号移动到 δ 6.96［1,4-NAD(P)H］[1]。此外，根据 NAD(P)H 与 NAD(P)$^+$具有不同的荧光特性可对二者进行测定。溶液中的 NAD(P)H 在 340nm 处有一个发射峰，而氧化后的 NAD(P)$^+$则没有荧光。除上述方法，电化学分析和色谱分析也可用于检测 NAD(P)$^+$和 NAD(P)H。

10.2 辅酶再生

如前所述，NAD(P)在生物催化领域具有重要的作用。然而，NAD(P)（尤其是 NADP）昂贵的价格严重阻碍了 NAD(P)依赖性氧化还原酶在实际生产中的大规模应用。因此，原位再生 NAD(P)对于开发具有成本效益的生物催化工艺至关重要。

10.2.1 辅酶再生和辅酶转换数

$NAD(P)^+$与 NAD(P)H 结构之间的主要差异是烟酰胺的吡啶基 C4 位置处的氢负离子[$H^-/(H^+ + 2e^-)$]，因此两者可通过得失 H^-而相互转化，如图 10-2 所示。除体内合成途径外，辅酶再生（coenzyme regeneration）通常是指辅酶氧化反应后的辅酶还原过程，或者是辅酶还原反应后的辅酶氧化过程。目前研究者已提出并实践了各种各样的 NAD(P)再生方法，主要包括体内合成再生法、酶促再生法、化学再生法、电催化再生法和光催化再生法。一般来说，通过 NAD(P)的转换频率（turnover frequency，TOF）和总转换数（total turnover number，TTN）评价这些再生方法的再生效率。TOF 是指单位时间内每摩尔辅酶所形成目标产物的物质的量，而 TTN 是指在一个完整的反应中消耗每摩尔 NAD(P)所形成产物的物质的量。TOF 表示辅酶的反应速率，即米氏方程中的反应速率常数（k_{cat}），而 TTN 则反映整个反应过程的辅酶利用效率。TOF 越大，说明辅酶再生反应的速率越快；而 TTN 越大，说明辅酶在整个反应体系内循环的次数越多。在辅酶成本相同的情况下，TTN 越大的再生体系所产生的收益越高。通常认为，TTN>10^3～10^5，生物催化转化工艺在经济上是可行的。

10.2.2 体内合成再生

NAD(P)在生物体内参与细胞的代谢与生长过程。一般来说，$NAD(P)^+$参与细胞内的分解代谢过程，而 NAD(P)H 参与细胞内的合成代谢途径，这些正交系统通过细胞内复杂的调控而相互共存、互不干扰。因此，细胞内存在各种各样的 NAD(P)合成途径，生物催化过程中消耗的 NAD(P)可由体内合成得到补偿，将这种利用生物体再生辅酶的方法称为体内合成再生（biosynthesis regeneration in vivo）。

体内合成再生分为内源法与外源法两种。内源再生法主要依赖于生物体内固有的 NAD(P)合成途径供给生物合成过程中消耗的辅酶，如糖酵解途径（Embden-Meyerhof-Parnas pathway，EMP）、三羧酸循环（tricarboxylic acid cycle，TCA）、磷酸戊糖途径（pentose phosphate pathway，PPP）、2-酮-3-脱氧-6-磷酸葡萄糖酸裂解途径（Entner-Doudoroff pathway，EDP）和转氢酶系统（transhydrogenase system）（图 10-5）。内源再生法可通过分子生物学技术手段进行直接调控，以提高 NAD(P)的再生效果。例如，过表达磷酸戊糖途径中的葡萄糖 6-磷酸脱氢酶（G6PDH），可以提高再生体系中的 NADPH 产量[2]；用 NADPH 依赖途径代替 NADH 依赖途径以满足催化体系中的 NADPH 需求量[3]；敲除 EMP 途径中的葡萄糖 6-磷酸异构酶的基因可增强 PPP 和 EDP 途径，从而产生额外的 NADPH[4]。

外源再生法是指向微生物中引入异源 NAD(P)再生酶的基因，为目标催化体系提供所需的辅酶。因此，与内源再生法相比，外源再生法更具有针对性，因为其可选择一些不干扰主催化体系、具有经济效益等特点的再生体系。尽管如此，由于细胞在转录及翻译水平上存在许多不确定性，因此很难平衡催化体系与再生体系。通过过表达 NAD(P)再生酶或利用底物偶联法可以改善这一问题。底物偶联法是指向微生物中引入兼具催化与再生功能的氧化还原酶，这种氧化还原酶可同时催化主要底物与牺牲底物并生成相应的目标产物与辅酶。例如，

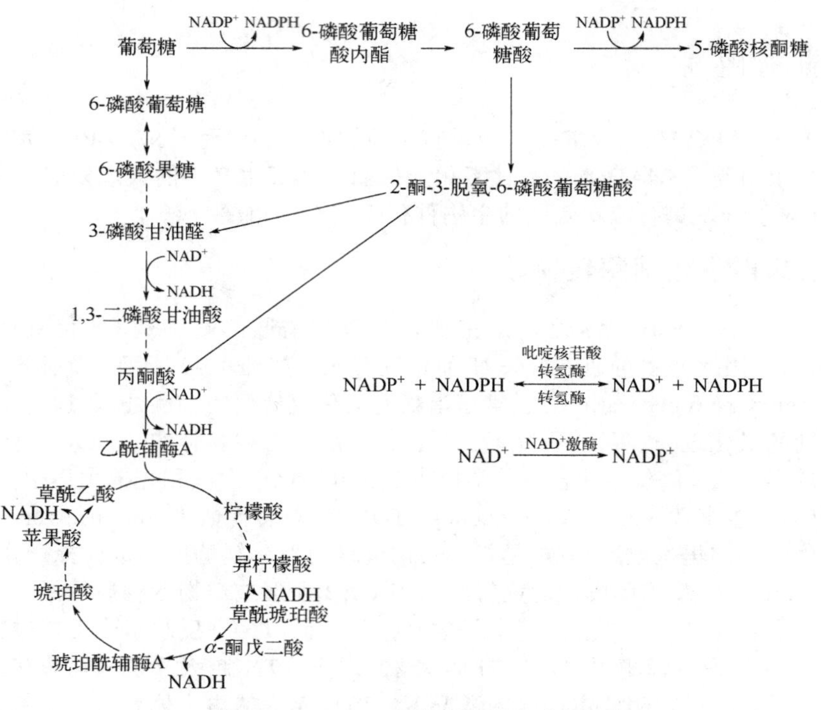

图 10-5　NAD(P)的内源再生途径

包括糖酵解途径、三羧酸循环、磷酸戊糖途径、2-酮-3-脱氧-6-磷酸葡萄糖酸裂解途径及转氢酶系统，其中虚线箭头代表中间有省略反应过程

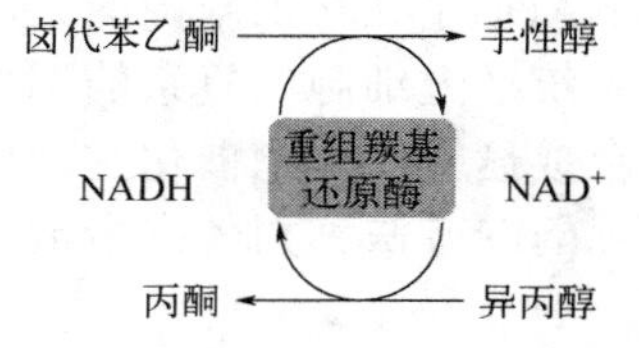

图 10-6　体内底物偶联辅酶再生反应用于合成手性醇

来自氧化葡萄糖杆菌的重组羰基还原酶在催化卤代苯乙酮生成相应的手性醇时，以异丙醇为牺牲底物再生 NADH (图 10-6) [5]。因此，底物偶联法相比过表达 NAD(P)再生酶的策略更加简单。但是，同时满足催化与再生功能的氧化还原酶的种类很少，无法满足工业领域中各种各样化学品的生产需求。除此之外，从热动力学角度来看，底物偶联法中的主催化反应与 NAD(P)再生反应之间的竞争可能会影响催化体系的整体转化效率。

研究发现，将主催化反应和 NAD(P)再生反应分散到两个细胞中，可以有效避免两个反应系统之间的干扰。主催化反应与再生反应之间的不兼容性（如动力学不匹配）是外源再生过程一直存在的问题。为与前面的外源再生法予以区分，可根据异源 NAD(P)再生酶是否与主催化体系存在于同一细胞，分为单细胞异源 NAD(P)再生法与双细胞异源 NAD(P)再生法。Zhang 等发现，将含 NADPH 依赖的酮还原酶的短小芽孢杆菌 Phe-C3 与含 $NADP^+$依赖的葡萄糖脱氢酶（GDH）的枯草芽孢杆菌 BGSC1A1 共同培养，其整体催化效率优于单细胞催化体系[6]。这说明，利用细胞分隔主催化体系与辅酶再生体系可避免二者的干扰，从而提高整体催化效率。此外，构建过表达 NAD(P)再生酶的工程菌与其他含 NAD(P)依赖的氧化还原酶偶联应用，对催化体系的整体催化效果亦有促进作用。总之，双细胞异源 NAD(P)再生法在工业领域具有一定的通用性、优越性和实用性。

体内合成再生法的核心是利用酶促反应再生 NAD(P)，因此提高该方法再生效率的关键是改善当前或开发新的 NAD(P)再生酶促反应。但在此之前，必须全面了解相关的基因以及代谢机制，这将为过表达 NAD(P)依赖的酶、引入特异性代谢途径、敲除 NAD(P)相关代谢基因等提供理论依据。

10.2.3 酶促再生

酶促再生法（enzymatic regeneration）是指在体外通过酶促反应实现辅酶的再生。体外酶促再生与体内合成再生的本质相同，即均利用具有反应条件温和、催化效率及选择性高的酶促反应进行辅酶的再生，但主要区别是此方法的辅酶再生过程是在体外构建的。除此之外，与体内合成再生相比，体外酶促再生可避免细胞内部复杂的代谢网络的干扰，而且不会因为细胞膜等障碍影响催化体系内大分子物质的运输。因此，在体外构建酶促辅酶再生途径在工业应用方面具有一定的优势。

酶促再生法主要分为底物偶联法、酶偶联法、收敛级联法与闭环顺序级联法四种（图 10-7）。其中，酶偶联法与底物偶联法与上一小节中提到的单细胞异源再生法相似，即向主催化体系中引入第二种酶和/或牺牲底物用于辅酶再生。酶偶联法通过第二种酶催化牺牲底物进行辅酶再生［图 10-7（a）］，因此需要第二酶促反应具有如下特点：①牺牲底物价廉易得，②副产物容易分离，③不干扰主催化反应，④辅酶再生效率高。再生 NAD(P)H 常用的第二种酶及牺牲底物有：甲酸脱氢酶/甲酸[7]、葡萄糖脱氢酶/葡萄糖[8]、醇脱氢酶/异丙醇[9]和亚磷酸脱氢酶/亚磷酸盐[10,11]。再生 $NAD(P)^+$常用的第二种酶及牺牲底物有：乳酸脱氢酶/丙酮酸[12]、NADH 氧化酶/O_2[13,14]、谷氨酸脱氢酶/（NH_4^+，α-酮戊二酸）[15]和谷胱甘肽还原酶/谷胱甘肽还蛋白[16]。

底物偶联法中的酶既用于底物还原又用于 NAD(P)再生［图 10-7（b）］。例如，酮还原酶在将羰基化合物还原为醇的过程中，可同时氧化异丙醇进行 NADPH 的再生[17]。

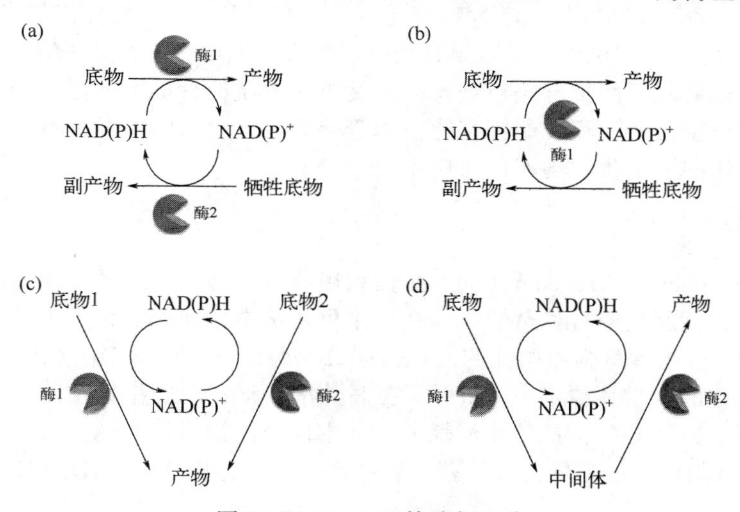

图 10-7 NAD(P)的酶促再生

（a）酶偶联法；（b）底物偶联法；（c）收敛级联法；（d）闭环顺序级联法

与酶偶联法相似，收敛级联法也需要第二种酶作用于牺牲底物进行 NAD(P)的再生。但不同的是，NAD(P)再生反应中的副产物与主反应中的产物相同［图 10-7（c）］。该方法的典型例子是由醇脱氢酶（ADH）和 Baeyer-Villiger 单加氧酶（BVMO）所构建的级联催化体系[18]。如图 10-8 所示，ADH 和 BVMO 分别在 NAD^+和 NADH 的协同参与下将 1,6-己二醇和环己酮转化为 ε-己内酯，其中 ADH 参与的酶促反应用于辅酶再生。收敛级联法虽然避免了复杂的产物分离过程，但是在任意一种催化反应的基础上构建收敛级联体系的难度是非常大的。

闭环顺序级联法无需额外的酶和牺牲底物并且不产生副产物即可实现 NAD(P)的再生。如图 10-7（d）所示，整个生物合成途径由通过一个齿轮（中间产物）紧密相连的氧化反应［$NAD(P)^+$依赖的酶促反应］和还原反应［NAD(P)H 依赖的酶促反应］构成，所以 NAD(P)在生物合成途径中就可实现自身的循环再生。Turner 等利用 ADH 和胺脱氢酶（AmDH）构建了一个闭环顺序催化体系，即 NAD^+依赖的 ADH 氧化外消旋醇生成中间产物酮和 NADH，然后 AmDH 在 NADH 参与下将酮转化为手性胺（图 10-9）[19]。NAD 在手性胺的生成途径中可自动再生，无需额外底物且无副产物产生，大大降低了过程成本。尽管这种方法看起来简单并且在 20 世纪 90 年代就已提出，但到目前为止，只有少数案例报道。这是因为闭环顺序级联反应的限制条件较多，即整个级联反应体系中不需额外的牺牲底物以及不产生副产物，并且辅酶还可在级联途径中实现再生，这些条件很难同时在级联催化反应中实现。

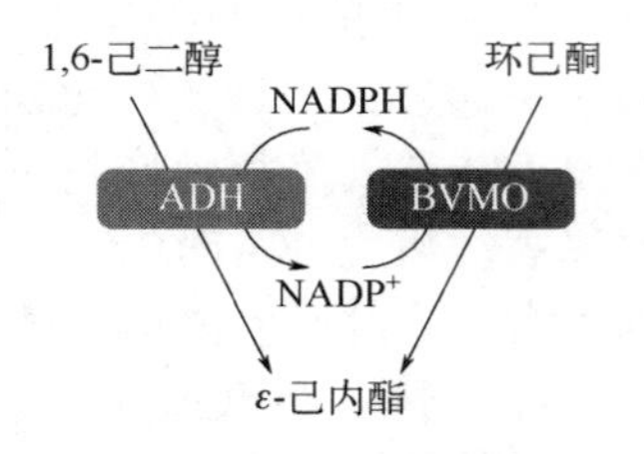

图 10-8　ADH-BVMO 收敛级联反应用于合成 ε-己内酯

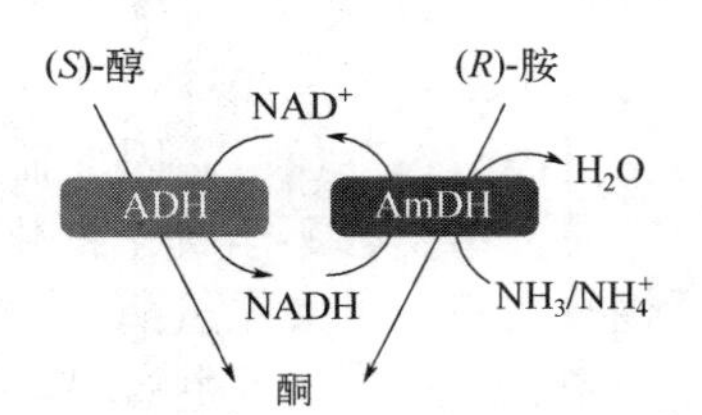

图 10-9　ADH-AmDH 闭环顺序级联反应用于合成手性胺

以上四种酶促再生法具有不同的特点，但理想的酶促再生系统还应满足以下条件：①酶具有较低的生产成本、较高的催化活性和稳定性；②不使用干扰产物分离或酶稳定性的试剂；③TTN 较大，应在 10^2～10^4；④应达到有利于产物形成的总体平衡。NAD^+还原酶、ADH、乳酸脱氢酶和谷氨酸脱氢酶部分满足理想的酶促再生系统的标准。为提高 NAD(P)再生酶的利用率，可以通过蛋白质工程和酶固定化技术等手段改善 NAD(P)再生酶的活性和稳定性，以促进酶再生策略的进一步发展和广泛应用。

10.2.4　化学再生

化学再生法（chemical regeneration）是指利用非生物催化剂选择性地将还原或氧化等价物从所添加的氧化还原剂中转移至辅酶。在化学再生法中，非酶催化剂主要由无机盐和有机金属配合物组成。一些具有强还原性的无机盐如二亚硫酸钠（$Na_2S_2O_4$）和硼氢化钠（$NaBH_4$）是常用于辅酶再生的化学还原剂[1]。然而，在高盐浓度下，酶的稳定性差，而且无机盐在生产过程中由于不能循环使用，易造成消耗大、成本高、污染大等问题。最重要的是，这些无机盐还原再生 NAD(P)H 的立体选择性差，容易产生无活性的 1,2-NAD(P)H 和 1,6-NAD(P)H（图 10-10）。

相比于无机盐，有机金属配合物在辅酶再生方面具有反应条件温和、底物选择性高、区域选择性高等优点，因此逐渐成为化学再生辅酶中的主流研究方向。有机金属配合物 $[Cp^*Rh(bpy)H_2O]^{2+}$（记做 M，其中 $Cp^* = C_5Me_5$，bpy = 2,2′-联吡啶）是目前应用最广泛的 NAD(P)H 再生化学催化剂[20~22]。如图 10-11 所示，通过化学、电化学、光化学等手段首先将 M 转变为$[Cp^*Rh(bpy)H]^+$，随后$[Cp^*Rh(bpy)H]^+$离子直接从一些给电子化合物如甲酸和乙醇等中捕获电子并将氢负离子传递给 $NAD(P)^+$，最终产生具有活性的 1,4-NAD(P)H。M 可高区域选择性催化再生 1,4-NAD(P)H 的原因是，Cp*配体与 Rh 中心金属之间配位作用的灵活性使得 Rh 可以继续与 $NAD(P)^+$中的羰基 O 原子配位，从而促进了氢向吡啶基的 C4 处转移。此外，$NAD(P)^+$与$[Cp^*Rh(bpy)H]^+$之间的反应是可逆的，因此 M 不仅可催化 NAD(P)H 再生，还可催化 $NAD(P)^+$再生。除此之外，与酶促再生法不同的是，M 对 NAD 和 NADP 无特异性，也就是说，在一定的条件下 M 可同时再生 NADH 和 NADPH 或 NAD^+和 $NADP^+$。

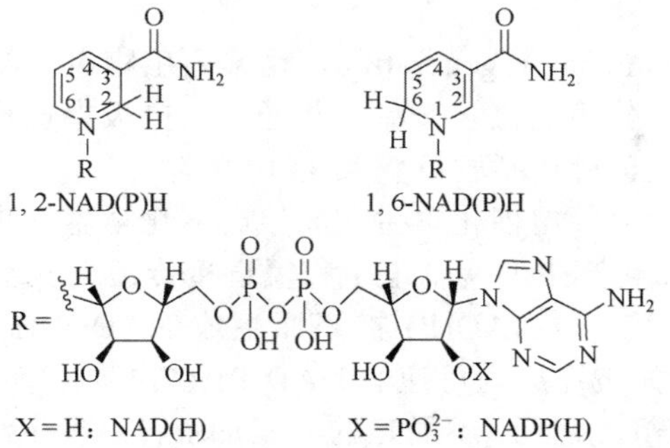

1, 2-NAD(P)H　　1, 6-NAD(P)H

X = H：NAD(H)　　X = PO_3^{2-}：NADP(H)

图 10-10　1,2-NAD(P)H 和 1,6-NAD(P)H 的结构式

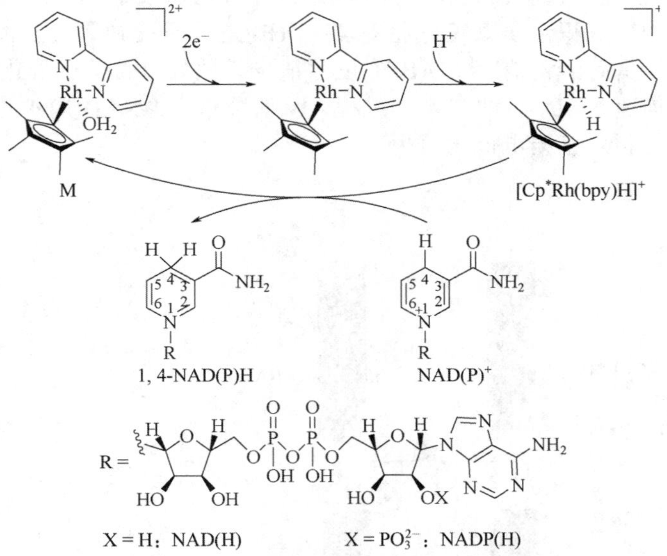

M　　$[Cp^*Rh(bpy)H]^+$

1, 4-NAD(P)H　　$NAD(P)^+$

X = H：NAD(H)　　X = PO_3^{2-}：NADP(H)

图 10-11　M 化学再生 NAD(P)H 的反应过程

除 M 外，研究者还开发了许多其他过渡金属有机配合物，如钌金属有机配合物［$Ru(\eta^6$-$Ph(CH_2)_3$-ethylenediamine-N-R)Cl，R =甲磺酰基、甲苯磺酰或硝基苯磺酰氯］[23]和铟金属有机配合物｛$[Ir^{III}(Cp^*)[4\text{-}(1H\text{-pyrazol-1-yl-}\kappa N^2)\text{benzoic acid-}\kappa C^3](H_2O)]_2SO_4$｝[24]等，这些金属有机催化剂均可在温和的条件下对辅酶进行高区域选择性再生。不仅如此，金属有机催化剂对烟酰胺辅酶类似物的再生也表现出良好的区域选择性和催化活性。例如，$[Ru^{II}(tpy)(bpy)H]^+$（tpy=2,2′∶6″,2″-三联吡啶）对 1-苄基烟酰胺阳离子（BNA^+）的还原[25]、$[Cp^*Ir^{III}(bpy)(H)]^+$对 1,4-二氢-1-甲基烟酰胺（MNAH）的再生等[26]。

金属有机配合物在 NAD(P)再生方面具有反应条件简单温和、成本低、区域选择性高等优点。此外，当金属有机配合物活性降低或完全丧失时，可通过阳离子交换剂将其从反应体系中分离出来，大大降低了后续产物分离的难度。

然而，对于借助金属有机配合物的辅酶再生系统来说，主要障碍是NAD(P)再生时的TTN还远不能满足工业需求（TTN > 1000）。原因可能是金属有机配合物与酶之间的相互失活。可通过将金属有机配合物和酶进行分区固定化、中心金属原子饱和配位等方法解决这一难题。

10.2.5 电化学再生

电化学再生（electrochemical regeneration）也称为生物电化学再生或电催化再生，是指利用氧化还原酶合成具有高价值的化学产品，并通过在电极上直接或间接再生来维持必需辅酶的活性氧化态，而不需要额外的牺牲底物和/或再生酶。

电化学再生法主要分为直接电催化再生和间接电催化再生（图10-12）。在直接电催化再生法中，阴极将阳极处水氧化产生的两个电子和氢直接传递给$NAD(P)^+$，从而实现NAD(P)H的再生［图10-12（a）］。其中，$NAD(P)^+$被还原生成NAD(P)H的具体过程主要包括两步（图10-13）：①$NAD(P)^+$首先被还原为可逆的NAD(P)•自由基；②NAD(P)•进一步被还原与质子化，最终生成1,4-NAD(P)H。然而，不稳定的NAD(P)•容易发生结合产生二聚体$[NAD(P)]_2$，并且生成的$[NAD(P)]_2$将被进一步还原为无辅酶活性的1,2-NAD(P)H和1,6-NAD(P)H（图10-13）。因此，在裸电极表面直接再生NAD(P)H容易造成辅酶的严重损失，不利于实际应用。在电极表面通过沉积金属颗粒可促进NAD(P)•的质子化速率，从而降低$[NAD(P)]_2$的产生，但循环几次后具有活性的NAD(P)H依然很少。此外，直接电催化再生法中的氧化还原电势过高，容易加速NAD(P)•的二聚化过程，从而降低1,4-NAD(P)H的再生效率。因此，在实际应用中通常不利用直接电催化再生法。

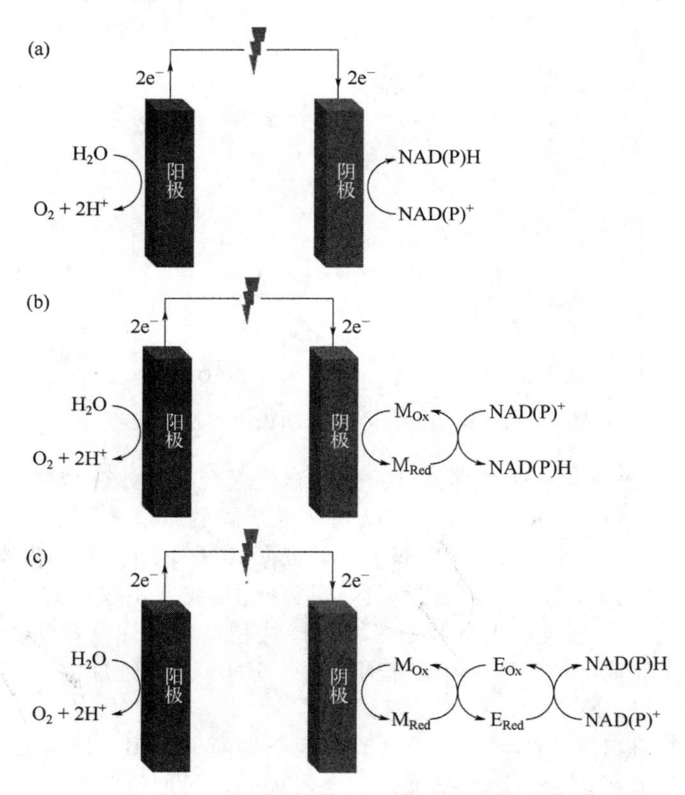

图10-12 NAD(P)H的电催化再生

（a）直接电催化再生；（b）间接电催化再生；（c）酶偶联电催化再生

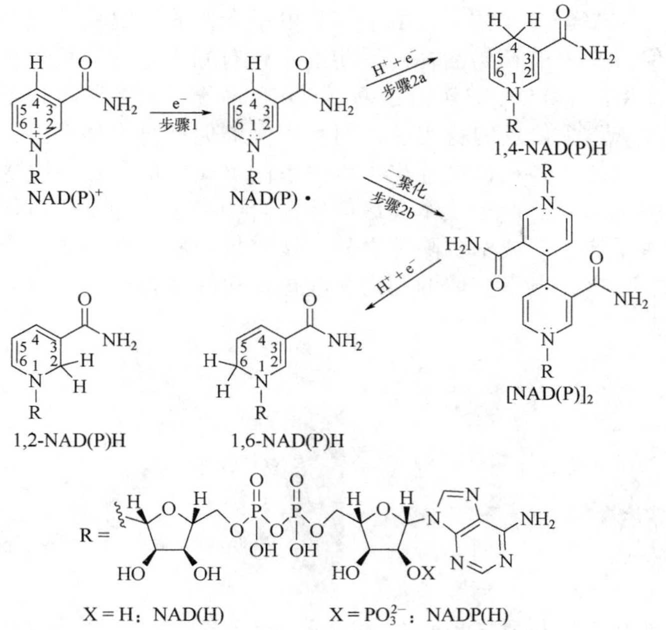

图 10-13　NAD(P)H 的直接电催化再生反应过程

电子介体的引入可有效解决直接电催化再生中的问题，这种借助电子介体进行电催化再生辅酶的方法称为间接电催化再生。如图 10-12（b）所示，还原态的电子介体（M_{Red}）首先将 $NAD(P)^+$还原为 NAD(P)H，同时其自身转变为氧化态（M_{Ox}），然后电极以显著低于 $NAD(P)^+$的还原电位将 M_{Ox} 还原回初始状态，以进行下一周期的辅酶再生。因此，电子介体充当电子载体的作用，在电极和辅酶之间运输与传递电子，表现出高电化学活性与低氧化还原电势。在间接电催化再生中，电子介体通常沉积/栓系在电极表面或溶解在电解质溶液中。

在间接电催化再生法的基础上，引入电子传递酶作为第二种电子载体穿梭在整个再生过程中的方法，称之为酶偶联电催化再生法。如图 10-12（c）所示，还原态酶（E_{Red}）通过电子与氢的转移将 $NAD(P)^+$还原为 NAD(P)H，生成的氧化态酶（E_{Ox}）借助氧化还原介体及电极再次转变为还原态。酶偶联电催化再生法由于仅涉及电子转移反应，因此不需要牺牲性底物来提供氧化还原等价物。而且，电子传递酶的引入能够促进再生体系中电子传递的速率，有利于提升 NAD(P)H 的再生产率。常见的电子传递酶有心肌黄酶（diaphorase，DI）、硫辛酰胺脱氢酶等，这些酶还可以不借助电子介体直接在 $NAD(P)^+$与电极表面之间进行电子转移[27,28]。但是，在缺少电子介体的情况下，再生过程中的电子转移速度非常缓慢。因此，电子介体的引入对于电催化再生辅酶至关重要。

常见的电子介体有：甲基紫精（methyl viologen，MV）[29]、聚酚红[30]、聚中性红[31]、铑配合物｛如[η_5-Cp*Rh(bpy-OH)Cl]Cl、[Cp*Rh(bpy)Cl]Cl、$[Rh(Cp^*)(bpy)Cl]^+$和 M 等｝[32,33]等。其中，MV 与铑有机金属配合物广泛应用于电催化再生领域。虽然 MV 具有易获得、还原性强等优点，但是 MV 的半衰期短且对酶活性有损伤，这些性质不利于它的实际应用。Fry 等将 MV 与酶固定在全氟磺酸薄膜表面，发现 MV 与酶的稳定性均得到提升[34]。除 MV 外，采用固定化技术将其他电子介体或电子传递酶固定化也可促进它们的电催化稳定性。如图 10-14 所示，Yuan 等将心肌黄酶（DI）与二茂钴（电子介体）固定在聚烯丙胺氧化还原聚合物上，然后将聚烯丙胺氧化还原聚合物沉积在电极表面，用于酶偶联电催化再生 NADH，

NADH 再生产率达到 97%～100%[35]。由于酶与电子介体的固定化，整个催化再生体系在循环利用 5 次后依然保持 91%的初始活性，说明固定化有利于电化学再生体系稳定性的提高。不仅如此，该再生体系的 NADH 的转换频率（TOF）高于绝大多数电化学再生体系，表明固定化手段不仅能够改善再生体系的稳定性，而且还能够促进再生体系内的电子转移，从而提高辅酶的再生效率。除此之外，该电催化再生体系能够较好地与乙醇脱氢酶进行偶联，用于乙醇的生物合成（图 10-14）。对于成本高昂的铑配合物来说，固定化可促进其循环使用，大大降低电催化再生体系的生产成本。除此之外，铑有机金属配合物的固定化可以避免其与酶接触造成互相失活。总之，电子介体的固定化在电催化辅酶再生领域具有重要意义。

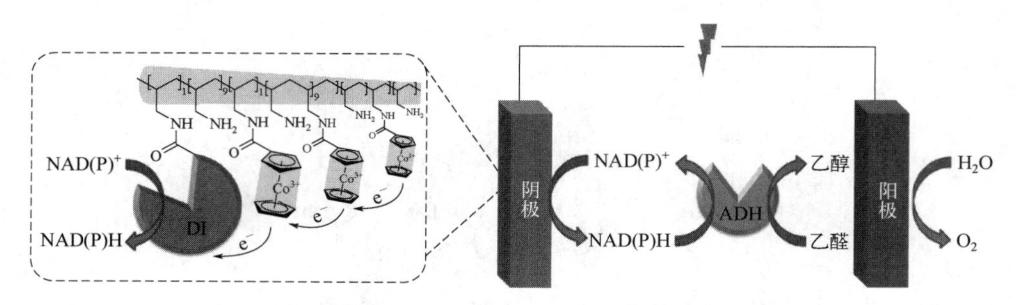

图 10-14　酶偶联电催化再生体系用于乙醇脱氢酶的生物合成

$NAD(P)^+$的电催化再生过程与 NAD(P)H 相似，不同的是 $NAD(P)^+$在阳极通过 NAD(P)H 的氧化而实现再生，NAD(P)H 在氧化过程中失去的电子通过电催化体系传递给体系中溶解的氧气，并将其还原为水或过氧化氢（图 10-15）。在 $NAD(P)^+$的电化学再生领域，常用的电子介体有甲苯胺蓝、硫氨酸、亚甲基绿、中性红和吩嗪类等[1,36,37]。当然，电子介体的固定化也同样有益于 $NAD(P)^+$的电催化再生。例如，Lim 等利用一种固体微孔聚电解质复合物包封电子介体吩嗪硫酸乙酯，固定化的吩嗪硫酸乙酯具有良好的重复使用性并且在电极表面具有较高的局部浓度，这些均有利于提高 $NAD(P)^+$的再生效率[38]。在 $NAD(P)^+$的电催化再生体系中，同样可引入电子传递蛋白（如 DI）以加速电子传递。因此，提高 $NAD(P)^+$的电催化再生反应效率可参考其还原态的电催化再生体系的相关策略。

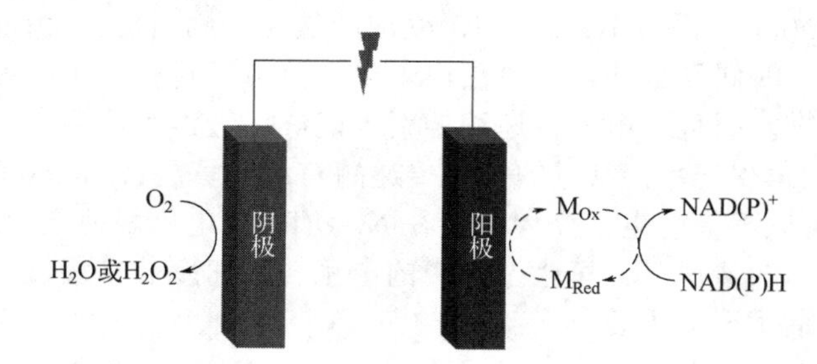

图 10-15　$NAD(P)^+$的电催化再生

综上所述，电催化再生法在 NAD(P)再生领域具有一定的优势，因为其以水和氧气分别作为唯一的质子给体和电子受体/供体，以电作为驱动力，因此整个再生体系没有需要分离的副产物产生，大大降低了生产与后处理成本。此外，电化学再生过程可进行电化学监测，有利于及时观察整个反应过程的再生状态。无论是直接电催化再生还是间接电催化再生，电催化再生的关键是降低氧化还原电位，增加电子转移，这也是该领域的重要研究方向。开发新的电子介体和新的电子介体固定方法等可以满足以上几点，这也是在生物电催化领域推进电催化方法高效再生辅酶的基础。

10.2.6　光催化再生

光催化再生法（photocatalytic regeneration）是基于光催化反应发展起来的一种辅酶再生方法，此处特指通过光催化反应将氧化态辅酶转化为还原态辅酶的反应过程。一般而言，光催化辅酶再生系统由以下三个要素组成：①电子供体（也可以称为牺牲剂）②光催化剂，③电子受体（氧化态辅因子）。这种方法的基本原理是，在光照条件下，光催化剂吸收光能并产生光激发电子，随后光激发电子传递到光催化剂的表面参与辅酶还原的界面反应，与此同时，光催化剂附近的电子供体向处于氧化态的光催化剂提供电子使其实现再生。该方法以绿色清洁的光能为驱动力，以光催化剂为媒介将光能转化为化学能贮存于还原态辅酶中。与其他辅酶再生方法相比，该方法更符合绿色化学和可持续发展的要求，在当今资源日益枯竭和环境问题日益突出这一大背景下，具有更为广阔的应用开发前景。详细内容见第 11 章。

10.3　辅酶循环利用

NAD(P)的原位再生使其在生物合成途径中无需以化学计量的方式投入到反应体系中，可大大降低实际应用中的生产成本。然而，NAD(P)为小分子有机化合物，反应结束后不仅难以将其回收再利用而且增大了目标产物的分离难度。因此，实现辅酶循环（coenzyme recycling）利用对于工业生产来说至关重要。

10.3.1　辅酶循环利用的原理

与固定化酶的分离回收和循环利用类似，固定化辅酶也可以简化辅酶的回收和循环利用。但是，与酶相比，NAD(P)为小分子化合物，许多酶固定化方法对辅酶并不适用，故将NAD(P)进行固定化并重复使用具有很大的挑战性。但是，基于辅酶的结构特性，可以在一定程度实现辅酶在材料表面的物理吸附。以 NAD(P)为例，NAD(P)H 分子中的磷酸基团带有负电荷，可通过静电相互作用锚定到带有正电荷的载体表面（图 10-16）。除此之外，NAD(P)H 结构中的腺嘌呤单元能够与具有共轭系统的物质（如氧化石墨烯、石墨炔、碳纳米管等）产

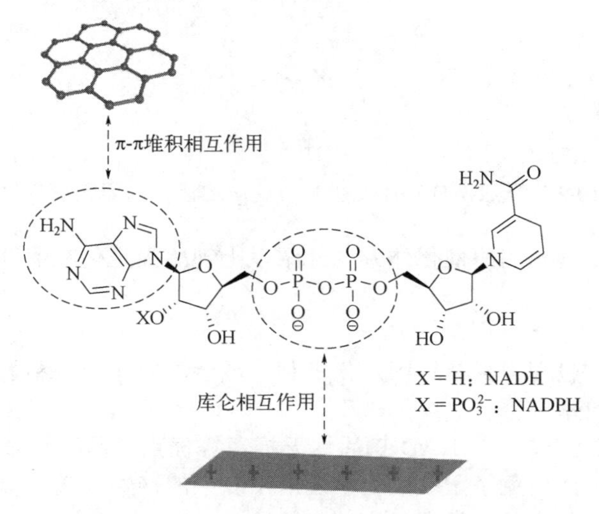

图 10-16　NAD(P)H 的物理吸附机理

生强烈的 π-π 堆积相互作用，从而使 NAD(P)固定在这些材料的表面（图 10-16）。$NAD(P)^+$除烟酰胺环上的氢原子数与 NAD(P)H 不同外，其余结构与 NAD(P)H 均相同，因此 $NAD(P)^+$也可通过静电或 π-π 堆积相互作用固定在相同性质的载体表面。

NAD(P)的分子大小约 1.7nm，所以可将其通过包埋或封装限制在孔径小于 NAD(P)自身大小的材料内，如纳滤膜、超滤膜、透析膜和微囊化膜等。但是，由于这些材料的小孔径结构特征，容易引起严重的传质阻力，不利于辅酶依赖性酶的催化反应。为降低传质阻力，可选用一些大孔径的带负电的膜材料，借助静电排斥将辅酶限制在膜内，或者在大孔径的膜材料内部加入带有正电荷的聚电解质对辅酶进行吸引并束缚。

除上述两种固定方法外，还可通过共价键对 NAD(P)进行固定。如图 10-17 所示［以 NAD(P)H 为例］，NAD(P)结构中腺嘌呤核苷酸单元上的氨基或羟基能够与一些功能基团（如醛基、环氧基、羧基、琥珀酰亚胺基团和 3-羧基苯硼酸等）发生共价反应。因此，根据这一结构特点可将 NAD(P)或 $NAD(P)^+$共价固定在各种功能性载体表面。但需要注意的是，NAD(P)结构中腺嘌呤单元上的氨基通常是与酶的结合位点，因此利用氨基进行共价反应固定辅酶可能会对其活性造成一定的损伤，而前述的物理法则不会对辅酶的结构及活性造成影响。即使如此，共价固定法依然是一些研究者固定化辅酶的优选之一，因为与物理法相比，共价固定的辅酶结合牢固，不会受溶液离子浓度和 pH 值等因素的影响，重复使用过程中不会出现辅酶泄漏等现象。

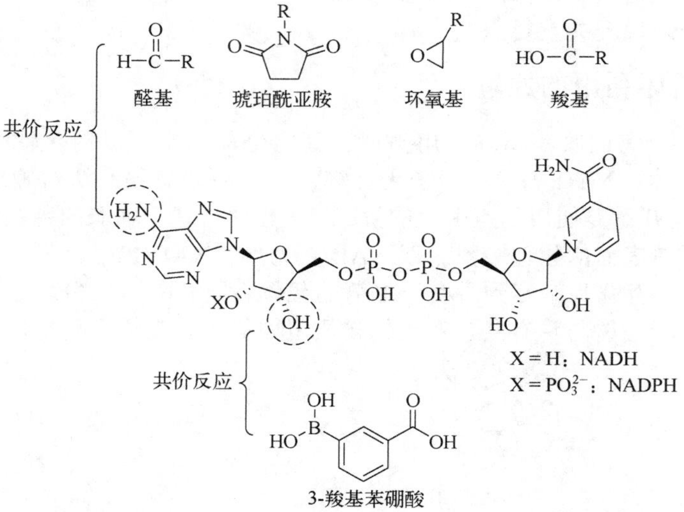

图 10-17　与 NAD(P)H 发生共价反应的活性基团和反应机理

下面结合一些涉及辅酶的酶催化体系，介绍以上辅酶固定化在酶催化体系中的应用。

10.3.2　物理法

物理法包括吸附、包埋、封装等固定化机制，或者不同作用机制的组合，以提高辅酶固定化率及其循环利用效率。

吸附法具有简单、方便、对 NAD(P)活性无损害等优点，是一种很有前途的辅酶固定化方法。除此之外，吸附法避免了繁琐的化学反应及复杂的产物分离过程。因此，基于吸附法的辅酶固定化手段在实际应用中具有一定的优势。

当 NAD(P)借助库仑力静电吸附在载体表面时，NAD(P)处于动态的吸附-解离平衡中。也就是说，一些 NAD(P)分子与载体结合，而另一些分子则处于解离状态。因此，吸附的 NAD(P)容易受外界环境因素的干扰，在酶催化过程中容易发生泄漏。Fernando Llzes-Gallego 等以琼脂糖微球作为载体，利用带正电的聚乙烯亚胺（PEI）对载体进行活化，然后共价固定多酶及静电吸附 NAD^+[39]（图 10-18）。但是，该载体对 NAD^+的吸附能力较低，循环使用过程中吸附的 NAD^+发生严重泄漏，说明 NAD(P)的静电吸附并不稳定，不利于生物催化剂的长期重复使用。

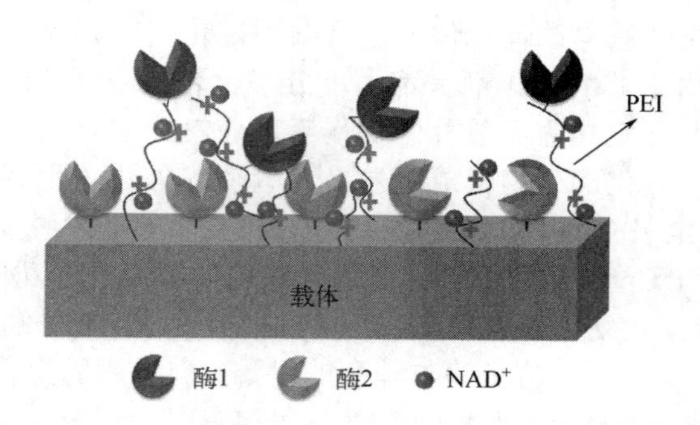

图 10-18 在琼脂糖微球上静电吸附 NAD^+与共价固定多酶的结构示意图

在吸附 NAD(P)的整体结构外侧构建一层“保护罩”可以解决这一问题。如图 10-19 所示，Zhang 等利用同轴静电纺丝技术构建了一个掺杂有正电荷聚电解质［聚（丙烯胺盐酸盐），PAH］的中空纳米纤维，然后将生物合成甲醇过程中的四种酶（碳酸酐酶、甲酸脱氢酶、甲醛脱氢酶和醇脱氢酶）及 NAD^+吸附在上述构建的载体上，同时引入并固定谷氨酸脱氢酶用于再生催化体系中的辅酶[40]。为防止酶及辅酶在催化过程中的泄漏，他们利用负电荷聚电解质（聚苯乙烯磺酸钠，PSS）包覆在固定化多酶及辅酶体系的外侧。催化体系中的五种酶与 NAD^+被夹在 PAH 与 PSS 之间，类似一种三明治结构。负电荷 PSS 通过静电排斥作用可以将多酶及辅酶保留在固定化载体结构中，构建一层“保护罩”，从而提升了固定化催化剂的使用寿命。该多酶与辅酶的共固定化体系的甲醇产率是游离体系的 2.7 倍，这是因为多酶与辅酶

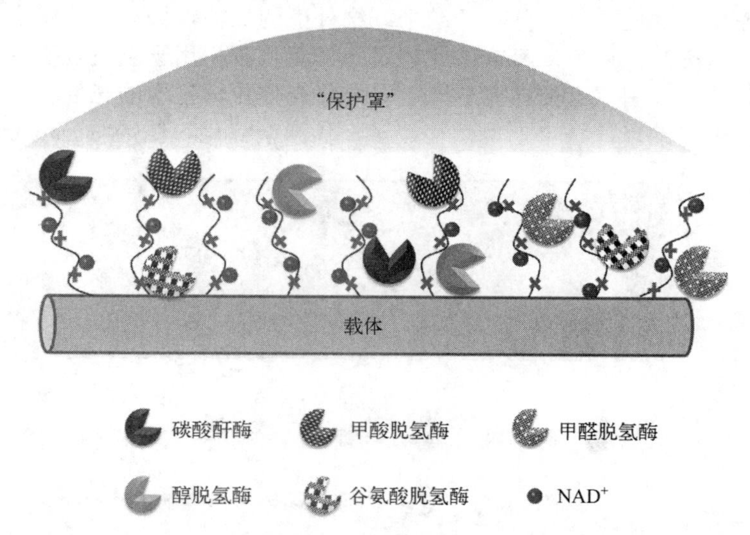

图 10-19 将五种酶与 NAD^+固定在中空纳米纤维膜上的两种聚电解质层间的结构示意图

共固定产生邻近效应（proximity effect），有利于催化过程中的底物与酶的快速结合以及辅酶在不同酶催化中心之间的快速转移，从而提升整体催化效率。因此，在对辅酶进行固定化研究时，通常将其与酶共固定，在提高整体催化效率的同时，还可实现整个催化体系的循环利用，从而增强辅酶参与的多酶催化体系实际应用的经济可行性。

辅酶再生体系中的 NAD(P)再生催化剂也能够与辅酶、酶催化剂一起共固定化，这样有利于增大辅酶再生体系的集成密度，继而提高辅酶再生过程中的电子转移及产率，实现快速辅酶再生和循环利用。对于酶促再生法（图 10-7）来说，一般是引入第二种酶作为辅酶再生催化剂，因此将酶促再生体系与酶催化体系进行共固定化相对容易。但是，对于使用非酶催化剂的再生体系来说，由于非酶催化剂大都为小分子化合物/配合物（电催化再生法除外），将它们与辅酶和酶进行共固定化需要额外的操作手段。Zhang 等将光催化再生体系与甲酸脱氢酶进行偶联，用于从二氧化碳生物合成甲酸[41]。为使光催化再生体系中的光催化剂（四羧基苯基卟啉，TCPP）与电子介体［Cp*Rh(bpy)Cl，Rh］能与甲酸脱氢酶和 NAD^+共固定，他们利用化学反应将卟啉与 Cp*Rh(bpy)Cl 对二氧化硅前体物质进行功能化，通过溶胶-凝胶反应构建出 TCPP/SiO_2/Rh 杂化纳米颗粒，然后以 TCPP/SiO_2/Rh 杂化纳米颗粒为载体，静电吸附甲酸脱氢酶与 NAD^+。同时，为防止酶与辅酶的泄漏，向上述固定化体系引入 PSS 保护层。所构建的共固定化体系在 NADH 与甲酸的产率方面均有很大提升。

除 PSS 外，纳米纤维、金属有机框架（MOFs）等材料也可用作吸附固定辅酶的保护罩。纳米纤维具有纤维直径可调、比表面积大、孔隙率高、渗透性好及制备简单等优点，多用于包封涉及辅酶的多酶催化体系[42,43]。其中，辅酶通常先静电吸附到聚电解质上，然后再随多酶一起包封到纳米纤维中。库仑力与纳米纤维外壳的双重作用使得辅酶在催化过程中表现出较高的保留率。Zhang 等利用同轴静电纺丝技术构建了一个复杂的包封有 NADH 和五种酶（碳酸酐酶、甲酸脱氢酶、甲醛脱氢酶、醇脱氢酶及谷氨酸脱氢酶）的 PAH 掺杂的中空纳米纤维体系，用于催化二氧化碳以合成甲醇（图 10-20）[44]。与上述在中空纤维膜表面吸附多酶和辅酶的研究（图 10-19）类似[44]，谷氨酸脱氢酶用于 NADH 酶促再生，其余四种酶组建成级联催化体系。与游离体系相比，中空纳米纤维包封的多酶与辅酶体系的甲醇产率提高了 1.8 倍，可能是限制在纳米纤维中的多酶与辅酶具有邻近效应，从而有助于促进级联催化反应速率与辅酶再生速率。除此之外，归功于纳米纤维外壳的保护作用，该共固定化多酶与辅酶体系的稳定性也有所提升。后来，Zhang 课题组将光催化再生用于上述多酶催化体系中，研究了上述多酶与辅酶的共固定方法的普适性[45]。为将光催化再生中的光催化剂与电子介体随多酶与辅酶限制在中空纳米纤维中，他们构建了一种掺杂氧化石墨烯（graphene oxide，GO）

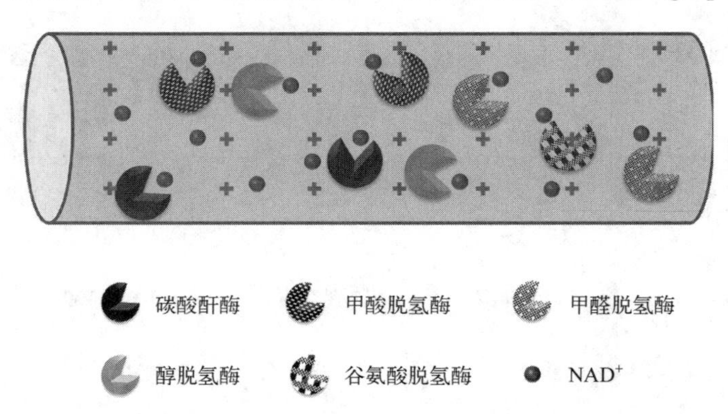

图 10-20　多酶与 NAD^+限制于 PAH 掺杂的中空纳米纤维的结构示意图

和 PAH 的聚氨酯中空纳米纤维。GO 可通过 π-π 堆积作用将光催化剂与电子介体吸附在其表面，进而将光催化剂与电子介体限制在中空纳米纤维中。NAD^+依然与带正电荷的 PAH 发生静电相互作用而实现固定化。由于中空纳米纤维的限制作用，大大促进了整个系统中的电子/底物转移，共固定化体系相比于游离体系的甲酸产率提高了 5.6 倍，证明辅酶再生与催化体系的整合有利于整体催化效率的提升。

MOFs 是一类多孔晶体结构材料，由金属节点和有机配体组装而成。MOFs 材料以结晶度高、比表面积和孔体积大而闻名，在固定化酶方面研究广泛（详见第 6 章），在酶和辅酶共固定化方面亦有一定研究[46]。如图 10-21 所示，Cui 等利用仿生矿化法将碳酸酐酶、甲酸脱氢酶、谷氨酸脱氢酶与 NADH 封装于 ZIF-8 中，用于从二氧化碳到甲酸的生物合成[47]。在构建多酶与 NADH 的共固定化结构前，先利用聚乙烯亚胺（PEI）吸附 NADH，所以从多酶与 NADH 共固定化的整体结构上看，ZIF-8 相当于防止 NADH 泄漏的“保护罩”。该共固定化多酶与 NADH 体系的甲酸产率相对游离体系提高了 3.6 倍，也应归功于多酶与辅酶间的邻近效应。综上所述，在固定化酶与辅酶的外侧构建“保护罩”是防止辅酶泄漏、提高整体催化效率的有效手段。

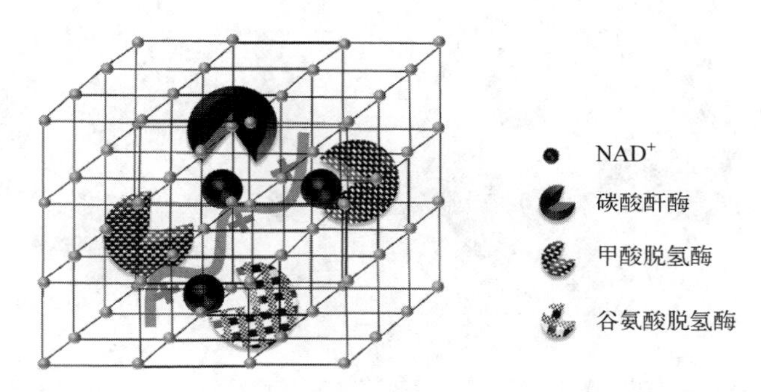

图 10-21　PEI 吸附的 NADH 与多酶限制于 ZIF-8 的结构示意图

虽然利用库仑力固定辅酶的研究已有大量的报道，但是静电相互作用容易受环境中离子浓度和 pH 等变化的影响，因此基于库仑力固定的辅酶并不稳定。但也有研究者利用库仑力的这一特点，对辅酶进行选择性洗脱（高盐浓度下）后再负载（低盐浓度下），以保证催化剂中辅酶的持续高活性。

除利用库仑力吸附固定辅酶外，还可采用其他非共价相互作用固定辅酶，如 π-π 堆积相互作用。Mao 等利用 π-π 堆积相互作用将 NAD^+锚定在多层碳纳米管上[48]。由于 π-π 堆积相互作用不会受反应体系中离子强度的影响，所以固定化 NAD^+在多层碳纳米管上具有良好的保留率。除此之外，多层碳纳米管还可作为电催化剂再生 NADH，也就是说多层碳纳米管在该体系中承担两种作用（再生催化剂与载体）。将该电催化再生体系与葡萄糖脱氢酶催化系统进行偶联，用于电化学检测葡萄糖，最低检测限达到 4.8μmol/L。

NAD(P)是一种有机小分子化合物，将其直接封装固定在多孔材料内部具有一定的技术难度。然而，随着材料科学的不断发展，将辅酶直接封装到材料内部已成为可能并有大量的研究报道。与上述辅酶的吸附固定化类似，对辅酶采取包封的方式进行固定化时，可将其与酶一起包封，即实现辅酶与酶的共固定化，有利于整体催化系统的循环利用及反应速率的提升。不仅如此，对辅酶和酶进行共包封还具有以下优势：①不会对辅酶和酶的结构造成负面影响，因此可最大程度地保留辅酶和酶的活性；②有助于快速分离对辅酶或酶有害的中间体；③避免不稳定中间体的快速扩散；④包封材料可以保护辅酶或酶免受外界不利因素的影响。

早期报道的用于共包封辅酶和酶的基质为各种膜材料，如纳滤膜、超滤膜、透析膜和微囊化膜等[49]。Lin 等利用纳滤膜（UTC20）将 NAD(P)$^+$、谷氨酸脱氢酶和 L-肉碱脱氢酶共包封［图 10-22（a)］[50]，发现 NAD(P)$^+$在催化过程中发生了严重泄漏，可能是由于所用纳滤膜的孔径较大。采用较小孔径的膜材料虽然可以防止辅酶的泄漏丢失，但会产生严重的传质阻力，不利于催化反应的进行。因此，很难在保留辅酶与底物/产物扩散之间实现较好的平衡。如果将催化底物与辅酶及酶一起限制在膜材料中，可以解决因膜材料孔径过小而引发的底物传质问题。但是，在酶催化反应结束后，产物从催化体系中的分离需要额外的工艺操作，会显著增加生产成本，不利于实际应用。考虑到辅酶分子本身带有负电荷的性质，有研究者提出利用孔径较大的带有负电荷的膜来包封辅酶与酶［图 10-22（b)］[51]。由于膜与辅酶之间的静电排斥作用，辅酶得到较好保留；同时，膜的孔径较大，对底物/产物的扩散传质影响较小。但需要注意的是，静电相互作用易受外界条件的影响，如荷电底物/产物、盐浓度和反应介质等。

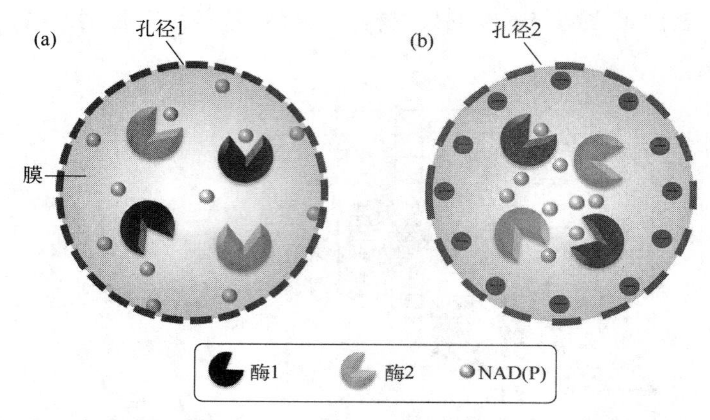

图 10-22　膜材料对辅酶与酶的共包封示意图

（a）小孔径非带电膜；（b）带负电的大孔径膜

前述提到的中空纳米纤维和 MOFs 也可用于直接包封辅酶及多酶。Ji 等利用同轴静电纺丝技术将 3α-羟基类固醇、心肌黄酶和 NADH 包封于中空纳米纤维中，用于检测胆汁酸[52]。该共包封体系对胆汁酸的检测范围为 0～200μmol/L，在 25℃时半衰期提高 170 多倍。值得注意的是，尺寸较大的蛋白质分子在纳米级多孔材料中很难维持相对自由的状态。Liang 等通过单宁酸刻蚀，构建了一种层级多孔 ZIF 材料，用于原位包封 NAD$^+$与谷氨酸脱氢酶或 NADH 与甲酸脱氢酶[53]。适当地用单宁酸处理 ZIF 以增大其孔径有利于提升辅酶依赖性的酶催化反应速率（最大提高了 5.6 倍）。生物体内的多酶级联体系通常在不同细胞膜区隔的细胞器中高效进行。Li 等创建了一种多壳层中空 ZIF-8 仿生催化体系，在纳米尺度进行区室化固定 NAD$^+$、醇脱氢酶及蛋白酶（图 10-23）[54]。这种区室化固定策略将不相容的酶组合在一起（醇脱氢酶与蛋白酶），有助于促进生物催化体系合成更丰富的化学物质。与游离的醇脱氢酶、蛋白酶及 NAD$^+$体系相比，该区室化共固定化体系的整体催化效率显著提升。除此之外，还可根据 MOFs 结构的可设计性与可调性，创建层级介孔 MOFs 进行区室化包封多酶与辅酶。Li 等利用不同配体，并精确控制它们的相关扭转角度，创建了一系列层级多孔锆基 MOFs，其中大尺寸的空腔用于包封多酶，而小尺寸的空腔和通道间的空腔用于容纳辅酶和底物[55]。将酶与辅酶限制在不同孔径大小的材料中，能够有效地避免辅酶的泄漏，而且还有益于酶与辅酶之间的可及性。

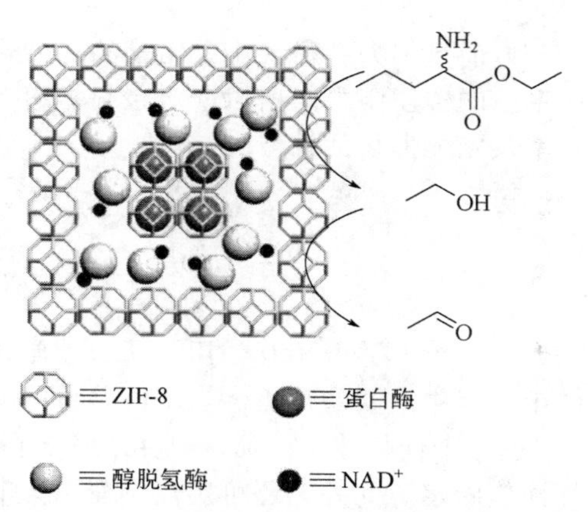

图 10-23　多壳层中空 ZIF-8 包封多酶及辅酶用于生物级联合成乙醛的示意图[54]

细菌微区室（bacterial microcompartment，BMC）是通过蛋白质自组装形成的一种笼状结构，其内部具有更接近生理环境的微环境，在作为生物催化剂的载体方面显示出一定的竞争力[56]。基于基因工程和蛋白质工程，通过将异源蛋白质的基因插入到 BMC 基因的末端可赋予 BMC 额外的异源蛋白质功能。此外，由于 BMC 的形成机制与结构特性，在 BMC 内部可形成 NAD(P)池，为 NAD(P)的循环利用提供基础。Wang 等利用 BMC（噬菌体 P22 纳米颗粒）共包封羰基还原酶、葡萄糖脱氢酶及 NADPH（图 10-24），用于生物合成手性醇[57]。噬菌体 P22 纳米颗粒对多酶与 NADPH 的限制使 NADPH 的循环效率提高了 2～44 倍，这归功于较高的 NADPH 局部浓度及邻近效应。

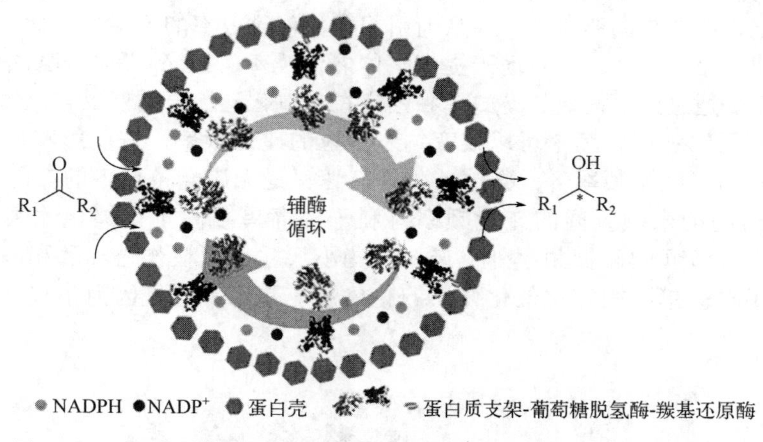

图 10-24　蛋白质笼包封多酶及辅酶用于生物合成手性醇的示意图[57]

综上所述，利用吸附法固定辅酶具有操作简单、普适性广等优点，能够与不同的固定化酶体系进行搭配；吸附法还不会对辅酶的结构及活性造成损伤。辅酶与酶的共固定化能够产生邻近效应，有助于促进反应体系的整体催化效率；将辅酶再生体系与酶催化体系进行整合有利于辅酶的高效循环及目标产物产率的提升；通过共包封的方式将辅酶与酶限制在具有适宜孔径的材料内部，不仅制备方便，而且有助于整体催化活性的提升；由于包封材料的外层保护作用，有利于辅酶与酶抵抗外界不利环境的影响，如高温、极端 pH、有机溶剂、蛋白酶等；此外，共包封的辅酶及酶催化剂可通过离心回收进行循环利用。共包封法的这些优点使得辅酶依赖性的酶催化体系在大规模工业应用中具有一定潜力。包封材料的孔径尺寸在辅酶与酶的共包封中至关重要，一方面是因为孔径大小关乎辅酶在催化过程中的保留情况，另一方面是孔径大小影响催化体系中的传质阻力。所以，对包封材料的孔径及其分布进行理性设计，有利于提高辅酶的保留率及整体催化活性。

10.3.3 化学法

10.3.3.1 共价附着

因为共价键键能远高于库仑力等非共价相互作用，所以化学法可使辅酶牢固地栓系在载体表面，不会发生辅酶在使用过程中泄漏的现象。当辅酶共价附着在载体表面时，涉及的酶分子亦可进行共价固定，以促进整个催化体系的循环利用。酶分子上存在丰富的反应基团（如羧基、氨基和巯基等）供其共价固定。此外，还可定点突变引入非天然氨基酸，进一步扩大酶与载体的反应类型。辅酶与载体发生共价反应的类型已在10.3.1阐述。在共价固定辅酶和酶时，二者可固定在同一载体表面（称为共固定化），也可固定在不同载体表面（称为单独固定化）。这种固定方式的不同会导致不同的调控策略（针对整体催化效率的调控），以使辅酶的共价固定化在其依赖性的酶催化体系中发挥更好的作用。下面结合一些具体的实例介绍这些调控策略。

当辅酶与酶锚定在不同纳米颗粒表面时，纳米颗粒间的布朗运动可引发它们之间的碰撞，从而触发单独固定化的辅酶与酶之间的接触。如图10-25所示，Wang等将NADH、甲酸脱氢酶、甲醛脱氢酶、醇脱氢酶以及谷氨酸脱氢酶通过共价反应单独固定在聚苯乙烯微球上，用于将二氧化碳转化为甲醇的催化反应中[58]。然而，该固定化辅酶催化体系的甲醇产率低于固定化酶与游离NADH的催化体系。这说明仅凭纳米颗粒自身的布朗运动不足以让单独固定化的辅酶对固定化酶有较高的可及性，从而引起整体催化效率的下降。因此，促进单独固定化辅酶与酶之间的接触频率，会有助于提高整体催化效率。Zheng等将NADH、谷氨酸脱氢酶及葡萄糖脱氢酶通过共价固定的方式单独锚定在二氧化硅涂层的四氧化三铁磁性纳米颗粒上，通过调节磁场的强度和频率可以改变纳米颗粒的碰撞频率，进而影响反应速率[59]。结果显示，在高磁场强度和频率下，整体催化反应速率是无磁场条件下的2.3倍。这说明促进栓系辅酶和酶的纳米颗粒间的碰撞频率有利于提高单独固定化催化体系的整体反应效率。除调控纳米颗粒间的碰撞频率外，选择一些小尺寸的颗粒作为辅酶和酶的固定化载体也被证明有助于提高单独固定化催化体系的整体反应效率，这是因为小尺寸颗粒具有较高的热运动能力。

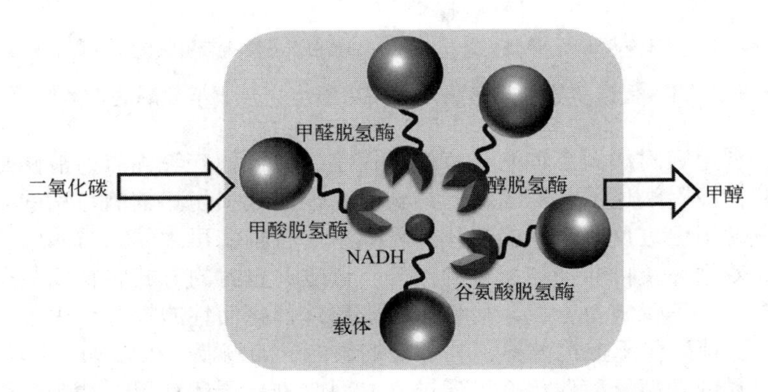

图10-25 单独固定化多酶与辅酶用于生物合成甲醇的示意图

对于粒径较大的固定化载体，如琼脂糖、纤维素和聚丙烯酰胺凝胶等，因为无布朗运动，无法采用上述调控策略。对于这类载体，在其与辅酶/酶之间引入一段间隔臂，可以改善固定化酶与辅酶的移动灵活性，从而促进固定化酶与辅酶的接触。由于酶与辅酶本质上的差异，二者可用的间隔臂种类有一定的区别。对于辅酶来说，间隔臂大都是一些聚合物［如聚乙二醇（PEG）］。对于酶来说，间隔臂可为聚合物或肽链。间隔臂为肽链时，可通过基因工程或蛋白质工程技术将肽链融合/插入到酶的特定位置。间隔臂为聚合物时，可通过与聚合物上的功能基团发生共价反应将酶或辅酶栓系到聚合物上。Zheng 等研究了间隔臂长度对单独固定化体系催化效率的影响，选取了三种长度的间隔臂［γ-甲基丙烯酰氧丙基三甲氧基硅烷<聚（乙二醇二缩水甘油醚）<聚乙二醇-牛血清蛋白-聚乙二醇］，结果发现选取最长间隔臂（聚乙二醇-牛血清蛋白-聚乙二醇）体系的整体催化效率最高[60]。这说明较长的间隔臂为酶和辅酶提供了更大的灵活性和可及性，从而更有利于整体催化性能。

当辅酶与酶共固定在同一载体表面时，由于辅酶位于酶分子的附近，酶和辅酶之间更容易彼此接近，这与单独固定化体系大不相同。如图 10-26 所示，Zheng 等将羰基还原酶与 $NADP^+$ 通过共价反应共固定在氨基树脂 LX-1000HAA 表面，用于不对称还原(*S*)-6-苄氧基-5-羟基-3-氧代己酸叔丁酯以生成罗苏伐他汀的关键手性前体［(3*R*,5*S*)-6-氯-3,5-二羟基己酸叔丁酯］[61]。该共固定化催化体系具有较高的产率、良好的稳定性和可重复使用性。由于辅酶与酶的分子大小不同，二者直接在载体表面的共固定化可能影响辅酶对酶的可及性，所以有必要增添辅酶-间隔臂的结构设计。Zhu 等将木糖脱氢酶（XDH）和 PEG 栓系的 NAD^+ 共价固定在沉积有铂纳米粒子的多层碳纳米管（PtNPs@MWCNTs）上，得到 XDH&NAD^+-PEG&PtNPs@MWCNTs（图 10-27）[62]，然后将 XDH&NAD^+-PEG&PtNPs@MWCNTs 置于丝网印刷电极（SPE）表面，用于实时检测木糖。PEG 栓系的 NAD^+ 可借助间隔臂的作用在 XDH 与电极表面之间高效转移，从而促进木糖传感效率与 NADH 的再生效率（NADH 通过电催化再生）。XDH&NAD^+-PEG&PtNPs@MWCNTs/SPE 与含游离 NAD^+ 的电催化体系（XDH&PtNPs@MWCNTs/SPE）相比，对木糖的检测效率提高了 5 倍。木糖检测效率的提高归功于酶与辅酶共固定引起的底物通道效应，有利于 NADH 与酶的结合。除此之外，上述所建体系还表现出工作稳定性良好、响应快、选择性高等优点。Zheng 等还研究了间隔臂的长度对基于共价法的共固定化酶与辅酶的催化体系的影响[60]，所得结果与上述单独固定化系统截然相反，即较长的间隔臂并没有对整体催化效率起到促进作用。这可能由于使用了具有凸表面的载体，位于凸表面的酶与辅酶之间的距离随着间隔臂长度的增加而增加，削弱了酶与辅酶共固定化所引起的底物通道效

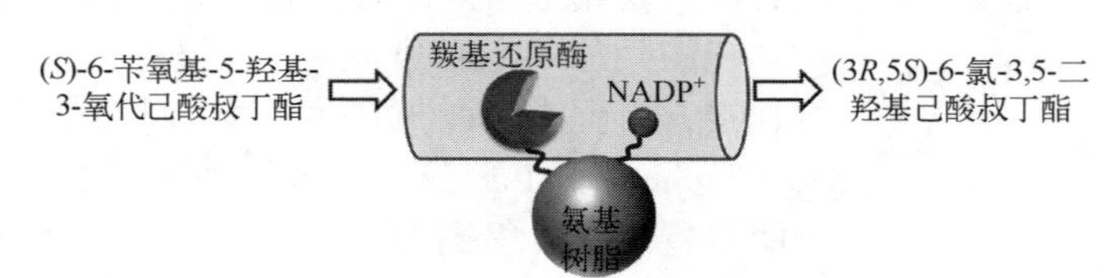

图 10-26 基于氨基树脂表面共固定羰基还原酶与 $NADP^+$ 用于合成罗苏伐他汀前体的示意图

图 10-27 基于多层碳纳米管表面共固定木糖脱氢酶与 NAD^+ 用于检测木糖的示意图

应，所以间隔臂长度的增加没有对整体催化效率起到促进作用。相反，如果酶和辅酶共固定在具有凹表面的载体上，较长的间隔臂将缩短它们之间的距离，会有利于促进底物通道效应。

除了引入间隔臂之外，对辅酶与酶共固定时的相对距离与角度进行调控与优化，亦可提高整个体系的催化效率。如第 8 章图 8-28 所示，Yan 利用 DNA 的可编程性对 NAD^+与葡萄糖-6-磷酸脱氢酶/苹果酸脱氢酶之间的固定距离及相对角度进行调控[63]。结果显示，当 NAD^+与葡萄糖-6-磷酸脱氢酶/苹果酸脱氢酶之间的距离为 7nm 时整体催化活性最高。然而，当距离大于 7nm 时，NAD^+与酶之间的接触频率下降，因而使整体催化效率有所下降。而当距离小于 7nm 时，相邻酶之间存在着严重的空间位阻效应，从而有损整体的催化效率。除此之外，当 NAD^+摆臂与酶分子保持平行时，NAD^+与酶之间得到充分接触，此时获得了最高的催化效率。而当 NAD^+摆臂与酶分子以其他角度进行共固定时的整体催化效率均有所下降。这些结果表明，通过精确调控共固定化辅酶与酶之间的相对距离与角度，有利于提升整个体系的催化效率。

总之，在辅酶进行共价附着时，依赖辅酶的单酶或多酶可随之一起进行固定，以促进辅酶与酶的循环利用。根据酶与辅酶是否锚定在同一载体表面，辅酶与酶的固定化体系可分为单独固定化体系与共固定化体系。对于单独固定化体系，通过选取小尺寸的纳米颗粒、引入较长的间隔臂进行调控有利于提高催化体系的整体催化效率；对于共固定化体系，通过引入间隔臂、优化辅酶与酶之间的固定化距离与角度进行调控有助于促进催化体系的整体催化效率。

10.3.3.2 共价连接

将辅酶共价固定在单酶或融合酶表面的方法称之为共价连接。这种辅酶与酶之间的直接连接有利于二者的接触。Zhu 等利用功能型 PEG（NH_2-PEG-COOH）将 NAD^+与葡萄糖-6-磷酸脱氢酶（G6PDH）、6-磷酸葡萄糖酸脱氢酶（6PGDH）分别进行连接，得到 NAD^+-PEG-G6PDH 和 NAD^+-PEG-6PGDH（图 10-28）[64]。同时，将辅酶电催化再生体系中的电子介体（苄基紫精，BV^{2+}）与心肌黄酶也借助功能型 PEG 进行连接。与游离体系相比，上述所建的辅酶/电子介体-酶具有更快的电子转移速率，表现出 $0.05\mu W/cm^2$ 的功率密度，而游离体系的功率密度几乎为零。这说明，辅酶与酶的直接连接可促进两者间的氢和电子的转移，极大地提高了催化反应效率。

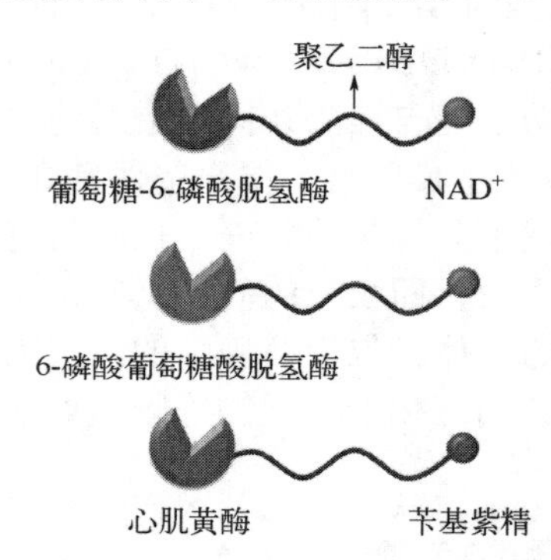

图 10-28　酶与辅酶/电子介体共价连接的结构示意图

辅酶除与单个酶分子进行连接外，还可与多酶复合物进行连接，以促进多酶催化体系中的电子传递。Banta 等利用 SpyCatcher-SpyTag 这对亲和标签将甲酸脱氢酶与苹果酸脱氢酶进行连接，得到多酶复合物。然后通过功能型 PEG 将 NAD^+以摆臂的形式共价锚定在多酶复合物的表面（图 10-29）[65]。这种多酶与辅酶摆臂间的集成式组装策略，在微观尺度上有利于形成底物通道，在宏观尺度上有益于提升生物催化效率。Hartley 等通过多酶融合技术设计了一个具有三功能模块的多酶复合大分子（图 10-30）。三功能模块包括催化模块、辅酶再生模块及固定化模块（此模块蛋白质用于与载体共价键合），并且三功能模块之间通过 GS 连接肽进行连接[66]。为使 NAD^+与多酶复合物进行共价连接，研究者向连接催化模块与辅酶再生模块的连接肽上插入半胱氨酸，为 NAD^+的共价连接提供反应位点，然后借助聚合物（NHS- PEG-MAL）实现 NAD^+与多酶复合物的共价连接。Hartley 等还利用分子动力学模拟设计了聚合物链 NHS-PEG-MAL 的长度，当 NHS-PEG-MAL 含有

24个重复单元时，聚合物栓系的NAD^+可恰巧在催化模块与辅酶再生模块之间转移。相比于辅酶与酶之间的随机共价连接，这种在催化模块与辅酶再生模块之间形成的辅酶转移通道更有利于促进电子转移。

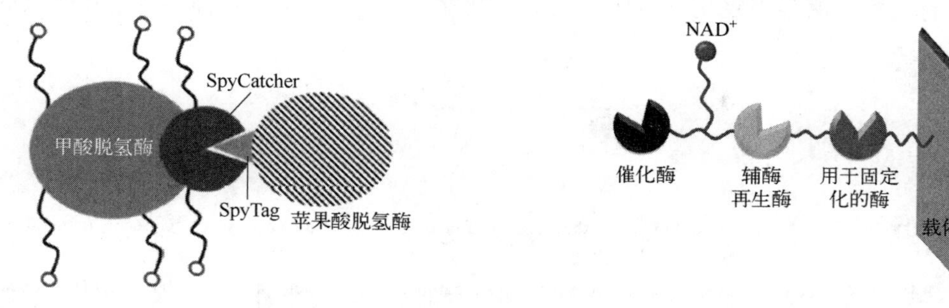

图 10-29 NAD^+与多酶复合物共价连接的结构示意图

图 10-30 基于载体表面的多酶与辅酶的连接体

总之，辅酶与酶的共价连接使二者在纳米尺度上接近，大大缩短了电子传递距离，有助于促进生物催化体系的反应效率及辅酶的转换频率。对于体系中存在辅酶再生途径的，共价连接还有利于促进辅酶的再生效率。但是必须指出，对于大多数辅酶依赖性的酶催化反应，辅酶与酶的化学计量比通常需要达到3个数量级以上催化反应才能有效进行。但单酶或多酶复合物表面可供辅酶进行共价连接的反应位点远小于体系中辅酶的需求量，辅酶供应量的不足会引起催化效率的显著降低。所以，与其他辅酶固定方法相比，共价连接法的适用范围较窄。

10.4 本章总结

NAD(P)是一类非常重要的辅酶，对氧化还原酶参与的生物催化体系尤为重要，在涉及羰基的不对称还原、C—H 键的氧化、C═C 键的环氧化、Baeyer-Villiger 氧化和脱羧等反应的催化中不可或缺。然而，NAD(P)高昂的价格成本及不稳定性严重阻碍了NAD(P)依赖性氧化还原酶的大规模应用，影响工业化生物催化剂的开发。NAD(P)的原位再生及循环利用一直是生物催化的重要研究方向。NAD(P)的再生策略可分为体内合成再生法、酶促再生法、化学再生法、电催化再生法及光催化再生法。体内生物合成法与酶促再生法均利用酶促反应进行辅酶再生，因此具有反应条件温和、再生效率高、选择性高等优点。这两种再生方法因体内外的差异，表现出不同的应用范围。体内合成再生法适用于微生物发酵的生物合成体系中，酶促再生法适用于无细胞生物合成体系。化学再生法、电催化再生法与光催化再生法均利用非酶催化剂进行辅酶再生，虽然非酶催化剂在辅酶再生效率方面可能低于酶催化剂，但非酶催化剂在生产成本、操作稳定性、适配性等方面优于酶催化剂，这些指标都是工业应用的重要评判标准，所以发展基于非酶催化剂的辅酶再生方法是非常有必要的。

生物催化体系中辅酶的原位再生有助于降低整个生物催化过程成本。为提高辅酶的稳定性及进一步降低催化成本，引入辅酶的固定化策略可以提高辅酶的稳定性及重复使用性。根据辅酶的结构特性，可利用物理法和化学法进行辅酶固定化。物理法可通过静电相互作用或π-π 堆积相互作用对辅酶进行吸附，或将辅酶包埋/包封在多孔材料中。化学法主要利用共价反应将辅酶连接在载体表面或酶/多酶复合物表面。与物理法相比，化学法固定辅酶可最大程度地保留辅酶，避免辅酶在催化反应过程或重复使用中的泄漏损失。但是，化学固定法对辅酶活性有一定程度的损害，而物理固定法却不会出现这种情况。因此化学与物理法各有优缺点，在应用过程中可根据酶催化体系的特点选择辅酶的固定化方法。在辅酶固定化的同时，也可对生物催化体系中的酶催化剂进行固定化，以提高整个催化体系的集成度和循环使用效率。此外，将辅酶与酶共固定化还会加速电子及中间体的转移，进而提高生物催化体系的整体催化速率。

参考文献

[1] Wu H, Tian C Y, Song X K, et al. Methods for the regeneration of nicotinamide coenzymes. Green Chem, 2013, 15: 1773-1789.

[2] Cai D B, He P H, Lu X C, et al. A novel approach to improve poly-gamma-glutamic acid production by NADPH regeneration in bacillus licheniformis wx-02. Sci Rep, 2017, 7: 43404.

[3] Wang Y P, San K Y, Bennett G N. Cofactor engineering for advancing chemical biotechnology. Curr Opin Biotechnol, 2013, 24: 994-999.

[4] Kramer L, Le X, Rodriguez M, et al. Engineering carboxylic acid reductase (CAR) through a whole-cell growth-coupled nadph recycling strategy. ACS Synthetic Biology, 2020, 9: 1632-1637.

[5] Deng J, Chen K L, Yao Z Q, et al. Efficient synthesis of optically active halogenated aryl alcohols at high substrate load using a recombinant carbonyl reductase from gluconobacter oxydans. J Mol Catal B-Enzym, 2015, 118: 1-7.

[6] Zhang J, Witholt B, Li Z. Coupling of permeabilized microorganisms for efficient enantioselective reduction of ketone with cofactor recycling. Chem Commun, 2006, 37: 398-400.

[7] Shaked Z E W, George M. Enzyme-catalyzed organic synthesis: NADH regeneration by using formate dehydrogenase. J Am Chem Soc, 1980, 23: 7104-7105.

[8] Xu Z N, Jing K J, Liu Y, et al. High-level expression of recombinant glucose dehydrogenase and its application in NADPH regeneration. J Ind Microbiol Biotechnol, 2007, 34: 83-90.

[9] Braun M, Link H, Liu L, et al. Biocatalytic process optimization based on mechanistic modeling of cholic acid oxidation with cofactor regeneration. Biotechnol Bioeng, 2011, 108: 1307-1317.

[10] Vrtis J M, White A K, Metcalf W W, et al. Phosphite dehydrogenase: A versatile cofactor-regeneration enzyme. Angew Chem Int Ed Engl, 2002, 41: 3257-3259.

[11] Woodyer R, van der Donk W A, Zhao H M. Relaxing the nicotinamide cofactor specificity of phosphite dehydrogenase by rational design. Biochemistry, 2003, 42: 11604-11614.

[12] Zhu L F, Xu X L, Wang L M, et al. NADP(+)-preferring D-lactate dehydrogenase from *Sporolactobacillus inulinus*. Appl Environ Microbiol, 2015, 81: 6294-6301.

[13] Zhang J D, Wu S K, Wu J C, et al. Enantioselective cascade biocatalysis via epoxide hydrolysis and alcohol oxidation: One-pot synthesis of (*R*)-alpha-hydroxy ketones from meso- or racemic epoxides. ACS Catal, 2015, 5: 51-58.

[14] Zhang J D, Cui Z M, Fan X J, et al. Cloning and characterization of two distinct water-forming NADH oxidases from *Lactobacillus pentosus* for the regeneration of NAD. Bioprocess Biosystems Eng, 2016, 39: 603-611.

[15] Schultheisz H L, Szymczyna B R, Scott L G, et al. Pathway engineered enzymatic de novo purine nucleotide synthesis. ACS Chem Biol, 2008, 3: 499-511.

[16] Angelastro A, Dawson W M, Luk L Y P, et al. A versatile disulfide-driven recycling system for NADP(+) with high cofactor turnover number. ACS Catal, 2017, 7: 1025-1029.

[17] Benitez-Mateos A I, San Sebastian E, Rios-Lombardia N, et al. Asymmetric reduction of prochiral ketones by using self-sufficient heterogeneous biocatalysts based on NADPH-dependent ketoreductases. Chem Eur J, 2017, 23: 16843-16852.

[18] Bornadel A, Hatti-Kaul R, Hollmann F, et al. A bi-enzymatic convergent cascade for epsilon-caprolactone synthesis employing 1,6-hexanediol as a "double-smart cosubstrate'. Chemcatchem, 2015, 7: 2442-2445.

[19] Mutti F G, Knaus T, Scrutton N S, et al. Conversion of alcohols to enantiopure amines through dual-enzyme hydrogen-borrowing cascades. Science, 2015, 349: 1525-1529.

[20] Zhang L, Vila N, Kohring G W, et al. Covalent immobilization of (2,2′-bipyridyl) (pentamethylcyclopentadienyl)-rhodium complex on a porous carbon electrode for efficient electrocatalytic NADH regeneration. ACS Catal, 2017, 7: 4386-4394.

[21] Zhang L, Etienne M, Vila N, et al. Electrocatalytic biosynthesis using a bucky paper functionalized by [Cp*Rh(bpy)Cl](+) and a renewable enzymatic layer. Chem Cat Chem, 2018, 10: 4067-4073.

[22] Pitman C L, Finster O N L, Miller A J M. Cyclopentadiene-mediated hydride transfer from rhodium complexes. Chem Commun, 2016, 52: 9105-9108.

[23] Chen F, Romero-Canelon I, Soldevila-Barreda J J, et al. Transfer hydrogenation and antiproliferative activity of tethered half-sandwich organoruthenium catalysts. Organometallics, 2018, 37: 1555-1566.

[24] Maenaka Y, Suenobu T, Fukuzumi S. Efficient catalytic interconversion between NADH and NAD(+) accompanied by generation and consumption of hydrogen with a water-soluble iridium complex at ambient pressure and temperature. J Am Chem Soc, 2012, 134: 367-374.

[25] Koga K, Matsubara Y, Kosaka T, et al. Hydride reduction of NAD(P)(+) model compounds with a Ru(Ⅱ)-hydrido complex. Organometallics, 2015, 34: 5530-5539.

[26] Barrett S M, Pitman C L, Walden A G, et al. Photoswitchable hydride transfer from iridium to 1-methylnicotinamide rationalized by thermochemical cycles. J Am Chem Soc, 2014, 136: 14718-14721.

[27] Quah T, Abdellaoui S, Milton R D, et al. Cholesterol as a promising alternative energy source: Bioelectrocatalytic oxidation using NAD-dependent cholesterol dehydrogenase in human serum. J Electrochem Soc, 2017, 164: H3024-H3029.

[28] Zheng W J, Zheng H T, Sun T, et al. Catalytic oxidation of NADH on gold electrode modified by layer-by-layer self-assembly of thermostable diaphorase and redox polymer. Mater Sci Forum, 2011, 675-677: 231-234.

[29] Chen X, Fenton J M, Fisher R J, et al. Evaluation of in situ electroenzymatic regeneration of coenzyme NADH in packed bed membrane reactors-biosynthesis of lactate. J Electrochem Soc, 2004, 151: E56-E60.

[30] Warriner K H, Vadgama P. A lactate dehydrogenase amperometric pyruvate electrode exploiting direct detection of NAD^+ at a poly(3-methylthiophene):Poly(phenol red) modified platinum surface. Mater Sci Eng C, 1997, 5: 91-99.

[31] Karyakin A A, Ivanova Y N, Karyakina E E. Equilibrium (NAD(+)/NADH) potential on poly(neutral red) modified electrode. Electrochem Commun, 2003, 5: 677-680.

[32] Dinh T H, Lee S C, Hou C Y, et al. Diaphorase-viologen conjugates as bioelectrocatalysts for nadh regeneration. J Electrochem Soc, 2016, 163: H440-H444.

[33] Yuan M W, Sahin S, Cai R, et al. Creating a low-potential redox polymer for efficient electroenzymatic CO_2 reduction. Angew Chem Int Ed Engl, 2018, 57: 6582-6586.

[34] Fry A J, Sobolov S B, Leonida M D, et al. Electroenzymatic synthesis (regeneration of NADH coenzyme) - use of nafion ion-exchange films for immobilization of enzyme and redox mediator. Tetrahedron Lett, 1994, 35: 5607-5610.

[35] Yuan M W, Kummer M J, Milton R D, et al. Efficient NADH regeneration by a redox polymer-immobilized enzymatic system. ACS Catal, 2019, 9: 5486-5495.

[36] Neto S A, Almeida T S, Meredith M T, et al. Employing methylene green coated carbon nanotube electrodes to enhance NADH electrocatalysis for use in an ethanol biofuel cell. Electroanalysis, 2013, 25: 2394-2402.

[37] Hua A B, Justiniano R, Perer J, et al. Repurposing the electron transfer reactant phenazine methosulfate (PMS) for the apoptotic elimination of malignant melanoma cells through induction of lethal oxidative and mitochondriotoxic stress. Cancers, 2019, 11: 590.

[38] Lim K, Lee Y S, Simoska O, et al. Rapid entrapment of phenazine ethosulfate within a polyelectrolyte complex on electrodes for efficient NAD(+) regeneration in mediated NAD(+)-dependent bioelectrocatalysis. ACS Appl Mater Interfaces, 2021, 13: 10942-10951.

[39] Velasco-Lozano S, Benitez-Mateos A I, Lopez-Gallego F. Co-immobilized phosphorylated cofactors and enzymes as self-sufficient heterogeneous biocatalysts for chemical processes. Angew Chem Int Ed Engl, 2017, 56: 771-775.

[40] Ji X Y, Su Z G, Ma G H, et al. Sandwiching multiple dehydrogenases and shared cofactor between double polyelectrolytes for enhanced communication of cofactor and enzymes. Biochem Eng J, 2018, 137: 40-49.

[41] Ji X Y, Wang J, Mei L, et al. Porphyrin/SiO_2/Cp*Rh(bpy)Cl hybrid nanoparticles mimicking chloroplast with enhanced electronic energy transfer for biocatalyzed artificial photosynthesis. Adv Funct Mater, 2018, 28: 1705083.

[42] Wang Y, Hsieh Y L. Immobilization of lipase enzyme in polyvinyl alcohol (PVA) nanofibrous membranes. J Membr Sci, 2008, 309: 73-81.

[43] Li D, Xia Y N. Direct fabrication of composite and ceramic hollow nanofibers by electrospinning. Nano Lett, 2004, 4: 933-938.

[44] Ji X Y, Su Z G, Wang P, et al. Tethering of nicotinamide adenine dinucleotide inside hollow nanofibers for high-yield synthesis of methanol from carbon dioxide catalyzed by coencapsulated multienzymes. ACS Nano, 2015, 9: 4600-4610.

[45] Ji X, Kang Y, Su Z, et al. Graphene oxide and polyelectrolyte composed one-way expressway for guiding electron transfer of integrated artificial photosynthesis. ACS Sustain Chem Eng, 2018, 6: 3060-3069.

[46] Furukawa H, Cordova K E, O'Keeffe M, et al. The chemistry and applications of metal-organic frameworks. Science, 2013, 341: 974.

[47] Ren S Z, Wang Z Y, Bilal M, et al. Co-immobilization multienzyme nanoreactor with cofactor regeneration for conversion of CO_2. Int J Biol Macromol, 2020, 155: 110-118.

[48] Zhou H J, Zhang Z P, Yu P, et al. Noncovalent attachment of NAD(+) cofactor onto carbon nanotubes for preparation of integrated dehydrogenase-based electrochemical biosensors. Langmuir, 2010, 26: 6028-6032.

[49] Liu W F, Wang P. Cofactor regeneration for sustainable enzymatic biosynthesis. Biotechnol Adv, 2007, 25: 369-384.

[50] Lin S S, Miyawaki O, Nakamura K. Continuous production of L-carnitine with NADH regeneration by a nanofiltration membrane reactor with coimmobilized L-carnitine dehydrogenase and glucose dehydrogenase. J Biosci Bioeng, 1999, 87: 361-364.

[51] Nidetzky B H D, Kulbe K D. Carry out cofactor conversions economically. Chem Tech, 1996, 26: 31-36.

[52] Ji X Y, Wang P, Su Z G, et al. Enabling multi-enzyme biocatalysis using coaxial-electrospun hollow nanofibers: Redesign of artificial cells. J Mater Chem B, 2014, 2: 181-190.

[53] Liang J, Gao S, Liu J, et al. Hierarchically porous biocatalytic mof microreactor as a versatile platform towards enhanced multienzyme and cofactor-dependent biocatalysis. Angew Chem Int Ed Engl, 2021, 60: 5421-5428.

[54] Man T T, Xu C X, Liu X Y, et al. Hierarchically encapsulating enzymes with multi-shelled metal-organic frameworks for tandem biocatalytic reactions. Nat Commun, 2022, 13: 305.

[55] Li P, Chen Q, Wang T C, et al. Hierarchically engineered mesoporous metal-organic frameworks toward cell-free immobilized enzyme systems. Chem, 2018, 4: 1022-1034.

[56] Lee M F S, Jakobson C M, Tullman-Ercek D. Evidence for improved encapsulated pathway behavior in a bacterial microcompartment through shell protein engineering. ACS Synthetic Biology, 2017, 6: 1880-1891.

[57] Zhang Y Q, Feng T T, Cao Y F, et al. Confining enzyme clusters in bacteriophage P22 enhances cofactor recycling and stereoselectivity for chiral alcohol synthesis. ACS Catal, 2021, 11: 10487-10493.

[58] El-Zahab B, Donnelly D, Wang P. Particle-tethered nadh for production of methanol from CO_2 catalyzed by coimmobilized enzymes. Biotechnol Bioeng, 2008, 99: 508-514.

[59] Zheng M Q, Su Z G, Ji X Y, et al. Magnetic field intensified bi-enzyme system with in situ cofactor regeneration supported by magnetic nanoparticles. J Biotechnol, 2013, 168: 212-217.

[60] Zheng M Q, Zhang S P, Ma G H, et al. Effect of molecular mobility on coupled enzymatic reactions involving cofactor regeneration using nanoparticle-attached enzymes. J Biotechnol, 2011, 154: 274-280.

[61] Zhang X J, Wang W Z, Zhou R, et al. Asymmetric synthesis of tert-butyl (*3R,5S*)-6-chloro-3,5-dihydroxyhexanoate using a self-sufficient biocatalyst based on carbonyl reductase and cofactor co-immobilization. Bioprocess Biosystems Eng, 2020, 43: 21-31.

[62] Song H Y, Gao G H, Ma C L, et al. A hybrid system integrating xylose dehydrogenase and NAD(+)coupled with PtNPs@MWCNTs composite for the real-time biosensing of xylose. Analyst, 2020, 145: 5563-5570.

[63] Fu J L, Yang Y R, Johnson-Buck A, et al. Multi-enzyme complexes on DNA scaffolds capable of substrate channelling with an artificial swinging arm. Nat Nanotechnol, 2014, 9: 531-536.

[64] Song H Y, Ma C L, Zhou W, et al. Construction of enzyme-cofactor/mediator conjugates for enhanced in vitro bioelectricity generation. Bioconjugate Chemistry, 2018, 29: 3993-3998.

[65] Massad N, Banta S. NAD(H)-PEG swing arms improve both the activities and stabilities of modularly-assembled transhydrogenases designed with predictable selectivities. Chem Bio Chem, 2022, 23: e202100251.

[66] Hartley C J, Williams C C, Scoble J A, et al. Engineered enzymes that retain and regenerate their cofactors enable continuous-flow biocatalysis. Nat Catal, 2019, 2: 1006-1015.

11

化学-酶级联催化

11.1 概述

天然酶具有绿色、温和的反应条件和优异选择性，在化学催化转化反应过程乃至生物医药领域得到了广泛应用。然而酶催化反应在具体的催化应用中存在着诸多缺陷，例如，酶的稳定性较差，催化反应的多样性和重复使用性等都远不如化学催化剂等。这些缺陷在模拟生物体内天然酶催化代谢过程的多酶级联催化体系中尤为显著，使其在实际应用过程的物质成本和时间成本较大。通过各种酶工程方法（如理性设计、定向进化、融合表达、化学修饰、固定化和组装等）虽然可在一定程度上增强酶催化剂的性能，并且更适于在工业催化环境中的应用，但仍然不能从根本上克服酶催化的一些固有缺陷。与酶催化相比，化学催化一般反应选择性差且反应条件苛刻，但因其在技术成熟度和成本等方面的优势，目前仍在催化领域占据着主导地位，尤其在能源、农业、材料、精细化工和制药工程等方面得到了广泛应用，为文明的发展和社会的进步做出了重要贡献。近年来，将化学催化与酶催化相结合以构建化学-酶级联催化体系（chemoenzymatic cascade catalysis systems），实现二者的优势互补，通过设计全新的反应路线来实现产品的高附加值和多样性，逐渐成为新的发展方向。化学-酶级联催化体系，一般是指通过材料工程和化学修饰等技术手段将可催化相应级联反应的化学催化剂和酶催化剂进行集成的催化体系。与单纯的化学催化和酶催化相比，化学-酶级联催化体系赋予了工业催化领域更多的可能性，在学术研究和工业应用方面具有超越二者的实用价值和应用前景。

一般而言，化学催化和酶催化存在催化剂和催化反应的不相容性，这种不相容性使得二者不能在同一反应器中进行。因此，传统的化学-酶级联催化反应是分步进行的，即前一步酶（或化学）催化反应完成后得到的中间产物，首先需要通过分离纯化过程将其从体系中分离出来，然后再进行下一步化学（或酶）催化反应。这种分步进行的化学-酶级联催化不仅时空产率较低，而且严重耗费人力物力，造成整个工艺过程成本的增大。与分步的化学-酶级联催化反应相比，一锅法并行的化学-酶级联催化反应（下面统称化学-酶级联催化反应）由于解决了催化剂和催化反应的相容性问题，可实现所有反应的时空同步性，省去烦琐的分离纯化步骤，从而实现工艺简化、收率提高和成本降低（图 11-1）。于反应体系本身而言，多个反应的同步一锅法进行可以改变单个反应的反应平衡，从而大幅提高原料的原子利用率和反应产物的时空产率。而反应步骤减少和收率提高可降低反应原料使用量，相应地降低废弃物生成和排放，符合现代社会绿色可持续发展的理念，具有十分重要的研究推广价值。此外，相较于分步法反应，化学-酶级联催化需要更少的操作单元，这意味着更小的反应占地空间。因此，本章主要对同步一锅法的化学-酶级联催化反应进行探讨分析。

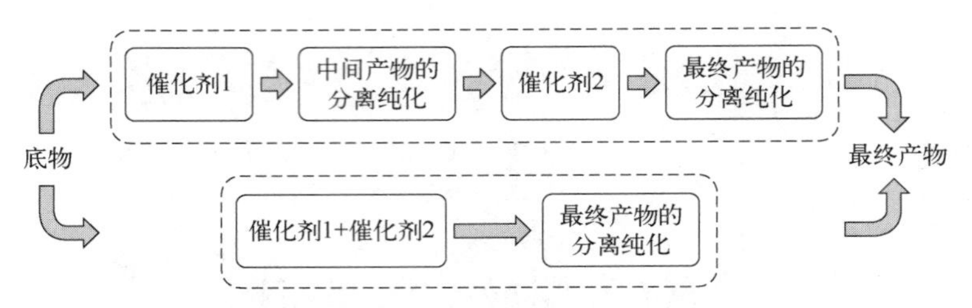

图 11-1　分步催化反应（上）和一锅法催化反应（下）示意图

最早见诸报道的化学-酶级联催化体系是 1984 年 van Bekkum 课题组提出的，该研究将异质结金属催化的氢化反应和酶催化的异构化反应相偶联，以实现原料 D-葡萄糖向糖替代物 D-甘露醇的转化反应[1]。之后 Williams 课题组在 1996 年报道了首个可应用于工业领域的化学-酶级联催化体系，该动态动力学拆分（dynamic kinetic resolution，DKR）体系可实现比传统动力学拆分（kinetic resolution，KR）体系更高的收率，从而突破了后者最高产量为 50%的限制[2]。这一体系中一个典型的应用案例是利用脂肪酶通过催化仲醇酰化进行的动力学拆分和金属 Pd 或 Rh 通过催化可逆转移氢化反应对对映异构体进行的外消旋化，实现了外消旋化合物的 DKR 反应。近年来，随着对反应机理的深入理解和新型催化剂的设计开发，除了上述金属催化与酶催化的结合外，有机催化（organo-catalysis）和光化学催化（photochemical-catalysis）与酶催化的偶联得到了广泛研究和长足发展。

尽管化学-酶级联催化在具体催化领域中的研究实例正在快速增多，但该催化体系的内在问题严重阻碍了其推广应用，其中最基本问题就是前述的化学催化与生物催化的不相容性，即两类催化剂的不相容和两种催化反应条件的差异性导致的不相容。具体而言，催化剂自身的不相容主要表现在一锅法反应时化学催化剂与酶催化剂的直接接触导致后者的活性降低甚至失活。这一不相容的主要根源之一是化学催化剂（尤其是金属催化剂）的存在导致酶蛋白的构象发生不可逆的变化，从而导致其丧失生物学活性。而两种催化过程的反应条件的差异性更为明显。如前所述，酶催化的反应条件（如水溶液、中性 pH、常温、常压）温和，而大多数化学催化剂不仅要在高温、强酸或强碱下进行催化，甚至部分化学催化剂还需要在无水的有机溶剂中才能有效进行催化。在这种极端的反应环境下，绝大多数的酶都很难表现出其生物催化活性。在化学-酶级联催化反应过程中，化学催化剂和酶催化剂二者中任何一方的活性丧失都将直接导致级联反应无法进行。因此，化学-酶级联催化领域的主要研究方向之一是开发有效的策略来缓解乃至根除两种催化体系的不相容，增强两种催化剂的催化活性和操作稳定性，从而提高化学-酶级联催化体系的整体催化效率。

在本章中，首先对常见的化学-酶级联催化体系及其组成要素和反应机理进行分类介绍，接着总结构建化学-酶级联催化体系的主要策略，重点阐述针对化学-酶级联催化体系内在的低兼容性的具体解决方案，最后介绍并剖析到目前为止应用较为成功的化学-酶级联催化体系的实施案例，并对化学-酶级联催化这一领域进行总结，展望该领域的未来发展方向和应用潜力。

11.2　化学-酶级联催化的分类及原理

从 1984 年的首例报道以来，化学-酶级联催化在高附加值产品生产领域得到快速发展。根据化学催化剂的不同，目前见诸报道的化学-酶级联催化主要分为三大类，即偶合金属催化剂（metal-catalyst）和酶的金属-酶级联催化、偶合有机催化剂（organo-catalyst）和酶的有机-酶级联催化和偶合光（化学）催化剂［photo(chemical)-catalyst］和酶的光-酶级联催化体系。与单独的化学催化或酶催化相比，化学-酶级联催化结合了化学催化的广泛性和酶催化的高特异性，且具有催化成本较低、合成工艺简捷高效、反应条件绿色友好等优势，使其在高附加值化学品尤其是手性化合物的合成领域得到了广泛应用。

11.2.1　金属-酶级联催化

金属-酶级联催化的研究可追溯到 20 世纪 80 年代提出的金属-酶级联催化 D-葡萄糖向糖替代物 D-甘露醇的转化[1]。此后，人们意识到金属催化剂和酶催化剂的结合在有机合成领域具有很大的发展潜力，并通过改变催化剂和设计更为合理的反应方式，将化学-酶催化反应应用于更多反应过程。以金属-酶级联催化的 DKR 反应为代表的化学-酶级联催化体系迅速增多，其中过渡金属催化与酶催化的结合占据主导地位。过渡金属与酶相结合的级联催化过程是研究最深入的化学-酶级联反应之一。

11.2.1.1　金属催化概述

金属催化剂可分为均相和非均相金属催化剂，其中均相金属催化剂主要为金属配位催化剂，非均相金属催化剂主要为金属单质催化剂、金属氧化物催化剂和部分金属配位催化剂等。

金属配位催化由底物分子和催化剂（通常为过渡金属配合物）通过络合作用形成配合物所引起的催化作用，又称为络合催化。其中，过渡金属存在不同的配位数和价态，这对配位催化意义重大。在金属配位催化过程中，底物分子配位到催化剂中的过渡金属离子周围，致使底物分子处于活化状态，因而容易发生反应。金属配位催化反应有四个重要的基元反应，分别为配体置换（取代）反应、氧化加成与还原消除反应、插入反应与消除反应、过渡金属有机配合物配体上的反应。在反应过程中，催化剂的活性中心与底物分子通过配位作用结合，因而可通过电子效应、空间位阻效应等因素对反应过程、反应速率以及底物的结构选择性起到控制作用[3]。

金属单质催化剂是金属催化剂中研究较早、应用最广的一类催化剂。常见的金属单质催化剂为过渡金属单质，如 Ag、Cu、Pt、Pd 和 Ni 等，可用于催化加氢、脱氢、氧化、异构化、环化和裂解等反应。在金属单质催化反应中，首先底物分子在催化剂表面发生吸附，从而能够在催化剂表面上发生化学反应。一般而言，底物分子在催化剂表面适当的吸附强度会产生最大的吸附活性。吸附作用太弱会导致底物分子的化学键不能断裂；反之，吸附作用太强则会生成稳定的中间态产物，造成催化剂表面钝化。底物分子在金属单质催化剂表面形成化学吸附时，金属单质的电子或空穴会参与到吸附态的形成中，并对催化剂的活性产生重要影响。目前认可度较高的金属单质催化剂的催化理论是多位理论，该理论认为在催化反应过程中，底物分子的断裂键与催化活性中心之间有一定的几何结构适应原则和能量适应原则[4]。

金属氧化物多用于催化氧化还原反应，如烃类的选择性氧化和氮氧化物的还原等。常用的金属氧化物催化剂是过渡金属氧化物，它们都是半导体材料，故也被称为“半导体催化剂”。按金属氧化物的成分分类，金属氧化物可分为单一金属氧化物和复合金属氧化物。常见的单一金属氧化物催化剂有 Al_2O_3、Fe_2O_3、TiO_2、V_2O_5 和 WO_3 等。常见的复合金属氧化物催化剂有 $LiInO_2$、$CaTiO_3$、$BaNiO_3$、$CaWO_4$ 和 $MgAl_2O_4$ 等。与金属单质催化剂一样，金属氧化物也是一种非均相金属催化剂。在金属氧化物催化反应过程中起主导作用的是其作为半导体的电子特性。如图 11-2 所示，根据半导体的能带理论，半导体中没有被电子充满的能带为导带，又称导电带；被电子充满的能带为价带，又称价电子带。导带和价带之间的即为禁带。在外加能量场下，半导体中会出现准自由电子和准自由空穴，二者是半导体材料导电的主要媒介。金属氧化物催化剂的导电性是影响其催化活性的主要因素之一。此外，金属氧化物表面的活性氧物种以及酸碱性也在其催化氧化还原反应过程中发挥着重要作用[5]。

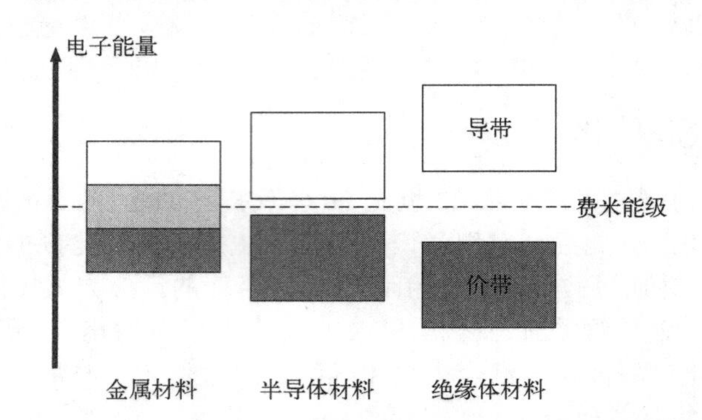

图 11-2　金属、半导体和绝缘体材料的价带和导带分布情况

对于金属材料，导带和价带重合，没有禁带；对于半导体材料，禁带宽度较小，一些电子在吸收能量后有机会跃迁到导带；绝缘体材料的禁带宽度很大，基本上不可能有电子跃迁至导带

11.2.1.2　金属-酶级联催化体系

金属催化剂是一类重要的工业级化学催化剂，其催化的反应在有机合成领域有着重要的作用，例如 Pd 催化的 Heck 反应和 Suzuki-Miyaura 反应、Pd 或 Cu 催化的 Wacker 氧化反应、Ru 催化或 Mo 催化的烯烃复分解反应、Au/Ag 催化炔烃水合反应和 Pd 或 Rh 的配合物催化的外消旋化反应等。这些金属催化反应已经达到"成熟技术"阶段。而作为一种高效的生物催化剂，酶催化剂具有反应条件温和以及反应特异性高等优点。因此，作为化学-酶级联催化体系中的典型代表，偶合金属催化的广泛性和生物催化的高特异性的金属-酶催化体系可实现两种催化领域的兼容和优势互补，甚至可以催化许多自然界中不存在的反应，为有机合成开辟了新的发展空间。

金属-酶级联催化中研究最深入的例子之一是 DKR 反应。DKR 反应可突破传统动力学拆分体系最高产量为 50%的限制。如前所述，DKR 反应体系中的一个典型的应用案例是结合脂肪酶催化的仲醇酰化反应和 Pd 催化的可逆转移氢化反应，可实现高对映体纯度的手性胺的制备。详情在本章 11.4 节介绍。除了脂肪酶外，金属-酶级联催化体系中常用的酶还有 ADH、转氨酶（transaminase，TA）和单加氧酶等。通过将金属催化和以上酶催化进行结合，还可催化 C-C 键生成反应、环化反应和不对称还原反应等。但是，金属催化存在一些限制因素。首先，金属催化中所需的贵金属的储量有限，使用成本较高。虽然可使用 Ni 和 Fe 等廉价金属催化剂，但性能往往有所降低。其次，作为均相催化剂，产物中可能存在重金属残留，对最终产物的分离纯化要求较高，这在精细化工领域尤其是制药领域尤为重要。最后，一些低价位的金属催化剂（如 Cu^{+}和 Fe^{2+}等）要求无水无氧等苛刻的反应条件，这也在一定程度上限制了金属催化与酶催化的偶合。

下面介绍几种常见的金属-酶级联催化体系。

（1）脂肪酶参与的金属-酶级联催化　脂肪酶又称三酰基甘油酰基水解酶，在脂质代谢中具有重要作用，同时也是一类重要的工业酶。某些脂肪酶在有机溶剂中的稳定性良好，有利于其在化学-酶级联催化中的应用。由于其催化过程中具有良好的区域和立体选择性，脂肪酶也被广泛应用于有机合成领域，尤其是手性物质的合成。例如，前述利用脂肪酶与外消旋化催化剂 Pd 相结合的化学-酶法动力学拆分合成对映体纯醇，外消旋醇可以通过金属 Pd 催化相应的酮的氢化反应来制备。例如，1,2-茚满二酮在 Pd/Al_2O_3 的催化下进行选择性加氢得到 rac-2-羟基-1-茚满酮，通过使用 $Ru(OH)_3/Al_2O_3$ 作为外消旋催化剂与脂肪酶对产物进行动态动力学拆分得到(*R*)-2-乙酰氧基-1-茚满醇，通过此金属-酶级联催化体系可将廉价的 1,2-茚满二酮转化为具有高附加值的手性产物（图 11-3）[6]。

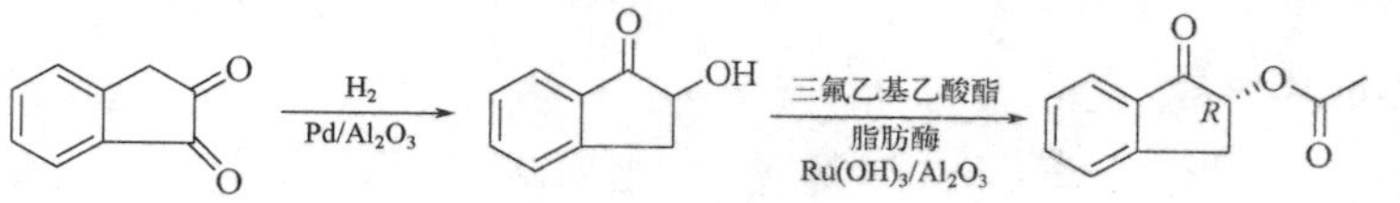

图 11-3　结合 1,2-茚满二酮的区域选择性氢化和生成(*R*)-2-乙酰氧基-1-茚满醇的化学-酶级联催化体系

（2）ADH 参与的金属-酶级联催化　ADH 是一种 NAD 依赖性的含锌金属酶，具有广泛的底物特异性，可催化伯醇和醛之间的转化反应。在有机合成领域，其催化酮基的不对称还原反应生成手性醇具有重要的应用价值，广泛应用于手性醇的合成中。例如，通过将金催化的炔烃水合反应与 ADH 催化的不对称还原相结合，合成具有优异光学纯度的仲醇（图 11-4）[7]。

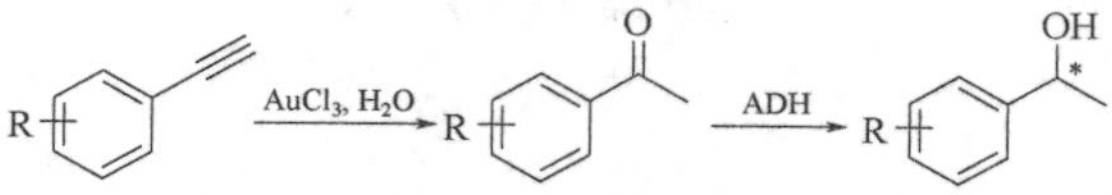

图 11-4　结合炔烃的加成反应和 ADH 催化的不对称还原反应的化学-酶级联催化体系

（3）TA 参与的金属-酶级联催化　TA 是一种具有辅因子吡哆醛-5'-磷酸依赖性的转移酶，可催化氨基基团在氨基供体（氨基酸或胺）和受体（酮或醛）与辅因子之间的转移。该反应包括氨基供体的对映选择性氧化脱氨基和酮的立体选择性还原氨基化两个步骤。因此，TA 已用于化学-酶级联催化的外消旋手性胺的动力学拆分和手性胺的不对称合成。例如，以微量的 AuCl 为金属催化剂，TA 为酶催化剂，可实现从炔烃合成手性胺的一锅化学-酶级联转化（图 11-5）[8]。

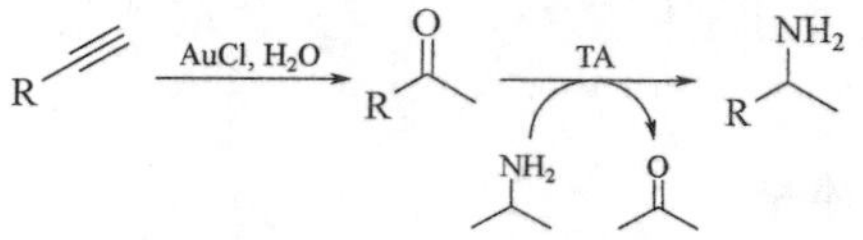

图 11-5　一锅法将炔烃转化为手性胺的化学-酶级联催化体系

（4）单加氧酶参与的金属-酶级联催化　以细胞色素 P450（cytochrome P450，简称 P450）为代表的单加氧酶家族可以活化 O_2 并对饱和脂肪酸的 C—H 键进行区域选择性和立体选择性羟基化，通过此反应可合成具有高附加值的手性羟基脂肪酸和内酯，因而在有机合成中受到广泛关注。例如，将 Ru 配合物催化的烯烃复分解反应和 P450 催化的单加氧反应结合起来，对具有不同链长的烯烃进行环氧化（图 11-6）[9]。

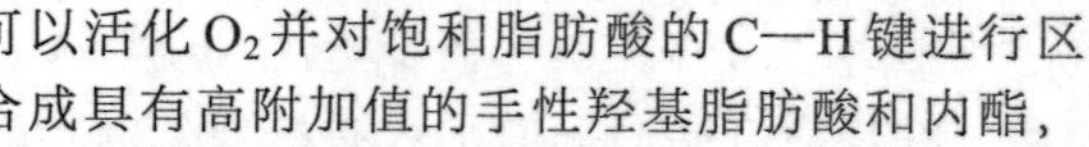

图 11-6　结合烯烃的复分解反应和单加氧反应的化学-酶级联催化反应

11.2.2　有机-酶级联催化

2021 年的诺贝尔化学奖授予了 Benjamin List 和 David W. C. MacMillan，以表彰他们对“不

对称有机催化”做出的贡献。他们分别独立开发了基于非金属有机小分子的有机催化剂用于不对称有机催化，后者还提出了“有机催化”这一催化概念。从广义上来说，有机催化剂可以定义为可加速化学反应的不含有（过渡）金属元素的有机小分子化合物。从催化机理上来说，有机催化与酶催化具有高度的相似性。因此，与化学催化相比，有机催化与生物催化具有更高的相容性和协同性，因此赋予了有机-酶级联催化广阔的发展空间。

11.2.2.1 有机催化概述

常见的有机催化剂有氨基酸（如脯氨酸、L-组氨酸、β-丙氨酸、L-丙氨酸和叔亮氨酸等）、多肽和其他小分子（如 2-丙醇、吡咯烷、手性磷酸）及相关衍生物。有机催化涉及多种催化类型，常见的包括 Brønsted 和 Lewis 酸碱催化、亲核催化和氧化还原催化[10]。例如，脯氨酸及其衍生物可催化不对称的羟醛缩合反应（图 11-7）。不对称的羟醛缩合反应是构造 C—C 键的重要反应之一，在有机合成尤其是药物中间体合成中受到广泛关注。目前认可度较高的脯氨酸催化反应机理是，脯氨酸作为双官能团催化剂，其催化功能与醛缩酶类似，其分子中的氨基为亲核的活性基团，羧基为酸/碱助催化剂[11]。具体而言，这一催化过程包括氨基的亲核进攻、醇氨中间体的脱水、亚胺的脱质子化、碳碳键形成和亚胺-醛中间产物的水解等步骤。

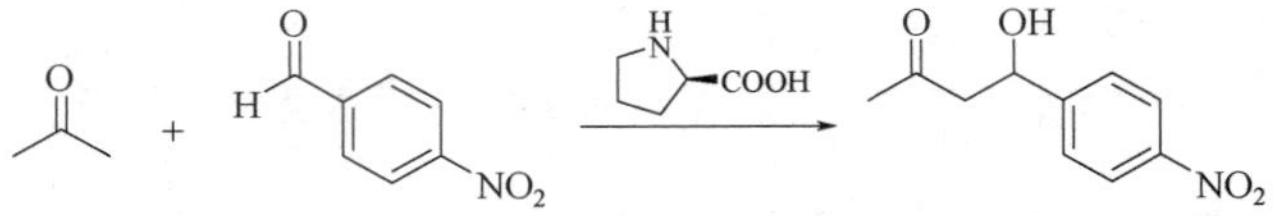

O H NO$_2$ H COOH O OH NO$_2$

图 11-7 脯氨酸催化不对称的羟醛缩合反应

值得一提的是，由于有机小分子催化剂一般不含金属元素，有机催化反应的应用可解决化学-酶催化反应中手性产物的重金属残留问题。此外，有机催化剂制备成本较低，性质稳定，对空气和水不敏感，易于制备和贮存，其催化反应条件相对温和，不需要无水无氧和高温高压操作。这使得有机小分子催化剂成为有机合成领域的明星催化剂，受到产学界的极大关注。

11.2.2.2 有机-酶级联催化体系

从酶催化反应的角度出发，目前的有机-酶级联催化主要为线形级联反应，即有机催化反应在其中的主要作用是生成酶催化反应所需的底物。相较于金属催化剂，由于不含有金属离子且催化条件相对温和，有机催化剂与酶催化剂的相容性更高。例如，通过结合有机催化剂 (*S*,*S*)-*N*-[(1*S*)-1-(羟基二苯甲基)-2-甲基丙基]-2-吡咯烷甲酰胺（一种脯氨酸衍生物）和酶 (*S*)-ADH 合成(1*R*,3*S*)-二醇，在反应开始时同时加入有机催化剂和酶，二者表现出良好的相容性[12]。

因此，有机小分子介导的有机催化在催化应用中尤其是绿色化学和药物合成领域中比金属催化更具优势。但需注意的是，二者的反应条件可能是影响有机催化与酶催化相容性的主要因素。这是因为，部分有机催化剂的水溶性较差，通常需要添加助溶剂或其他添加剂以增强其在水相反应体系中的溶解度[13]。对于此类有机催化和生物催化过程的组合，需要调整反应介质的种类和用量，以避免在级联反应过程中助溶剂和添加剂对酶催化剂活性的抑制甚至是破坏作用。由于发展起步较晚，目前关于有机-酶级联催化体系的报道较少。表 11-1 列出了典型的有机-酶级联催化体系的构成、催化反应和级联催化性能。

表 11-1 典型的有机-酶级联催化体系

有机催化剂	有机催化反应类型	酶催化剂	酶催化反应类型	级联催化性能	参考文献
N-氧基-2-氮杂金刚烷	羟基氧化	TA	氨基转移反应	转化率 90%，*ee* 值 99%	[14]
(*S*,*S*)-*N*-[(1*S*)-1-(羟基二苯甲基)-2-甲基丙基]-2-吡咯烷甲酰胺	醛醇反应	(*S*)-ADH	不对称还原反应	转化率 60%，*ee* 值 100%	[15]
三氟甲基取代的二苯基脯氨醇	醛醇反应	脂肪酶	酯交换反应	转化率 92%，*ee* 值 99%	[16]
多肽	醛的不对称氧胺化	漆酶	醛氧化反应	转化率 51%，*ee* 值 61%	[17]

11.2.3 光-酶级联催化

太阳能是一种清洁的能源。光-酶级联催化涉及光能到电能再到化学能的转化过程，在当今全球能源危机的大背景下非常符合“绿色化学”的发展需求，这也是光-酶级联催化区别于传统化学-酶级联催化的重要特征。光催化和酶催化结合的媒介有两大类。一类是中间产物，中间产物介导的光-酶级联催化反应过程与上述金属-酶级联催化和有机-酶级联催化反应过程类似，底物在前一步反应的催化活性中心处转化为中间产物后，通过扩散等方式到达下一步反应的催化中心进行反应，生成最终产物。另一类是以光生载流子（光生电子和光生空穴）和辅因子为代表的氧化还原物种。在光-酶级联催化体系中，光生载流子和辅因子用于对氧化还原酶的活化，然后由氧化还原酶催化底物的转化。

11.2.3.1 光催化概述

光催化是催化化学、光化学、半导体物理、材料科学、环境科学等多学科交叉的新兴研究领域。从 1972 年 Fujishima 和 Honda 报道水在 TiO_2 电极上的光催化分解现象后[18]，光催化尤其是多相光催化得到广泛重视，应用于能源、环境和合成等领域的研究。光催化剂一般分为均相光催化剂和非均相光催化剂两大类。均相光催化剂为各种水溶性的有机大分子染料，主要有卟啉和（夹）氧杂蒽及其衍生物和类似物。非均相光催化剂主要包括以贵金属为代表的导体材料和以金属氧化物/硫化物为代表的半导体材料。以半导体材料的光催化过程为例，由半导体催化的光反应通常包括三个步骤，一是吸收光子，即半导体吸收能量大于禁带的能隙（energy gap，Eg）的光子成为激发态，激发态下的半导体具有很高的活性；二是载流子分离，即处于激发态的半导体产生电子-空穴对（即光生载流子）；三是界面催化，分离后的部分载流子分别迁移至材料表面并与吸附物质发生氧化还原反应。需要指出的是，被分离的电子和空穴还有其他的耗散途径。如图 11-8 所示，它们也可能在半导体内部或表面发生重组，将电能转化为内能[19]。量子产率是评价光催化效率的重要参数，用以表征光化学反应中光量子的利用率，通常定义为进行光化学反应的光子与吸收总光子数的比值。理想情况下（电子和空穴不复合）量子产率应该为 1。被分离的电子和空穴的复合会严重影响光反应的效率，必须加以限制。可通过对半导体进行改性或掺杂（如染料敏化和贵金属修饰）以构建异质结（heterostructure），提高半导体的光催化效率。

11.2.3.2 中间产物介导的光-酶级联催化体系

光-酶级联催化可允许利用光催化剂的反应性，结合酶在选择性和活性方面的优势，设计具有更多功能的生物转化途径。中间产物介导的光-酶级联催化反应体系与一般的一锅法化学-

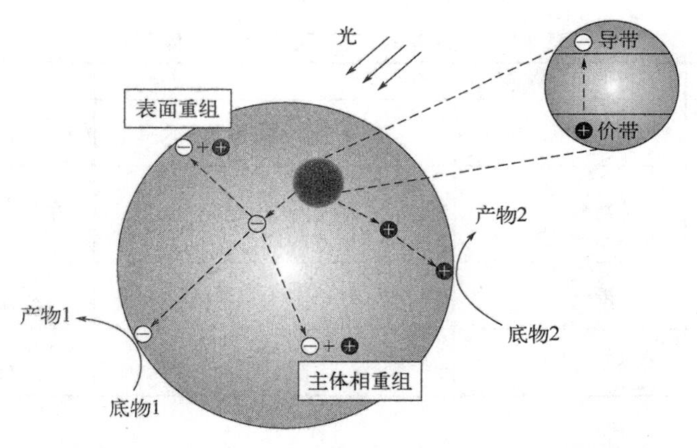

图 11-8　半导体受光激发后的电子和空穴的耗散途径

电子和空穴的主要耗散途径有表面催化和重组两类，其中二者的重组包括表面重组和主体相重组

酶级联催化反应体系一样，无需考虑中间产物的纯化。大多数情况下，该催化体系中的光催化剂在光照条件下被活化，并催化底物反应生成活性中间产物，中间产物在接下来的酶催化反应中转化为最终产物。因此，这类光-酶级联催化反应通常是一种线形级联反应。光-酶级联催化体系使构建更复杂的分子成为可能，为有机合成提供了强有力的工具，进一步扩大了化学-酶级联催化的应用范围。例如，2018 年 Zhao 和 Hartwig 两个课题组合作，首次报道了结合光催化的烯烃异构化反应与烯烃还原酶催化的碳碳双键的不对称还原反应，用于合成具有高附加值的手性产物（图 11-9）[20]。

需要注意的是，在光致电荷分离后，转移至光催化剂表面的光生空穴和光生电子除了参与底物的光催化转化反应，还会与吸附于光催化材料表面的其他物质（如 O_2、H_2O 和 OH^- 等）发生作用，产生具有高活性的中间物质（如超氧自由基、羟基自由基以及单线态氧等），这些物质大多都是自由基，如图 11-10 所示。这些自由基能够进攻酶蛋白并对其构象进行破坏，从而严重影响其催化活性。这无疑为光-酶级联催化反应体系中两种催化剂的相容性调控提出了更高的要求，这也是其区别于其他化学-酶级联催化体系的主要特征之一。提高光催化剂和酶催化剂直接相容性的有效策略主要是对二者进行分隔式集成固定化。化学催化剂和酶催化剂的分隔式集成固定化策略详见本章 11.3 节。

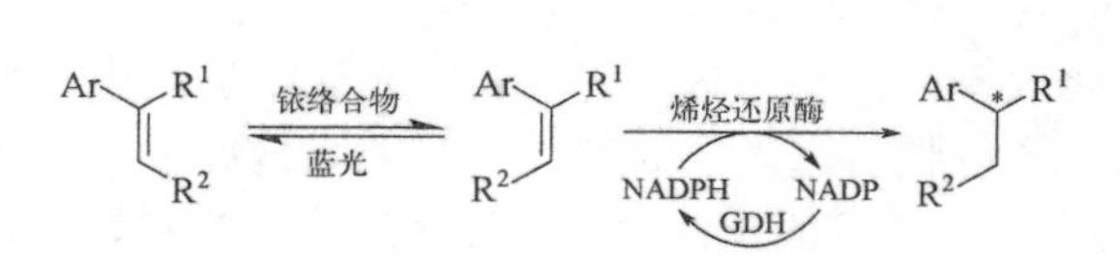

图 11-9　光-酶级联催化烯烃的一锅法异构化和还原反应

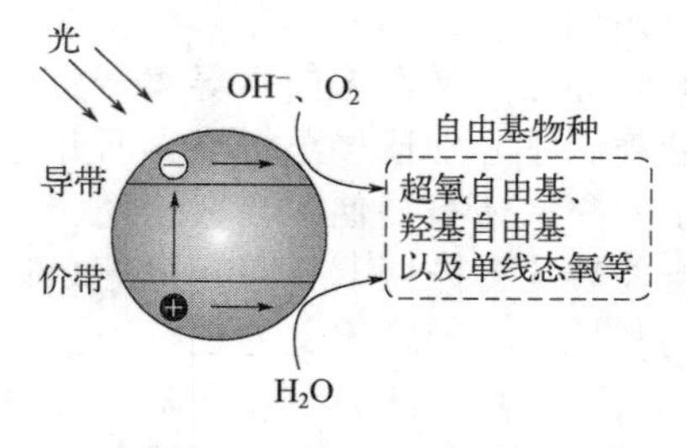

图 11-10　半导体材料受激发后产生各种自由基

目前关于中间产物介导的光-酶级联催化的报道较少，主要集中于烯烃的不对称还原和手性仲脂肪醇的合成。表 11-2 列举了典型的中间产物介导的光-酶级联催化研究的光催化反应、酶催化剂、光源和级联催化性能。

表 11-2 中间产物介导的光-酶级联催化体系

光催化剂	光催化反应类型	酶催化剂	酶催化反应类型	光源	级联催化性能	参考文献
$[Ir(dmppy)_2(dtbbpy)]PF_6$	烯烃的异构化	烯烃还原酶	烯烃的不对称还原	蓝色 LED 灯	产率 87%(15h)，*ee* 值>99%	[20]
$[Ru(bpy)_3Cl_2]$	硫代加成反应	酮还原酶	1,3-巯基烷醇的不对称合成	模拟日光光源	产率 73%(24h)，*ee* 值>99%	[21]
$[Ir(sppy)_3]$	亚胺还原反应	单胺氧化酶	胺的不对称合成	蓝色 LED 灯	产率 92%(30h)，*ee* 值>99%	[22]
9-苯三甲基-10-甲基吖啶鎓离子	C—H 键的氧化反应	ADH	C—H 键的羟基化	蓝色 LED 灯	产率 85%(24h)，*ee* 值>99%	[23]

11.2.3.3 氧化还原物种介导的光-酶级联催化体系

受天然光合系统的启发，人们开始引入光催化体系产生氧化还原物种［如还原态辅因子、过氧化氢（H_2O_2）和电子等］以进行酶催化剂的活化，活化后的酶可用于催化底物转化。这一类光-酶级联催化体系又称为“人工光酶催化体系”（artificial photo-enzymatic catalysis system）。与上述本质为线形级联反应的中间产物介导的光-酶级联催化反应不同，氧化还原物种介导的人工光酶催化体系中的反应一般为平行级联反应。在人工光酶催化体系中，由氧化还原物种介导的光-酶级联催化体系中的酶催化剂为氧化还原酶。具体地，以异相光催化剂为例，光催化剂在光照条件下吸收光子并发生电荷分离，然后通过界面活化作用引导载流子（通常为光生电子）转移，并最终实现对氧化还原酶的活化，同时附近的电子供体为失去电子的光催化剂提供电子使其还原。其中，氧化还原酶可催化各种合成有价值的氧化还原反应，例如 CO_2 的转化固定、羰基的不对称还原、C—H 键的氧化、C═C 键的环氧化和 Baeyer-Villiger 氧化等[24]。因此，氧化还原物种介导的光-酶级联催化体系广泛适用于药物、食品添加剂和燃料的合成。

（1）光合作用简介　光合作用是自然界中的一种高效的光能转化与储存方式，也是地球上重要的基础化学反应之一，广泛存在于绿色植物、藻类和部分细菌体内。以绿色植物为例，其光合作用由光反应和暗反应组成。光反应是指在光照条件下光能转化为 ATP 和还原性辅因子 NADPH 中的化学能；暗反应又称 Calvin 循环，在这一阶段，相关酶类借助 NADPH 和 ATP 的还原势和能量对 CO_2 进行固定，生成碳水化合物。植物借助光合作用完成光能向化学能、从贫能无机物向富能有机物的转化，且经由光合作用储存的光能和合成的有机物也是维持生物圈中绝大部分生命活动的能量来源和物质基础。其中，光催化步骤作为光能向化学能转化的关键步骤，成为研究者的重点研究对象。

在绿色植物的光合系统中，含有染料的光反应中心（如叶绿素）吸收来自太阳的光子并转化为激发态，此时的激发态光催化剂分子产生激发电子，这些电子以稳定的化合物形式储存和传递，其中电子的转移途径被称为“Z”途径，如图 11-11 所示。简言之，在光照条件下，光系统Ⅱ（photosystem Ⅱ，PS Ⅱ）中的色素-蛋白质复合物吸收光子并使光反应中心 P680 成为激发态 P680*，由此产生的光激发电子经临近的质体醌（plastoquinone B，Q_B）离开 PS Ⅱ传递给细胞色素 b6f-蛋白质复合物，继之由质体蓝素（plastocyanin，Pc）传递至光系统Ⅰ（photosystem Ⅰ，PS Ⅰ）的 P700 处。之后电子传递至铁氧化还原蛋白（ferredoxin，Fd）-$NADP^+$ 还原酶（ferredoxin $NADP^+$-reductase，FNR）处，参与 $NADP^+$的还原反应，合成储能物质 NADPH。与此同时，失去电子的激发态 P680*具有很强的氧化性，可从水分子中获取电子并将后者氧化实现自身的还原，同时生成氧和质子，其中质子在类囊体膜两侧产生质子浓度梯度，与电子输送过程中产生的跨膜电势差一起，用于 ATP 合成酶（ATPase）催化的 ATP 合成过程，完成光能向电能再向化学能的转化。

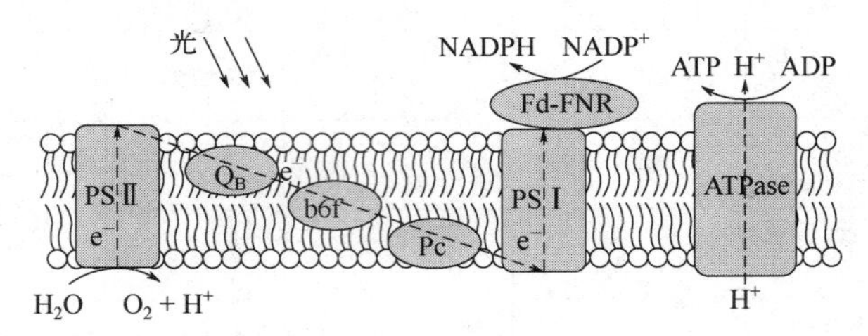

图 11-11　绿色植物叶绿体薄膜上光合系统中光激发电子的“Z”途径传递

（2）人工光酶催化体系概述　基于“Z”途径的自然光合系统为设计集光催化和生物催化于一体的人工光酶催化体系提供了很好的模板。自然界光合作用中的光反应包括光催化剂的捕光敏化、氧化还原酶的活化、底物的催化转化和在电子供体作用下的光催化剂再生。因此，人工光酶催化体系中包含三个功能模块：（a）基于光催化剂的光反应模块，（b）基于氧化还原酶的酶催化转化模块，（c）基于电子供体的光催化剂再生模块。图 11-12 展示了自然光合体系和人工光酶催化体系工作原理的对比。

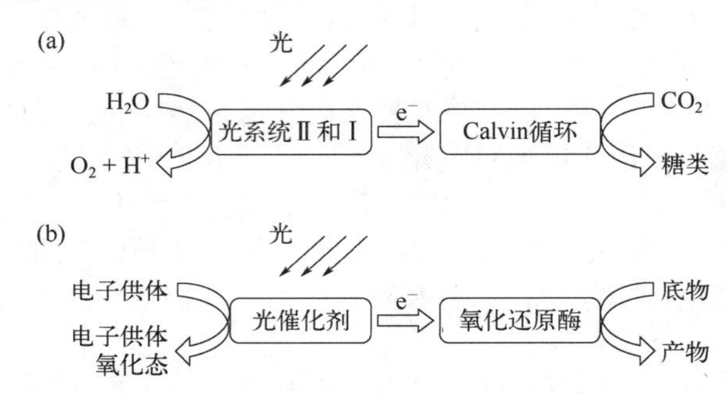

图 11-12　（a）自然光合体系与（b）人工光酶催化体系的工作原理对比图

构建光酶催化体系的首要问题是光合作用中能量的吸收、传递和转化。具体而言，人工光酶催化体系的工作原理应该是：在光照条件下，首先光催化剂吸收光能产生光激发电子，然后光激发电子通过一定途径传递至氧化还原酶处参与酶催化的氧化还原反应，实现光能向化学能的转化。与此同时，光催化剂附近的电子供体向氧化态光催化剂提供电子使其实现再生，以防止光激电子和光生空穴的复合所带来的能量损失。利用不同的氧化还原酶可以合成不同的化学品，而光催化剂、电子供体和氧化还原酶的合理选择和组装是实现光能利用率最大化的途径之一，同时也是设计人工光酶催化体系的首要任务[25]。

① 光催化剂　自然界中叶绿体内的有效光敏成分一般为镁卟啉，由光激发卟啉产生的分子内电子跃迁而引发的原初电荷分离是仿生光酶催化的关键步骤。作为人工光酶催化体系中的能量转化核心，常用的光催化剂有无机材料、有机染料及它们的复合物。常用的无机材料光催化剂有 CdS、TiO_2、氮化碳（C_3N_4）、碳量子点和各种贵金属等。这些无机纳米材料一般具有稳定的物化性质和广泛而连续的吸收光谱，因此有助于克服有机染料窄谱吸收的缺点。它们的催化活性受其尺寸和结构性质的影响很大。常用的有机染料如夹氧杂蒽类化合物（如伊红 Y 和罗丹明 B 等）、钌-联吡啶配合物（$[Ru(bpy)_3]_2$）、卟啉及其衍生物等，如图 11-13 所示。这些水溶性光催化剂具有较高的系统间交叉效率，其光谱吸收主要集中在可见光区，广泛应用于光催化系统。

图 11-13 常用的均相光催化剂（有机染料）及其分子结构

② 电子供体 自然界中参与光合作用的电子供体为水，在激发电子转移后及时被氧化产生电子补充空穴，以避免电子的回流和能量的损失。但在人工光酶催化体系的设计中，水的光促裂解对光催化剂要求较高，一些常规的光催化剂几乎不能或只能低效率地对水进行氧化。因此，必须探索具有供电子功能的水替代物。一般用三乙醇胺（triethanolamine，TEOA）、乙二胺四乙酸（EDTA）、三乙胺（triethylamine，TEA）和抗坏血酸等（图 11-14）具有一定还原性的物质为电子供体。值得一提的是，TEOA 还可以通过有机染料中的金属中心与 TEOA 中的氮原子之间的非共价相互作用，实现电子从电子供体到有机染料的转移，从而避免了光生电子和光生空穴的复合。

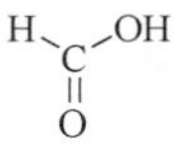

甲酸 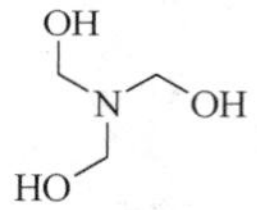 TEOA 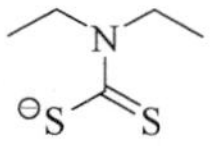 二乙基二硫代氨基甲酸酯

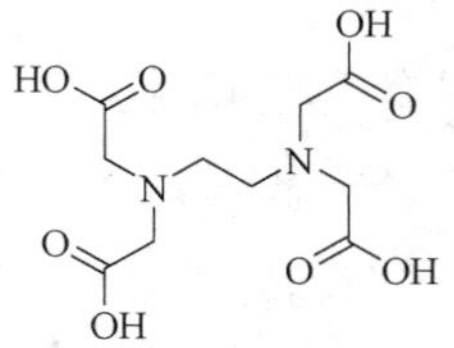

EDTA 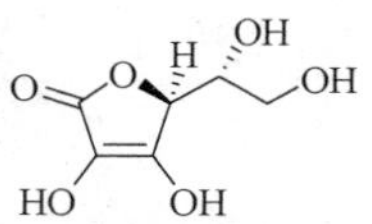 抗坏血酸

图 11-14 常用的电子供体及其分子结构

③ 氧化还原酶 氧化还原酶是人工光酶催化体系中重要的组成部分之一，用于催化 H_2 的生产、CO_2 的还原和增值化学品合成。在不同的金属或非金属辅因子的协助下，氧化还原酶通过选择性地将氧原子或其他原子引入 C—H 或 C═C 键、以氢化物或氧功能化的形式催化底物的氧化还原反应。来自枯草芽孢杆菌的老黄酶（OYE from *Bacillus subtilis*，YqjM）、一氧化碳脱氢酶（carbon monoxide dehydrogenase，CODH）、FDH、ADH、aldDH、固氮酶（nitrogenase）、氢化酶（hydrogenase）、$P450_{BM3}$ 和漆酶（laccase）等是可见光驱动氧化还原系统中最常用的酶（图 11-15）。有趣的是，自然界还进化出了光依赖性酶，即光脱羧酶（photodecarboxylase）。光脱羧酶本质上是由光激活的，例如，含有辅基 FAD 的藻类光脱羧酶可在蓝光照射下高效催化脂肪酸的脱羧反应[26]。在人工光酶催化体系中，光催化剂通过产生光生电子来活化氧化还原酶，后者（例如脱氢酶、氢化酶、固氮酶、$P450_{BM3}$ 和黄素酶）催化一系列氧化还原反应的进行，从而实现光能的转化固定。

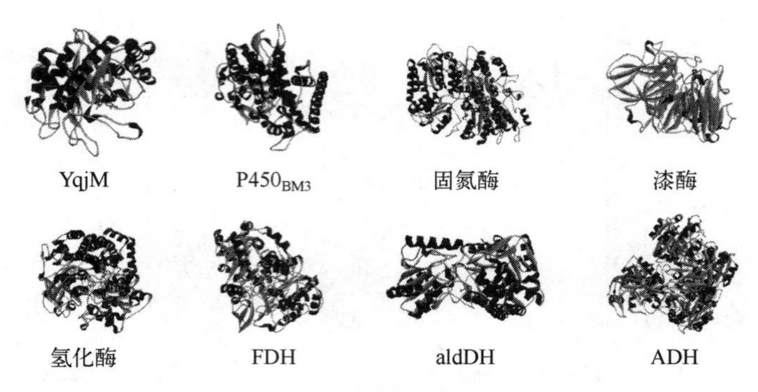

图 11-15　常用的氧化还原酶及其结构

（3）人工光酶催化体系的分类及原理　光激发电子可以间接或直接地转移到氧化还原酶的活性位点，对后者进行活化并催化氧化还原反应的进行。激活方式主要取决于氧化还原酶中辅因子的结合状态。因此，根据氧化还原酶活化方式的不同，人工光酶催化体系可分为间接活化型和直接活化型两大类（图 11-16）。

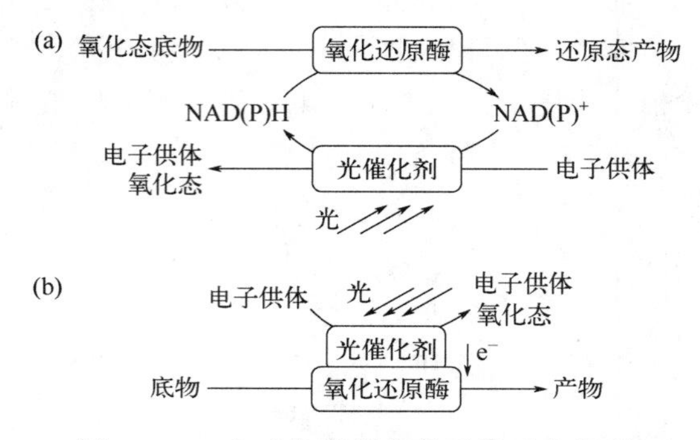

图 11-16　人工光酶催化体系的反应机理

（a）间接活化型；（b）直接活化型

间接活化型人工光酶催化体系中常见的氧化还原物种是辅酶 NAD(P)，它通过介导两个电子和一个质子（相当于氢负离子 H^-）的转移以实现对氧化还原酶的激活。自然界中超过 90%的氧化还原酶的催化反应依赖于 NAD(P)，常见的有各种脱氢酶、氧化酶、过氧化物酶和单加氧酶，它们属于间接活化的酶类，对它们而言，对酶蛋白进行活化之前需要对 $NAD(P)^+$ 进行还原再生。NAD(P)的制备和使用成本较高，因而在具体的催化应用中，需通过微生物催化、酶催化、化学催化、电化学催化和光化学的途径对 NAD(P)进行原位还原再生。

在天然光合系统中，由光能转化的化学能的媒介之一即是 NADP。在具体过程中，光激发电子通过电子传输链转移至 FNR 处使后者处于还原态并催化 $NADP^+$的还原反应。受启发于绿色植物，利用太阳能通过光诱导电子转移再生 NAD(P)。与之相对应的，在含有辅因子依赖性的氧化还原酶的人工光酶催化体系中，辅因子的还原再生是连接光催化和酶催化的关键过程。需要注意的是，只依靠光催化剂也能够对 NAD(P)进行再生，但是由于烟酰胺类辅因子自身的特性，这种方法再生的辅因子特异性和选择性较低，会导致还原烟酰胺辅因子的异构体和二聚体的形成，这样会降低对光能的利用率。因此，研究者开发了一种铑基金属有机配合物$[Cp^*Rh(bpy)(H_2O)]_2$（记作 M，其中 $Cp^*=C_5Me_5$，bpy=2,2′-联吡啶）用于特异性催化烟酰胺类辅因子的还原再生[27]。由于性质稳定，电子转移效率高，可特异性催化 $NAD(P)^+$ 转化为 1,4-NAD(P)H。在光催化中，M 及其衍生物被公认为是一类有效的电子媒介而广泛应用于人工光酶催化体系的构建。

到目前为止，大多数结合了光催化与酶催化的人工光酶催化体系都建立在 NAD(P)的再生系统上。值得注意的是，它们与中间产物介导的光-酶级联催化反应不同，反应步骤并不是线形连续的，而是包含一个辅因子再生的辅助闭环反应。例如，结合了光催化 NAD 再生和多酶催化 CO_2 固定转化为甲醇的人工光酶催化体系，其中，光催化部分包括光催化剂、电子媒介 M 和电子供体，酶催化部分包括具有 NAD 依赖性的 FDH、aldDH 和 ADH。如图 11-17 所示，这一体系的工作原理是，在光照条件下，光催化剂吸收光子转化为激发态，由激发态光催化剂产生的光生电子转移到电子媒介 M，还原态的 M 可对 NAD^+进行特异性还原，生成具有生物活性的 NADH，启动某一底物（如 CO_2）的多酶级联催化反应后转化为氧化态形式 NAD^+，而失去光生电子的光催化剂从电子供体中获取电子，继续光催化过程。

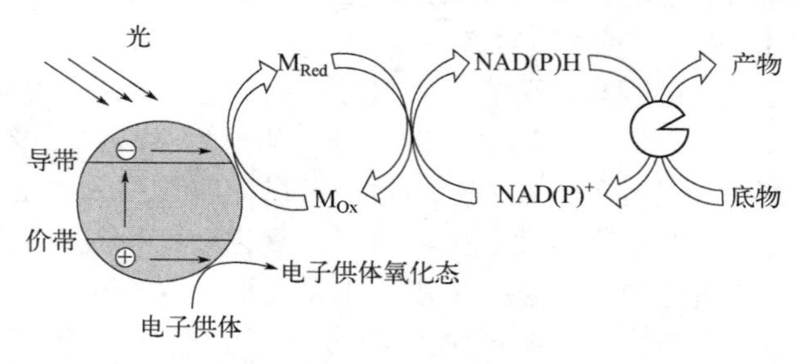

图 11-17　典型的 M 和 NAD(P)介导的人工光酶催化体系的反应过程

在 NAD(P)介导的人工光酶催化体系中，光催化剂和酶催化剂可以游离的形式存在，也可以集成固定化的形式存在。对于直接活化型人工光酶催化体系，由于光生电子在溶液中的传导会造成严重的损失，因此光催化剂和氧化还原酶一般以集成的形态出现。换言之，氧化还原酶的直接活化一般是通过光催化剂和氧化还原酶的直接连接实现的［图 11-16（b）］。直接活化的氧化还原酶中，辅因子一般为金属簇（如 Fe、Mo 和 Ni 等）或有机大分子（如血红素、FMN 和 FAD 等）类的辅基，它们与酶蛋白的结合较为紧密，如 Fe 离子与 Ni 离子为辅因子的 CO 还原酶和以 FMN 为辅因子的老黄酶（old yellow enzyme，OYE），通常依赖于外部电子供应作为驱动力以催化底物进行氧化还原反应。这两种酶的辅因子作为活性位点位于酶蛋白的内部空间，光激发电子从光催化剂转移到酶蛋白表面后，通过蛋白质内的电子转移途径对氧化还原酶进行激活并驱动氧化还原反应。对于均相光催化剂而言，通常可将其通过共价键连接到氧化还原酶上，如钌-联吡啶配合物可在光照条件下激活 $P450_{BM3}$ 的血红素结构域，后者可催化脂肪酸的单加氧反应，因此研究人员将钌-联吡啶配合物共价连接到酶蛋白上，在光照条件下，作为光催化剂的钌-联吡啶配合物可直接对后者进行活化[28]。对于非均相的光催化剂，其与氧化还原酶的结合可参考酶固定化技术（第 6 章），氧化还原酶可通过吸附、共价结合或包埋的方式与非均相异质结光催化剂结合，实现对酶的光化学活化（图 11-18）。

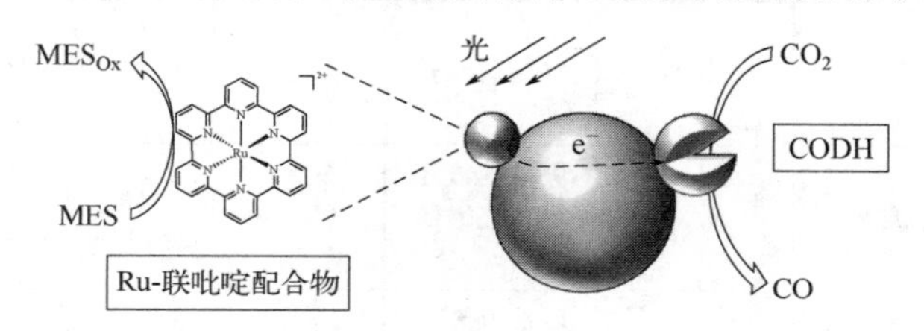

图 11-18　典型的直接活化型人工光酶催化体系的反应机理

其中光催化剂为负载于 TiO_2 上的 Ru-联吡啶配合物，CODH 为氧化还原酶，MES 为吗啉乙磺酸

值得注意的是，通过无辅因子依赖性的直接电子转移激活氧化还原酶，可以避免辅因子的使用，使催化过程更简单、成本效益更高且对环境无害。但是，目前报道的用于直接活化型人工光酶催化体系［不依赖 NAD(P)］的氧化还原酶很少，并且这些酶中的大多数对 O_2 敏感，需要较严格的无氧纯化和反应环境，因此其催化成本较高，使其应用受到很大限制。此外，在含 NAD(P)再生体系的间接活化型人工光酶催化体系中，由电子和空穴的耗散途径可知，光催化剂在催化过程中会派生一系列的光生自由基，这些活性物质会在光-酶级联催化反应中产生不可忽视的副作用，因此两种催化剂之间的相容性也不容乐观，需要用心调控。

另一个关键问题是，使用对光催化剂进行再生的电子供体会对最终产物的分离纯化造成一定影响。在目前的研究中，用于驱动大多数人工光酶级联催化反应的电子供体有 EDTA、TEOA、TEA 和抗坏血酸等，这些物质对各种失去电子的激发态光催化剂如黄素、有机染料、碳点和聚吡啶配合物显示出足够的猝灭能力，但是也同时存在着各自的应用缺陷。例如，在使用叔胺类物质（TEOA 和 TEA）作为电子供体时，其分解产物的形成除了影响产物纯化，也会改变体系的 pH，影响反应过程；EDTA 作为电子供体时其强大的螯合金属离子的能力可能会影响含金属氧化还原酶的催化活性；抗坏血酸的氧化会产生脱氢抗坏血酸，这是一种氧化剂，可能会影响到其他组分的氧化还原反应。水是自然光合作用的电子供体，也是人工光合作用的理想电子供体，因为它的光解产物为 O_2 和质子，不会对产物的分离纯化造成影响，并且 O_2 和质子也很容易参与到后续的反应中。但是目前可直接以水为电子供体的光催化剂寥寥无几，且光催化效率也不甚理想。总之，目前关于人工光酶催化体系的研究仍处于起步阶段，构建具有低成本、高催化性能和高稳定性的人工光酶催化体系依然任重道远。表 11-3 是具有代表性的人工光酶催化体系的研究实例。

表 11-3　典型的人工光酶催化体系实例

光催化剂	电子供体	氧化还原物种	氧化还原酶	光源波长	催化性能	参考文献
伊红 Y	TEOA	—	氢化酶	420nm	H_2 0.5μmol/h	[29]
锌卟啉衍生物	EDTA	—	漆酶	420nm	O_2 消耗速率 1.7μmol/(L·s)	[30]
CdS 纳米棒	4-羟乙基哌嗪乙磺酸	—	固氮酶	405nm	每 1mg 酶，NH_3 合成速率 315nmol/min；TOF 75min^{-1}，量子产率 3.3%	[31]
C_3N_4-TiO_2	EDTA	—	氢化酶	白光	TON>5.8×10^5，量子产率 4.8%	[32]
玫瑰红	TEOA	—	OYE	白光	2-甲基环己烯酮产率 90%，*ee* 值>99%，TOF 256h^{-1}	[33]
CdSe 量子点	抗坏血酸	NADP	FNR 和 ADH	405nm	TOF 1488h^{-1}，量子产率 4.8%	[34]
Au-TiO_2	甲醇	H_2O_2	过氧合酶	白光	(*R*)-1-苯乙醇产率 71.33%，*ee* 值 98.2%，TON>71000，量子产率 0.032%	[35]
脱氮杂核黄素	EDTA	NAD	假单胞氧还蛋白还原酶和 ADH	450nm	(*S*)-3-羟基丁酸乙酯产率 45%，*ee* 值 99%	[36]
无定形 C_3N_4	TEOA	M 和 NAD	L-谷氨酸脱氢酶	420nm	TOF 2640h^{-1}	[37]

11.3 化学-酶级联催化体系的构建

化学-酶级联催化结合化学催化的广泛反应性与生物催化的高选择性，赋予其在有机合成领域极大的应用潜力。然而，化学催化体系和酶催化体系之间的不相容性严重限制了其应用和发展。如前所述，两种催化体系的不相容性主要体现在不同催化剂自身的不相容性和催化条件差异导致的不相容性。因此，设计构建高效的化学-酶级联催化体系的关键在于找到切实可行的方法解决这些问题，提高两种催化体系的兼容性并实现二者的优势互补，这对于化学-酶级联催化体系的应用和进一步发展具有重要意义。

近几十年来，研究人员一直努力增强化学催化剂和酶催化剂的协同作用，使二者耐受并适应于相似或相同的反应环境，开发了一系列可在室温条件和水溶液中保持稳定并进行催化的新型金属催化剂和有机催化剂；另一方面，通过蛋白质的融合表达、定向进化和化学修饰等技术手段对酶催化剂进行改造，使其发展出一定的有机溶剂耐受性和对极端环境条件的抗逆性（热稳定性、耐酸性和耐碱性等）。此外，介质工程（尤其是各种非常规溶剂体系）的发展也为化学-酶级联催化体系的广泛应用带来了契机。一般而言，两种催化体系中催化剂自身的不相容可通过催化剂工程来调控，而催化条件的不相容可通过介质工程来解决。本节主要从酶催化剂的角度出发进行阐述。

11.3.1 催化剂工程

催化剂自身的不相容是建立化学-酶催化体系时主要的障碍之一。酶是特异而高效的生物催化剂，目前发现的绝大多数酶，其化学本质是蛋白质，在催化过程中真正发挥作用的是酶的活性部位。当酶蛋白因苛刻的外部环境因素（如高温、酸碱条件、有机溶剂等）而发生构象变化时，其活性部位的空间结构被破坏，最终导致酶活性降低甚至完全丧失。酶的这种结构不稳定性和对环境敏感性的生物学特性使其不仅能快速合成，也能快速代谢，以适应于生物体的动态需求。但在应用于体外生物催化特别是化学-酶级联催化时，相较于化学催化剂，酶催化剂往往会由于反应环境的不利和变化而更易失活，这极大地损害了它的应用价值。因此，作为化学-酶级联催化体系中的短板，增强酶催化剂的稳定性对提高级联催化性能更具现实意义。前面各章已经系统讲解了各种旨在提高酶催化剂性能的酶工程方法，本小节则简要介绍如何改造化学本质为蛋白质的酶催化剂的理化性质以增强其对化学催化剂的耐受性，继之讨论对化学催化剂进行改造以增强其生物相容性的方法策略，最后重点介绍近年来学术界将各种先进材料应用于化学催化剂和酶催化剂空间分隔的研究。

11.3.1.1 酶工程改造

化学本质为蛋白质的酶催化剂的催化特性是酶分子中多种基团协同作用的结果。当由于一些因素使这些作用减弱或者消失时，意味着酶的构象发生了变化，其催化活性就会受到损害。在化学-酶级联反应体系中，影响酶催化剂活性和稳定性的主要因素是温度、pH、有机组分和金属离子等。因此，在具体的化学-酶级联催化体系中，需要根据反应的具体需求对酶的稳定性进行调控优化。一般而言，用于对酶的结构进行改造从而增强酶催化剂本身性能的工程学手段主要分为生物酶工程和化学酶工程两大类。生物酶工程（详见本书第 2～4 章）是采用基因工程和蛋白质工程的技术手段，通过对酶的基因和蛋白质结构进行再设计、融合修饰或定向进化以得到性能更优异的酶；化学酶工程是指以化学手段将特定的分子或固体介质与酶蛋白分子结合（共价或非共价作用），从而赋予天然酶更高的稳定性或催化活性（详见第

5 章、第 6 章）。在化学酶工程中，酶的固定化使其可以同其他固体催化剂一样在具有催化活性的同时又可以反复回收利用。实践证明，这两类酶工程方法可有效增强酶蛋白的活性、稳定性、pH 耐受性和有机溶剂耐受性等。

11.3.1.2 类酶催化剂的开发

天然酶对环境敏感、稳定性差、成本高和来源受限等缺点，极大地限制了其规模化应用。这也促使研究者设计开发具有模拟天然酶催化活性同时具有优良稳定性的人工催化剂，即人工酶（artificial enzymes）。

人工酶的开发源于使用简单的化学体系模拟复杂的生物体系的构想，基于天然酶催化活性部位的结构，通过有机化学和生物化学等方法结合计算机模拟手段设计和合成比天然酶结构简单的分子，以实现对底物的结合和催化作用。因此，对天然酶的结构以及反应机制的认识（如催化基团的组成、活性中心附近的空间结构、酶催化反应动力学等）是设计和开发高性能人工酶的基础。发展至今，已经出现了大量的人工酶，按照其化学本质可分为超分子模拟酶（supramolecular enzyme mimics）、氨基酸基酶（amino acid-based enzyme mimics）、肽基酶（peptide-based enzyme mimics）、人工核酶（artificial ribozyme）和纳米酶（nanozyme）等。相较于天然酶的生物大分子结构，它们的化学本质是结构简单的化学分子或无机材料，通常来源广泛，价格低廉。从催化性能上讲，这些人工酶不仅具有类似于天然酶的催化活性，其中一些人工酶的催化效率和选择性已经可以与天然酶媲美，且具有高稳定性和对极端环境的良好耐受性。同时，部分人工酶如纳米酶还具有优异的可重复利用性。但由于天然酶活性位点的催化行为通常是多个位点共同作用的结果，并且容易受到环境微小变化的影响，而人工酶的结构简单，难以重现这种多因素催化行为。因此，要在非生物体系中重建这种多因素催化行为仍具有相当大的困难[38]。常见的人工酶如表 11-4 所示。

表 11-4 典型的人工酶实例

人工酶	化学本质	典型实例
超分子模拟酶	超分子化合物	环糊精、冠醚、卟啉、杯芳烃等
氨基酸基酶	氨基酸	脯氨酸及其衍生物、赖氨酸、半胱氨酸
肽基酶	多肽	基于脯氨酸的多肽、三肽 L-His-D-Phe-D-Phe、基于七肽 KLVFF 的纳米管、聚组氨酸肽
人工核酶	DNA、RNA	DNA、RNA
纳米酶	无机纳米材料	Fe_3O_4，二氧化锰，金、银和铂等贵金属

人工酶中的一类具有本征类酶性质的纳米材料被称为纳米酶。纳米酶是一类既有纳米材料的特有性能，又有一定催化功能的模拟酶。它们通常具有催化效率高、稳定性好、易回收和低成本且有利于规模化制备的特点。纳米酶之所以被认为具有类酶催化效应，不仅仅是因为它有着高效的催化活性，可以像天然酶一样催化相同的化学反应，更是因为它与天然酶有着极其相似的反应条件（比如温和的温度和生理 pH 值）和催化机制，催化反应动力学也符合米氏方程。传统的化学催化剂发挥催化功能大多需要在高温高压等极端环境进行，而纳米酶能像天然酶一样在生理温和的条件下高效地催化化学反应。

自从 2007 年首次报道 Fe_3O_4 纳米粒子的类过氧化物酶（peroxidase）活性以来[39]，各种不同材料和活性的纳米酶不断涌现。按照其组分特点可分为金属基纳米酶和非金属基纳米酶两大类。目前报道的绝大多数纳米酶为金属基纳米酶，主要包括金属单质、金属氧（硫）化物、复合金属氧（硫）化物和金属有机框架材料等。这表明金属氧化物等纳米材料的催化活性具有普遍性。非金属基纳米酶主要包括碳基纳米材料和无金属聚合物材料。这些材料的纳米酶性能的发现表明，许多纳米材料具有潜在的纳米酶催化活性，并在此基础上进一步拓展它们的应用范围。按照纳米酶的催化类型分类，目前的纳米酶主要分为类氧化还原酶和类水解酶，其中大多数为类氧化还原酶。类氧化还原酶包括类过氧化物酶、类过氧化氢酶、类超氧化物歧化酶和类氧化酶等。

主要的纳米酶类型及其纳米酶种类总结如表 11-5。

表 11-5　不同种类的纳米酶及其类酶催化性能

类酶催化性能	催化反应类型	典型的纳米酶
类过氧化物酶	催化 H_2O_2 氧化底物反应和分解产生活性氧	Fe_3O_4、Au、Ag、Pt、Ru、石墨烯、CeO_2 等
类过氧化氢酶	催化 H_2O_2 分解为水和氧气	Fe_3O_4、Au、Ag、Pt、Ru、MnO_2、Co_3O_4 等
类氧化酶	在氧气存在的条件下氧化底物	Au、Pt、Ru、石墨烯-血红素复合物、CuO 等
类超氧化物歧化酶	催化超氧化物阴离子转化为 H_2O_2 和氧气	Pt、MnO_2、CeO_2、富勒烯等
类水解酶	催化磷酸酯键等的水解	CeO_2、Zr 基 MOF 及其衍生物等

随着人工酶的发展，越来越多的生物大分子、生物材料和纳米材料被证明具有不同的类酶活性，人工酶研究的涉及范围也逐渐拓宽，已经包括化学、材料科学、生物、物理和医学等不同领域。人工酶低成本、高稳定性和多功能的物理化学特性克服了天然酶的不稳定性，并降低了催化剂的使用成本，同时为类酶催化剂的理性设计与多功能应用提供了更多的发展空间。总之，综合运用化学、生物学、材料学、计算机科学等多学科知识，将为人工酶设计方法提供更多新技术和新思路，并大大加强人工酶的应用潜力，从而可能为任何一种化学转化过程设计出类酶的工业催化剂。

11.3.1.3　化学催化剂的改造

化学催化剂按催化反应的物相可分为均相化学催化剂和异相化学催化剂。在化学-酶级联催化体系中，常用的均相化学催化剂主要包括金属配合物分子（用于金属催化）和非金属小分子（用于有机催化）。二者可借助类似于酶固定化的方法进行固定化以降低其与酶的接触，从而增强酶在反应体系中的稳定性。

应用于化学-酶级联催化体系的异相化学催化剂一般是纳米材料，如金属纳米颗粒和金属氧化物（或硫化物）纳米颗粒等。原则上，纳米材料一般是指至少一个维度的尺寸在 1～100nm 之间的材料。纳米材料具有颗粒尺寸小、比表面积大和表面原子所占比例大等特点。相对于尺寸较大的催化剂材料而言，纳米尺度的催化剂因具有更高的比活力而更适于化学-酶级联催化反应。在对纳米化学催化剂进行表面修饰后，其吸附性能、润湿性能和分散性能等表面性质都会发生变化，也可实现对酶在纳米-生物界面行为和性能的调控。这为通过表面改性改善化学催化剂和酶之间的相容性提供了可能性。

纳米化学催化剂的修饰方法可分为物理修饰法和化学修饰法。物理修饰法主要是通过非共价作用将修饰剂吸附或沉积到材料表面，常见的修饰材料包括具有两亲性结构的表面活性剂、天然高分子物质（如壳聚糖和海藻糖等）、人工合成的聚合物（如 PVP）、离子液体和蛋白质笼等生物相容性良好的物质。化学修饰法是纳米催化剂表面原子与修饰剂发生化学反应从而改变催化剂表面结构和状态的方法。根据修饰反应类型的不同主要分为偶联剂改性法和表面接枝改性法。将纳米催化剂材料表面经偶联剂处理可使其与有机物具有很好的相容性。硅烷偶联剂（如 APTES）是常用的偶联剂之一，修饰表面具有羟基的无机纳米粒子（如硅胶）

非常有效。表面接枝改性法分为偶联接枝法和聚合生长接枝法两种。具体而言，如图 11-19 所示，前者为“接枝到”（grafting to）策略［图 11-19（a）］，即纳米催化剂通过表面官能团与高分子之间的反应实现接枝；后者为“表面生长接枝”（grafting from）策略［图 11-19（b）］，即利用可聚合反应的单体在纳米催化剂表面进行聚合生长而实现对后者的包覆。在经过物理/化学法的表面修饰后，修饰剂会在纳米催化剂颗粒表面形成一定的隔离层，在实现化学-酶级联催化体系中两种催化剂分隔的同时，也可为酶催化剂提供适宜的微环境，从而改善酶催化剂对反应环境的适应性。例如，在以 TaS_2 纳米材料为光催化剂的人工光合体系中，为了增强其分散性和与氧化还原酶的相容性，以硫辛酸修饰的 PEG 对其进行表面改性[40]。除此之外，修饰剂对纳米颗粒状化学催化剂的修饰还可以进一步改善纳米催化剂表面特定原子的配位环境，从而实现对其催化性能的调控。

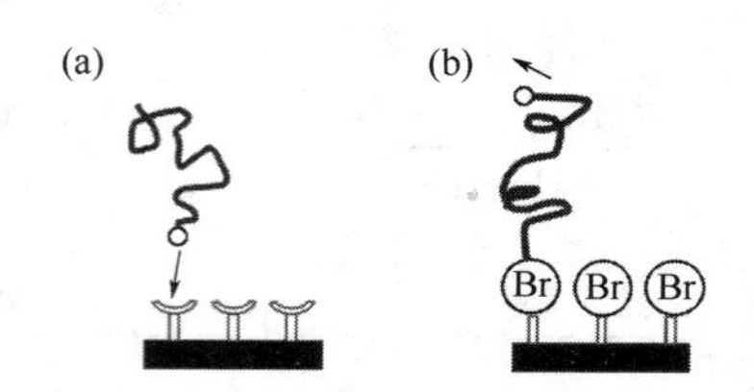

图 11-19　聚合物在固体表面的接枝反应示意图

（a）聚合物的“grafting to”接枝反应；（b）单体的“grafting from”聚合接枝反应

11.3.1.4　催化剂的空间分隔

酶催化剂的改造以及类酶催化剂的开发虽然可以在一定程度上增强化学-酶级联催化体系中单种催化剂的性能，但是不具备普适性。而从催化剂工程入手，将多酶共固定化的基本思想应用于化学-酶级联催化体系，实现催化剂空间分隔（spatial separation）最有效的方案是将同一催化体系中的化学催化剂和酶催化剂进行隔离，这可以直接阻断二者的物理接触，减轻或避免级联反应过程中化学催化剂对酶的不利影响。

催化剂空间分隔的常用方法有独立固定化和分隔式集成固定化两种。独立固定化是指把两种催化剂分别固定在不同的载体上。固定化方式与单酶固定化相同，单酶固定化的策略和载体均可用于对两种催化剂的独立固定化。化学催化剂和酶催化剂的分隔式集成固定化与多酶的分隔式集成固定化相似，是指将两种催化剂分别固定在同一载体的不同位置。与独立固定化相比，催化剂的分隔式集成固定化可在有效地避免不同催化剂发生物理接触的基础上，大幅减小催化剂活性中心之间的距离，从而加快中间产物在两种催化剂之间的传质过程，更有利于反应平衡向生成产物方向移动和级联催化体系整体反应效率的提高。因此，分隔式集成固定化载体除了应当具有一般载体的物化特点（如结构性质稳定和反应惰性等），还应具有空间分隔催化剂但不影响其底物传质的能力。因此，设计开发适于催化剂分隔式集成固定化的先进纳米结构材料是该策略成功应用的前提。

在构建化学-酶级联催化体系时，为了充分利用载体材料并提高固定化催化剂的比活力，一般选取具有一定孔结构特点的多孔纳米材料作为分隔式集成固定化催化剂的载体材料。此外，选取的载体材料需要具有成本低廉、环保无毒、制备过程简单、机械稳定性高和反应惰性良好等特点。目前主要的分隔式集成固定化载体材料主要有 SiO_2、TiO_2、MOFs、共价有机框架材料和 HOFs 材料等。一些由天然或合成聚合物及其与以上材料的复合材料也可用作分隔式集成固定化载体材料。此外，膜分隔技术也可用于催化剂的空间分隔，可通过选取合适的膜材料，在不影响底物传质的前提下限制催化剂的通过，将两种催化剂分别限制在膜的两侧。

制备分隔式集成固定化的化学催化剂和酶催化剂，需要将固定化化学催化剂和固定化酶的方法结合起来。固定化化学催化剂的方法一般有共价交联和前体原位生长法；酶催化剂的固定化方法有吸附法、共价固定法、化学交联法和包埋法（见第6章）。以将金属纳米颗粒作为化学催化剂的化学-酶级联催化剂的制备为例，其制备方法主要有两种。一种是分步固定法，即先在载体材料的合成过程中将金属颗粒通过原位包埋法固定在材料内部，然后将酶固定在以上形成的核壳结构材料表面［图11-20（a）］。例如，在制备以铂纳米颗粒为无机催化剂、L-氨基酸氧化酶（L-amino acid oxidase，LAAO）为酶催化剂、UIO-66为载体材料的化学-酶级联催化剂时，首先在制备UIO-66时加入预先制备的Pt纳米颗粒合成Pt@UIO-66核壳结构材料，然后将LAAO通过吸附作用固定在载体Pt@UIO-66外表面，从而实现Pt纳米颗粒和LAAO的分隔式集成固定化[41]。分步固定法的另外一种重要策略是聚合物介导的层层组装。与聚合物介导的多酶层层固定化类似，基本原理是先将一种催化剂固定在基质载体上，然后通过改变其他催化剂的固定条件和时间，通过逐层沉积的方式把不同催化剂依序固定，从而实现分隔式集成固定化。典型的方法是利用聚电解质之间的静电作用力进行组装。常用聚电解质主要有PSS、PAH、PEI和聚丙烯酸（polyacrylic acid，PAA）等。

另一种是以仿生矿化法为代表的一锅固定法。在采用仿生矿化法（详见第6章）或共沉淀法合成载体材料的同时，将金属纳米颗粒和酶一并包埋到载体内部，可实现二者的分隔式集成固定化［图11-20（b）］。常见的仿生矿化材料有以ZIF-8为代表的金属有机框架材料和磷酸钙为代表的磷酸盐材料[42]。与分步固定法相比，一锅固定法中的制备步骤较少，更适于化学-酶级联催化剂的大规模应用。但其缺点是，相较于分步固定法而言，一锅固定法所需的仿生矿化材料种类十分有限，且这些材料与SiO_2等无机或有机高分子材料相比稳定性欠佳，且在一锅固定法的过程中，两种催化剂不可避免地直接接触，依然会导致二者尤其是酶的活性受损。

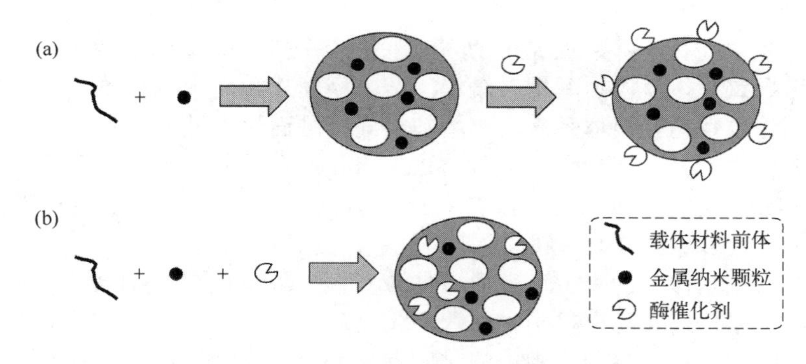

图11-20　化学-酶级联催化剂的构建方法

（a）分步固定法；（b）一锅固定法

11.3.2　介质工程

化学催化和酶催化的反应条件的不相容性主要体现在温度、pH、压力、底物浓度和溶剂等方面。对于前几种不相容性的情况，可在一种反应过程结束后调节体系温度、pH、压力和底物浓度等条件以实现级联反应的连续进行，但这需要进行额外的操作，间接增加反应成本和操作成本，在严格意义上不能算作真正的一锅法化学-酶催化反应。因此，下面主要讨论从反应介质角度着手的介质工程方法应用于构建化学-酶级联催化体系的策略。

11.3.2.1 两相体系

除了不同催化剂本身的不相容外，化学催化体系和酶催化体系反应条件的不同也是阻滞化学-酶级联催化体系发展的重要因素。大多数化学催化反应适于在有机溶剂中进行，在水相中则很难发挥催化性能。就酶而言，除了脂肪酶等极少数酶外，其他绝大多数酶对有机溶剂是不耐受的。而且，大部分有机溶剂与水的相容性很差，这大大增加了使用水作为化学反应介质的难度。因此，研究者利用两相体系解决两种催化体系的介质不相容问题。一般的两相体系由两种互不相溶的溶剂组成，其中化学催化剂溶解（分散）在有机相中，酶溶解（分散）在水相中，这样既可以有效地解决两种催化体系介质不相容的问题，也可以在一定程度上限制两种催化剂的接触，实现催化剂的空间隔离。此外，两相体系还有利于克服部分酶催化反应中底物水溶性差的缺点，进一步扩大化学-酶级联催化体系的应用范围。

如图 11-21 所示，在一个典型的两相催化体系中，化学催化剂及底物溶于有机溶剂中，酶催化剂溶于缓冲溶液中。随着反应的进行，生成的水溶性中间产物不断地从有机相向水相溶解扩散，随即在酶的作用下转化为最终产物。中间产物在两相之间的传质过程可促进有机相反应的反应平衡向中间产物方向移动，有利于提高催化体系的整体催化效率。

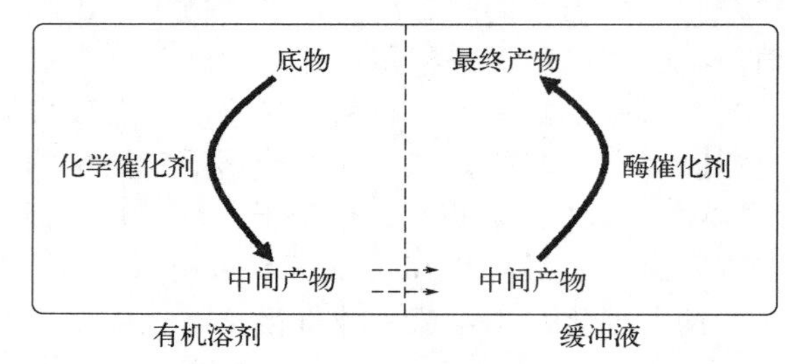

图 11-21　两相催化体系中化学-酶级联催化反应的反应机理

在传统的两相催化体系中，反应和两相之间的物质交换过程仅发生在表面积有限的液-液界面之间，这导致整体反应速率相对缓慢。增大相间接触面积可有效解决这个问题。一般可借助乳化剂构建稳定的乳液体系来大幅增加相间接触面积。乳液体系中的乳化剂有表面活性剂和纳米级胶体颗粒，后者称为皮克林（Pickering）乳液。常用的表面活性剂有失水山梨醇脂肪酸酯（Span）及其环氧乙烷加成物（Tween）等。常用于构建皮克林乳液体系的乳化剂有纳米级的淀粉、多糖和 TiO_2 颗粒等。

两相催化体系按主体相的类型可分为“油包水”和“水包油”两种体系。将酶封装于“油包水”的水相结构中可以实现有机相中的酶催化反应。与之类似，将化学催化剂封装于“水包油”的有机相结构中可以实现水相中的化学催化反应。这类设计可有效地将化学催化剂限制在有机相中，避免外部水相对化学催化剂的干扰，也阻断了酶与有机相的接触，使酶能够一直在水相中维持较高的活性。此外，水相中的胶束结构不仅可以作为化学催化剂和酶的催化反应场所，而且还可作为底物、产物和催化剂的贮存器，起到降低非竞争性酶抑制的效果。

11.3.2.2 其他介质体系

两相体系在一定程度上可以缓解溶剂带来的不相容问题，然而其低产率和内在的复杂性限制两相体系在化学-酶级联催化反应中的应用。近年来，非常规介质的发展给上述问题的解决带来了新的契机。非常规介质包括：无溶剂体系（non-solvent system）、超临界流体（supercritical fluid）、离子液体（ionic liquid）和低共融体系（eutectic system）等。常用的超临界流体是超临界二氧化碳。二氧化碳具有无毒、无味、不易燃且价格低廉的特点，超临界二氧化碳对有机物具有良好的溶解性、流动性和传质性，是很有前途的有机合成介质。离子液体是由有机阳离子和有机或无机阴离子组成的低熔点盐，能够通过产生的微环境稳定不同种类的酶，并起到液体载体的作用。此外，使用离子液体作为反应介质，在一定程度上能够增强生物催化剂的对映选择性和催化剂活性，并使其具有更高的操作稳定性。低共融体系是由廉价的生物可降解氢供体和氢受体组成的混合物，作为一种新型绿色溶剂在生物催化、金属催化、有机合成和材料化学等领域得到了广泛应用。

11.4 化学-酶级联催化体系的应用

化学-酶级联催化体系结合化学催化的广泛性和酶催化的特异性，为分析检测、有机合成和生物医学带来了新的发展契机，在精细化工、能源、环保、肿瘤治疗等方面得到广泛应用研究。本节主要介绍化学-酶级联催化体系在小分子比色传感检测、肿瘤的多模式协同治疗、有机磷化合物的级联降解和资源化、手性化合物以及 α-酮酸等高附加值化学品的合成中的应用，并概述对光-酶级联催化在碳中和及转化领域的研究。

11.4.1 基于类过氧化物酶的比色传感检测

类过氧化物酶是最早被发现的一类纳米酶，与天然的过氧化物酶一样，可催化 H_2O_2 氧化反应，且其催化活性表现出对温度、pH 和底物浓度的依赖性。类过氧化物酶的催化行为和催化机制与天然的 HRP 一样，催化底物反应动力学符合米氏方程，催化机制符合乒乓规则，即酶先与第一个底物分子结合，在释放对应的产物分子后再与下一个底物分子结合。一般而言，类过氧化物酶的催化机理包括活性氧物种（reactive oxygen species，ROS）的生成和电子转移两条途径。对于 ROS（如•OH、$•O_2^-$和$•O_2H$）的生成，H_2O_2 首先吸附到纳米酶上并被活化形成 ROS，然后由 ROS 对底物（如 TMB 和 ABTS）进行氧化显色。例如，Fe_3O_4 纳米酶表面的亚铁离子在活化 H_2O_2 和通过 Fenton 反应生成 ROS 的反应中扮演重要角色。对于电子转移，底物分子首先吸附到纳米酶表面并提供电子，使纳米酶的电子密度增大。纳米酶较大的比表面积、丰富的活性位点和可变的金属氧化态使其具有较高的电子密度和良好的电子迁移率，这有利于底物与 H_2O_2 之间的电子转移。富电子纳米酶到 H_2O_2 的快速电子转移进一步促进底物的氧化和 H_2O_2 的还原反应，且这一反应发生期间不产生羟基自由基。符合此机制的纳米酶包括石墨烯纳米酶，反应发生时，TMB 或其他底物分子首先吸附在石墨烯表面，并将其氨基中的孤对电子转移至石墨烯并由后者对 H_2O_2 进行还原。

以葡萄糖的比色检测为例，在双酶催化检测体系中，双酶（GOx 和 HRP）通过级联催化反应使体系产生颜色变化。具体而言，首先由 GOx 催化葡萄糖产生葡萄糖酸和 H_2O_2，然后 HRP 催化 H_2O_2 产生羟基自由基（•OH），后者氧化底物 TMB 或 ABTS，生成的氧化物具有颜色，颜色的深浅（产物的产量）与葡萄糖的浓度相关，据此可测定葡萄糖浓度。Fe_3O_4 是一种典型的类过氧化物酶纳米粒子，它能够代替双酶体系中的 HRP 从而大幅降低级联催化成本。该级联催化剂催化检测葡萄糖的原理与以上双酶体系类似。如图 11-22 所示，Fe_3O_4 催化 GOx 催化副产物 H_2O_2 产生•OH，后者氧化 TMB 或 ABTS 反应并产生颜色反应。此外，Fe_3O_4 作为一种生物相容性良好的纳米材料，在作为催化剂的同时也可作为载体用于 GOx 的固定化以制备具有高集成度的化学-酶级联催化剂。

除了 Fe_3O_4 外，文献中报道了大量具有类过氧化物酶活性的纳米酶，包括贵金属（如 Au、Ag 和 Pt）、金属氧化物（如 Co_3O_4、CuO、Fe_2O_3 和 V_2O_5）、MOFs（如 PCN-222、ZIF-67、Cu-MOF）和金属盐晶体（如磷酸铜和磷酸铁）等材料[43]。值得一提的是，部分可通过仿生矿化制备的材料如磷酸铜[44]和 Fe 掺杂的 ZIF-8（Fe/ZIF-8）[45]等，以其作为载体可在温和的条件下对 GOx 进行原位包埋固定化，得到的固定化酶中，两种催化中心的高度接近强化了接近效应，即所产生的中间产物 H_2O_2 可以快速扩散到邻近的化学催化活性位点，以进行下一步反应。以上仿生矿化材料良好的生物相容性及仿生矿化法的温和操作条件亦有利于提高固定化酶的酶活保留率，从而增强化学-酶级联催化剂的催化性能。此外，其他可以生成酶催化副产物 H_2O_2 的酶类如醇氧化酶、单胺氧化酶和胆固醇氧化酶也同样适于该化学-酶级联检测体系，对应的化学-酶级联催化体系可分别用于醇类、单胺类物质和胆固醇的比色法传感检测。

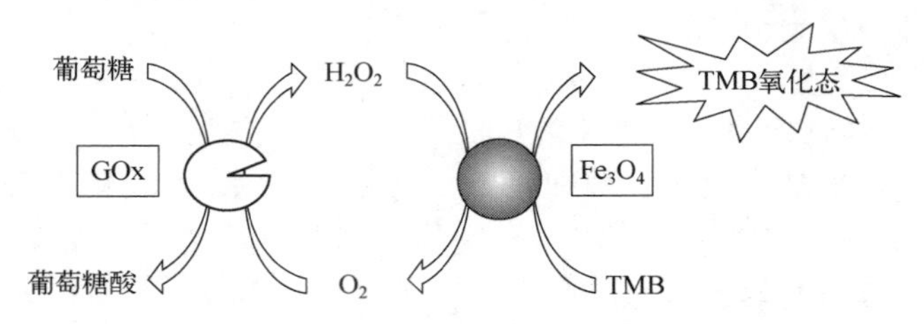

图 11-22　GOx 和 Fe_3O_4 催化的化学-酶级联催化反应用于葡萄糖的比色法检测机理

11.4.2　肿瘤的多模式协同治疗

恶性肿瘤是威胁人类健康的主要疾病之一。目前肿瘤治疗的临床手段主要有物理切除、放射性治疗和化学治疗。物理切除难以根治肿瘤，容易复发；放疗的强放射性以及高副作用给患者造成许多痛苦；化疗则存在多药耐药性以及高毒性的问题。总之，这些疗法存在非特异性、多药耐药性、较差的靶向性和生物相容性等缺点。因此，探索高效、低毒、高特异性的肿瘤治疗策略是生物医学研究的重要课题。

与正常的组织细胞相比，肿瘤组织生长过快，代谢旺盛，有着独特的性质：

① 肿瘤组织生长过快，不致密、不规则和不成熟成为肿瘤区血管明显不同于正常血管的地方，它和内皮组织细胞之间存在间隔和空隙。因此，纳米材料可以通过肿瘤区的血管，富集在肿瘤区域。

② 肿瘤组织由于代谢旺盛，具有葡萄糖含量高、缺氧、低 pH、高还原性和高 H_2O_2 浓度等特点。同时，肿瘤细胞比正常细胞具有更快的代谢，引起的乳酸等代谢产物增加，造成了肿瘤部位的微酸环境。除此之外，快速代谢以及血液供应不足还导致肿瘤部位的 H_2O_2 水平升高。

基于肿瘤微环境的上述特征，研究人员有针对性地开发了多种原位催化化学反应策略用于肿瘤的特异性治疗。常用于肿瘤特异性治疗的原位催化化学反应主要有化学动力学治疗、光动力治疗、饥饿治疗、气体治疗、免疫治疗和放射治疗等。本小节主要介绍与化学-酶级联催化体系相关的几种治疗策略。

化学动力学治疗（chemodynamic therapy，CDT）的概念是受 Fenton 反应原理的启发而提出的，主要方法是将非晶铁基材料递送到肿瘤细胞中。非晶铁基材料在肿瘤细胞的弱酸性环境中缓慢释放出铁离子，铁离子在弱酸性条件下与肿瘤细胞中内源的高浓度的 H_2O_2 发生 Fenton 反应，产生羟基自由基（•OH），可实现对肿瘤细胞的特异性杀伤，促进肿瘤细胞的凋亡。反应式如式（11-1）所示。

$$Fe(\text{II}) + H_2O_2 \longrightarrow Fe(\text{III})—OH + \cdot OH \tag{11-1}$$

光动力治疗（photodynamic therapy，PDT）是利用光敏剂在光照条件下产生的对细胞有害的活性物质杀伤肿瘤细胞[46]。PDT 的三个要素分别是光敏剂、光源和氧气。在将光敏剂递送到肿瘤中后，以特定波长的光进行照射并激发光敏剂，后者和肿瘤细胞中的 O_2 通过一定的光反应产生活性物质，主要为 ROS，包括$\cdot O_2^-$、H_2O_2、$\cdot O_2H$ 和$\cdot OH$ 等，这些活性物质可通过氧化应激作用对癌细胞进行破坏，并触发其凋亡、坏死或引发自噬相关的细胞死亡机制。

饥饿治疗是基于肿瘤组织代谢旺盛这一特点开发的治疗策略。通常，癌细胞在发展和进化过程的异常增殖中其代谢途径会发生重新编组，具有高度的营养物质需求，因此癌细胞对微环境中营养物质的浓度变化尤为敏感。基于这一特征，研究人员提出了通过快速消耗肿瘤内营养物质来进行饥饿治疗的策略，以期切断肿瘤细胞的营养供给，从而抑制肿瘤细胞的生长和增殖。饥饿治疗的一种主要途径是通过 GOx 或者 GOx 模拟酶来消耗肿瘤细胞中的葡萄糖。GOx 催化氧化葡萄糖生成葡萄糖酸和 H_2O_2，如式(11-2)所示：

$$\text{葡萄糖} + O_2 + H_2O \longrightarrow \text{葡萄糖酸} + H_2O_2 \tag{11-2}$$

但需要注意的是，肿瘤细胞的微环境具有复杂性、多样性和异质性，所以单一疗法往往存在很多局限性，如 PDT 中的光穿透深度不足问题和细胞的耐药性问题等。因此，近年来肿瘤治疗的研究趋势已从单一疗法转变为多模式协同疗法。多模式协同疗法建立在不同类型的单一疗法联合相互作用基础上，避免单一疗法的局限，有可能出现显著的“1+1 > 2”的作用。

目前基于化学-酶级联催化体系的多模式协同治疗方法的基础反应是饥饿治疗中的葡萄糖分解反应。具体地，通常将饥饿治疗和其他治疗方式进行联合应用，构成化学-酶级联催化反应。GOx 催化反应消耗肿瘤内的营养物质（氧气和葡萄糖）[式（11-2)]，这将延缓肿瘤的生长和分裂，甚至生成的高浓度的 H_2O_2 会导致肿瘤的死亡。此外，产物葡萄糖酸和 H_2O_2 的积累会进一步加重肿瘤环境的异质性（加重缺氧、降低酸性、升高 H_2O_2 浓度），不仅可以降低肿瘤的耐药性，还可以使智能纳米载药系统的刺激-响应的阈值降低，触发药物在肿瘤内的精准释放。此外，H_2O_2 分解产物 O_2 是 CDT 和 PDT 的原料之一，这为 GOx 触发的肿瘤饥饿治疗与其他模式疗法的协同提供了物质基础。

例如，研究者将 GOx 和 Fe_3O_4 纳米粒子固定化于树枝状二氧化硅纳米颗粒（dendritic fibrous nanosilica，DFNS）上（图 11-23），当这一化学-酶级联纳米催化剂进入肿瘤细胞后，首先由 GOx 催化分解葡萄糖，产生内源的葡萄糖酸和 H_2O_2，然后 Fe_3O_4 在肿瘤细胞的酸性微环境中与 H_2O_2 发生 Fenton 反应，产生了毒性较强的 · OH，由此实现饥饿治疗和化学动力学治疗的联合作用（图 11-23）[47]。

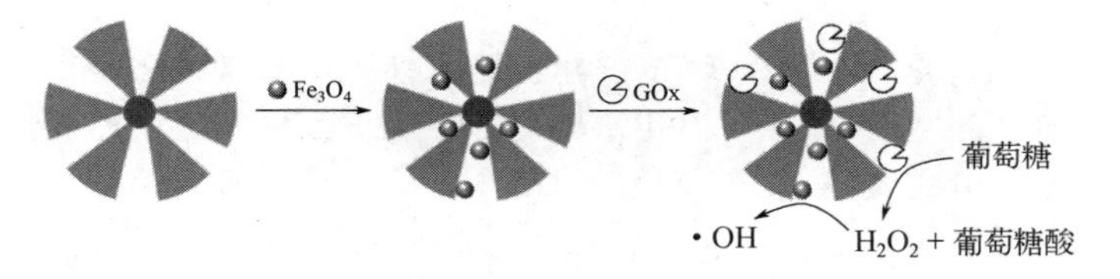

图 11-23　多孔硅胶共固定化 GOx 和 Fe_3O_4 纳米粒子的制备及其饥饿治疗和 CDT 协同治疗反应原理

在复合催化剂中加入可利用 O_2 进行光动力治疗的光催化剂，可实现饥饿治疗-CDT-PDT 的联合治疗。如图 11-24 所示，研究者以 ZIF-8 为载体材料，依次对二氢卟吩 e6（chlorin e6, Ce6）、GOx、多巴胺（dopamine，DA）和 MnO_2 进行共固定化，制备了一种基于纳米复合催化剂用于肿瘤的饥饿治疗-CDT-PDT 的联合治疗[48]。被肿瘤细胞摄入后，该复合催化剂外层的 MnO_2 在酸性环境中与过量存在的还原性谷胱甘肽和 H_2O_2 发生反应，迅速降解为 Mn^{2+}，

H_2O_2分解产生的O_2一方面触发了光敏剂Ce6的光反应并产生活性氧$^1O_2$，产生PDT的功效；另一方面O_2还可促进GOx催化葡萄糖氧化反应，产生饥饿治疗功效。同时该反应又产生大量的H_2O_2，然后Mn^{2+}与肿瘤细胞中存在的过量H_2O_2进行反应，产生类Fenton反应的CDT功效。此外，肿瘤细胞内还原型谷胱甘肽的消耗降低了肿瘤的抗氧化性，从而进一步增强CDT和PDT的功效。Mn^{2+}还可以作为磁共振成像造影剂用于肿瘤的诊断。

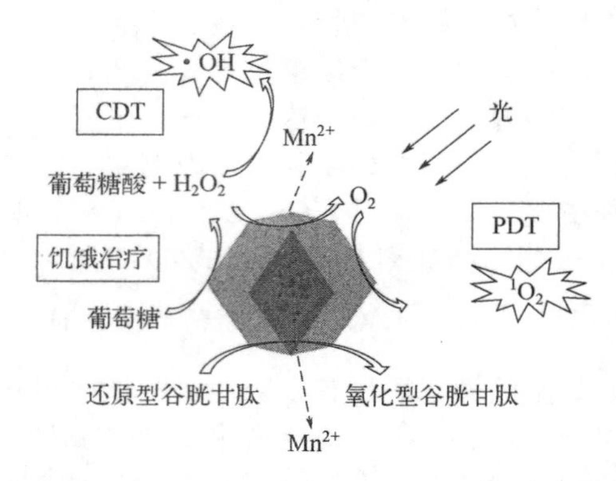

图 11-24　以ZIF-8为载体材料，Ce6、GOx、多巴胺和MnO_2共固定化的复合催化剂及其饥饿治疗-CDT-PDT协同治疗肿瘤的反应原理

11.4.3　有机磷化合物的级联降解和资源化

有机磷（organophosphorus，OPs）因其毒性强烈和杀灭效率更高而在世界范围内被广泛用作农药的有效成分。但目前OPs农药的过量使用、不当使用和误用是全球性的现象。OPs主要是磷酸的酯、硫醇或酰胺衍生物，或具有两个有机基团和一个附加侧链的氨基磷酸。OPs在施用后经由食物链进入生物体，导致严重的公众健康问题并影响整个生态系统。进入动物体内后，OPs通过抑制乙酰胆碱酯酶起作用，导致神经系统过度刺激，引起瘫痪、抽搐，最终导致哺乳动物和昆虫死亡[49]。对人类而言，OPs会引起激素紊乱、肌肉快速收缩、先天性残疾和免疫异常等[50]。环境中残留的有机磷由于稳定性好，难以降解，从而对生态系统造成严重破坏，威胁人类健康。因此，OPs的有效降解对维护生态平衡和保护人类健康具有重要意义。一般用于除去OPs的方法有物理法、化学法和生物法。其中以有机磷水解酶（organophosphorus hydrolase，OPH）为催化剂的生物降解法具有降解效率高和反应条件温和的优点，是降解有机磷农药的有力手段。

OPH也称为有机磷降解酶和对硫磷水解酶，是一种同型二聚体金属酶，它的天然活性中心是结合在蛋白质内部的两个Zn^{2+}[51]。OPH具有广泛的底物特异性，通过水解磷原子和亲电子解离基团之间的各种磷酰键水解P—O、P—CN、P—F和P—S键，并将有害的有机磷酸三酯、硫酯和氟磷酯如对氧磷、对硫磷、内吸磷、沙林和梭曼等自然降解为毒性较小或无毒的化合物，如对硝基苯酚和磷酸二乙酯。

OPH降解对硫磷等OPs的酶催化水解产物包括4-硝基苯酚（4-nitrophenol，4-NP），它仍然是一种有毒污染物，在废水中具有高稳定性和溶解度，对植物、动物和人类具有高度危害。在工业催化中，将4-NP还原为4-氨基苯酚（4-aminophenol，4-AP）在污染物修复和制药工业中是一种经典的降解4-NP的化学反应，还原产物4-AP不仅毒性低于4-NP，而且也可用作医药中间体。研究表明，基于贵金属（如Au、Ag、Pd和Pt）和非贵金属（如Ni、Co、Cu和Fe）的催化剂能够在$NaBH_4$存在下催化这一还原反应[52]。因此，研究人员将基于OPH

的水解反应和基于金属催化剂的还原反应结合起来，用于 OPs 的化学-酶级联催化转化反应，将 OPs 转化为毒性更低且具有高附加值的 4-AP（图 11-25）。

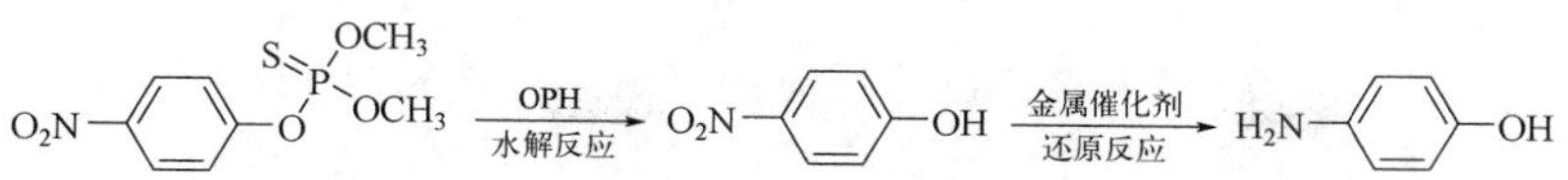

$$O_2N-C_6H_4-O-P(=S)(OCH_3)_2 \xrightarrow[\text{水解反应}]{\text{OPH}} O_2N-C_6H_4-OH \xrightarrow[\text{还原反应}]{\text{金属催化剂}} H_2N-C_6H_4-OH$$

图 11-25　基于 OPH 和金属催化剂的有机磷化合物（甲基对硫磷）化学-酶级联催化转化反应

表 11-6 列举了图 11-25 所示级联反应过程的代表性金属-酶级联催化反应实例。以 MIL-100(Fe)为载体材料对 OPH 进行共价固定化得到的化学-酶级联催化剂可实现两种催化剂的高度集成，并可有效催化 MP 到 4-AP 的级联转化，但是转化率较低[53]。之后研究人员引入 Co/C 及其复合材料（Co/C 是 ZIF-67 的热解产物）对 OPH 进行固定化，得到化学-酶级联催化剂可催化 MP 到 4-AP 的完全转化[54]。但是以上化学-酶级联催化剂的制备必须在载体合成后进行，而且需要指出的是，对于含有 Co/C 的催化剂，其制备需要在载体合成后进行额外的热解过程，大幅增加了制备和催化成本。此外，这些级联催化剂中的酶蛋白均被固定在载体表面，在反应中直接与 $NaBH_4$ 接触，会对酶蛋白的活性产生影响。Wang 等[55]通过仿生矿化法以 Zn 掺杂的 Co-ZIF（0.8CoZIF）为载体对 OPH 进行原位包埋固定化，与以上级联催化剂相比，该级联催化剂的制备条件温和且方法简便，得到的固定化酶 OPH@0.8CoZIF 也表现出了比其他化学催化剂的固定化酶更高的酶载量和相对活性。这种具有高集成度的化学-酶级联催化剂可催化 MP 到 4-AP 的高效转化，且其反应条件比其他纳米生物催化剂更接近自然环境（尤其是 MP 浓度和反应温度），具有较大的应用开发潜力。

表 11-6　基于化学-酶级联催化的有机磷化合物级联转化反应实例

金属催化剂	酶催化剂	酶固定化方式	级联催化性能	参考文献
MIL-100(Fe)	OPH	共价固定化	80min 转化率 85%	[53]
Co/C@SiO_2@Ni/C	OPH	亲和固定化	30min 转化率 100%	[54]
Co/C	OPH	共价固定化	20min 转化率 100%	[56]
0.8CoZIF	OPH	仿生矿化法固定化	15min 转化率 100%	[55]

11.4.4　手性化合物的合成

对映体纯化合物（如醇和胺）是生产各种精细化工产品（如农用化学品、食品添加剂、香料和药品）的重要合成中间体。目前获得对映体纯化合物的方法主要有手性合成、手性催化和手性拆分三种。其中，外消旋混合物的手性拆分经济易行、操作简便、易于实现工业化生产。前述的 KR 反应是实现外消旋混合物手性拆分的一种重要方法，如图 11-26 所示，其基本原理是利用外消旋体中对映体与纯手性试剂（例如手性催化剂或试剂）反应速率的不同，使其中一种对映异构体能够更快地生成相应的产物而实现手性拆分，实现外消旋体中对映体的部分或完全分离。常用于 KR 反应的酶包括脂肪酶、酯酶和转氨酶等。其中脂肪酶具有廉价易得、选择性良好、底物谱广、稳定性高等优点，广泛应用于酶催化的动力学拆分中。在天然环境中脂肪酶的主要催化功能是水解脂肪，而在非水溶剂中，一些脂肪酶可催化对映体选择性很强的酯交换反应，如脂肪酶能够催化底物进行对映体选择性水解、氨解、酯基转移和酰胺化等反应，底物包括外消旋的伯醇、仲醇、叔醇、伯胺和酯等。然而，KR 反应的主要缺陷是其对映体纯产品产率最高为 50%。此外，KR 反应结束后还需要将产物与原料中剩余的未反应的对映异构体进行分离。

将手性化合物的原位外消旋化反应和 KR 反应相结合，在反应过程中，使原料的两种对映体在 KR 过程中不断相互转化，继而可以实现外消旋体定量转化为纯的对映体产物，并最终使 KR 反应的理论产率达到 100%，同时也避免产物的分离纯化步骤，这一策略即 DKR 反应（图 11-27）。DKR 反应可实现手性拆分反应的高对映体选择性和高产率。如前所述，1996 年 Williams 课题组首次报道一种烯丙基乙酸酯衍生物的 DKR，通过结合使用脂肪酶和 Pd 络合物，在反应 19d 后得到相应的烯丙醇产物，产率为 81%，*ee* 值为 96%。在该反应中，乙酰化醇通过将脂肪酶催化的酯水解偶联到通过 Pd(Ⅱ)催化的消旋化而脱消旋[2]。虽然这一 DKR 反应速度很慢，但无疑是开创性的第一步，证明了将过渡金属催化与酶催化结合实现 DKR 的可能性。

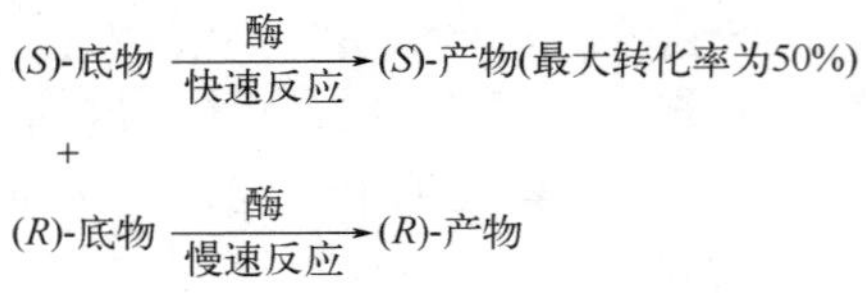

(*S*)-底物 —酶/快速反应→ (*S*)-产物(最大转化率为50%)
+
(*R*)-底物 —酶/慢速反应→ (*R*)-产物

图 11-26　基于酶催化剂的 KR 反应原理

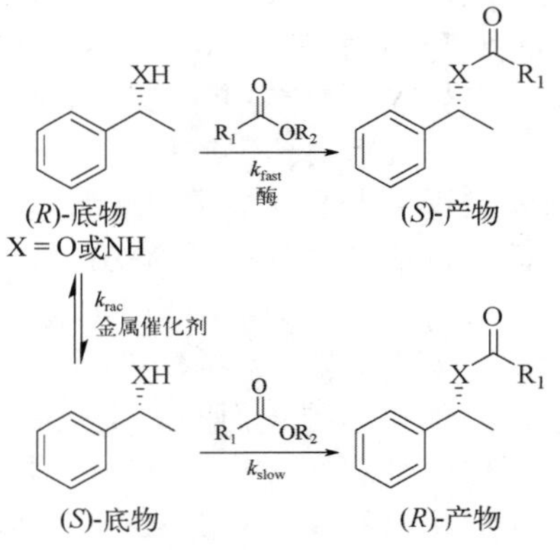

(*R*)-底物 X = O或NH —R_1COOR_2, k_{fast}, 酶→ (*S*)-产物
k_{rac} 金属催化剂
(*S*)-底物 —R_1COOR_2, k_{slow}→ (*R*)-产物

图 11-27　基于金属-酶级联催化体系的 DKR 反应原理

随后的研究旨在发现更具活性和耐水性更好的化学催化剂，这些催化剂可以在更温和的反应条件下有效地使醇类消旋，从而使 DKR 能够应用于更广泛的酶反应。发展至今，外消旋化催化剂包括钯、钌、铱等过渡金属配合物以及有机酸、碱等有机小分子，其中对映异构体可以在催化剂如过渡金属、酶或碱的帮助下进行外消旋反应[57]。

在设计基于化学-酶级联催化的 DKR 反应体系时还要注意以下事项[58]：

① KR 反应要具有足够的对映选择性，其中较快反应的速率一般要比较慢反应的速率高 20 倍以上；

② 酶和具有外消旋功能的化学催化剂的相容性良好，即同时发挥作用而不抑制对方活性；

③ 外消旋化反应速率必须比对映异构体的酶催化反应速率快 10 倍以上；

④ 外消旋催化剂不得与拆分生成的产物发生反应。

如前所述，在这些注意事项中，酶和外消旋化催化剂之间的相容性通常是关键问题，因为这些催化剂通常在差别很大的条件下发挥最佳作用。外消旋化催化剂干扰酶的拆分反应性能或酶蛋白本身的空间构象也很常见。这种相容性问题对于同时实现 KR 的高对映选择性和有效外消旋化的反应是 DKR 催化领域内一直存在的挑战。

如前所述，催化剂的共固定化有利于增强两种催化过程的相容性并实现化学-酶级联催化反应的集成。如图 11-28 所示，以介孔二氧化硅泡沫为载体对 Pd 纳米颗粒和脂肪酶 CALB 进行共固定化[59]，在这一集成催化剂中，二者被固定在具有高比表面积的隔室中，通过这种策略固定的 CALB 和高分散的 Pd 纳米颗粒可高效催化手性胺的 DKR 反应。为了进一步增强两种催化剂的集成度，可以酶蛋白为模板对金属纳米颗粒进行原位负载。例如，Bäckvall 等首先制备了戊二醛交联的 CALB，然后以其为模板对 Pd 纳米颗粒进行原位还原负载[60]。但是以酶蛋白为模板和载体对金属纳米颗粒进行固定化易对酶的构象造成影响，从而损害其催化活性。Li 等引入普朗尼克（Pluronic）聚合物对 CALB 进行修饰，然后以 CALB-Pluronic 复合物作为模板对 Pd 纳米颗粒进行原位负载[61]。Pluronic 的两亲性有助于聚合物链缠绕在蛋白质表面形成纳米反应器并限制金属晶体生长过程中金属簇之间的聚集。研究证明，该级联催化剂可有效降低手性胺拆分的反应温度。

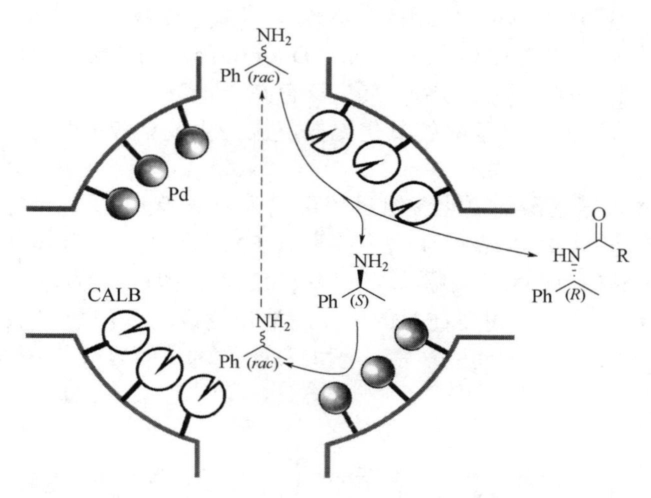

图 11-28　介孔二氧化硅泡沫共固定化 CALB 和 Pd 用于催化 1-苯乙胺的 DKR 反应示意图

基于化学-酶级联催化的 DKR 反应体系见表 11-7。

表 11-7　基于化学-酶级联催化的 DKR 反应体系

化学催化剂	化学催化反应类型	酶催化剂	酶催化反应类型	级联催化性能	参考文献
Pd	伯胺的外消旋反应	脂肪酶 Novozyme 435	伯胺的酰化反应	*ee* 值>99%，转化率 99%	[62]
$NbOPO_4$ 水合物	(*S*)-1-苯基乙醇的外消旋反应	脂肪酶 CALB	(*R*)-1-苯基乙醇的酯化反应	*ee* 值>85%，转化率 92%	[63]
吡哆醛-5′-磷酸	*α*-氨基酮的外消旋化反应	酮还原酶	*α*-氨基酮的不对称还原反应	*ee* 值>99%，转化率 95%	[64]
Ru 配合物	羟基酮的外消旋化反应	脂肪酶 CALB	羟基酮的酯化反应	*ee* 值>99%，转化率 98%	[65]

11.4.5　高附加值化学品的合成

本小节以 *α*-酮酸为例介绍化学-酶级联催化在高附加值化学品合成中的应用。*α*-酮酸是一种含有羧基和羰基的有机化合物，其中羰基与羧酸相邻，被广泛应用于医药、化妆品、食品、饮料、饲料添加剂以及化学合成等领域[66]。目前，*α*-酮酸的合成方法主要是化学催化法和酶催化法。自建立至今，化学催化合成工艺虽然得到了长足发展并成为工业合成酮酸的主要方法，但其中关键问题仍亟待解决，如昂贵催化剂的使用、产物分离纯化成本较高和化学反应造成的环境污染等。

天然酶催化剂由于其绿色、温和的反应条件以及优异的选择性成为催化领域的研究热点。许多酶已被用于催化合成 α-酮酸，主要包括 TA、氨基酸脱氢酶、氨基酸脱氨酶和氨基酸氧化酶（amino acid oxidase，AAO）等。其中 TA 可催化氨基在供体分子和受体分子之间的转移反应，在 α-酮酸的合成中，它可以将一种氨基酸的氨基转移到氨基受体酮酸，从而生成另一种氨基酸和酮酸。但是 TA 具有底物/产物抑制性，且在相应的反应中需要添加氨基供体和辅因子吡哆醛-5'-磷酸，这给后续产物分离纯化增加了难度，这些因素限制了 TA 在酮酸生产中的应用。氨基酸脱氢酶也是一种具有辅因子依赖性的酶，反应过程中烟酰胺类辅因子的使用不仅增加成本，而且也影响后续产物的分离纯化。氨基酸脱氨酶是一种膜联蛋白质，在细胞中的含量很少，且分离纯化比较困难，应用于 α-酮酸生物催化合成的成本也较高。AAO 包括 L 型和 D 型两大类，即 LAAO 和 DAAO（D-amino acid oxidase，D-氨基酸氧化酶），是目前研究较多的可催化脱氨基反应的酶，其广泛存在于动物、昆虫、细菌和真菌中。大多数 AAO 是通过辅因子 FAD 催化氨基酸的氧化脱氨反应，生成相应的酮酸，同时还会生成酶催化副产物 H_2O_2 和氨。

具体地，AAO 催化氨基酸的氧化脱氨过程可以分为两步（图 11-29），第一步是从氨基酸脱下来的氢传递给辅酶 FAD，后者转化为还原形式 $FADH_2$，氨基酸则转化为亚氨基酸，然后亚氨基酸立即水解生成相应的酮酸和游离的氨基；第二步是 O_2 作为电子受体被 $FADH_2$ 还原成 H_2O_2，$FADH_2$ 恢复为 FAD。需要注意的是，酶催化反应的副产物 H_2O_2 即使在低浓度下也可能对酶活性有害，而且会将生成的产物 α-酮酸氧化为对应的羧酸，从而降低酶催化速率和产物产率。

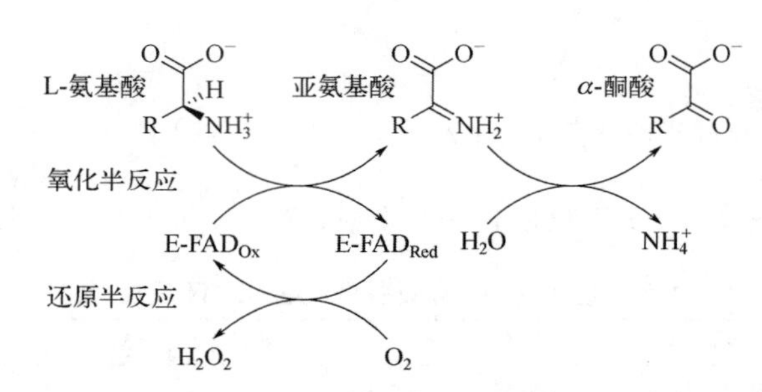

图 11-29 LAAO 催化 L-氨基酸反应生成 α-酮酸的反应过程

为了克服酶催化副产物 H_2O_2 对酶催化剂和产物 α-酮酸的损害，一般在具体应用中引入另一种催化剂来对 H_2O_2 进行消除，以避免 H_2O_2 在反应体系中积累造成的破坏作用。常用的用以消除 H_2O_2 的催化剂主要为生物催化剂 CAT。基于 AAO 和 CAT 的多酶级联催化体系确实可实现 H_2O_2 的原位消除及 α-酮酸的高效合成，但是天然酶的固有缺陷（如成本高和稳定性差）会在这种多酶催化体系中得以放大，从而限制了其在大规模合成 α-酮酸中的广泛应用。研究者发现一些纳米材料（如 MnO_2、Fe_3O_4 和贵金属 Au、Pt 及 Ag 等）具有类过氧化氢酶的催化活性，与天然的 CAT 相比，它们通常具有催化效率高、稳定性好、易回收、低成本且有利于规模化制备的优势。将这些具有类过氧化氢酶活性的纳米材料（纳米酶）作为化学催化剂引入到 AAO 催化体系中，可在实现原位消除 H_2O_2 的基础上有效降低级联催化体系的催化成本。但在具体应用中，金属催化剂与酶催化剂 AAO 的相容性往往较差，如 Pt 纳米颗粒与 LAAO 的直接接触会导致后者的失活，原因是 Pt 与 LAAO 酶蛋白表面残基的强配位作用会导致 LAAO 的空间构象发生改变，这对提高 α-酮酸产率来说亦是一种挑战。

一种可行的方法是采用分隔式集成固定化，以适当的载体材料对两种催化剂进行空间上的分离。例如，研究人员利用一种常见的 MOFs 材料 UIO-66 作为载体，先将 Pt 纳米颗粒原位包埋在UIO-66内部，然后将LAAO吸附在Pt@UIO-66外部以实现二者的分隔式集成固定化[41]。但是需要强调的是，这一化学-酶级联催化体系中Pt的负载高时仍然可能导致吸附于UIO-66外部的LAAO的失活。这表明将LAAO和Pt进行分隔式集成固定化这一策略存在一定的内在缺陷，即负载的化学催化剂的最大活性受到其生物相容性的限制。

另一种可行的方法是开发一种生物相容性较好的化学催化剂并将其直接用于LAAO的固定化和α-酮酸的合成。Wang等发现仿生矿化材料磷酸钴晶体(cobalt phosphate crystals, CoPs)具有类过氧化氢酶活性，在温和的条件下利用仿生矿化法将LAAO通过一锅法原位封装在磷酸钴晶体内，构建了一种可用于高效催化合成α-酮酸的化学-酶复合催化剂[67]。这种复合催化剂可以催化LAAO催化反应副产物H_2O_2的原位分解，有效避免H_2O_2对酶催化剂和产物造成损害（图11-30）。在这一复合催化剂中，两种催化中心的高度接近产生的接近效应有利于H_2O_2快速分解。另外，这一方案避免了化学催化剂本身的生物相容性对其负载形式和最大活性的限制，这是因为磷酸钴作为固定化酶的外壳，其化学催化活性可以通过材料工程来调整，而不必通过改变化学催化剂的负载量。

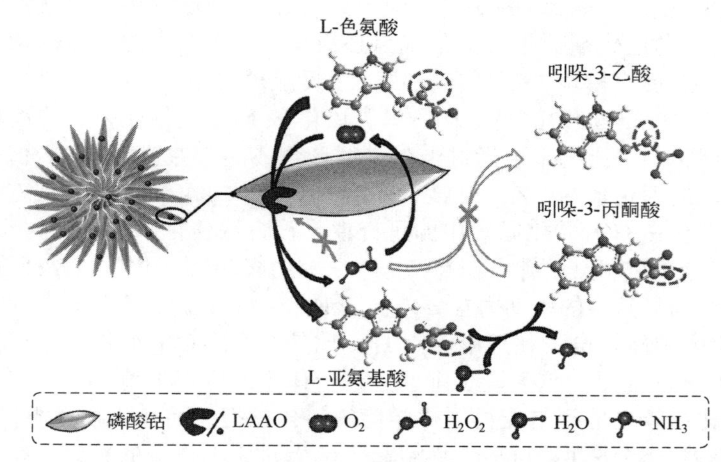

图11-30　利用LAAO@CoPs催化L-色氨酸生成吲哚-3-丙酮酸的化学-酶级联催化反应原理

11.4.6　绿色碳中和技术：光-酶级联催化CO_2转化

自第一次工业革命以来，化石燃料的过量开采和利用不仅带来了全球性的能源危机，而且使大气中二氧化碳浓度急剧升高且仍有持续增长的趋势，从而引发温室效应、全球变暖和海洋酸化等严重的环境和气候问题。以CO_2为主题的环境问题引起了全世界的广泛关注。我国在2020年提出“二氧化碳排放力争于2030年前达到峰值，努力争取2060年前实现碳中和”的双碳目标。因此迫切需要探索和开发绿色高效的CO_2捕获、封存和利用方法来降低大气中的CO_2浓度。

目前CO_2的利用技术主要包括物理法、化学法和生物法。其中物理法主要有封存填埋法和超临界化法，后者为将CO_2制备为超临界CO_2，而超临界CO_2主要作为溶剂和工作流体应用于化工产业中的超临界萃取、化学反应介质、制冷等方面。化学法和生物法统称为转化法。CO_2是一种理想的C_1资源，可用于合成多种燃料和高附加值的化学品，因而对CO_2的转化既能有效解决环境问题，又可促进经济的可持续发展，为降低CO_2浓度和实现碳资源的有效开发提供双赢策略。因此，迫切需要开发能够降低大气中CO_2浓度并通过将CO_2进行绿色转化为 CO 和各种有用的低碳燃料来实现“闭环”碳封存方案的先进技术。

CO_2的化学转化法主要分为两类，一类是基于CO_2本身反应特性的转化法，主要反应途径为CO_2作为一种官能团插入到有机分子中或与金属离子发生配位反应。例如，CO_2与有机金属试剂（如格氏试剂）在低温下就能发生反应。CO_2能与多种有机化合物反应生成具有高附加值的化学品，如聚碳酸酯、羧酸、酯类、环状碳酸酯、甲酰胺、甲胺、氨基甲酸酯、噁唑烷酮类衍生物等[68]。另一类是基于CO_2还原反应的电化学和光化学还原转化法，二者都是为CO_2提供外源电子使其转化为多种高附加值的化学品和燃料，如甲醇、甲醛、甲酸和其他碳氢化合物。但是，在这两类方法中，由于CO_2分子中碳元素的存在形式稳定，往往难以获得高性能的催化剂，而且得到的产物选择性也往往较低[69]。与化学转化法相比，以酶催化为代表的生物转化法具有优异的立体特异性和区域选择性，是一种高效环保的CO_2固定/转化方法。

如前所述，化学-酶级联催化结合了化学催化的广泛性和酶催化的高选择性。这为CO_2的转化固定提供了很大的技术开发潜能。一个典型的研究是 Ma 等在 2021 年报道的基于多步化学-酶级联催化实现从CO_2到淀粉的人工转化[70]。在这项研究中，作者受自然界光合作用系统的启发，使用化学催化剂催化CO_2的加氢还原反应，以产生的还原产物甲醇作为起点原料，通过设计构建C_1反应模块、C_3反应模块、C_6反应模块和C_n反应模块合成直链和支链淀粉，最终可实现约 410mg/(L·h)的高淀粉产率。该化学-酶级联催化体系的淀粉合成速率达到 22nmol/(min·mg)催化剂，比玉米中通过卡尔文循环合成淀粉的速率高 8.5 倍。此外这一体系的太阳能-淀粉效率的理论值为 7%，为自然环境中植物（2%）的 3.5 倍。这一研究有力地说明了化学-酶级联催化在CO_2转化固定中的可行性，符合绿色化学的发展理念，为碳的捕集、利用和封存提供了全新的循环方案。但是，这一研究中多步骤的化学-酶级联催化体系无疑也增大了其应用难度，而且其中的驱动力主要来自于H_2，这些H_2的化学能最终来自太阳能——确切地说，是先利用太阳能发电再利用电能制H_2。此外，维持CO_2的加氢还原反应的高温高压环境也需要一些额外的能量，这无疑也削弱了这一体系的应用价值。

光-酶级联催化涉及光能到电能再到化学能的转化过程，而在化石资源日益枯竭的今天，太阳能资源的丰富性、经济性和可持续性引起了广大科研工作者的兴趣，在当今全球能源危机的大背景下非常符合“绿色化学”的发展需求。因此，将结合光催化和酶催化的人工光-酶级联反应用于将CO_2转化为高附加值化学品受到了极大的关注，因为它们能够利用太阳能为驱动力，模拟绿色植物将太阳能转化储存为可利用的稳定的化学能。

与一般的人工光-酶级联催化体系类似，用于CO_2转化的人工光-酶级联催化体系主要包括光催化体系和酶催化体系两部分，对于无 NAD(P)依赖性的氧化还原酶催化体系而言，通常将酶蛋白直接与非均相光催化剂连接以实现体系的集成构建；对于具有 NAD(P)依赖性的氧化还原酶而言，通常需要加入电子媒介 M 以提高光化学催化$NAD(P)^+$还原过程中的选择性。根据酶催化CO_2转化途径的不同，又可将其分为两大类，即基于CO_2还原反应和碳碳单键构建反应的人工光-酶级联催化体系。下面对这两类人工光-酶级联催化体系进行介绍。

11.4.6.1 基于CO_2还原反应的人工光-酶级联催化

用于构建光-酶级联催化体系的CO_2还原的氧化还原酶主要为 FDH 和 CODH，二者可分别用于催化CO_2还原为甲酸和 CO，其中来自 *Candida boidinii* 的 FDH 是一种典型的具有 NAD 依赖性的酶，在 NADH 和CO_2都结合到活性口袋后，可促使氢化物H^-从 NADH 中吡啶环的 C4 原子直接转移到CO_2的 C 原子处，完成对CO_2的还原生成甲酸。反应式如下：

$$CO_2 + NADH \longrightarrow HCOO^- + NAD^+ \qquad (11\text{-}3)$$

其中 NADH 作为辅助底物和氧化还原物种为催化过程提供还原势。酶催化反应生成的氧化态辅因子 NAD^+可被光催化系统还原，之后光催化体系中的光催化剂在光能和电子供体的作用下为人工光-酶级联催化体系持续提供动力，最终实现光能向化学能的转化。具体反应机理如图 11-31 所示。

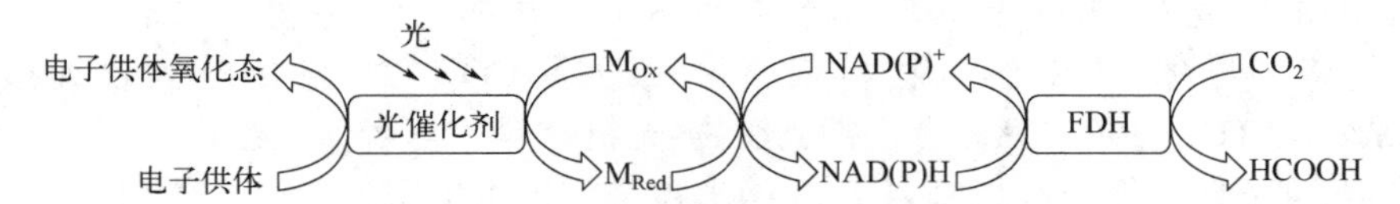

图 11-31　含有 FDH 的用于催化 CO_2 转化为甲酸的人工光-酶催化体系的反应机理

此外，FDH 催化 CO_2 还原的产物甲酸还可作为醛脱氢酶和 ADH 这一双酶级联催化体系的底物进行进一步转化。该三酶催化体系催化合成的液态甲醇具有更高的能量容量并且更易于运输。以这三酶为生物催化剂的人工光-酶级联催化体系的反应机理如图 11-32 所示。首先 CO_2 被 FDH 还原成甲酸，然后在第二步中由 aldDH 催化将甲酸盐还原成甲醛，最后通过 ADH 还原甲醛生产甲醇。在这三个步骤中，NADH 作为每个脱氢酶催化还原步骤的辅助底物参与反应，而后生成的氧化态辅因子 NAD^+被光催化体系还原为还原态，从而实现 NADH 的循环使用。

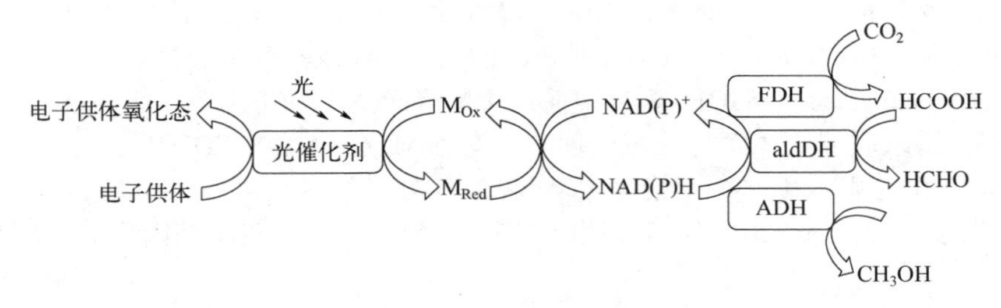

图 11-32　含有 FDH+ aldDH +ADH 三酶体系的用于催化 CO_2 转化为甲醇的人工光-酶催化体系的反应机理

值得一提的是，来自 *Clostridium ljungdahlii* 的 FDH（FDH from *Clostridium ljungdahlii*, *Cl*FDH）也可催化 CO_2 到甲酸的转化反应[71]，且这种 FDH 不具有 NAD(P)依赖性，它包含通过 Fe-S 簇组成的电子传递链将外源电子传递至 W 活性中心，即该 FDH 可直接接受外源电子完成活化并催化 CO_2 还原为甲酸，反应机理如图 11-33 所示。但是这种酶尤其是其活性中心对空气中的 O_2 非常敏感，因此需要严格无氧操作，这无疑提高了其在 CO_2 转化中的应用难度。

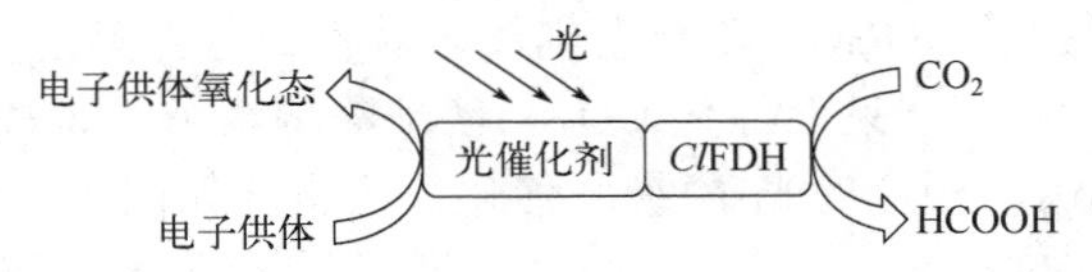

图 11-33　含有 *Cl*FDH 的用于催化 CO_2 转化为甲酸的人工光-酶催化体系的反应机理

以上体系都是通过光催化体系和单酶或多酶介导的催化体系进行耦合。需要指出，在通过这种方法实现大规模 CO_2 光-酶级联催化转化时存在重大瓶颈：首先酶的纯化过程昂贵且耗时，其次酶作为一种生物催化剂在使用过程中缺乏自修复能力，这些因素都会大大提高反应成本，影响人工光-酶级联催化体系的实用性。因此研究人员开始寻求并利用自然界广泛的催化多样性来满足以上反应的需求。一个可行的解决方案是将光催化剂的捕光能力和含有氧化还原酶的全细胞催化能力结合起来，这样可以在避免使用纯化酶的同时，实现催化剂的自复制和自修复性能。

一个典型的研究是 Yang 及其合作者在 2016 年提出的无机-生物杂化体系用于 CO_2 的转化[72]。他们将半导体 CdS 纳米材料和一种可还原 CO_2 为甲酸的非光合细菌 *Moorella thermoacetica*（ATCC 39073）复合，得到生物-无机材料的复合催化系统，可用于 CO_2 的催化转化。在光照条件下细菌利用来自 CdS 纳米粒子的光生电子进行光合作用，通过菌体内的代谢途径实现从 CO_2 到甲酸的转化。在模拟太阳光的条件下，其量子产率与全球植物和藻类的一年平均水平相当。此外，通过改变细菌的类型也可以实现 CO_2 向甲烷的转化。例如，研究人员将可进行 CO_2-CH_4 高效转化的非光合产甲烷菌 *Methanosarcina barkeri* 和以 CdS 纳米粒子为光催化剂构建生物复合催化体系，通过菌体内的一系列级联反应实现从 CO_2 到 CH_4 转化[73]。在这项研究中，研究人员观测到在模拟的 3 个昼夜周期中，菌体的 *mcrA* 基因拷贝增加了 151.4%，这说明这种无机-生物杂化体系具有一定的鲁棒性。

11.4.6.2 基于碳碳单键构建反应的人工光-酶级联催化体系

目前见诸报道的应用于碳碳单键构建反应的人工光-酶级联催化体系中的酶较少，主要有 3 种，分别为苹果酸酶（malic enzyme，ME）、异柠檬酸脱氢酶（isocitrate dehydrogenase，IDH）和来自 *Magnetococcus marinus* MC-1 的铁氧还蛋白-α-酮戊二酸氧化还原酶（2-oxoglutarate: ferredoxin oxidoreductase，OGOR）。其中前两类酶具有 NADP 依赖性，以二者之一为氧化还原酶的人工光-酶级联催化体系的反应机理与具有 NAD 依赖性的 FDH 类似。在 NADPH 的存在下，ME 可催化丙酮酸和 CO_2 反应生成苹果酸，IDH 可催化 α-酮戊二酸和 CO_2 合成异柠檬酸，随后氧化态辅因子 $NADP^+$经由光催化体系进行还原，从而实现辅因子的循环利用。反应机理如图 11-34 所示。

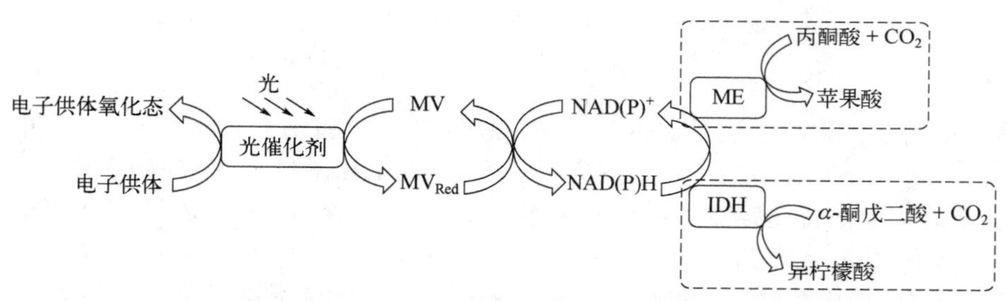

图 11-34 含有 ME 或 IDH 的用于催化 CO_2 转化的人工光-酶催化体系的反应机理

与 ME 和 IDH 不同的是，OGOR 不具有辅酶依赖性，可直接接受外源电子（如光催化剂提供的光生电子）完成活化[74]，继而催化 CO_2 和琥珀酰辅酶 A（succinyl-coenzyme A，SCoA）转化为 2-酮戊二酸和 CoA。相应的光-酶级联催化反应机理如图 11-35 所示。

图 11-35 含有 OGOR 的用于催化 CO_2 转化为 2-酮戊二酸的人工光-酶催化体系的反应机理

11.5 本章总结

化学-酶级联催化结合化学催化的广泛性和酶催化的高选择性，在化学品合成、环境保护、能源和健康等领域发挥着越来越重要的作用。与化学催化和酶催化相比，化学-酶级联催化体系这一研究领域起步相对较晚，但近年来基于一锅法的金属-酶级联催化、有机-酶级联催化和光-酶级联催化为代表的化学-酶级联催化体系已经取得了巨大进展。

与多酶级联催化体系相似，化学-酶级联催化体系中多种催化剂的级联可有效避免中间产物的分离纯化，这不仅有助于减少溶剂消耗和提高原子经济性和时空产率，还可以促进反应平衡的正向移动和降低不稳定中间体的损耗率。与多酶级联催化体系不同的是，化学催化剂和酶催化剂的组合可以进一步扩大级联反应的底物和反应（产物）范围，甚至可以实现一些自然界不存在的反应路线。值得一提的是，虽然部分酶（如脂肪酶）可以在有机溶剂中保持稳定且可发挥催化活性，但是水作为天然的优良反应溶剂，在化学-酶级联催化体系的适用范围更为广泛。催化科学和技术的发展，促进了大量耐水的金属催化剂和有机催化剂的成功开发，为水环境中的化学-酶级联催化反应设计提供了有力保障。

化学-酶级联催化体系发展至今，虽然关于级联反应原理的研究实例很多，但是其与天然代谢途径的多样性相差甚远。此外，目前的多数化学-酶级联催化的研究案例事实上都是分步式的一锅反应，而不是真正的一锅反应（并发式）。这其中最主要的障碍是化学催化剂和酶催化剂及其反应条件的不相容性。从酶催化剂的角度出发，不断发展的酶工程技术为提高酶催化剂的稳定性（如有机溶剂耐受性和高温耐受性）提供了可能，使酶催化剂可以“接受”更苛刻的反应条件。特别是两种催化剂的分隔式集成固定化，即在同一载体的不同位置固定化生物催化剂和化学催化剂以实现二者的有效隔离，为建立复杂高效的化学-酶级联催化体系提供了有力工具。

总之，化学-酶级联催化体系的进一步发展，除了扩大适用于水溶液中进行的化学催化和生物催化反应范围外，要解决的主要挑战仍然是酶反应与化学催化反应条件的普遍不相容性。高效的化学-酶级联催化体系的开发需要多学科不同研究领域的共同努力，包括生物化学和分子生物学、计算机科学和人工智能、材料科学、物理化学和催化科学等。

参考文献

[1] Makkee M, Kieboom A, Bekkum H V, et al. Combined action of enzyme and metal catalyst, applied to the preparation of D-mannitol. J Chem Soc Chem Comm, 1984, 198:930-931.

[2] Allen J V, Williams J M J. Dynamic kinetic resolution with enzyme and palladium combinations. Tetrahedron Lett, 1996, 37: 1859-1862.

[3] 何仁，陶晓春，张兆国. 金属有机化学. 上海：华东理工大学出版社，2007.

[4] 季生福，张谦温，赵彬侠. 催化剂基础及应用. 北京：化学工业出版社，2011.

[5] 唐晓东. 工业催化. 北京：化学工业出版社，2010.

[6] Långvik O, Sandberg T, Wärnå J, et al. One-pot synthesis of (*R*)-2-acetoxy-1-indanone from 1,2-indanedione combining metal catalyzed hydrogenation and chemoenzymatic dynamic kinetic resolution. Catal Sci Technol, 2015, 5: 150-160.

[7] Schaaf P, Gojic V, Bayer T, et al. Easy access to enantiopure (*S*)- and (*R*)-aryl alkyl alcohols by a combination of gold(Ⅲ)-catalyzed alkyne hydration and enzymatic reduction. Chem Cat Chem, 2018, 10:920-924.

[8] Mathew S, Sagadevan A, Renn D, et al. One-pot chemoenzymatic conversion of alkynes to chiral amines. ACS Catal, 2021, 11: 12565-12569.

[9] Denard C A, Huang H, Bartlett M J, et al. Cooperative tandem catalysis by an organometallic complex and a metalloenzyme. Angew Chem Int Ed, 2014, 53: 465-469.
[10] Bertelsen S, Jorgensen K A. Organocatalysis-after the gold rush. Chem Soc Rev, 2009, 38: 2178-2189.
[11] Ooi T. Virtual issue posts on organocatalysis: Design, applications, and diversity. ACS Catal, 2015, 5:6980-6988.
[12] Rulli G, Duangdee N, Baer K, et al. Direction of kinetically versus thermodynamically controlled organocatalysis and its application in chemoenzymatic synthesis. Angewe Chem Int Ed, 2011, 123: 8092–8095.
[13] Bisogno F R, López-Vidal M G, de Gonzalo G. Organocatalysis and biocatalysis hand in hand: combining catalysts in one-pot procedures. Adv Synth Catal, 2017, 359: 2026-2049.
[14] Liardo E, Ríos-Lombardía N, Morís F, et al. Hybrid organo- and biocatalytic process for the asymmetric transformation of alcohols into amines in aqueous medium. ACS Catal, 2017, 7: 4768-4774.
[15] Rulli G, Duangdee N, Hummel W, et al. First tandem-type one-pot process combining asymmetric organo- and biocatalytic reactions in aqueous media exemplified for the enantioselective and diastereoselective synthesis of 1,3-diols. Eur J Org Chem, 2017, 2017: 812-817.
[16] Guajardo N, Müller C, Schrebler R, et al. Deep eutectic solvents for organocatalysis, biotransformations, and multistep organocatalyst/enzyme combinations. Chem Cat Chem, 2016, 8: 1020-1027.
[17] Kinnell A, Harman T, Bingham M, et al. Development of an organo-and enzyme-catalysed one-pot, sequential three-component reaction. Tetrahedron Lett, 2012, 68: 7719-7722.
[18] Fujishima A, Honda K. Electrochemical photolysis of water at a semiconductor electrode. Nat, 1972, 238: 37-38.
[19] Dokic M, Soo H S. Artificial photosynthesis by light absorption, charge separation, and multielectron catalysis. Chem Comm, 2018, 54: 6554-6572.
[20] Litman Z C, Wang Y, Zhao H, et al. Cooperative asymmetric reactions combining photocatalysis and enzymatic catalysis. Nature, 2018, 560: 355-359.
[21] Lauder K, Toscani A, Qi Y, et al. Photo-biocatalytic one-pot cascades for the enantioselective synthesis of 1,3-mercaptoalkanol volatile sulfur compounds. Angew Chem Int Ed, 2018, 57: 5803-5807.
[22] Guo X, Okamoto Y, Schreier M R, et al. Enantioselective synthesis of amines by combining photoredox and enzymatic catalysis in a cyclic reaction network. Chem Sci, 2018, 9: 5052-5056.
[23] Scheidt K, Betori R, May C. Combined photoredox/enzymatic C—H benzylic hydroxylations. Angew Chem Int Ed, 2019, 131: 16642-16646.
[24] Schmermund L, Jurkaš V, Özgen F F, et al. Photo-biocatalysis: Biotransformations in the presence of light. ACS Catal, 2019, 9: 4115-4144.
[25] Wang Z, Hu Y, Zhang S, et al. Artificial photosynthesis systems for solar energy conversion and storage: platforms and their realities. Chem Soc Rev, 2022, 51: 6704-6737.
[26] Zhang W, Ma M, Huijbers M M E, et al. Hydrocarbon synthesis via photoenzymatic decarboxylation of carboxylic acids. J Am Chem Soc, 2019, 141: 3116-3120.
[27] Hollmann F, Arends I W C E, Buehler K. Biocatalytic redox reactions for organic synthesis: nonconventional regeneration methods. Chem Cat Chem, 2010, 2: 762-782.
[28] Shalan H, Colbert A, Nguyen T T, et al. Correlating the para-substituent effects on Ru(Ⅱ)-polypyridine photophysical properties and on the corresponding hybrid P450 BM3 enzymes photocatalytic activity. Inorg Chem, 2017, 56: 6558-6564.
[29] Sakai T, Mersch D, Reisner E. Photocatalytic hydrogen evolution with a hydrogenase in a mediator-free system under high levels of oxygen. Angew Chem Int Ed, 2013, 52: 12313-12316.
[30] Lazarides T, Sazanovich I V, Simaan A J, et al. Visible light-driven O_2 reduction by a porphyrin-laccase system. J Am Chem Soc, 2013, 135: 3095-3103.
[31] Brown K A, Harris D F, Wilker M B, et al. Light-driven dinitrogen reduction catalyzed by a CdS:nitrogenase MoFe protein biohybrid. Science, 2016, 352: 448-450.
[32] Caputo C A, Wang L, Beranek R , et al. Carbon nitride-TiO_2 hybrid modified with hydrogenase for visible light driven hydrogen production. Chem Sci, 2015, 6: 5690-5694.
[33] Lee S H, Choi D S, Pesic M, et al. Cofactor-free, direct photoactivation of enoate reductases for the asymmetric reduction of C═C bonds. Angew Chem Int Ed, 2017, 56: 8681-8685.
[34] Brown K A, Wilker M B, Boehm M, et al. Photocatalytic regeneration of nicotinamide cofactors by quantum dot–enzyme biohybrid complexes. ACS Catal, 2016, 6: 2201-2204.
[35] Zhang W, Fernandez-Fueyo E, Ni Y, et al. Selective aerobic oxidation reactions using a combination of photocatalytic water

oxidation and enzymatic oxyfunctionalisations. Nat Catal, 2018, 1: 55-62.
[36] Hofler G T, Fernandez-Fueyo E, Pesic M, et al. A photoenzymatic NADH regeneration system. Chembiochem, 2018, 19: 2344-2347.
[37] Son E J, Lee Y W, Ko J W, et al. Amorphous carbon nitride as a robust photocatalyst for biocatalytic solar-to-chemical conversion. ACS Sustain Chem Eng, 2018, 7: 2545-2552.
[38] Liu S, Du P, Sun H, et al. Bioinspired supramolecular catalysts from designed self-assembly of DNA or peptides. ACS Catal, 2020, 10: 14937-14958.
[39] Gao L, Zhuang J, Nie L, et al. Intrinsic peroxidase-like activity of ferromagnetic nanoparticles. Nat Nanotechnol, 2007, 2: 577-583.
[40] Ji X, Liu C, Wang J, et al. Integration of functionalized two-dimensional TaS_2 nanosheets and an electron mediator for more efficient biocatalyzed artificial photosynthesis. J Mater Chem A, 2017, 5: 5511-5522.
[41] Wu Y, Shi J, Mei S, et al. Concerted chemoenzymatic synthesis of α-keto acid through compartmentalizing and channeling of metal–organic frameworks. ACS Catal, 2020, 10: 9664-9673.
[42] Lei Z, Gao C, Chen L, et al. Recent advances in biomolecule immobilization based on self-assembly: organic-inorganic hybrid nanoflowers and metal-organic frameworks as novel substrates. J Mater Chem B, 2018, 6: 1581-1594.
[43] Huang Y, Ren J, Qu X. Nanozymes: Classification, catalytic mechanisms, activity regulation, and applications. Chem Rev, 2019, 119: 4357-4412.
[44] Huang Y, Ran X, Lin Y, et al. Self-assembly of an organic-inorganic hybrid nanoflower as an efficient biomimetic catalyst for self-activated tandem reactions. Chem Comm, 2015, 51: 4386-4389.
[45] Li J, Li T, Gorin D, et al. Construction and characterization of magnetic cascade metal-organic framework/enzyme hybrid nanoreactors with enhanced effect on killing cancer cells. Colloid Surface A, 2020, 601: 124990-124998.
[46] Fan W, Yung B, Huang P, et al. Nanotechnology for multimodal synergistic cancer therapy. Chem Rev, 2017, 117:13566-13638.
[47] Huo M, Wang L, Chen Y, et al. Tumor-selective catalytic nanomedicine by nanocatalyst delivery. Nat Comm, 2017, 8: 268-357.
[48] Zhang L, Yang Z, He W, et al. One-pot synthesis of a self-reinforcing cascade bioreactor for combined photodynamic/chemodynamic/starvation therapy. J Colloid Interf Sci, 2021, 599: 543-555.
[49] Kumar S, Kaushik G, Dar M A, et al. Microbial degradation of organophosphate pesticides: A review. Pedosphere, 2018, 28: 190-208.
[50] Kim K H, Kabir E, Jahan S A. Exposure to pesticides and the associated human health effects. Sci Total Environ, 2017, 575: 525-535.
[51] Wang L, Sun Y. Engineering organophosphate hydrolase for enhanced biocatalytic performance: A review. Biochem Eng J, 2021, 168: 107945-107958.
[52] Din M I, Khalid R, Hussain Z, et al. Nanocatalytic assemblies for catalytic reduction of nitrophenols: A critical review. Crit Rev Anal Chem, 2020, 50: 322-338.
[53] Li H, Ma L, Zhou L, et al. An integrated nanocatalyst combining enzymatic and metal-organic framework catalysts for cascade degradation of organophosphate nerve agents. Chem Comm, 2018, 54: 10754-10757.
[54] Li Y, Luan P, Zhou L, et al. Purification and immobilization of His-tagged organophosphohydrolase on yolk-shell Co/C@SiO_2@Ni/C nanoparticles for cascade degradation and detection of organophosphates. Biochem Eng J, 2021, 167: 107895-107907.
[55] Wang Z, Sun Y. A hybrid nanobiocatalyst with in situ encapsulated enzyme and exsolved Co nanoclusters for complete chemoenzymatic conversion of methyl parathion to 4-aminophenol. J Hazard Mater, 2022, 424: 127755-127767.
[56] Li H, Ma L, Zhou L, et al. Magnetic integrated metal/enzymatic nanoreactor for chemical warfare agent degradation. Colloid Surface A, 2019, 571: 94-100.
[57] Xu M, Tan Z, Zhu C, et al. Recent advance of chemoenzymatic catalysis for the synthesis of chemicals: Scope and challenge. Chinese J Chem Eng, 2021, 30: 146-167.
[58] Verho O, Backvall J E. Chemoenzymatic dynamic kinetic resolution: a powerful tool for the preparation of enantiomerically pure alcohols and amines. J Am Chem Soc, 2015, 137: 3996-4009.
[59] Engstrom K, Johnston E V, Verho O, et al. Co-immobilization of an enzyme and a metal into the compartments of mesoporous silica for cooperative tandem catalysis: an artificial metalloenzyme. Angew Chem Int Ed, 2013, 52: 14006-14010.

[60] Görbe T, Gustafson K P J, Verho O, et al. Design of a Pd(0)-CalB CLEA biohybrid catalyst and its application in a one-pot cascade reaction. ACS Catal, 2017, 7: 1601-1605.

[61] Li X, Cao Y, Luo K, et al. Highly active enzyme–metal nanohybrids synthesized in protein–polymer conjugates. Nat Catal, 2019, 2: 718-725.

[62] Xu S, Wang M, Feng B, et al. Dynamic kinetic resolution of amines by using palladium nanoparticles confined inside the cages of amine-modified MIL-101 and lipase. J Catal, 2018, 363:9-17.

[63] Higa V, Rocha W, de Sairre M I, et al. Lipase-mediated dynamic kinetic resolution of 1-phenylethanol using niobium salts as racemization agents. J Brazil Chem Soc, 2021, 32: 1956-1962.

[64] Cao J, Hyster T K. Pyridoxal-catalyzed racemization of α-aminoketones enables the stereodivergent synthesis of 1,2-amino alcohols using ketoreductases. ACS Catal, 2020, 10: 6171-6175.

[65] Hilker S, Posevins D, Unelius C R, et al. Chemoenzymatic dynamic kinetic asymmetric transformations of beta-hydroxyketones. Chemistry, 2021, 27: 15623-15627.

[66] Luo Z, Yu S, Zeng W, et al. Comparative analysis of the chemical and biochemical synthesis of keto acids. Biotechnol Adv, 2021, 47: 107706-107734.

[67] Wang Z, Liu Y, Dong X, et al. Cobalt phosphate nanocrystals: A catalase-like nanozyme and in situ enzyme-encapsulating carrier for efficient chemoenzymatic synthesis of α-keto acid. ACS Appl Mater Inter, 2021, 13: 49974-49981.

[68] Liu Q, Wu L, Jackstell R, et al. Using carbon dioxide as a building block in organic synthesis. Nat Comm, 2015, 6: 5933-5947.

[69] Garba M D, Usman M, Khan S, et al. CO_2 towards fuels: A review of catalytic conversion of carbon dioxide to hydrocarbons. J Environ Chem Eng, 2021, 9: 104756-104784.

[70] Cai T, Sun H, Qiao J, et al. Cell-free chemoenzymatic starch synthesis from carbon dioxide. Science, 2021, 373: 1523-1527.

[71] Kuk S K, Jang J, Kim J, et al. CO_2-reductive, copper oxide-based photobiocathode for Z-scheme semi-artificial leaf structure. Chem Sus Chem, 2020, 13: 2940-2944.

[72] Sakimoto K K, Wong A B, Yang P J S. Self-photosensitization of nonphotosynthetic bacteria for solar-to-chemical production. Science, 2016, 351: 74-77.

[73] Ye J, Yu J, Zhang Y, et al. Light-driven carbon dioxide reduction to methane by Methanosarcina barkeri-CdS biohybrid. Appl Catal B: Environ, 2019, 257: 117916-117923.

[74] Hamby H, Li B, Shinopoulos K F, et al. Light-driven carbon-carbon bond formation via CO_2 reduction catalyzed by complexes of CdS nanorods and a 2-oxoacid oxidoreductase. P Natl Acad Sci, 2020, 117: 135-140.

缩写词表

A		
A	adenine	腺嘌呤
AADase	acetoacetate decarboxylase	乙酰乙酸脱羧酶
AAm	acrylamide	丙烯酰胺
AAO	amino acid oxidase	氨基酸氧化酶
AAR	acyl-ACP reductase	酰基-酰基载体蛋白还原酶
ABTS	2,2′-azino-bis(3-ethylbenzothiazoline-6-sulfonic acid)	2,2′-联氮-双-3-乙基苯并噻唑啉-6-磺酸
ACAT	acetoacetyl-CoA thiolase	乙酰乙酰辅酶 A 硫解酶
acetyl-CoA	acetyl coenzyme A	乙酰辅酶 A
*acn*A	aconitase	顺乌头酸酶
Acs1	acetyl-CoA synthetase	乙酰辅酶 A 合成酶
7-ADCA	7-aminodesacetoxycephalosporanic acid	7-氨基去乙酰氧基头孢烷酸
ADO	aldehyde deformylating oxygenase	醛去甲酰化加氧酶
ADH	alcohol dehydrogenase	醇脱氢酶
ADP	adenosine-diphosphate	腺嘌呤核苷二磷酸
AGET ATRP	activators generated by electron transfer for atom transfer radical polymerization	电子转移生成催化剂的 ATRP 技术
AKAPs	A-kinase anchoring proteins	A 型激酶锚定蛋白
aldDH	aldehyde dehydrogenase	乙醛脱氢酶
Ald6	aldehyde dehydrogenase	乙醛脱氢酶
AmDH	amine dehydrogenase	胺脱氢酶
AMP	adenosine monophosphate	腺嘌呤核苷单磷酸
AmyK	alkaline α-amylase	碱性 α-淀粉酶
ANS	1-anilino-naphthalene-8-sulfonate	1,8-对苯氨基萘磺酸
AP	alkaline phosphatase	碱性磷酸酶
4-AP	4-aminophenol	4-氨基苯酚
6-APA	6-aminopenicillanic acid	6-氨基青霉烷酸
APE	apurinic/apyrmidinic endonuclease	无嘌呤/无嘧啶核酸内切酶
APTES	(3-aminopropyl)triethoxysilane	3-氨基丙基三乙氧基硅烷
AroP	aromatic amino acid permease	芳香氨基酸渗透酶
ARY	activity recovery yield	活性收率
AsR-ωTA	*ω*-transaminases from *Arthrobacter* sp.	节杆菌 *ω*-转氨酶
Asn	asparagine	天冬酰胺
Asp	aspartic acid	天冬氨酸
AT	aminotransferase	氨基转移酶
Atf1	alcohol-*O*-acetyltransferase	醇酰基转移酶
*At*HNL	hydroxynitrile lyase from *Arabidopsis thaliana*	拟南芥羟基腈裂解酶
ATP	adenosine-triphosphate	腺嘌呤核苷三磷酸

续表

ATPase	adenosine-triphosphatease	腺苷三磷酸酶
ATRP	atom transfer radical polymerization,	原子转移自由基聚合
AzF	4-azido-L-phenylalanine	4-叠氮基-L-苯丙氨酸
	B	
BAAm	*N,N′*-methylenebisacrylamide	*N,N′*-亚甲基双丙烯酰胺
BCA	bovine carbonic anhydrase	牛碳酸酐酶
BCCP	botin carboxyl carrier protein	生物素羧基载体蛋白
BglT	*β*-glucanase from *Bacillus tequilensis* CGX5-1	芽孢杆菌 *β*-葡聚糖酶
BiBB	2-bromoisobutyryl bromide	*α*-溴异丁酰溴
BLA	beta-lactamase	*β*-内酰胺酶
BLAST	basic local alignment search tool	基于局部比对算法的搜索工具
BM	biomolecular motor	生物分子马达
BMA	butyl methacrylate	甲基丙烯酸丁酯
BMCs	bacterial microcompartments	细菌微区室
BNA^+	1-benzyl nicotinamide cation	1-苄基烟酰胺阳离子
BOD	bilirubin oxidase	胆红素氧化酶
BoNT	botulinum neurotoxins	肉毒神经毒素
bpy	2,2′-bipyridyl	2,2′-联吡啶
BSA	bovine serum albumin	牛血清白蛋白
BTDE	1,4-butanediol diglycidyl ether	1,4-丁二醇二缩水甘油醚
BV^{2+}	benzyl viologen	苄基紫精
BVMO	Baeyer-Villiger monooxygenase	Baeyer-Villiger 单加氧酶
	C	
C	cytosine	胞嘧啶
CA	carbonic anhydrase	碳酸酐酶
CAB	*N*-carbamylase	*N*-氨甲酰酶
*cad*A	*cis*-aconitate decarboxylase	顺乌头酸脱羧酶
CALB	*Candida antarctica* lipase B	南极假丝酵母脂肪酶 B
CASP-3	caspase-3	半胱天冬酶 3
CAT	catalase	过氧化氢酶
CasPER	Cas9-mediated protein evolution reaction	Cas9 介导的蛋白质进化
CatIBs	catalytically active inclusion bodies	催化活性包涵体
CBM	carbohydrate-binding module	碳水化合物结合域
CBP	chitin binding protein	几丁质结合蛋白
CBZ	carbamazepine	卡马西平
CC-DiA	coiled-coil heterdimer acidic	异源二聚体酸性链
CC-DiB	coiled-coil heterdimer basic	异源二聚体碱性链
CC-Hex	coiled-coil hexamers	卷曲螺旋六聚体
CC-Hex-T	coiled-coil hexamers toolkit	卷曲螺旋六聚体工具
CC-Tris3	coiled-coil homotrimer	同源三聚体卷曲螺旋
CD	circular dichroism	圆二色光谱
(3*R*,5*S*)-CDHH	tert-butyl (3*R*,5*S*)-6-chloro-3,5-dihydroxyhexanoate	(3*R*,5*S*)-6-氯-3,5-二羟基己酸叔丁酯

续表

CDI	carbonyl diimidazole	羰基二咪唑
CDT	chemodynamic therapy	化学动力学治疗
CecA	cecropin A	天蚕抗菌肽 A（一种固相结合肽）
CEL	cellulase	纤维素酶
CelB	β-glucosidase	β-半乳糖苷酶
CEPT	concerted electron-proton transfer	电子-质子协同传递
Ce6	chlorin e6	二氢卟吩 e6
CFluc	C-terminal fragment of firefly luciferase	荧光素酶 C 端结构域
CGTase	cyclodextrin glycosyltransferase	环糊精糖基转移酶
CHAnGE	CRISPR and homology-directed-repair-assisted genome-scale engineering	CRISPR 介导的 HDR 辅助基因组规模工程
CHMO	cyclohexanone monooxygenase	环己酮单加氧酶
CLEs	cross-linked enzymes	酶交联体
CLEAs	cross-linked enzyme aggregates	交联酶聚集体
CLECs	cross-linked enzyme crystals	交联酶晶体
*Cl*FDH	FDH from *Clostridium ljungdahlii*	*Clostridium ljungdahlii* 甲酸脱氢酶
CM	carboxymethyl	羧甲基
CnaB2	the second immunoglobulin-like collagen adhesin domain	第二个免疫球蛋白纤黏结构域
CNBr	cyanogen bromide	溴化氰
CNTs	carbon nanotubes	碳纳米管
CoA	coenzyme A	辅酶 A
CoPs	cobalt phosphate crystals	磷酸钴晶体
CP	capsid protein	衣壳蛋白
CPA	carboxy peptidase A	羧肽酶 A
CPET	concerted proton-electron transfer	质子-电子协同传递
CPs	coat proteins	外壳蛋白
CPS	copalyl diphosphate synthase	柯巴基焦磷酸合酶
CrtE	geranylgeranyl diphosphate synthase	香叶基二磷酸合酶
CS	citrate synthase	柠檬酸合酶
CTAB	hexadecyl trimethyl ammonium bromide	十六烷基三甲基溴化铵
CTC	chlortetracycline	金霉素
CODH	carbon monoxide dehydrogenase	一氧化碳脱氢酶
COFs	covalent-organic frameworks	共价有机框架
CRL	*Candida rugosa* lipase	皱褶假丝酵母脂肪酶
CYP154E1	cytochrome P450 154E1	细胞色素 P450 酶 154E1
Cys	cysteine	半胱氨酸
Cyt c	cytochrome c	细胞色素 c
	D	
DA	dopamine	多巴胺
DAAO	D-amino acid oxidase	D-氨基酸氧化酶
DCC	*N,N'*-dicyclohexylcarbodiimide	*N,N'*-二环己基碳二亚胺
DCF	diclofenac	双氯芬酸
DEAE	diethylaminoethyl	二乙氨乙基

DF	diclofenac	双氯芬酸
DFNS	dendritic fibrous nanosilica	树枝状二氧化硅纳米颗粒
DFT	density-functional theory	密度泛函理论
DHP	1,4-dihydropyridine	1,4-二氢吡啶
DI	diaphorase	心肌黄酶
DIC	*N,N'*-diisopropylcarbodiimide	*N,N'*-二异丙基碳二亚胺
DKR	dynamic kinetic resolution	动态动力学拆分
DLS	dynamic light scattering	动态光散射
DMF	dimethylformamide	二甲基甲酰胺
DMSO	dimethyl sulfoxide	二甲基亚砜
DNA	deoxyribo nucleic acid	脱氧核糖核酸
DNAzyme	DNA mimics enzymes	脱氧核糖核酸模拟酶
DNFB	2, 4-dinitrofluorobenzene	2,4-二硝基氟苯
dNTP	deoxy-ribonucleoside triphosphate	脱氧核糖核苷三磷酸
L-DOPA	L-3,4-dihydroxyphenylalanine	L-3,4-二羟基苯丙氨酸
DPP1	diacylglycerol diphosphate phosphatase	二酰基甘油二磷酸磷酸酶
DS	dextran sulfate	硫酸葡聚糖
DSI	dermaseptin SI	一种固相结合肽
DSS	disuccinimidyl suberate	双琥珀酰亚胺辛二酸酯
dsRED	*Discosoma* sp. red fluorescent protein	香菇珊瑚红色荧光蛋白
DTNB	5,5'-dithiobis(2-nitrobenzoic acid)	二硫-2-硝基苯甲酸
DTT	dithiothreitol	二硫苏糖醇
DX tiles	double crossover tiles	双交叉瓦片
	E	
EAP	*Escherichia coli* alkaline phosphatase	大肠杆菌碱性磷酸酶
EBFP	enhanced blue fluorescent protein	增强型蓝色荧光蛋白
EBiB	ethyl 2-bromoisobutyrate	2-溴代异丁酸乙酯
eCA	cyanobacterial carbonic anhydrase	蓝藻碳酸酐酶
Ecoil	engineered negatively charged α-helical coil	工程化的带负电荷的α螺旋结构
ECR	enoyl-CoA reductase	羧化酶
EDC	1-(3-dimethylaminopropyl)-3-ethylcarbodiimide hydrochloride	1-乙基-3-(3-二甲氨基丙基)-碳二亚胺盐酸盐
EDP	Entner-Doudoroff pathway	2-酮-3-脱氧-6-磷酸葡糖酸裂解途径
EDTA	ethylene diamine tetraacetic acid	乙二胺四乙酸
ee	enantiomeric excess	对映体过量
EE2	17-*α*-ethinylestradiol	17-*α*-炔雌醇
EF	eigenvector /eigenvalue following	本征向量/本征值跟踪法
EFC	enzyme fuel cell	酶燃料电池
Eg	energy gap	能隙
EGFP	enhanced green fluorescent protein	增强型绿色荧光蛋白
EI	exoinulinas	外切菊粉酶
ELP	elastin-like polypeptide	弹性蛋白样多肽
EMM	enzyme molecule motor	酶分子马达

续表

EMP	Embden-Meyerhof-Parnas pathway	糖酵解途径
EMNM	enzyme-powered micro/nanomotor	酶驱微纳马达
E_{Ox}	enzyme in the oxidized state	氧化态酶
E_{Red}	enzyme in the reduced state	还原态酶
epPCR	error-prone PCR	易错 PCR
ERED	enoate reductase	烯酮还原酶
ESI	electrospray ionisation	电喷雾
	F	
FA	ferulic acid	阿魏酸
FACS	fluorescence-activated cell sorting	荧光激活细胞分选
FAD	flavin adenine dinucleotide	黄素腺嘌呤二核苷酸
FbaB	fibronectin binding protein	纤连蛋白
FCS	fluorescence correlation spectroscopy	荧光相关光谱
FDH	formate dehydrogenase	甲酸脱氢酶
FEP	free energy perturbation	自由能微扰
FITC	fluorescein isothiocyanate	异硫氰酸荧光素
Fluc	firefly luciferase	萤火虫荧光素酶
FNR	ferredoxin $NADP^+$-reductase	铁氧化还原蛋白-NADP 还原酶
FMN	flavin mononucleotide	黄素单核苷酸
FMO	flavin monooxygenase	黄素单加氧酶
FPPS	farnesyl pyrophosphate synthase	法呢基焦磷酸合酶
FSC	forward scatter channel	前向散射通道
FTIR	Fourier transform infrared spectroscopy	傅里叶变换红外光谱
	G	
G	guanine	鸟嘌呤
GA	glutaraldehyde	戊二醛
β-Gal	*β*-galactosidase	*β*-半乳糖苷酶
β-gal/galDH	*β*-galactosidase/galactose dehydrogenase	*β*-半乳糖苷酶/半乳糖脱氢酶
galDH	galactose dehydrogenase	半乳糖脱氢酶
GALK，galK	galactokinase	半乳糖激酶
GBFC	glucose biofuel cell	葡萄糖生物燃料电池
GCE	glassy carbon electrode	玻碳电极
GCK	gluconokinase	葡萄糖酸激酶
GDH	glucose dehydrogenase	葡萄糖脱氢酶
GDP	Guanosine-5′-diphospho	鸟嘌呤核苷-5′-二磷酸
GFP	green fluorescent protein	绿色荧光蛋白
GGA	generalized gradient approximation	广义梯度近似
GGOH	(*E*,*E*,*E*)-geranylgeraniol	(*E*,*E*,*E*)-香叶基香叶醇
GGPPS	geranylgeranyl diphosphate synthase	香叶基香叶基二磷酸酯合酶
*Gka*P-PLL	phosphotriesterase-like lactonase from *Geobacillus kaustophilus*	地芽孢杆菌磷酸三酯酶样内酯酶
β-Gln	*β*-glucanase	*β*-葡聚糖酶
Gln	glutamine	谷氨酰胺
*glt*A	citrate synthase	柠檬酸合成酶

续表

Glu	glutamate	谷氨酸
GLUK	glucokinase	葡萄糖激酶
GMA	glycidyl methacrylate	甲基丙烯酸缩水甘油酯
GO	graphene oxide	石墨烯
GOase	galactose oxidase	半乳糖氧化酶
GOx	glucose oxidase	葡萄糖氧化酶
G6PDH	glucose-6-phosphate dehydrogenase	葡萄糖-6-磷酸脱氢酶
GPPS	geranylgeranyl pyrophosphate synthase	香叶基香叶基焦磷酸合酶
GroEL	GroEL chaperonin	GroEL 伴侣蛋白
GST	glutathione-*S*-transferase	谷胱甘肽-*S*-转移酶
GTO	Gaussian-type orbital	高斯型轨道
GTP	Guanidine-5′-triphosphate	鸟嘌呤核苷-5′-三磷酸
H		
Halo Tag	dehalogenase tag	脱卤酶标签
HAT	hydrogen atom transfer	氢原子转移
HDH	histidine alcohol dehydrogenase	组氨酸醇脱氢酶
HDR	homology directed repair	同源性修复
HEMA	hydroxyethyl methacrylate	甲基丙烯酸羟乙酯
HepA	heparinase I	肝素酶 I
HheC	halohydrin dehalogenase	卤代醇脱卤酶
His	histidine	组氨酸
His-tag	polyhistidine tag	聚组氨酸标签
HK	hexokinase	己糖激酶
HMG-CoA	3-hydroxy-3-methyl glutaryl coenzyme A	羟甲基戊二酰辅酶 A
HMGR	hydroxymethylglutaryl-CoA reductase	羟甲基戊二酰辅酶 A 还原酶
HMGS	hydroxymethylglutaryl-CoA synthase	羟甲基戊二酰辅酶 A 合成酶
HPS	3-hexulose-6-phosphate synthase	3-己糖-6-磷酸合酶
HOFs	hydrogen-bonded organic frameworks	氢键有机框架
HRP	horseradish peroxidase	辣根过氧化物酶
Hsp	heat-shock protein	热激蛋白
HYD	D-hydantoinase	D-乙内酰脲酶
I		
IBs	inactive inclusion bodies	非活性包涵体
IDA	iminodiacetic acid	亚胺二乙酸
IDH	isocitrate dehydrogenase	异柠檬酸脱氢酶
IDI	isopentenyl diphosphate isomerase	异戊烯基焦磷酸异构酶
IgG	immunoglobulin G	免疫球蛋白 G
IMO	isomaltooligosaccharide	低聚异麦芽糖
IR	immobilization ratio	固定化率
ITCHY	incremental truncation for the creation of hybrid enzymes	增量截断杂合酶创制
J		
JTA	Januvia transaminase	Januvia 转氨酶
JTAnw	JTA nanowire	JTA 纳米线

K		
Kcoil	positively charged and lysine-rich coil	带正电荷、富含赖氨酸的短肽
*Kg*BDH	2,3-butanediol hydrogenase from *Kurthia gibsonii*	吉氏库特氏菌2,3-丁二醇加氢酶
KIE	kinetic isotope effect	动力学同位素效应
KivD	ketoisovalerate decarboxylase	酮异戊酸脱羧酶
*Kp*ADH	alcohol dehydrogenase from *Kluyveromyces polysporus*	*Kluyveromyces polysporus* 乙醇脱氢酶
KPS	potassium persulfate	过硫酸钾
KR	kinetic resolution	动力学拆分
KSL	kaurene synthase	贝壳烯合酶
L		
LAAO	L-amino acid oxidase	L-氨基酸氧化酶
LacZ	β-galactosidase from *Escherichia coli*	β-半乳糖苷酶
LaDH	lactic dehydrogenase	乳酸脱氢酶
Laga-IS	inulosucrase from *Lactobacillus gasseri*	乳酸杆菌菊粉蔗糖酶
*Lb*ADH	alcohol dehydrogenase from *Lactobacillus brevis*	*Lactobacillus brevis* 醇脱氢酶
LBL	layer by layer	层层（组装法）
LCI	liquid chromatography peak I	一种固相结合肽
LCST	lower critical solution temperature	最低临界溶液温度
LDA	local density approximation	局域密度近似
LDH	leucine dehydrogenase	亮氨酸脱氢酶
*Ld*NDT	2′-deoxyribosyltransferase from *Lactobacillus delbrueckii*	德氏乳酸杆菌2-脱氧核糖基转移酶
LMO	localized molecular orbital	定域分子轨道法
LMWG	low molecular weight gel	低分子量凝胶剂
LO	lactose oxidase	乳糖氧化酶
LRE	luciferin-regenerating enzyme	荧光素再生酶
L-tle	L-*tert*-leucine	L-叔亮氨酸
Luc	luciferase	荧光素酶
Lys	lysine	赖氨酸
M		
MA	myristic acid	肉豆蔻酸
MAGE	multiplex automated genome engineering	多重自动化基因组工程
MAGIC	multi-functional genome-wide CRISPR	多功能基因组 CRISPR 系统
MAL	maleimide	马来酰亚胺
MALDI	matrix-assisted laser desorption ionization	基质辅助激光解吸电离
MBP	maltose binding protein	麦芽糖结合蛋白
MC	Monte Carlo	蒙特卡洛
MCD	minimal cytochrome domain	最小细胞色素结构域
mCherry	monmer cherry protein	单体红色荧光蛋白
MD	molecular dynamics	分子动力学
MDH	malate dehydrogenase	苹果酸脱氢酶
MDH3	methanol dehydrogenase from *Bacillus methanolicus* MGA3	甲醇脱氢酶
Mdr1	multidrug resistance protein	多药耐药蛋白

续表

α-MBA	*α*-methylbenzylamine	*α*-甲基苄胺
MECs	multienzyme complexes	多酶复合体
MCF	mesoporous silica foam	介孔二氧化硅泡沫
ME	malic enzyme	苹果酸酶
MenD	2-succinyl-5-enolpyruvyl-6-hydroxy-3-cyclohexadiene-1-carboxylate synthase	2-琥珀基-5-烯丙基-6-羟基-3-环己二烯-1-羧酸合酶
MenF	isochorismate synthase	异分支酸合成酶
MenH	2-succinyl-6-hydroxy-2,4-cyclohexadiene-1-carboxylate synthase	2-琥珀酰-6-羟基-2,4-环己二烯-1-羧酸合酶
METase	L-methionine-*γ*-lyase	L-甲硫氨酸-*γ*-裂解酶
Me_6TREN	tris[2-(dimethylamino)ethylamine]	三（2-二甲氨基乙基）胺
Mh	*Metallosphaera hakonensis*	金球藻
*Mh*MTS	*Mh* maltooligosyltrehalose synthase	金球藻糖基海藻糖合酶
*Mh*MTH	*Mh* maltooligosyltrehalose trehalohydrolase	金球藻糖基海藻糖水解酶
MM/GBSA	molecular mechanics/generalized Born surface area	分子力学/广义波恩表面积方法
MM/PBSA	molecular mechanics/Poisson-Boltzmann surface area	分子力学/泊松-玻耳兹曼表面积方法
MNAH	1,4-dihydro1-methylnicotinamide	1,4-二氢-1-甲基烟酰胺
MNPs	magnetite nanoparticles	磁性纳米颗粒
2-mIM	2-methylimidazole	2-甲基咪唑
MnP	manganese peroxidase	锰过氧化物酶
M_{Ox}	electron mediator in the oxidized state	氧化态的电子介体
*a*MOx	*anti*-Markovnikov oxygenase	反式马尔科夫尼科夫氧化酶
MOFs	metal-organic frameworks	金属有机框架
MP	micropump	微泵
mPEG	monomethoxy poly(ethylene glycol)	单甲氧基聚乙二醇
M_{Red}	electron mediator in the reduced state	还原态的电子介体
mRNA	messenger ribonucleic acid	信使核糖核酸
MV	methyl viologen	甲基紫精
MVA	mevalonate	甲羟戊酸
MVP	2-methoxy-4-vinyl-phenol	2-甲氧基-4-乙烯基苯酚
MWCNT	multi-walled carbon nanotubes	多壁碳纳米管
	N	
$NaBH_4$	sodium borohydride	硼氢化钠
$NaCNBH_3$	sodium cyanoborohydride	氰基硼氢化钠
NADH/NAD^+	reduced/oxidized nicotinamide adenine dinucleotide	烟酰胺腺嘌呤二核苷酸（还原态/氧化态）
NADPH/$NADP^+$	reduced/oxidized nicotinamide adenine dinucleotide phosphate	烟酰胺腺嘌呤二核苷酸磷酸（还原态/氧化态）
NAI	*N*-acetylimidazole	*N*-乙酰咪唑
NAS	*N*-acryloxysuccinimide	*N*-丙烯酰氧基琥珀酰亚胺
NBS	*N*-bromosuccinimide	*N*-溴代琥珀酰亚胺
NCDH/NCD^+	reduced/oxidized nicotinamide cytosine dinucleotide	烟酰胺胞嘧啶二核苷酸（还原态/氧化态）
NDDO	neglect of diatomic differential overlap	忽略双原子轨道微分重叠

NFluc	N-terminal fragment of Fluc	荧光素酶 N 端结构域
NFOR	NAD(P)H:FMN oxidoreductase	黄素单核苷酸氧化还原酶
NHS	*N*-hydroxysuccinimide	*N*-羟基琥珀酰亚胺
NNR	nonhomologous random recombination	非同源随机重组
NMR	nuclear magnetic resonance	核磁共振
4-NP	4-nitrophenol	4-硝基苯酚
p-NPA	*p*-nitrophenyl acetate	对硝基苯乙酸
NTA	nitrilotriacetic acid	次氮基三乙酸
NTV	neutravidin	抗生物素蛋白
	O	
OGOR	2-oxoglutarate:ferredoxin oxidoreductase	铁氧还蛋白-*α*-酮戊二酸氧化还原酶
OPs	organophosphorus	有机磷
OPH	organophosphorus hydrolase	有机磷水解酶
OYE	old yellow enzyme	老黄酶
	P	
PAA	polyacrylic acid	聚丙烯酸
PACE	phage-assisted continuous evolution	噬菌体辅助的连续进化
PAD	phenolic acid decarboxylase	酚酸脱羧酶
PAH	poly (acrylamine hydrochloride)	聚（丙烯胺盐酸盐）
pAm	polyacrylamide	聚丙烯酰胺
PAMAM	polyamidoamine	聚酰胺-胺
PAN	polyacrylonitrile	聚丙烯腈
PANI	polyaniline	聚苯胺
Pc	plastocyanin	质体蓝素
PCET	proton-coupled electron transfer	质子耦合电子转移
PCL	lipase from *Penicillium camembertii*	*Penicillium camembertii* 脂肪酶
PCN	porous coordination network	多孔协调网络
PCR	polymerase chain reaction	聚合酶链反应
PCS	propionyl-CoA synthase	丙酰辅酶 A 合成酶
PDB	Protein Data Bank	蛋白质的晶体结构数据库
pDMAm	poly(*N*,*N*-dimethyl acrylamide)	聚二甲基丙烯酰胺
pDMAPA	poly(*N*,*N*-dimethylaminopropyl-acrylamide)	聚二甲氨基丙烯酰胺
Pdh	phosphite dehydrogenase	亚磷酸盐脱氢酶
*Pd*PTE	phosphotriesterase from *Pseudomonas diminuta*	假单胞菌磷酸三酯酶
PdR	putidaredoxin reductase	假单胞氧还原蛋白还原酶
PDT	photodynamic therapy	光动力治疗
PdX	putidaredoxin	假单胞氧还原蛋白
PEG	polyethylene glycol	聚乙二醇
PEI	polyethyleneimine	聚乙烯亚胺
PEO	polyethylene oxide	聚环氧乙烷
PET	polyethylene glycol terephthalate	聚对苯二甲酸乙二醇酯
PETase	PET hydrolase	PET 水解酶
*Pf*MBP	maltodextrin-binding protein from *Pyrococcus furiosus*	火球菌麦芽糊精结合蛋白

续表

PGL	polygalacturonate lyase	多聚半乳糖醛酸裂解酶
PHA	polyhydroxyalkanoate	聚羟基脂肪酸酯
PhaC	poly-hydroxybutyrate synthase	多羟基丁酸合酶
Phe	phenylalanine	苯丙氨酸
PHI	6-phospho-3-hexuloseisomerase	6-磷酸-3-己酮半胱氨酸酶
Phi	6-phospho-3-hexuloisomerase	6-磷酸-3-己糖异构酶
PGA	penicillin G-acylase	青霉素G酰化酶
6PGDH	6-phosphogluconate dehydrogenase	6-磷酸葡萄糖酸脱氢酶
PGME	phenylglycine methyl ester	苯基甘氨酸甲酯
PK	pyruvate kinase	丙酮酸激酶
PKA	protein kinase	蛋白激酶
PLP	Pyridoxal phosphate	磷酸吡哆醛
p*I*	isoelectric point	等电点
PKD	polycystic kidney disease	多囊肾病
PMOs	periodic mesoporous organosilicon	周期性介孔有机硅
pNIPAM	poly (*N*-isopropylacrylamide)	聚*N*-异丙基丙烯酰胺
PNP	purine nucleoside phosphorylase	嘌呤核苷磷酸化酶
PODA	poly(diallyldimethylammonium chloride)	聚二烯基丙二甲基氯化铵
POEGMA	Poly[oligo(ethylene glycol) methyl ether acrylate]	聚寡聚（乙二醇）丙烯酸甲酯
PPase	pyrophosphatase	无机焦磷酸酶
PPi	pyrophosphate	焦磷酸盐
PPⅡ	polyproline-2	2-聚脯氨酸螺旋
PPO	polypropylene oxide	聚环氧丙烷
PPP	pentose phosphate pathway	磷酸戊糖途径
pRNA	packaging RNA	包装核糖核酸
RPR	random-priming *in vitro* recombination	随机引物体外重组方法
PS	polystyrene	聚苯乙烯
PSS	poly(sodium 4-styrenesulfonate)	聚苯乙烯磺酸钠
PS Ⅰ	photosystem Ⅰ	光系统Ⅰ
PS Ⅱ	photosystem Ⅱ	光系统Ⅱ
PT	patchoulol	广藿香醇
PTH	parathyroid hormone	对甲状旁腺素
PTS	patchoulol synthase	广藿香醇合酶
Pt	platinum	铂
PTDH	phosphite dehydrogenase	亚磷酸盐脱氢酶
PTE	phosphotriesterase	磷酸三酯酶
PtNPs@MWCNTs		沉积有铂纳米粒子的多层碳纳米管
PVP	polyvinylpyrrolidone	聚乙烯吡咯烷酮
PYC	pyruvate carboxylase	丙酮酸羧化酶
P123	triblock copolymer	三嵌段共聚物 $EO_{20}PO_{70}EO_{20}$
P127	triblock copolymer	三嵌段共聚物 $EO_{106}PO_{70}EO_{106}$
P450	cytochrome P450	细胞色素P450酶
$P450_{BM3}$	cytochrome P450 from *Bacillus megaterium*	巨大芽孢杆菌细胞色素P450酶

续表

P450cam	cytochrome P450 from *Puseudomonas putida*	恶臭假单胞菌 P450 酶
	Q	
Q_B	plastoquinone B	质体醌
QM	quantum mechanics	量子力学
QM/MM	quantum mechanics/molecular mechanics	量子力学/分子力学
	R	
RA	relative activity	相对活性
Ra	Rayleigh number	瑞利数
RAFT	reversible addition fragmentation transfer polymerization	可逆加成-断裂转移聚合
RBDs	RNA-binding domains	核糖核酸结合区域
RCSB	Research Collaboratory for Structural Bioinformatics	结构生物信息学研究合作组织
Re	Reynolds number	雷诺数
R_g	radius of gyration	回转半径
RGP	rabies glycoprotein	狂犬病毒糖蛋白
rhG-CSF	recombinant human granulocyte colony-stimulating factor	重组人粒细胞集落刺激因子
RIAD	RI-selective anchoring disruptor peptide	RI 选择性锚定干扰肽
RID	random insertion and deletion	随机插入/缺失突变
RIDD	dimerization and docking domain	蛋白激酶Ⅱ类调节亚基的二聚体区域
RNA	ribonucleic acid	核糖核酸
RNAse HI	ribonuclease	核糖核酸酶
ROS	reactive oxygen species	活性氧物种
RSVNP	peroxidase from *Raphanus sativus* var. *niger*	*Raphanus sativus* var. *niger* 过氧化物酶
RuMP	ribulose monophosphate	单磷酸核酮糖
	S	
αS	α-synuclein	α-突触核蛋白
S1R	Sigma 1 receptor	Sigma 1 受体
SAF	self-assembling fiber peptides	自组装纤维多肽
SAGE	self-assembled cage-like particles	自组装笼状颗粒
SAP	self-assembling amphipathic peptides	自组装两亲肽
SBD	starch-binding domain	淀粉结合结构域
SBP	solid binding peptide	固相结合肽
SCR	carbonyl reductase from *Escherichia coli* JM109	羰基还原酶
SCRaMbLE	synthetic chromosome rearrangement and modification by LoxP-mediated evolution	LoxP 位点介导的合成染色体重排和修饰进化
SCoA	succinyl-coenzyme A	琥珀酰辅酶 A
SDR	short-chain dehydrogenase/reductase	短链脱氢/还原酶
SDS-PAGE	sodium dodecyl sulfate polyacrylamide gel electrophoresis	十二烷基磺酸钠-聚丙烯酰胺凝胶电泳
SeSaM	sequence saturation mutagenesis	序列饱和突变
SF	silk fibroin	丝素蛋白
sgRNA	small guide RNA	小向导 RNA
SHIPREC	sequence homology-independent protein recombination	序列同源性非依赖性蛋白质重组

续表

SiBP	silica binding peptide	硅胶结合肽
Si_{NP}	silica nanoparticles	二氧化硅纳米颗粒
SMCC	*N*-succinimidyl 4-(maleimidomethyl)cyclohexanecarboxylate	4-(*N*-马来酰亚氨基甲基)环己烷-1-羧酸琥珀酰亚胺酯
SNAP Tag	O^6-alkylguanine-DNA alkyltransferase tag	DNA 烷基转移酶标签
SOX	sarcosine oxidas	肌氨酸氧化酶
SP	scaffold protein	支架蛋白
SPARC	secreted protein acidic and rich in cysteine	富含半胱氨酸的酸性分泌蛋白
*Sp*ChiD	chitinase D from *Serratia proteamaculans*	沙雷氏菌几丁质酶 D
SPDP	*N*-succinimidyl-3-(2-pyridyldithio)propionate	3-(2-吡啶二硫代)丙酸-琥珀酰亚胺酯
SP1	stable protein	稳定蛋白
SPE	screen printing electrode	丝网印刷电极
SpG	streptococcal protein G	链球菌蛋白 G
SrtA	sortase A	转肽酶 A
SSC	side scatter channel	侧向散射通道
SSM	site saturation mutagenesis	位点饱和突变
STED	stimulated emission depletion microscopy	受激辐射损耗显微
StEP	staggered extension process	交错延伸
StLois	stepwise loop insertion strategy	逐步环状区域插入策略
STO	Slater-type orbital	斯莱特型轨道
SuFEx	sulfur fluoride exchange	六价硫氟交换反应
SUMO	small ubiquitin like modifier	小泛素样修饰子
	T	
T	thymine	胸腺嘧啶
$t_{1/2}$	time required for the residual activity to be reduced by half	活性半衰期
T6P	trehalose-6-phosphate	海藻糖-6-磷酸
TA	transaminase	转氨酶
TA2	tachystatin A2	一种固相结合肽
TCA	tricarboxylic acid cycle	三羧酸循环
TCPP	tetrakis(4-carboxyphenyl)porphyrin	四羧基苯基卟啉
TEA	triethylamine	三乙胺
TEMED	*N,N,N′,N′*-tetramethylethylenediamine	四甲基乙二胺
TEOA	triethanolamine	三乙醇胺
TEOS	tetraethyl orthosilicate	正硅酸乙酯
TEPA	tetraethylenepentamine	四亚乙基五胺
TET12	tetrahedron-forming polypeptide	形成四面体十二肽
TEV	tobacco etch virus protease recognition site	烟草蚀纹病毒蛋白酶识别位点
TG	transglutaminase	转谷氨酰胺酶
ThDP	thiamin diphosphate	硫胺素焦磷酸
THF	tetrahydrofolate	四氢叶酸/辅酶 Q
TI	thermodynamic integration	热力学积分
TIRF	total internal reflection fluorescence	全内反射荧光显微镜
TLL	*Thermomyces lanuginosa* lipase	绵毛嗜热丝孢菌脂肪酶

续表

TMA	trimethylpyruvic acid	三甲基丙酮酸
TMB	tetramethylbenzene	四甲基联苯胺
TMOS	tetramethoxysilane	四甲氧基硅烷
TnaA	tryptophanase	色氨酸酶
TNB	2-nitroso-5-thiolbenzoic acid	2-硝基-5-硫苯甲酸
TNBS	2,4,6-trinitrobenzensulfonic acid	三硝基苯磺酸
TNM	tetranitromethane	四硝基甲烷
TNS	2-*p*-toluidinylnaphthalene-6-sulfonate	2,6-对苯甲氨基萘磺酸
TOF	turnover frequency	转换频率
TON	turnover number	转换数
TPAC	thiophosphorodichloridate	硫代磷酰二氯酯
TPP	thiamine pyrophosphate	硫胺素焦磷酸
Tpp	trehalose-6-phosphate phosphatase	海藻糖-6-磷酸磷酸酶
Tps	trehalose-6-phosphate synthetase	海藻糖-6-磷酸合酶
tRNA	transfer ribonucleic acid	转运核糖核酸
Trx	thioredoxin	硫氧还蛋白
TTN	total turnover number	总转换数
Tyr	tyrosine	酪氨酸
	U	
UAA	unnatural amino acid	非天然氨基酸
UIO-66	UIO-66(Zr) metal-organic frameworks	锆基金属有机骨架
UI	umbrella integration	伞形积分
UP	uridine phosphorylase	尿嘧啶核苷磷酸化酶
Ur	urease	脲酶
UV	ultraviolet	紫外
	V	
VLP	viruslike particle	病毒样颗粒
VMSN	virus-like mesoporous silica nanoparticles	病毒样介孔二氧化硅纳米颗粒
	W	
WHAM	weighted histogram analysis method	加权柱状统计图分析法
	X	
XDH	xylose dehydrogenase	木糖脱氢酶
Xyn	xylanase	木聚糖酶
YqjM	OYE from *Bacillus subtilis*	枯草芽孢杆菌老黄酶
	Y	
YOGE	yeast oligo-mediated genome engineering	酵母寡核苷酸介导的基因组工程
	Z	
ZIF-8	zeolitic imidazolate framework-8	沸石咪唑酯框架-8

索　引

（按汉语拼音排序）

E

F

G

H

I

J

K

L

M

N

P

Q

R

S

T

U

W

X

Y

Z

其他